Faszinierende Fahrzeuge

ROYAL AUS

Faszinierende Fahrzeuge

coventgarden

coventgarden

bei Dorling Kindersley

Bildredaktion Dorian Spencer Davies
Gestaltung Joanne Earl
Lektorat John C. Miles
Redaktionsassistenz Nancy Jones, Nigel Ritchie
Chefbildlektorat Miranda Kennedy
Programmleitung Sophie Mitchell
Herstellung Simon Shelmerdine

Die Deutsche Bibliothek – CIP-Einheitsaufnahme

Ein Titeldatensatz für diese Publikation ist bei Der Deutschen Bibliothek erhältlich.

Titel der englischen Originalausgabe:
The Ultimate Book of Cross-Sections

Übersetzung Irene Spreitzer
Redaktion Print Company Verlagsges.m.b.H., Wien
Satz Kaltenbrunner + Dorfinger OEG
Umschlaggestaltung Mark Thomson,
International Design UK Ltd., London

ISBN 3-8310-9017-3

Printed and bound in China
by L. Rex Printing Co., Ltd.

Besuchen Sie uns im Internet
www.dk.com

INHALT

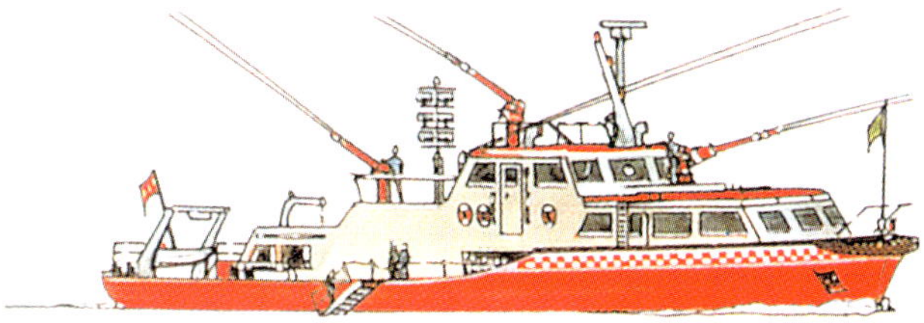

LNER

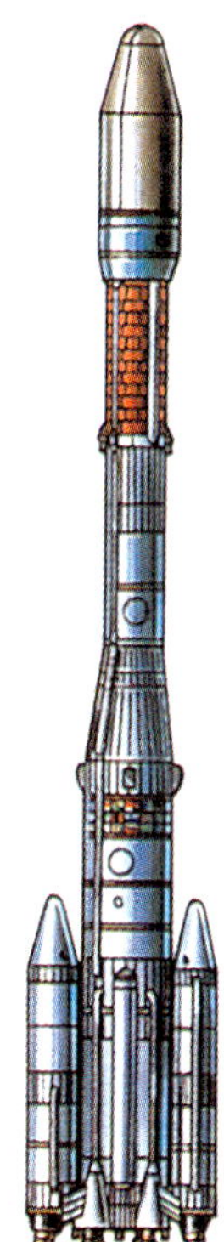

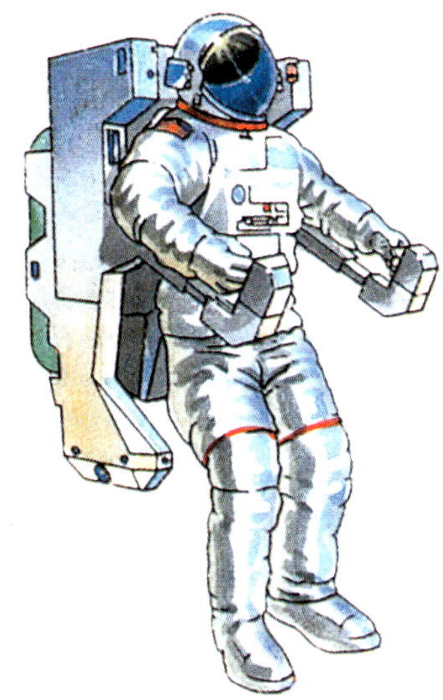

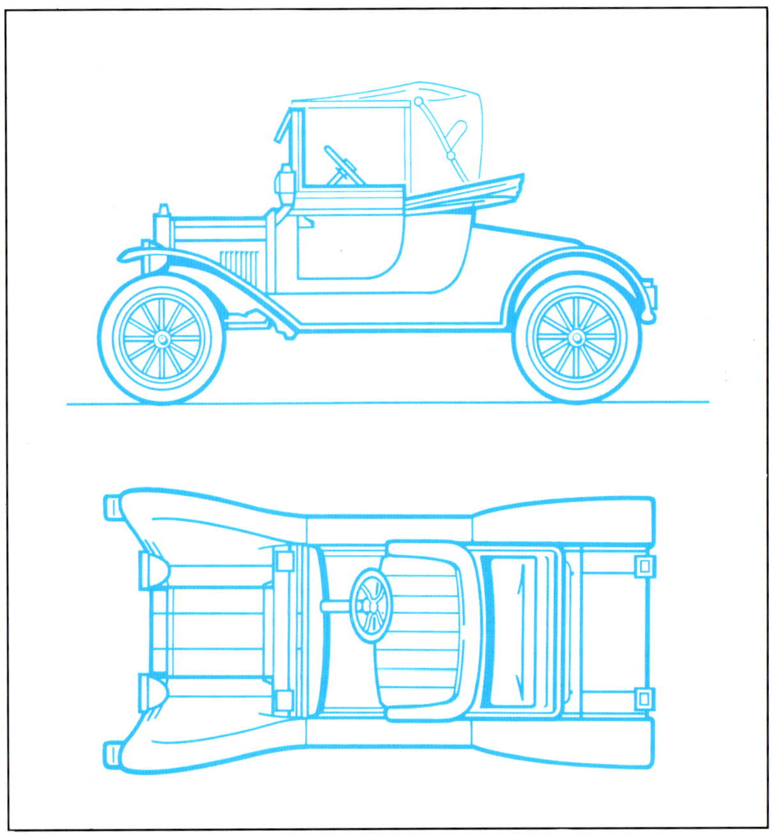

AUTOS

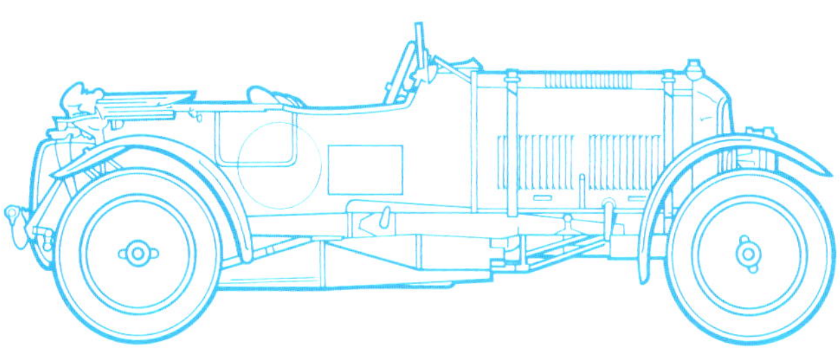

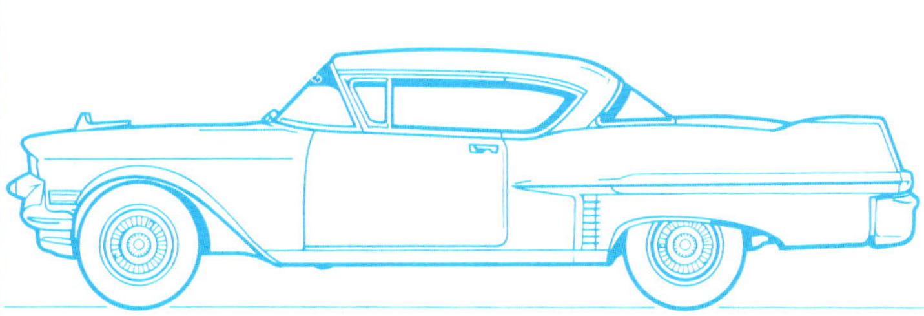

INHALT

20

Ford Model T

In der Frühzeit der Automobilgeschichte konnten sich nur wohlhabende Leute einen Wagen leisten. Das änderte sich mit Henry Ford. Er gründete 1903 die Ford Motor Company und stellte das Model A her. Es hatte die Form eines Pferdewagens, der Motor lag unter dem Sitz! Fünf Jahre später produzierte Ford das Model T, das er um 825 Dollar verkaufte. 1927, als die Produktion auslief, waren 5 007 033 „Tin Lizzies“ am Markt, und der Preis betrug 260 Dollar. 1913 führte Ford ein Montageband ein, das mit einer Kurbel betrieben wurde. Die Arbeiter brauchten dann nur mehr 93 Minuten, um ein Auto vollständig zusammenzubauen. Andere Hersteller benötigten dafür Tage, sogar Wochen, und waren dadurch viel teurer.

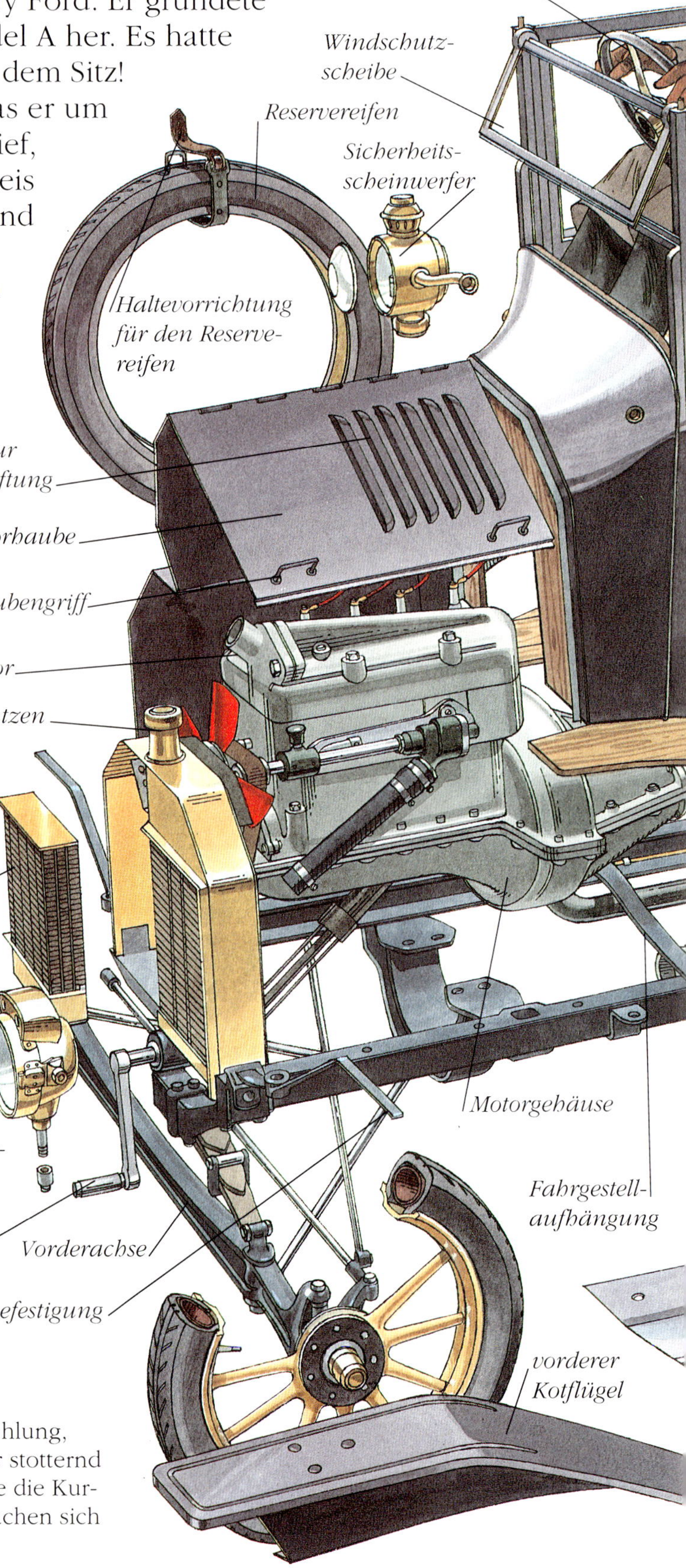

„Jede Farbe, die sie wollen“

Das frühe Model T war in Rot, Grau und Grün erhältlich. 1914 war die einzige Farbe, die am Fließband schnell genug trocknete, ein schwarzer japanischer Emaillack. Ford sagte jedem, der ein Model T kaufte, daß das Auto in jeder beliebigen Farbe erhältlich wäre – „Solange es schwarz ist!“

Bremsen, umdrehen und beschleunigen

Zum Bremsen stieg der Fahrer auf das rechte Bremspedal. Zum Umdrehen stellte er den Wagen auf Leerlauf und drückte dann das mittlere Pedal. Er veränderte die Geschwindigkeit, indem er an einem „Gashebel“ zog.

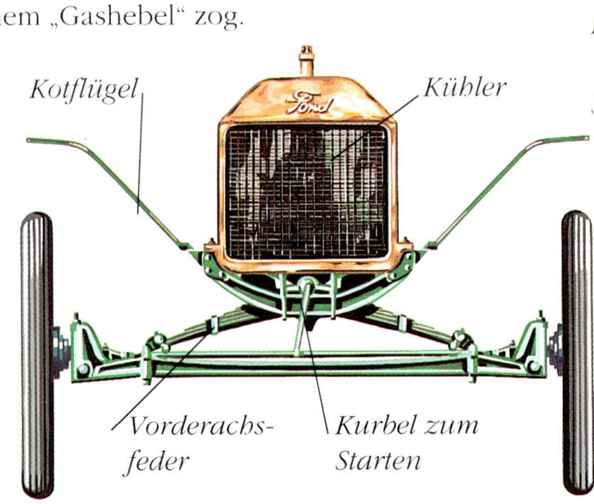

Vorderansicht des Model T

Starten

Beim frühen Model T mußten die Fahrer den Motor ankurbeln. Sie steckten ein Ende der Startkurbel durch ein Loch unter der Kühlung, das zum Motor führte. Dann drehten sie die Kurbel, bis der Motor stotternd ansprang. War der Zündschalter in der falschen Stellung, schnellte die Kurbel zurück, wenn der Motor startete. Viele unerfahrene Fahrer brachen sich dabei Arme, Handgelenke oder Daumen!

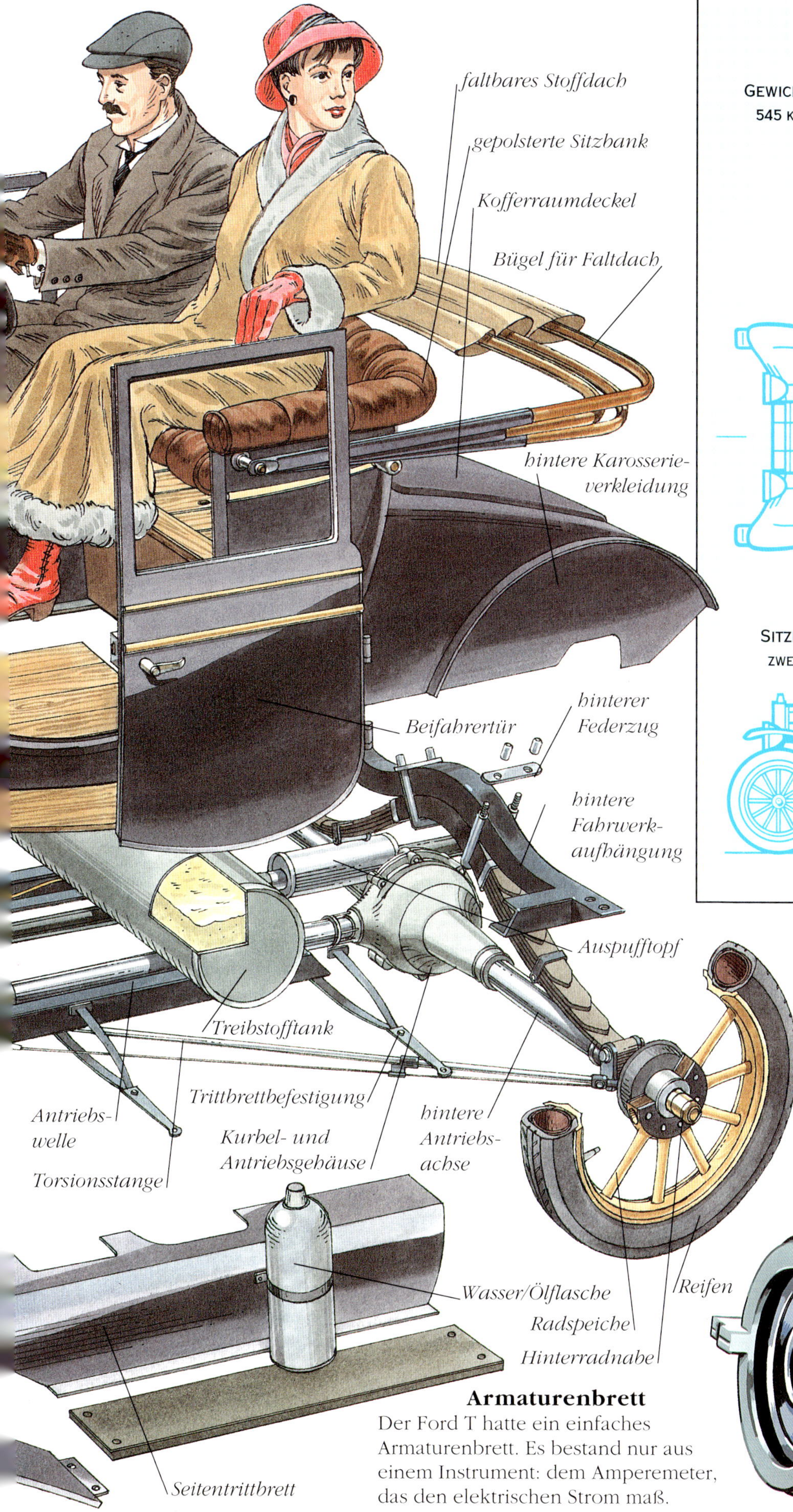

Technische Daten

Gewicht: 545 kg

Länge: 3,42 m

Höchstgeschwindigkeit: 64 km/h

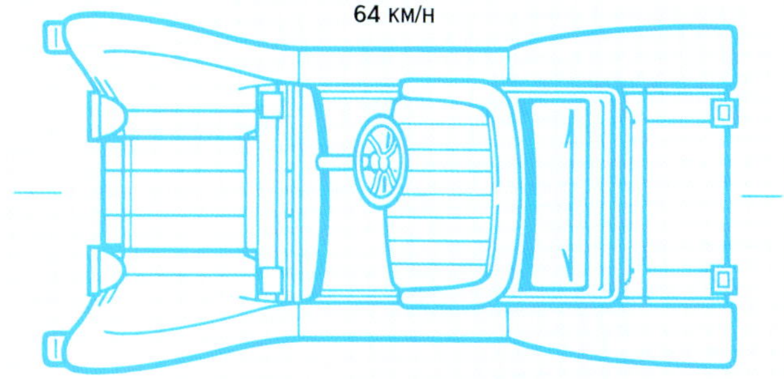

Sitze: zwei

Radstand: 2,54 m

Motor: 4-Zylinder-Reihenmotor

Gangwechsel

Die Gänge eines Autos bestehen aus verschieden großen Zahnrädern im Getriebe. Wenn ein Fahrer schaltet, greifen die Zahnräder unterschiedlich ineinander, so daß sich die Räder schneller oder langsamer drehen. Beim Model T drückte der Fahrer das linke Pedal, um einen niedrigen Gang einzulegen. Bei ungefähr 16 km/h ließ er das Pedal los, und das Auto schaltete auf einen höheren Gang.

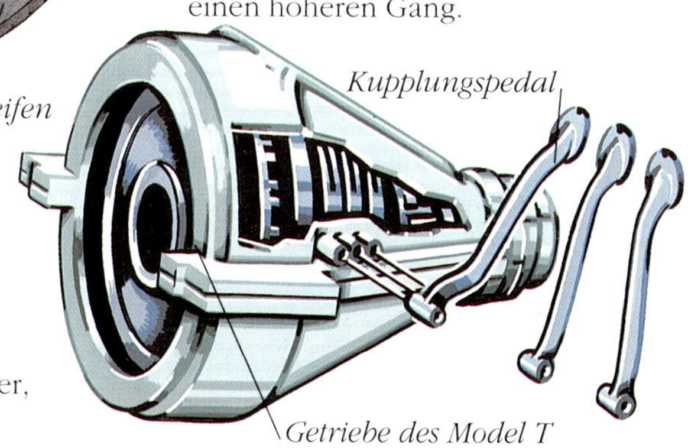

Armaturenbrett

Der Ford T hatte ein einfaches Armaturenbrett. Es bestand nur aus einem Instrument: dem Amperemeter, das den elektrischen Strom maß.

Bentley

Autoliebhaber suchten bald nach Wegen, um die Motorleistung zu erhöhen. Mitte der 20er Jahre wurden erstmals Kompressoren oder „Gebläse“ (blowers) eingesetzt. Nachdem Sir Henry „Tim“ Birkin mit einem normalen Bentley den achten Platz bei einem deutschen Rennen belegt hatte, wandte er sich an den Techniker Amherst Villiers, der einen Kompressor konstruieren sollte. Da nur wenige Bentley Blowers gebaut wurden, gehöhren sie heute zu den begehrtesten Sammlerstücken.

Kompressor-Bestandteile

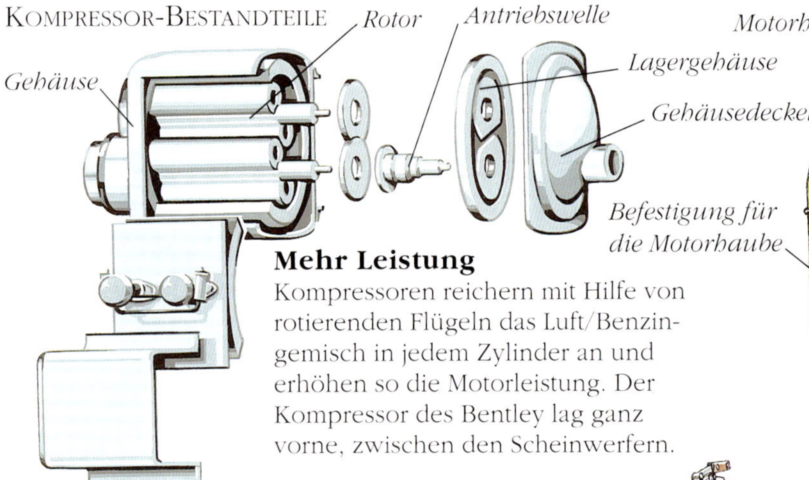

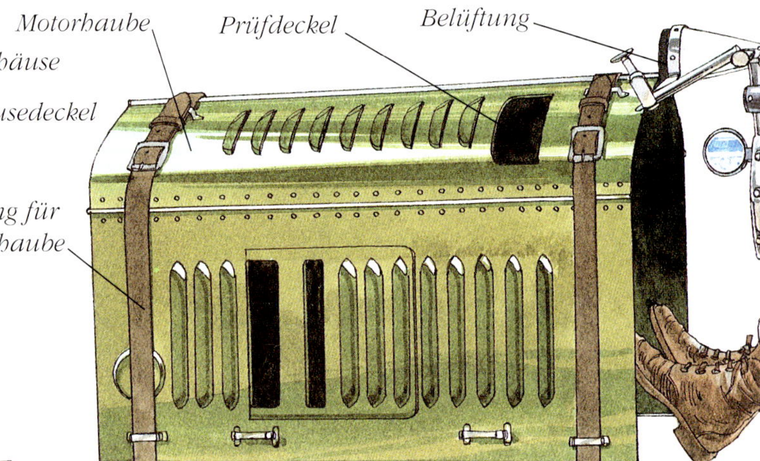

Mehr Leistung

Kompressoren reichern mit Hilfe von rotierenden Flügeln das Luft/Benzingemisch in jedem Zylinder an und erhöhen so die Motorleistung. Der Kompressor des Bentley lag ganz vorne, zwischen den Scheinwerfern.

Alles über Motoren

Der Motor eines Autos mischt Benzin mit Luft und verbrennt das Gemisch in den Motorzylindern. Die entstehenden Gase breiten sich schnell aus und drücken auf die Kolben, die dann die Kurbelwelle und die Räder antreiben.

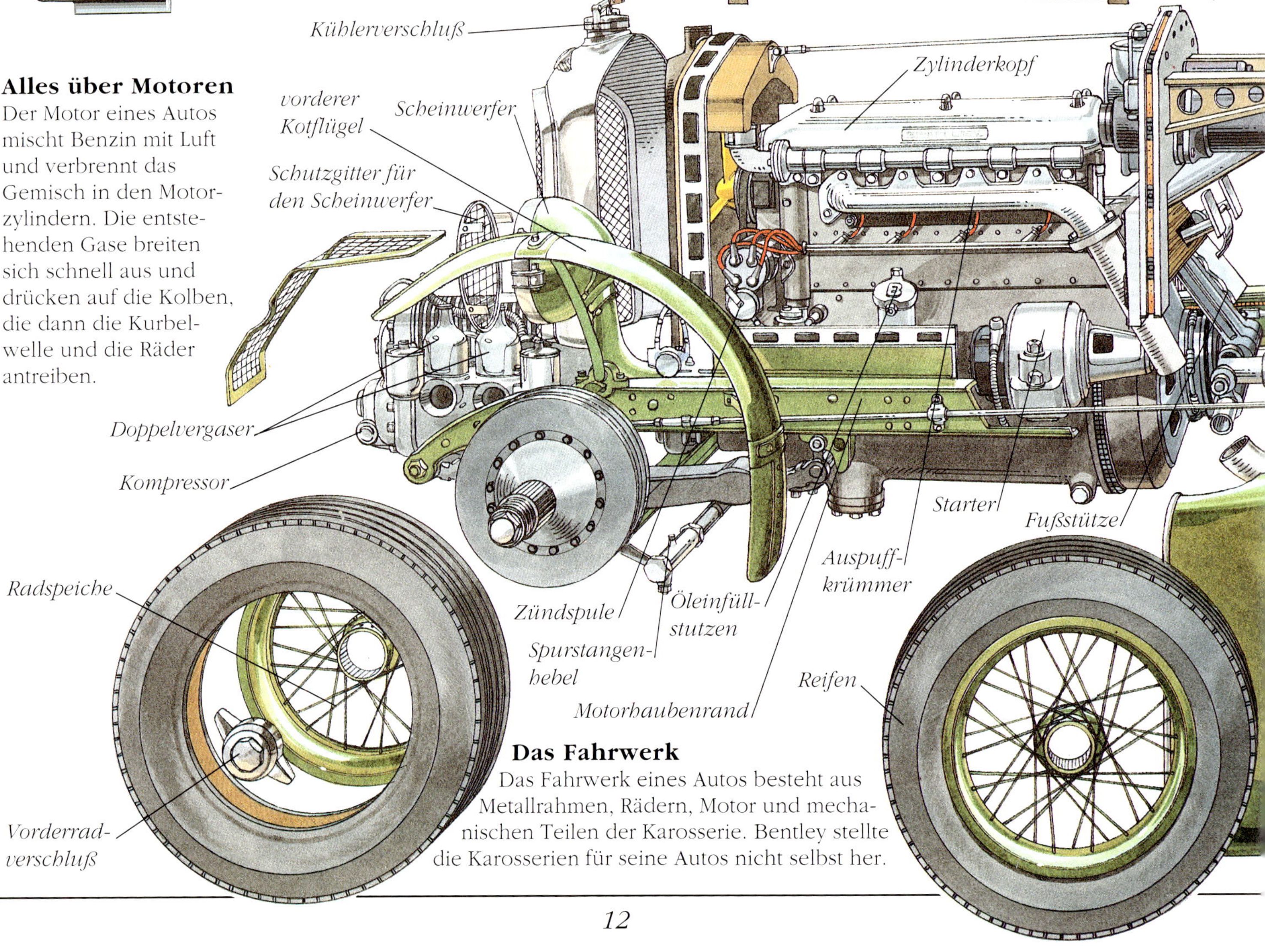

Das Fahrwerk

Das Fahrwerk eines Autos besteht aus Metallrahmen, Rädern, Motor und mechanischen Teilen der Karosserie. Bentley stellte die Karosserien für seine Autos nicht selbst her.

Das Armaturenbrett

Das Armaturenbrett des Blower bestand aus Aluminium und enthielt mehr Instrumente als viele Flugzeuge jener Zeit. Es gab kein Standarddesign, aber bei den meisten Modellen war der Tachometer gleich links vom Lenkrad. Die Benzinuhr war links daneben, gleich unter dem Drehzahlmesser. Wenn der Fahrer die Drehzahlen ablas, konnte er auf einen Blick erkennen, was der Motor leistete.

TECHNISCHE DATEN

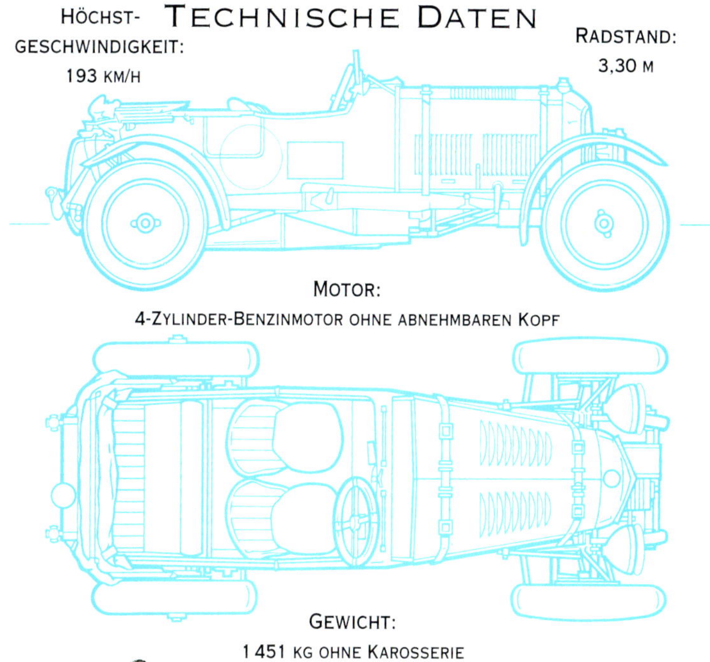

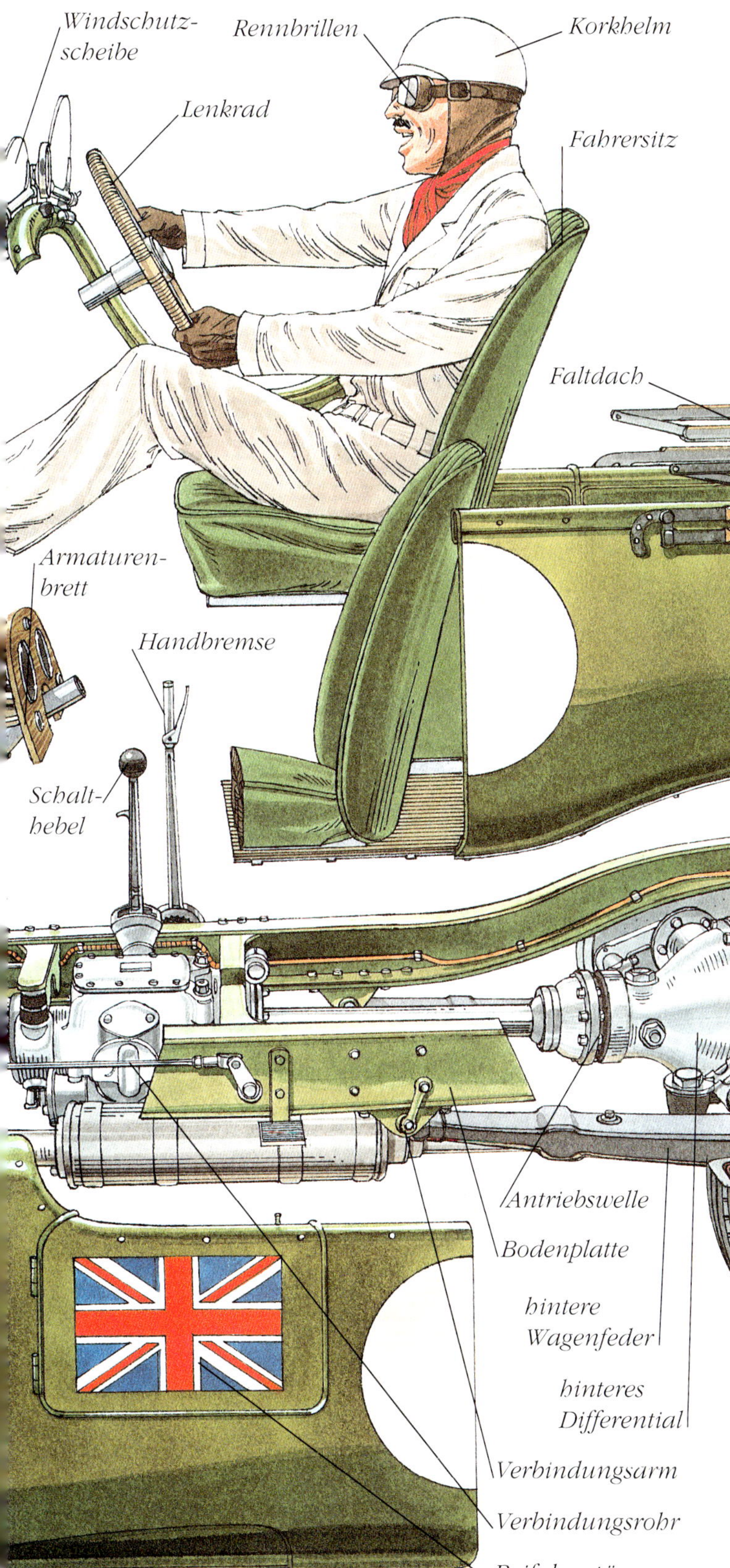
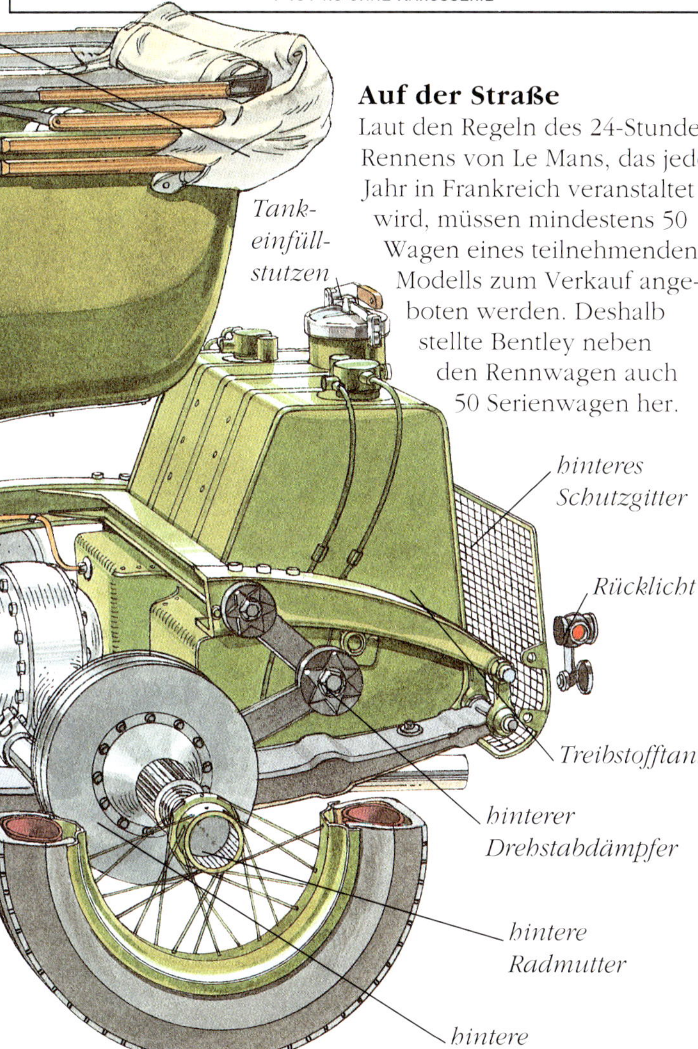

Auf der Straße

Laut den Regeln des 24-Stunden-Rennens von Le Mans, das jedes Jahr in Frankreich veranstaltet wird, müssen mindestens 50 Wagen eines teilnehmenden Modells zum Verkauf angeboten werden. Deshalb stellte Bentley neben den Rennwagen auch 50 Serienwagen her.

„Verfälscht“

Walter O. Bentley, der Gründer der Firma, wollte keine Autos mit Kompressor herstellen. „Ein Bentley mit Kompressor“, sagte er, „verfälscht seine Leistung.“ Schon bevor der Blower produziert wurde, war die Firma in Geldnot. 1931 wurde sie von Rolls-Royce übernommen.

Citroen

IM JAHR 1932 KÜNDIGTE der französische Fahrzeughersteller André Citroën an, daß er ein starkes, leichtes Auto mit einigen Neuerungen produzieren würde. In 18 Monaten war der erste *Traction Avant,* der 7CV der „A-Serie“, fertig. Citroëns großes Verdienst war, daß er ein Auto mit modernster Technik hergestellt hatte zu einem Preis, den alle Menschen zahlen konnten. Er starb 1935 fast pleite, doch sein *Traction Avant* wurde in verschiedenen Ausführungen bis 1957 produziert. Sogar heute gibt es noch einige davon, liebevoll gepflegt von ihren glücklichen Besitzern.

Antrieb von vorne

Citroën wollte Vorderradantrieb für seinen Wagen. Er wurde von den Vorderrädern gezogen und nicht von den Hinterrädern geschoben. Daher kam auch der Name: *Traction Avant* ist der französische Name für „Vorderradantrieb“.

Für Schafe konstruiert

Frühe Werbung für den Citroën zeigte, wie der Wagen mit seinem geraden Boden zum Transport von Tieren, wie zum Beispiel Schafen, verwendet werden konnte.

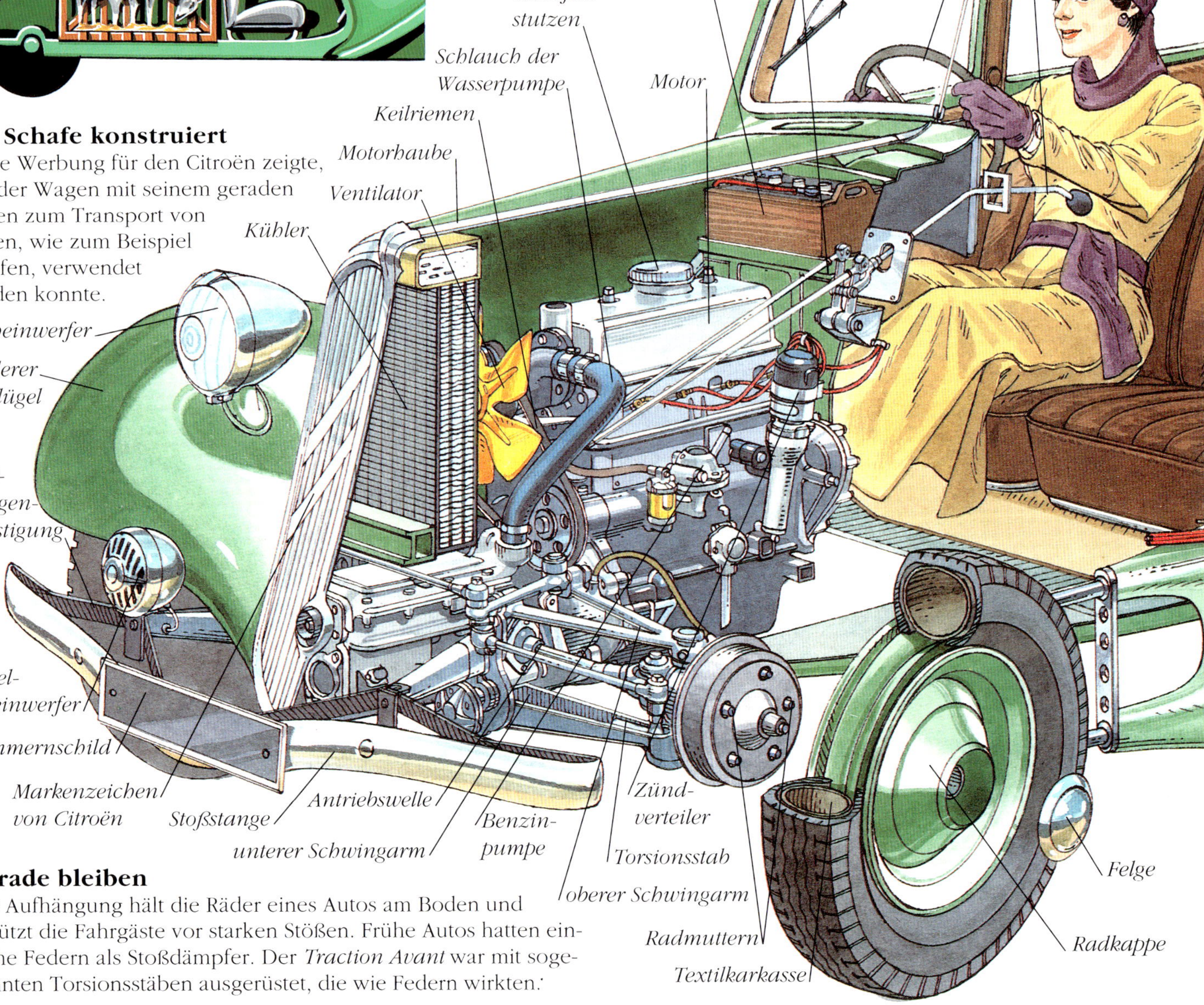

Gerade bleiben

Die Aufhängung hält die Räder eines Autos am Boden und schützt die Fahrgäste vor starken Stößen. Frühe Autos hatten einfache Federn als Stoßdämpfer. Der *Traction Avant* war mit sogenannten Torsionsstäben ausgerüstet, die wie Federn wirkten.

Technische Daten

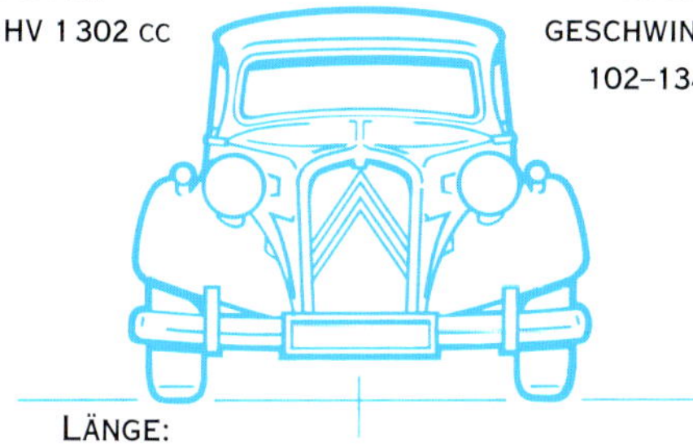

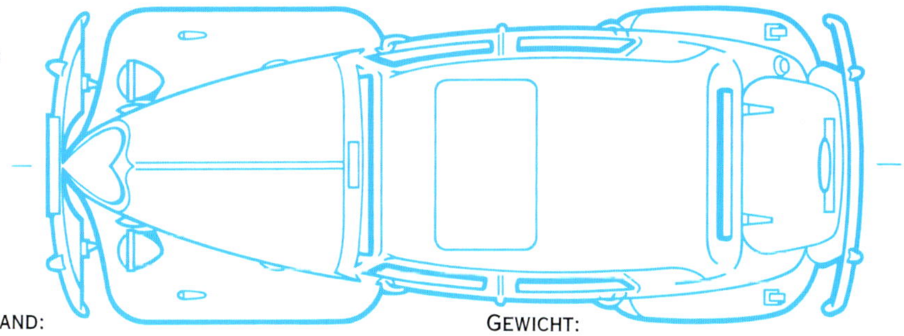

Motor:
1,40 HV 1 302 cc

Höchstgeschwindigkeit:
102–134 km/h

Länge:
4,8 m

Radstand:
2,83 m (7CV11 Légère)

Gewicht:
1 205–1 341 kg

Antrieb

Die Übersetzung ist ein mechanisches System, das den Drehmoment, also die Kraft, die etwas bewegt, vom Motor auf die Räder überträgt. Sie besteht aus Getriebe, Kupplung, Kardanwelle, Vorder- oder Hinterradantrieb und Nockenwelle.

Die erste Hecktür

Kurz nach Erscheinen der „A-Serie“ des 7CV kam der 11 hinzu. Er hatte einen größeren Motor und war geräumiger. Man konnte auch den hinteren Deckel heben, und so war er das erste Hecktürmodell.

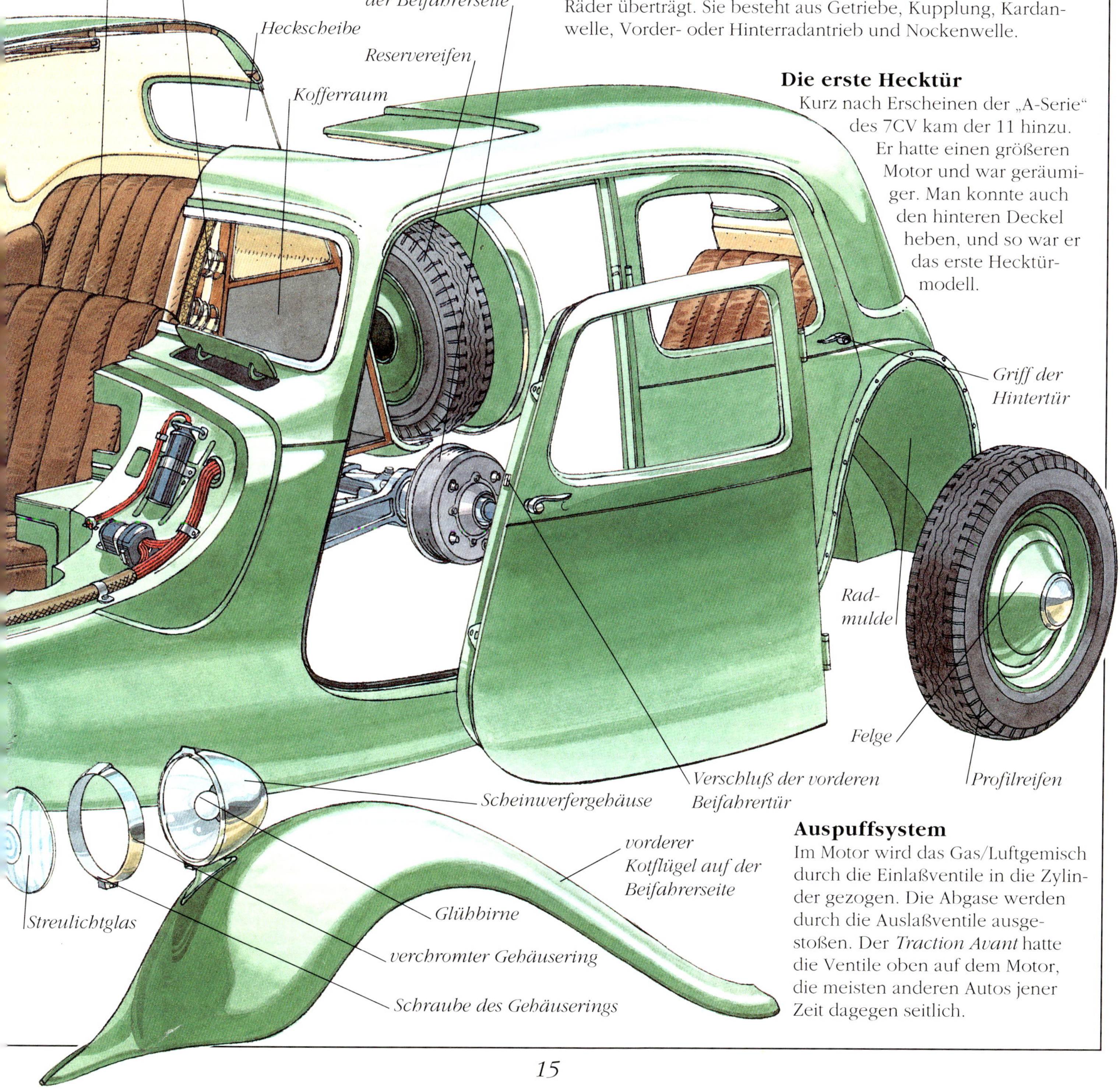

Auspuffsystem

Im Motor wird das Gas/Luftgemisch durch die Einlaßventile in die Zylinder gezogen. Die Abgase werden durch die Auslaßventile ausgestoßen. Der *Traction Avant* hatte die Ventile oben auf dem Motor, die meisten anderen Autos jener Zeit dagegen seitlich.

Willys Jeep

Die amerikanische Armee verwendete im II. Weltkrieg den Jeep für alles. Wie ein Experte meinte, „legte er Nebelwände, stellte heißes Wasser zum Rasieren bereit, diente als mobiler Kommandoposten, Rettungswagen für die Front, Feldtelefon, Feuerwehrauto und Schneepflug ... er lieferte Verpflegung, schleppte Artillerie und Flugzeuge, und die flache Motorhaube wurde als Karten-, Eß- und Altartisch verwendet." Kein Wunder, daß der Jeep als Amerikas größter Beitrag zur modernen Kriegführung gefeiert wurde!

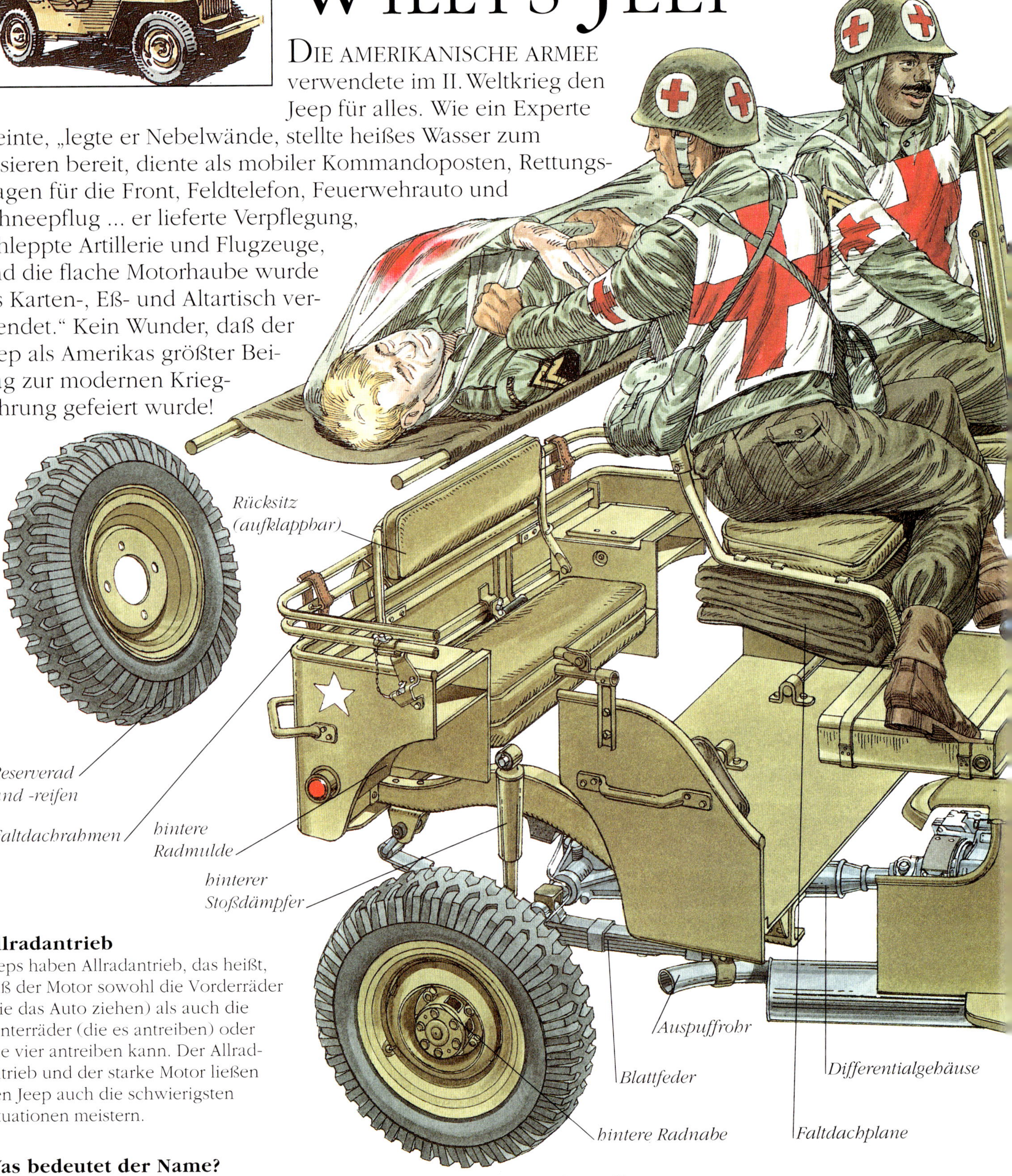

Allradantrieb

Jeeps haben Allradantrieb, das heißt, daß der Motor sowohl die Vorderräder (die das Auto ziehen) als auch die Hinterräder (die es antreiben) oder alle vier antreiben kann. Der Allradantrieb und der starke Motor ließen den Jeep auch die schwierigsten Situationen meistern.

Was bedeutet der Name?

Auf den ersten Wagen waren seitlich die Buchstaben GP (für general purpose, Universalfahrzeug) aufgemalt. Frühe Modelle bekamen Namen wie „Bug", „Blitz Buggy", „Peep", „Midget", „Quack" und „Quad", aber als ein Soldat die Buchstaben GP sah, verband er sie zu „Jeep". Dabei blieb's.

„Wir wollen ..."

Als das amerikanische Militär den Lastwagen bestellte, der zum Jeep werden sollte, verlangte es ein Fahrzeug, das Wasser durchqueren, eine Steigung bis 45° und ein Gefälle von 35° bewältigen konnte.

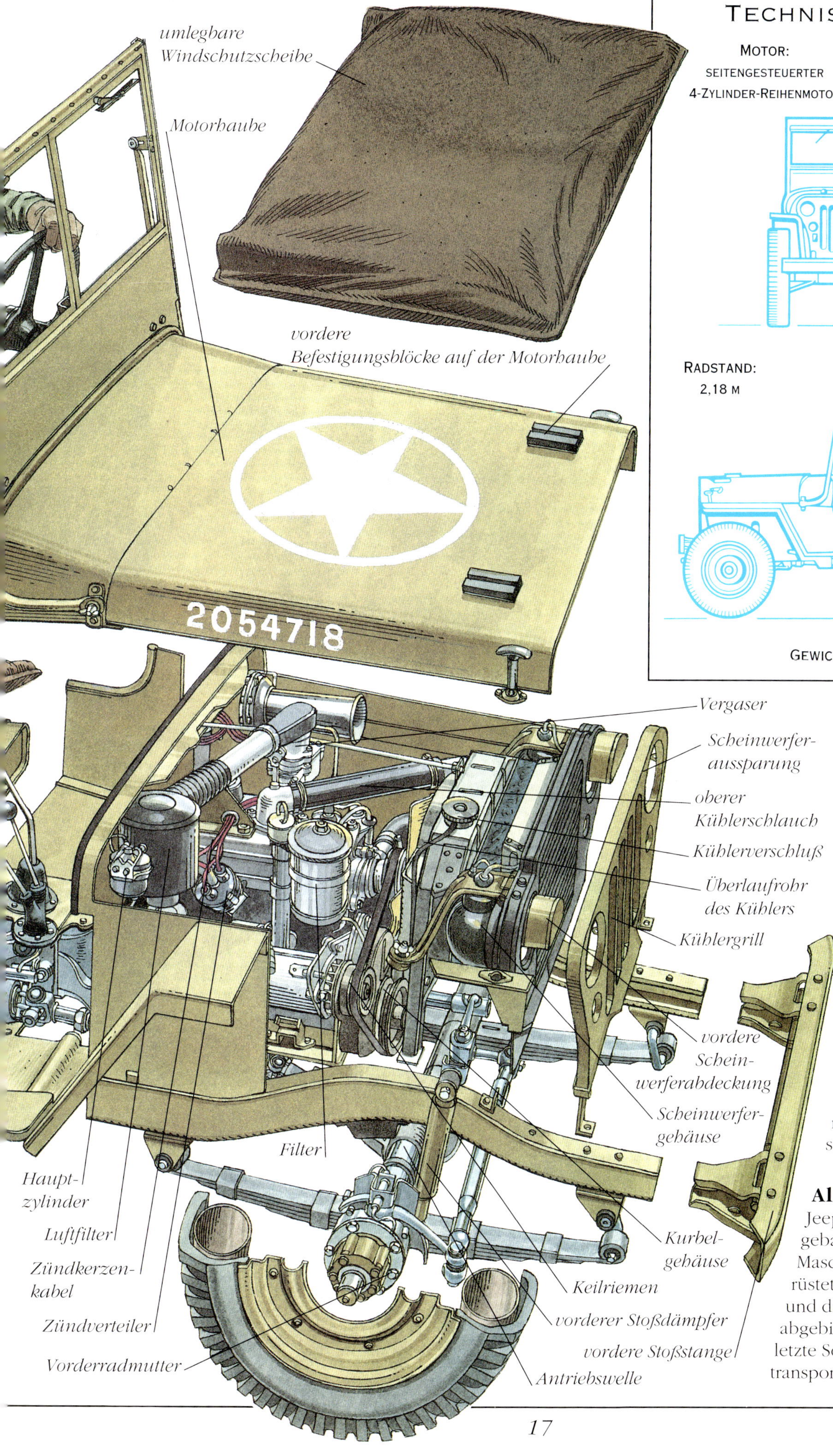

Technische Daten

Motor: seitengesteuerter 4-Zylinder-Reihenmotor

Höchstgeschwindigkeit: 104 km/h

Radstand: 2,18 m

Länge: 3,36 m

Gewicht: 1 062,20 kg

Lieferfirma

Als erste Firma lieferte die Bantam Car Corporation dem amerikanischen Militär Jeeps. Der Großteil der Jeeps wurde von Willys Overland Motors Inc. und Ford hergestellt.

Rein funktionell

Jeeps sollten nicht bequem sein. Die Sitze bestanden aus zwei flachen Polstern und einer sehr geraden, gepolsterten Lehne. Das Metallenkrad mit drei Speichen war nicht abgedeckt, und am Armaturenbrett waren nur die nötigsten Instrumente.

Allzweckfahrzeug

Jeeps wurden für viele Zwecke gebaut. Einige waren mit Maschinengewehren ausgerüstet. Andere hatten Zusatztanks und dienten als Tankstellen. Der abgebildete Wagen konnte verletzte Soldaten auf einer Tragbahre transportieren.

KÄFER

EIN VOLKSWAGEN. Als dieser beliebte Kleinwagen auf den Markt kam, sagte jemand, daß er wie ein Käfer aussah – der Name blieb ihm. Er wurde entwickelt, weil der deutsche Diktator Adolf Hitler meinte, daß jeder Deutsche ein Auto brauchte. Der Mann, der es entwickeln sollte, war Ferdinand Porsche. Sein Auftrag war einfach: Ein kleines Auto, billig zu betreiben, das eine vier- bis fünfköpfige Familie fassen sollte, eine Reisegeschwindigkeit von 100 km/h erreichen und weniger als 1000 Reichsmark (heute ungefähr 340 DM) kosten sollte. Vor dem Krieg wurden einige Modelle für hohe Nazis gebaut, und zwischen 1939 und 1945 wurden VWs ausschließlich für das Militär hergestellt. Die Produktion in Wolfsburg begann erst richtig nach dem Krieg zu laufen: der Rest ist Geschichte. Es wurden mehr als 20 Millionen Käfer hergestellt. Kein anderes Auto wurde so lange produziert. Die Form des Autos blieb all die Jahre über im wesentlichen gleich.

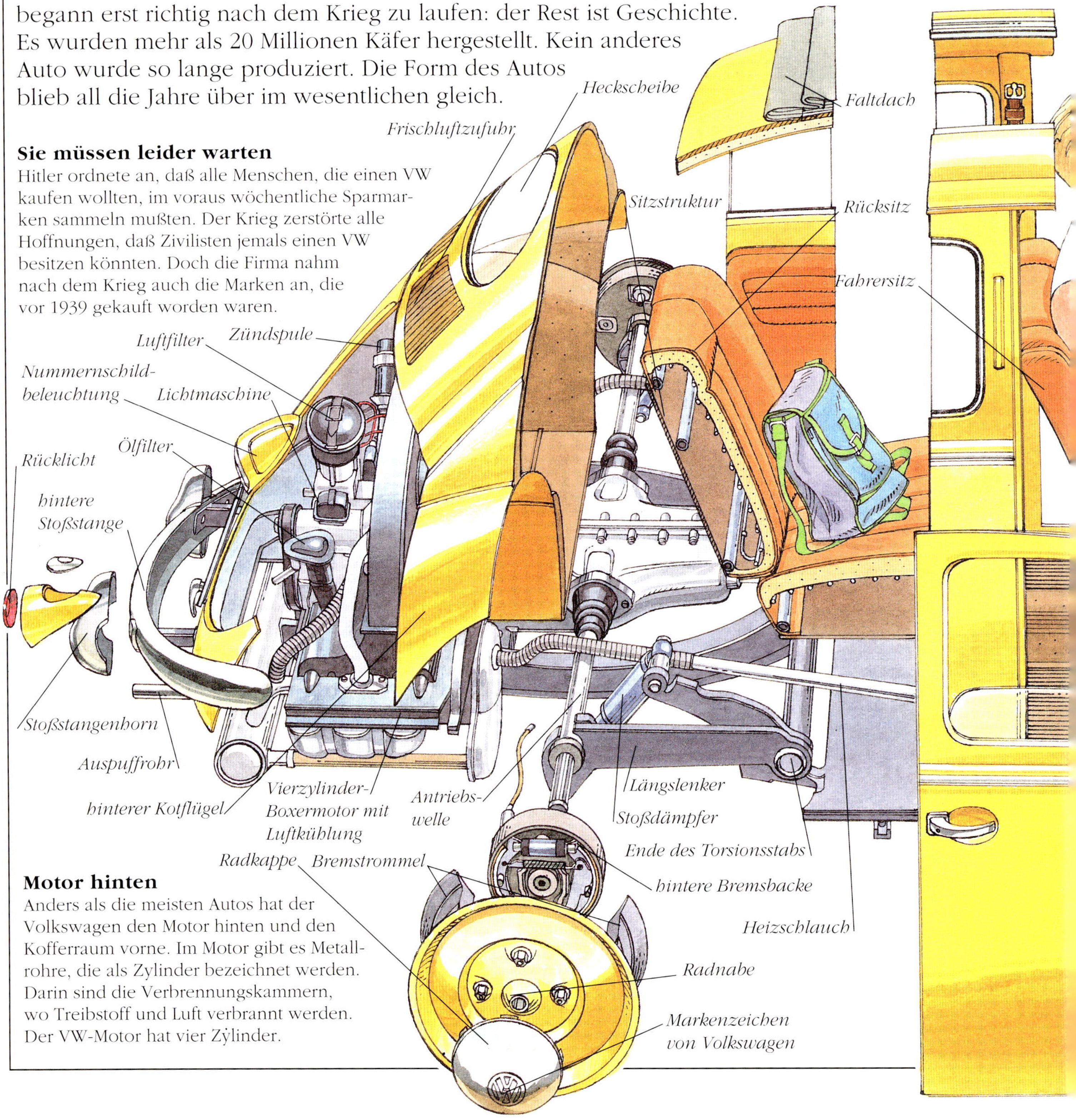

Sie müssen leider warten

Hitler ordnete an, daß alle Menschen, die einen VW kaufen wollten, im voraus wöchentliche Sparmarken sammeln mußten. Der Krieg zerstörte alle Hoffnungen, daß Zivilisten jemals einen VW besitzen könnten. Doch die Firma nahm nach dem Krieg auch die Marken an, die vor 1939 gekauft worden waren.

Motor hinten

Anders als die meisten Autos hat der Volkswagen den Motor hinten und den Kofferraum vorne. Im Motor gibt es Metallrohre, die als Zylinder bezeichnet werden. Darin sind die Verbrennungskammern, wo Treibstoff und Luft verbrannt werden. Der VW-Motor hat vier Zylinder.

Technische Daten (Exportmodell 1969)

Länge: 4,02 m

Motor: hinten montierter 4-Zylinder-Boxermotor, 1 500 cc

Radstand: 2,4 m

Gewicht: 821 kg

Gesamtproduktion: mehr als 20 Millionen

Höchstgeschwindigkeit: 126 km/h

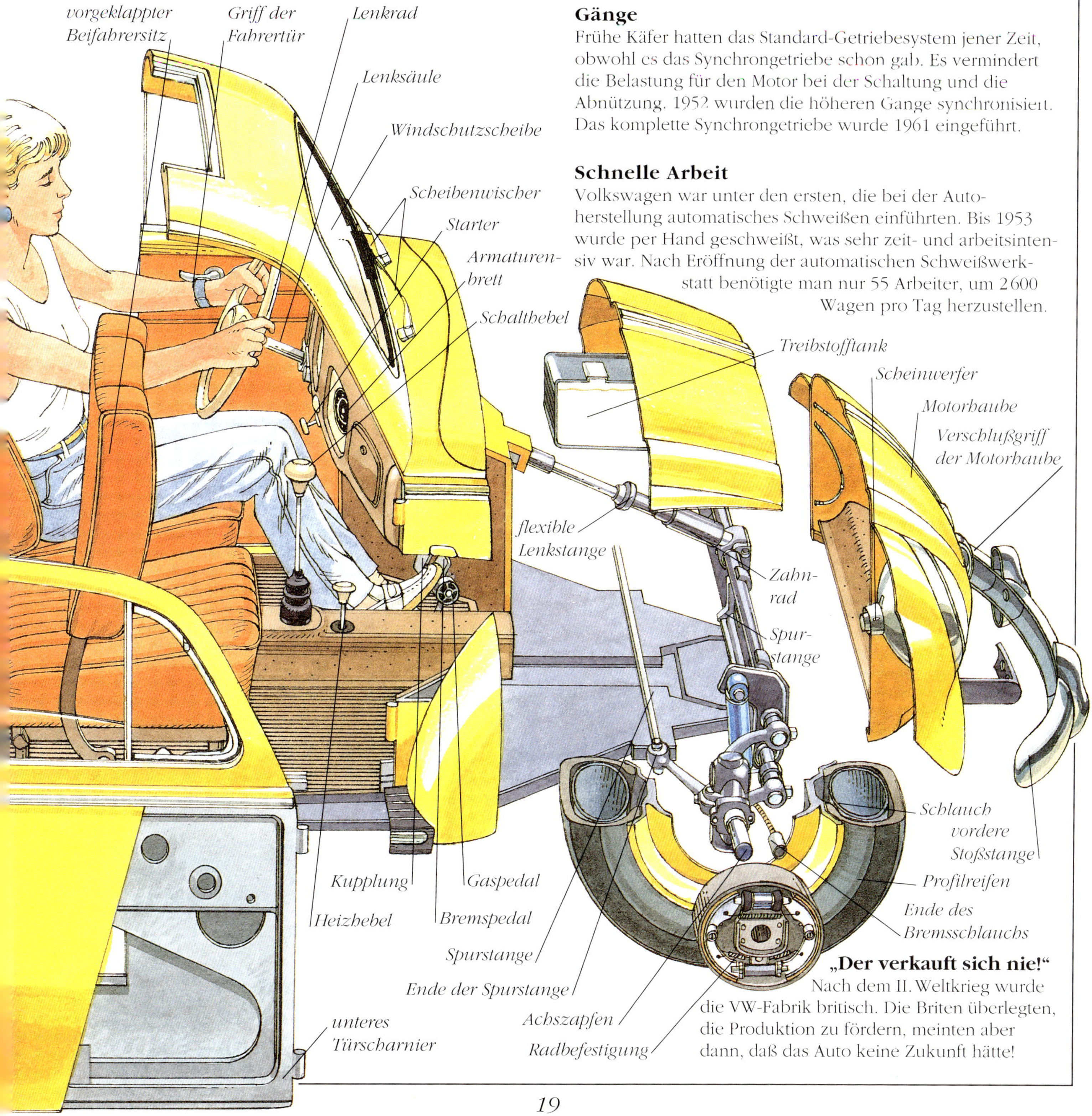

Gänge

Frühe Käfer hatten das Standard-Getriebesystem jener Zeit, obwohl es das Synchrongetriebe schon gab. Es vermindert die Belastung für den Motor bei der Schaltung und die Abnützung. 1952 wurden die höheren Gänge synchronisiert. Das komplette Synchrongetriebe wurde 1961 eingeführt.

Schnelle Arbeit

Volkswagen war unter den ersten, die bei der Autoherstellung automatisches Schweißen einführten. Bis 1953 wurde per Hand geschweißt, was sehr zeit- und arbeitsintensiv war. Nach Eröffnung der automatischen Schweißwerkstatt benötigte man nur 55 Arbeiter, um 2600 Wagen pro Tag herzustellen.

„Der verkauft sich nie!"

Nach dem II. Weltkrieg wurde die VW-Fabrik britisch. Die Briten überlegten, die Produktion zu fördern, meinten aber dann, daß das Auto keine Zukunft hätte!

Flügeltürer

Im Jahr 1952 wollte der Vorsitzende der deutschen Firma Daimler-Benz der Welt zeigen, daß seine Firma nach dem II. Weltkrieg zurück war. Das Auto, das dazu auserkoren war, war der neue 300SL (Sports Light). SL belegten 1952 beim Rennen Mille Miglia die Plätze zwei und vier und gewannen im selben Jahr Le Mans und die Carrera Panamericana. Mercedes-Benz plante nicht, Serienmodelle zu produzieren, bis ein amerikanischer Autoimporteur 1000 Wagen bestellte. Das Auto wurde 1954 bei der New Yorker Auto-Show vorgestellt und war damals wie heute eine Sensation.

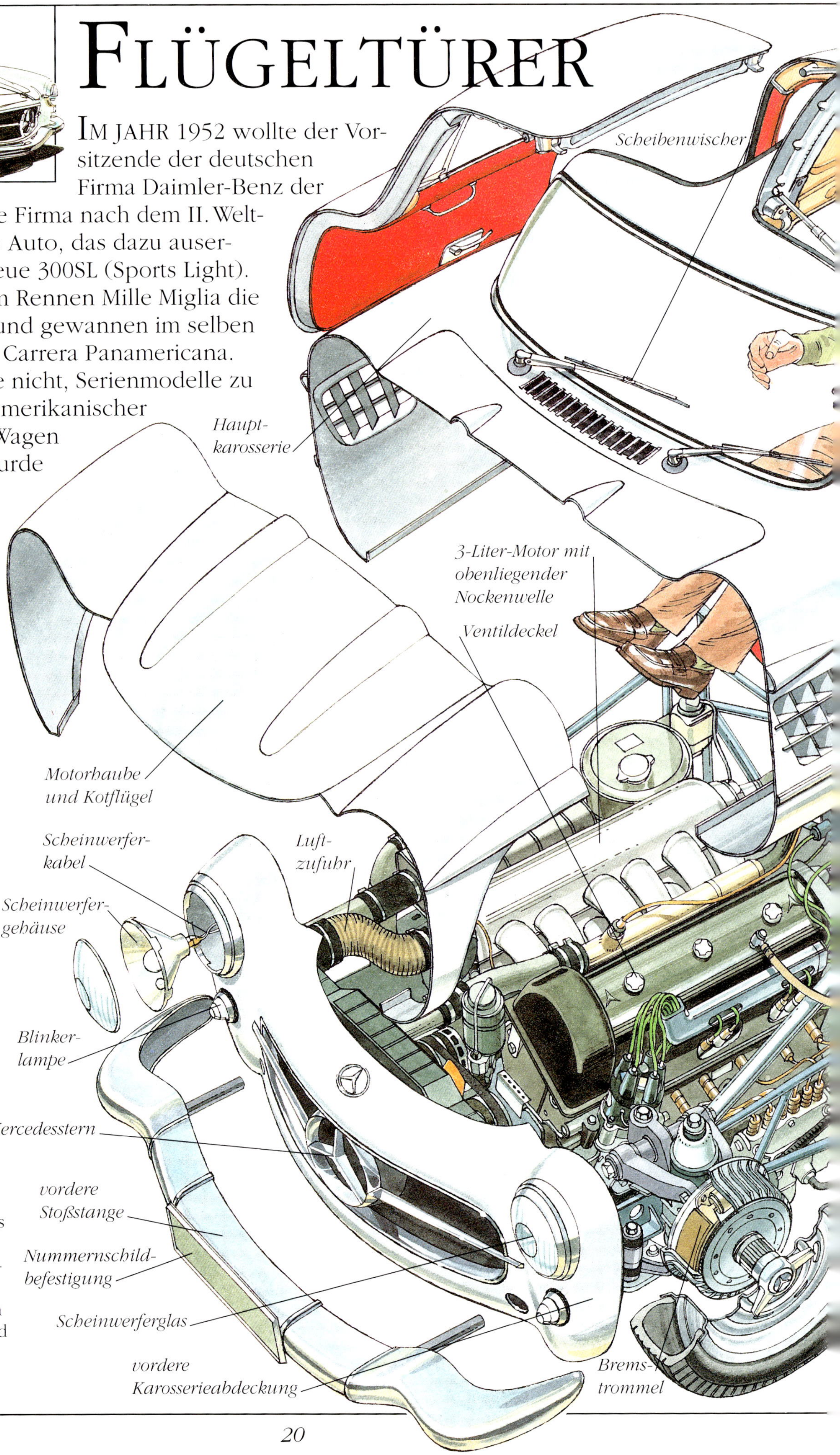

Flügeltüren

Die Türen waren am Dach befestigt und gingen nach oben auf. Dadurch bekam das Auto den Namen „Flügeltürer". Doch wenn ein Fahrer zu nahe an einer Wand parkte, konnte er die Tür auf dieser Seite nicht öffnen, da sie zu weit ausschwang.

Verschwunden, aber nicht vergessen

Mitte 1957 wurde der Flügeltürer vom 300SL Roadster abgelöst, der normale Türen hatte. Insgesamt wurden 1 440 Flügeltürer und 1 858 Sportwagen produziert.

Leicht oder schwer

Das Rennmodell hatte eine Leichtmetall-Karosserie, was ihm auch den Namen SL, „Sports Light", gab. Ein normales Straßenauto war viel schwerer, da es (abgesehen von Motorhaube, Türen und Kofferraumdeckel) aus viel härterem Stahl bestand.

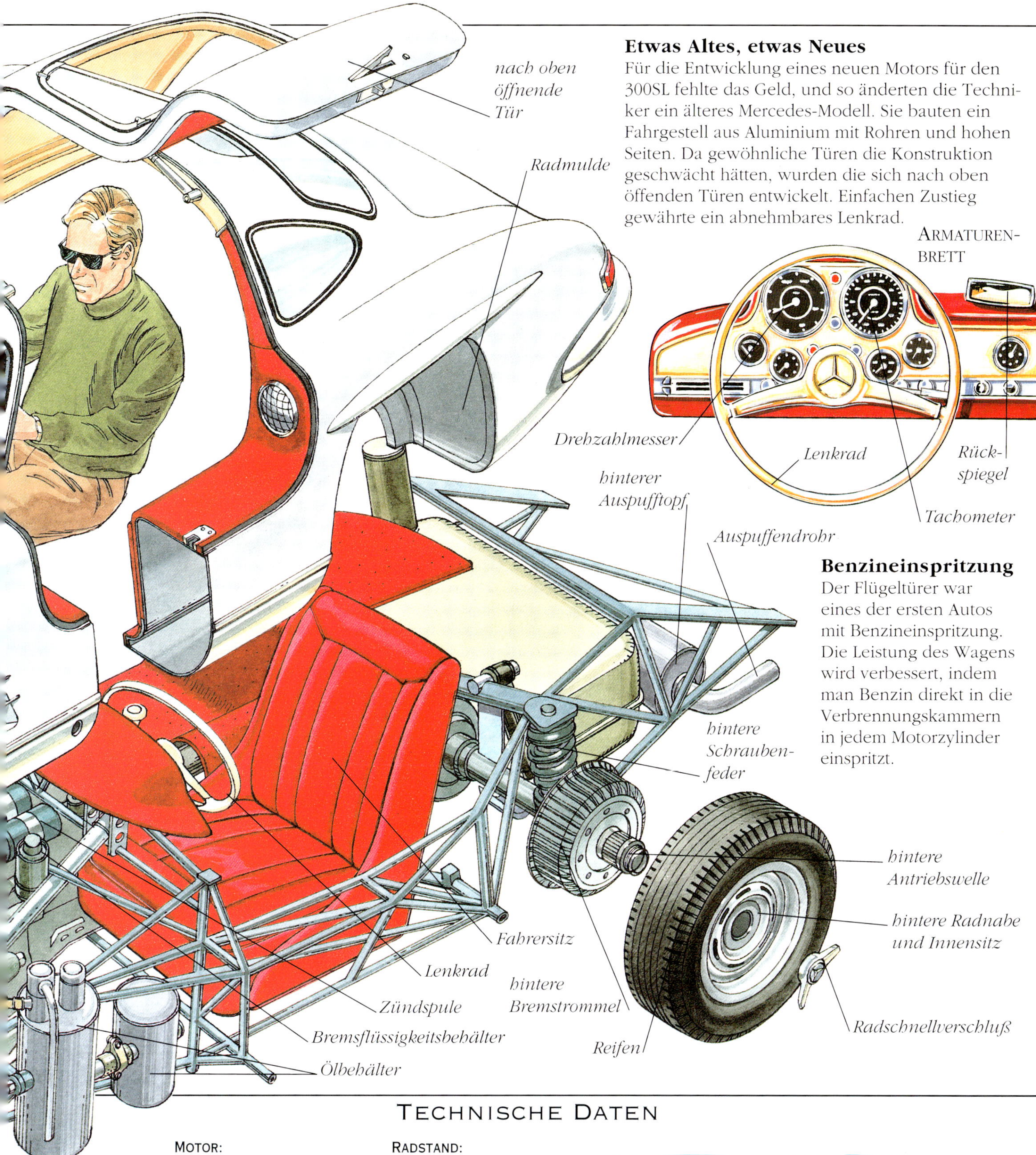

Etwas Altes, etwas Neues

Für die Entwicklung eines neuen Motors für den 300SL fehlte das Geld, und so änderten die Techniker ein älteres Mercedes-Modell. Sie bauten ein Fahrgestell aus Aluminium mit Rohren und hohen Seiten. Da gewöhnliche Türen die Konstruktion geschwächt hätten, wurden die sich nach oben öffenden Türen entwickelt. Einfachen Zustieg gewährte ein abnehmbares Lenkrad.

Benzineinspritzung

Der Flügeltürer war eines der ersten Autos mit Benzineinspritzung. Die Leistung des Wagens wird verbessert, indem man Benzin direkt in die Verbrennungskammern in jedem Motorzylinder einspritzt.

Technische Daten

Motor:
3-Liter-Motor mit obenliegender Nockenwelle (2.996 cc)

Radstand:
2,4 m

Länge:
4,4 m

Höchstgeschwindigkeit:
240 km/h

Gewicht:
1 250 kg

CADILLAC

CADILLAC STELLT SEIT 1902 AUTOS HER, und Millionen Amerikaner träumen davon, einen zu besitzen. Hinter dem Lenkrad eines Cadillac zu sitzen bedeutet, reich und erfolgreich zu sein, oder reiche, erfolgreiche Eltern zu haben. Cadillac achtete bei der Autoentwicklung immer auf Stil, Geschmack und Stimmung der Zeit. In den 50er Jahren waren die Autos so bunt und glitzernd wie der Rock 'n' Roll, der aus den Radios dröhnte. Zwei der großen, glitzernden „Benzinsäufer" von 1957 waren der Sedan de Ville und der Coupe de Ville. Sie waren ca. sechs Meter lang, hatten extravagante Heckflossen, glänzende Stoßstangen und Kühlergrills und flotte Seitenteile.

CADILLAC SEDAN DE VILLE, 1957

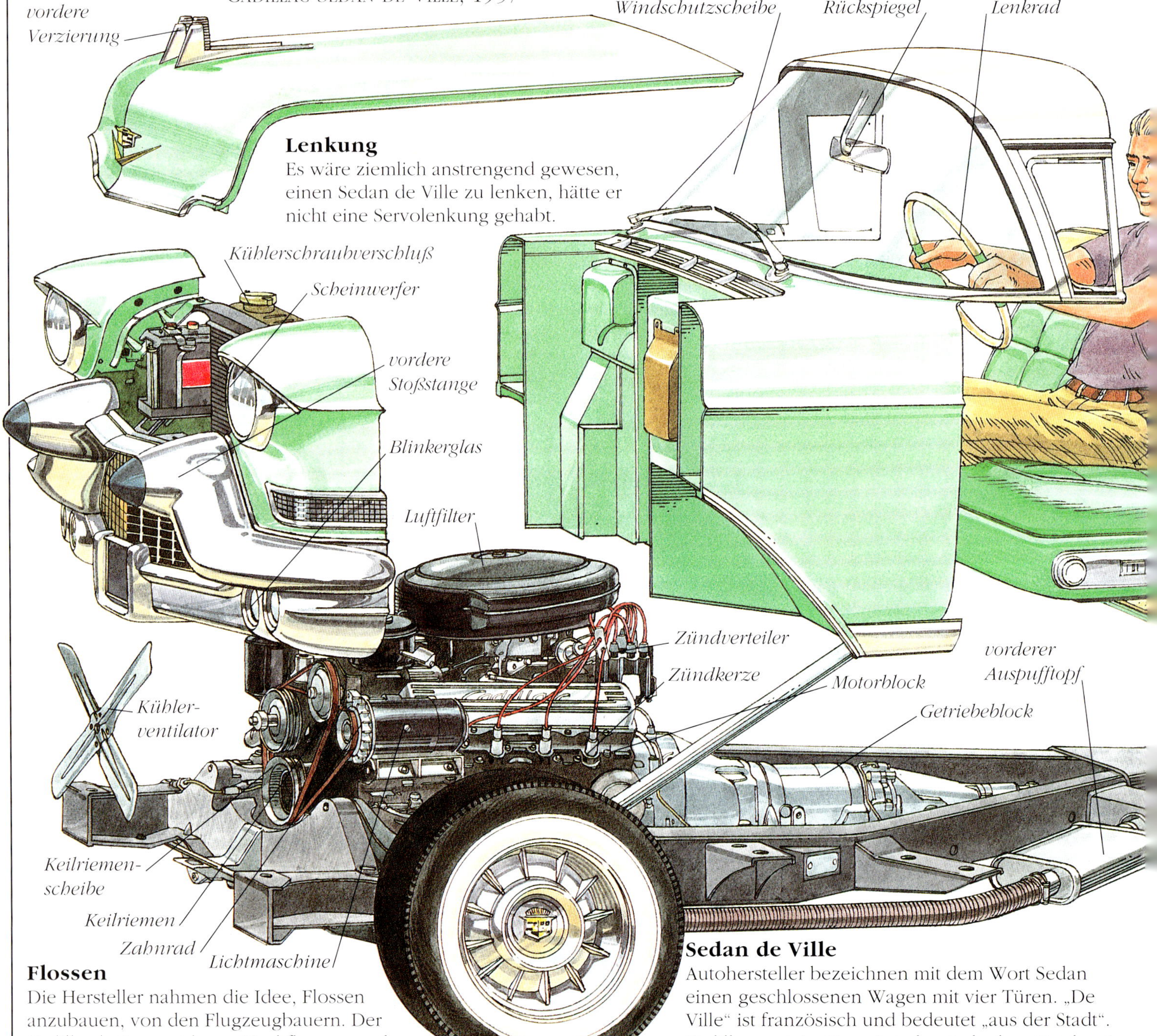

Lenkung

Es wäre ziemlich anstrengend gewesen, einen Sedan de Ville zu lenken, hätte er nicht eine Servolenkung gehabt.

Flossen

Die Hersteller nahmen die Idee, Flossen anzubauen, von den Flugzeugbauern. Der Cadillac hatte zwei lange Heckflossen, und sogar auf den Radkappen waren winzige Flossen.

Sedan de Ville

Autohersteller bezeichnen mit dem Wort Sedan einen geschlossenen Wagen mit vier Türen. „De Ville" ist französisch und bedeutet „aus der Stadt". Cadillac meinte, Französisch würde den „Reichen" gefallen, die sich ein solches Auto leisten konnten.

Technische Daten (zweitüriger Coupe de Ville von 1957)

Länge: 5,5 m

Höchstgeschwindigkeit: 182 km/h

Radstand: 3,3 m

Motor: 300 BHP, 8 Zylinder

Gewicht: 2084 kg

Schnell abblenden

Auf dem Armaturenbrett war ein „autronisches Auge“, das bei entgegenkommenden Fahrzeugen automatisch abblendete.

Der Kofferraum

Der Cadillac hatte einen viel tieferen Kofferraum als andere Autos, so daß man Gepäck leichter ein- und ausladen konnte.

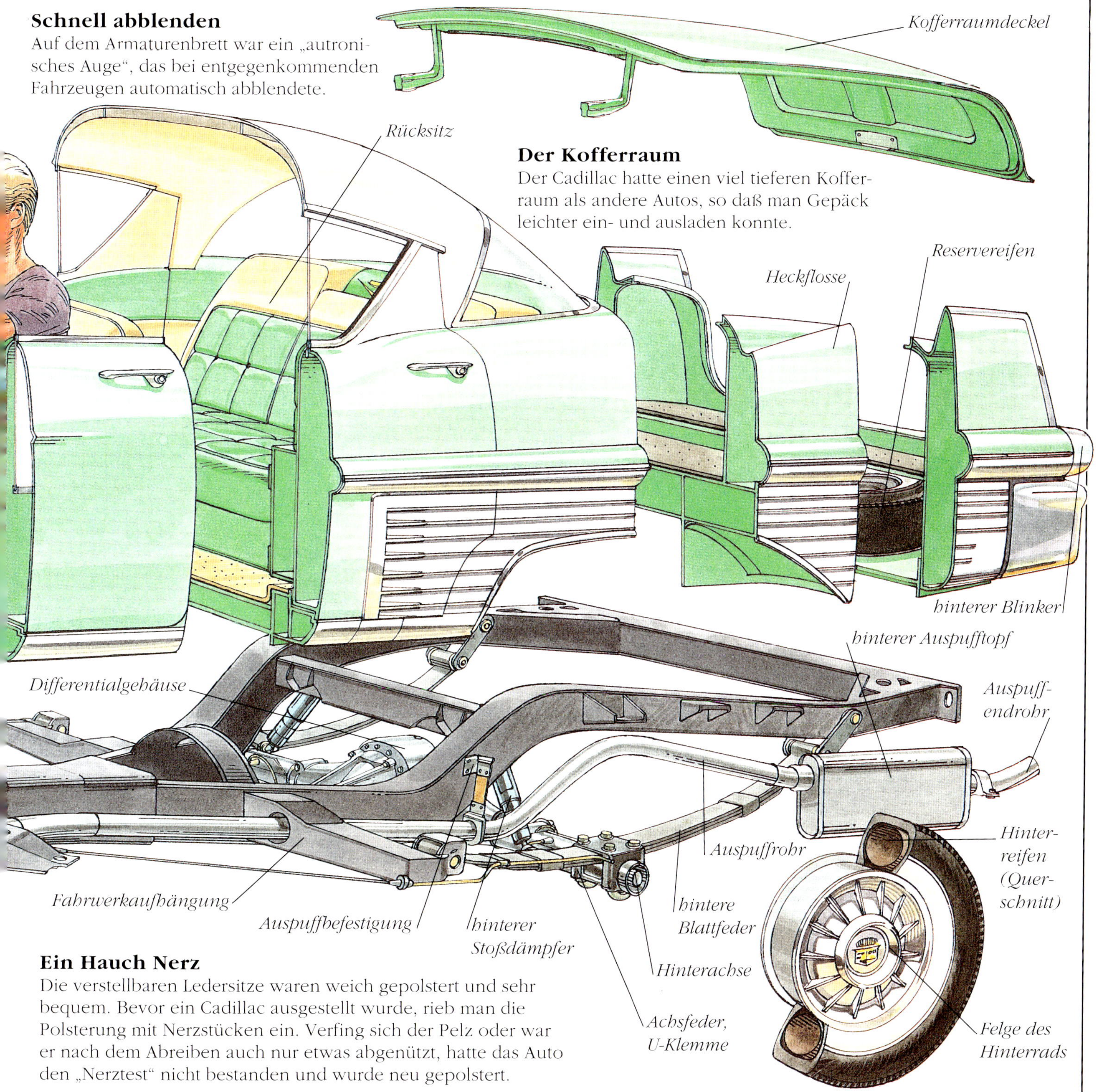

Ein Hauch Nerz

Die verstellbaren Ledersitze waren weich gepolstert und sehr bequem. Bevor ein Cadillac ausgestellt wurde, rieb man die Polsterung mit Nerzstücken ein. Verfing sich der Pelz oder war er nach dem Abreiben auch nur etwas abgenützt, hatte das Auto den „Nerztest“ nicht bestanden und wurde neu gepolstert.

Austin Mini

Im Jahr 1957 wurde Alex Issigonis, der Chefkonstrukteur der British Motor Corporation (BMC), beauftragt, den kleinsten 4-Personenwagen zu entwickeln. Zwei Jahre später wurde der Mini vorgestellt. Zuerst nahmen wenige das Auto ernst. Doch als klar wurde, daß der Mini geräumig, wirtschaftlich und sparsam im Verbrauch war, stieg der Absatz sprunghaft an. 1986 rollte der fünfmillionste Mini vom Förderband.

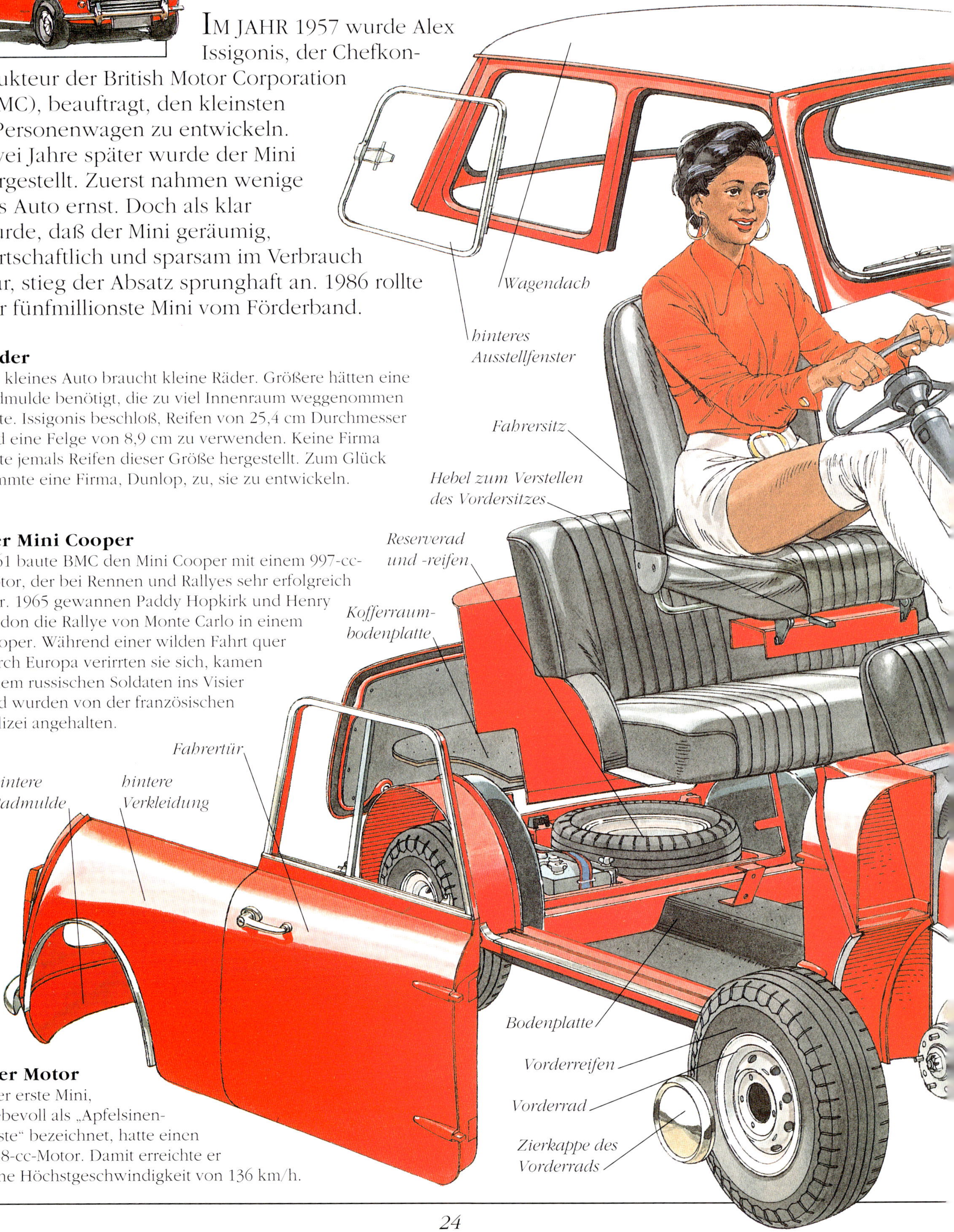

Räder

Ein kleines Auto braucht kleine Räder. Größere hätten eine Radmulde benötigt, die zu viel Innenraum weggenommen hätte. Issigonis beschloß, Reifen von 25,4 cm Durchmesser und eine Felge von 8,9 cm zu verwenden. Keine Firma hatte jemals Reifen dieser Größe hergestellt. Zum Glück stimmte eine Firma, Dunlop, zu, sie zu entwickeln.

Der Mini Cooper

1961 baute BMC den Mini Cooper mit einem 997-cc-Motor, der bei Rennen und Rallyes sehr erfolgreich war. 1965 gewannen Paddy Hopkirk und Henry Liddon die Rallye von Monte Carlo in einem Cooper. Während einer wilden Fahrt quer durch Europa verirrten sie sich, kamen einem russischen Soldaten ins Visier und wurden von der französischen Polizei angehalten.

Der Motor

Der erste Mini, liebevoll als „Apfelsinenkiste" bezeichnet, hatte einen 948-cc-Motor. Damit erreichte er eine Höchstgeschwindigkeit von 136 km/h.

Der Mini Moke

Früh in der Geschichte des Mini testete die britische Armee einen Mini Jeep. Der Wagen, der aufgrund der Tests gebaut wurde, war bei Surfern beliebter als bei Soldaten. Die Armee bestellte ihn nie, doch erlangte der Moke mit seiner einfachen Karosserie und dem Faltdach vor allem in warmen Ländern Kultstatus.

Radaufhängung

Die Radaufhängung verhindert, daß Stöße zu den Passagieren durchdringen. Die Räder hüpfen auf und ab, aber die Schläge werden von Federn und Stoßdämpfern aufgenommen.

TECHNISCHE DATEN (MODELL VON 1967)

HÖCHSTGESCHWINDIGKEIT: 120 KM/H

LÄNGE: 2,54 M

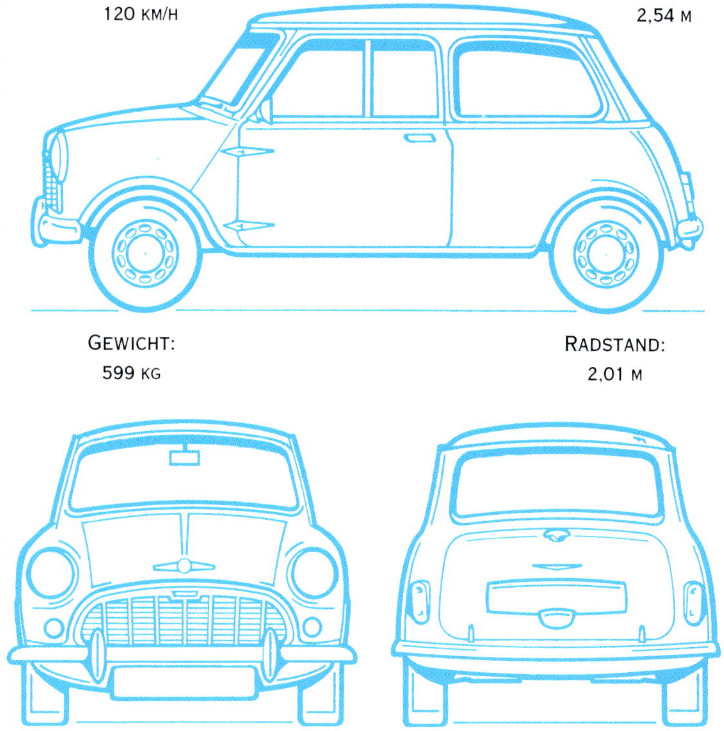

GEWICHT: 599 KG

RADSTAND: 2,01 M

MOTOR: 1,4-LITER-MOTOR MIT OBENGESTEUERTEN VENTILEN, QUERLIEGEND, 998 CC

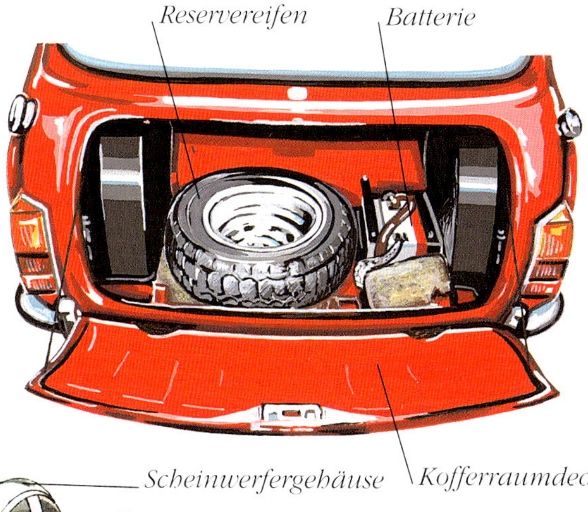

DETAILS DES KOFFERRAUMS

Zündverteiler und Spule

Durch die Lage des Motors lagen beim Mini Zündverteiler und Zündspule, Teile der Elektrik des Wagens, direkt hinter dem Kühlergrill. Bei Nässe gelangte Wasser darauf, und der Motor starb ab. Niemand bemerkte dies 1959 bei den Tests, da der Sommer trocken war. Die Konstruktion wurde geändert, doch trotzdem haben manche Fahrer noch heute Probleme, ihren Mini bei Regen zu starten.

Rallye-Auto

RALLYES sind wahrscheinlich die härtesten und schwersten Autorennen. Die Wagen müssen sich über Gebirgsstraßen, durch Wüsten und Schneestürme kämpfen, Flüsse überqueren und in halsbrecherischer Geschwindigkeit durch enge Straßen flitzen. Sie müssen unter arktischen Bedingungen ebenso gut funktionieren wie in heißen Sandstürmen. Bedingung für die Teilnahme ist, daß mindestens 5000 Modelle von jedem Auto hergestellt werden. Unter den vielen Firmen, die Rallye-Autos produzieren, ist der japanische Autohersteller Toyota.

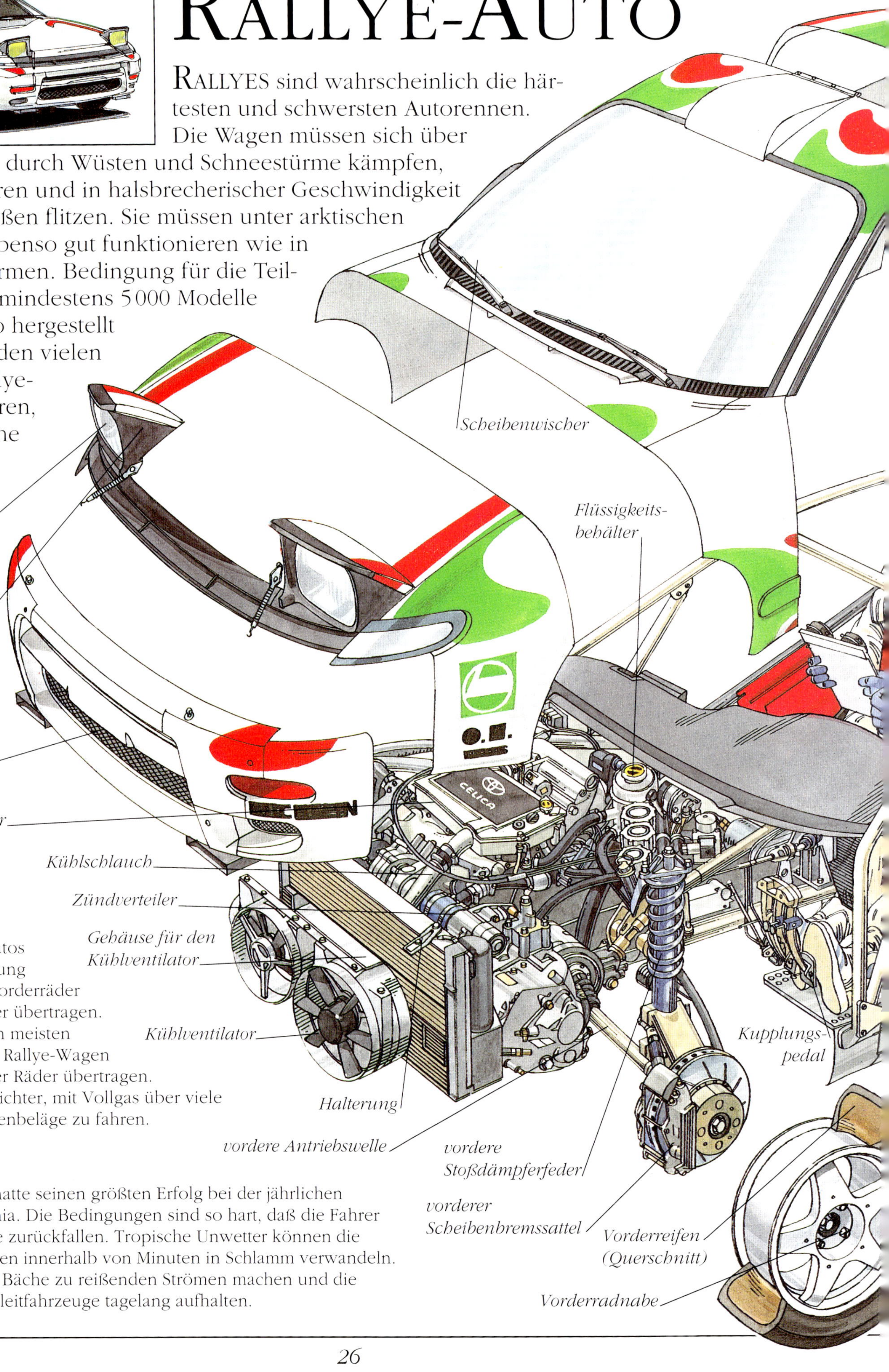

Vierradantrieb

Bei den meisten Autos wird die Motorleistung entweder auf die Vorderräder oder die Hinterräder übertragen. Bei Toyota und den meisten anderen modernen Rallye-Wagen wird sie auf alle vier Räder übertragen. Dadurch wird es leichter, mit Vollgas über viele verschiedene Straßenbeläge zu fahren.

Die Safari

Das Toyota-Team hatte seinen größten Erfolg bei der jährlichen Safari-Rallye in Kenia. Die Bedingungen sind so hart, daß die Fahrer manchmal um Tage zurückfallen. Tropische Unwetter können die unbefestigten Straßen innerhalb von Minuten in Schlamm verwandeln. Sie können seichte Bäche zu reißenden Strömen machen und die Autos und ihre Begleitfahrzeuge tagelang aufhalten.

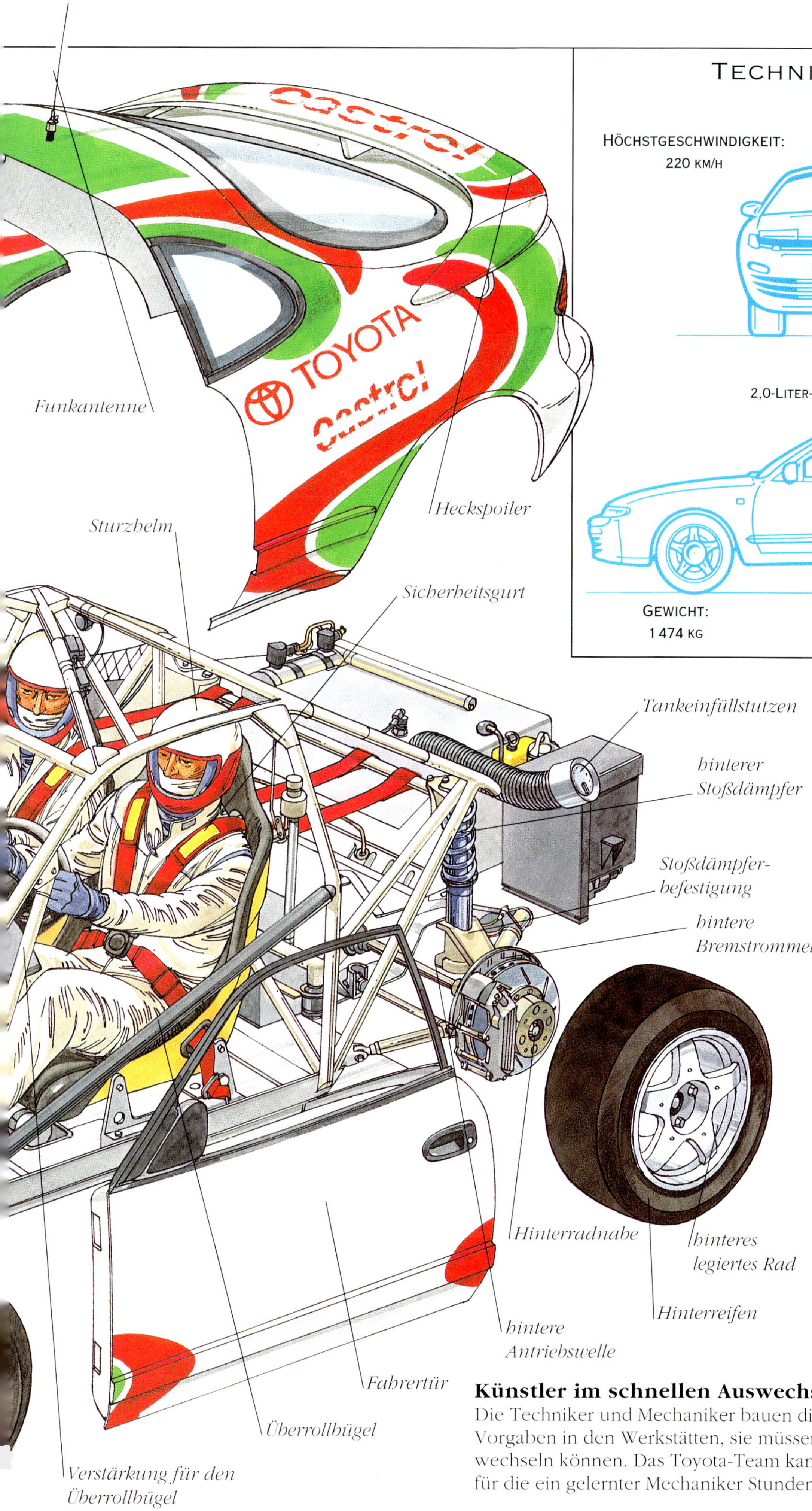

Technische Daten

Höchstgeschwindigkeit: 220 km/h

Länge: 4,3 m

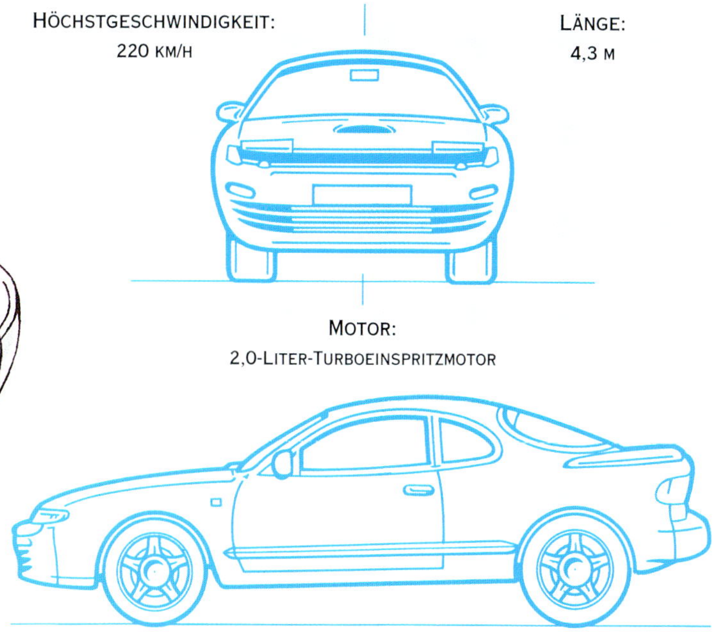

Motor: 2,0-Liter-Turboeinspritzmotor

Gewicht: 1 474 kg

Radstand: 2,53 m

Autozertifikat

Damit ein Rallye-Wagen und seine Teile auch wirklich in Serie gehen und nicht speziell hergestellt werden, muß jeder Autohersteller einen „Paß" ausfüllen, in den das Modell, der Typ und genaue Daten über das Rallye-Auto eingetragen werden.

Toller Start

Nachdem Toyota Ende der 80er Jahre die offenen britischen Rallye-Meisterschaften gewonnen hatte, waren die Autos 1990 und 1992 auch bei der Rallye-Weltmeisterschaft erfolgreich.

Schnell wie der Blitz

Mit der elektronischen Benzineinspritzung kann der Celica GT eine Höchstgeschwindigkeit von 220 km/h erreichen. Er kommt in nur 8,4 Sekunden auf 96 km/h.

Künstler im schnellen Auswechseln

Die Techniker und Mechaniker bauen die Autos nicht nur nach genauen Vorgaben in den Werkstätten, sie müssen auch die Teile sehr schnell wechseln können. Das Toyota-Team kann Arbeiten in Minuten ausführen, für die ein gelernter Mechaniker Stunden brauchen würde.

FERRARI

IN 11,2 SEKUNDEN kann ein Ferrari *Testarossa* von 0 auf 160 km/h beschleunigen. Ein paar Sekunden später erreicht er seine offizielle Höchstgeschwindigkeit von 289,6 km/h – mehr als das Doppelte der erlaubten Höchstgeschwindigkeit in den meisten Ländern. Der Tachometer reicht bis 320 km/h. Der *Testarossa* (Rotkopf) war eines der erfolgreichsten Rennautos der 60er und 70er Jahre. Als Ferrari beschloß, einen Topklassewagen herzustellen, nannte man ihn nach dem Stolz vergangener Tage. Im Oktober 1984 erregte ein leuchtend roter, stromlinienförmiger *Testarossa* im Pariser Automobilsalon Aufsehen. 1985 kostete ein neuer *Testarossa* 143 000 DM, 1994 hatte sich der Preis beinahe verdoppelt. Mit einer Produktion von 4 000 Wagen pro Jahr beträgt die Wartezeit bis zu drei Jahren.

FERRARI-LOGO AM RAD

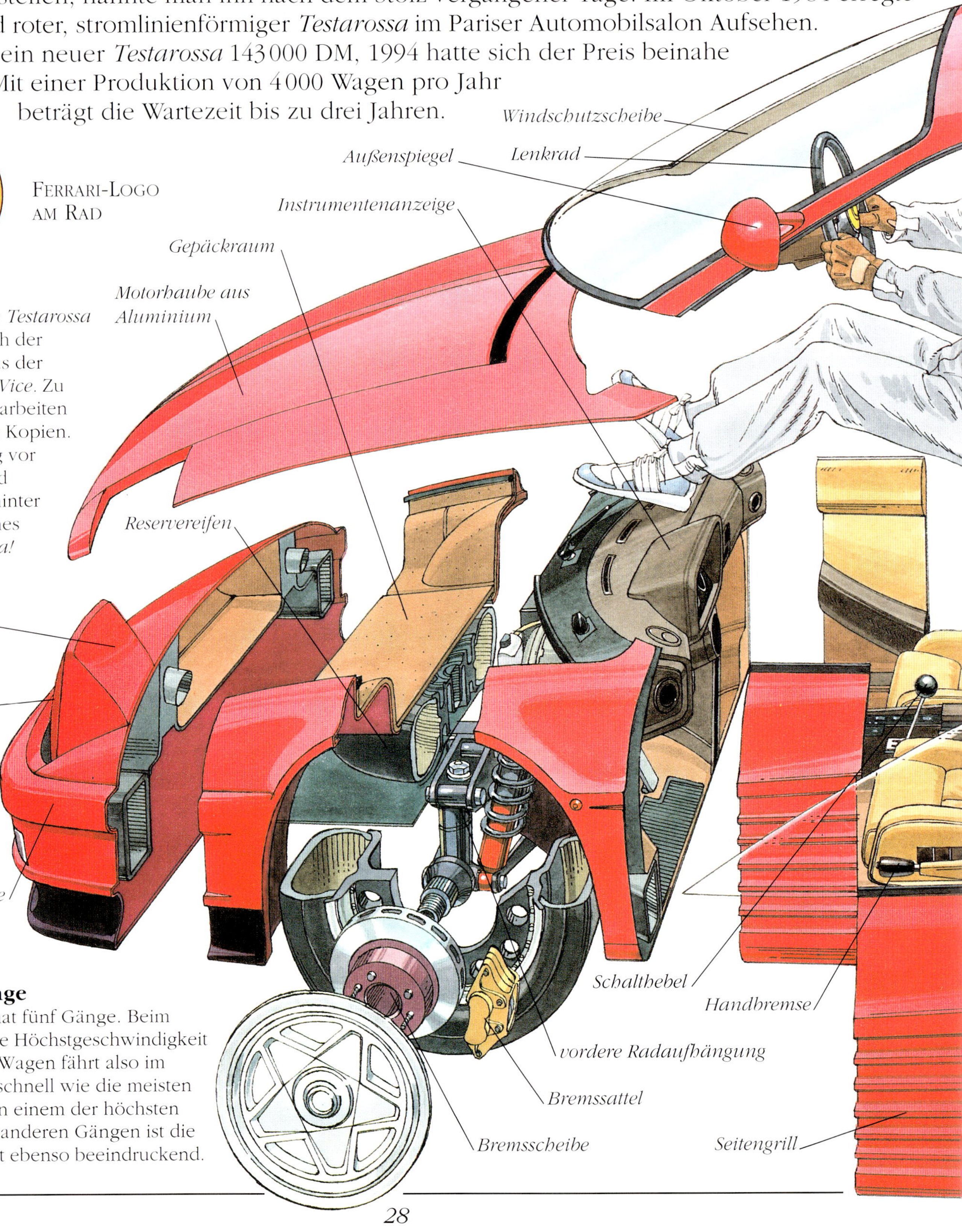

Starauto

Der berühmteste *Testarossa* ist wahrscheinlich der weiße Wagen aus der TV-Serie *Miami Vice*. Zu Beginn der Dreharbeiten verwendete man Kopien. Aber Ferrari ging vor Gericht, und bald saßen die Stars hinter dem Lenkrad eines echten *Testarossa!*

Schnelle Gänge

Der *Testarossa* hat fünf Gänge. Beim ersten beträgt die Höchstgeschwindigkeit 80,6 km/h. Der Wagen fährt also im ersten Gang so schnell wie die meisten anderen Autos in einem der höchsten Gänge. Bei den anderen Gängen ist die Geschwindigkeit ebenso beeindruckend.

Technische Daten

Motor:
12-Zylinder-Quad-Cam-Motor,
48 Ventile, 4942 cc

Höchstgeschwindigkeit:
289,6 km/h

Länge:
4,5 m

Radstand:
2,5 m

Gewicht:
1670 kg

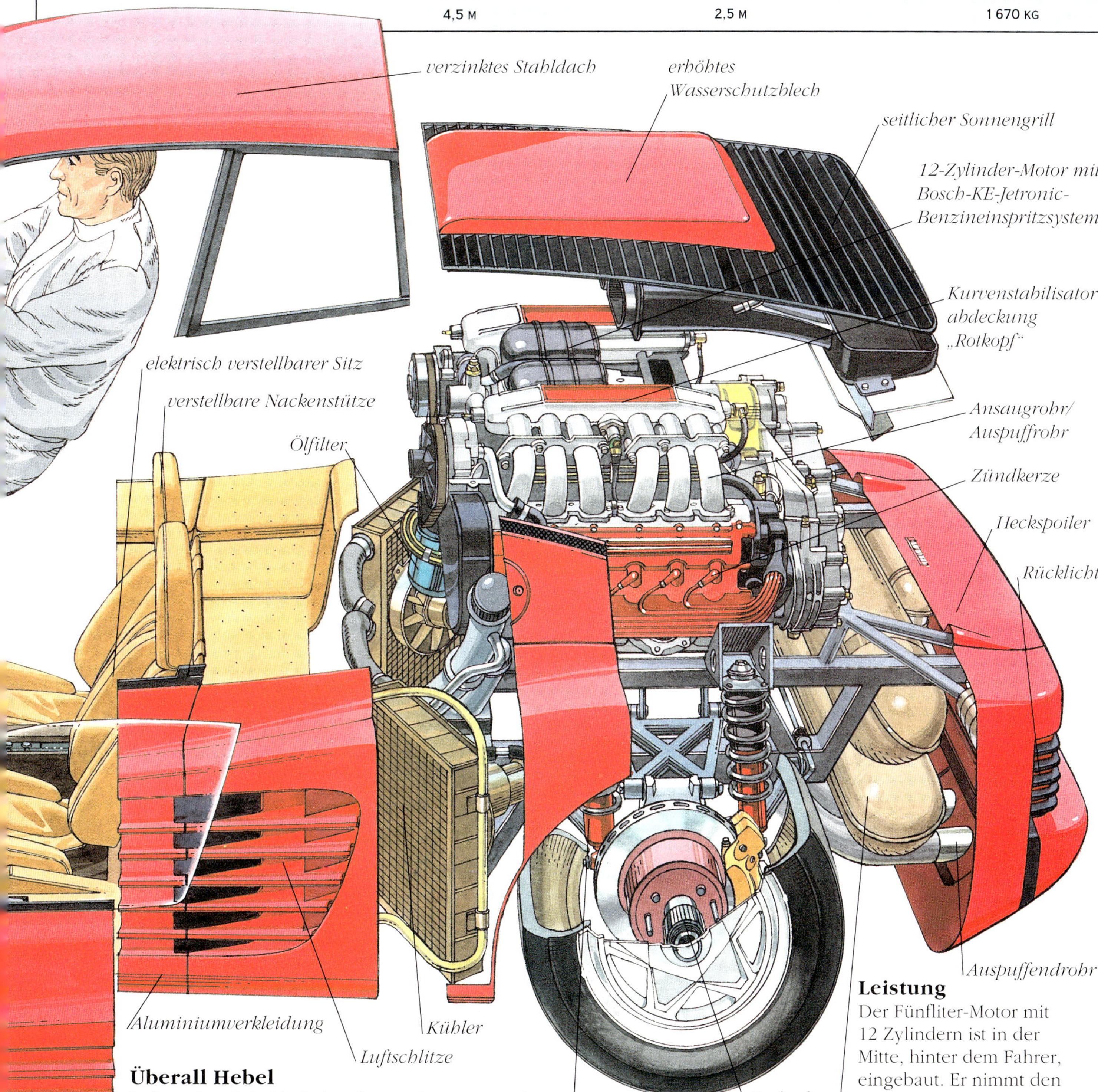

Überall Hebel

Neben dem Schalthebel stellt man Heizung und Lüftung, die elektrischen Fenster und die Türspiegel ein. Die Schalter für Nebelscheinwerfer und Innenbeleuchtung sind über der Windschutzscheibe.

Leistung

Der Fünfliter-Motor mit 12 Zylindern ist in der Mitte, hinter dem Fahrer, eingebaut. Er nimmt den gesamten Raum hinter dem Cockpit ein, so daß nur der Fahrer und ein Beifahrer Platz haben.

FORMEL 1

WAS HAT EIN ETIKETT in einem Pullover mit einem Auto zu tun, das über Grand-Prix-Strecken rast? Sie tragen beide den Namen Benetton! Die italienische Bekleidungsfirma trat 1983 als Sponsor des Tyrrell-Teams in den Grand-Prix-Zirkus ein. Das Team wurde auf Benetton-Tyrrell umgetauft. 1986 hatte es einen eigenen Wagen mit einem BMW-Motor. Dieser wurde später durch einen Motor ersetzt, der von Ford gemeinsam mit Cosworth Engineering entwickelt worden war. 1988 dominierte das McLaren-Honda-Team die Grands Prix, aber die Benetton-Fords kamen in zwölf von 16 Rennen in die Punkteränge. Ein mächtiger Komet war am Rennhimmel aufgestiegen.

Schnellste Runde
1988 fuhr Benetton-Ford die schnellste Runde beim Grand Prix von Deutschland am Hockenheimring. Mit Alessandro Naninni am Lenkrad brauchte der Wagen für 8,3 km nur 2,49 Minuten. Das ist eine Durchschnittsgeschwindigkeit von 200 km/h.

Sehr geschmeidig
Ist die Strecke trocken, fahren die Rennautos mit profillosen Reifen, den Slicks. Dadurch liegt ein großer Teil des Reifens auf der Straße, und der Wagen ist stabiler. Profilreifen werden bei Nässe verwendet, da sie bessere Bodenhaftung haben.

Made in Britain
Benetton-Fords werden in einer Fabrik in dem Ort Enstone in Oxfordshire hergestellt. Die Werkstatt sieht eher wie ein Operationssaal als eine Fabrikhalle aus. Die Techniker tragen weiße Overalls und Sicherheitshelme, und sie arbeiten ebenso genau wie Chirurgen. Die Herstellung von Rennautos ist teuer. Der Bau der Fabrik kostete 27 Millionen DM.

Am Flügel
Formel-1-Autos haben zwei Flügel oder Spoiler, einen vorne unten, den anderen hinten. Die Autos fahren so schnell, daß sie ohne diese Spoiler wie Flugzeuge abheben würden. Die Spoiler sind so gebaut, daß die Luft darüberfährt, das Auto niederdrückt und es so am Boden hält.

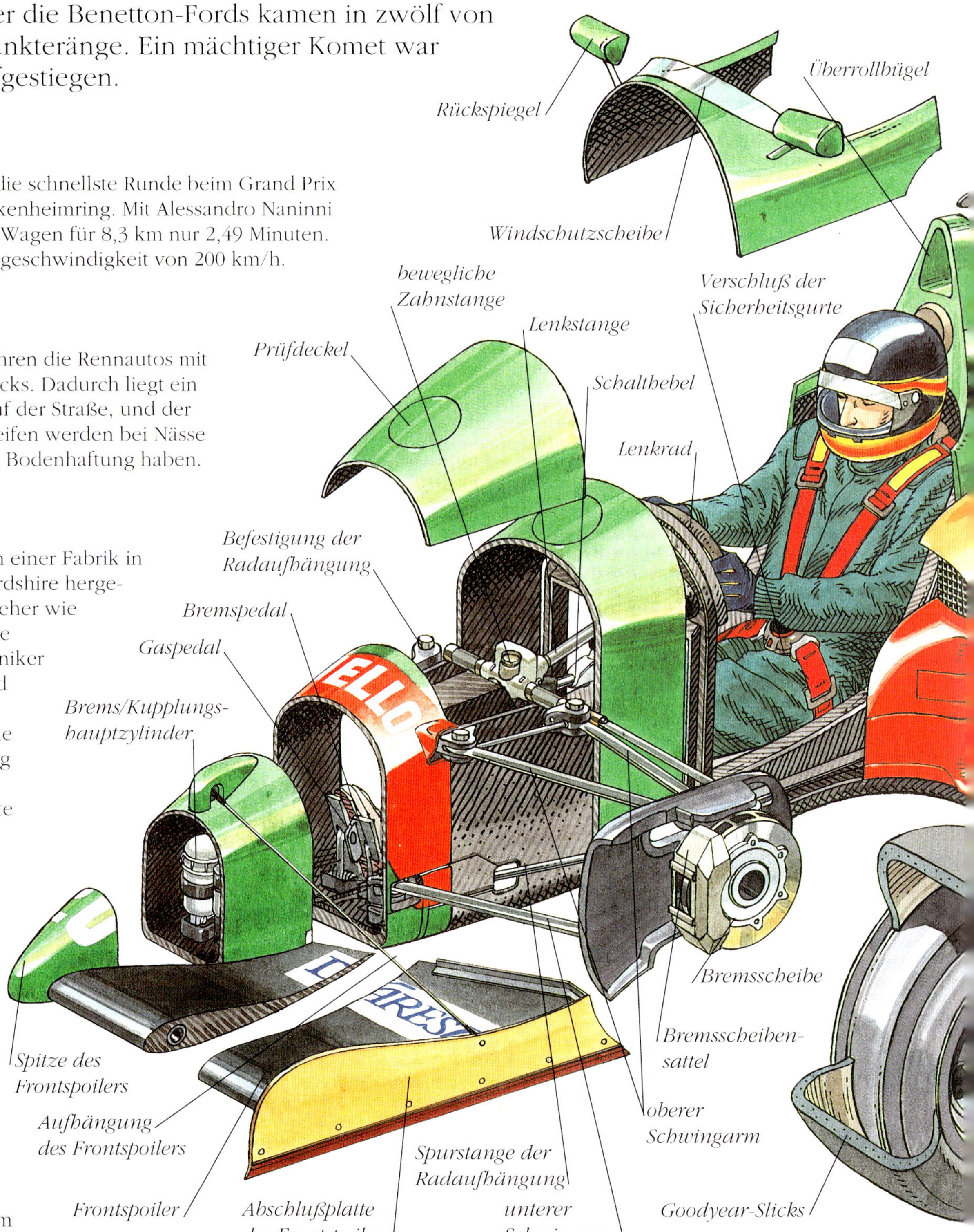

Genaue Zeitmessung

In den Formel-1-Autos sind kleine Funkgeräte eingebaut, von denen jedes eine eigene Frequenz hat. Während des Rennens senden sie Impulse aus, die von Streckencomputern aufgefangen werden. Sie erkennen die Signale des Wagens und berechnen seine Geschwindigkeit in einem Sekundenbruchteil. Diese Information wird während des Rennens der Presse und dem Team an den Boxen übermittelt.

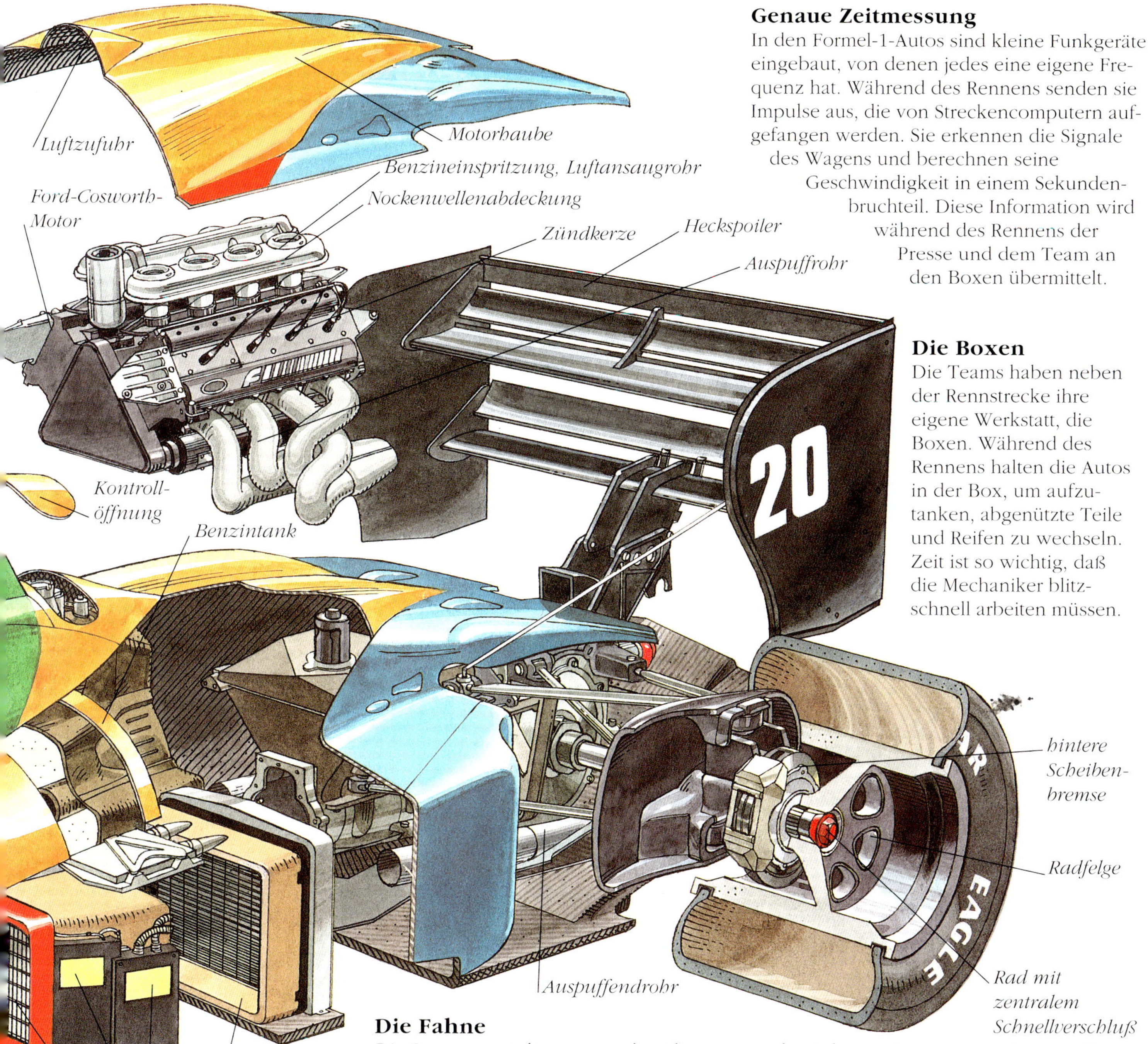

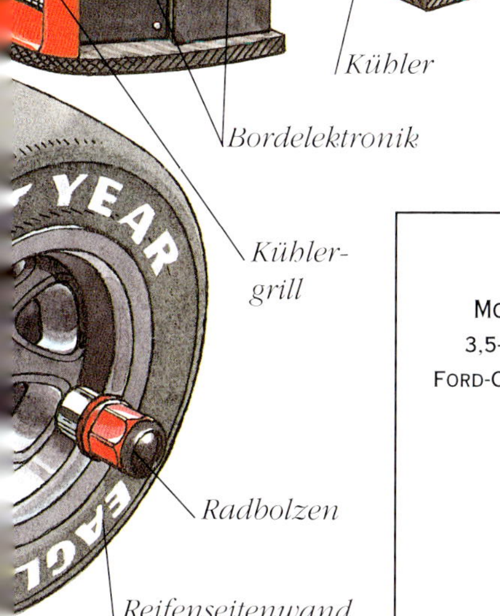

Die Boxen

Die Teams haben neben der Rennstrecke ihre eigene Werkstatt, die Boxen. Während des Rennens halten die Autos in der Box, um aufzutanken, abgenützte Teile und Reifen zu wechseln. Zeit ist so wichtig, daß die Mechaniker blitzschnell arbeiten müssen.

Die Fahne

Die Rennveranstalter verwenden Flaggen, um den Fahrern etwas zu signalisieren. Eine rote Flagge heißt: sofortiger Abbruch des Rennens. Eine gelbe Flagge warnt vor Gefahr, und eine grüne bedeutet, daß die Gefahr vorüber ist. Eine schwarze Flagge mit oranger Scheibe warnt den Fahrer, dessen Nummer gezeigt wird, daß es ein Problem mit dem Auto gibt. Eine karierte Flagge zeigt schließlich an, daß das Rennen vorüber ist.

Technische Daten

Motor: 3,5-Liter-Ford-Cosworth

Höchstgeschwindigkeit: 310 km/h

Maximale Leistung: 442 kW (600 PS)

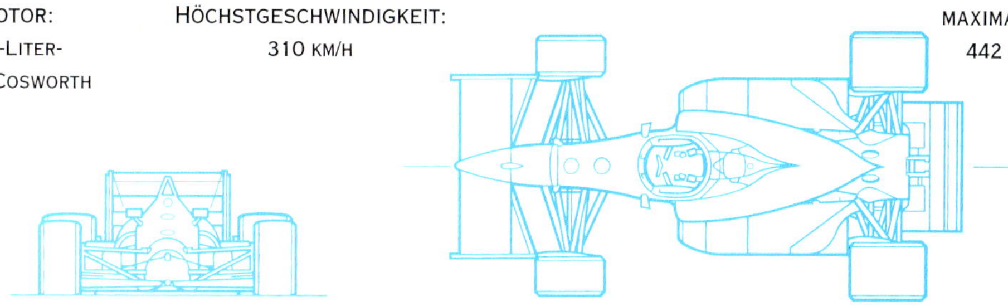

Länge: 4,41 m

Gewicht: 515 kg

Radstand: 2,85 m

ENTWICKLUNG

DIE GESCHICHTE DES AUTOS begann vor knapp mehr als 100 Jahren. Seit damals hat sich das Auto von einem Gefährt, das einem Pferdewagen glich, zum aerodynamischen, benzinsparenden Wagen unserer Tage entwickelt. Im Lauf der Jahre kamen zum Basismodell Neuerungen wie Kompressor, Schalenbauweise (ein einziges Teil) und Vorderradantrieb hinzu. All das hat zum Aussehen und zur Leistung des modernen Autos des ausgehenden 20. Jahrhunderts beigetragen.

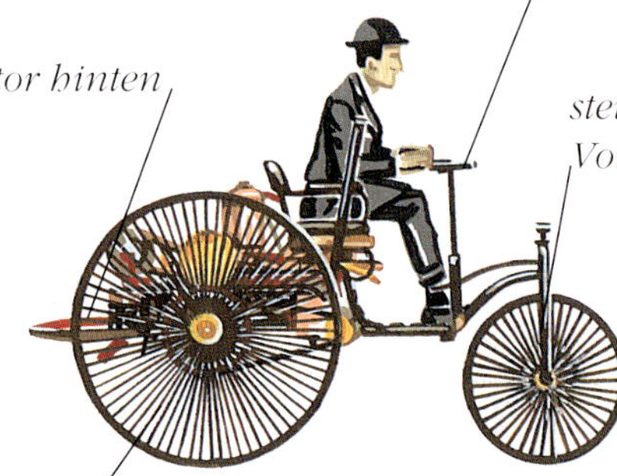

BENZ DREIRAD

CITROEN TRACTION AVANT

4,5 LITER BENTLEY „BLOWER"

VOLKSWAGEN KÄFER

MERCEDES „FLÜGELTÜRER"

AUSTIN MINI

TOYOTA CELICA RALLYE-AUTO

Karosserie
offener Fahrersitz
Rolls-Royce Silver Ghost
Emblem
gerade Windschutzscheibe
Reservereifen
lenkbares Vorderrad
zweisitziges Modell
Bersey Elektrodroschke
Ford Model T

halbrunde Windschutzscheibe
großer Kofferraum
Cadillac
Heckflosse
Stoffdach
verchromte Stoßstange
Reservereifen
nach vorne öffnende Einstiegstür
verchromte Seitenleiste
sehr kompakte Größe
Allradantrieb
Willys Jeep
BMW Isetta Bubble Car

aerodynamische Bauweise verringert Benzinverbrauch
Ferrari „Testarossa“
Hecktür
Luftzufuhr
Fiat Punto
Heckspoiler
Frontspoiler
Formel-1-Rennauto

GLOSSAR

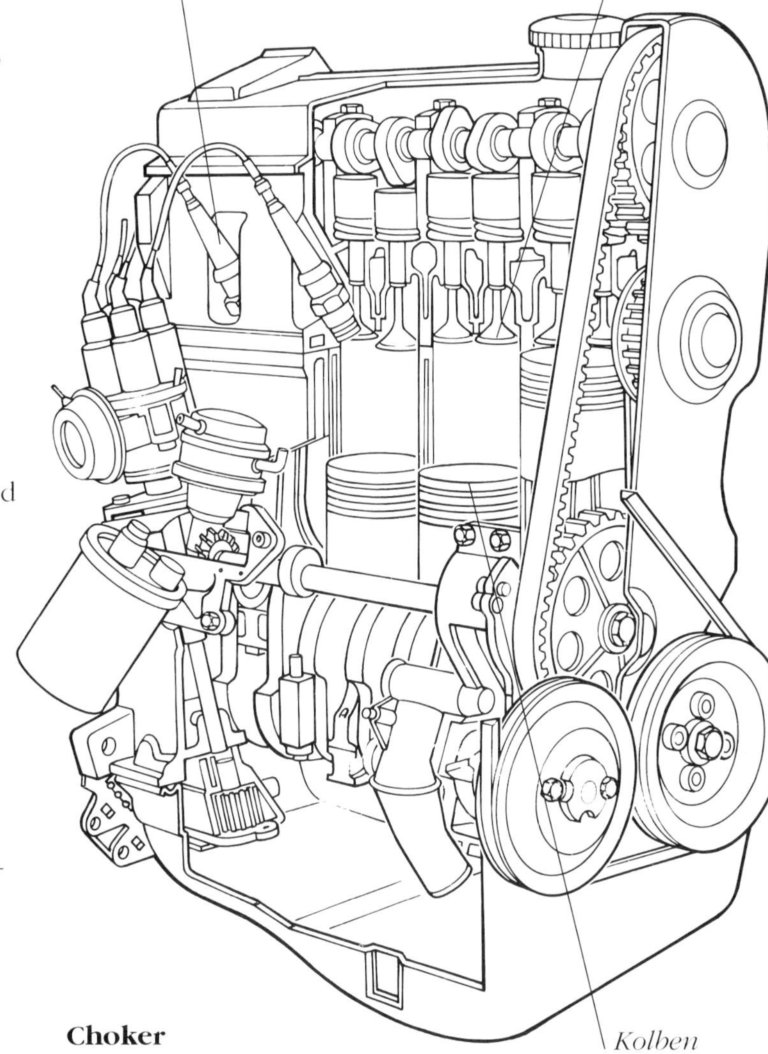

Achse
Die Spindel, auf der sich das Rad dreht.

Amperemeter
Ein Gerät, zum Messen von Strom, der über die Lichtmaschine zur Batterie fließt oder den das elektrische System des Autos der Batterie entnimmt.

Armaturenbrett
Das Holz- oder Metallbrett vor dem Fahrer mit den Instrumenten.

Auspuffrohr
Ein Metallrohr, das die Abgase aus dem Motor nach außen leitet.

Ausstellfenster
Ein kleines, dreieckiges Fenster vor dem Vorderfenster und hinter dem Rückfenster.

Automatik
Eine Schaltung, die je nach Geschwindigkeit und Ladegewicht den richtigen Gang wählt.

Batterie
Der Teil des Autos, der die Energie liefert, mit der die Scheinwerfer, die Zündung und andere elektrische Teile des Autos funktionieren.

Benzineinspritzung
Eine Pumpe, die Treibstoff in den Motor leitet, um seine Leistung zu steigern.

Benzinpumpe
Ein Gerät, das an den Vergaser angeschlossen ist, um Treibstoff zum Benzin/Luftgemisch hinzuzufügen, wenn das Gaspedal gedrückt wird.

BHP (Brems-PS)
Ein Maß für die Leistung, die nötig ist, um einen bewegten Körper anzuhalten (Bremsleistung).

Bleifreies Benzin
Benzin mit dem natürlichen Bleigehalt, ohne zusätzliche Beimengung von Blei bei dessen Gewinnung.

Bremsbacke
Das Reibungsmaterial und der gebogene Metallteil der Trommelbremse.

Bremsblock
Die Bremsbeläge der Scheibenbremse aus Reibungsmaterial und Metall.

Bremsen
Die Scheiben oder Trommeln, die durch Kontakt mit den Rädern ein Auto anhalten.

Bremssattel
Der Teil der Scheibenbremse, in dem sich die Bremsblöcke befinden und der hydraulisch von den Kolben bewegt wird.

Bremsscheibe
Die rotierende Scheibe des Bremssystems zwischen den Bremsblöcken.

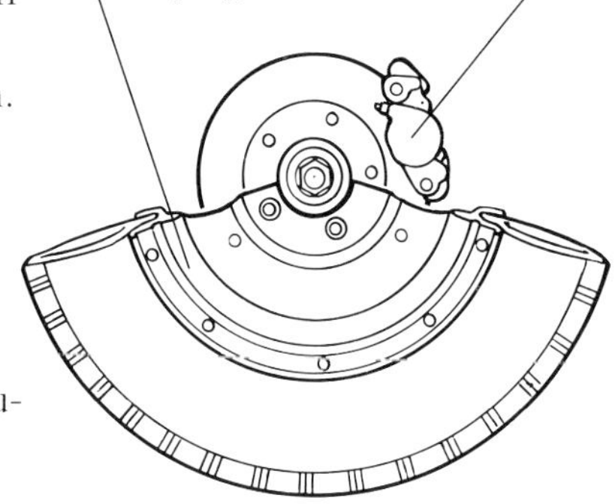

Choker
Eine Vorrichtung, die bei Kälte zum Starten dient und die Luftmenge im Vergaser senkt. Dadurch zündet das Benzin/Luftgemisch leichter.

Dieselmotor
Ein Motor, der mit Diesel statt mit Benzin betrieben wird.

Differential
Der Teil des Getriebes, durch den die Räder in einer Kurve verschieden schnell drehen können.

Drehmoment
Die Drehkraft, die von einem drehenden Teil erzeugt wird.

Drehzahlmesser
Ein Gerät, das die Geschwindigkeit des Motors in Umdrehungen pro Minute mißt.

Fahrwerk
Der feste Rahmen unter der Karosserie des Autos.

Filter
Er entfernt unerwünschte Partikel aus der Luft, dem Öl oder dem Treibstoff.

Frostschutzmittel
Eine Chemikalie, die dem Kühlwasser beigemischt wird, um den Gefrierpunkt des Wassers zu senken.

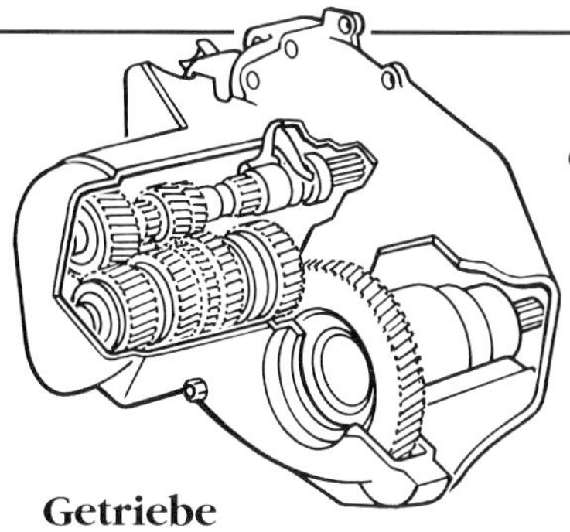

Getriebe
Der Teil, in dem sich die verschiedenen Gänge befinden, mit denen das Auto unterschiedlich schnell fährt.

Hydraulik
Die Übertragung von Druck durch eine Flüssigkeit.

Katalysator
Der Teil des Auspuffs, der den Ausstoß schädlicher Gase verringert.

Kolben
Das Metall, das dicht im Zylinder eingepaßt ist und sich nach oben und unten bewegt, um die Kurbelwelle anzutreiben.

Kolbenring
Ein starker Metallring um einen Kolben, der sich an die Zylinderwand preßt und zwischen Zylinder und Kolben abdichtet.

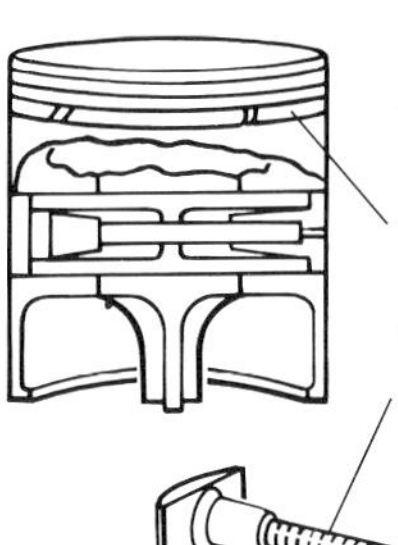

Kupplung
Das Pedal, mit dem der Fahrer den Motor vom Getriebe trennt wodurch er schalten kann.

Kurbelwelle
Die Welle, die von den Kolben gedreht wird und die Leistung auf die Räder überträgt.

Kolbenstangenende
Das an die Kurbelwelle angeschlossene Ende der Pleuelstange, das die Bewegung der Stange auf die Kurbelwelle überträgt.

Lager
Ein widerstandsfähiger Belag, meist Metall, zur Verminderung der Abnützung und Reibung durch die Bewegung.

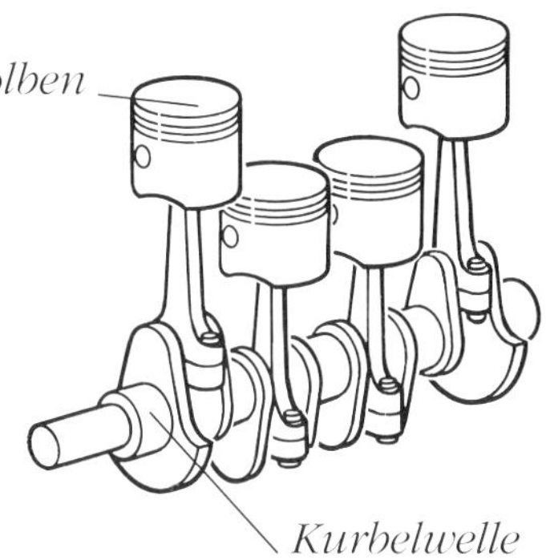

Lichtmaschine
Ein Gerät, das mechanische Drehenergie in elektrische Energie umwandelt.

Luftkühlung
Der Motor wird mittels motorgetriebenem Ventilator gekühlt, der kalte Luft mit großer Geschwindigkeit über den Motor treibt.

Nockenwelle
Die von der Kurbelwelle angetriebene Welle, die die Ventile des Motors betätigt.

Pferdestärke
Einheit der Leistung.

Radaufhängung
Die Teile des Autos, die es über den Rädern halten.

Schalthebel
Knüppel, den der Fahrer nach dem Kuppeln bewegt, um den Gang zu wechseln.

Scheibenbremse
Eine Bremse mit einer rotierenden Scheibe, die zwischen hydraulischen Bremsklötzen befestigt ist.

Servolenkung
Ein System, das durch hydraulischen Druck aus einer motorbetriebenen Pumpe die Lenkung leichter beweglich macht.

Stoßdämpfer
Der Teil, der die Stöße abfängt, wenn das Auto über eine unebene Fläche fährt.

Synchrongetriebe
Der Teil des Getriebes, der die Geschwindigkeit eines Ganges einem anderen angleicht, damit man leicht schalten kann.

Trommelbremse
Eine Bremse, bei der „Bremsbacken“ mit Reibstoff in einer zylindrischen Trommel verlaufen, die am Rad befestigt ist.

Unabhängige Radaufhängung
Eine Radaufhängung, bei der ein Rad unabhängig vom anderen bewegt werden kann.

Ventil
Vorrichtung, die sich öffnet, damit Gas oder eine Flüssigkeit durchfließen kann, und schließt, um den Fluß zu beenden.

Verbrennungskammer
Der Teil des Zylinderkopfes, wo das Benzin/Luftgemisch von einem Kolben gepreßt und von einem Funken gezündet wird.

Vergaser
Die Vorrichtung, die ein Luft/Benzingemisch in die Zylinder sprüht.

V-Motor
Ein Motor, in dem die Zylinder auf zwei Blöcken befestigt sind, die ein V bilden.

Zündfunke
Das System, in dem ein Funke der Zündkerze das Benzin/Luftgemisch zündet, das in die Motorzylinder geleitet wird. Dadurch entsteht die Leistung, die nötig ist, um den Motor zu betreiben.

Zündkerze
Die beiden Elektroden, die, durch einen Keramikkörper getrennt, den Funken in der Zündung herstellen.

Zündkerze

Zündung
Das elektrische System aus Batterie, Zündspule, Zündverteiler, Starter, Zündkerze und Kabel, das den Funken liefert, mit dem das Luft/Benzingemisch im Motor gezündet wird.

Zylinder
Das Metallrohr, in dem sich ein Kolben bewegt.

Zylinderblock
Zylinder, Kurbelwelle und Kolben im Motor.

Zylinderkopf
Der Teil am Motor, wo sich die Ventile befinden.

ROCKET

LOKOMOTIVEN

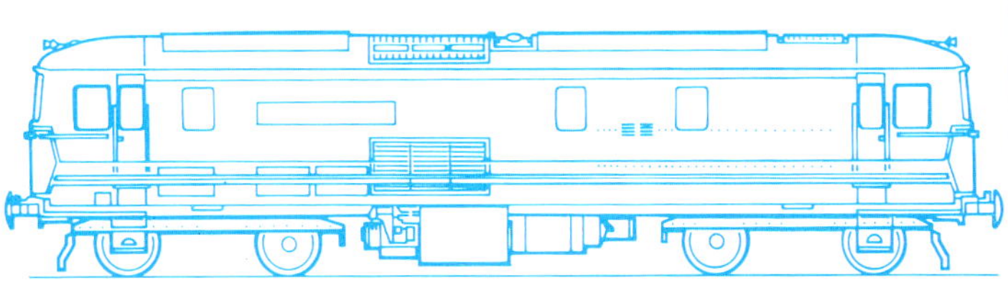

INHALT

Rocket

SCHON DIE ALTEN GRIECHEN höhlten Steinwege aus, um ihre Wagen leichter zu lenken. Im 16. Jahrhundert erkannte man, daß Fahrzeuge besser auf Schienen laufen, und legte erstmals Holzschienen. Im 18. Jahrhundert gab es in Großbritannien ein Straßenbahnnetz mit Pferdefuhrwerken. Gegen Ende des 18. Jahrhunderts begann man mit der Entwicklung der Dampfloks. Da durch die Kriege in Europa Pferdefutter sehr teuer war, suchten die Geschäftsleute eine kostengünstigere Lösung. Diese fand man im Dampf.

Der Wettbewerb

1829 beschlossen einige Geschäftsleute, eine Eisenbahn zwischen Liverpool und Manchester zu bauen. Sie konnten sich nicht entscheiden, ob die Waggons von Pferden oder von einer Dampflok gezogen werden sollten. Daher schrieben sie einen Wettbewerb aus für jeden, der eine verläßliche Dampflok produzieren konnte. Robert Stephenson baute die *Rocket* (Rakete), mit der er den Wettbewerb spielend gewann.

Ein heißes Eisen

Die *Rocket* und andere Dampfloks hatten eine Feuerbüchse, in der Kohle verbrannt wurde, um Wasser zum Kochen und Verdampfen zu bringen. Bei der *Rocket* lief die vom Feuer erhitzte Luft in Rohren durch das Wasser im Kessel. Der Dampf stieg in den Dom auf, wo er durch die Hauptleitungen zu den Dampfzylindern geführt wurde.

Der Sieger

Im Oktober 1829 versammelten sich viele Menschen, um die Lokomotiven zu sehen, die am Wettbewerb auf der Strecke Liverpool – Manchester teilnahmen. Die *Rocket* wahrte den guten Ruf der Dampfloks und legte 112 km mit einer Durchschnittsgeschwindigkeit von 24 km/h zurück.

Die ersten Schienen

Die ersten Eisenschienen waren kurz und lagen auf Steinen. 1820 baute man längere Schienen, die von Stephenson weiterentwickelt wurden. Er legte sie auf Schwellen, die „Sessel“ genannt wurden.

Technische Daten

Maschinenlänge: 4,4 m

Höchstgeschwindigkeit: (Rainhill-Wettbewerbe) 46,7 km/h

Zylinderdurchmesser: 20 cm

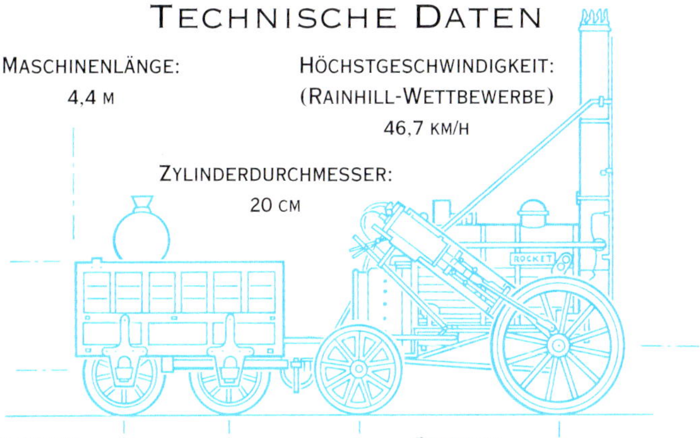

Radstand: 2,2 m

Gewicht: 4318 kg

Dampf ablassen

Auf jedem Zylinder steuerte ein Ventil die Zufuhr und das Ablassen von Dampf. Die Kolben wurden niedergedrückt, wenn sich über ihnen Dampf befand, und wieder hinaufgestoßen, wenn der Dampf unterhalb war. Durch diese Auf-und-Abbewegung wurden die Kuppelstangen und die Kurbeln zur Drehung der Treibräder veranlaßt, wodurch die Lok vorwärts oder rückwärts fahren konnte.

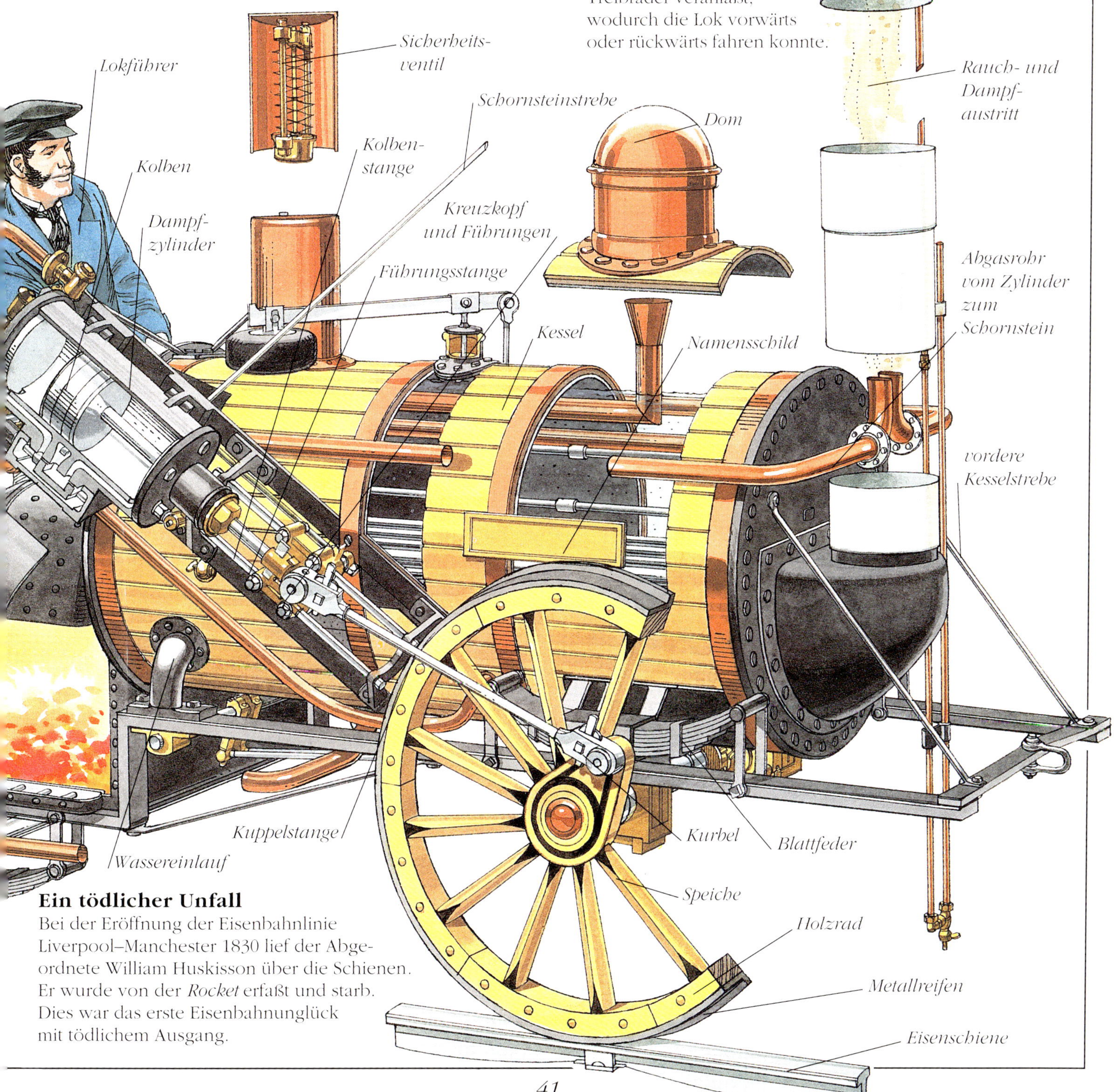

Ein tödlicher Unfall

Bei der Eröffnung der Eisenbahnlinie Liverpool–Manchester 1830 lief der Abgeordnete William Huskisson über die Schienen. Er wurde von der *Rocket* erfaßt und starb. Dies war das erste Eisenbahnunglück mit tödlichem Ausgang.

CRAMPTON

CRAMPTON-LOKOMOTIVEN sind nach ihrem Konstrukteur Thomas Crampton (1816–1888) benannt. 1842 ging Crampton nach Belgien, wo er diese Lok baute, bei der die großen Treibräder hinter der Feuerbüchse liegen. Sieben Jahre später bewältigte die Crampton Nr. 122 der französischen Firma J. F. Caile die Strecke Paris–Calais in fünf Stunden. Als 1855 Königin Victoria Frankreich besuchte, setzte man eine Crampton vor ihren Zug. Insgesamt wurden 320 solche Loks gebaut und hauptsächlich in Frankreich und Deutschland eingesetzt.

Oh, là là!
Die Crampton-Loks wurden in Frankreich so populär, daß man sogar *„prendre le Crampton"* sagte anstatt „mit dem Zug fahren".

Die Schwerkraft ist entscheidend
Maschinen, bei denen der Schwerpunkt hoch liegt, laufen holpriger als Maschinen mit einem niedrig gelegten Schwerpunkt. Indem er große Treibräder hinter die Feuerbüchse setzte, konnte Crampton den Kessel und somit den Schwerpunkt nach unten verlagern, wodurch seine Loks gleichmäßiger liefen.

Einzigartige Räder
Die Radanordnung der Crampton-Loks war 2-2-2-0, das heißt es gab zwei Paar Laufräder, zwei große Treibräder und keine Hinterräder. Diese Art, eine Lok zu beschreiben, wird als Whyte-System bezeichnet.

TECHNISCHE DATEN

VORDERE LAUFRÄDER: 1,35 M

HINTERE LAUFRÄDER: 1,22 M

GESAMTER RADSTAND: 5 M

TYP: 2-2-2-0

TREIBRÄDER: 2,1 M

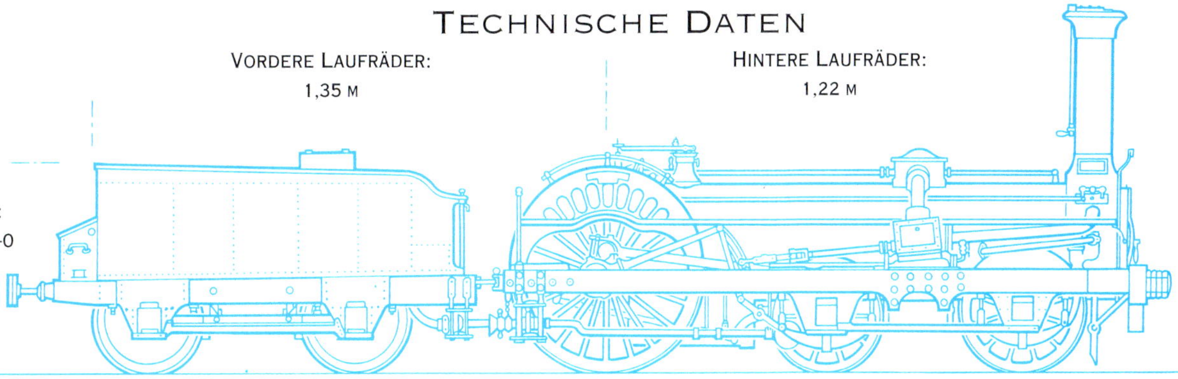

Der lange Kessel

1841 stellte Stephenson seine Lok mit verlängertem Kessel vor, bei der die Heizwirkung der Rohre besser genutzt wurde.

Revolutionär

1848 kam es in Frankreich zur Revolution. Die Eisenbahnen wurden beschädigt, die Bahnhöfe zerstört und die Brücken niedergebrannt. Die Eisenbahner verlangten die Ausweisung ausländischer Arbeitskräfte. Doch die französischen Hersteller produzierten weiterhin die von einem Ausländer stammenden Lokomotiven, und die Crampton-Loks wurden über 40 Jahre lang für leichte Schnellzüge eingesetzt, die in Nord- und Ostfrankreich die Städte verbanden.

AMERICAN 4-4-0

DIE EISENBAHN WAR VON WESENTLICHER BEDEUTUNG für die Erschließung des riesigen nordamerikanischen Kontinents. Eine Lok trug mehr als alle anderen zur amerikanischen Bahngeschichte bei – die 4-4-0. Sie machte um 1870 in den USA rund 85 Prozent aller Lokomotiven aus. Die meisten besaßen den charakteristischen Ballonschornstein, der die Funken auffing. Die 4-4-0 wurde auch in anderen Ländern gebaut, jedoch immer mit den USA in Zusammenhang gebracht und daher überall „American" genannt.

Lichtjahre voraus

In den USA waren die Bahnlinien kaum abgezäunt, selbst wenn die Züge durch dichtbesiedeltes Gebiet fuhren. Die Hersteller montierten bald einen massiven Scheinwerfer an der Vorderseite der Lok, damit die Leute schon von weitem sehen konnten, daß sich ein Zug näherte.

Die Kurve kratzen

Die amerikanischen Loks mußten sehr enge Kurven bewältigen. Daher entwickelten die Konstrukteure ein vierrädriges Drehgestell (Bogie), das von einer Seite zur anderen schwenkte und so die Lok über die kurvenreichen US-Strecken führte.

Es läutet

Die amerikanischen Loks wurden erstmals 1835 mit Läutwerken ausgestattet, nachdem in Massachusetts ein Gesetz verabschiedet worden war, demzufolge alle Loks, die durch diesen Staat fuhren, Läutwerke haben mußten.

Technische Daten

Fahrkomfort

Ab 1840 wurden die meisten amerikanischen 4-4-0-Loks mit einem Führerstand ausgestattet. Die britischen Eisenbahner hielten eine solche Einrichtung für viel zu bequem!

Die *General*

Eine der berühmtesten 4-4-0-Loks war die *General*. Im amerikanischen Bürgerkrieg von 1862 wurde die Südstaaten-Lok von den Soldaten der Nordstaaten gestohlen. Auf dem Weg nach Norden ging der Brennstoff aus, und die Lok konnte von den „Eigentümern" zurückerobert werden, die sie mit der *Texas*, einer anderen 4-4-0-Lok, verfolgt hatten. Die *General* war jedoch bereits so heißgelaufen, daß alle Messingteile geschmolzen waren.

Stirling „Single“

Diese Lok wurde von Patrick Stirling, dem Chefkonstrukteur der britischen „Great Northern Railway“, entworfen. Das erste Modell verließ 1870 die Fabrik in Doncaster. Insgesamt wurden bis 1893, als die letzte Lok dieser Art ihren Dienst aufnahm, 47 Stück gebaut. Das berühmteste Modell ist die Nummer 1, die aufgrund der eleganten Formen, der leuchtenden Farben und der glänzenden Messingteile zu den schönsten Loks zählt, die je durch Großbritannien fuhren. Das auffälligste Merkmal waren die riesigen, 2,4 m großen Treibräder, mit deren Hilfe die leichten Passagierzüge dieser Tage hohe Geschwindigkeiten erzielten.

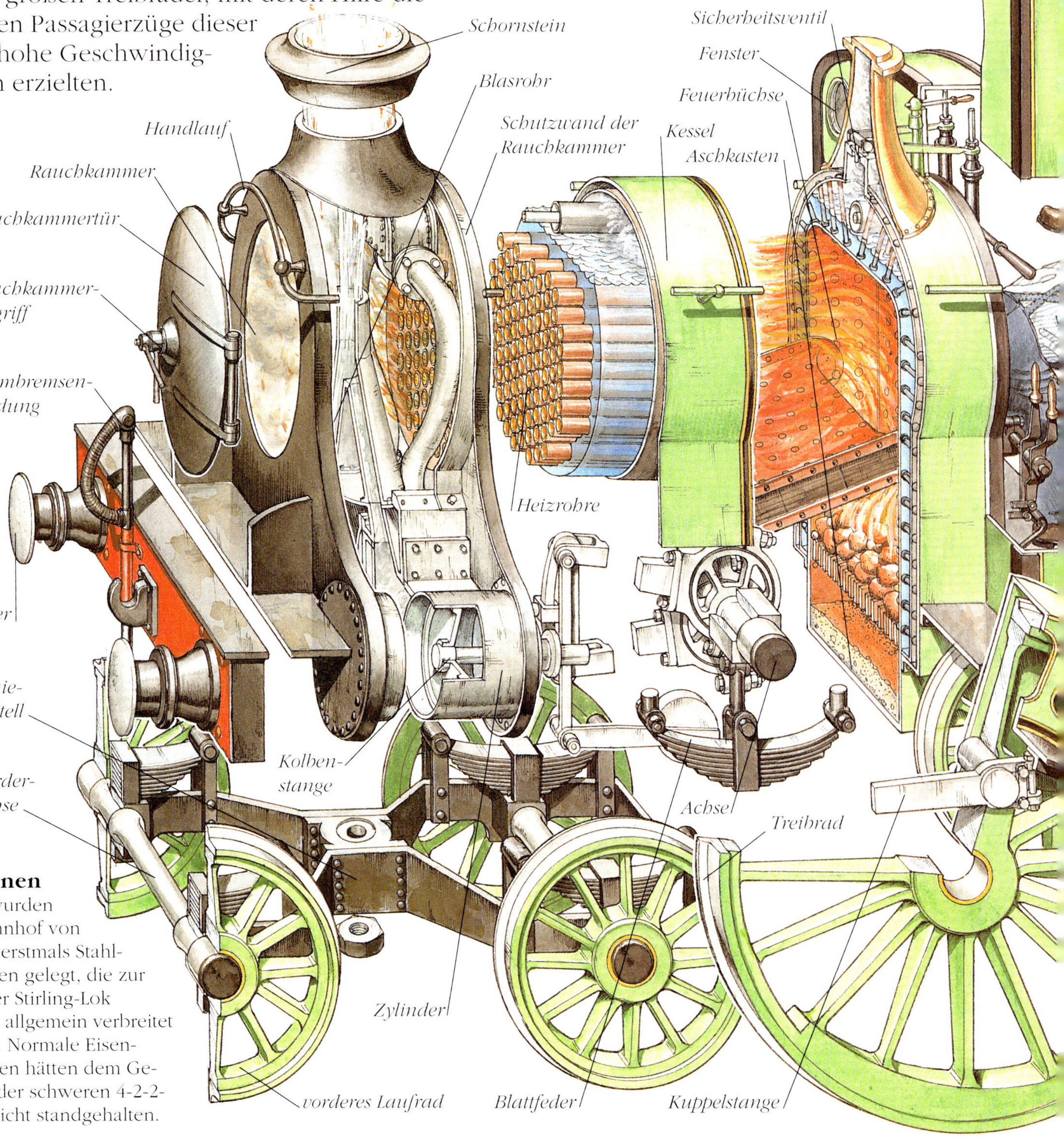

Auf Schienen

1857 wurden im Bahnhof von Derby erstmals Stahlschienen gelegt, die zur Zeit der Stirling-Lok bereits allgemein verbreitet waren. Normale Eisenschienen hätten dem Gewicht der schweren 4-2-2-Loks nicht standgehalten.

Technische Daten

Gesamtlänge (Lok): 8,8 m

Breite: 2,26 m

Zylinderdurchmesser: 457 mm

Durchmesser des Treibrads: 2,4 m

Typ: 4-2-2

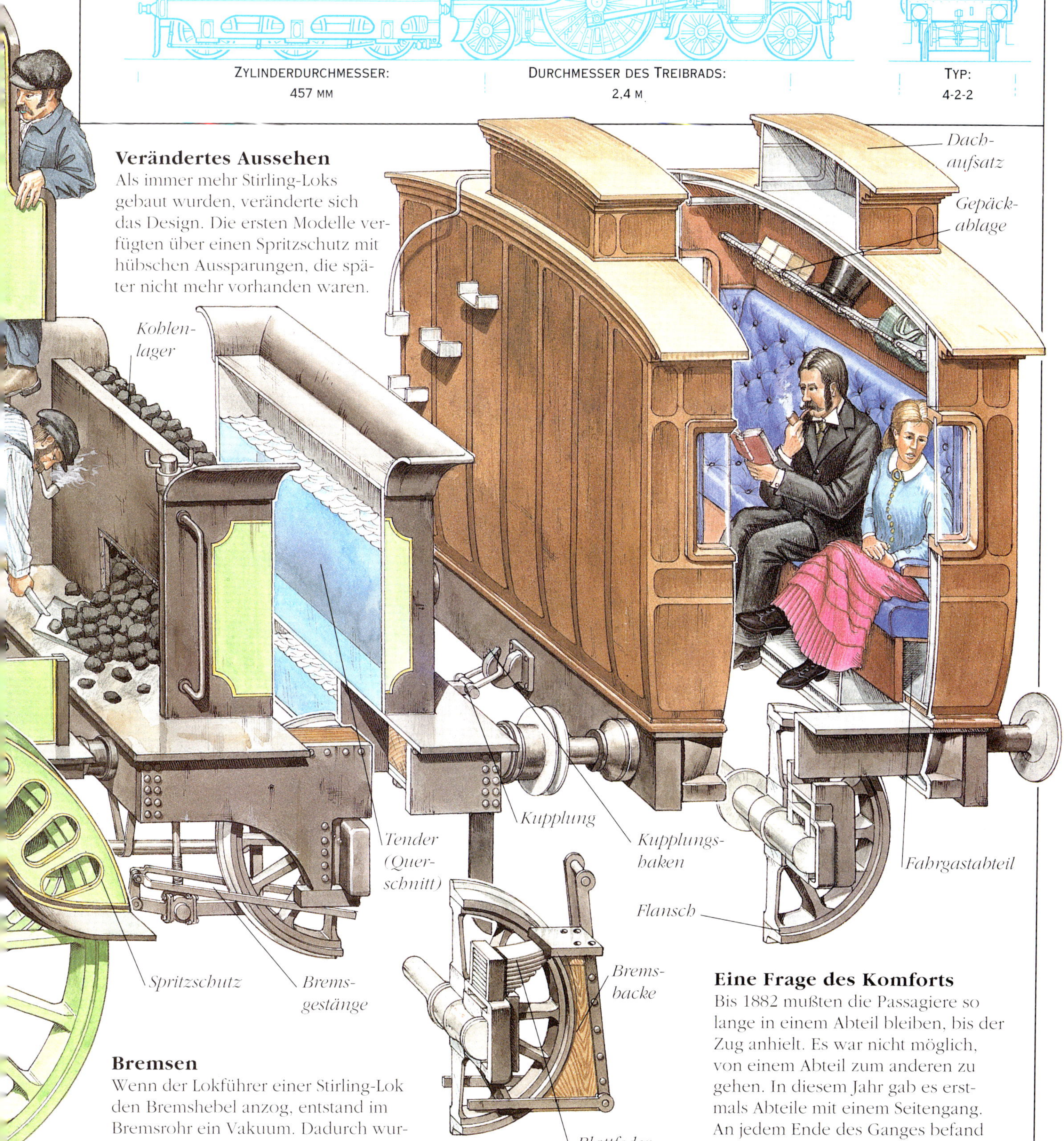

Verändertes Aussehen

Als immer mehr Stirling-Loks gebaut wurden, veränderte sich das Design. Die ersten Modelle verfügten über einen Spritzschutz mit hübschen Aussparungen, die später nicht mehr vorhanden waren.

Bremsen

Wenn der Lokführer einer Stirling-Lok den Bremshebel anzog, entstand im Bremsrohr ein Vakuum. Dadurch wurden die Bremsbacken gegen die Räder gedrückt, und der Zug wurde angehalten.

Eine Frage des Komforts

Bis 1882 mußten die Passagiere so lange in einem Abteil bleiben, bis der Zug anhielt. Es war nicht möglich, von einem Abteil zum anderen zu gehen. In diesem Jahr gab es erstmals Abteile mit einem Seitengang. An jedem Ende des Ganges befand sich eine Toilette – eine für Damen und eine für Herren.

Tenderlok

Im Laufe der Zeit stellten die Hersteller fest, daß sie eine Speziallok für kürzere Strecken und leichte Züge benötigten. Man baute die ersten Tenderloks, die ihren Kohlenvorrat und die Wassertanks direkt auf der Lokomotive mitführten. Tenderloks waren in Großbritannien und im British Empire am stärksten verbreitet. Die edle Tenderlok, die wir hier sehen, wurde in Indien eingesetzt.

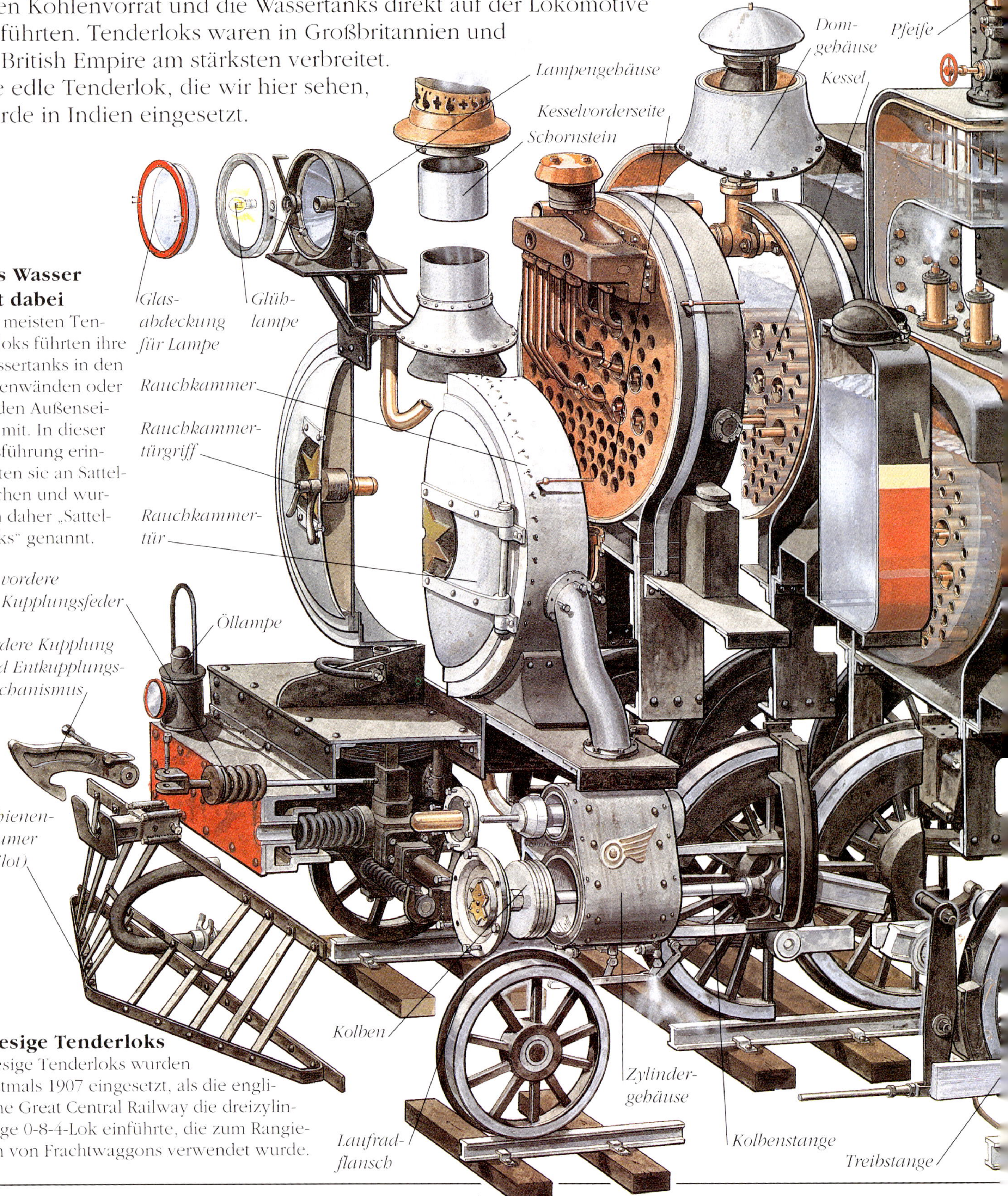

Das Wasser mit dabei

Die meisten Tenderloks führten ihre Wassertanks in den Seitenwänden oder an den Außenseiten mit. In dieser Ausführung erinnerten sie an Satteltaschen und wurden daher „Satteltanks“ genannt.

Riesige Tenderloks

Riesige Tenderloks wurden erstmals 1907 eingesetzt, als die englische Great Central Railway die dreizylindrige 0-8-4-Lok einführte, die zum Rangieren von Frachtwaggons verwendet wurde.

Technische Daten

Länge: 12,2 m

Breite: 2,3 m

Radstand: 8,7 m

Wasserkapazität: 5000 l

Große Tenderloks

Von 1853 bis 1854 wurden acht bemerkenswerte Tenderloks für die Bristol and Exeter Railway gebaut. Die Treibräder hatten einen Durchmesser von 2,7 m und waren somit die größten, die je erfolgreich auf einer Lokomotive eingesetzt wurden.

Tenderloks im Untergrund

Als 1863 die Londoner U-Bahn eröffnet wurde, setzte man Tenderloks vom Typ 4-4-0 ein, um die Züge zu ziehen. Damit der Dampf nicht in die Tunnel geblasen wurde, leitete man ihn als Wasser wieder zurück in den Kessel.

Güterlok

Die Vereinigten Staaten sind ein grosses Land, das große Loks für die Beförderung von Fracht und Passagieren über lange Distanzen braucht. 1926 führte die Firma Union Pacific die außergewöhnliche 4-12-2-Lok ein, die jedoch nicht die erste zwölfrädrige Kuppellok war. Das war die *Pennsylvania,* eine 1863 gebaute 0-12-0-Lok. Auch wenn sie schon lange nicht mehr fährt, gilt die 4-12-2-Lok als größte dreizylindrige Lok ohne Gelenk, die je gebaut wurde. Das erste Modell dieser Art, die Engine 9000, wurde von der Railway and Locomotive Historical Society for Preservation liebevoll aufbewahrt und kann auf einem Ausstellungsgelände in Los Angeles bewundert werden.

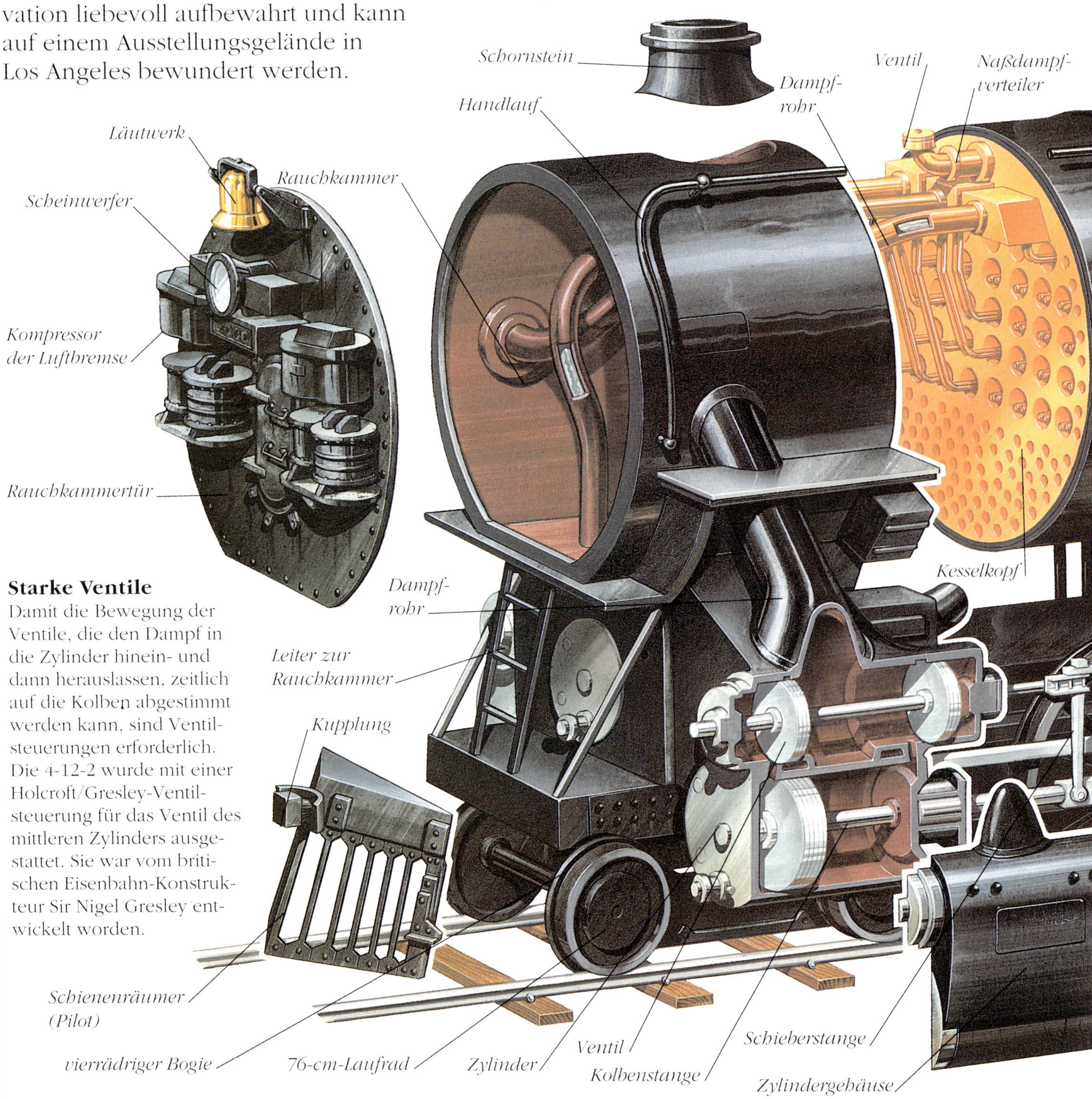

Starke Ventile

Damit die Bewegung der Ventile, die den Dampf in die Zylinder hinein- und dann herauslassen, zeitlich auf die Kolben abgestimmt werden kann, sind Ventilsteuerungen erforderlich. Die 4-12-2 wurde mit einer Holcroft/Gresley-Ventilsteuerung für das Ventil des mittleren Zylinders ausgestattet. Sie war vom britischen Eisenbahn-Konstrukteur Sir Nigel Gresley entwickelt worden.

Geburt eines Riesen

Nach einer Reihe von Tests beschloß Union Pacific, daß sie eine Lok ohne Gelenk benötigten, die sowohl kräftig als auch schnell war. Weitere Tests führten zur Entwicklung einer dreizylindrigen Lok mit vier Laufrädern und zwei Hinterrädern – der 4-12-2. Insgesamt wurden 88 dieser Riesenloks gebaut.

Der Probelauf

Die erste 4-12-2-Lok – Nr. 9000 – wurde auf einer Strecke mit starkem Gefälle getestet. Beim Vergleich mit einer 2-8-8-0-Gelenklokomotive stellte man fest, daß die 4-12-2 schneller und mit niedrigerem Treibstoffverbrauch gefahren war.

Die Größte

Die 4-12-2 war nicht die größte Dampflok. Diesen Rekord hält ein anderes Union-Pacific-Modell, nämlich die *Big-Boy*-Gelenklok. Eine Gelenklok hat zwei voneinander unabhängige Treibradpaare, die durch einen Zapfen getrennt werden.

Der Feuerschirm

Wie die meisten Dampflokomotiven verfügte auch die 4-12-2 an der Vorderseite der Feuerbüchse über einen Schirm aus feuerfesten Ziegeln, damit die Kohlen ohne Gefahr bei größtmöglicher Hitze verbrennen konnten und die Rauchentwicklung eingedämmt wurde.

Kohlen nachlegen

Die neuen, großen Loks stellten auch höhere Anforderungen an die Heizer, die größere Mengen an Kohlen einschaufeln mußten. Ab 1913 übernahm ein dampfbetriebener Kohlenschieber diese harte Arbeit.

DREHGESTELL (BOGIE)

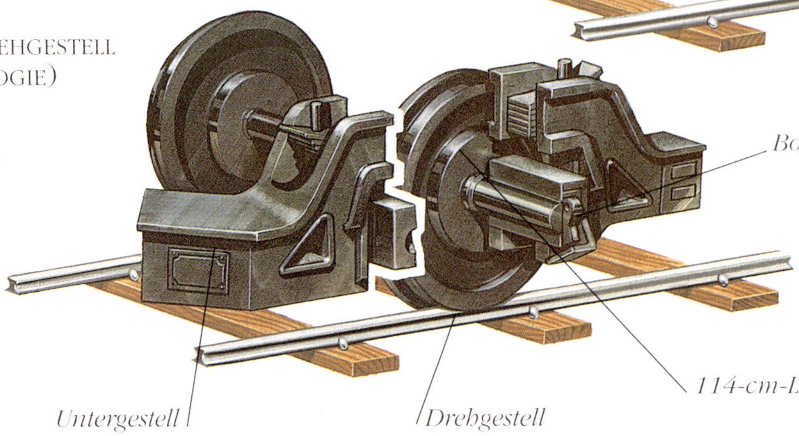

Wendigkeit

Die Konstrukteure der 4-12-2 versahen die vorderen und hinteren Treibräder mit einer Vorrichtung, durch die sich die Räder von einer Seite zur anderen bewegen konnten. Diese Vorrichtung und die beiden Drehgestelle der Laufräder bewirkten, daß die Lok Kurven bis zu 16 Grad nehmen konnte, was für eine Lok ohne Gelenk äußerst schwierig ist.

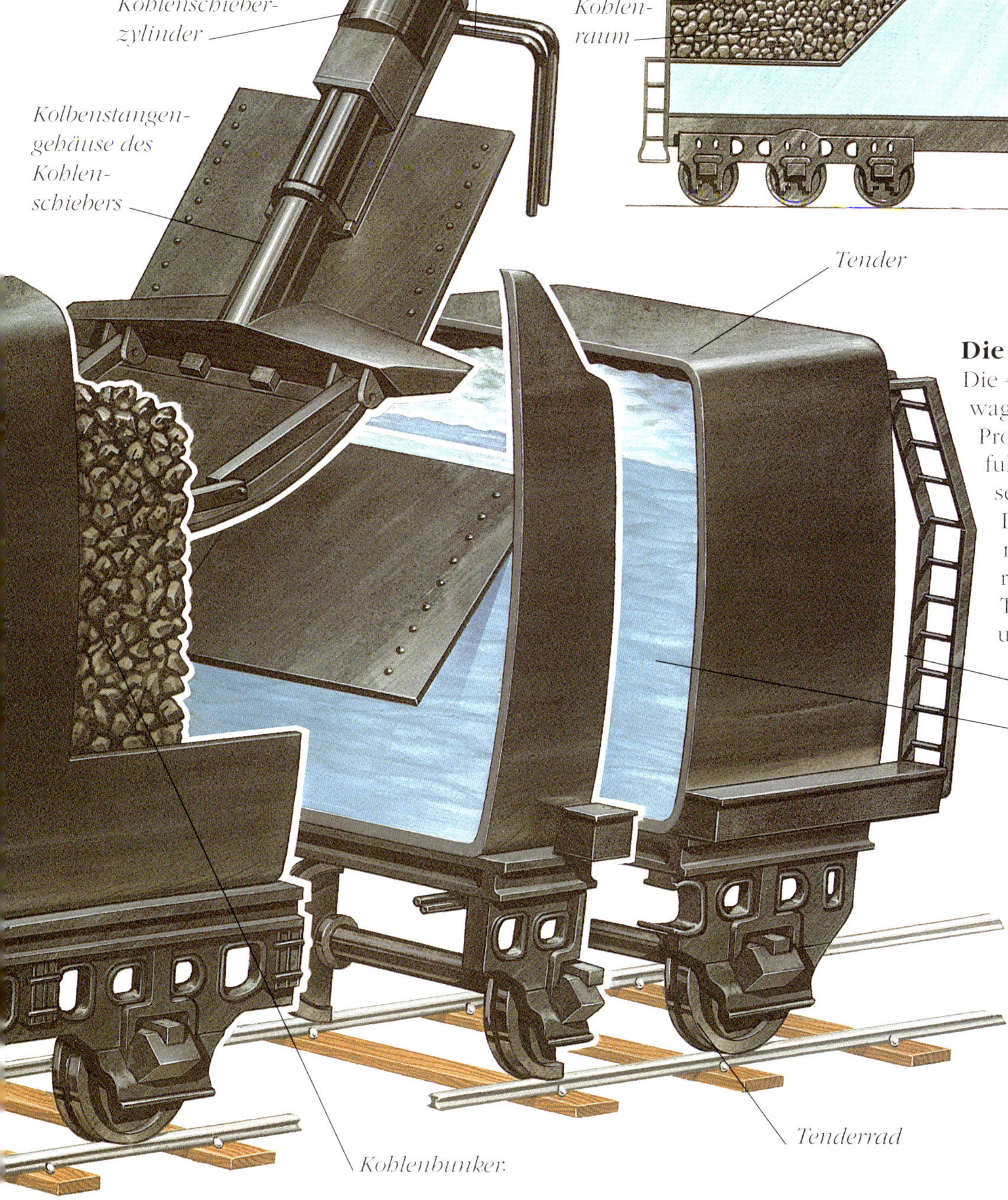

Querschnitt durch einen 12rädrigen Tender

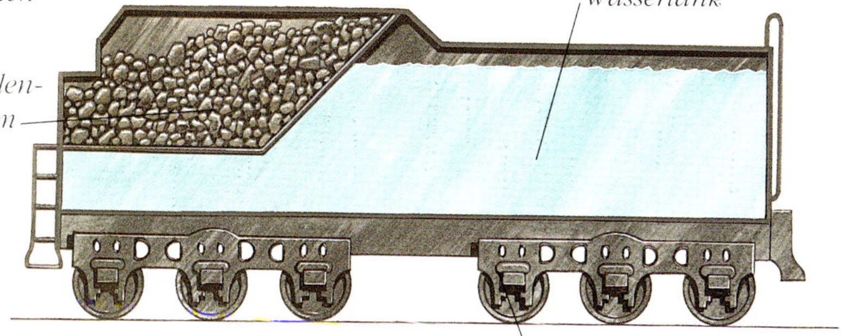

Die Wahl des Tenders

Die 4-12-2 konnte mit zwei Tenderwagen fahren. Der eine, mit dem der Prototyp, die Nr. 9000 (siehe oben), fuhr, hatte zwei Radgruppen mit je sechs Rädern auf getrennten Drehgestellen. Die Nachfolgemodelle fuhren mit zwei vierrädrigen Bogies. Der größere Tender führte 68 250 l Wasser und 21,42 Tonnen Kohle mit.

Bahn kontra Straße

Die 4-12-2-Loks wurden erfolgreich als Güterloks entlang der Union-Pacific-Strecke eingesetzt. Ihr langer, unflexibler Radstand und ihre Schwerfälligkeit machten sie jedoch zu langsam. Als die Konkurrenz durch die Straße immer heftiger wurde, wurden sie daher durch schnellere, schwerere Loks ersetzt.

Technische Daten

Treibraddurchmesser: 1,7 m

Höchstgeschwindigkeit: 96 km/h

Typ: 4-12-2

Zylinder: 686 x 813 mm, 686 x 787 mm

Gesamtgewicht: 224 532 kg

Radstand: 15,94 m

PACIFIC

DIE PACIFIC-LOKS führen ihren Namen auf die erste 4-6-2-Lok zurück, die 1902 in Amerika für die Missouri Pacific Railroad gebaut wurde. In Großbritannien wurde die Pacific 1922 als eigenständige Lok-Klasse mit Nigel Gresleys A1 eingeführt. Das dritte Modell dieser Klasse – die *Flying Scotsman* – wurde zu einer der berühmtesten Loks aller Zeiten.

Sir Nigel Gresley

Herbert Nigel Gresley wurde 1876 in Edinburgh geboren. 1905 wurde er zum Oberaufseher der Great Northern Railway bestellt. Alle seine Loks – die A1-, A3- und A4-Pacific – wurden berühmt.

Die *Flying Scotsman*

1862 führte die Great Northern Railway einen Expreßzug ein, der täglich die 633 km lange Strecke zwischen London und Schottland zurücklegte. Da sie so schnell war, wurde die Lok *Flying Scotsman* (Fliegender Schotte) getauft. Die Pacific-Loks konnten nonstop fahren, da sie eine zweite Besatzung mitführten.

Überhitzen

Beim Überhitzen gewinnt man höhere Temperaturen und größeres Dampfvolumen, wodurch die Leistung der Lok gesteigert wird. Diese Methode wurde erstmals von Wilhelm Schmidt, einem deutschen Wissenschaftler, eingeführt. Bereits 1910 wurden, so wie diese, die meisten großen Loks mit Heizrohr-Überhitzern ausgestattet.

Technische Daten

Gewicht: 87 782,4 kg

Gesamtlänge: 21,5 m

Treibräder: Durchmesser 2 m

Typ: 4-6-2

Unter Druck

Kurz nachdem die A1-Pacific-Loks im Einsatz waren, begann Gresley mit höherem Kesseldruck zu experimentieren, um die Leistung der Loks zu steigern. So entstand eine neue Lok-Generation. Sie wurde A3 genannt. Die A1-Loks bestanden weiterhin, wurden aber für den neuen Kesseltyp umgerüstet.

Zahnradlok

Die ersten Züge konnten nur ganz geringe Steigungen bewältigen, doch im Jahre 1830 schlug man den Einbau eines horizontal gelagerten Zahnradpaares vor, das sich in einer Mittelschiene verkeilte. In der Folge wurden diese Zahnstangenbahnen auf Steigungen eingesetzt. Als Zahnstange bezeichnet man die Mittelschiene, die das auf der Unterseite der Lok befindliche Zahnrad festhält.

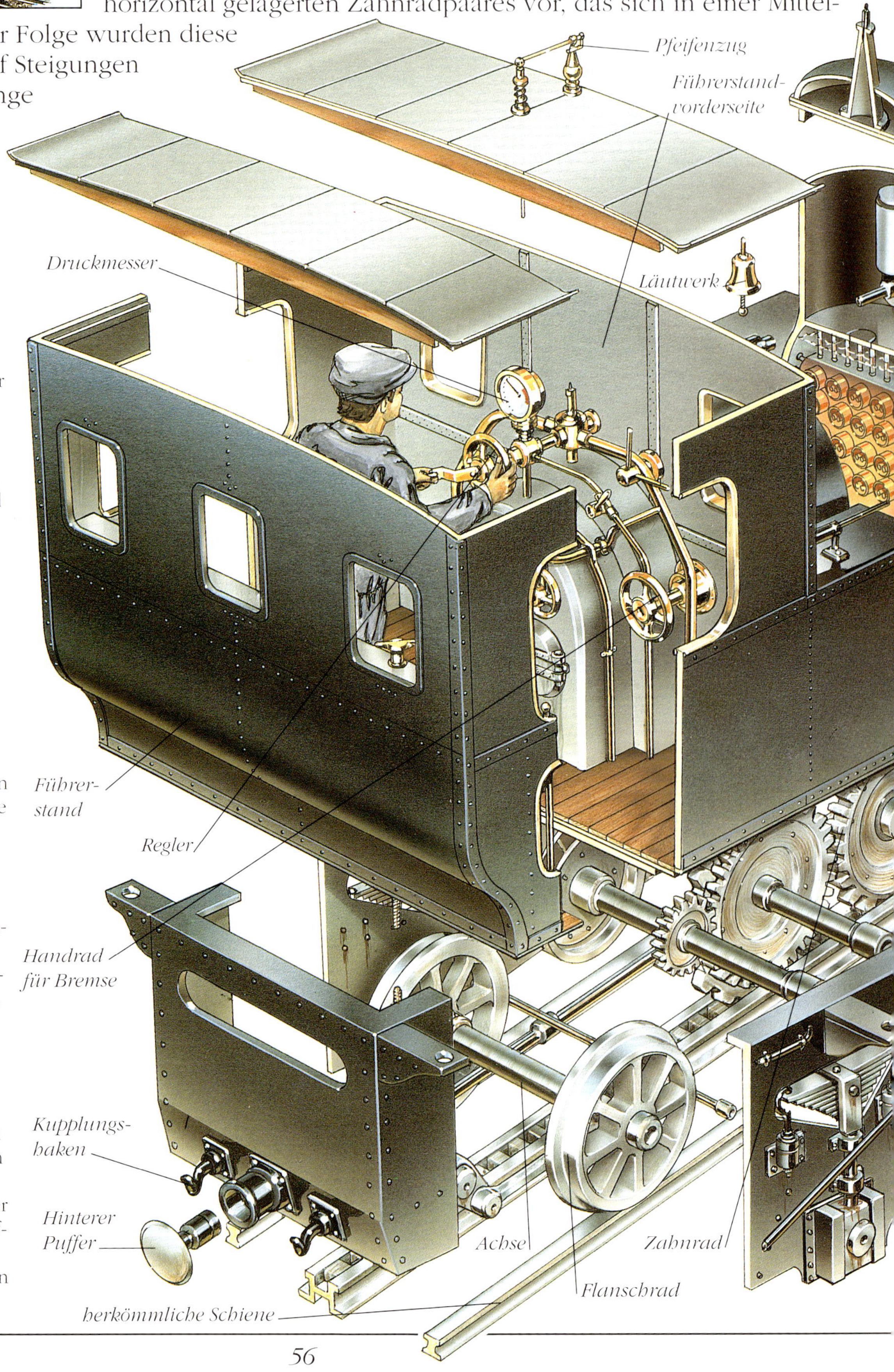

Die Abt-Zahnstangenbahnen

1882 patentierte der Schweizer Eisenbahntechniker Roman Abt sein berühmtes Zahnstangensystem, mit dem schließlich 70 Prozent dieser Bahnen fuhren. Er verwendete parallel liegende gezahnte Schienen, bei denen die Zähne der einen Schiene den Zwischenräumen der anderen Schiene gegenüberlagen, sowie ein Paar Zahnräder, deren Zähne versetzt zu denen der Schienen waren.

Antrieb von hinten

Einige Bergbahnen verwenden zum Teil herkömmliche Gleise und Zahnstangensysteme für die steilsten Abschnitte. Hier wird die Lok an den Anfang des Zuges gestellt. Aber bei Strecken, auf denen nur Zahnstangen eingesetzt werden, befinden sich Lok und Bremssystem immer an der Talseite, damit die Waggons nicht davonfahren können.

Zahnräder

Zahnräder weisen rundherum Verzahnungen auf, die sich in die Abstände der Zahnstange einfügen, wenn sich die Räder drehen, und die an ihr hinaufklettern, Zahn für Zahn. Dadurch fährt die Lok nach oben und kann nicht abrutschen.

Schräge Bodenplatte

Wären die Sitze im Passagierabteil parallel zum Boden, würden die talwärts blickenden Passagiere abrutschen. Deshalb werden die Sitze schräg montiert, auch die Bodenplatten der meisten Bergbahnen verlaufen ebenfalls nicht parallel zum Boden, sondern unter Berücksichtigung der Steigung.

Der Bremsvorgang

Der Bremsvorgang ist bei Bergloks besonders wichtig. Zusätzlich zu den üblichen Bremsen verfügen Zahnradloks über eine Bandtrommelbremse, die auf der Zahnradantriebswelle montiert ist. Das Stahlband, das die Trommel umgibt, wird mit Hilfe eines Handrades angezogen, das sich auf der Bodenplatte befindet.

Vertikale Kessel

Die Konstrukteure der ersten Bergloks mußten feststellen, daß auf steilen Strecken die Heizrohre an der Kesselvorderseite so stark gekippt wurden, daß sie nicht mehr vom Wasser bedeckt waren. Dadurch konnte ein Kessel funktionsuntüchtig werden oder sogar explodieren. Man löste das Problem schließlich durch den Einbau von abgewinkelten Kesseln.

Technische Daten

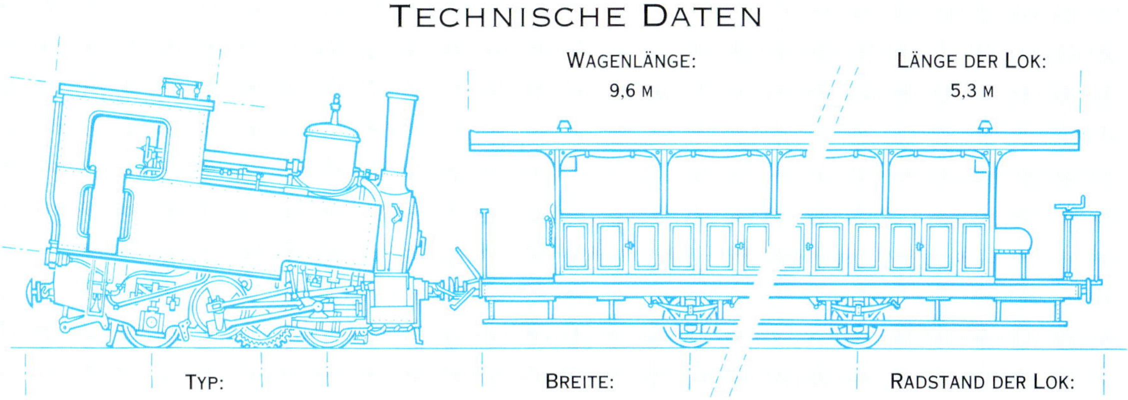

Elektro-Diesel

Elektrischer Strom wurde erstmals 1842 zum Antrieb einer Lok verwendet. Die ersten Dieselloks kamen 70 Jahre später auf. Beide Typen sind effizienter als Dampfloks. Die 73er Elektro-Diesel-Klasse wurde erstmals 1962 eingesetzt.

Diesel- und E-Loks

Dieselloks werden von Dieselmotoren angetrieben, und E-Züge von Strom aus einer Oberleitung oder einer dritten Schiene. Dieselelektrische Züge haben Dieselmotoren, die den Strom erzeugen, der die Räder antreibt. Elektro-Dieselloks verwenden, wo es möglich ist, eingespeisten Strom, aber erzeugen selbst Strom, wenn keine dritte Schiene zur Verfügung steht.

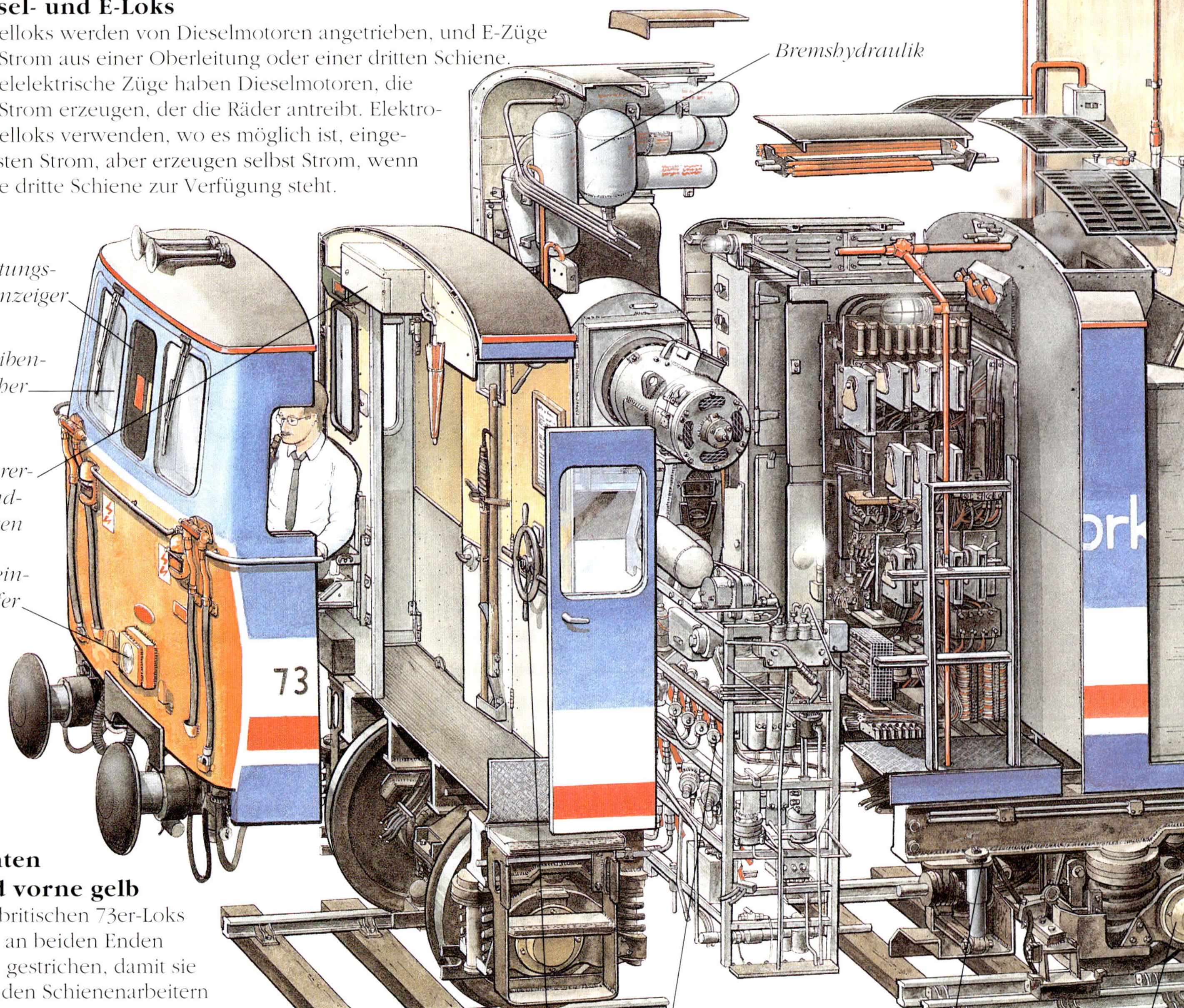

Hinten und vorne gelb

Die britischen 73er-Loks sind an beiden Enden gelb gestrichen, damit sie von den Schienenarbeitern rechtzeitig gesehen werden können.

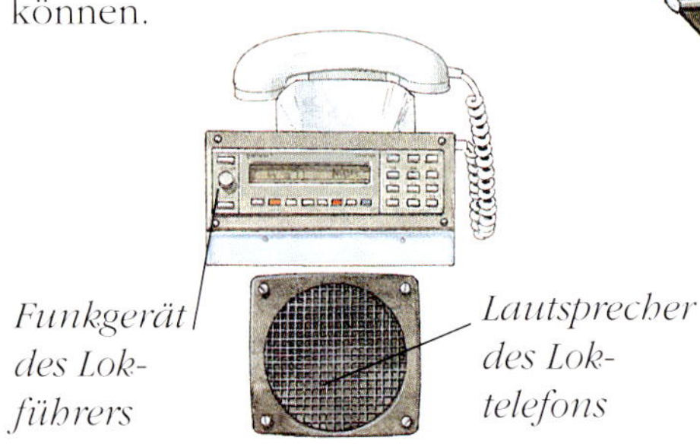

Telefon Funkgerät

In Verbindung bleiben

Gegensprechanlagen gehören zur Standardausstattung der 73er-Loks. So können Lokführer und Schaffner (oder andere Mitglieder der Besatzung) während der ganzen Reise miteinander kommunizieren.

Rascher Wechsel

Wenn der elektrische Strom aus einer speziellen Schiene eingespeist wird, fließt er zu einem Transformator, wo er auf die in der Lok erforderliche Spannung umgewandelt wird. Danach fließt er zu den Motoren, die die Räder antreiben.

Technische Daten

Gewicht: 70916,8 kg

Höchstgeschwindigkeit: 145 km/h

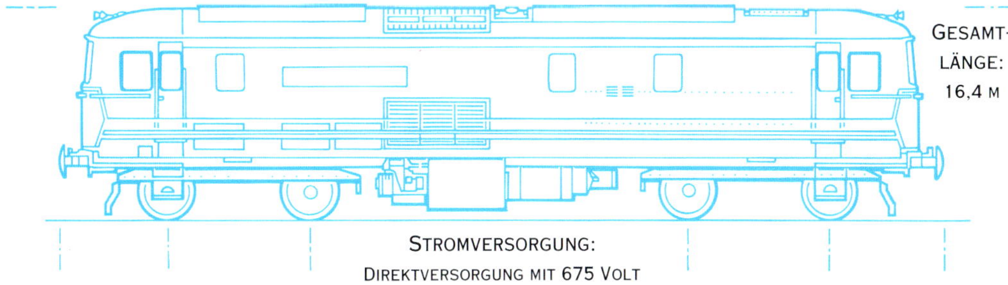

Gesamtlänge: 16,4 m

Stromversorgung: Direktversorgung mit 675 Volt

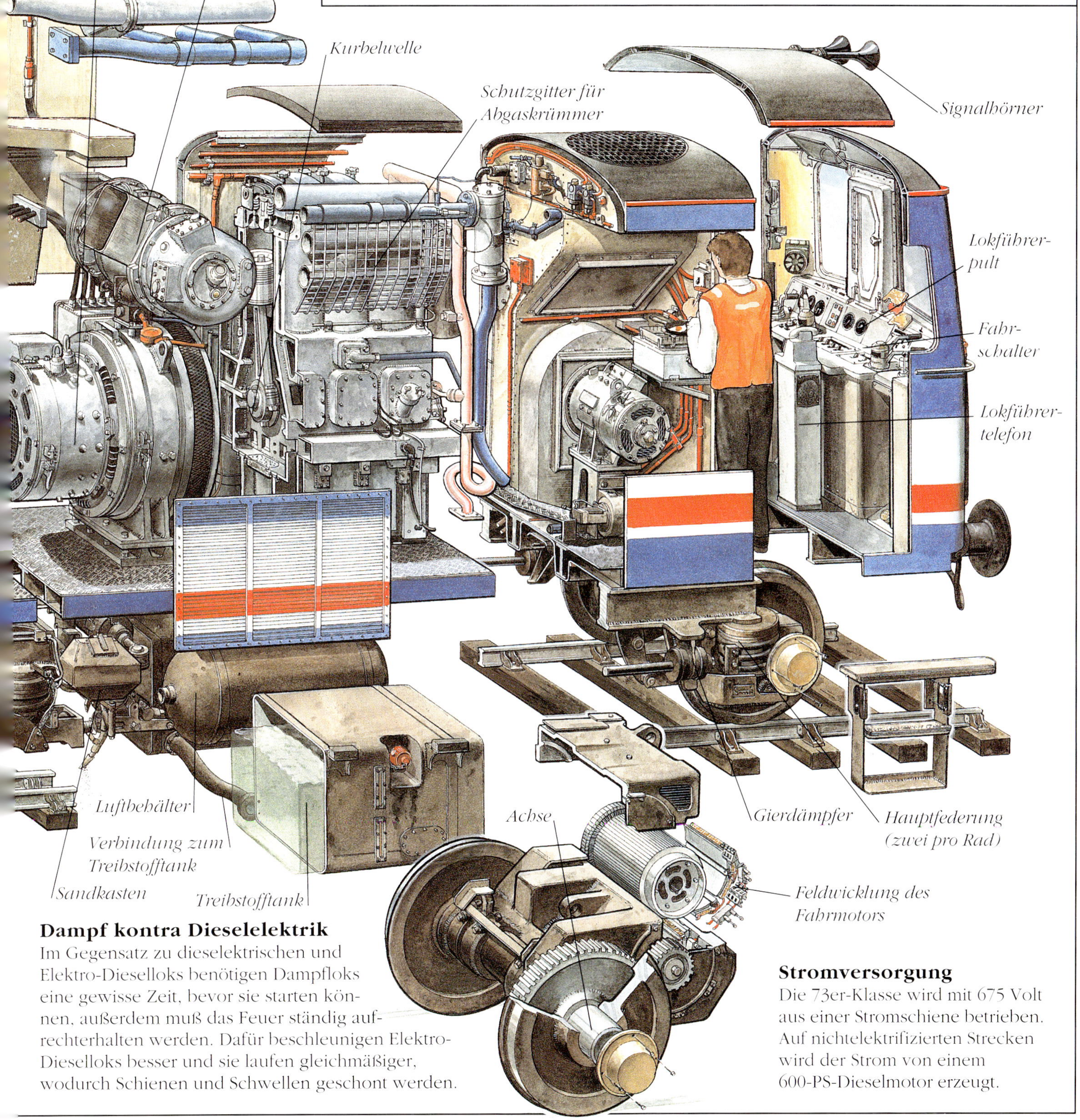

Dampf kontra Dieselelektrik

Im Gegensatz zu dieselektrischen und Elektro-Dieselloks benötigen Dampfloks eine gewisse Zeit, bevor sie starten können, außerdem muß das Feuer ständig aufrechterhalten werden. Dafür beschleunigen Elektro-Dieselloks besser und sie laufen gleichmäßiger, wodurch Schienen und Schwellen geschont werden.

Stromversorgung

Die 73er-Klasse wird mit 675 Volt aus einer Stromschiene betrieben. Auf nichtelektrifizierten Strecken wird der Strom von einem 600-PS-Dieselmotor erzeugt.

Le Shuttle

Im Jahr 1994 wurde der Kanaltunnel zwischen Folkestone im Süden Englands und Calais in Nordfrankreich eröffnet. Es war den britischen und französischen Technikern klar, daß sie für die Züge, die die Autos durch den Tunnel befördern sollten, eine neue Lokomotive brauchten. Die neue Lok muß 20mal täglich zwischen Frankreich und Großbritannien pendeln und wird daher *Le Shuttle* genannt.

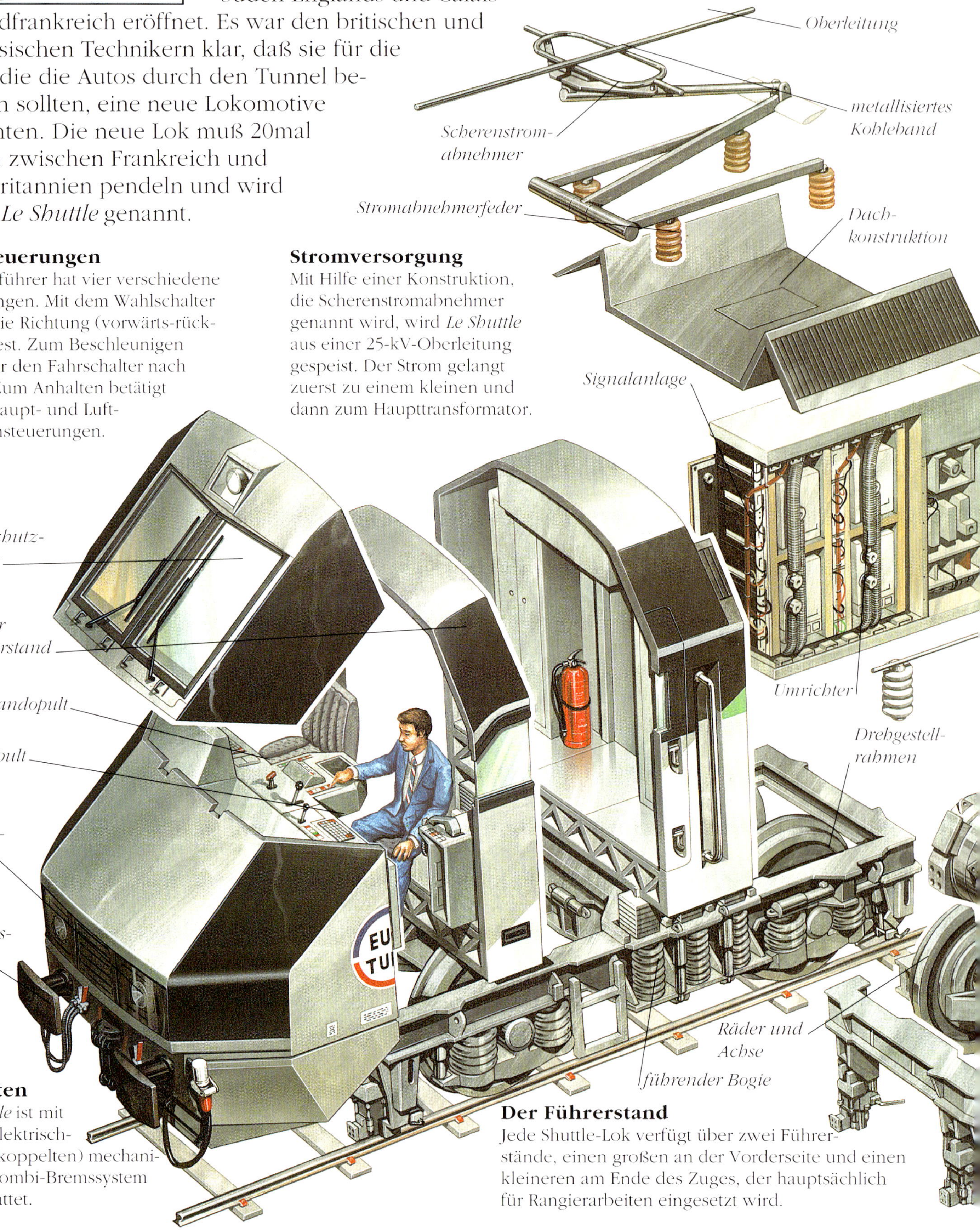

Die Steuerungen

Der Lokführer hat vier verschiedene Steuerungen. Mit dem Wahlschalter legt er die Richtung (vorwärts-rückwärts) fest. Zum Beschleunigen drückt er den Fahrschalter nach vorne. Zum Anhalten betätigt er die Haupt- und Luftbremsensteuerungen.

Stromversorgung

Mit Hilfe einer Konstruktion, die Scherenstromabnehmer genannt wird, wird *Le Shuttle* aus einer 25-kV-Oberleitung gespeist. Der Strom gelangt zuerst zu einem kleinen und dann zum Haupttransformator.

Anhalten

Le Shuttle ist mit einem elektrisch-(rückgekoppelten) mechanischen Kombi-Bremssystem ausgestattet.

Der Führerstand

Jede Shuttle-Lok verfügt über zwei Führerstände, einen großen an der Vorderseite und einen kleineren am Ende des Zuges, der hauptsächlich für Rangierarbeiten eingesetzt wird.

Zwei Loks

Die Autozüge im Kanaltunnel sind 750 m lang und haben an beiden Enden eine *Le-Shuttle*-Lok. Die Loks müssen auch für Steigungen geeignet sein und Temperaturen von eiskalt bis sehr heiß aushalten. Wenn ein Bogie defekt ist, muß die Lok trotzdem funktionstüchtig bleiben. Bei einer Panne muß die jeweils andere Lok in der Lage sein, die Reise fortzusetzen.

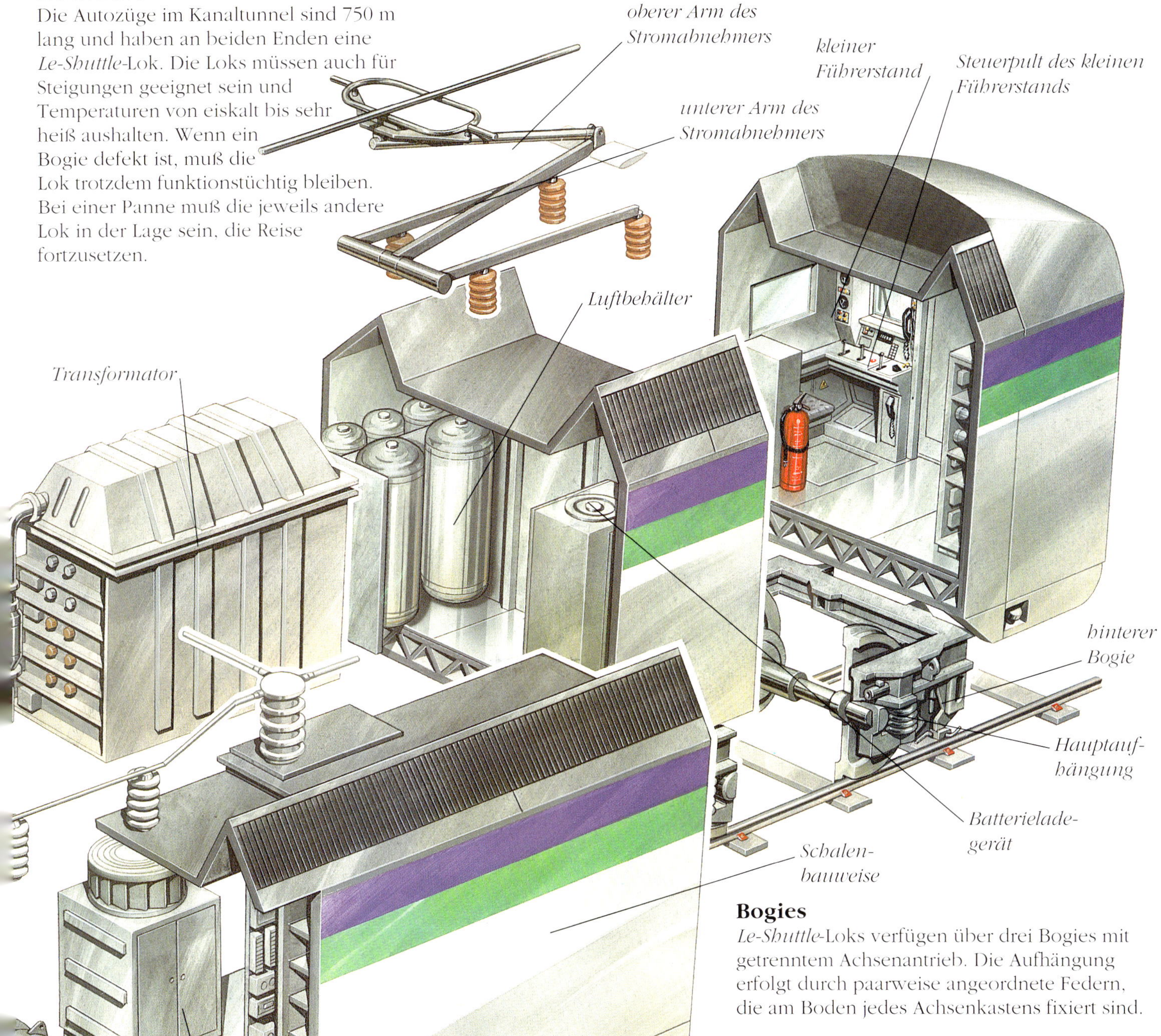

Bogies

Le-Shuttle-Loks verfügen über drei Bogies mit getrenntem Achsenantrieb. Die Aufhängung erfolgt durch paarweise angeordnete Federn, die am Boden jedes Achsenkastens fixiert sind.

Technische Daten

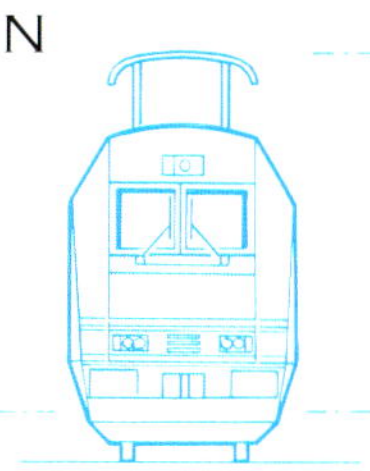

Breite:
2,9 m

Leistung:
5 520 kW (7 500 PS)

Geschwindigkeit:
145 km/h

Länge: 22 m

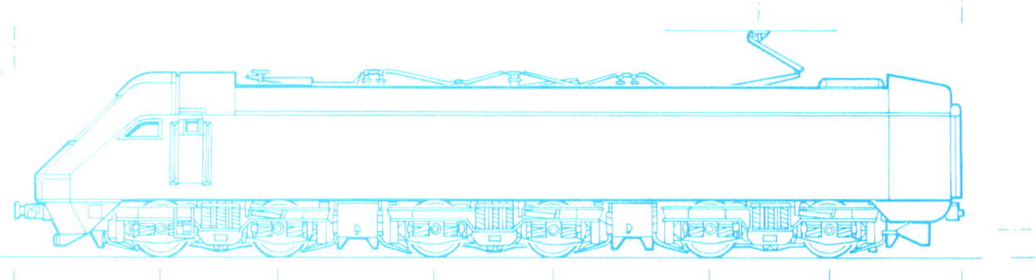

ZEITTAFEL

IM JAHR 1825 KONNTE MAN nur ein paar Kilometer mit dem Zug zurücklegen. Innerhalb kurzer Zeit waren überall auf der Welt Bahngleise verlegt. Die heutigen Züge erreichen Geschwindigkeiten, von denen die Eisenbahnpioniere nicht einmal zu träumen wagten.

1803 TREVITHICKS LOK, ENGLAND

1825 LOCOMOTION, ENGLAND

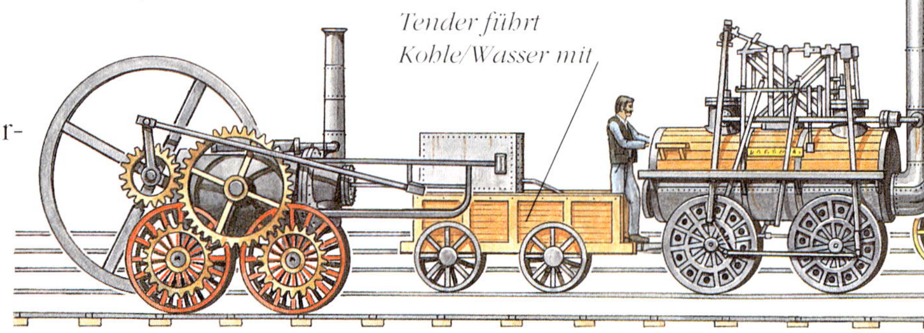

1851 CRAMPTON 2-2-2-0, FRANKREICH

1860 „AMERICAN“ 4-4-0, USA

1934 M-10000, USA – EINE DER ERSTEN DIESELLOKS

1938 MALLARD, 4-6-2 GESCHWINDIGKEITSREKORD DER DAMPFLOKS – 202 KM/H

1955 GENERAL ELECTRIC-DIESELLOK, USA

1970 SCHNELLZUGLOKOMOTIVE, FRANKREICH

1829 Rocket, England **1831 DeWitt Clinton, USA** **1847 Lord of the Isles, England**

1893 Number 999 4-4-0, USA **1930 Chapelon 4-6-2, Frankreich**

1941 „Big Boy“ 4-8-8-4, USA – die grösste Dampflok, die je gebaut wurde

90er Jahre, Bullet-Zug, Japan

GLOSSAR

Abgas
Aus dem Kessel austretendes Gas.

Achse
Runder Metallstab, der ein Radpaar verbindet.

Aufhängung
Die Federung zwischen den Rädern und dem Untergestell, die Stöße auffängt, welche auf unebenen Strecken entstehen.

Backenbremse
Vorrichtung, die eine Radumdrehung abbricht, indem ein Holz- oder Metallblock gegen die Felge gepreßt wird.

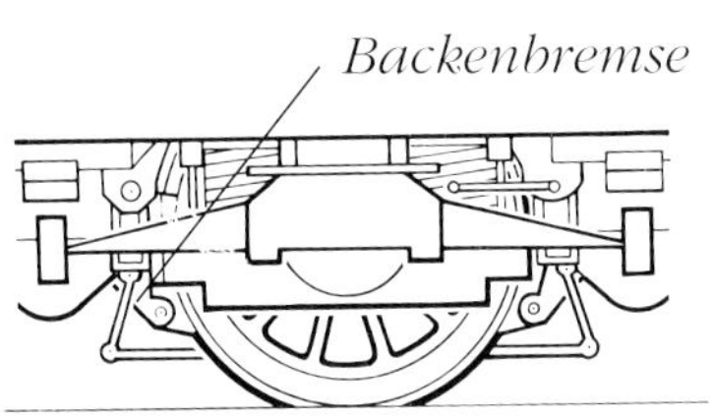

Blasrohr
Rohr in einer Dampflok, das den abgeleiteten Dampf von den Zylindern zum Schornstein leitet.

Bodenplatte
Teil einer Dampflok, auf dem Lokführer und Heizer stehen.

Bogie
Gestell mit Rädern, unter einer Lokomotive oder einem Waggon.

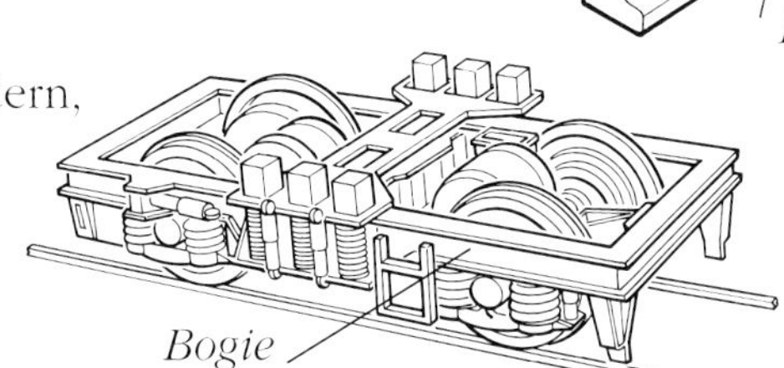

Dieselmotor
Mit Dieselöl betriebener Motor, der die Lok entweder direkt antreibt oder mit Hilfe von dazwischengeschalteten Elektromotoren.

Dom
Der Aufsatz auf der Kesseltrommel einer Dampflok, in dem sich trockener Dampf sammelt und sich das Dampfreglerventil befindet.

Elektro-Diesellok
Lok, die sowohl auf elektrifizierten als auch auf nichtelektrifizierten Strecken eingesetzt werden kann.

Fahrmotor
Starker Elektromotor, mit dessen Hilfe ein E-Zug betrieben wird.

Feuerbüchse
Metallkasten hinter dem Kessel einer Dampflok, in dem das Feuer aufrechterhalten wird.

Flansch
Erweiterter Rand, der das Rad auf der Schiene festhält.

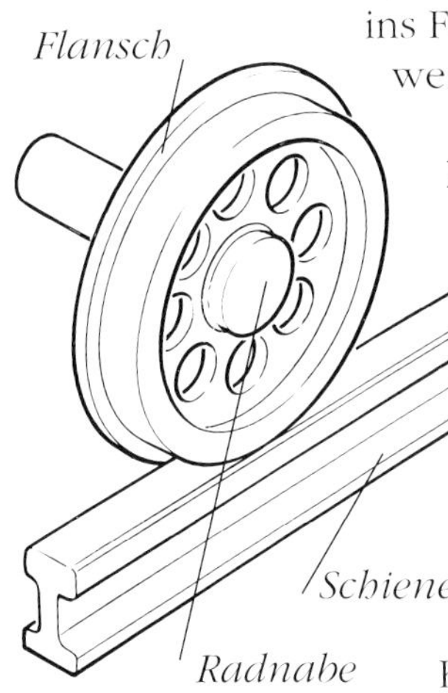

Fracht
Die Güter, die auf einem Zug transportiert werden.

Führerstand
Abteil, in dem der Lokführer die Lokomotive lenkt.

Funkenfänger
Vorrichtung im Schornstein, die den Funkenflug stoppt.

Gefälle
Die Steigung einer Bahnstrecke.

Handbremse
Dient zum Anpressen der Bremsklötze an die Räder ohne Verwendung von elektrischem Strom.

Heizer
Arbeiter, der das Feuer in einer Dampflok aufrechterhält.

Kessel
Metalltrommel auf einer Dampflok, in der Wasser zu Dampf wird.

Kohlenschieber
Dampfbetriebene Vorrichtung im Tenderwagen, mit deren Hilfe die Kohle zu einer Stelle geschoben wird, von der sie direkt ins Feuer geschaufelt werden kann.

Kolben
Durch Dampf betriebener Metallstab, der im Zylinder vor- und zurückgleitet.

Kolbenstange
Stange, die den Kolben mit dem Kreuzkopf verbindet.

Kreuzkopf
Vorrichtung zur geraden Ausrichtung der Kolbenstange während der Bewegung in den Zylinder und wieder heraus.

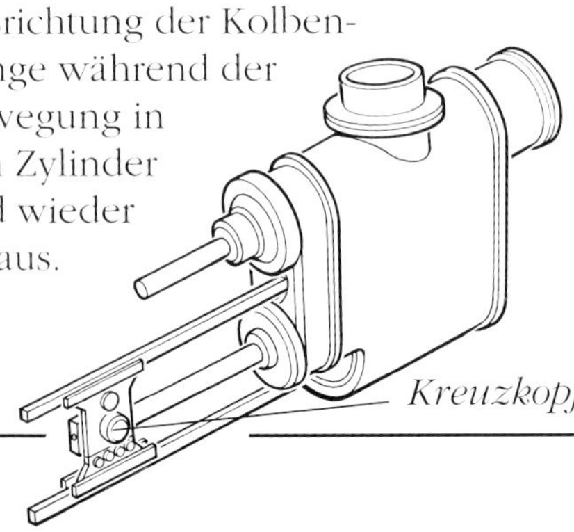

Kuppelstange
Metallstange, die ein Rad eines Radpaares mit dem anderen verbindet, so daß sie sich gemeinsam drehen.

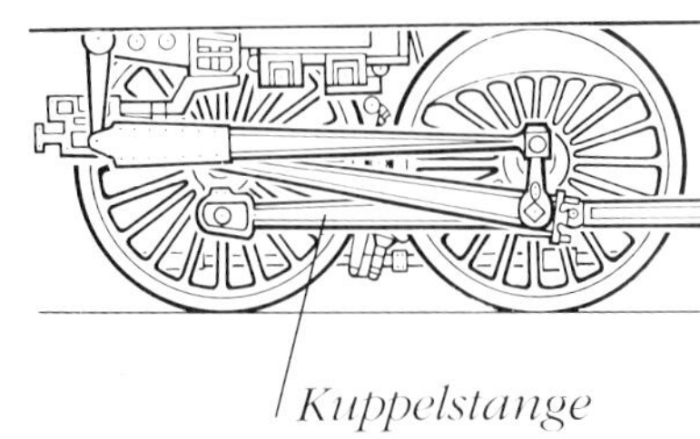

Kupplung
Vorrichtung, mit der die Waggons aneinandergehängt werden.

Kurbelwelle
Metallarm, der die Bewegung eines Kolbens auf die Räder überträgt und sie zum Drehen bringt.

Laufrad
Hauptrad der Lokomotive, welches das Gewicht trägt.

Lokomotive
Eine Maschine, die selbst Energie herstellt, mit deren Hilfe sie sich bewegt. Einst wurden Lokomotiven mit Dampf betrieben, doch seit den dreißiger Jahren werden Dieselöl und elektrischer Strom eingesetzt, da diese Treibstoffe billiger und leistungsfähiger sind.

Luftbremse
Dieses System verwendet komprimierte Luft, um die Bremsbacken gegen die Räder zu pressen.

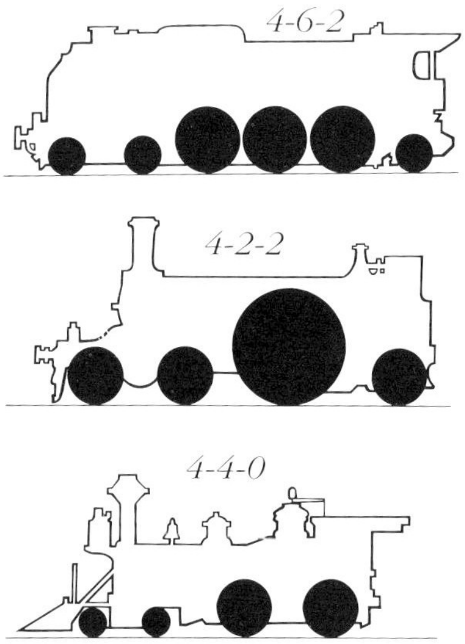

Radanordnung (Whyte-System)
Klassifizierung von Dampfloks nach der Anzahl ihrer Räder.

Rangieren
Verschieben der Wagen und Waggons, bis die gewünschte Zusammenstellung eines Zuges erreicht ist.

Rauchkammer
Abteil einer Dampflok, in dem sich Dampf und Rauch sammeln, bevor sie zum Schornstein geleitet werden.

Sandkasten
Ein Kasten, in dem Sand aufbewahrt wird, der durch Rohre vor den Treibrädern auf die Schienen geleitet wird für den Fall, daß sie rutschig sind.

Schaffner
Der diensthabende Beamte im Zug.

Scherenstromabnehmer
Ein Drahtgestell auf einem E-Zug, das Strom von einer oberhalb der Strecke angebrachten Leitung abnimmt.

Schiene
Stahlstreifen, auf dem die Räder eines Zuges fahren.

Schienenbett
Das auf dem Boden aufgeschichtete Material, auf dem Schienen und Schwellen liegen. Wird auch Schotterbett genannt.

Schienenfahrzeuge
Wagen, Waggons und andere Eisenbahnfahrzeuge.

Schienenräumer
Metallgitter am vorderen Ende einer amerikanischen Lok, mit dem Hindernisse auf den Gleisen weggeschoben werden.

Schleifstück
Metallblock auf einer E-Lok, der den Strom aus einer Schiene abnimmt.

Schornstein
Metallrohr, das Dampf oder Rauch abgibt.

Schwelle
Der Holz- oder Betonstreifen, auf den die Schienen gelegt werden.

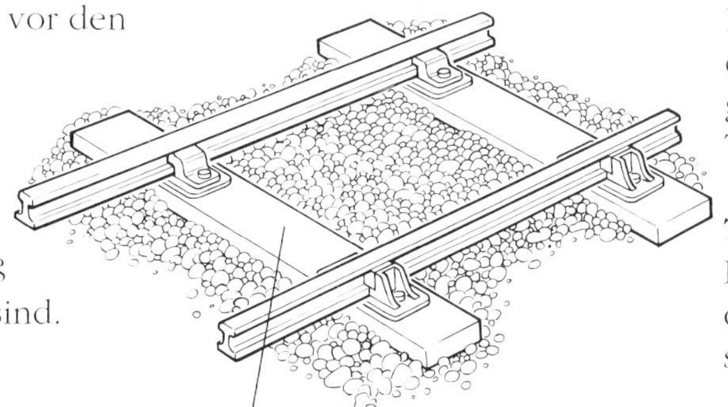

Sicherheitsfahrschalter
Vorrichtung zum Abschalten der Energie und zum Einsatz der Bremsen, falls der Lokführer nicht mehr weiterfahren kann.

Sicherheitsventil
Die Apparatur innerhalb des Doms einer Dampflok, mit der Dampf abgelassen wird, wenn der Kesseldruck zu stark ansteigt.

Signale
Helfen dem Lokführer, indem sie anzeigen, ob sich andere Züge auf der Strecke befinden oder diese auf eine andere Strecke abbiegen möchten.

Spur
Abstand zwischen den beiden Schienen.

Stromschiene
Elektrischer Leiter zur Stromübertragung an eine Lok auf elektrifizierten Strecken mit einer dritten Schiene.

Tender
Waggon, der den Wasser- und Brennstoffvorrat einer Dampflok mitführt.

Tenderlok
Dampflok, die Wasser und Brennstoff auf dem eigenen Fahrgestell anstatt auf einem Tenderwagen mitführt.

Treibrad
Hauptrad einer Lok, das durch die Verbindungsstange angetrieben wird.

Überhitzen
Erhöhen der Temperatur und des Dampfvolumens durch zusätzliche Hitze, nachdem der Dampf den Kessel verlassen hat.

Untergestell
Fahrgestell oder Chassis, auf dem die Dampflok gebaut wird.

Ventil
Öffnung, die den Ein- oder Austritt von Dampf oder Gas ermöglicht.

Verbindungsstange
Metallstange, die den Kolben mit den Treibrädern einer Lok verbindet.

Zahnrad
Ein gezahntes Rad, das sich in die Zahnstange zwischen den Schienen einer Zahnstangen-Bergbahn einfügt.

Zahnstangensystem
Eine gezahnte Schiene und ein Zahnrad, mit deren Hilfe ein Zug Berge und andere starke Steigungen bewältigt.

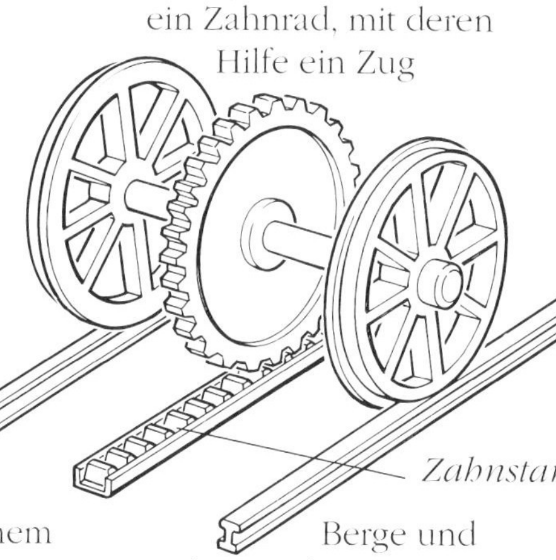

Zylinder
Metallrohr, in das Dampf oder Gas gedrückt wird, um die Kolben anzutreiben.

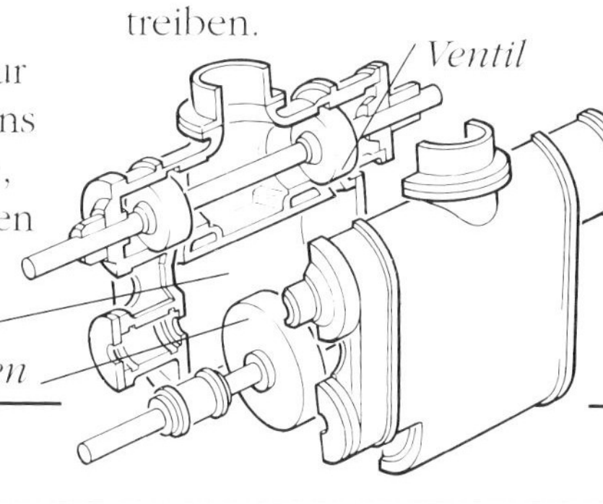

BULLDOZER

INHALT

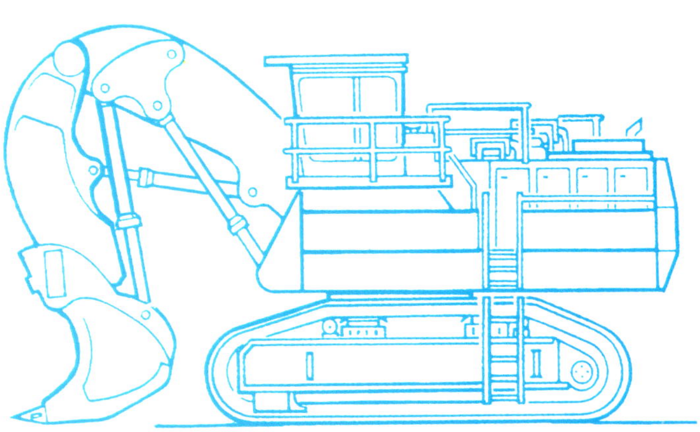

RADLADER

WO MENSCHEN GRABEN oder schwere Lasten bewegen müssen, arbeiten sie mit Lastwagen oder Baggern, den Schwerlastkraftwagen. Hast du dieses Buch gelesen, wirst du viele dieser Fahrzeuge kennen! Der Wagen auf dieser Seite ist ein Radlader. Er hat eine riesige Schaufel, den Baggerlöffel, um Lasten aufzunehmen, sie zu bewegen und damit Muldenkipper anzufüllen. Radlader kommen auf Baustellen, beim Straßenbau, in Minen, Steinbrüchen und auf Müllhalden zum Einsatz. Manchmal helfen sie in den Laderäumen von Schiffen, eine Ladung wie Kohle zu löschen.

Bequemes Führerhaus
Das Führerhaus ist hoch oben, so daß der Fahrer alles sehen kann. Innen sind die Hebel leicht zu erreichen, damit er bei der Arbeit nicht ermüdet. Das Führerhaus ist lärmgeschützt und rüttelt während der Arbeit des Radladers nicht.

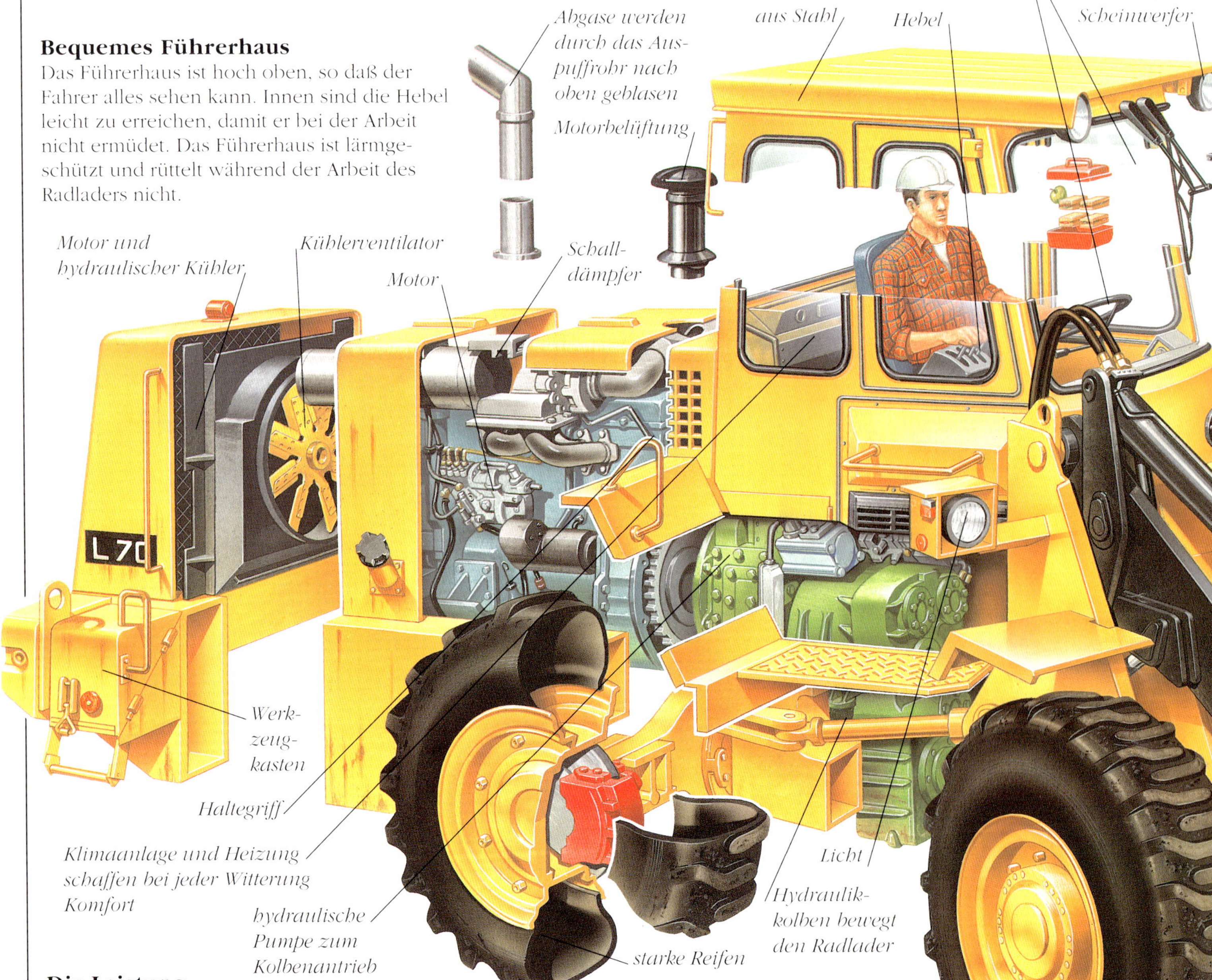

Die Leistung
Baumaschinen haben leistungsstarke Dieselmotoren. Hier befinden sich Zylinder mit Kolben. In jedem Zylinder wird Treibstoff mit Luft verbrannt, um Hitze zu erzeugen und so die Kolben niederzudrücken. Nach der Verbrennung geht der Kolben wieder nach oben. Bewegen sich die Kolben, liefern sie Energie für das gesamte Fahrzeug.

Widerstandsfähige Reifen
Die Reifen müssen starke Beanspruchung aushalten und variieren je Aufgabe. Sie können teils mit Wasser gefüllt sein, um auf weichem oder rutschigem Grund zusätzlichen Halt zu haben. Müllader haben Stahlreifen, mit denen sie den Müll auf der Halde verteilen und niederdrücken.

Technische Daten

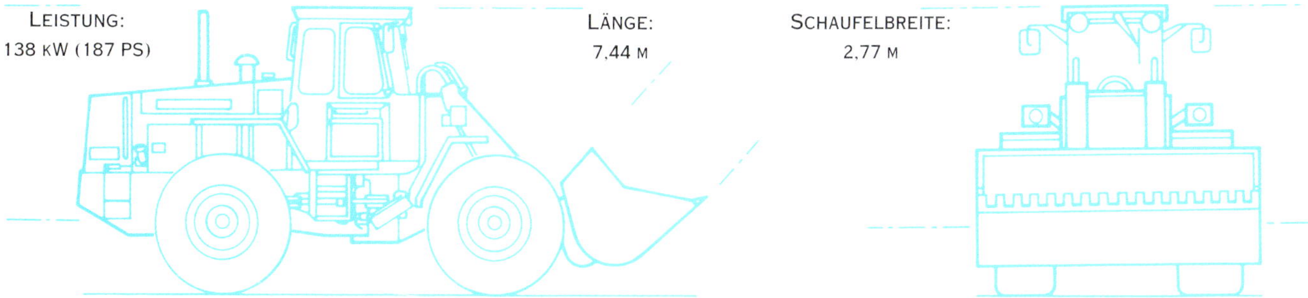

Leistung: 138 kW (187 PS)

Länge: 7,44 m

Schaufelbreite: 2,77 m

Gewicht: 17 200 kg

Höhe: 5 m

Radstand: 2,09 m

Schieben und ziehen

Durch Hydraulikkolben wird die Schaufel gehoben, gesenkt und gekippt, der Radlader gelenkt und gebremst. Der Kolben bewegt sich vor und zurück, wie eine Fahrradpumpe, die man zieht und niederdrückt. Ins Innere des Zylinders wird Öl gepumpt. Auf einer Seite drückt es den Kolben zurück, auf der anderen Seite schiebt es ihn nach vorne. Bewegt sich der Kolben, bewegt sich auch der Teil des Radladers, an dem er befestigt ist.

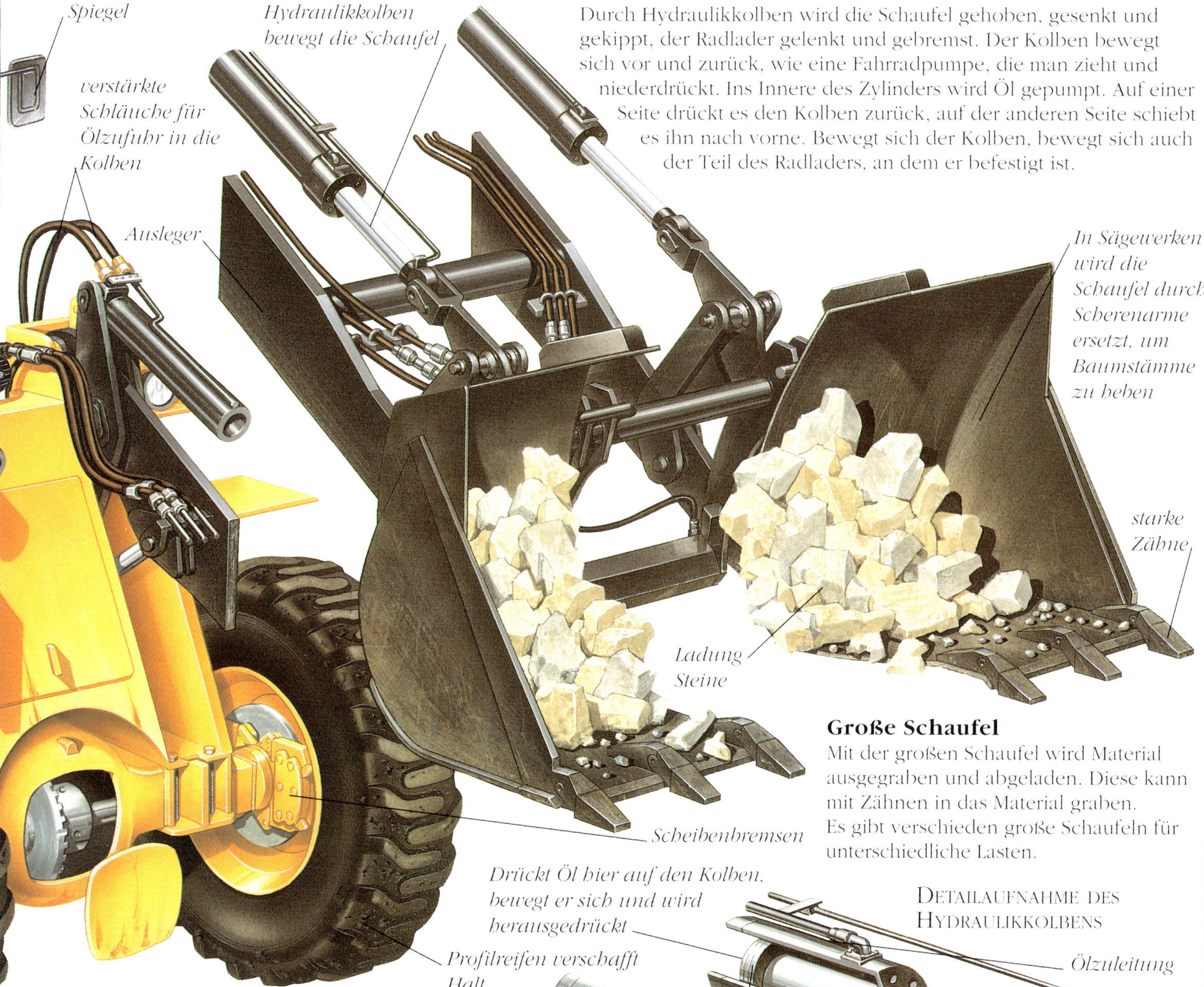

Große Schaufel

Mit der großen Schaufel wird Material ausgegraben und abgeladen. Diese kann mit Zähnen in das Material graben. Es gibt verschieden große Schaufeln für unterschiedliche Lasten.

Detailaufnahme des Hydraulikkolbens

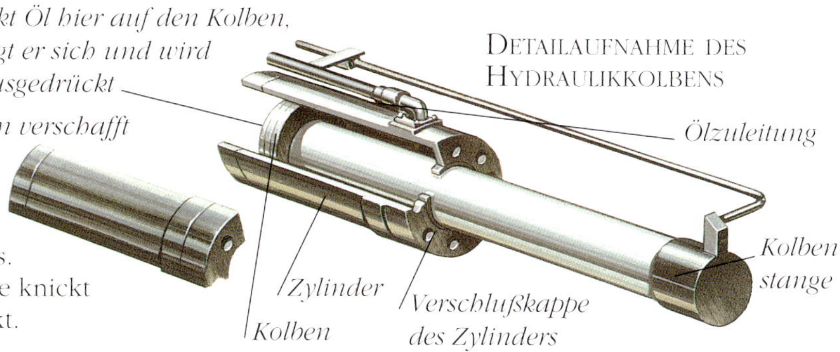

Lenken

Bei einem Auto drehen sich die Räder in die Richtung, in die man fahren möchte. Beim Radlader ist das anders. Hier drehen sich nicht die Räder, sondern die Karosserie knickt in der Mitte durch Hydraulikkolben ein, wenn man lenkt.

Muldenkipper

Muldenkipper befördern auf Baustellen Steine oder Erde. Je größer der Kipper ist, desto schwerere Last kann er befördern.

Muldenkipper fahren nicht auf normalen Straßen. Sie werden auf einem Lkw-Anhänger von einem Ort zum anderen transportiert. Hinten am Kipper ist eine Mulde, auf der die Fracht transportiert wird, und die zum Abladen aufkippt.

Aufkippen

Hydraulikkolben (siehe S. 7) heben und senken die Mulde. Der Stahlboden ist extra stark, um der Belastung standzuhalten. Die Mulde ist leicht V-förmig, und abfallend, damit die Ladung leicht abrutschen kann.

Technische Daten

Leistung: 276 kW (375 PS)

Gewicht: 63 220 kg

Länge: 10,4 m

Motor: Detroit-Diesel-Viertaktmotor, Serie 60

Radstand: 3,2 m

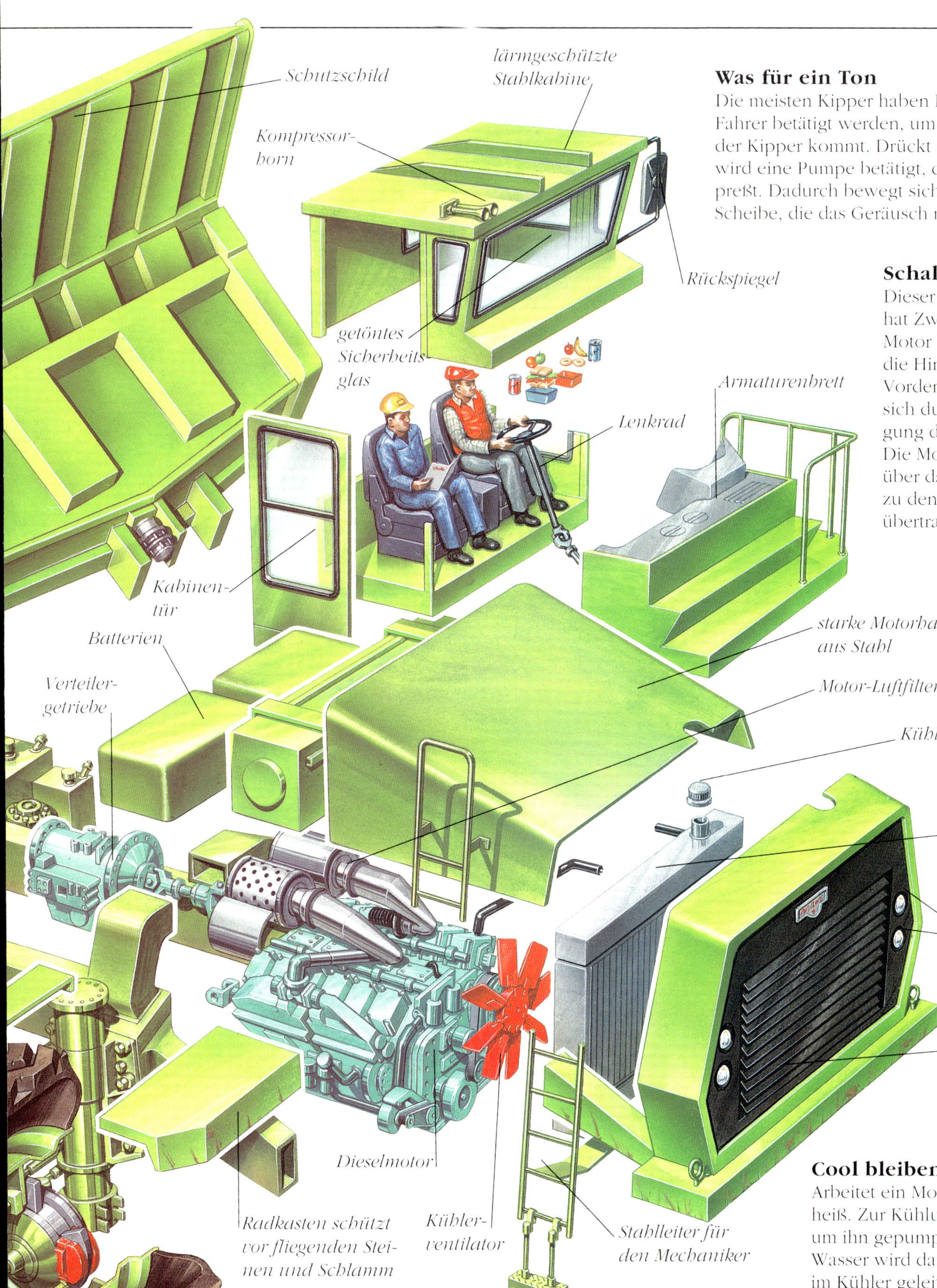

Was für ein Ton

Die meisten Kipper haben Lufthupen, die vom Fahrer betätigt werden, um anzukündigen, daß der Kipper kommt. Drückt man einen Knopf, wird eine Pumpe betätigt, die Luft in die Hupe preßt. Dadurch bewegt sich eine gebogene Scheibe, die das Geräusch macht.

Schaltgetriebe

Dieser Muldenkipper hat Zweiradantrieb, der Motor bewegt also nur die Hinterräder. Die Vorderräder drehen sich durch die Bewegung des Fahrzeugs. Die Motorleistung wird über das Schaltgetriebe zu den Hinterrädern übertragen.

Die Schlaglöcher austricksen

Die Radaufhängung verhindert, daß die Schläge den Kipper erschüttern. Jedes Vorderrad hat einen Kolben in einem Zylinder mit Öl und einen Stickstoffpolster darüber. Schlägt ein Rad nach oben, tut dies auch der Kolben, er wird aber vom Öl und dem Stickstoff aufgehalten, die den Stoß dämpfen.

Cool bleiben

Arbeitet ein Motor, wird er heiß. Zur Kühlung wird Wasser um ihn gepumpt. Das erhitzte Wasser wird dann durch Rohre im Kühler geleitet. Der motorbetriebene Ventilator leitet Luft durch den Kühler um die Rohre, so daß das Wasser gekühlt wird und wieder zum Motor zurückfließen kann. Das wird als Kühlsystem des Motors bezeichnet.

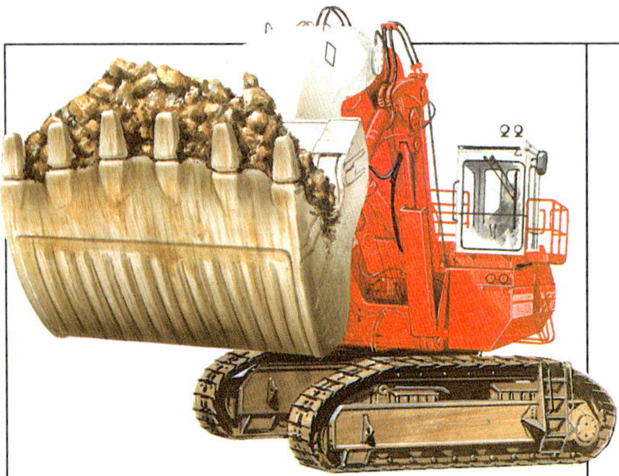

GRUBENBAGGER

DIESE UNGEHEURE MASCHINE bricht Kohle oder Schiefergestein im Tagbau aus den Minenwänden. Die riesige Schaufel hat starke Zähne, die sich in die Kohle oder das Gestein beißen. Ist die Schaufel voll, dreht der Fahrer den oberen Teil des Fahrzeugs und öffnet den unteren Teil der Schaufel, um die Ladung auf den Muldenkipper zu befördern. Die hier dargestellte Schaufel kann einen 120-Tonnen-Lkw in nur zwei Minuten füllen! Manche Bagger werden mit einem Computersystem ausgestattet. Bei einigen Programmen schaltet der Computer den Motor bei Gefahr automatisch ab.

Superschaufel
Die Schaufel wird durch Hydraulikkolben betrieben (siehe S. 7). Sie hat in der Mitte Scharniere, um die Rückseite zu öffnen und zu schließen. Die riesigen Metallzähne sind so geformt, daß sie scharf bleiben. Bei Abnützung können sie leicht ersetzt werden.

Giganten des Bergbaus
Dieser Bagger ist noch vergleichsweise klein. Sehr große Maschinen können bis zu 480 Tonnen wiegen, soviel wie ungefähr 85 große Elefanten! Einige Riesenmaschinen haben sechs bis acht Schaufeln auf einem riesigen Rad, das sich dreht, während die Schaufel am Kohlenstoß entlanggleitet.

Ausfallsicherung
Die Schaufel muß sehr zuverlässig sein. Funktioniert sie nicht, steht die Produktion in der Mine still und die Besitzer verlieren sehr viel Geld. Deshalb hat der Bagger einen zweiten Dieselmotor, der einsetzt, falls der erste ausfällt.

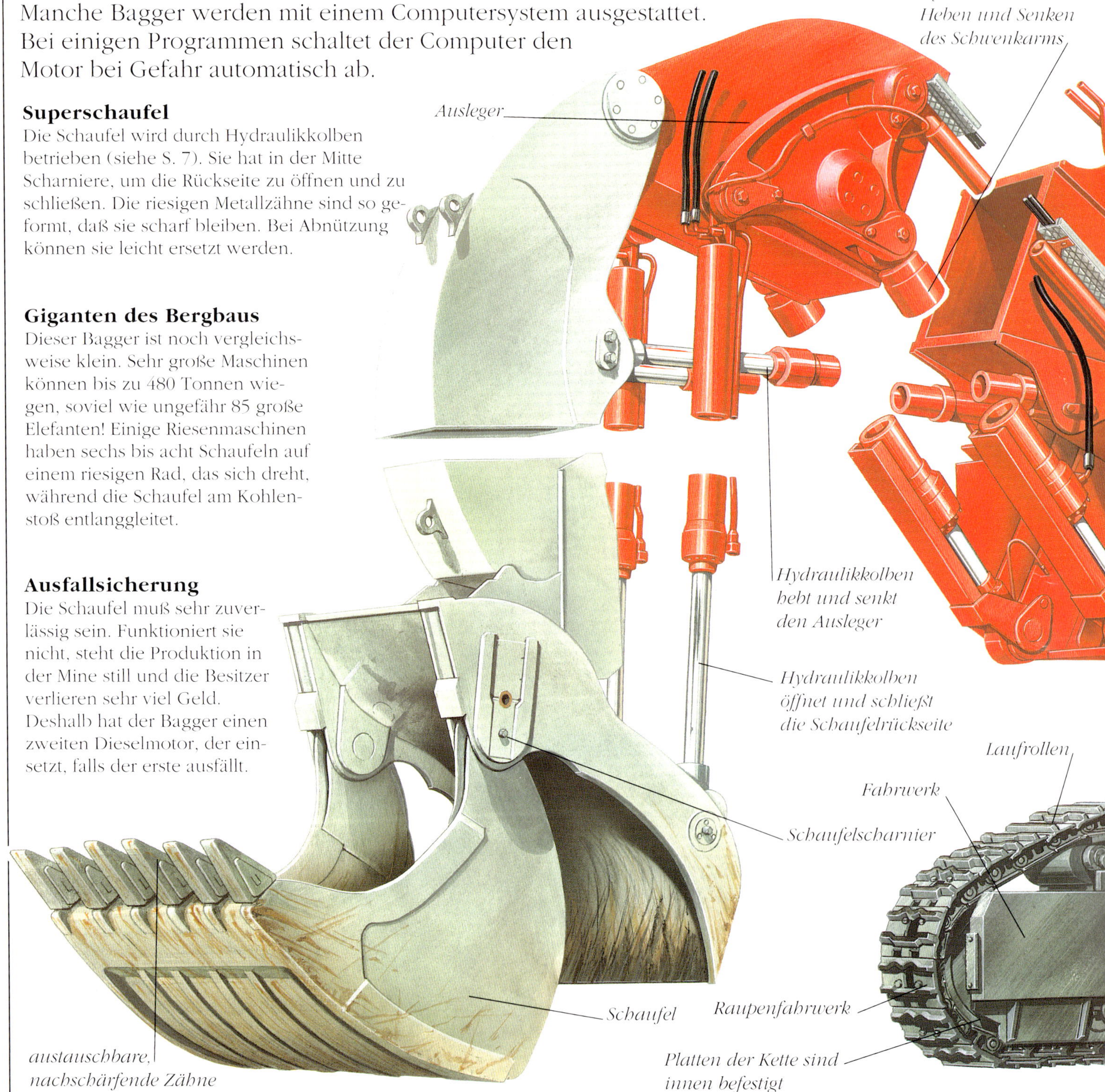

Technische Daten

Leistung: 2 642 kW (3 590 PS)

Motor: 16-Zylinder-Viertakt-Turbodiesel

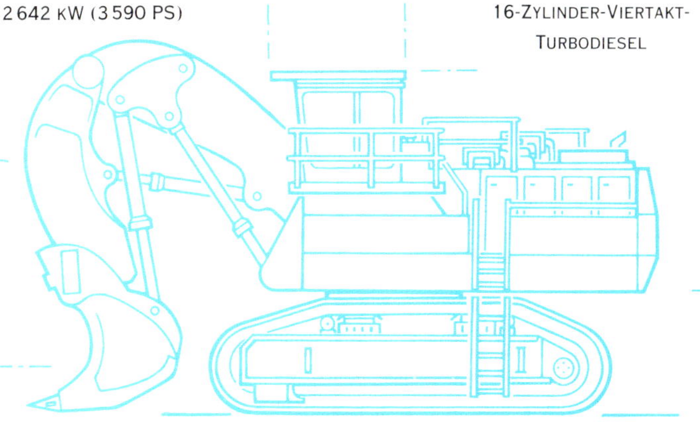

Länge: 13,4 m

Gewicht: 585 131 kg

Radstand: 7,8 m

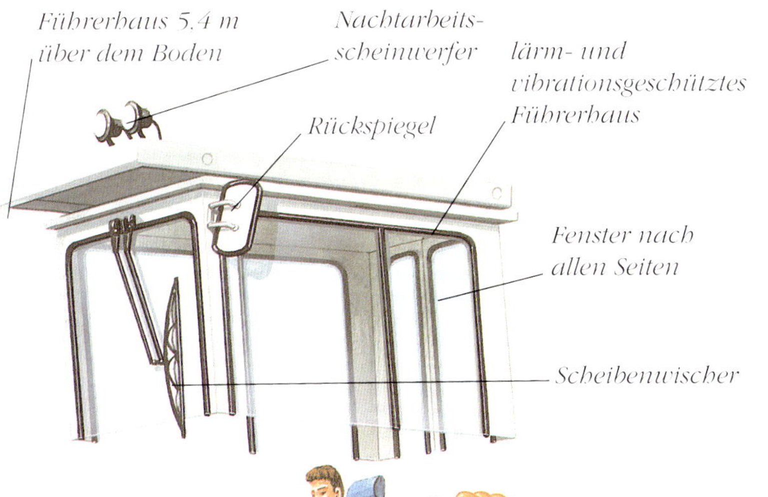

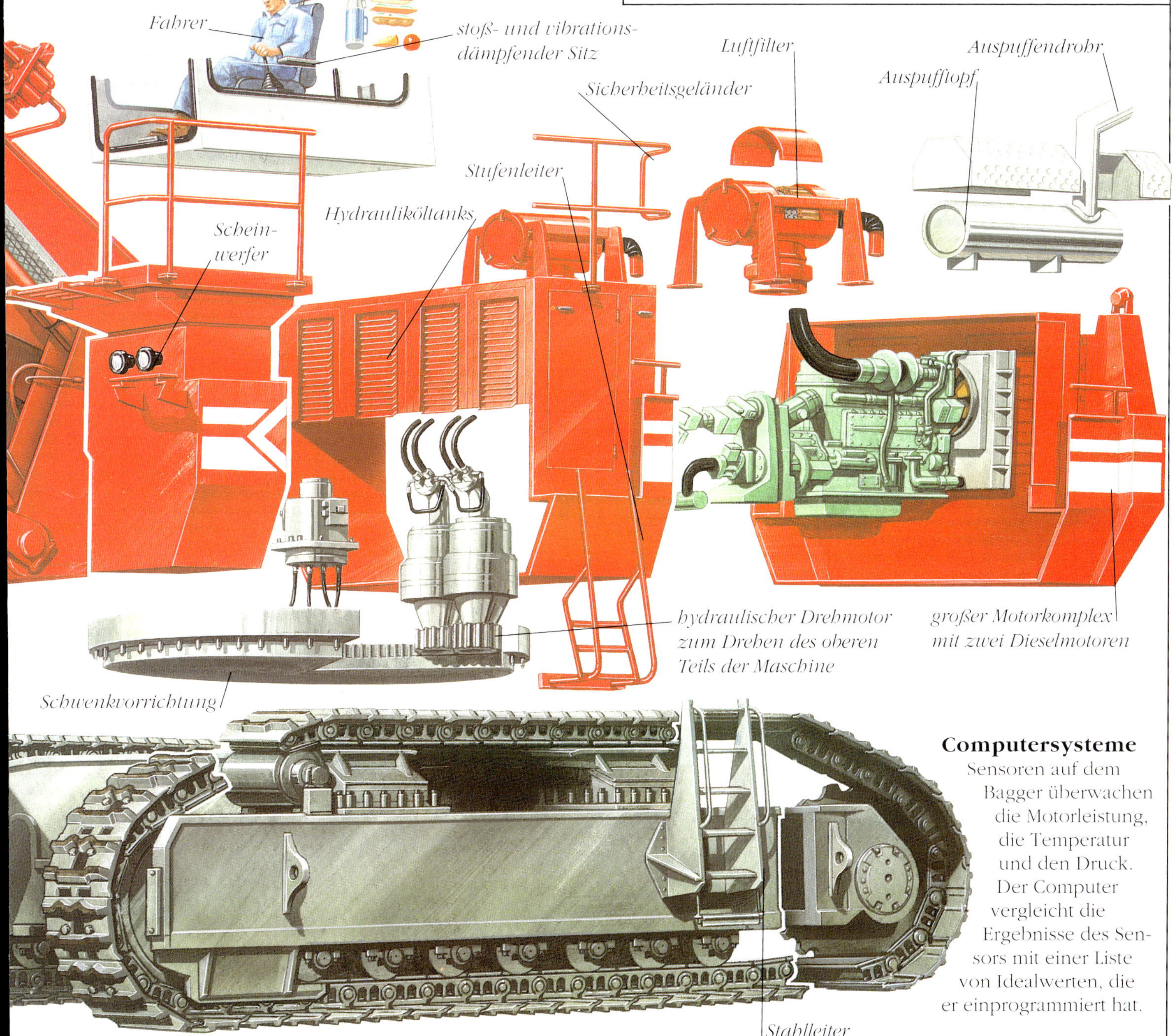

Computersysteme

Sensoren auf dem Bagger überwachen die Motorleistung, die Temperatur und den Druck. Der Computer vergleicht die Ergebnisse des Sensors mit einer Liste von Idealwerten, die er einprogrammiert hat.

DECKENFERTIGER

DIESE GROSSE, SCHWERFÄLLIGE MASCHINE erledigt eine der heißesten, stinkendsten und lautesten Arbeiten: Sie legt eine Mischung aus Teer und zerkleinerten Steinen auf neue Straßen oder erneuert alte Beläge. Die Mischung wird vorne am Deckenfertiger geladen, durch die Maschine geleitet und auf der Straße verteilt. Sie wird von riesigen Schneckengewinden, den Verteilern, ausgeworfen und von heißen Platten glattgestrichen – wie warme Butter auf ein Brot.

Weit verteilen

Möchte der Fahrer eine Fläche erhitzen und glätten, die breiter als der Deckenfertiger ist, verwendet er dazu Glättarme, die an den Seiten vorstehen. Hinten am Fahrzeug befinden sich Fußstützen, auf denen die Arbeiter stehen. Sie können abspringen und die Oberfläche mit ihren Rechen glätten. Bei der Arbeit tragen sie Schutzstiefel, die schnell mit klebrigem Teer bedeckt sind.

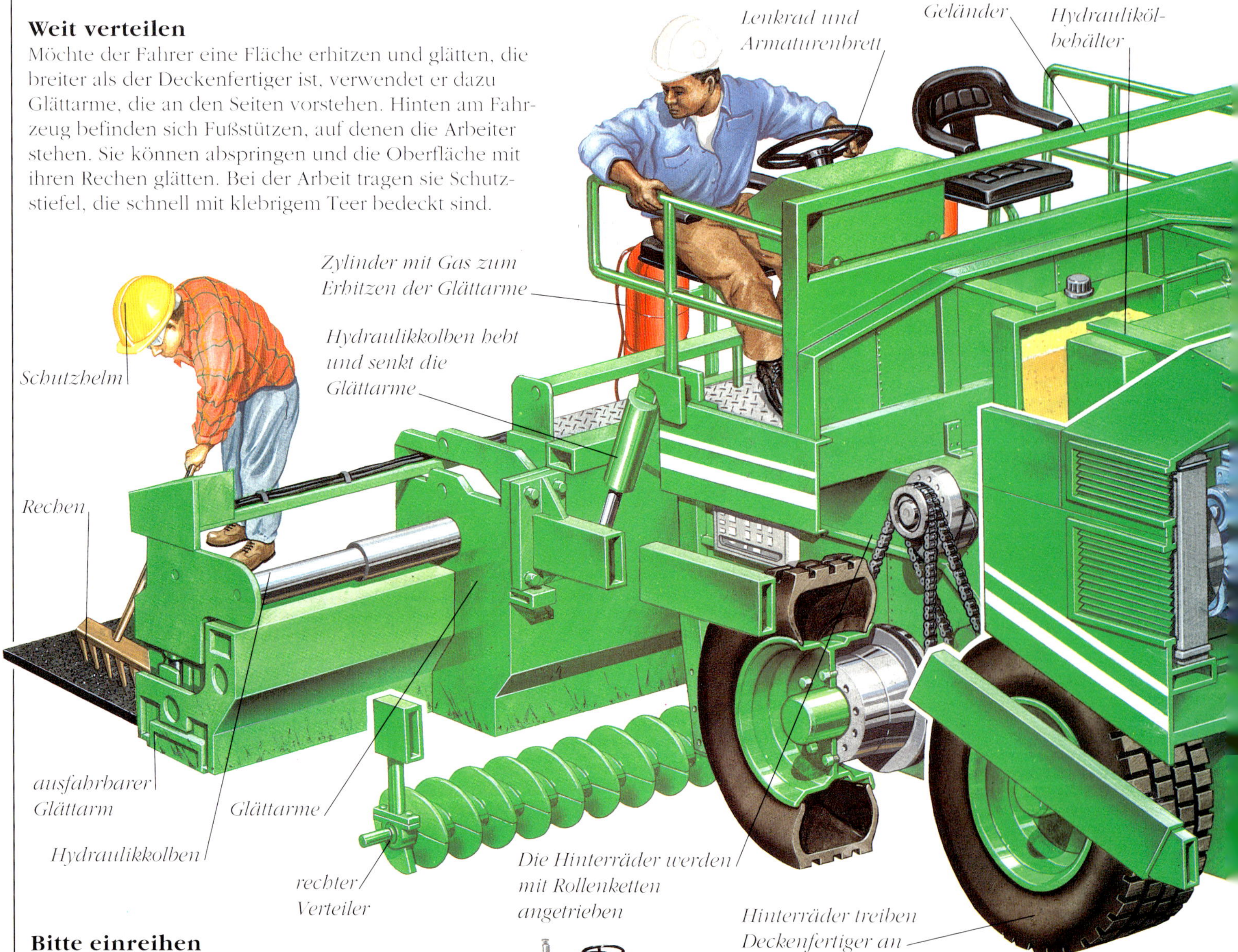

Bitte einreihen

Hinter dem Deckenfertiger fährt die Teerspritzmaschine, die eine Mischung aus Teer und größeren Steinen auf die neue Oberfläche aufträgt. Dahinter fährt die Walze, die die größeren Steine in die weiche Oberfläche drückt.

Schau in beide Richtungen

Der Fahrer wechselt ständig zwischen linkem und rechtem Sitz hin und her, um beim Fahrbahnbau zu kontrollieren, was auf beiden Seiten geschieht. Bei jedem Sitz befindet sich ein Bremspedal. Das Lenkrad und das Armaturenbrett können auf einer Schiene verschoben werden.

Technische Daten

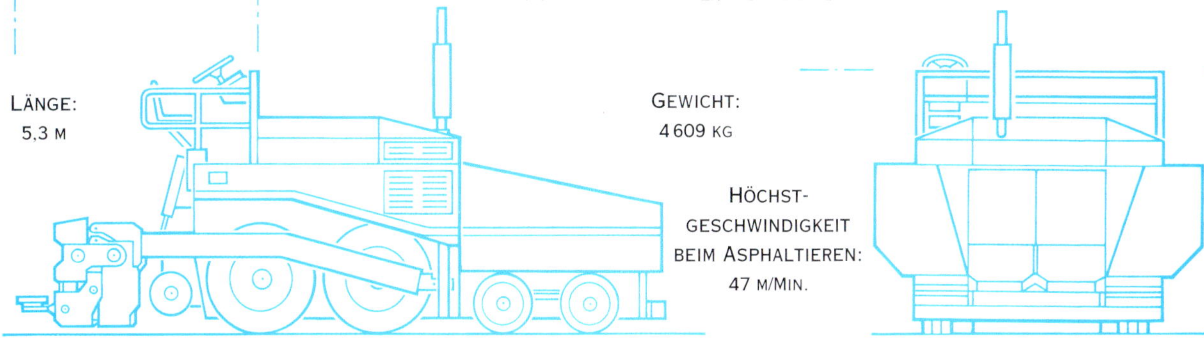

Länge: 5,3 m

Gewicht: 4 609 kg

Höchstgeschwindigkeit beim Asphaltieren: 47 m/Min.

Höhe: 2,9 m

Grösste Asphaltierbreite: 5,5 m

Breite: 3,3 m

Grösste Fahrgeschwindigkeit: 19 km/h

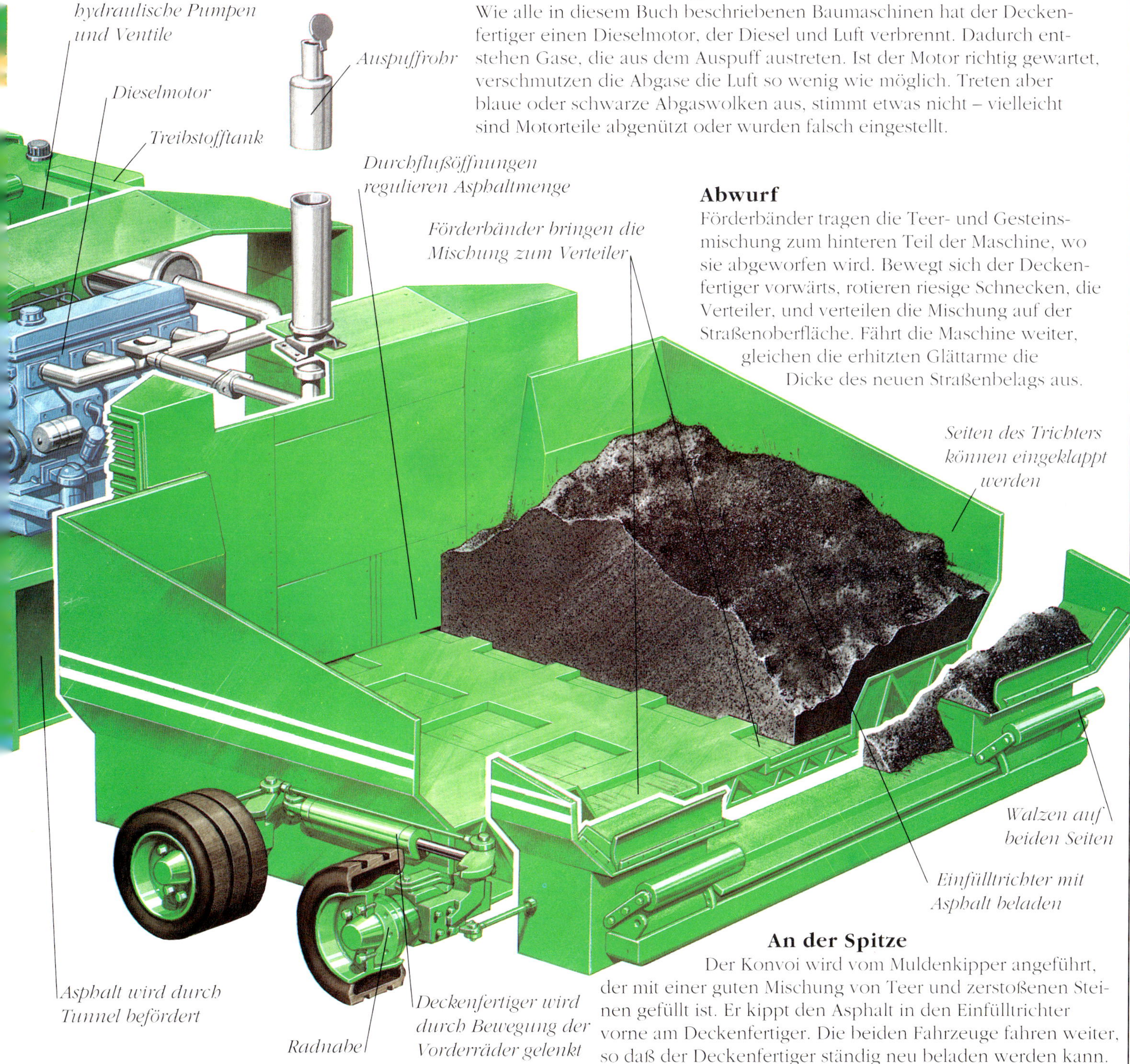

Keine schwarzen Abgase!

Wie alle in diesem Buch beschriebenen Baumaschinen hat der Deckenfertiger einen Dieselmotor, der Diesel und Luft verbrennt. Dadurch entstehen Gase, die aus dem Auspuff austreten. Ist der Motor richtig gewartet, verschmutzen die Abgase die Luft so wenig wie möglich. Treten aber blaue oder schwarze Abgaswolken aus, stimmt etwas nicht – vielleicht sind Motorteile abgenützt oder wurden falsch eingestellt.

Abwurf

Förderbänder tragen die Teer- und Gesteinsmischung zum hinteren Teil der Maschine, wo sie abgeworfen wird. Bewegt sich der Deckenfertiger vorwärts, rotieren riesige Schnecken, die Verteiler, und verteilen die Mischung auf der Straßenoberfläche. Fährt die Maschine weiter, gleichen die erhitzten Glättarme die Dicke des neuen Straßenbelags aus.

An der Spitze

Der Konvoi wird vom Muldenkipper angeführt, der mit einer guten Mischung von Teer und zerstoßenen Steinen gefüllt ist. Er kippt den Asphalt in den Einfülltrichter vorne am Deckenfertiger. Die beiden Fahrzeuge fahren weiter, so daß der Deckenfertiger ständig neu beladen werden kann.

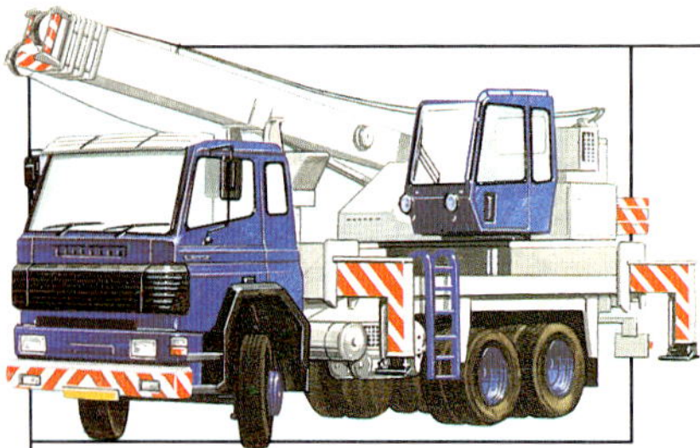

Mobiler Kran

Dieser mobile Kran kann mit eingefahrenem Ausleger zu einer Baustelle gefahren werden. Ist der Kran in Position, wird der Ausleger wie ein Teleskop ausgefahren. Er kann gesenkt werden, um mit einem Haken eine Last aufzunehmen, und gehoben, gedreht und wieder gesenkt werden, um die Last sanft abzuladen. Ein Motor treibt den Wagen, ein anderer den Kran an. Fahrer und Kranführer haben je ein Fahrerhaus.

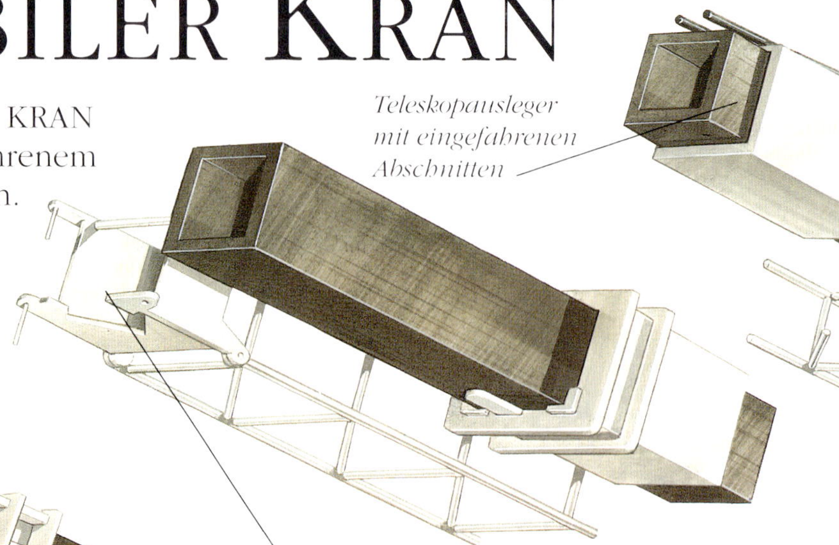

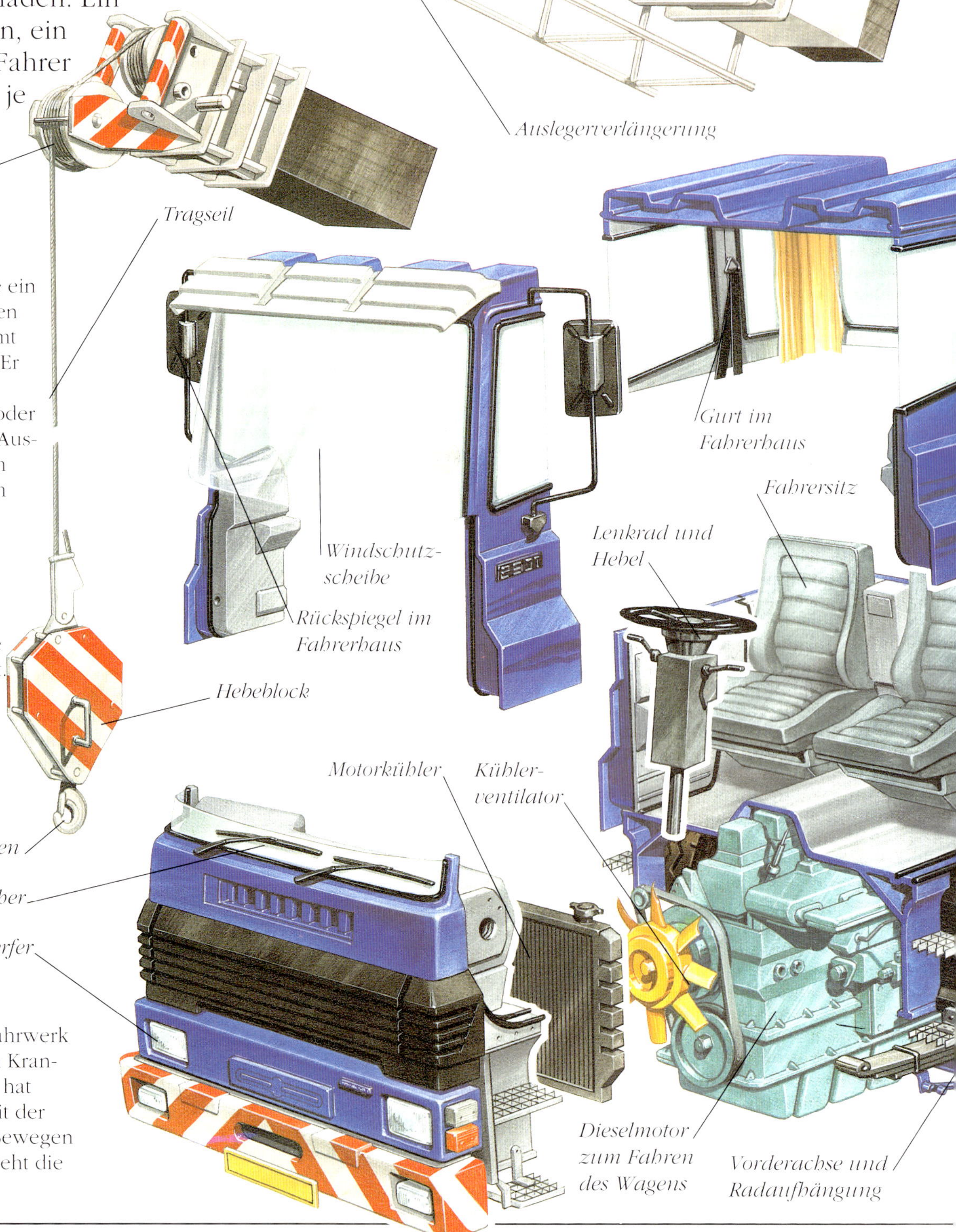

Teleskopausleger
Er besteht aus drei oder vier rechteckigen Rohren, die wie ein Teleskop ineinandergeschoben werden können. Daher kommt der Name Teleskopausleger. Er wird hydraulisch mit einem Schalter im Führerhaus aus- oder eingefahren. Am Ende jedes Auslegers ist ein Haken an einem Seil, das um Rollen auf einem Block gewunden ist.

Drehmoment
Die Leistung, mit der die Motorkolben die Kurbelwelle bewegen, heißt Drehmoment. Gibt der Fahrer Gas, bewegen sich die Kolben und die Kurbelwelle schneller, und das Fahrzeug kann schneller fahren.

Drehen der Räder
Der Hauptmotor treibt das Fahrwerk des mobilen Krans unter den Kranteilen an. Jeder Motorkolben hat unten eine Zugstange, die mit der Kurbelwelle verbunden ist. Bewegen sich die Kolben im Motor, dreht die Zugstange die Kurbelwelle.

Einschalten

Alle Fahrzeuge brauchen Strom, der in der Batterie gespeichert wird. Der mobile Kran hat zwei Batterien – eine zum Antrieb des Hauptmotors und der Fahrzeugsysteme, eine andere zum Antrieb des Auslegers. Die Batterien sind über Kabel mit Schaltern im Fahrerhaus oder der Führerkabine verbunden.

Technische Daten

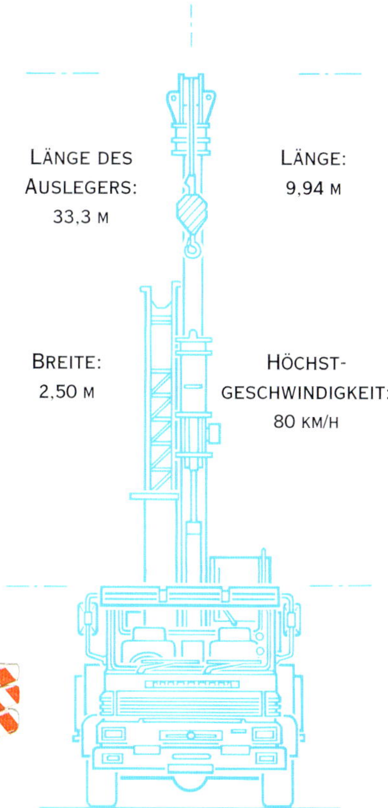

Zischende Bremsen

Zum Bremsen ist Luft nötig, die verdichtet, also unter Druck gelagert wird. Wird gebremst, hört man ein Zischen.

Stützen

Der Kran braucht eine stabile Plattform, da er sonst umfallen würde, wenn der Ausleger bewegt wird. Ist der mobile Kran in der richtigen Stellung, drückt der Kranführer auf Knöpfe, und die hydraulischen Stützausleger fahren an den Seiten des Krans heraus. Jede hat eine breite Standfläche, um das Gewicht des Fahrzeugs zu verteilen.

Betonmischer

Ein Betonmischer dreht sich, während er fährt! Bei der Fahrt zur Baustelle mischt die riesige Trommel den geladenen Zement, so daß er bei der Ankunft fertig herausfließen und verteilt werden kann.

Beton gießen
Sand, Zementstaub und Kies, die Materialien, aus denen Beton gemacht wird, werden durch den Einfülltrichter in die Trommel gefüllt. Der gemischte Beton fließt durch eine Schwenkrinne heraus, die hinten oder seitlich angebracht wird.

In der Trommel
Bevor der Betonmischer an seinem Bestimmungsort ankommt, kann der Fahrer auf Knöpfe drücken, damit Wasser in die Trommel fließt und diese sich zu drehen beginnt. In der Trommel sind riesige, spiralförmige Schaufeln angeschweißt. Sie drücken die Mischung nach vorne oder hinten, je nachdem, in welche Richtung die Trommel dreht.

Trommelantrieb
Dieser Betonmischer hat einen Motor, der die Räder antreibt und die Trommel dreht. Einige Mischer haben zwei Motoren – einen für die Räder, den anderen für die Trommel. Dreht sich die Trommel schneller als üblich, werden die trockenen Materialien gemischt, bevor Wasser zugesetzt wird.

Technische Daten

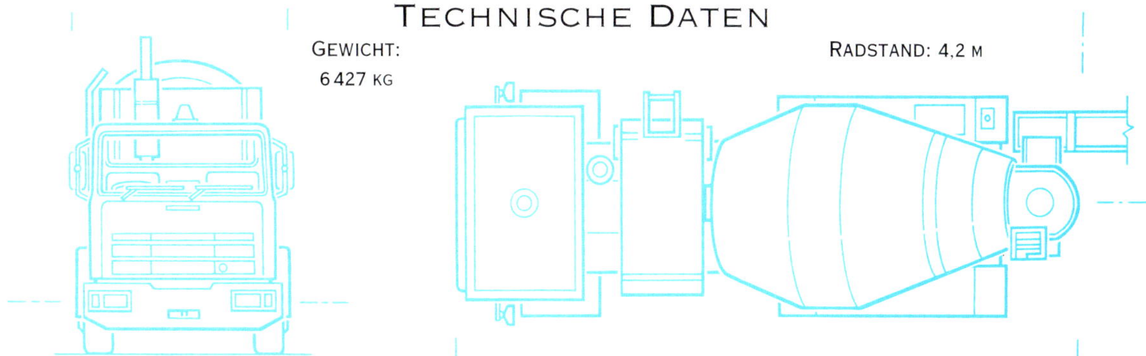

Gewicht: 6 427 kg

Radstand: 4,2 m

Breite: 2,5 m

Höchstgeschwindigkeit: 85 km/h

Länge: 7,5 m

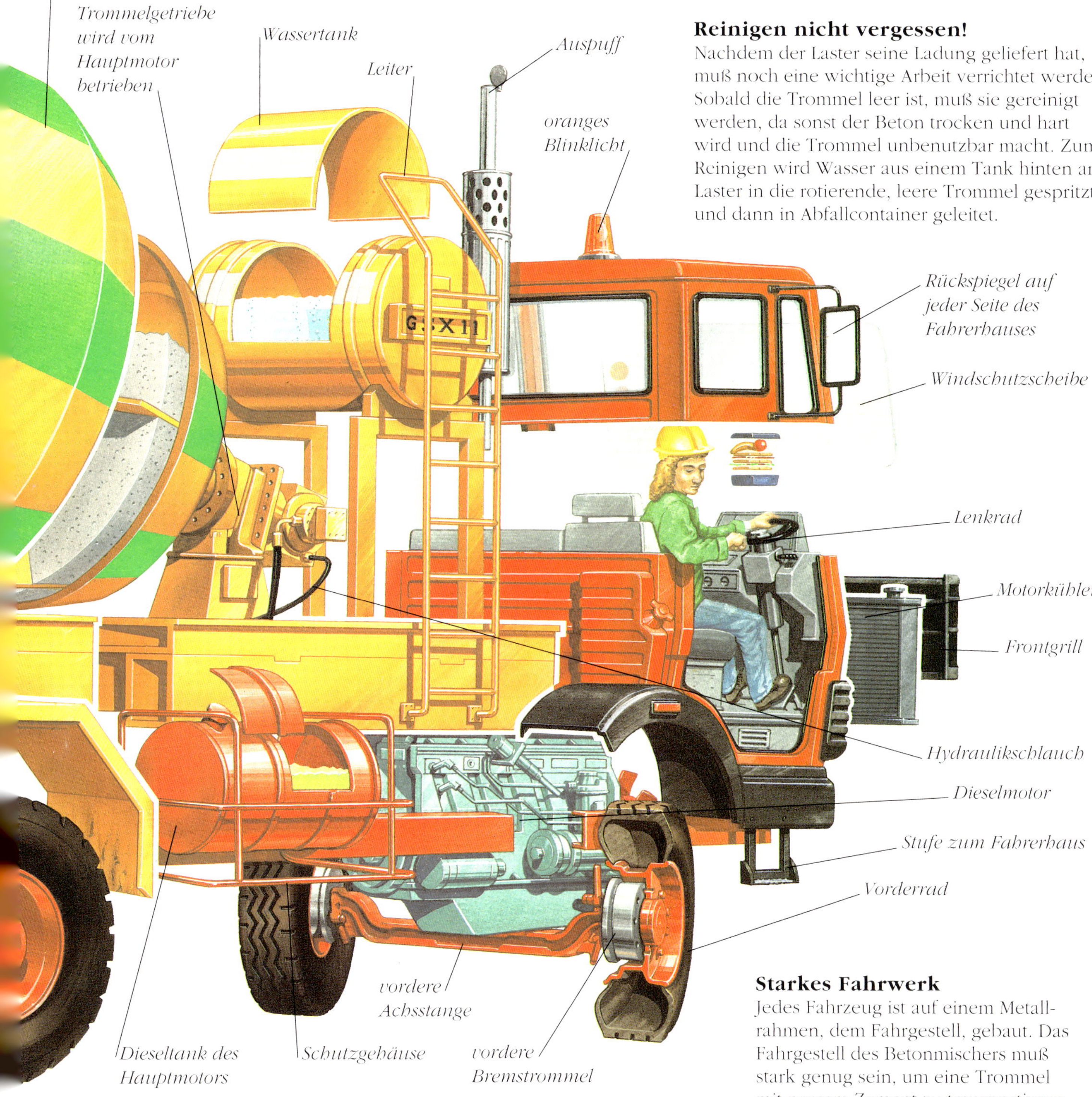

Reinigen nicht vergessen!
Nachdem der Laster seine Ladung geliefert hat, muß noch eine wichtige Arbeit verrichtet werden: Sobald die Trommel leer ist, muß sie gereinigt werden, da sonst der Beton trocken und hart wird und die Trommel unbenutzbar macht. Zum Reinigen wird Wasser aus einem Tank hinten am Laster in die rotierende, leere Trommel gespritzt und dann in Abfallcontainer geleitet.

Starkes Fahrwerk
Jedes Fahrzeug ist auf einem Metallrahmen, dem Fahrgestell, gebaut. Das Fahrgestell des Betonmischers muß stark genug sein, um eine Trommel mit nassem Zement zu transportieren.

BAGGER

GEHST DU DAS NÄCHSTE MAL an Straßenarbeiten vorbei, achte auf den Bagger, der ein Loch oder einen Graben gräbt, oder eine Ladung aus Erde und Steinen aufnimmt. Bagger können auch auf Baustellen arbeiten. Wohnst du in einem modernen Haus, hat höchstwahrscheinlich ein Bagger das Fundament ausgehoben.

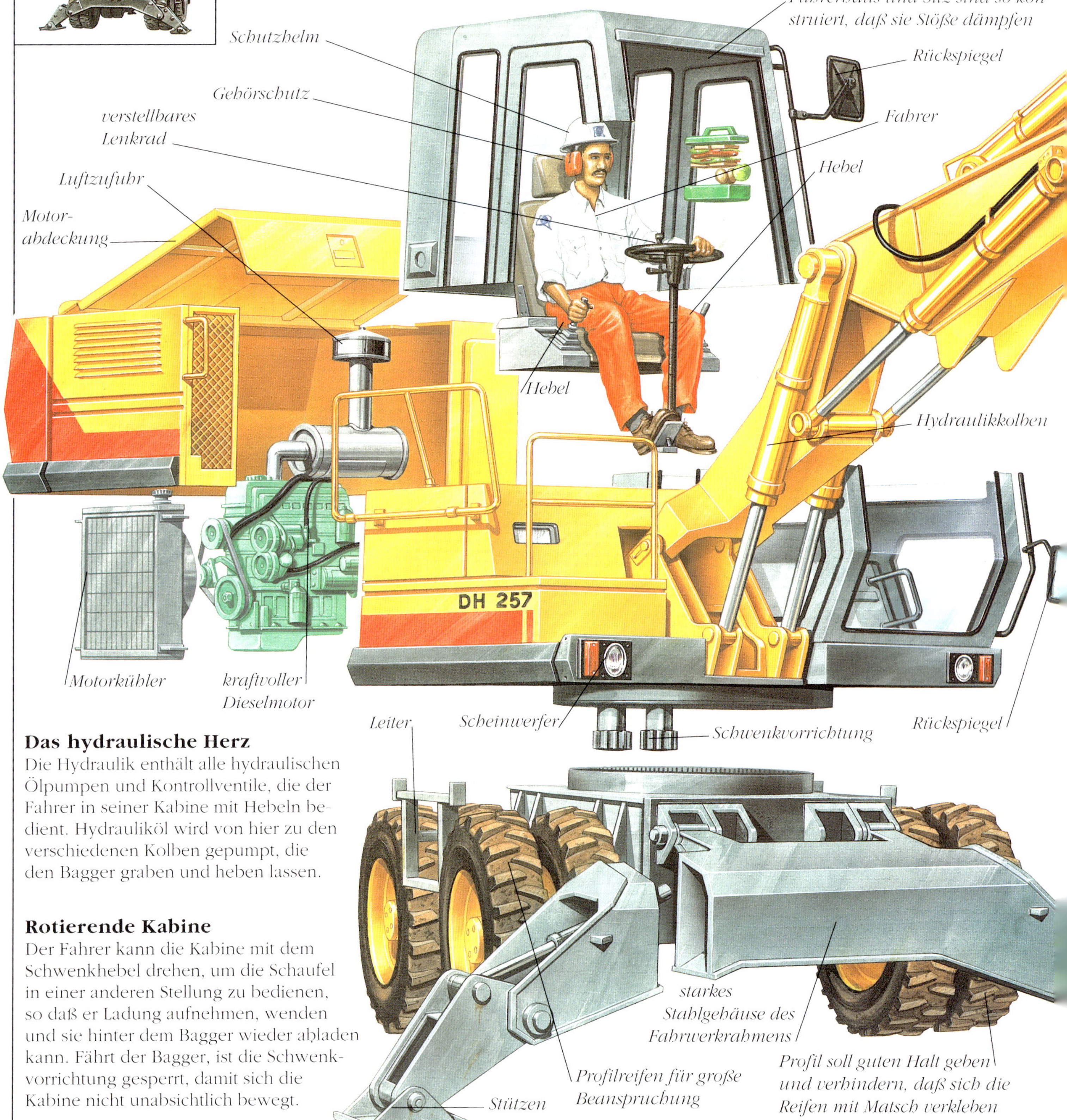

Das hydraulische Herz

Die Hydraulik enthält alle hydraulischen Ölpumpen und Kontrollventile, die der Fahrer in seiner Kabine mit Hebeln bedient. Hydrauliköl wird von hier zu den verschiedenen Kolben gepumpt, die den Bagger graben und heben lassen.

Rotierende Kabine

Der Fahrer kann die Kabine mit dem Schwenkhebel drehen, um die Schaufel in einer anderen Stellung zu bedienen, so daß er Ladung aufnehmen, wenden und sie hinter dem Bagger wieder abladen kann. Fährt der Bagger, ist die Schwenkvorrichtung gesperrt, damit sich die Kabine nicht unabsichtlich bewegt.

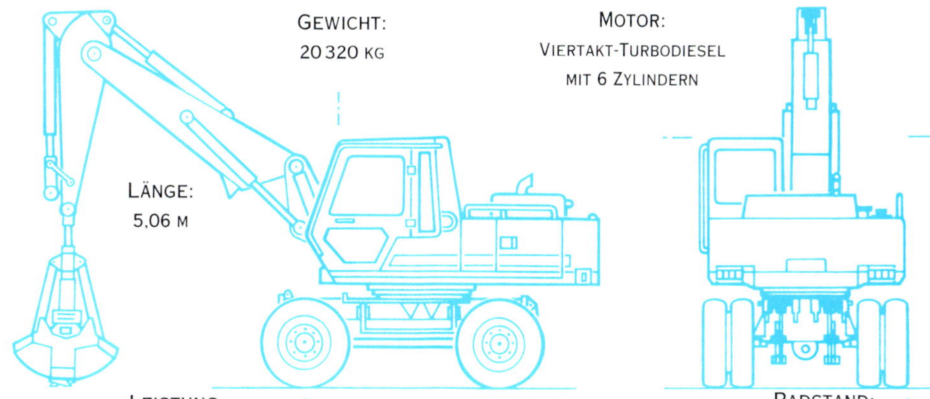

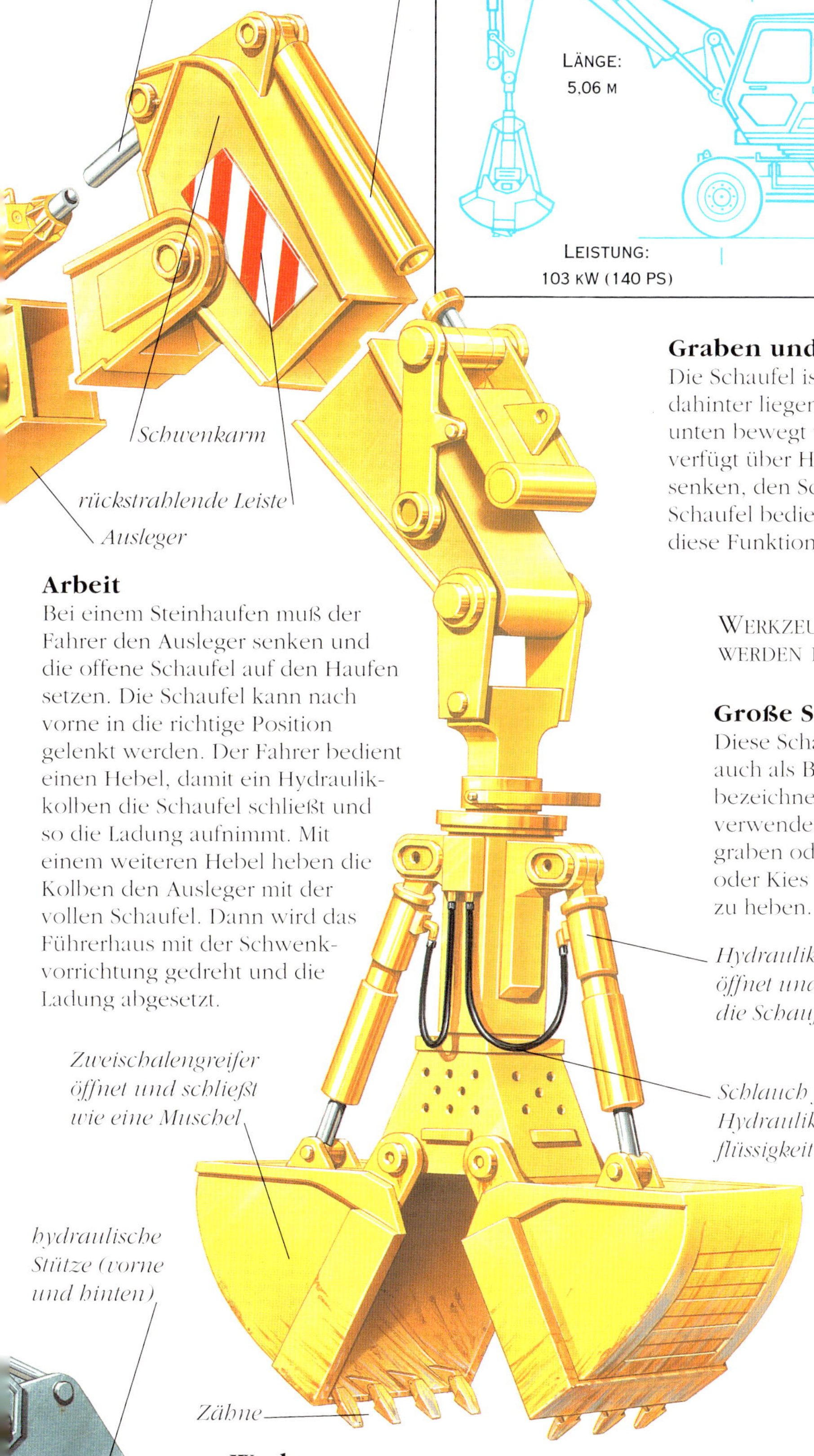

Graben und heben

Die Schaufel ist unter dem Schwenkarm befestigt, der an dem dahinter liegenden Ausleger hängt. Dieser kann nach oben und unten bewegt werden, wobei die Schaufel mitgeht. Der Bagger verfügt über Hydraulikkolben, die den Ausleger heben oder senken, den Schwenkarm vor- oder zurückbewegen und die Schaufel bedienen. Der Fahrer kontrolliert alle diese Funktionen über Hebel im Führerhaus.

Arbeit

Bei einem Steinhaufen muß der Fahrer den Ausleger senken und die offene Schaufel auf den Haufen setzen. Die Schaufel kann nach vorne in die richtige Position gelenkt werden. Der Fahrer bedient einen Hebel, damit ein Hydraulikkolben die Schaufel schließt und so die Ladung aufnimmt. Mit einem weiteren Hebel heben die Kolben den Ausleger mit der vollen Schaufel. Dann wird das Führerhaus mit der Schwenkvorrichtung gedreht und die Ladung abgesetzt.

Werkzeuge

Der Schwenkarm kann mit verschieden großen und unterschiedlich geformten Greifvorrichtungen oder Schaufeln ausgerüstet sein. Die hier dargestellte Schaufel hat große Zähne, damit sie Erde mit vielen Steinen heben kann.

WERKZEUGE DIE MONTIERT WERDEN KÖNNEN

Große Schaufel

Diese Schaufel wird auch als Baggereimer bezeichnet. Sie wird verwendet, um Erde zu graben oder Material wie Sand oder Kies aus einem Flußbett zu heben.

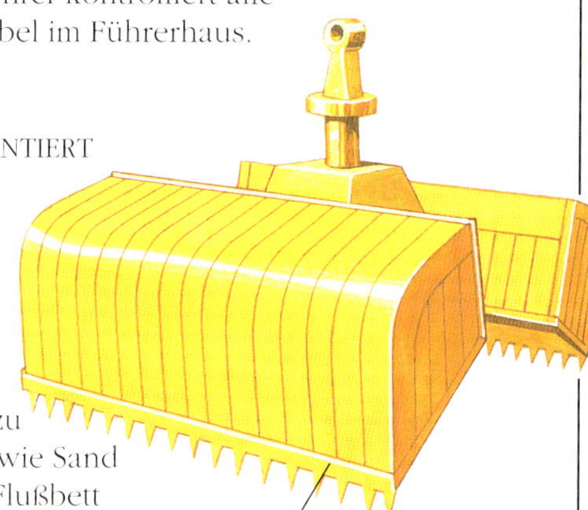

Offene Greifvorrichtung

Die Zähne der Greifvorrichtung öffnen hydraulisch und schließen wie eine Hand, die etwas aufhebt. Man hebt damit schwere Dinge, wie große Felsen oder alte Autos auf einem Schrottplatz.

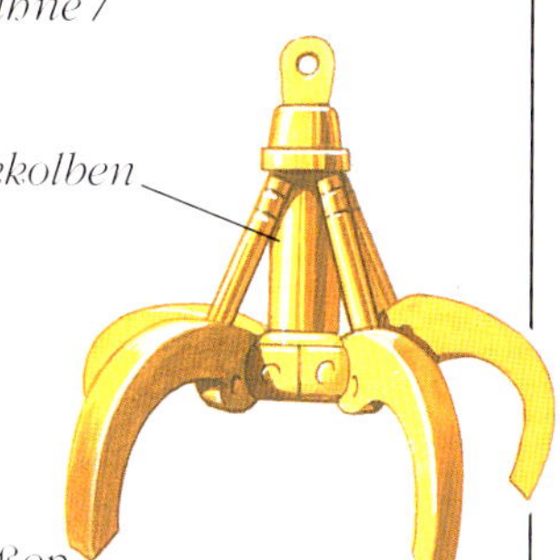

Geschlossene Greifvorrichtung

Diese Art der Greifvorrichtung hat mehr Zinken, verrichtet aber dieselben Arbeiten. Hier ist sie geschlossen abgebildet.

Tieflöffelbagger

Beobachte einmal, wie Tieflöffelbagger Gräben ausheben und reinigen oder Erde bewegen. Hast du Pech, stehst du sogar hinter einem im Stau. Bagger dürfen auf Straßen fahren, aber nur sehr langsam. Du kannst dir die Zeit in der Schlange damit vertreiben, zu schauen, welche Teile der Bagger vor dir hat. Schau nach, ob er hinten den unten abgebildeten Hecktieflöffel hat. Prüfe beim Vorbeifahren, ob er vorne eine Ladeschaufel oder eine Greifvorrichtung hat.

Der Hecktieflöffel

Diese lange Vorrichtung kann hinten am Bagger montiert werden. Sie besteht aus einem hydraulischen Arm mit einer Schaufel am Ende. Der Name kommt von seiner Funktion – er gräbt nach unten und fährt in Richtung Heck ein.

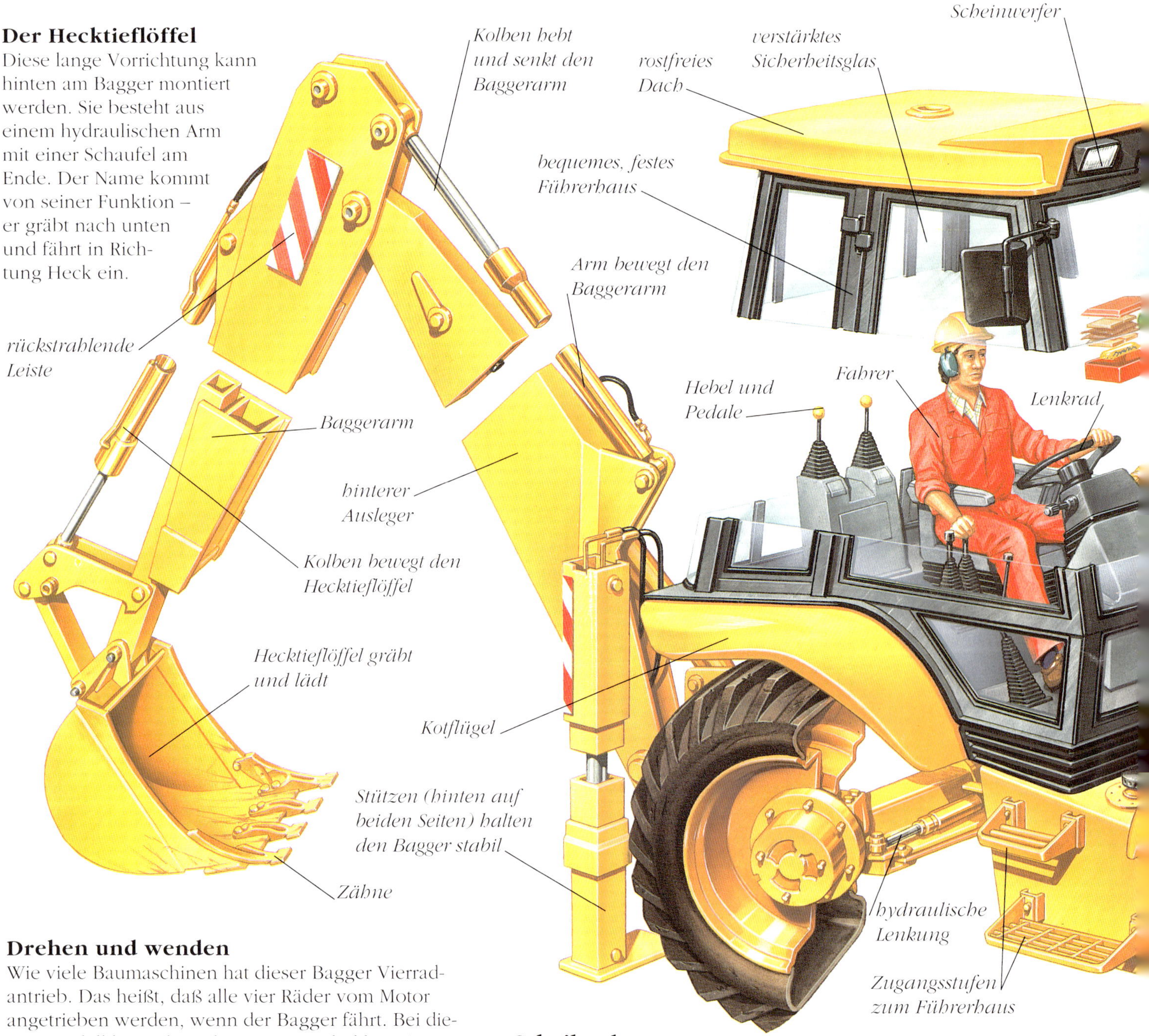

Drehen und wenden

Wie viele Baumaschinen hat dieser Bagger Vierradantrieb. Das heißt, daß alle vier Räder vom Motor angetrieben werden, wenn der Bagger fährt. Bei diesem Modell kann der Fahrer einen Hebel betätigen, um die Räder unterschiedlich zu stellen. So können alle vier Räder in dieselbe Richtung zeigen, oder die Vorder- und Hinterräder in verschiedene Richtungen, oder die beiden Vorderräder können alleine drehen.

Scheibenbremsen

Diese Maschine hat Scheibenbremsen, eine Gußeisenscheibe, die an der Radachse befestigt ist. Die Achse, das Rad und die Scheibe drehen sich gemeinsam. Die Scheibe ist zwischen zwei Klötzen oder Platten eingebaut, die sie bremsen, sobald der Fahrer auf das Pedal steigt.

Große Schaufel

Die hydraulische Schaufel vorne auf diesem Bagger wird verwendet, um eine Ladung zu heben, nicht aber zum Graben. Anders als der Hecktieflöffel hinten am Bagger kann sie sich nicht drehen, sondern sich nur nach oben und unten bewegen.

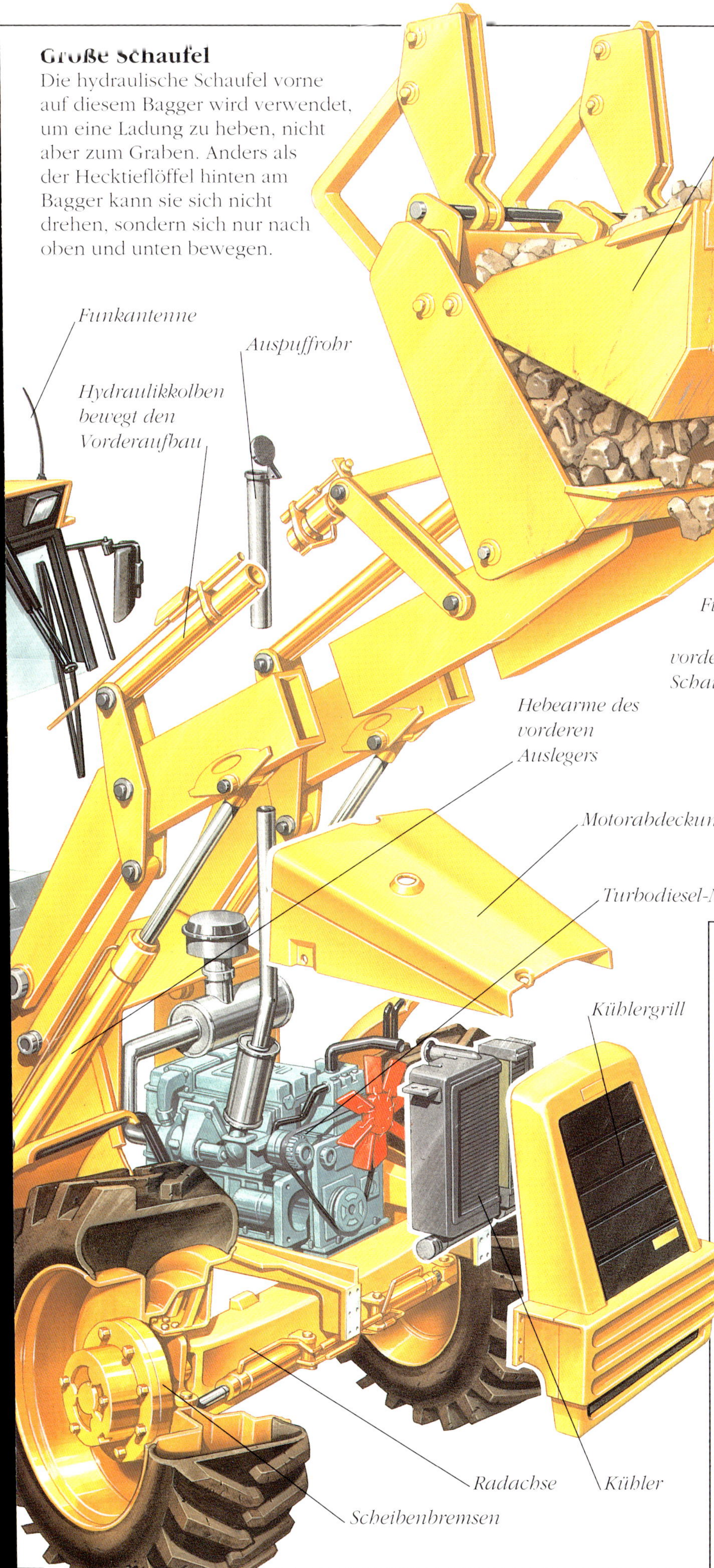

Alles über die Lenkung

Die Lenkung ist ebenfalls hydraulisch. Sie ist mit einem Hydraulikkolben verbunden (siehe S. 7). Dreht man das Lenkrad, wird der Kolben betätigt und die Antriebsräder drehen sich nach links oder rechts.

RÜCKANSICHT DES TIEFLÖFFELBAGGERS

TECHNISCHE DATEN

MOTOR: TURBODIESEL MIT VIER ZYLINDERN

GEWICHT: 7715 KG

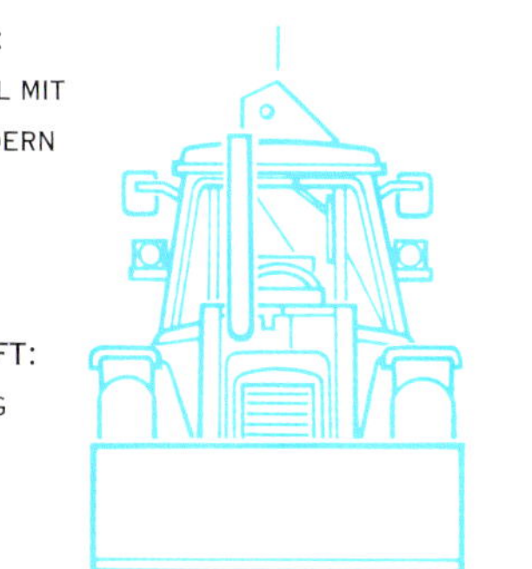

TRAGKRAFT: 2930 KG

MAXIMALE LADUNG DES BAGGERARMS: 2680 KG

LÄNGE: 6,07 M

RADSTAND: 2,22 M

Kompaktlader

GRABEN, HEBEN, LADEN, KEHREN, RECHEN – all dies kann ein Kompaktlader. Er ist so beweglich und wendig, daß er sogar an Maschinenballetts teilgenommen hat! Das Geheimnis liegt in den Rädern. Bei Kurven stoppen zwei Räder einer Seite, und das Fahrzeug dreht sich herum, angetrieben von den beiden anderen Rädern. Der Fahrer kann sogar zwei Räder vorwärts, die anderen beiden rückwärts drehen. Da er schnell auf beengtem Platz wenden kann, ist er gut für Arbeiten auf kleinen Plätzen, wie in Ställen und auf Bauernhöfen, geeignet.

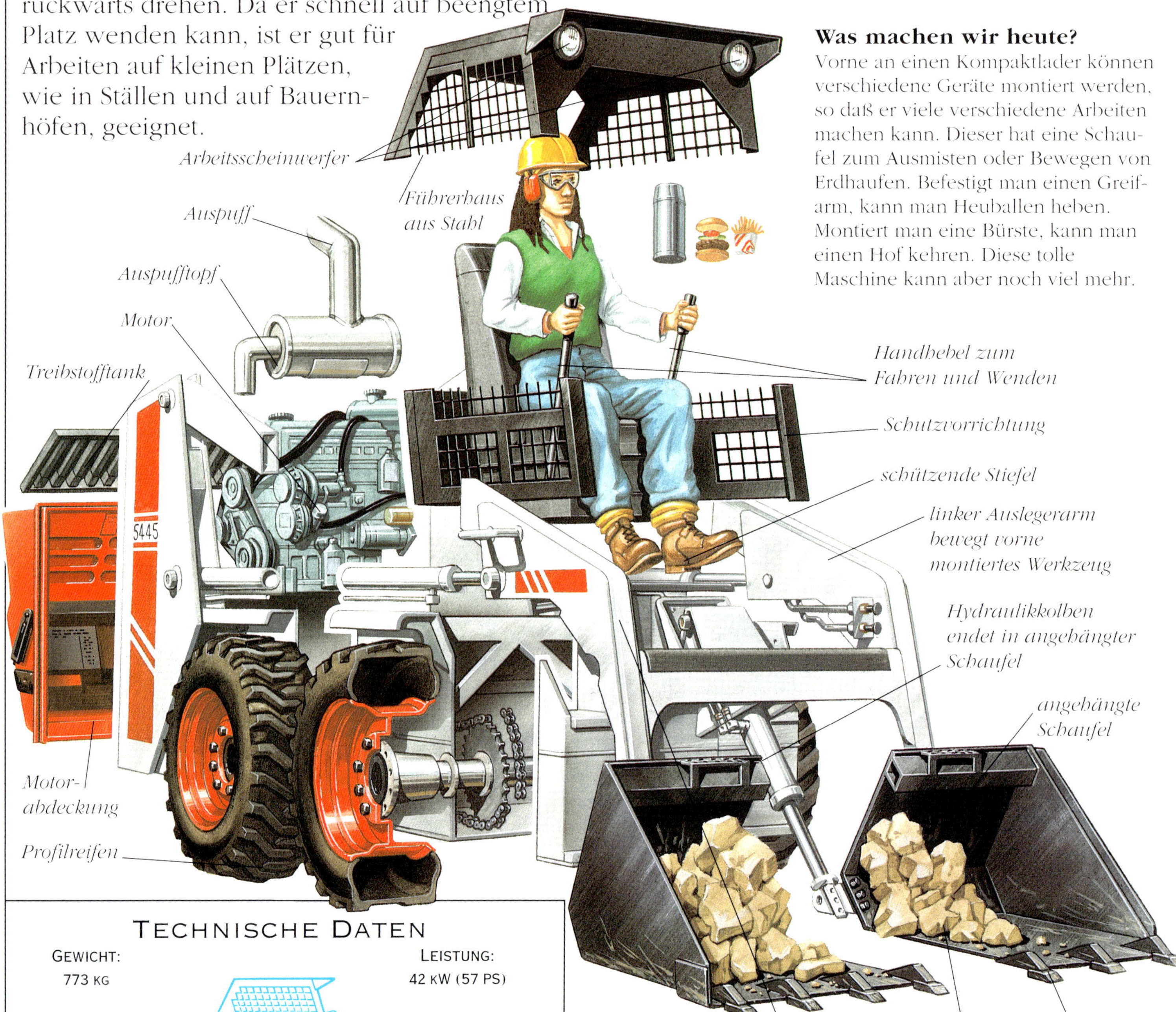

Was machen wir heute?
Vorne an einen Kompaktlader können verschiedene Geräte montiert werden, so daß er viele verschiedene Arbeiten machen kann. Dieser hat eine Schaufel zum Ausmisten oder Bewegen von Erdhaufen. Befestigt man einen Greifarm, kann man Heuballen heben. Montiert man eine Bürste, kann man einen Hof kehren. Diese tolle Maschine kann aber noch viel mehr.

Technische Daten

GEWICHT:
773 KG

LEISTUNG:
42 KW (57 PS)

MOTOR:
VIERTAKT-DIESELMOTOR MIT DREI ZYLINDERN

LÄNGE:
3,35 M

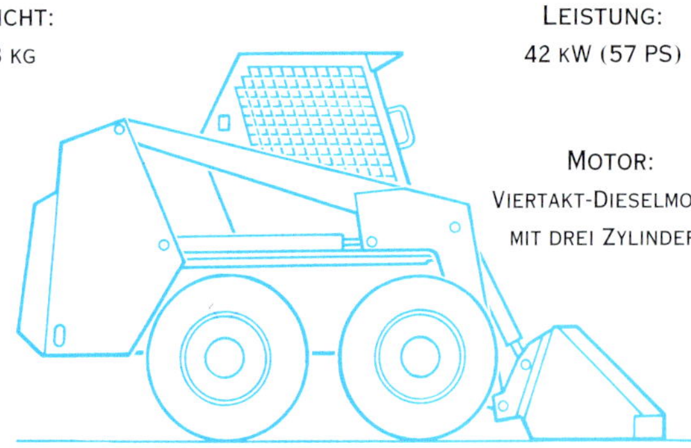

RADSTAND: 0,99 M

Kettenantrieb
Der Kompaktlader kann schnell wenden, da die Räder links und rechts unabhängig voneinander funktionieren. Er hat zwei Antriebswellen, eine pro Radpaar, und jede Welle ist mit Zahnrädern verbunden, die von schweren Ketten angetrieben werden.

Mini-Bagger

Einige Baumaschinen sind klein, um in enge Ecken zu kommen, in die große Maschinen nie gelangen würden. Dieser Mini-Bagger ist nicht sehr breit und kann auf sehr kleinem Platz wenden. Er wird häufig zum Ausheben von Gräben für Kabel und Rohre verwendet, ist also auf Straßen zu sehen.

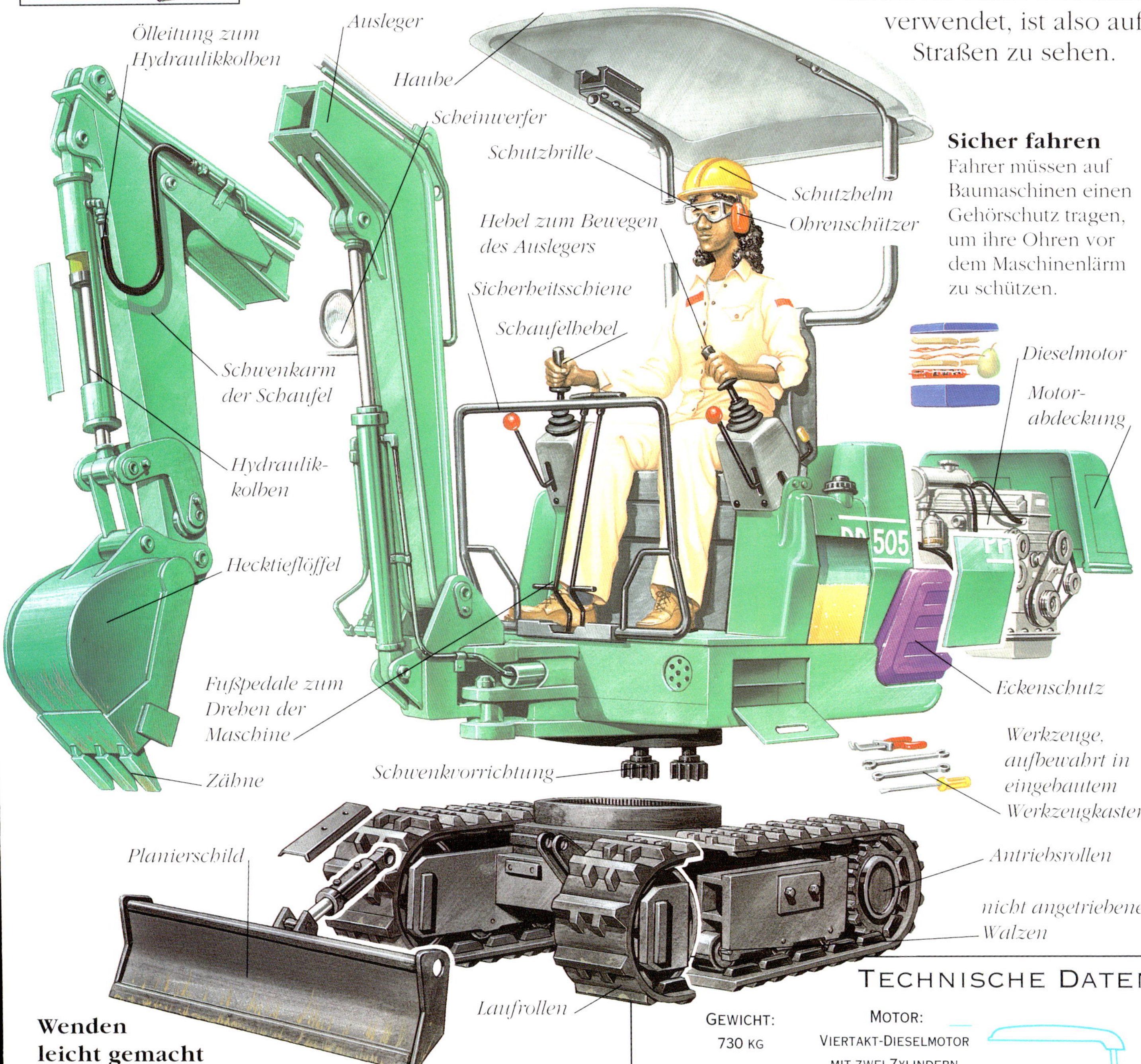

Sicher fahren

Fahrer müssen auf Baumaschinen einen Gehörschutz tragen, um ihre Ohren vor dem Maschinenlärm zu schützen.

Wenden leicht gemacht

Mini-Bagger haben Laufrollen, die unabhängig voneinander sind. Eine Seite fährt nach vorne, um sich nach der anderen Seite zu drehen. Oder eine Seite fährt nach vorne, die andere gleichzeitig zurück.

Graben und Drehen

Dieser Bagger hat einen Hecktieflöffel zum Ausheben von Gräben (siehe S. 20–21). Hat er Erde aufgenommen, kann der Fahrer den oberen Teil drehen, um sie fallen zu lassen. Zum Schieben der Erde gibt es ein kleines Planierschild.

Technische Daten

Gewicht: 730 kg

Motor: Viertakt-Dieselmotor mit zwei Zylindern

Leistung: 6,3 kW (8,5 PS)

Länge: 2,8 m

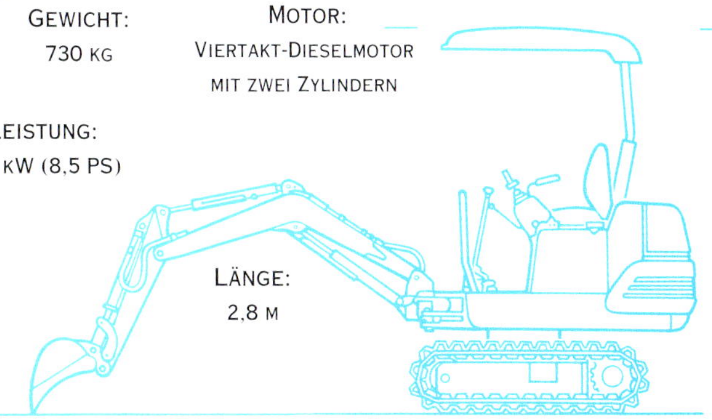

Achsstand: 0,82 m

Bulldozer

Bulldozer sind meist die ersten großen Maschinen auf einer neuen Baustelle. Sie reißen Hindernisse weg und entfernen den Schutt, damit die anderen Maschinen arbeiten können. Das Schild vorne kann Bäume umwerfen, Hügel einebnen, Löcher auffüllen und Erd- und Gesteinshaufen bewegen. Der riesige Aufreißer hinten bricht den Boden auf. Bulldozer können Planierbagger (siehe S. 26) schieben, große Rohre in einem Graben in die richtige Lage bringen und diesen dann auffüllen.

Aufreißen

Der riesige Aufreißer hinten an der Maschine kann in den Boden gestoßen werden, um Gesteinsblöcke, Wurzeln, Asphalt oder gebrochenen Beton aufzureißen. Die Hydraulikkolben ändern den Winkel des Schilds oder die Arbeitstiefe. Danach kann man das Planierschild vorne verwenden, um den Schutt einzuebnen oder wegzuschieben.

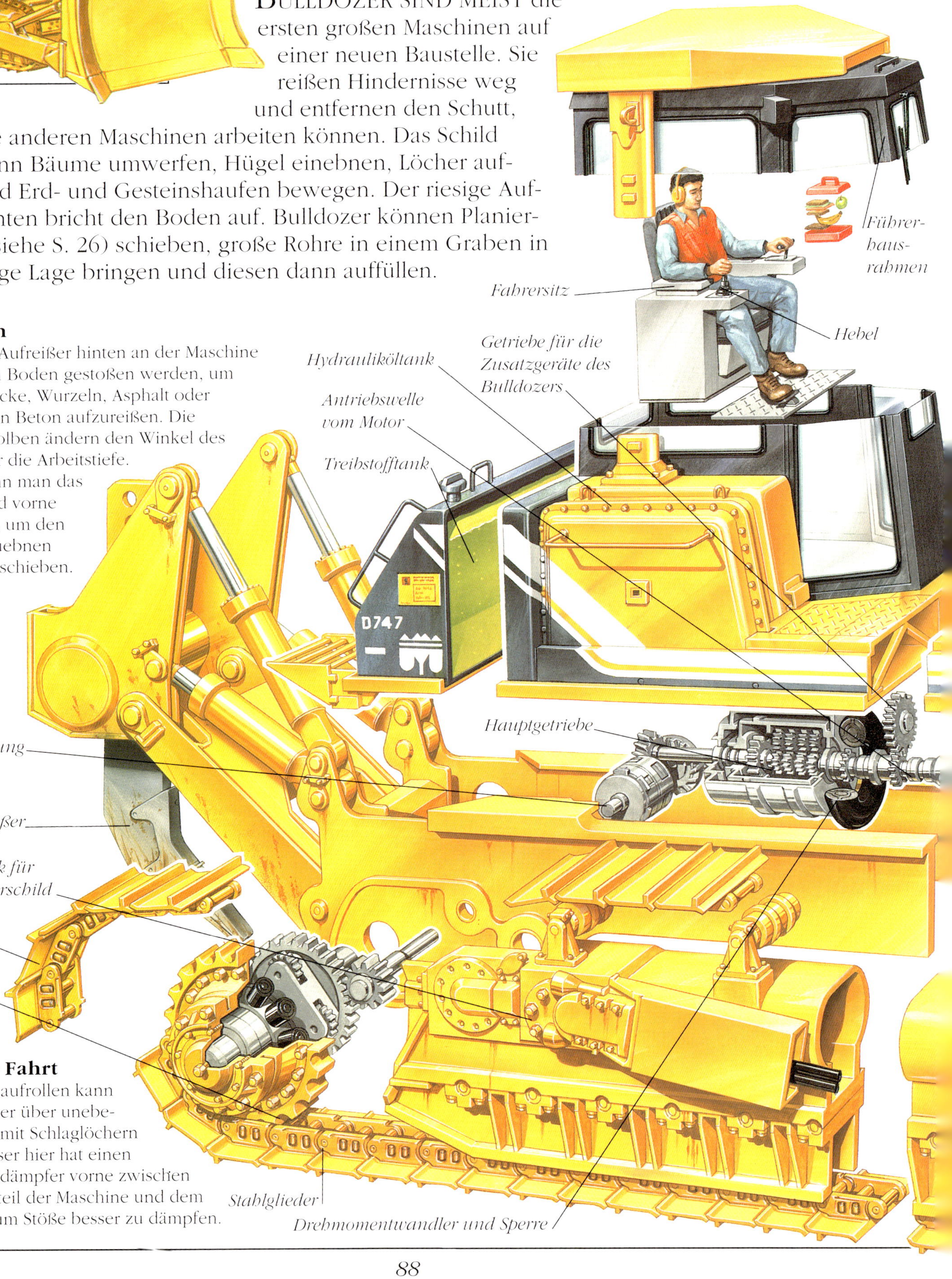

Ruhigere Fahrt

Durch die Laufrollen kann der Bulldozer über unebenen Boden mit Schlaglöchern fahren. Dieser hier hat einen Gummistoßdämpfer vorne zwischen dem Hauptteil der Maschine und dem Fahrwerk, um Stöße besser zu dämpfen.

Technische Daten

Motor: Viertakt-Turbodiesel

Länge: 9,08 m

Achsstand: 3,45 m

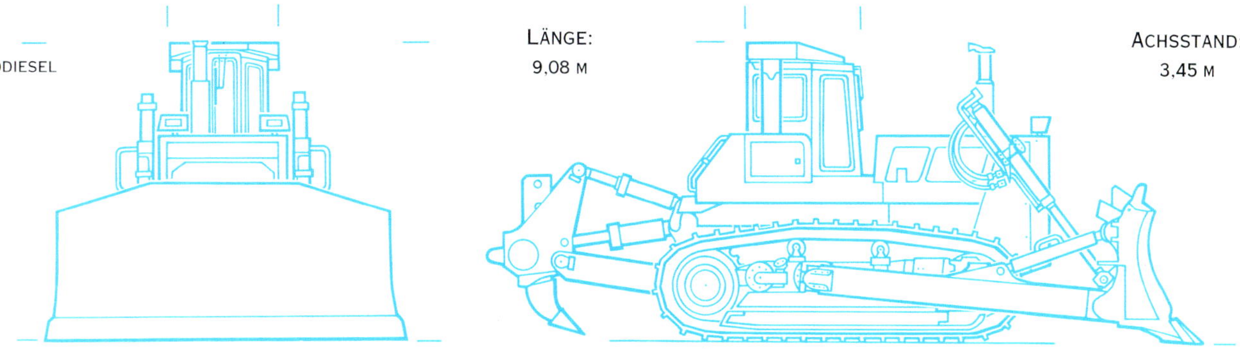

Gewicht: 50 720 kg

Leistung: 298 kW (405 PS)

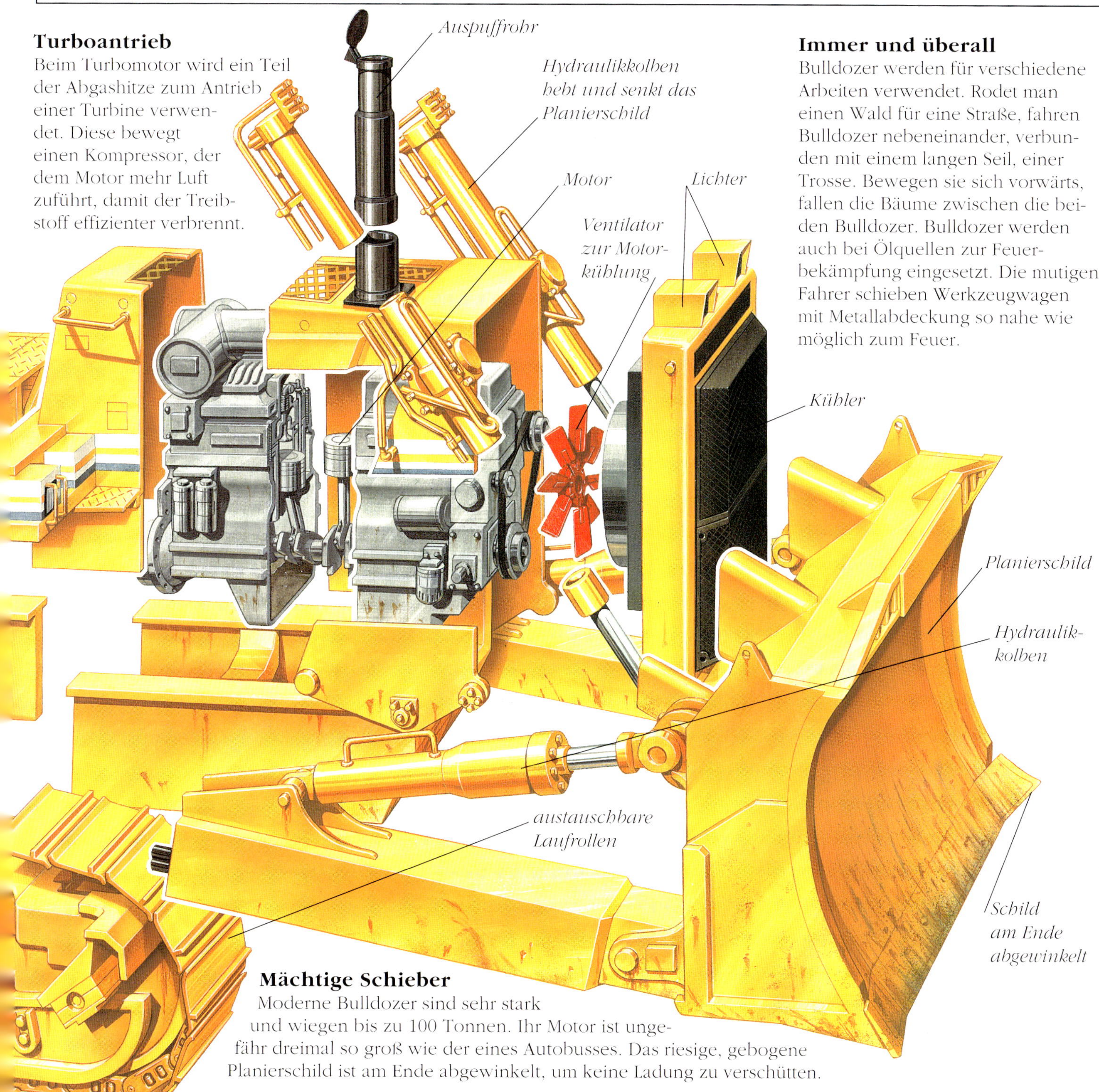

Turboantrieb

Beim Turbomotor wird ein Teil der Abgashitze zum Antrieb einer Turbine verwendet. Diese bewegt einen Kompressor, der dem Motor mehr Luft zuführt, damit der Treibstoff effizienter verbrennt.

Immer und überall

Bulldozer werden für verschiedene Arbeiten verwendet. Rodet man einen Wald für eine Straße, fahren Bulldozer nebeneinander, verbunden mit einem langen Seil, einer Trosse. Bewegen sie sich vorwärts, fallen die Bäume zwischen die beiden Bulldozer. Bulldozer werden auch bei Ölquellen zur Feuerbekämpfung eingesetzt. Die mutigen Fahrer schieben Werkzeugwagen mit Metallabdeckung so nahe wie möglich zum Feuer.

Mächtige Schieber

Moderne Bulldozer sind sehr stark und wiegen bis zu 100 Tonnen. Ihr Motor ist ungefähr dreimal so groß wie der eines Autobusses. Das riesige, gebogene Planierschild ist am Ende abgewinkelt, um keine Ladung zu verschütten.

Planierbagger

Hat man eine grosse Strasse geplant, ist eines der ersten Fahrzeuge auf der Baustelle der Planierbagger. Da er Erde abtragen und entfernen kann, ist er bestens geeignet, um den Bereich für die Straße einzuebnen. Er trägt Erdschichten ab und lädt das Erdreich in seine Mulde. Ist diese voll, füllt er mit der Erde Löcher auf oder lädt sie am Fahrbahnrand ab, um einen Straßendamm aufzuschütten. Wenn der Planierbagger fertig ist, hat er den Umriß der neuen Straße gelegt, und die nächste Bauphase kann beginnen.

Doppelter Motor
Diese Maschine hat zwei Motoren. Mit dem vorderen wird die Zugeinheit, auf der der Fahrer sitzt, angetrieben. Der hintere bewegt die Räder. Doch sogar die stärksten Planierbagger bleiben häufig stecken und müssen mit einem Bulldozer herausgezogen werden. Der hintere Teil des Planierbaggers ist verstärkt, damit er durch den Bulldozer nicht beschädigt wird.

Die Klinge
Um das Erdreich abzutragen, wird die Klinge gesenkt und die Schürze, der darüberliegende Metalldeckel, gehoben. Die Klinge dringt etwa 30 cm in die Erde ein und bewegt sich dann nach oben. Dadurch schiebt sich die Erde wie Butter auf einem Messer auf. Der Bagger befördert sie dann in die Transportmulde, und die Schürze schließt sich wieder.

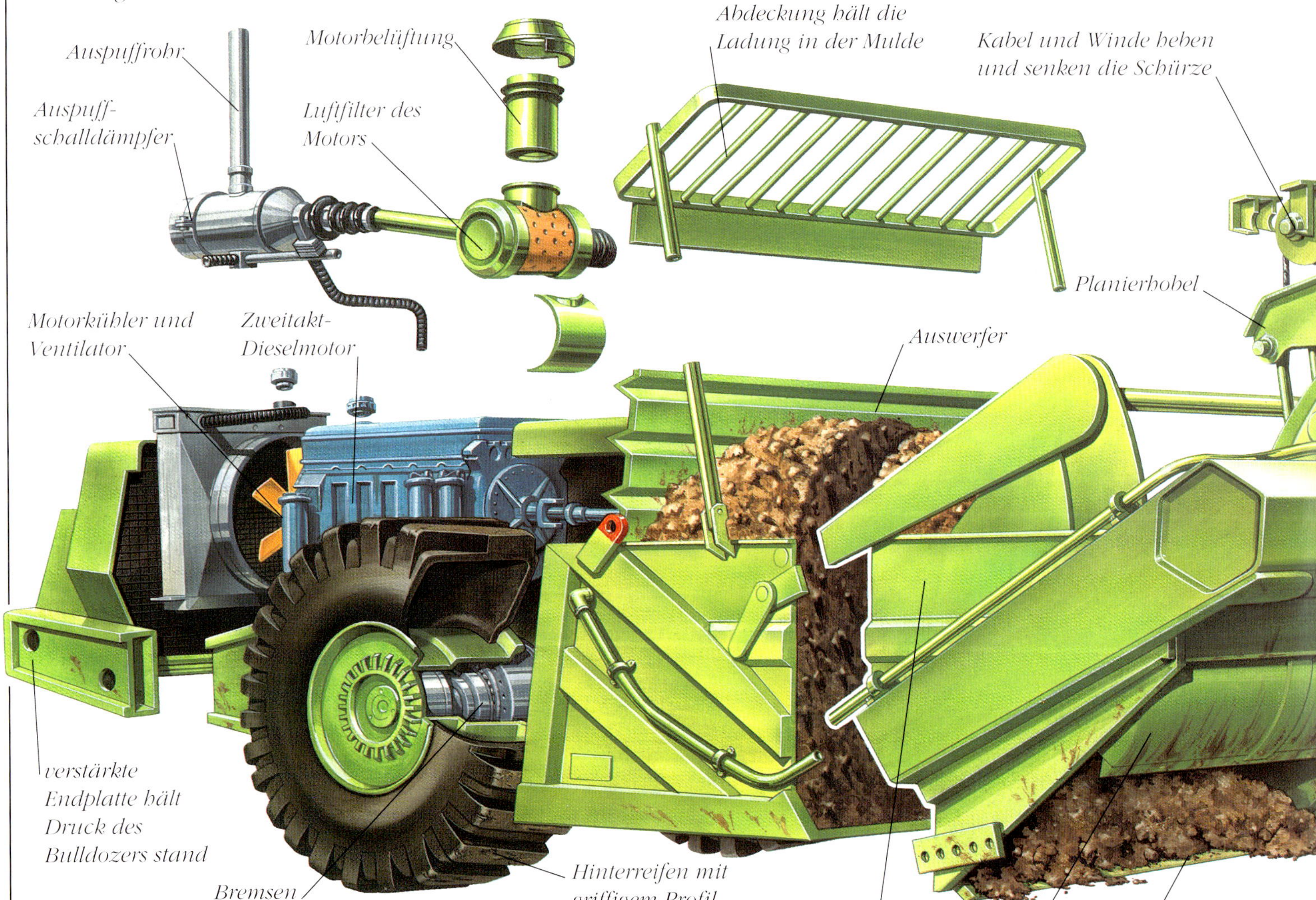

Zeit zum Abladen
Ist es Zeit, die Erde abzuladen, hebt der Fahrer die Schürze. Es wird ein Auswerfer betätigt, um den hinteren Teil der Mulde nach vorne zu befördern. Dadurch wird die Erde abgeworfen.

Technische Daten

Große Bremsen

Um den Planierbagger, der voll beladen beinahe 54 Tonnen wiegt, anzuhalten, sind riesige Bremsen nötig. Diese Maschine hat Trommelbremsen. Jedes Rad ist mit einer Nabe verbunden, die es dreht. Jede Nabe ist wiederum mit einer Bremstrommel verbunden, die sich ebenfalls dreht. In jeder Trommel befinden sich Bremsklötze. Wird gebremst, drücken die Klötze gegen die Trommel, und die gesamte Einheit kommt zum Stehen.

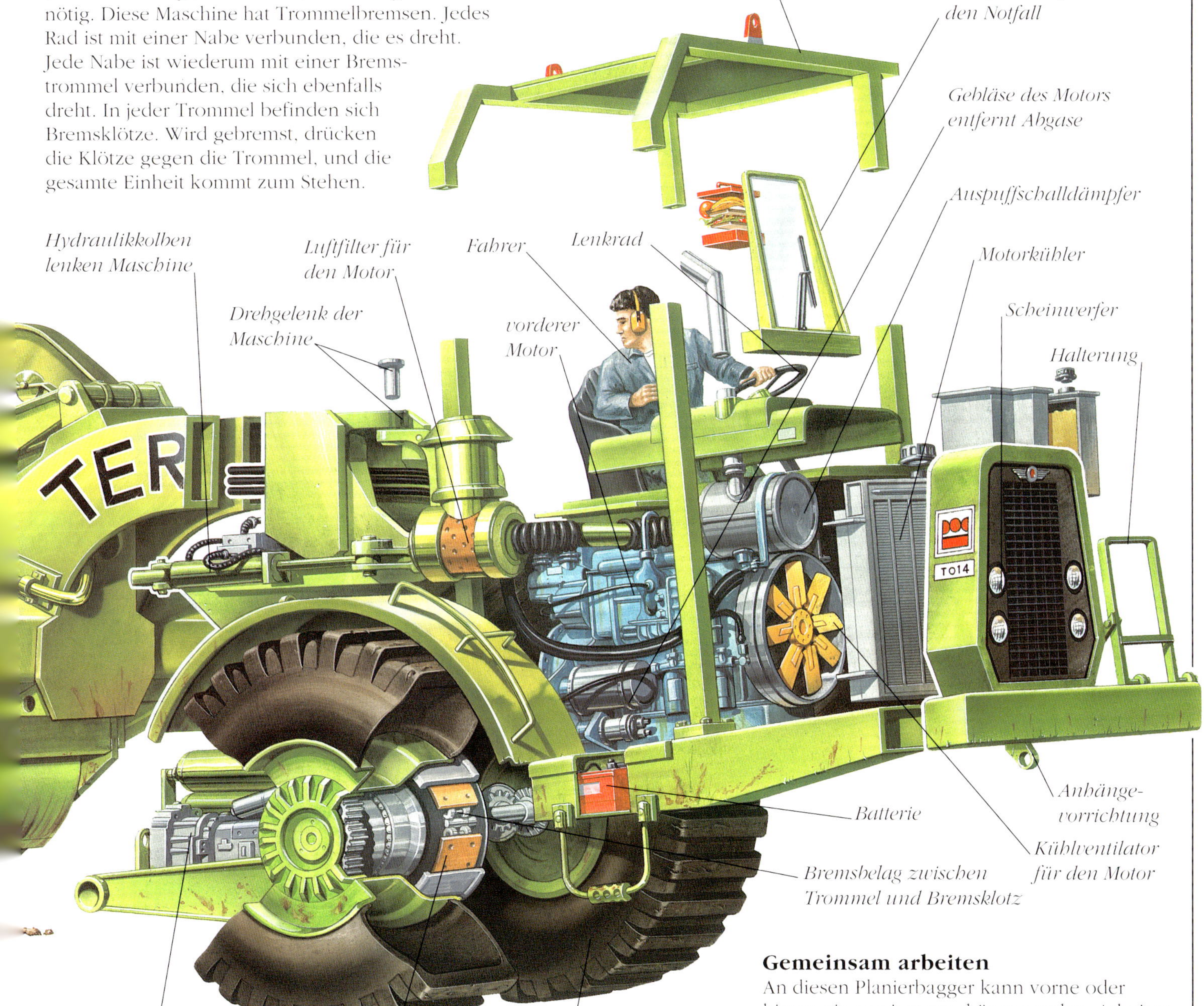

Gemeinsam arbeiten

An diesen Planierbagger kann vorne oder hinten ein zweiter angehängt werden. Arbeiten sie gemeinsam, geht die Arbeit schneller voran. Die Fahrer müssen sehr geschickt und erfahren sein, um so zu arbeiten.

So arbeiten Maschinen

Es gibt viele verschiedene Baumaschinen, doch viele haben dieselben Grundelemente. Hier ist ein Überblick über die wichtigsten Teile, die wir beschrieben haben.

Hydraulikkolben
Ein Hydraulikkolben ist ein Kolben in einem Zylinder. Öl wird auf eine Seite des Kolbens gepumpt, um ihn vor- oder zurückzubewegen.

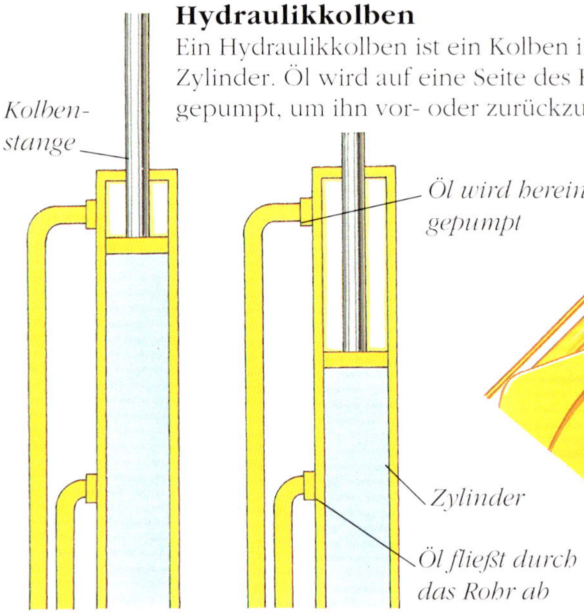

Querschnitt eines Hydraulikkolbens

Hydraulikarm
Ein Hydraulikarm besteht aus Kolben, die an der Schaufel am Ende des Arms ziehen oder drücken. Der Fahrer betätigt die Kolben von seiner Kabine aus.

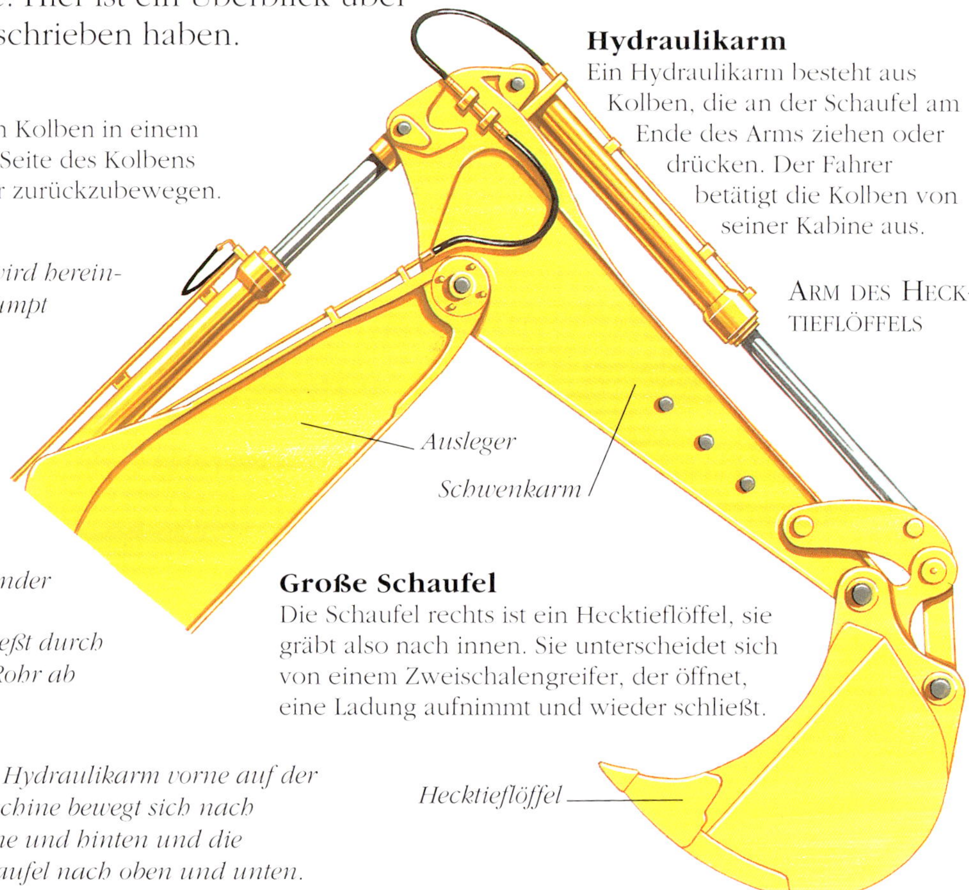

Große Schaufel
Die Schaufel rechts ist ein Hecktieflöffel, sie gräbt also nach innen. Sie unterscheidet sich von einem Zweischalengreifer, der öffnet, eine Ladung aufnimmt und wieder schließt.

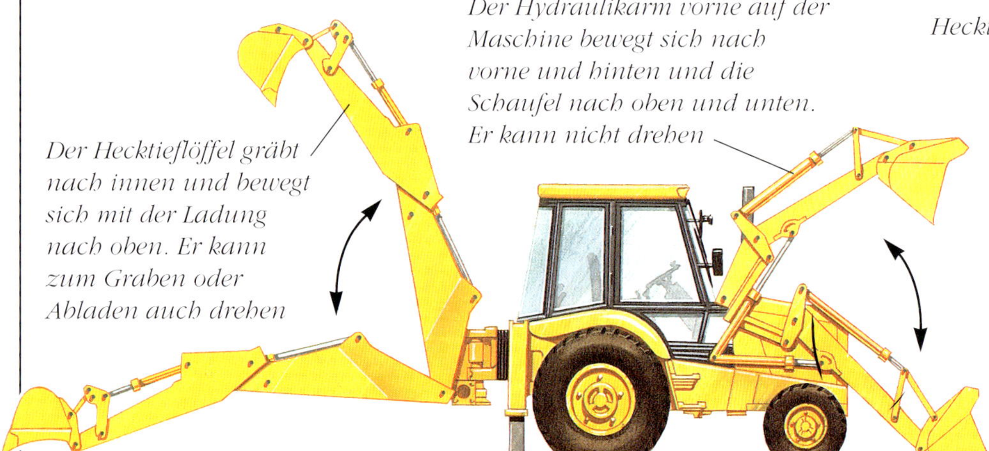

Tieflöffelbagger

Hinauf und hinunter
Schaufeln können vorne befestigt sein. Das links dargestellte Modell nimmt Ladung vom Boden auf, hebt sie und lädt sie wieder ab. Für verschiedene Arbeiten gibt es unterschiedliche Schaufeln.

Enge Kurven
Bei einigen Maschinen kann der Fahrer die Vorder- und Hinterräder unabhängig bewegen, um enge Kurven zu fahren.

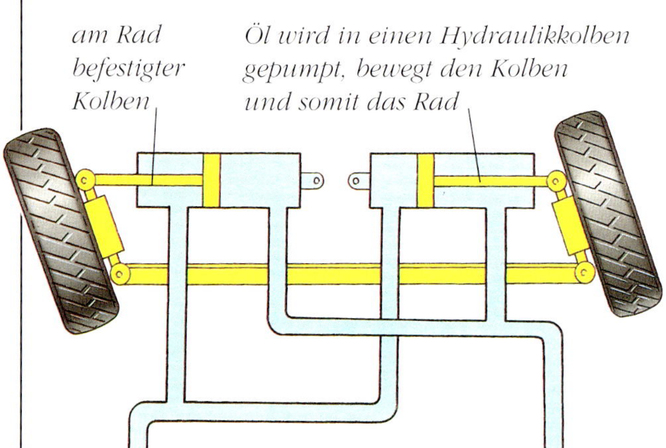

Diagramm der Hydrauliklenkung

Hydrauliklenkung
Bei einigen Fahrzeugen sind die Vorder- oder Hinterräder mit Kolben verbunden. Dreht man das Lenkrad, wird ein Ventil bewegt, das Öl auf eine Seite jedes Kolbens pumpt. Bewegt sich der Kolben, bewegt sich auch das damit verbundene Rad.

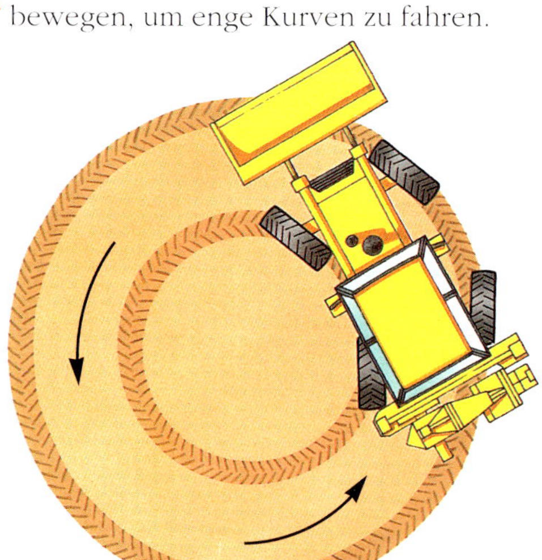

Spuren

Einige Baumaschinen haben Laufrollen anstatt der Räder. Diese beweglichen Bänder passen sich an alle Bodenunregelmäßigkeiten an.

Wie ein Fahrrad

In den Laufrollen ist eine Kette, die wie eine riesige Fahrradkette aussieht. Sie wird von einer Antriebsrolle bewegt, die von einem Motor angetrieben wird.

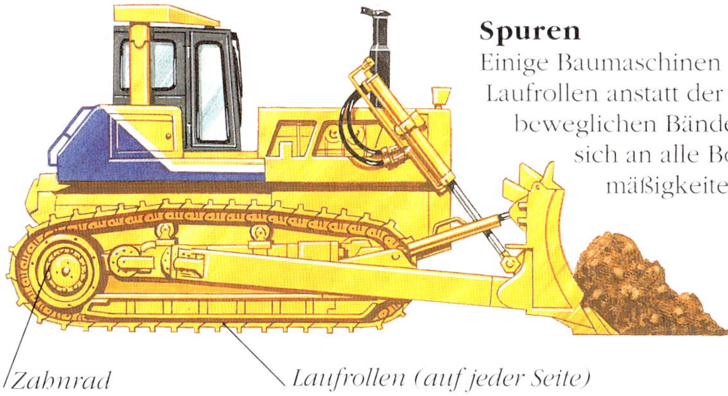

BULLDOZER

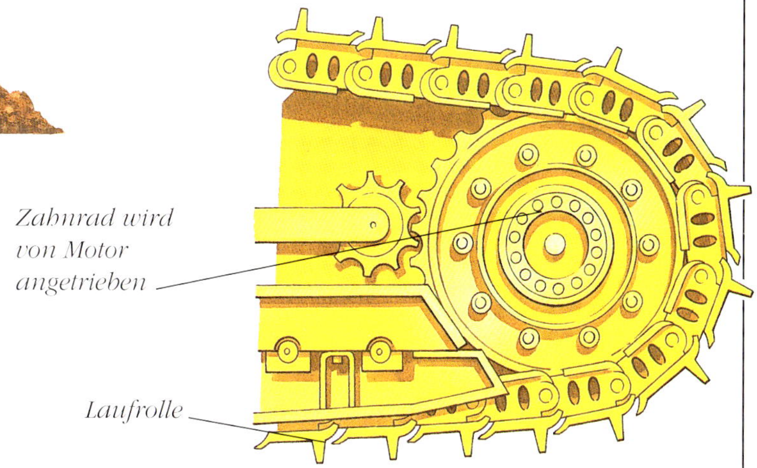

Abladen

Bewegt der Fahrer eines Muldenkippers einen ausziehbaren Hydraulikkolben, kann er die Mulde heben oder senken.

MULDENKIPPER

Radaufhängung

Jedes Vorder- und Hinterrad ist mit einem Kolben verbunden, der sich in einem Zylinder bewegt, wenn das Rad über eine Unebenheit fährt. Öl und Stickstoffgas fangen den Kolben auf und dämpfen so den Stoß ab.

Im Fahrerhaus

Im Fahrerhaus müssen alle Hebel leicht zu erreichen sein, damit der Fahrer nicht ermüdet, da sonst die Sicherheit nicht gewährleistet ist. Deshalb gibt es strenge Regeln über die Bauweise von Fahrerhäusern.

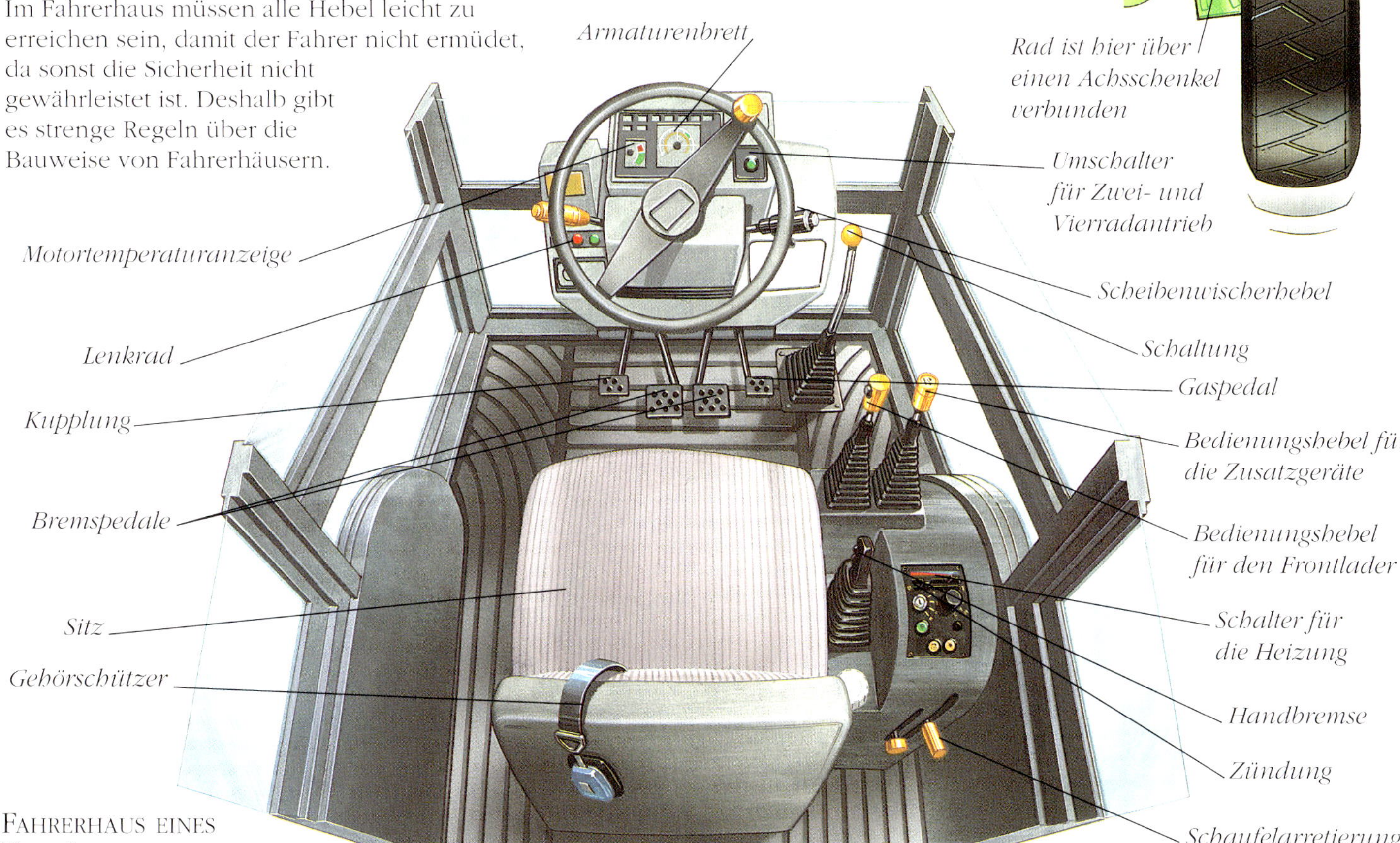

FAHRERHAUS EINES TIEFLÖFFELBAGGERS

Glossar

Achse
Eine Stange zwischen einem Rad und dem Fahrzeug. Der Motor dreht die Achse und somit das Rad.

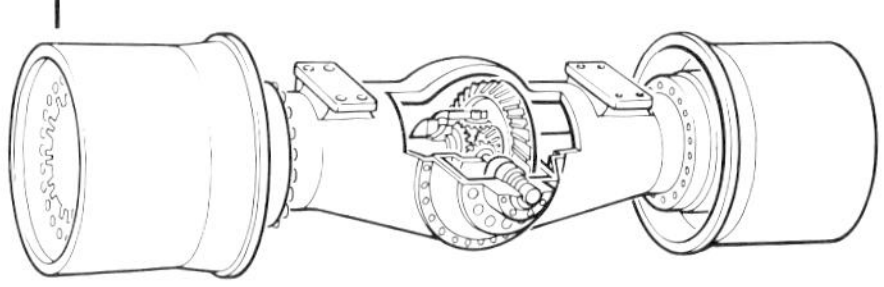

Antriebswelle
Damit wird die Motorleistung zu den Rädern übertragen.

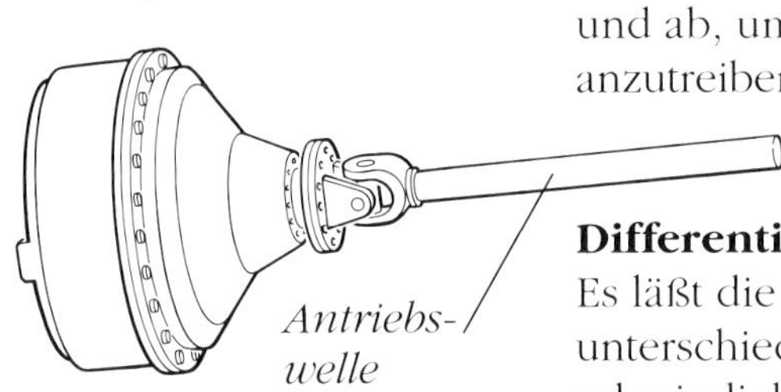

Aufreißer
Riesige Zinken, die hinten an einem Bulldozer befestigt sind, um den Boden aufzureißen.

Ausleger
Der hintere Teil des Hydraulikarms. Er hebt und senkt den vorderen Teil, an dem eine Schaufel befestigt ist.

Auspuffrohr
Abgase werden durch dieses Rohr abgeleitet.

Batterie
Hier wird der Strom gelagert und zu den elektrischen Systemen des Fahrzeugs geleitet.

BATTERIE

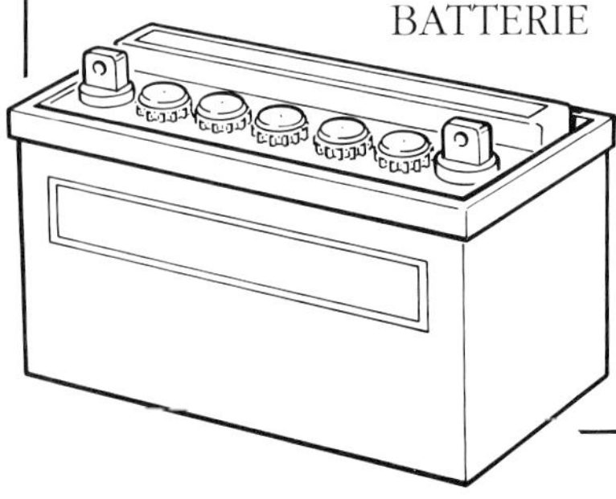

Computerüberwachung
Verschiedene Sensoren, die die Fahrzeugleistung messen und an den Bordcomputer senden. Tritt ein Fehler auf, warnt der Computer den Fahrer.

Dieselmotor
Verschiedene Zylinder mit Kolben. Treibstoff und Luft werden im Zylinder gemeinsam verbrannt und erzeugen Abgase. Die Kolben bewegen sich auf und ab, um die Räder anzutreiben.

Differential
Es läßt die Räder mit unterschiedlicher Geschwindigkeit drehen, wenn das Fahrzeug um eine Kurve fährt.

Drehmoment
Die Leistung eines Motorkolbens beim Drehen der Kurbelwelle. Je stärker der Motor ist, desto größer ist das Drehmoment.

Führerhaus
Der Platz, an dem der Fahrer sitzt und die Hebel betätigt.

Gehörschützer
Sie werden von den Fahrern getragen, um den Motorenlärm zu dämpfen.

Getriebe
Es reduziert die Motorumdrehungen und leitet die Leistung zu den Rädern.

Haube
Das starke Stahldach, das den Fahrer vor fliegenden Steinen schützt.

Hecktieflöffel
Aneinandergereihte Hydraulikarme mit einer Schaufel am Ende. Die Vorrichtung ist hinten am Fahrzeug befestigt und gräbt nach innen.

Hydraulik
Sie enthält alle hydraulischen Pumpen und Ventile, mit denen das Fahrzeug betrieben wird.

Hydraulikkolben
Ein Kolben in einem Zylinder. Öl wird auf eine Seite des Kolbens gepumpt, um ihn zu bewegen. Er betätigt dann alle mit ihm verbundenen Teile.

Kolben
Der Teil, der sich in einem Hydraulik- oder Motorzylinder bewegt.

DIESELMOTOR

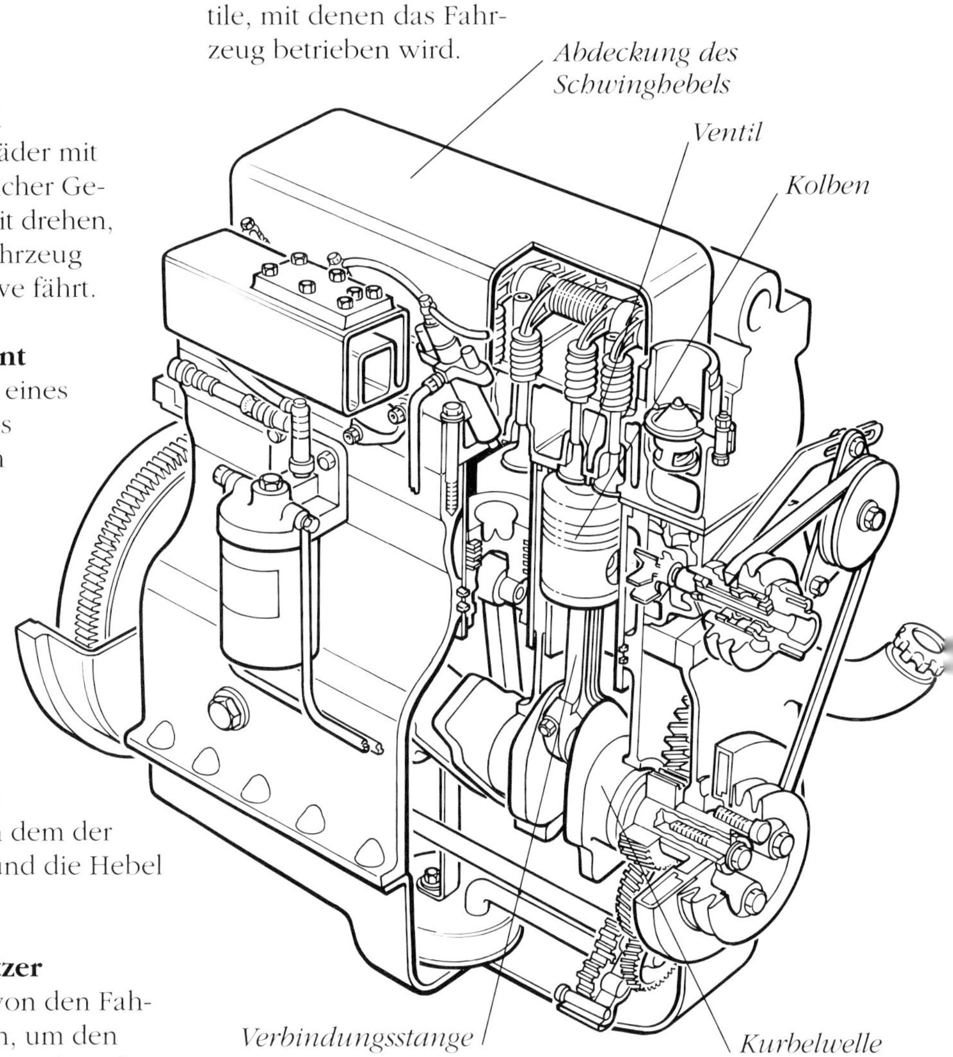

Hydraulikarm
Verschiedene Hydraulikkolben zum Heben oder Senken der Schaufel.

Kraftübertragung
Alle Teile, die Kraft vom Motor zu den Rädern übertragen.

Kühler
Heißes Wasser aus dem Motor wird durch die Rohre im Kühler gepumpt, um es zu kühlen, bevor es zum Motor zurückfließt.

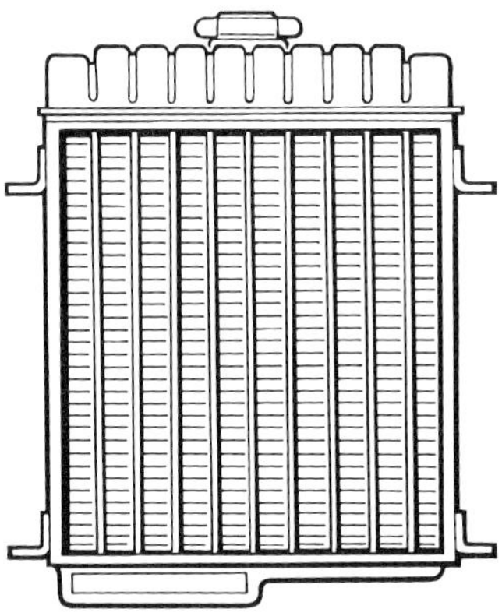

KÜHLER

Kurbelwelle
Eine Vorrichtung, die mit dicken Stangen an den Motorkolben gekoppelt ist. Bewegt sich der Kolben auf und ab, dreht sich die Kurbelwelle und treibt die Räder an.

Laufrollen
Große bewegliche Bänder anstatt der Räder. Sie gleiten besser über unebene Flächen.

Lichtmaschine
Der Teil, in dem Strom erzeugt und in die Batterie geleitet wird. Sie wird vom Motor angetrieben.

Luftfilter
Er entfernt Schmutz aus der Luft, bevor sie in den Motor gelangt.

Lufthupe
Eine laute Hupe am Führerhaus. Luft wird in die Hupe gepreßt, um ein Warngeräusch zu erzeugen.

Ölfilter
Ein feines Gewebe, das Schmutz aus dem Öl filtert, bevor es zu den hydraulischen Teilen fließt.

Ölkühlung
Ein Element in einem Ölbehälter zum Kühlen der Betriebsteile.

Planierschild
Ein breites, gebogenes Schild vorne an einem Bulldozer zum Schieben oder Planieren.

Profil
Das Muster auf einem Reifen. Es ist je nach Aufgabe des Fahrzeugs verschieden.

HYDRAULIKKOLBEN

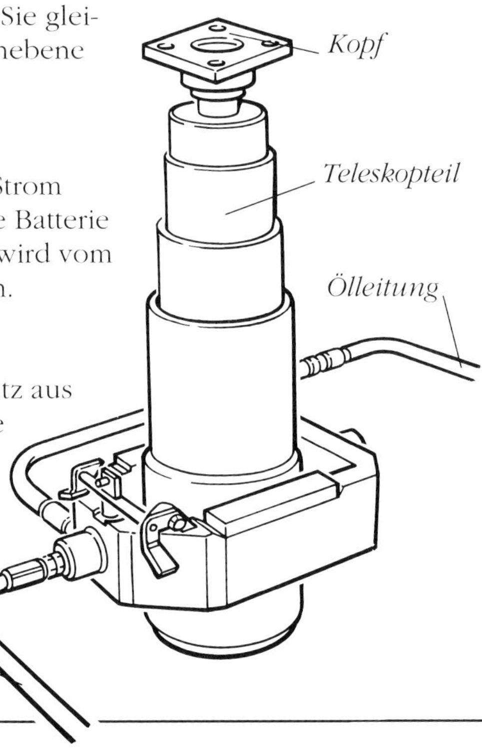

RADAUFHÄNGUNG

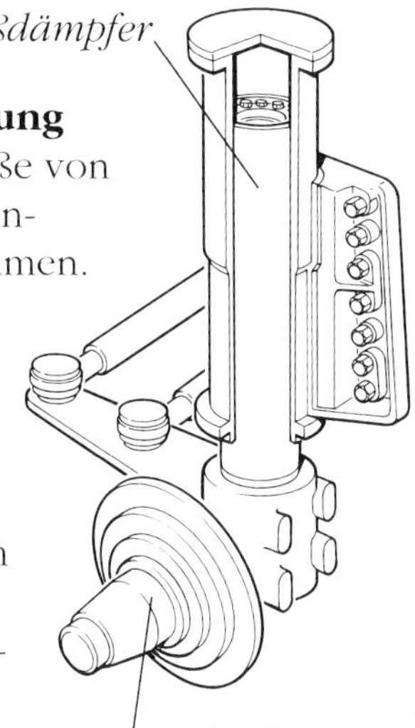

Radaufhängung
Teile, die Stöße von Straßenunebenheiten aufnehmen.

Radnabe
Der Teil, an dem das Rad befestigt und der wiederum mit der Radachse verbunden ist.

Schalldämpfer
Er verhindert, daß die Abgase viel Lärm machen, wenn sie aus dem Motor kommen.

Schaufel
Eine hydraulisch betriebene Vorrichtung zum Graben oder Laden.

Scheibenbremse
Eine Metallscheibe, die sich mit dem Rad dreht. Beim Bremsen wird die Scheibe zwischen zwei Klötze gepreßt, so daß sie und somit das Rad gebremst wird.

Schwenkarm
Der vordere Teil eines Hydraulikarms, mit dem eine Schaufel gehoben oder gesenkt wird.

Schwenkvorrichtung
Ist sie groß genug, kann sie ein Führerhaus schwenken, falls der Fahrer an einer anderen Stelle graben oder abladen möchte.

Transportmulde
Ein fester Stahlbehälter hinten an einem Muldenkipper. Mit einem Hydraulikkolben wird sie zum Abladen gehoben.

Treibstofftank
Ein Behälter, in dem sich der Treibstoff befindet, bevor er im Motor verbraucht wird.

Turboantrieb
Ein Teil der Motorwärme wird zum Antrieb des Kompressors verwendet, der Luft in den Motor drückt, um seine Leistung zu verstärken.

Ventil
Eine Vorrichtung, die öffnet und schließt, damit Öl durch die verschiedenen Teile der Hydraulik fließen kann.

Ventilator (Motorkühlung)
Er leitet Luft durch den Kühler, um das Wasser, das vom und zum Motor fließt, abzukühlen.

Vierradantrieb
Ein System, bei dem alle vier Räder eines Fahrzeugs durch Kraftübertragung vom Motor angetrieben werden.

Walze
Ein runder Teil in der Mitte einer Laufrolle. Die größte, das Zahnrad, wird vom Motor angetrieben. Die anderen laufen mit und bewegen dadurch das Band.

Zweiradantrieb
Ein System, bei dem nur zwei Räder vom Motor angetrieben werden und die anderen mitlaufen.

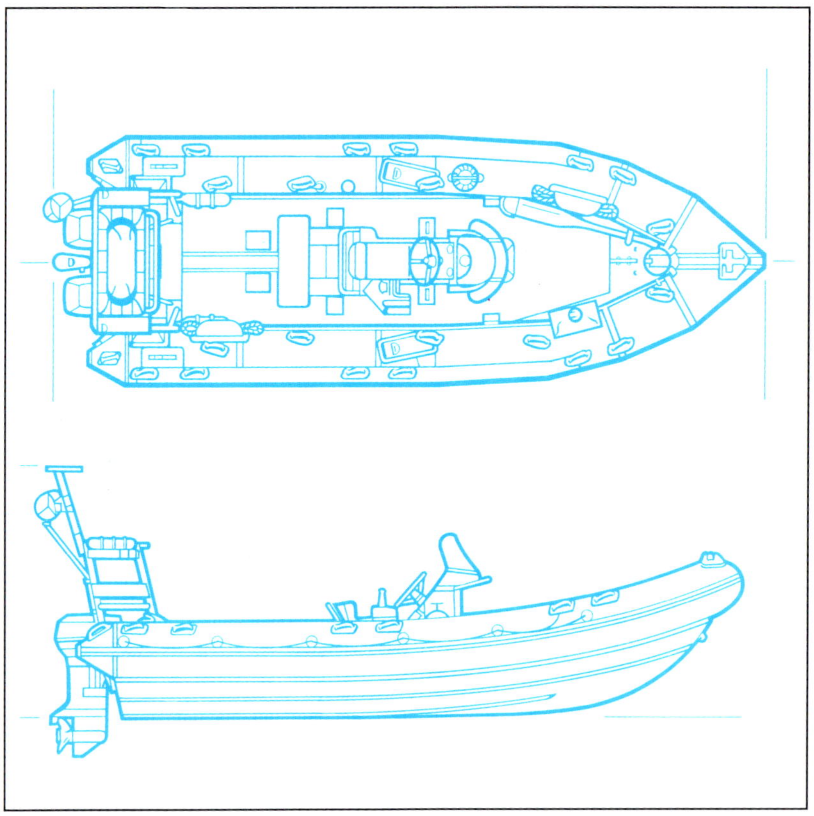

RETTUNGS FAHRZEUGE

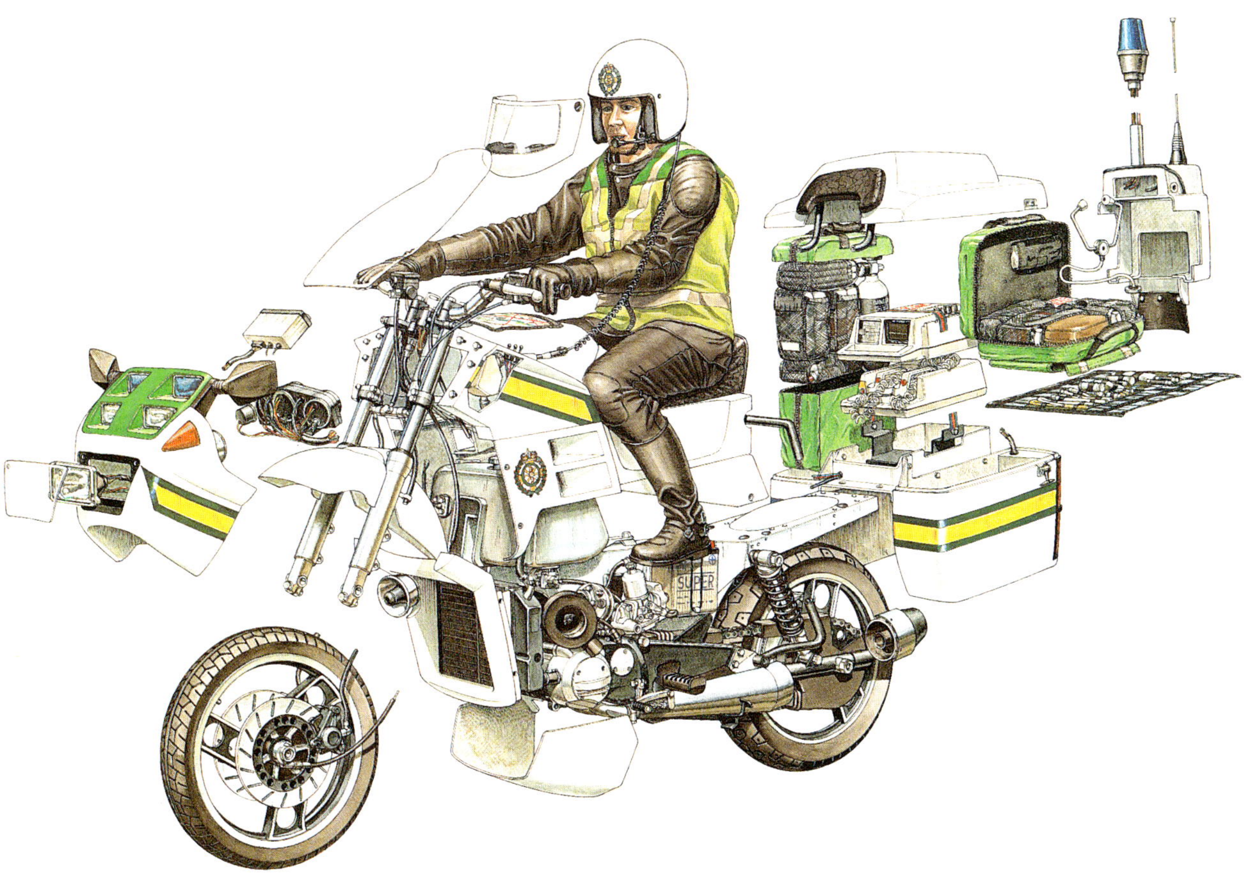

INHALT

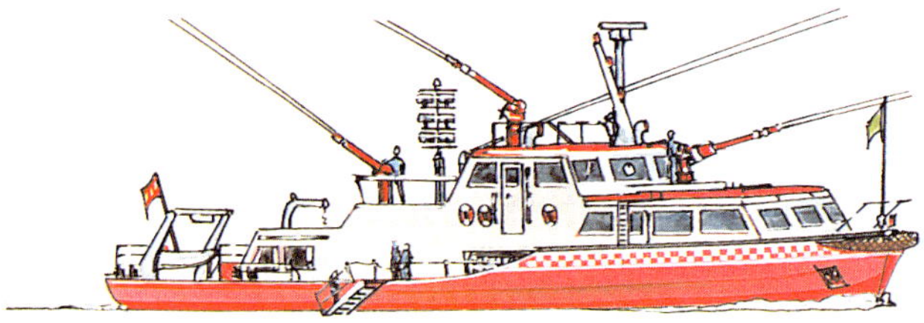

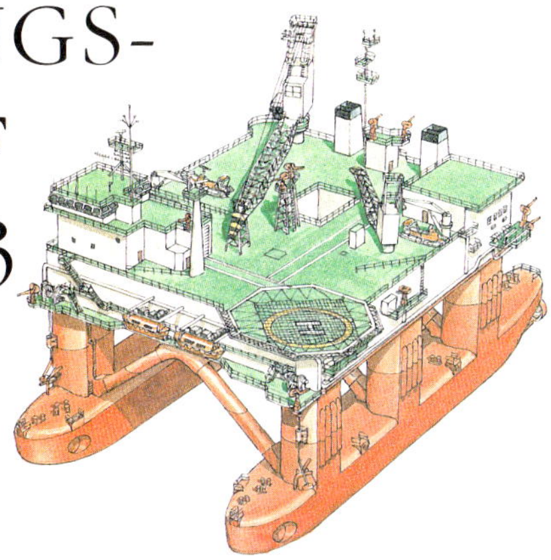

14-02

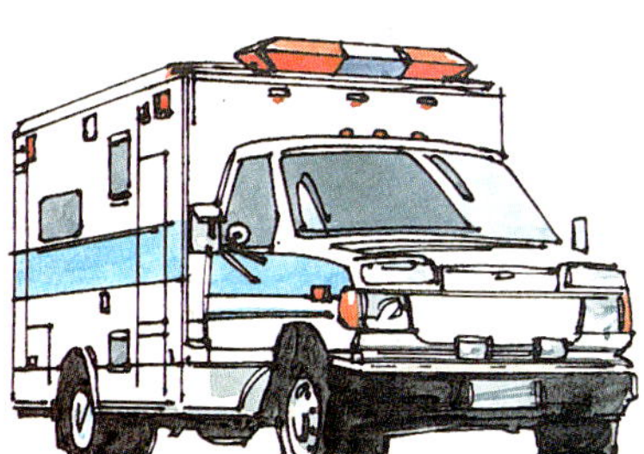

POLIZEIWAGEN

UM FLÜCHTIGE VERBRECHER ZU STELLEN oder an einem Einsatz gegen bewaffnete und gefährliche Verbrecher teilzunehmen, setzt die Polizei häufig Truppen mit speziell ausgebildeten Hunden ein. Manchmal werden bei diesen Einsätzen normale Polizeiautos mit speziellem Hundeabteil verwendet, wie der unten abgebildete amerikanische Polizeiwagen. Der Hund hat seinen eigenen Platz, und der Polizist sitzt mit allen Geräten vor ihm. Gemeinsam sind sie ein hervorragendes Team bei der Verbrechensbekämpfung.

Verdächtige fesseln
Der einzige Passagiersitz ist vorne neben dem Fahrer. Verhaftete werden deshalb mit Handschellen und einem großen Lederriemen gefesselt, der sonst im Kofferraum aufbewahrt wird.

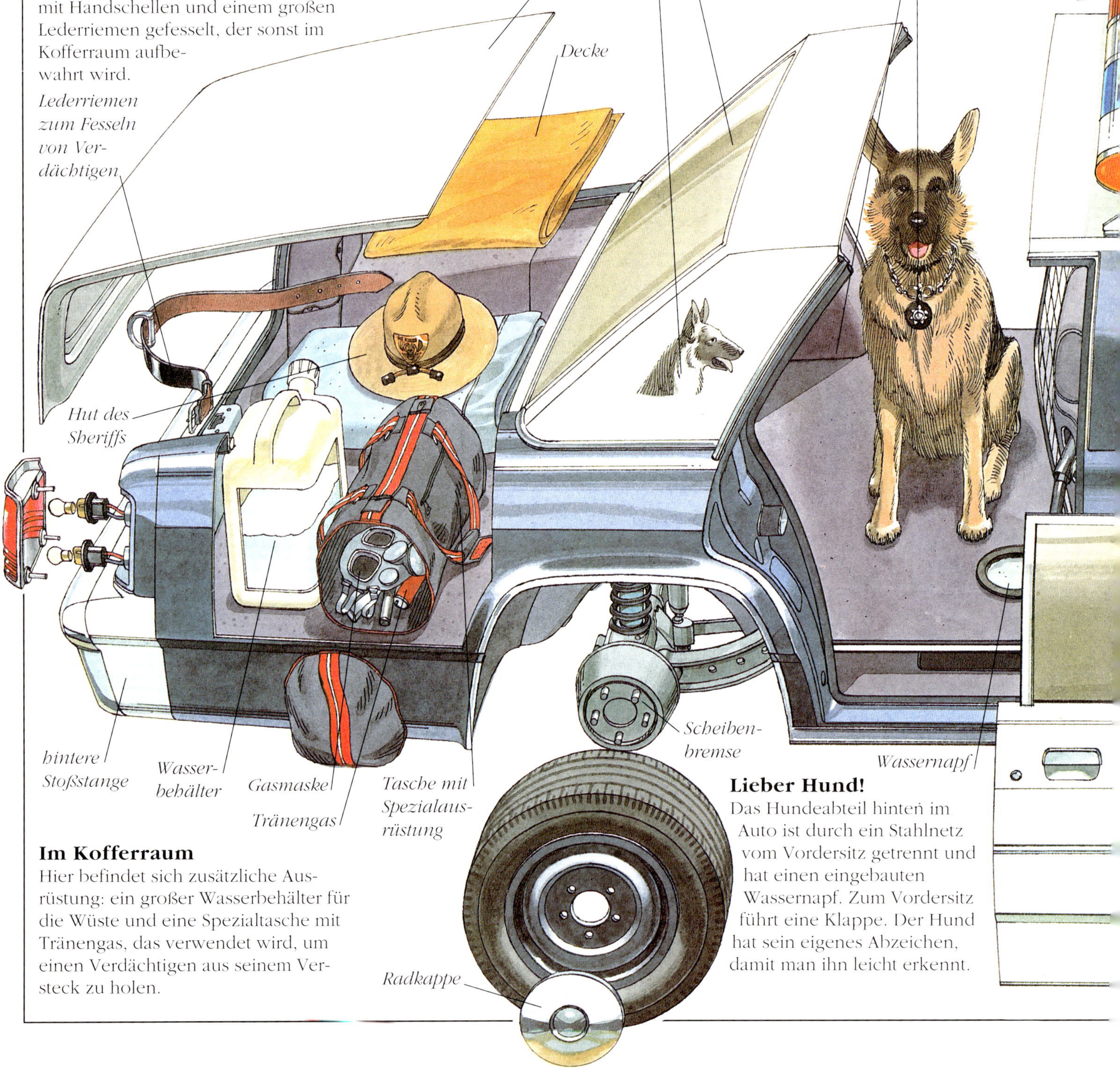

Lieber Hund!
Das Hundeabteil hinten im Auto ist durch ein Stahlnetz vom Vordersitz getrennt und hat einen eingebauten Wassernapf. Zum Vordersitz führt eine Klappe. Der Hund hat sein eigenes Abzeichen, damit man ihn leicht erkennt.

Im Kofferraum
Hier befindet sich zusätzliche Ausrüstung: ein großer Wasserbehälter für die Wüste und eine Spezialtasche mit Tränengas, das verwendet wird, um einen Verdächtigen aus seinem Versteck zu holen.

Langsamer!
Um zu messen, wie schnell ein Auto fährt, hat diese Polizistin eine Radarpistole. Sie sendet Funkwellen aus, die vom Auto abstrahlen, zurückkommen und die Geschwindigkeit anzeigen.

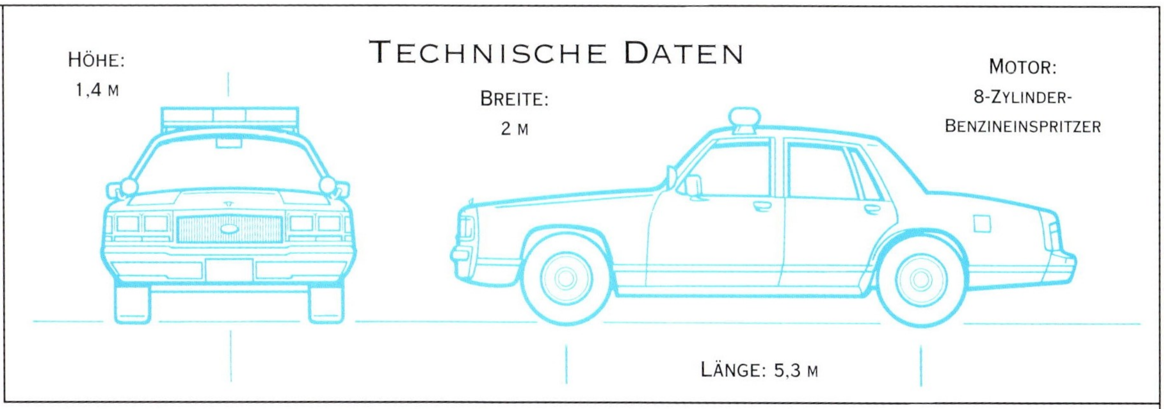

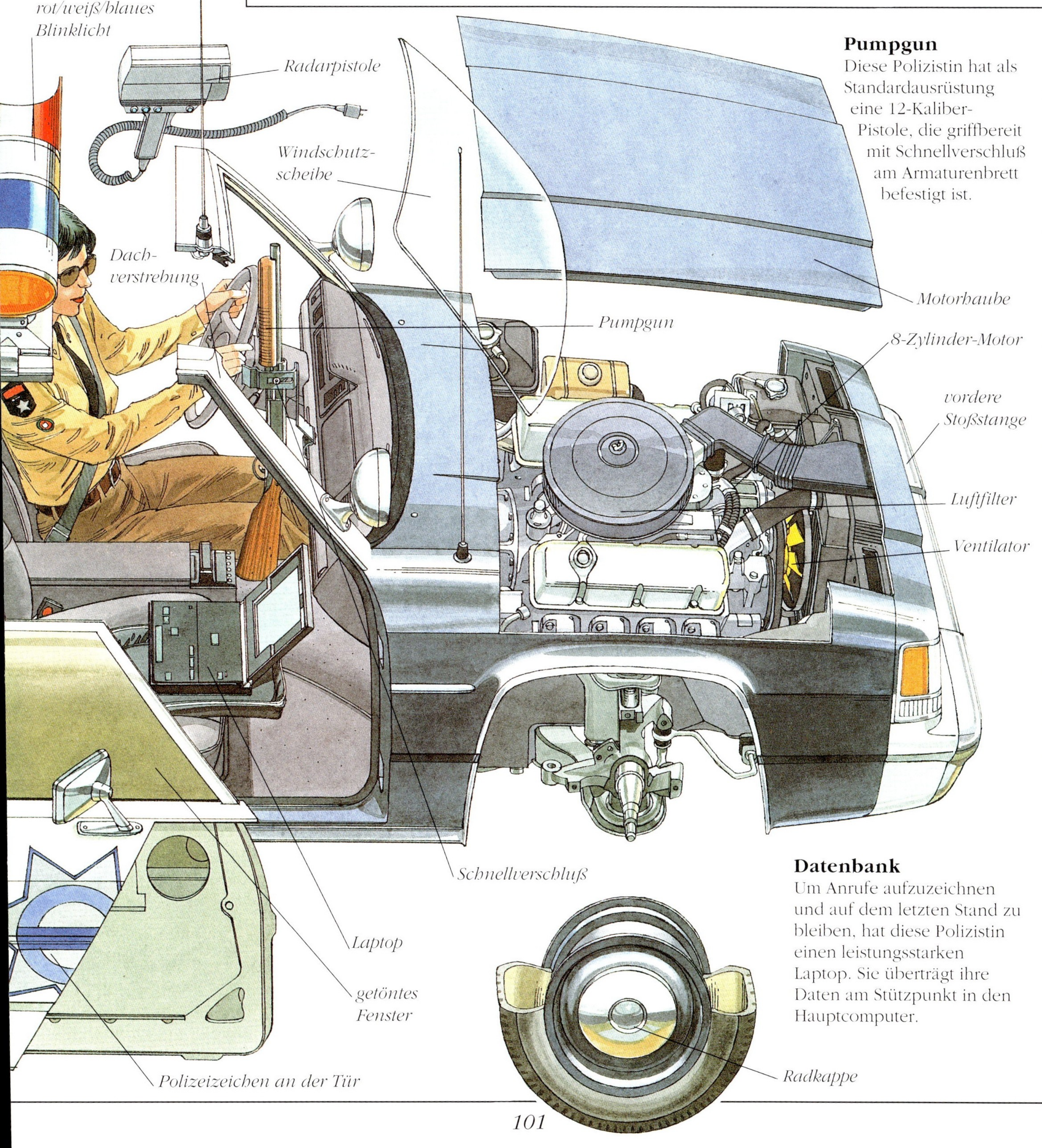

Pumpgun
Diese Polizistin hat als Standardausrüstung eine 12-Kaliber-Pistole, die griffbereit mit Schnellverschluß am Armaturenbrett befestigt ist.

Datenbank
Um Anrufe aufzuzeichnen und auf dem letzten Stand zu bleiben, hat diese Polizistin einen leistungsstarken Laptop. Sie überträgt ihre Daten am Stützpunkt in den Hauptcomputer.

Feuerwehrauto

Harter Geselle
Die Drehleiter mit ihrem robusten, am Fahrgestell verschraubten Stahlgestell hält selbst den härtesten Anforderungen stand.

Bricht oben in einem hohen Gebäude ein Feuer aus, braucht man eine Drehleiter und ein Feuerwehrauto, um es zu bekämpfen. Mit Blaulicht und Sirene rast das wendige Auto durch die Straßen und schlängelt sich durch den Verkehr. Am Brandort angelangt, werden die Feuerwehrmänner in einem Rettungskorb hochgehoben, damit sie den besten Blick auf das Feuer haben – und nahe genug herankommen, um Menschen zu retten und das Feuer zu bekämpfen.

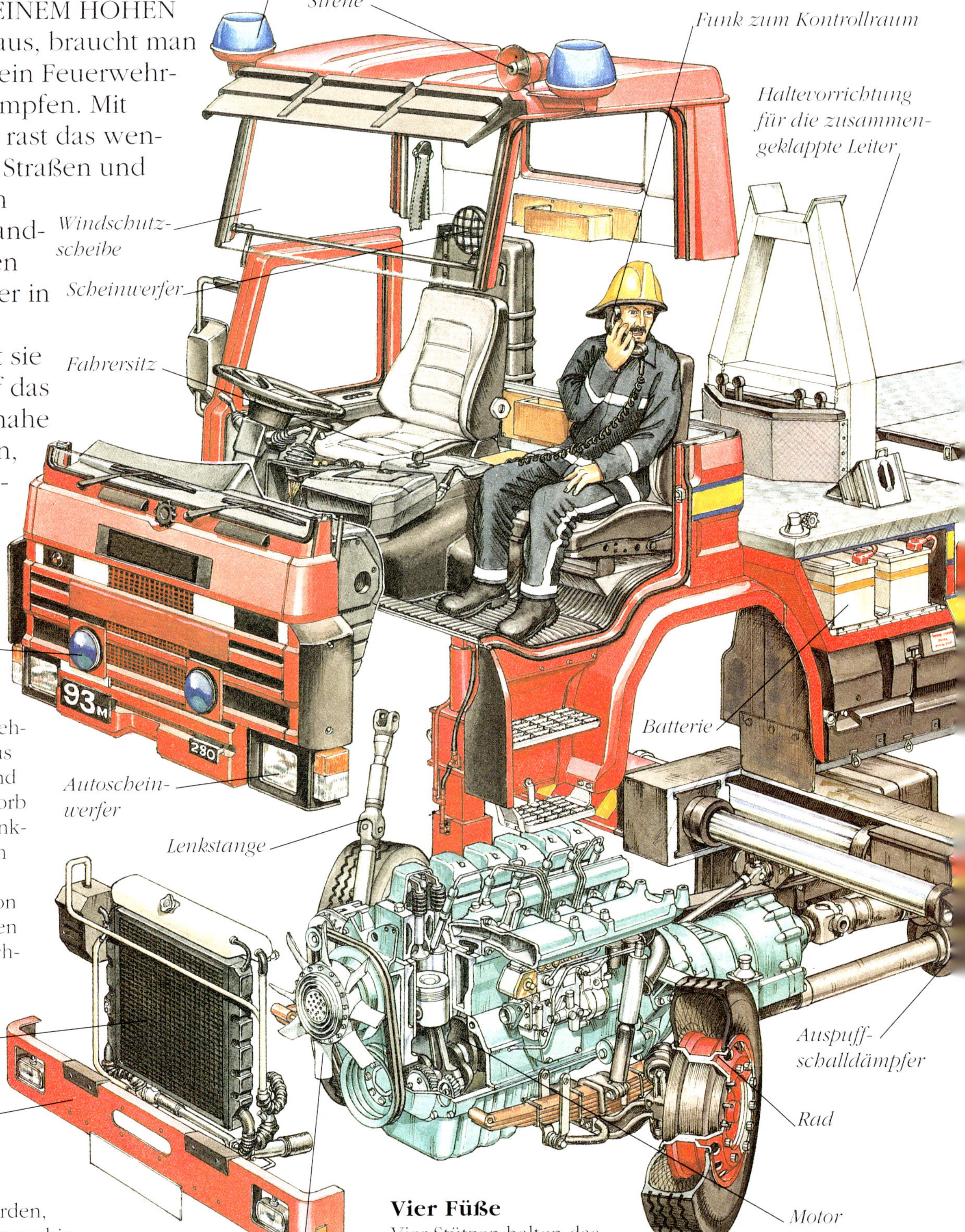

Maschinist
Die Leiter wird auf der Drehscheibe von einem Pult aus betätigt. Der Maschinist und der Feuerwehrmann im Korb bleiben miteinander in Funkverbindung. Die Person im Korb hat einen besseren Überblick über die Situation und kann dem Maschinisten helfen, die Leiter in die richtige Position zu bringen.

Gerettet
Menschen, die gerettet wurden, können die Leiter am Ausleger hinunter klettern. Hier ist ein Geländer, damit sie nicht hinunterfallen. Von der Drehscheibe führt eine weitere Leiter sicher zum Boden.

Vier Füße
Vier Stützen halten das Fahrzeug stabil, wenn die Leiter ausgefahren ist. Jeder Fuß kann dem Untergrund angepaßt werden, damit das Fahrzeug sicher steht. Platten helfen, das Gewicht zu verteilen.

Im Korb

Im Korb betätigt der Feuerwehrmann Hebel, um am brennenden Gebäude entlang in die richtige Position zu fahren.

Wasser

Ein Wasserrohr verläuft an der Leiter zum Korb, so daß der Feuerwehrmann einen mächtigen Wasserstrahl auf das brennende Gebäude lenken kann. Vorne am Korb sind Düsen, um die Menschen im Korb mit Wasser zu besprühen, damit sie die Hitze des Feuers aushalten.

Hydraulikarme

Zwei hydraulische Ausleger (einziehbare Teile) bringen den Korb in verschiedene Höhen und Positionen. Der Korb kann bis über ein hohes Gebäude ausgefahren werden.

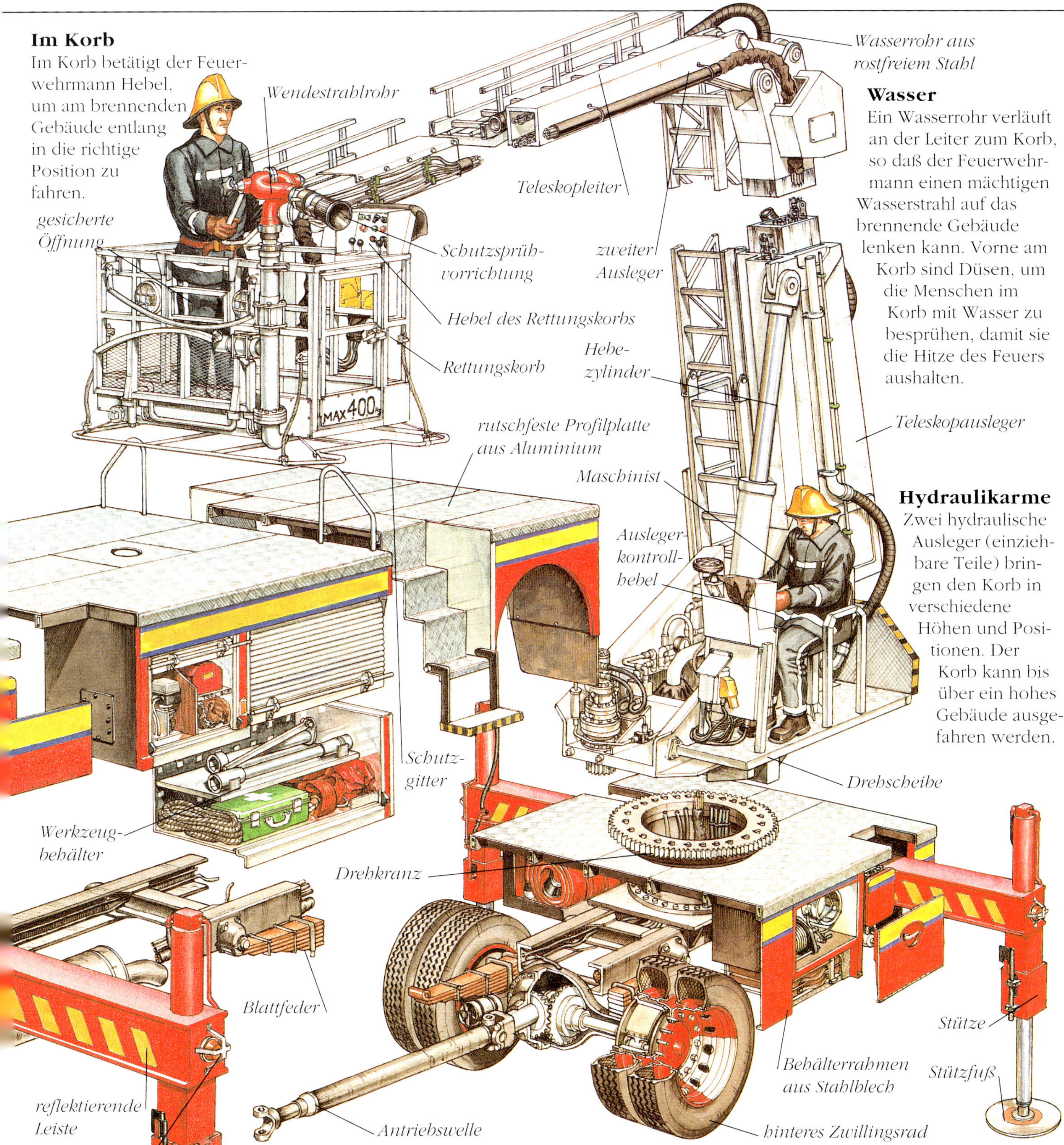

Technische Daten

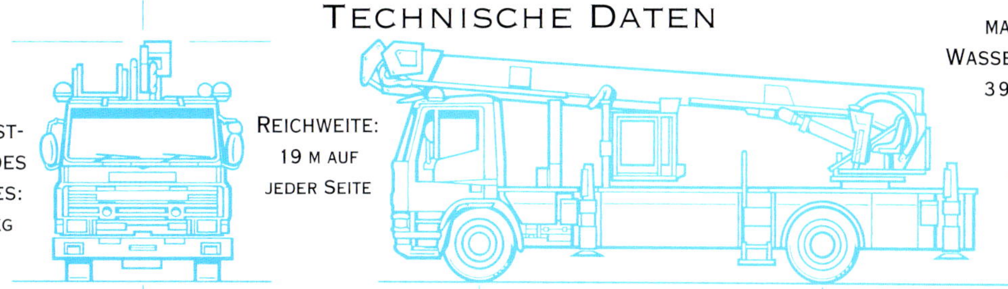

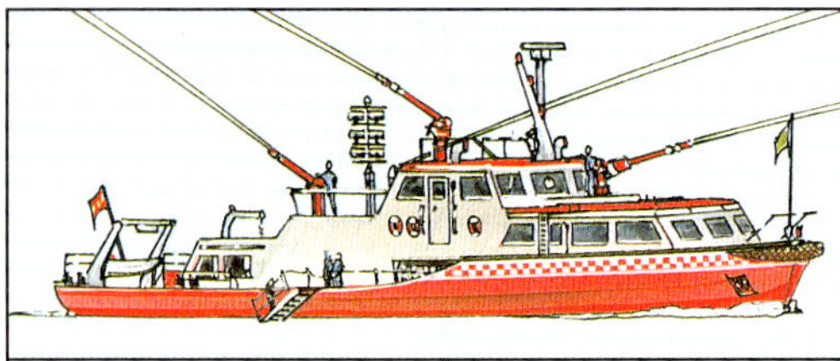

FEUERLÖSCHBOOT

FEUERBEKÄMPFUNG AM WASSER oder auf einem Schiff kann schwierig und gefährlich sein. Deshalb haben die meisten Städte, die an einem Fluß oder Hafen liegen, Feuerlöschboote. Sie sind leuchtend rot gestrichen, verfügen über starke Motoren, Lösch- und Rettungsausrüstung und sind beinahe jeder Notsituation am Wasser gewachsen. Ihre Hauptwaffe sind mächtige Wasserkanonen oder Feuermonitore. Werden die Pumpen eingeschaltet, spritzen die Kanonen Wasser oder Schaum in starken Strahlen auf den Brandherd. Da unendlich viel Wasser vorhanden ist, kann so lange gelöscht werden, bis der Treibstoff für die Pumpen ausgeht.

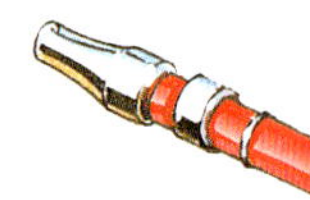

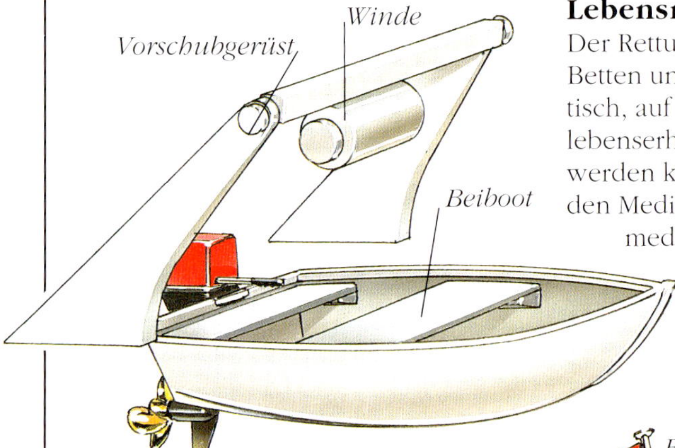

Lebensrettung
Der Rettungsraum im Heck hat bis zu sechs Betten und einen tragbaren Operationstisch, auf dem Notoperationen und andere lebenserhaltende Eingriffe durchgeführt werden können. In Kästen im Raum werden Medikamente, Verband und andere medizinische Ausrüstung aufbewahrt.

Kluge Idee
Auf einem Mast sind sechs Scheinwerfer mit 2000 Watt montiert, um den Unfallort auszuleuchten. Er kann bis zu zehn Metern ausgefahren werden.

Zu eng
Im Heck ist in einem Vorschubgerüst ein motorisiertes Beiboot, um Opfer von Stellen zu retten, die zu eng für das große Boot sind. Das Gerüst hat eine Winde, mit der das Boot nach dem Einsatz hochgezogen wird.

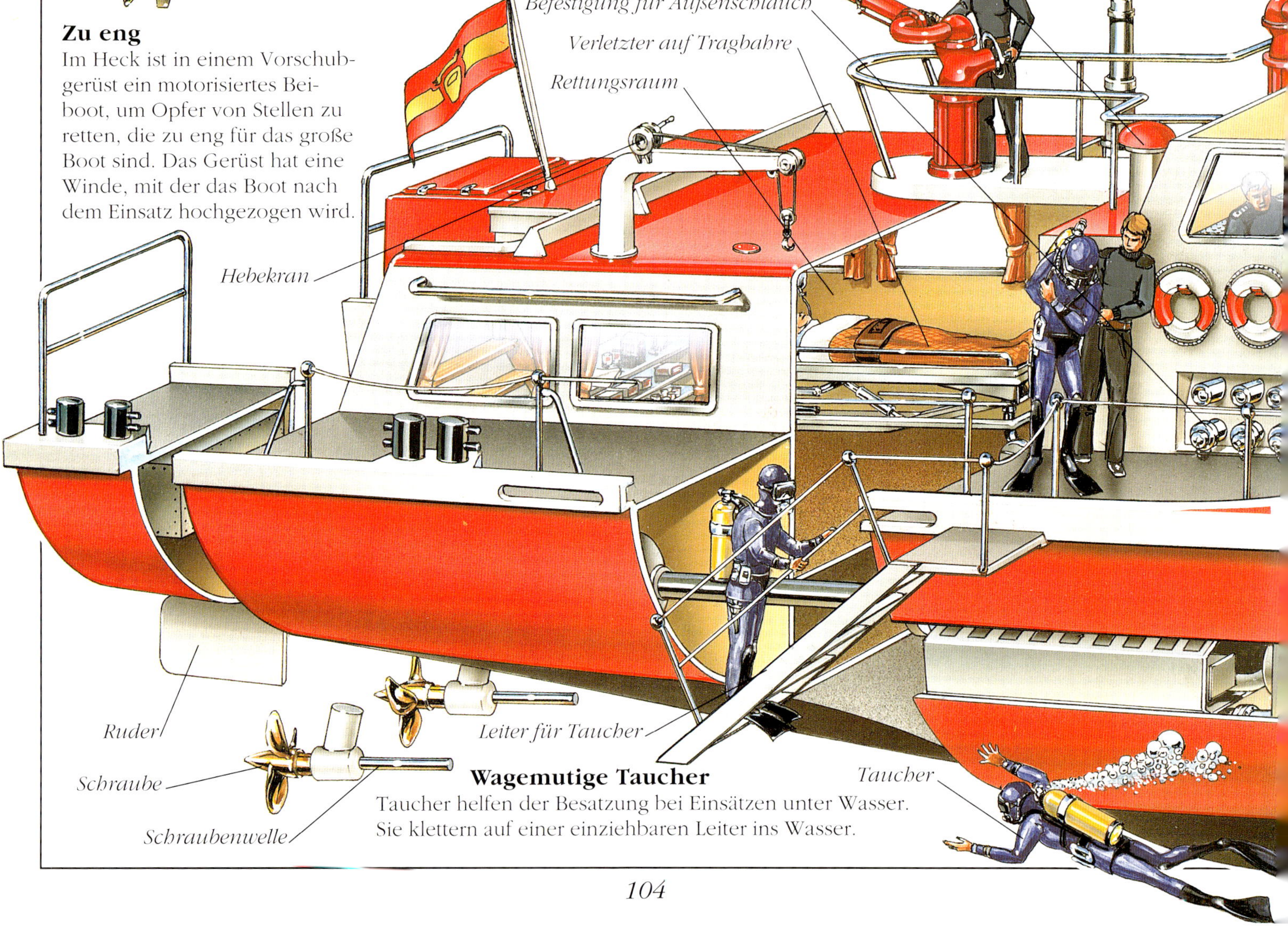

Wagemutige Taucher
Taucher helfen der Besatzung bei Einsätzen unter Wasser. Sie klettern auf einer einziehbaren Leiter ins Wasser.

Wunderbarer Schaum

Feuerwehrmänner verwenden Löschschaum, um brennende Substanzen wie Öl zu löschen. Wasser würde die Flammen nur verbreiten. Der Schaum jedoch erstickt die Flammen, indem er die Sauerstoffzufuhr unterbindet.

Technische Daten

Besatzung: mindestens 4 Mann

Höchstgeschwindigkeit: 20 Knoten

Tiefgang (Tiefe im Wasser): 1,3 m

Größte Weite: 6,5 m

Länge: 29 m

Motoren: zwei Dieselmotoren mit 479 kW (650 PS)

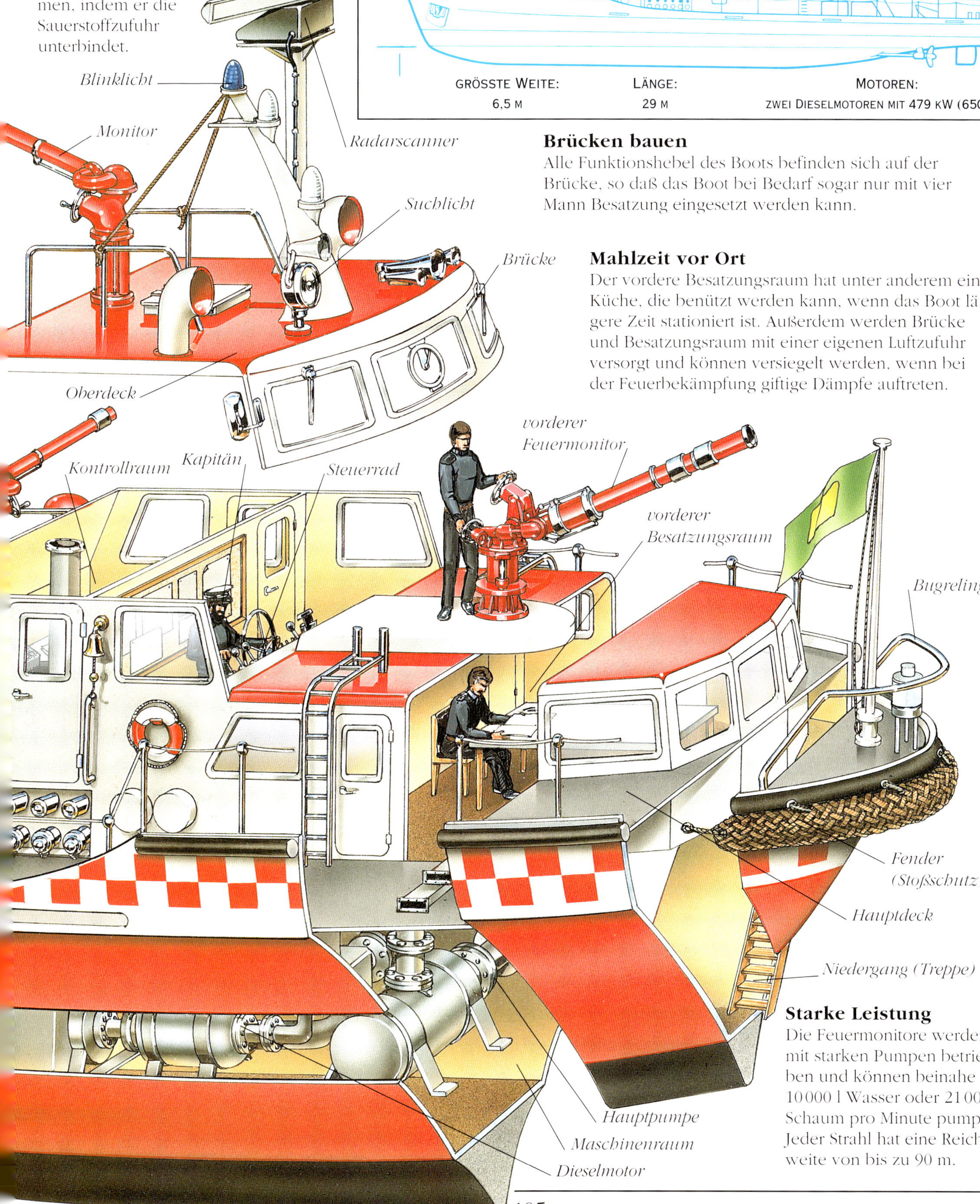

Brücken bauen

Alle Funktionshebel des Boots befinden sich auf der Brücke, so daß das Boot bei Bedarf sogar nur mit vier Mann Besatzung eingesetzt werden kann.

Mahlzeit vor Ort

Der vordere Besatzungsraum hat unter anderem eine Küche, die benützt werden kann, wenn das Boot längere Zeit stationiert ist. Außerdem werden Brücke und Besatzungsraum mit einer eigenen Luftzufuhr versorgt und können versiegelt werden, wenn bei der Feuerbekämpfung giftige Dämpfe auftreten.

Starke Leistung

Die Feuermonitore werden mit starken Pumpen betrieben und können beinahe 10 000 l Wasser oder 21 000 l Schaum pro Minute pumpen. Jeder Strahl hat eine Reichweite von bis zu 90 m.

Atlantic 21

Fünf Minuten nach einem Notruf läßt die Besatzung der Atlantic 21 das aufblasbare Rettungsboot zu Wasser. Die Atlantic 21 wird seit 1972 eingesetzt und hat bewiesen, daß sie bestens für Rettungsaktionen in Küstennähe geeignet ist. Sie ist robust, doch wendig genug, um in der Nähe von Felsen oder in seichtem Wasser zu arbeiten, ohne auf Grund zu laufen.

Sitze
Die Sitze sind T-förmig angeordnet, um der Besatzung das Blickfeld möglichst frei zu halten. Jeder Platz hat zwei Fußhalterungen, die am Deck befestigt sind.

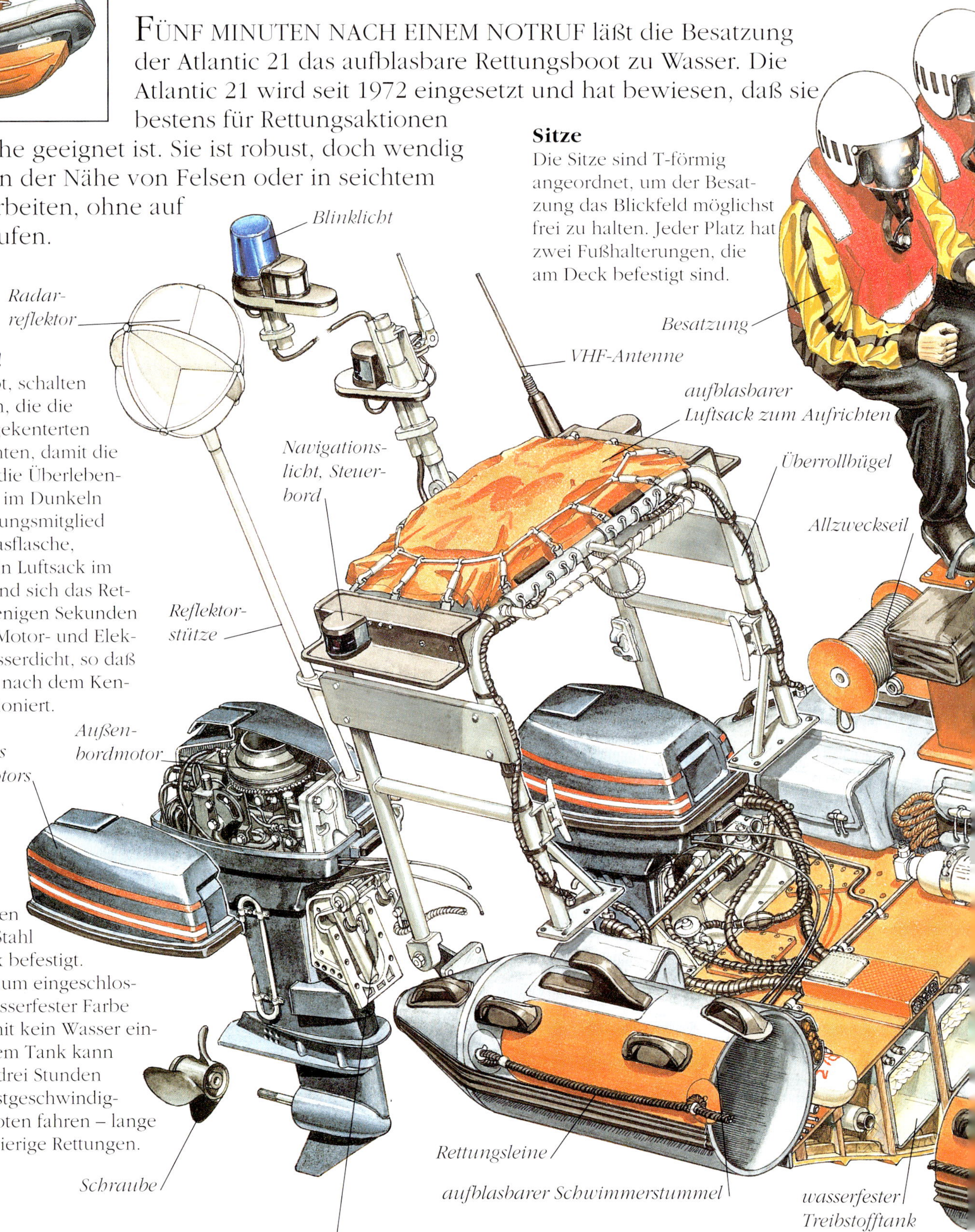

Wir kentern!
Kentert das Boot, schalten sich Lampen ein, die die Unterseite des gekenterten Bootes ausleuchten, damit die Besatzung und die Überlebenden nicht völlig im Dunkeln sind. Ein Besatzungsmitglied aktiviert eine Gasflasche, wodurch sich ein Luftsack im Heck aufbläst und sich das Rettungsboot in wenigen Sekunden aufrichtet. Alle Motor- und Elektroteile sind wasserdicht, so daß der Motor auch nach dem Kentern noch funktioniert.

Treibstoff
Zwei 82-Liter-Treibstoffmotoren aus rostfreiem Stahl sind unter Deck befestigt. Sie sind in Schaum eingeschlossen und mit wasserfester Farbe gestrichen, damit kein Wasser eindringt. Mit vollem Tank kann die Atlantic 21 drei Stunden mit einer Höchstgeschwindigkeit von 29 Knoten fahren – lange genug für schwierige Rettungen.

Erste Hilfe
Die Atlantic 21 führt Ausrüstung für die Erste Hilfe mit, darunter einen Erste-Hilfe-Koffer, ein Gerät zur Mund-zu-Mund-Beatmung, eine Rettungsdecke und zwei Schwimmwesten.

Durchschlagsicher
Das Rettungsboot hat einen aufblasbaren Schwimmerstummel (einen Schlauch, der um das Boot verläuft), der unterteilt ist, damit kein anderer Teil Luft verliert, falls einer Leck schlägt. Der Schwimmerstummel ist mit einer festen Nylonschicht – Hypalon – überzogen.

Steuerung auf See

Der Steuermann sitzt vor den beiden anderen Besatzungsmitgliedern. Dreht er das Lenkrad mit der linken Hand und betätigt die Motorhebel mit der rechten, kann er die Geschwindigkeit oder den Kurs des Bootes sofort den Meeresbedingungen anpassen.

TECHNISCHE DATEN

BESATZUNG: DREI MANN

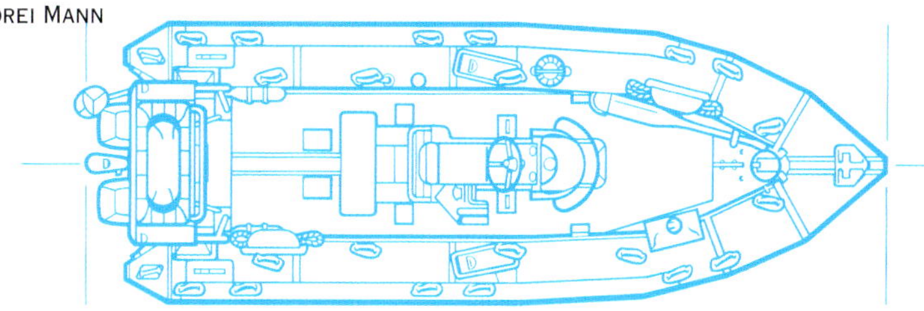

MOTOREN: ZWEI AUSSENBORDMOTOREN MIT 37 KW (50 PS)

HÖCHSTGESCHWINDIGKEIT: 29 KNOTEN

TIEFGANG: 76 CM

GRÖSSTE BREITE: 2,44 M

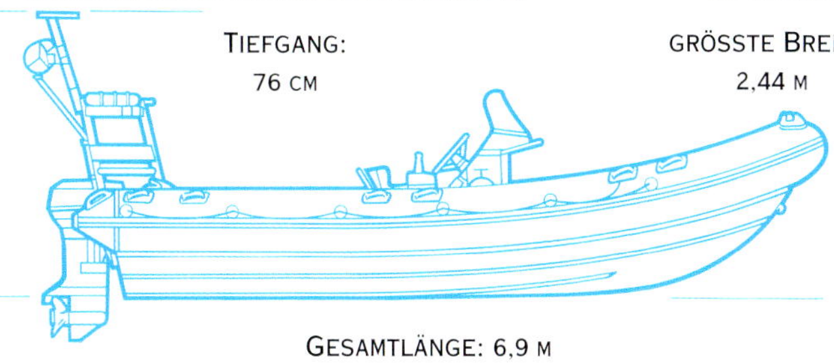

GESAMTLÄNGE: 6,9 M

Plastikrumpf

Der Schiffskörper besteht aus glasverstärktem Plastik, das härter als Holz und dennoch leicht formbar ist. Plastik korrodiert nicht, daher ist der Rumpf nahezu wartungsfrei. Die einzelnen Teile sind getrennt und wasserdicht.

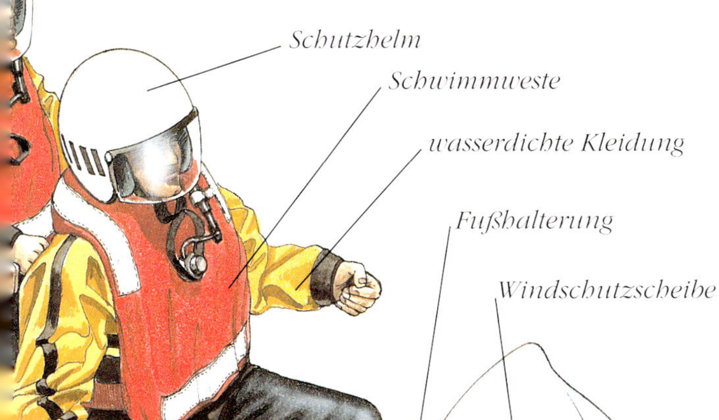
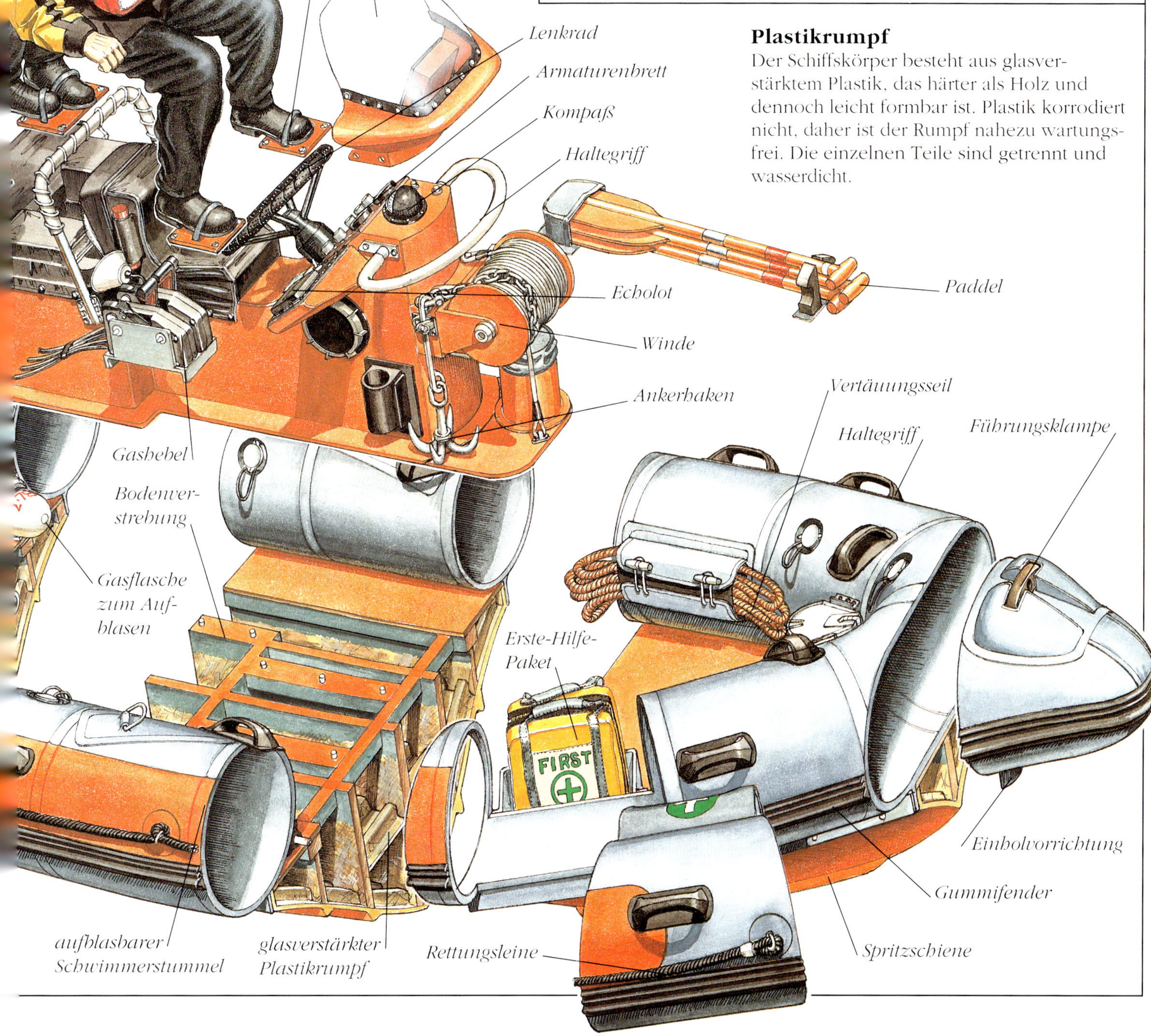

Sea King

Der hell leuchtende Luft-Seenot-Hubschrauber ist ein wunderbarer Anblick, wenn man an Deck eines sinkenden Schiffes zitternd auf die Rettung wartet. Sind die Verletzten zum Hubschrauber hochgezogen, werden sie versorgt, und der Sea King eilt mit der Besatzung und den Überlebenden mit bis zu 250 km/h zurück zur Luft-Seenot-Station. Ursprünglich wurde der Hubschrauber zur U-Boot-Abwehr entwickelt. Er verfügt über zwei Rolls-Royce Gnome-Turbomotoren. Fällt einer aus, kann der Sea King mit dem anderen zum Stützpunkt zurückfliegen.

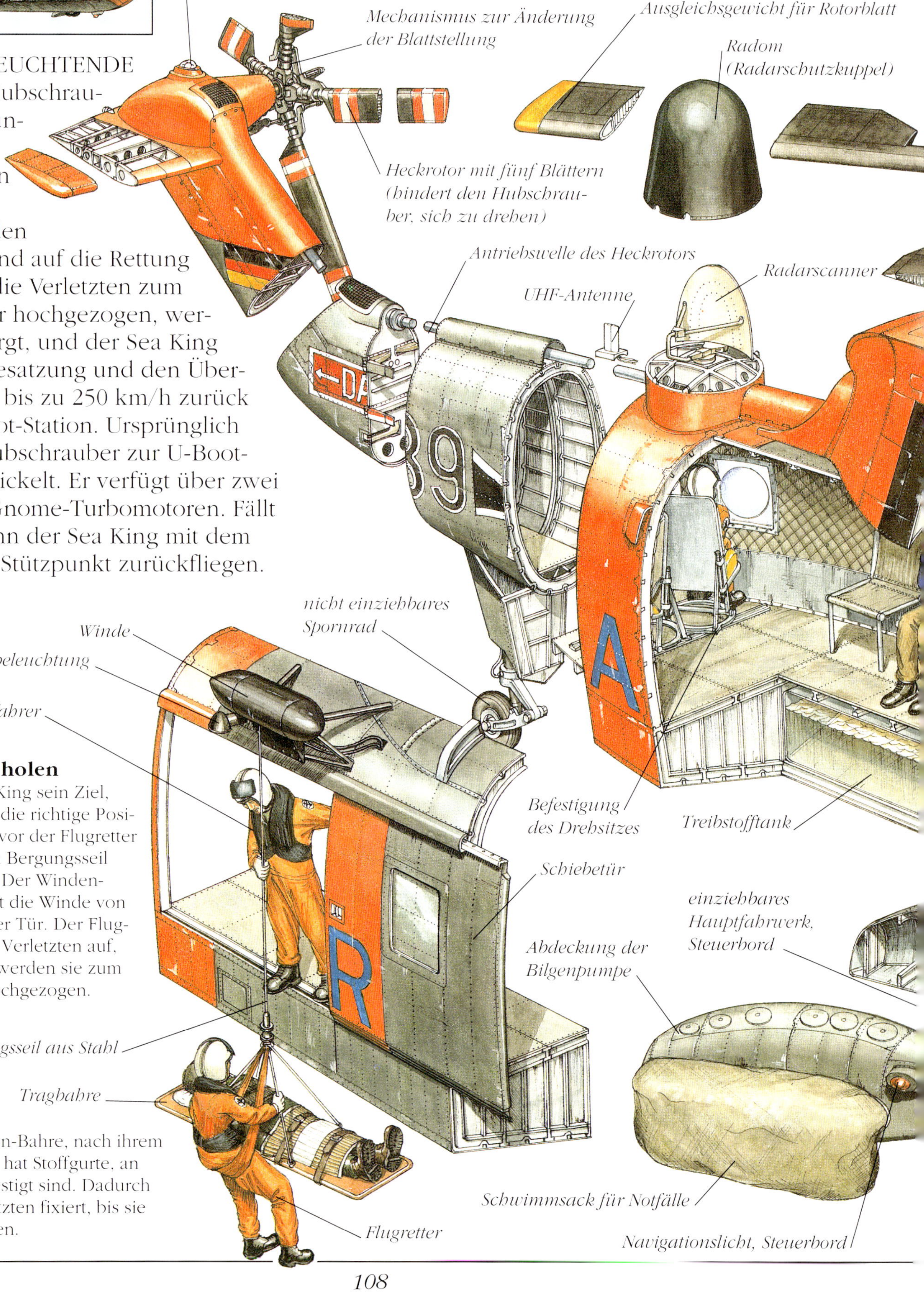

In Sicherheit holen
Erreicht der Sea King sein Ziel, wird er genau in die richtige Position gebracht, bevor der Flugretter mit einem langen Bergungsseil abgelassen wird. Der Windenfahrer kontrolliert die Winde von einem Pult bei der Tür. Der Flugretter nimmt den Verletzten auf, und gemeinsam werden sie zum Hubschrauber hochgezogen.

Tragbahre
Die Neil-Robertson-Bahre, nach ihrem Erfinder benannt, hat Stoffgurte, an die Schienen befestigt sind. Dadurch werden die Verletzten fixiert, bis sie das Spital erreichen.

Rauf und runter, vor und zurück

Im Cockpit betätigt der Pilot die Hebel. Bewegt er den Steuerknüppel, neigt der Hubschrauber den Hauptrotor und bewegt sich in dieselbe Richtung - nach vorne, zurück oder auf die Seite. Mit dem Blattverstellhebel wird die Geschwindigkeit der Motoren und die Neigung der Rotoren verändert. Zieht man den Hebel nach oben, steigt der Hubschrauber, drückt man ihn nach unten, sinkt er.

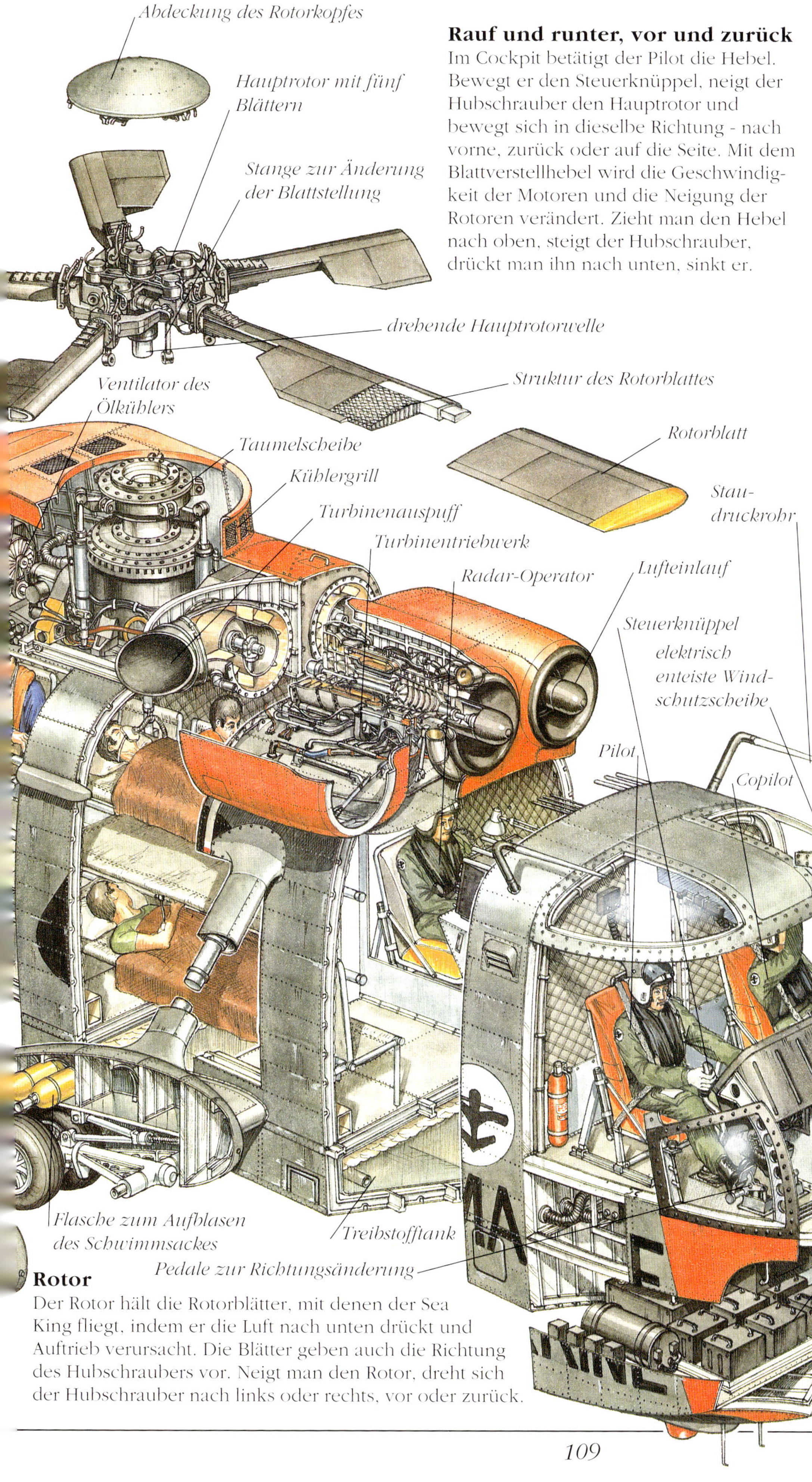

Technische Daten

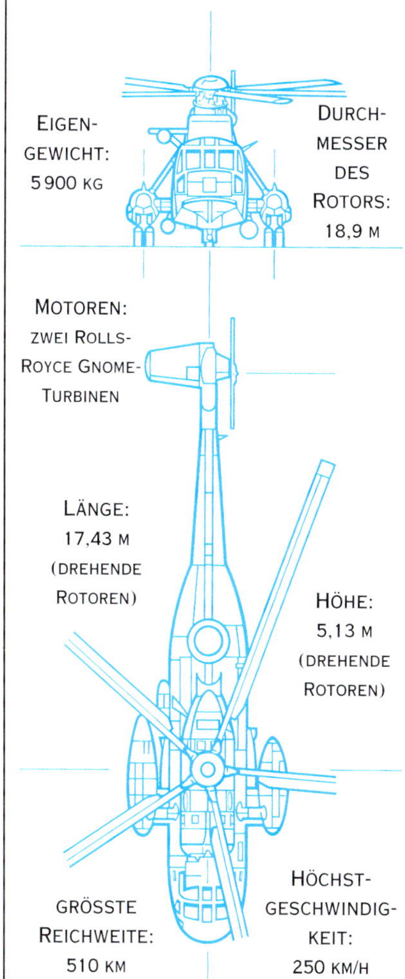

Rotor

Der Rotor hält die Rotorblätter, mit denen der Sea King fliegt, indem er die Luft nach unten drückt und Auftrieb verursacht. Die Blätter geben auch die Richtung des Hubschraubers vor. Neigt man den Rotor, dreht sich der Hubschrauber nach links oder rechts, vor oder zurück.

Range Rover

Sechs Uhr an einem Winterabend und gefrierender Nebel – Wetterbedingungen, die ohne weiteres zu einem schweren Unfall auf der Autobahn führen können. Sobald der Notruf über Funk hereinkommt, macht sich die Einsatztruppe mit einem Vierradantrieb auf den Weg. Der hier dargestellte Range Rover ist das Fahrzeug, mit dem Polizisten auf überfüllten englischen Autobahnen unterwegs sind. Mit seinem Vierradantrieb und dem starken Motor ist er bei jedem Wetter einsatzbereit und kann schnell Fahrzeuge von den stark befahrenen Spuren auf den sicheren Pannenstreifen bringen.

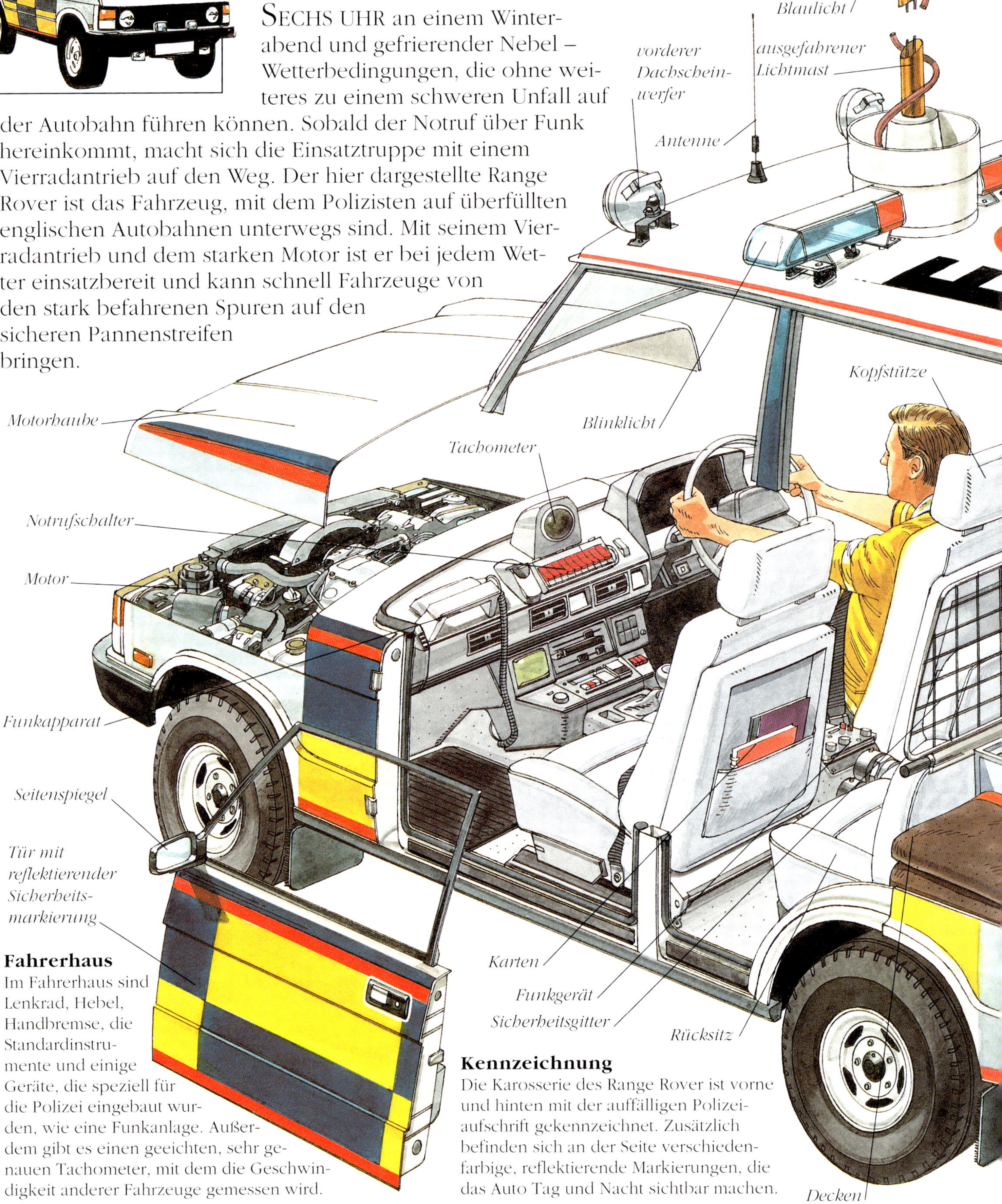

Fahrerhaus
Im Fahrerhaus sind Lenkrad, Hebel, Handbremse, die Standardinstrumente und einige Geräte, die speziell für die Polizei eingebaut wurden, wie eine Funkanlage. Außerdem gibt es einen geeichten, sehr genauen Tachometer, mit dem die Geschwindigkeit anderer Fahrzeuge gemessen wird.

Kennzeichnung
Die Karosserie des Range Rover ist vorne und hinten mit der auffälligen Polizeiaufschrift gekennzeichnet. Zusätzlich befinden sich an der Seite verschiedenfarbige, reflektierende Markierungen, die das Auto Tag und Nacht sichtbar machen.

Lichtmast

Am Dach ist ein Mast mit Blaulicht angebracht, der 1,2 m ausgefahren werden kann und elektrisch vom Fahrerhaus aus betätigt wird. Unter dem Blaulicht befinden sich mehrere Glühbirnen, die einen weiten Bereich ausleuchten.

Technische Daten

Gewicht: 1 510 kg

Breite: 1,8 m

Länge: 4,45 m

Radstand: 2,5 m

Motor: Benzineinspritzer mit acht Zylindern

An der Spitze

Am Dach des Range Rovers befinden sich je ein Scheinwerfer an jeder Ecke und ein Balken mit Blinklicht. Große Buchstaben und Nummern sind am Dach deutlich erkennbar angebracht, damit das Fahrzeug vom Hubschrauber aus gesehen wird.

Haltet den Dieb!

Im Fahrzeug befindet sich ein spezielles Gerät zum Aufspüren gestohlener Fahrzeuge. Hat der Besitzer in sein Auto einen Transponder (ein Gerät, das Funksignale abgibt) eingebaut, kann es der Empfänger im Range Rover aufspüren, wenn es gestohlen wurde.

Heckabteil

Hier ist die gesamte Ausrüstung untergebracht, die der Polizei bei einem Unfall nützlich sein kann. Dazu gehören Warnsignale, Leitkegel und Werkzeuge wie eine Axt, eine Schaufel, eine Säge, ein Brecheisen und ein Besen. Außerdem zwei Erste-Hilfe-Koffer, vier Feuerlöscher, Gummihandschuhe und ein Leichensack.

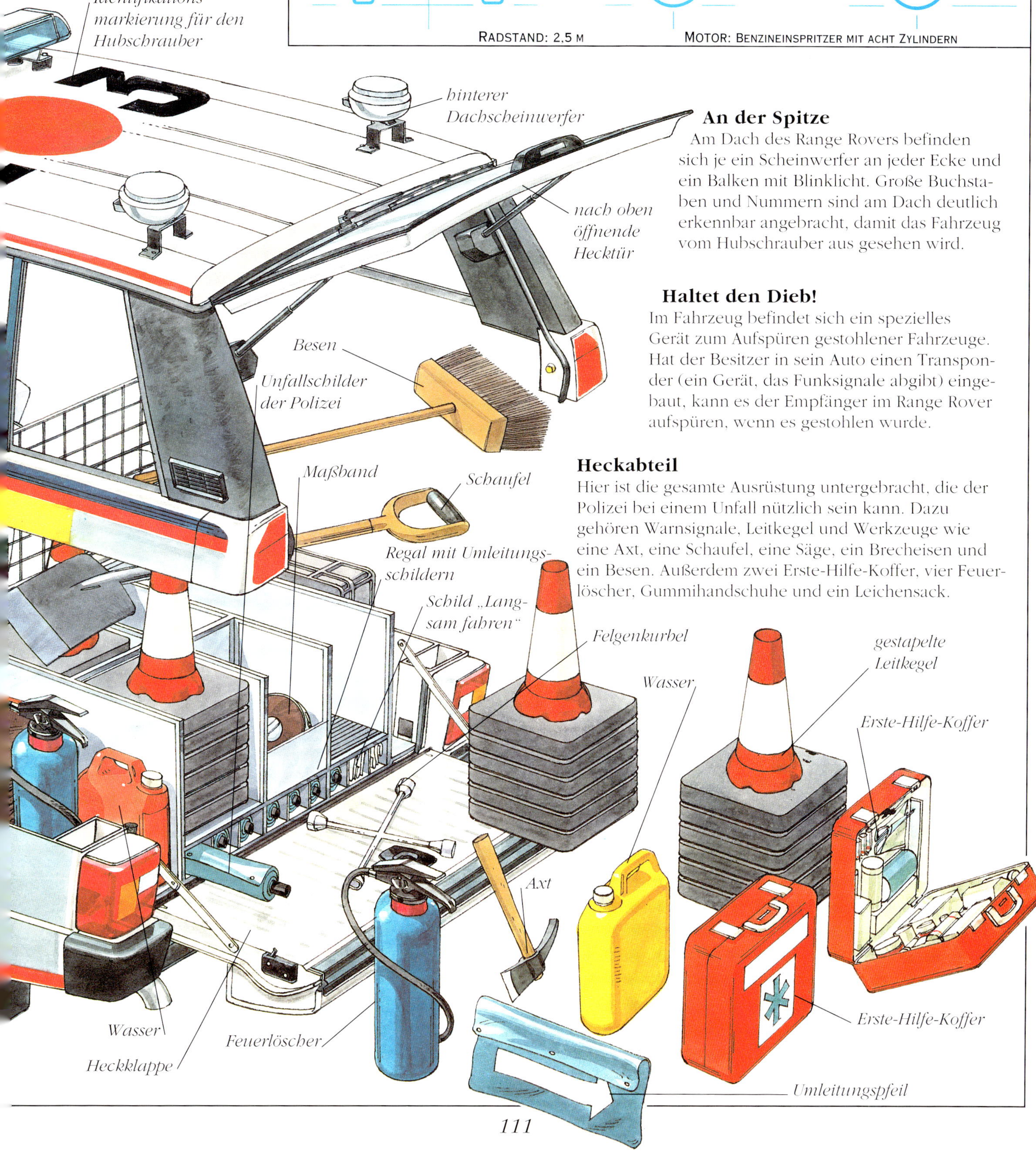

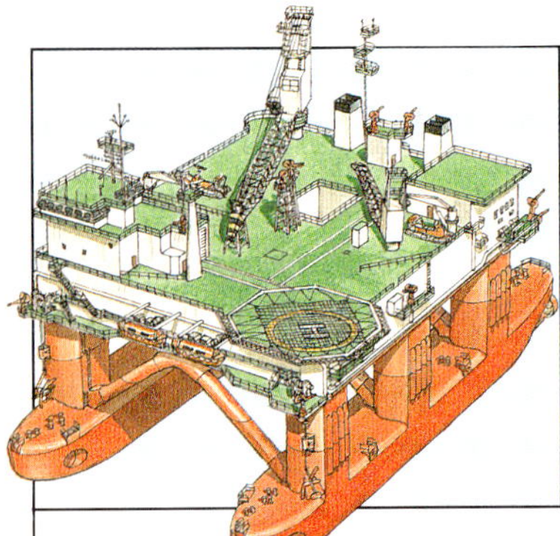

RETTUNGSSCHIFF

TAGEIN, TAGAUS, das ganze Jahr hindurch leben Männer und Frauen auf den Ölplattformen vor der Küste. Meist geht alles gut, aber manchmal kommt es zu einem Unglück. Dann kommen die Rettungsschiffe, bekämpfen Feuer, retten Verletzte und tauchen tief ins Wasser, um Bohrlöcher zu schließen. Piloten lenken ihre Hubschrauber über Flammen, um die Besatzung zu retten, bringen sie häufig unter harten Bedingungen zum Rettungsboot, wo voll ausgebildete Mediziner die Verletzten behandeln, oder fliegen sie zur Küste zurück.

Kapitänsbüro

Der Kapitän leitet das Rettungsschiff von der Brücke am Oberdeck aus. Da alle wichtigen Funktionen des Schiffs von hier kontrolliert werden, muß die Besatzung einen guten Überblick haben, um immer zu sehen, was passiert. Die Fenster sind hitze- und explosionsbeständig.

Unbeweglich

Bordcomputer stellen automatisch die Ruderschrauben ein, die das Schiff sehr rasch nach Backbord, Steuerbord, vor oder zurück bewegen und es stillhalten, ohne daß man den Anker auswerfen muß.

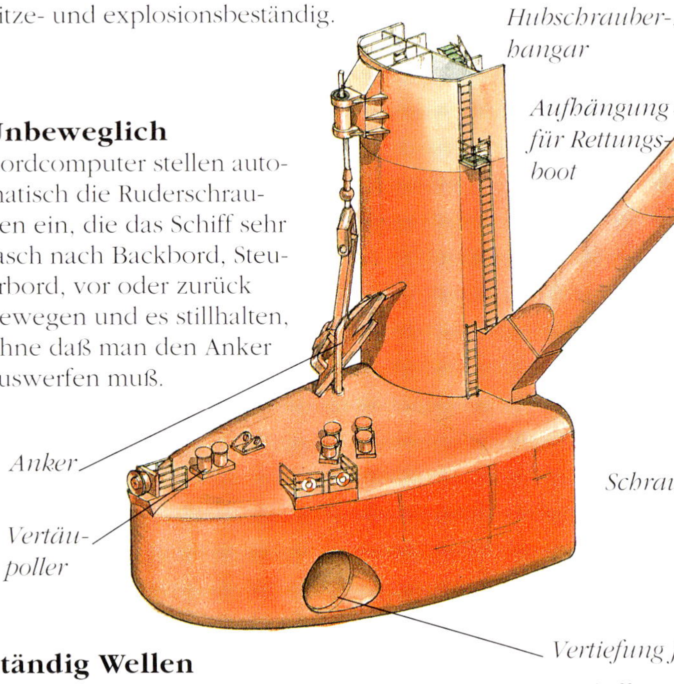

Ständig Wellen

Auf See wird Radar verwendet, um die Position von Schiffen zu bestimmen. Die Antenne sendet unsichtbare Strahlen aus, die ein Objekt treffen, abstrahlen und zurück zum Radarscanner an Bord kommen. Auf einem Schirm im Navigationsraum wird die Entfernung des Objekts vom Boot angezeigt.

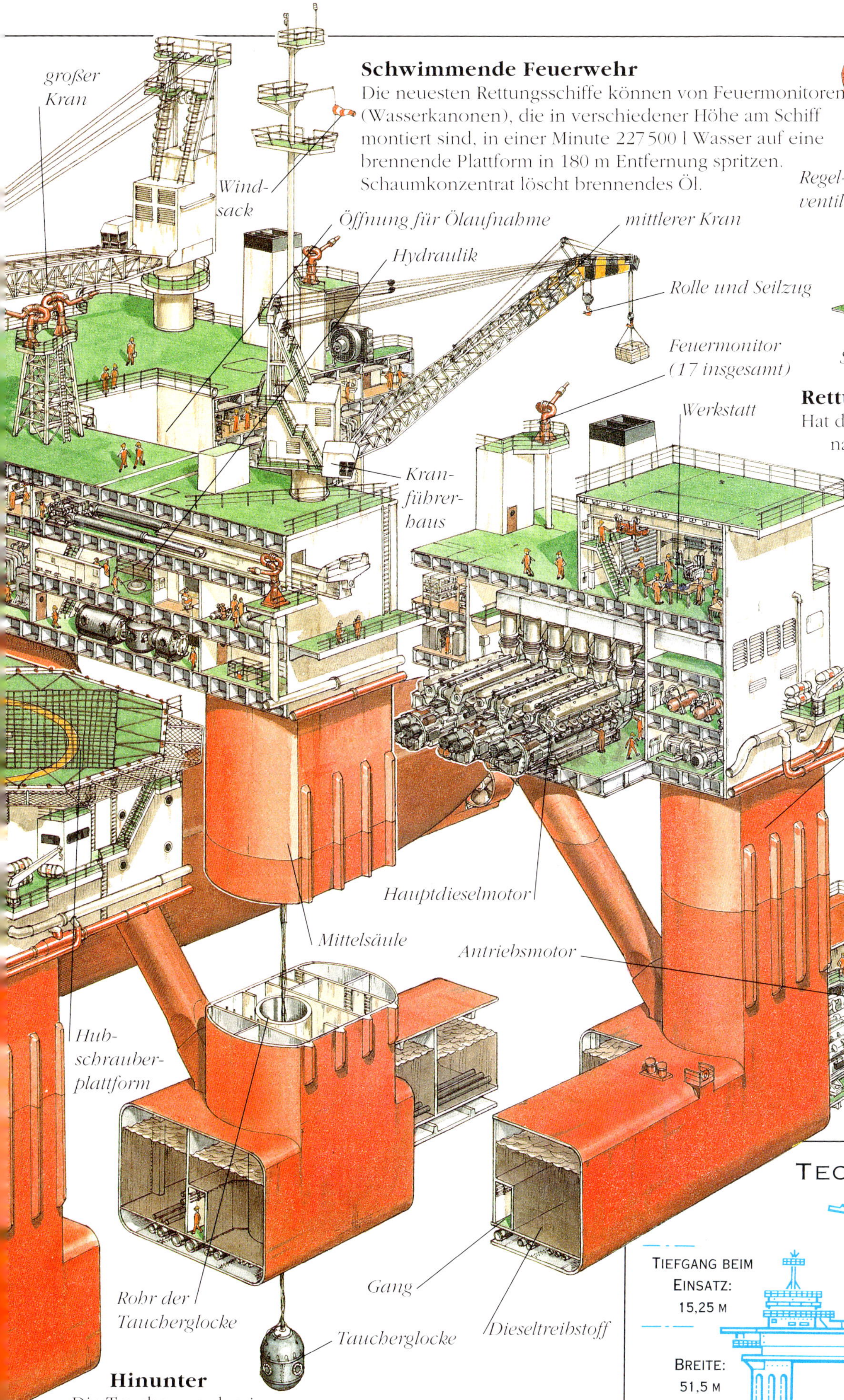

Schwimmende Feuerwehr

Die neuesten Rettungsschiffe können von Feuermonitoren (Wasserkanonen), die in verschiedener Höhe am Schiff montiert sind, in einer Minute 227 500 l Wasser auf eine brennende Plattform in 180 m Entfernung spritzen. Schaumkonzentrat löscht brennendes Öl.

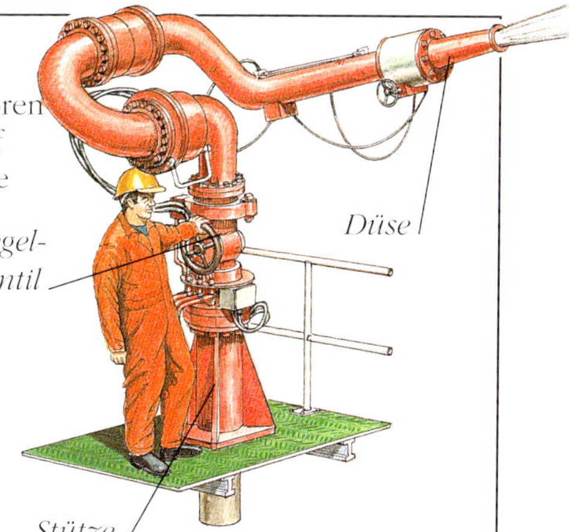

FEUERMONITOR

Rettung

Hat der Kapitän das Schiff möglichst nahe an den Unglücksort gesteuert, läßt das Rettungspersonal halbstarre, aufblasbare Boote ins Wasser, die zur Bohrplattform rasen. Der Hubschrauber steht bereit, um Überlebende aus dem Wasser oder von der Plattform zu retten.

Cool bleiben

Kommt das Rettungsschiff nahe ans Feuer, wird die Sprinkleranlage aktiviert, um es mit Wasser zu schützen. Würde es zu heiß, könnte sich die Besatzung schwer verletzen.

Hinunter

Die Taucher werden in einer Taucherglocke, die den Druck ausgleicht, ins Wasser gelassen. Manche Glocken können bis zu sechs Arbeiter bis zu einer Tiefe von 300 m versorgen, sogar bei hohem Seegang.

Technische Daten

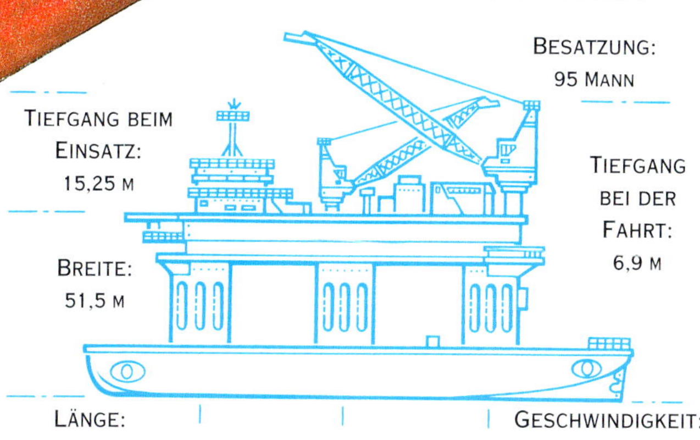

Rettungsboot

Bei den ersten Rettungsbooten war die Besatzung Wind und Regen ausgesetzt. Sie schnallte sich an die Sitze und ruderte in der ständigen Gefahr, zu kentern, durch Sturm und Wellen zu Matrosen in Seenot. Heute gleiten Rettungsboote wie dieses vom Typ Trent Class über das Wasser zur Unglücksstelle und so schnell wie möglich wieder zurück. Kentern sie, richten sie sich sofort wieder auf. Die meisten Küsten haben spezielle Seewachten. Eine der ältesten ist die britische Seewacht RNLI, die 1824 gegründet wurde.

Was steckt hinter der Nummer?
Die an der Seite aufgemalten Nummern sagen etwas über das Rettungsboot aus. Die ersten zeigen die Länge des Boots in Metern an. Die zweiten sagen aus, ob es das erste, zweite, oder auch 53. Boot seines Typs war, das gebaut wurde.

Rettungsringe
Rettungsringe hindern Menschen, die ins Wasser fallen, am Untergehen, so daß sie gerettet werden können. Allerdings müssen sie so schnell wie möglich in Sicherheit gebracht werden, denn ihre Körpertemperatur sinkt im kalten Wasser schnell so tief, daß sie sterben.

Seepferde-Stärke
Der Maschinenraum ist das Herz jedes Rettungsboots. Boote vom Typ Trent Class haben zwei Dieselmotoren mit je 800 PS (589 kW). Die Treibstofftanks fassen 4 100 l, so daß das Boot mehr als 460 km fahren kann, bevor es wieder im Hafen sein muß.

Schnelle Gleiter
Neue Rettungsboote wie das Trent Class sind leicht zu warten und fahren eine Höchstgeschwindigkeit von 25 Knoten.

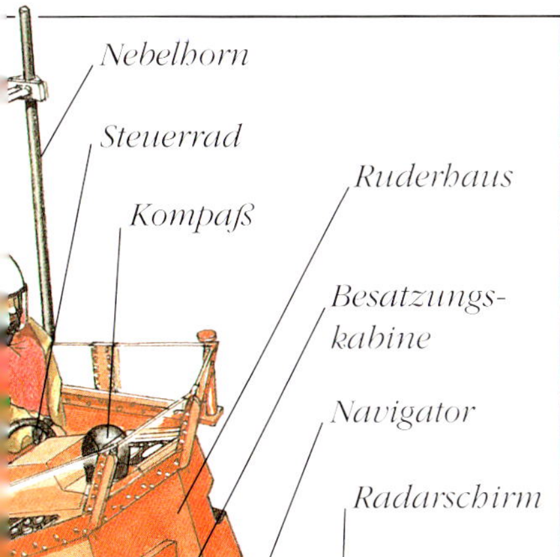

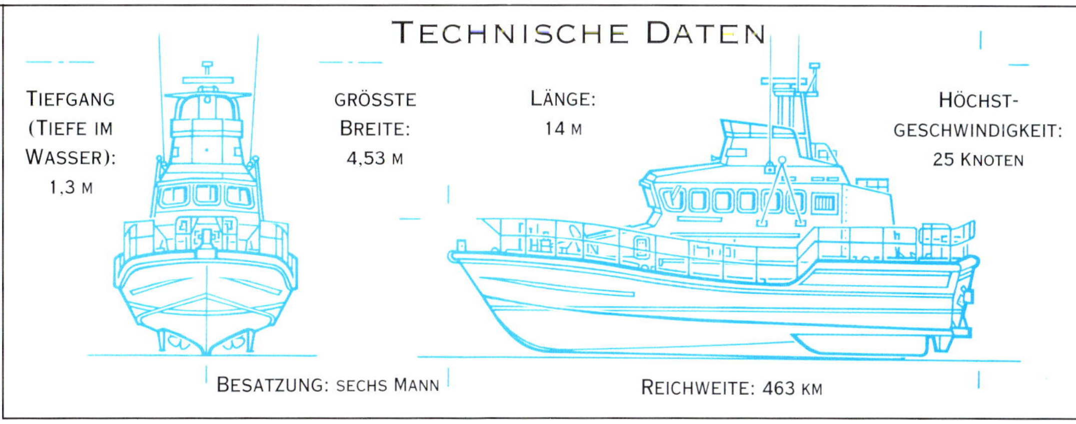

Verantwortlich

Auf Booten vom Typ Trent Class ist eine sechsköpfige Besatzung, darunter der Bootsführer, der im Meer für das Boot verantwortlich ist und von den anderen Besatzungsmitgliedern gewählt wurde.

Teamwork

Der Bootsführer ist nicht nur für das Boot verantwortlich, sondern auch für die Ausbildung der Besatzung. Jeder an Bord muß seine Funktion im Team kennen und wissen, wie alle Teile der Ausrüstung funktionieren. Ein falscher Handgriff kann eine Katastrophe auslösen.

Ärzte auf See

Neben Plätzen für die Besatzung ist am Hauptdeck auch Platz für einen Arzt, der sofortige medizinische Versorgung garantiert. Unter dem Hauptdeck, im vorderen Teil des Boots, liegt der Rettungsraum mit zehn Sitzen und Platz für zwei Tragbahren.

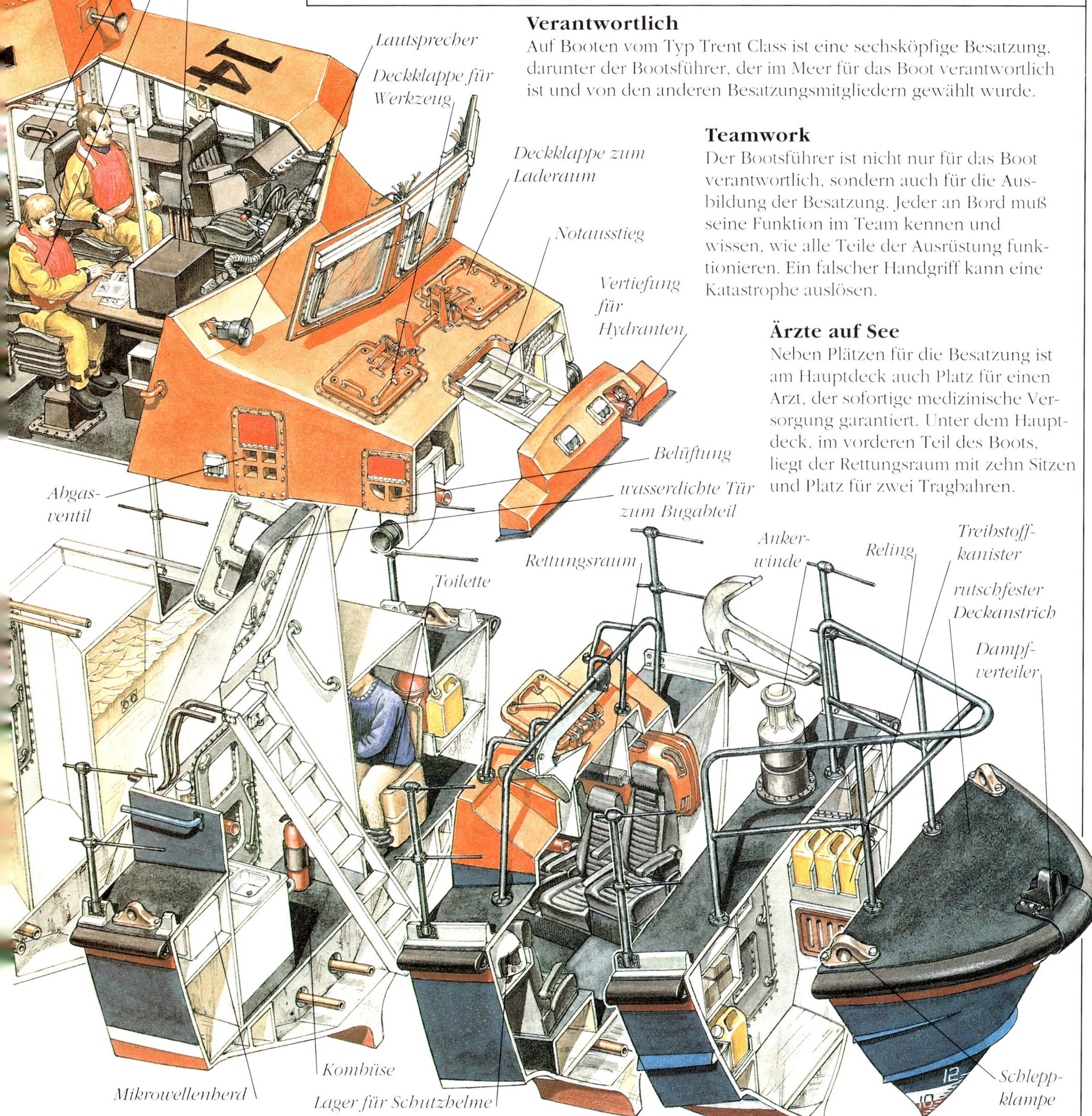

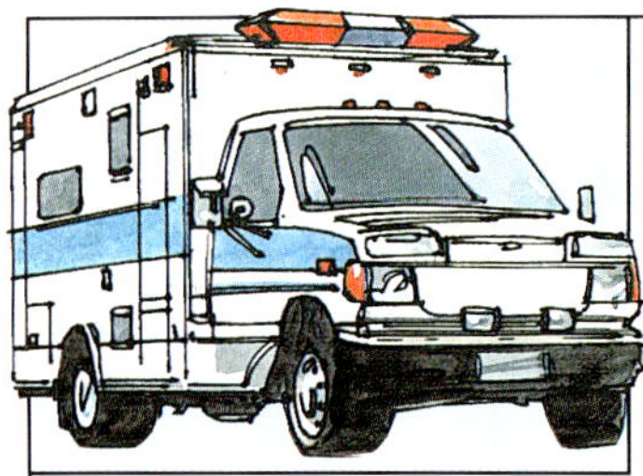

Rettungswagen

Bei einem Unfall oder einem Herzinfarkt können wenige Minuten ohne medizinische Versorgung über Leben und Tod entscheiden. Deshalb sind moderne Rettungswagen kleine Operationssäle auf Rädern. Der hier gezeigte amerikanische Rettungswagen ist voller Rettungsgeräte. Wenn er mit hoher Geschwindigkeit zu einem Unglücksort rast, fahren Menschen mit, die in den neuesten Rettungstechniken ausgebildet sind. Ist der Zustand der Opfer stabilisiert, rast der Wagen zum nächsten Krankenhaus.

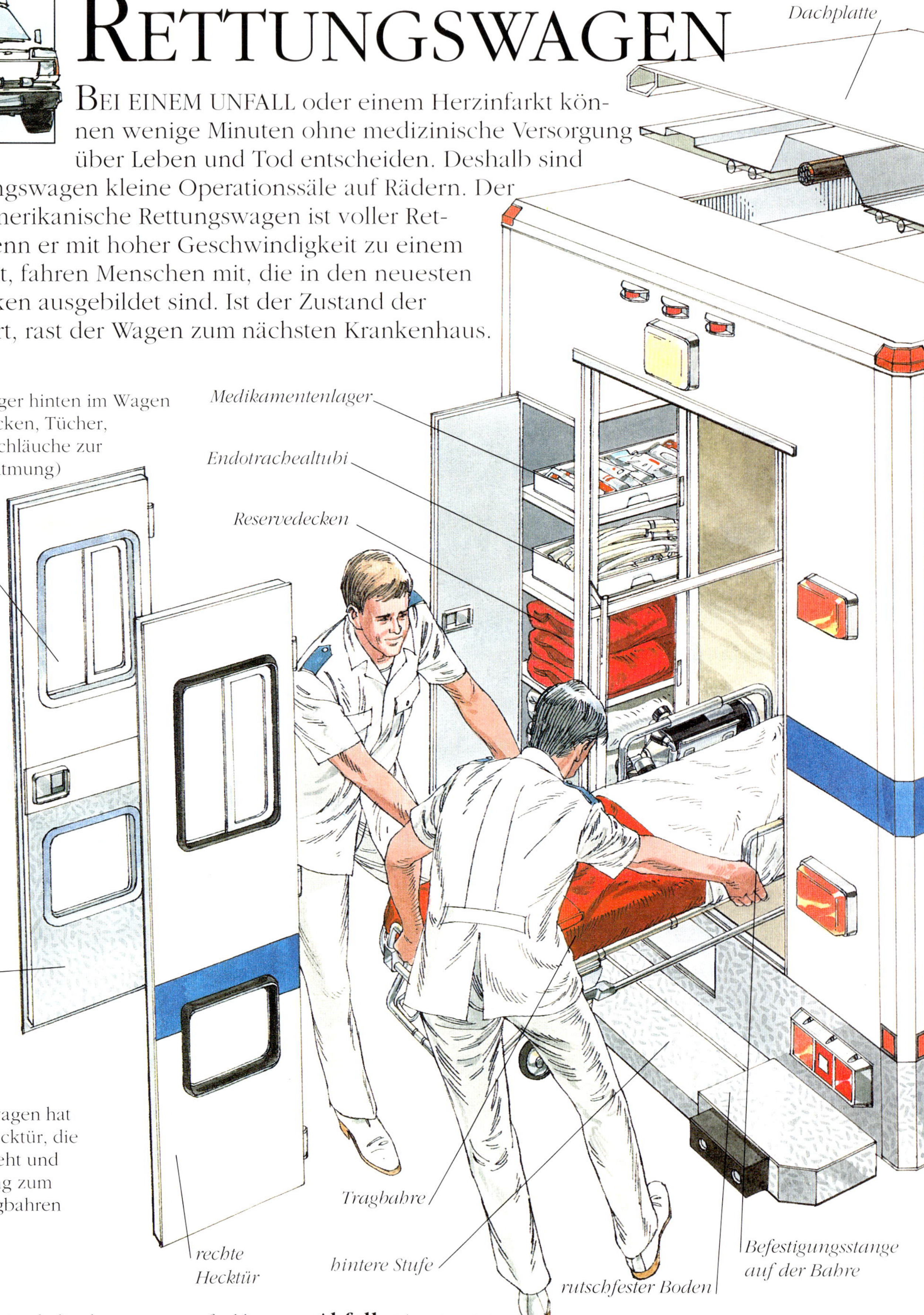

Zubehör
In einem großen Lager hinten im Wagen sind zusätzliche Decken, Tücher, Endotrachealtubi (Schläuche zur Unterstützung der Atmung) und Medikamente.

Defibrillator
Ein Defibrillator wird verwendet, um das Herz zu aktivieren, wenn es zu schlagen aufhört. Der Brust des Opfers wird ein starker Stromstoß versetzt, und das Herz beginnt wieder zu schlagen.

Hecktüren
Dieser Rettungswagen hat eine doppelte Hecktür, die nach außen aufgeht und die ganze Öffnung zum Einladen der Tragbahren frei läßt.

Ferno-Trage
Die leichte Aluminiumbahre kann unten aufgeklappt werden und hat Räder, um die Opfer leicht von einem Ort zum anderen zu befördern. An jeder Seite ist eine kleine Sauerstoffflasche angebracht.

Abfallentsorgung
Um die Sanitäter vor Verletzungen und Krankheiten zu schützen, gibt es einen speziellen Abfallbehälter für Spritzen und andere scharfe Instrumente wie Skalpellklingen.

Sauerstoff

In einem Abteil an der Seite des Rettungswagens befindet sich eine Sauerstoffflasche. Die Tür des Abteils öffnet auf die Straße, um das Verladen der schweren Flaschen zu erleichtern.

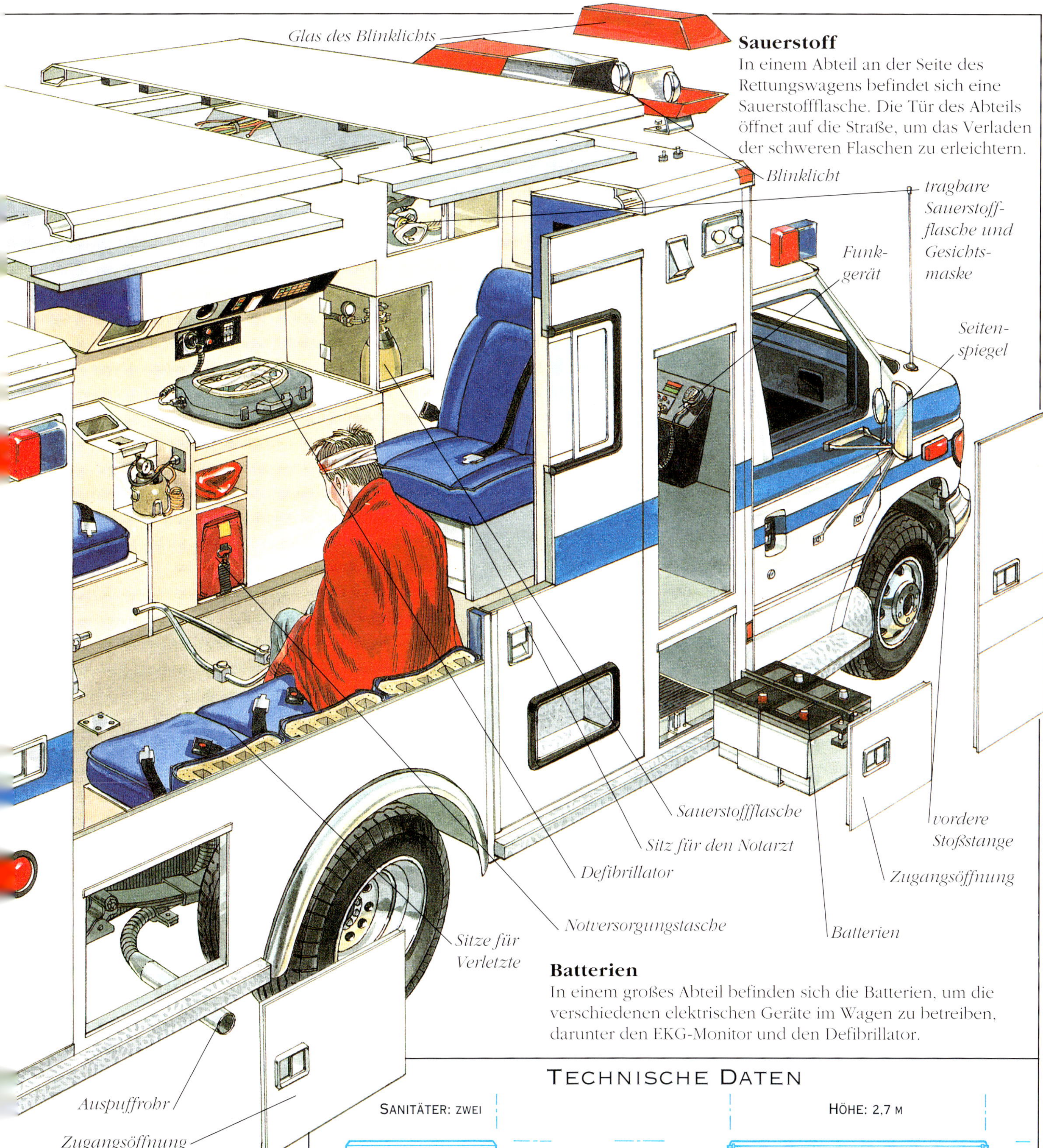

Batterien

In einem großes Abteil befinden sich die Batterien, um die verschiedenen elektrischen Geräte im Wagen zu betreiben, darunter den EKG-Monitor und den Defibrillator.

Im Wagen

Der Boden dieses Rettungswagens ist mit Vinylmaterial ausgelegt, das leicht gereinigt werden kann. Die Kasten- und Türinnenseiten bestehen aus abwischbarem Plastik.

Technische Daten

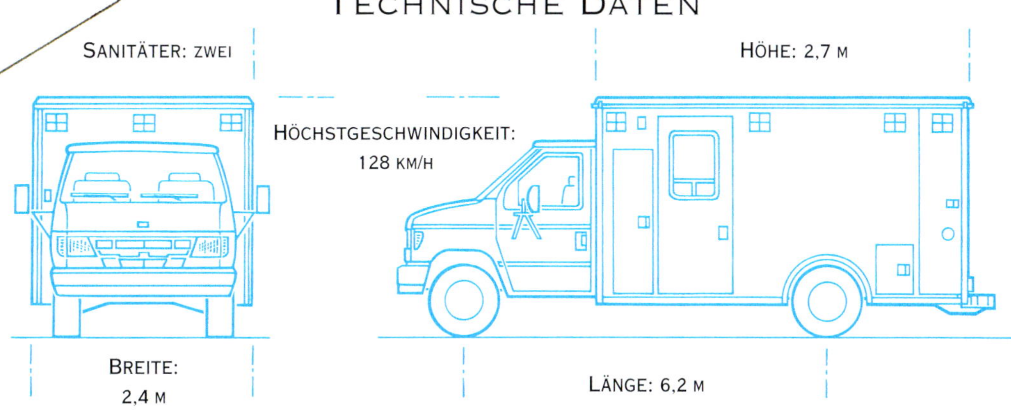

Notarzt-Motorrad

Wenn das Notarzt-Motorrad sich mit Blaulicht und Sirene durch die verstopften Straßen schlängelt, kann es die paar – lebensrettenden – Minuten schneller als der Rettungswagen, der sich durch den Stau kämpft, am Unfallort sein. Der Notarzt führt die komplette medizinische Ausrüstung mit und kann eine verletzte Person so weit stabilisieren, daß sie mit der Rettung ins Krankenhaus gebracht werden kann.

Neue Erfindung

Die ersten Notarzt-Motorräder wurden in Großbritannien im April 1990 vom West Midlands Ambulance Service eingeführt.

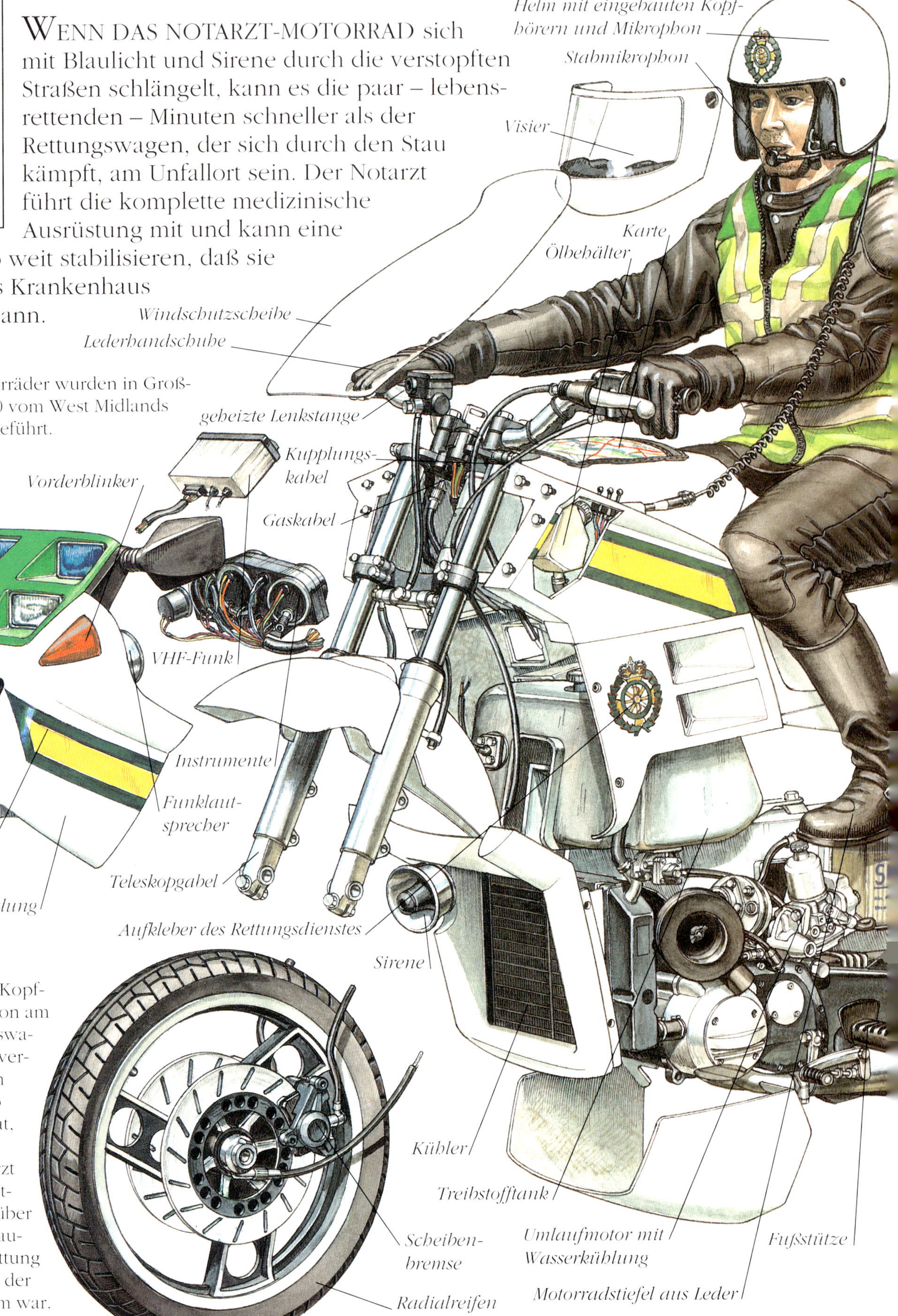

Funkverbindung

Der Fahrer bleibt über Kopfhörer und ein Mikrophon am Helm mit dem Rettungswagen in Verbindung. Er verfügt außerdem über ein tragbares Funkgerät, so daß er auch Kontakt hat, wenn er nicht beim Motorrad ist. Der Notarzt hält die Sanitäter im Rettungswagen nicht nur über die Situation auf dem laufenden, er kann die Rettung auch abbrechen, wenn der Anruf ein falscher Alarm war.

Frostschutz

Das Motorrad für Notärzte, ist ein adaptierter Norton Commander. Eine kleine, aber wichtige Änderung ist die geheizte Lenkstange. Die Fahrer sollen nicht verwöhnt werden, aber es ist wichtig, daß ihre Hände warm genug sind, damit sie Erste Hilfe leisten können.

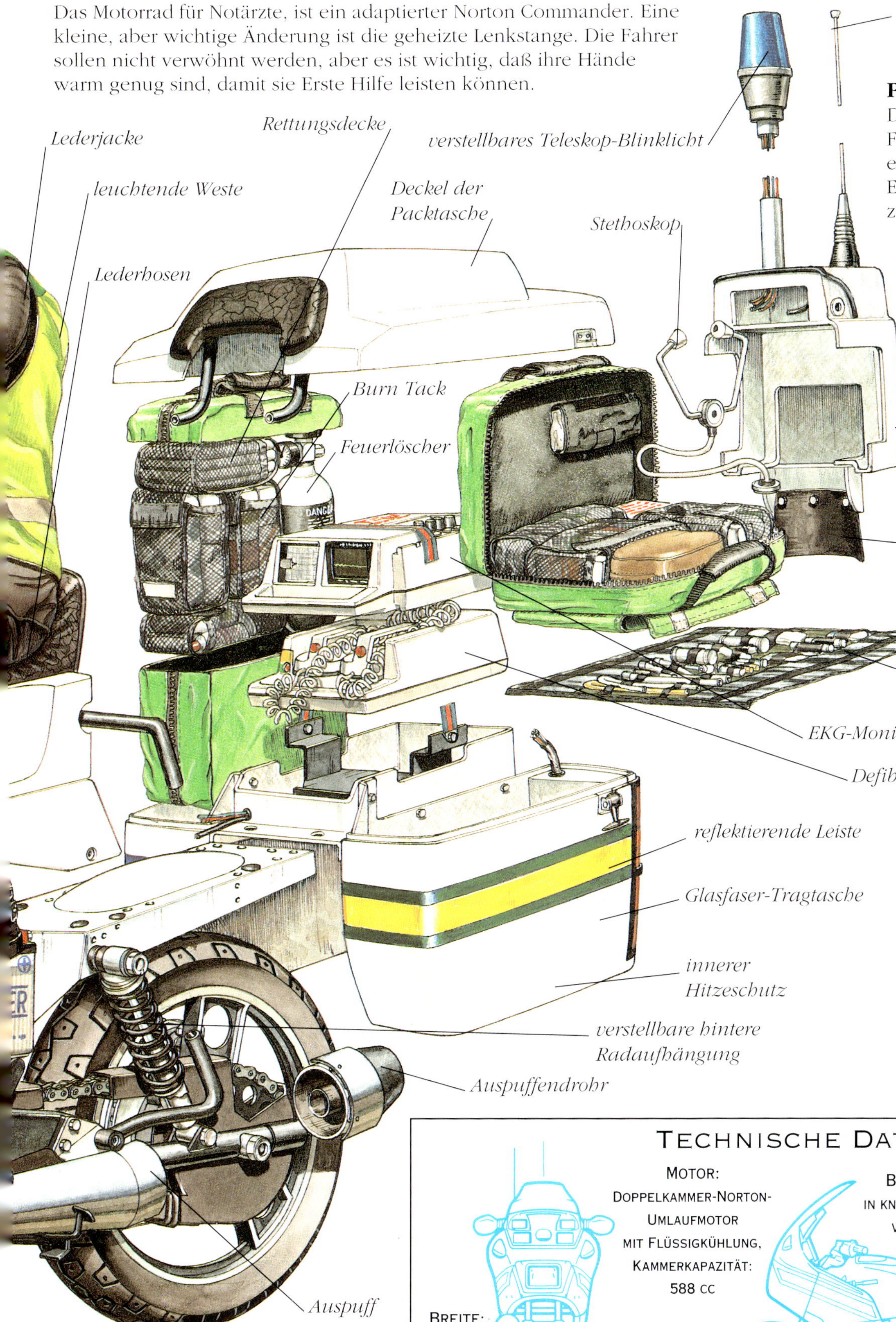

Packtaschen

Die besonders großen, starken Fiberglas-Taschen enthalten erstaunlich viel Material für die Erstversorgung, darunter Spritzen, Verband und anderes. Es gibt auch einen Medikamentenkoffer, einen Tropf und ein Beatmungsgerät mit einer Sauerstoffflasche, um dem Verletzten die Atmung zu erleichtern. Es ist sogar Platz für ein Burn Tack und eine Rettungsdecke.

Herzanfall

Ein EKG-Monitor hilft dem Notarzt, den Zustand eines Herzinfarkt-Patienten festzustellen. Mit Hilfe eines Defibrillators kann er den Herzschlag wieder stabilisieren.

Qualifikationen

Die Notärzte sind hervorragend ausgebildete Sanitäter. Sie haben eine Schulung in Erster Hilfe und ein spezielles Motorrad-Training absolviert und sind topfit.

Technische Daten

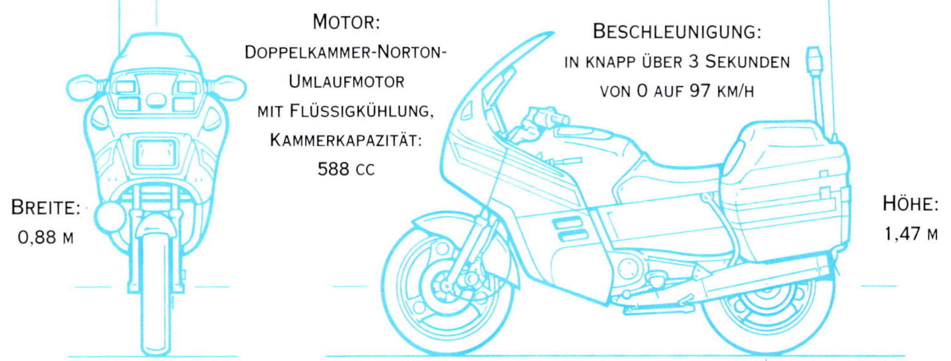

Motor: Doppelkammer-Norton-Umlaufmotor mit Flüssigkühlung, Kammerkapazität: 588 cc

Beschleunigung: in knapp über 3 Sekunden von 0 auf 97 km/h

Breite: 0,88 m

Höhe: 1,47 m

Höchstgeschwindigkeit: 209 km/h

Länge: 2,2 m

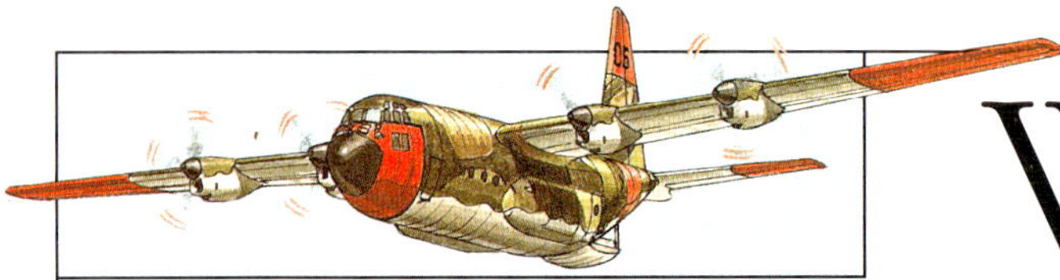

Wasserbomber

Durch Blitzschlag bricht ein Feuer im Wald aus: Rasches Handeln ist nötig, bevor der Wind die Flammen verbreitet, das Feuer außer Kontrolle gerät und besiedelte Gebiete bedroht werden. In dieser Situation gibt es nur die Möglichkeit, Wasser aus der Luft abzuwerfen. Voll beladen fliegt der unten dargestellte C-130-Hercules-Wasserbomber niedrig über das Feuer und bespritzt ein großes Gebiet. Ist das Wasser abgeworfen, kehrt das Flugzeug zum Stützpunkt zurück, um neu aufzutanken. Sobald das Feuer unter Kontrolle ist, übernehmen die Löschtrupps am Boden.

Fliegende Feuerwehr
Bei einem Buschfeuer oder Waldbrand ist gute Koordination nötig. Bei einem wirklich großen Feuer müssen oft Hunderte Feuerwehrautos und Bulldozer, Tausende Feuerwehrmänner und bis zu einem Dutzend Flugzeuge zusammenarbeiten.

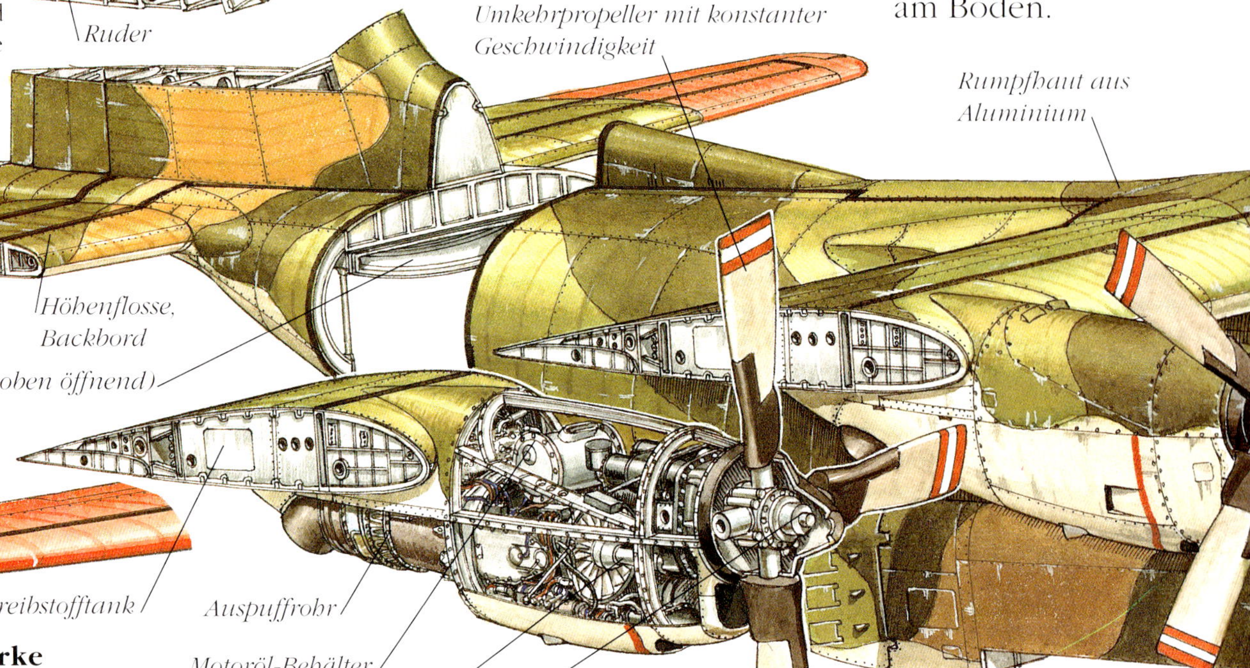

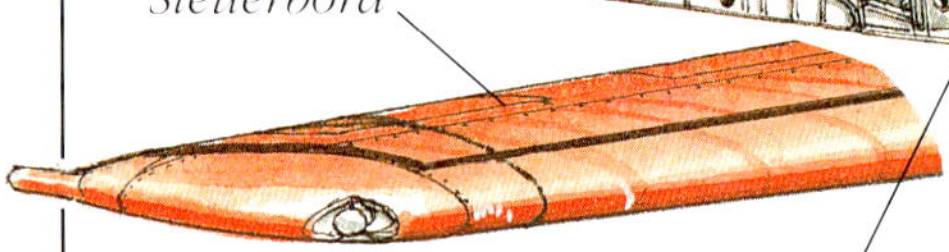

Starke Triebwerke
Mit Allison T56-1A-Turboprop-Triebwerken erreicht ein Flugzeug eine Reisegeschwindigkeit von 583 km/h. Als diese Motoren 1954 in die erste Hercules eingebaut wurden, war diese schneller als alle Passagierflugzeuge jener Zeit.

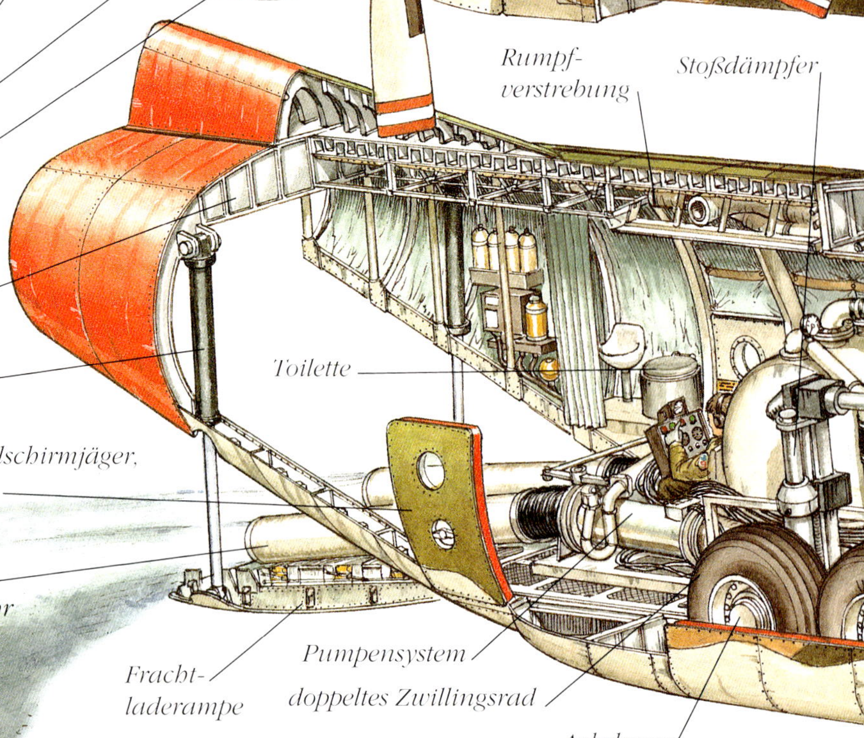

Schwerer Regen
Das modulare Bordlöschsystem MAFFS ist im riesigen Frachtraum der Hercules verstaut. Es besteht aus drei Teilen: Wasserbehältern, Pumpen und zwei großen Abflußrohren, durch die eine Mischung aus Wasser und Löschsubstanz durch die hintere Frachttür fließt.

Technische Daten

Höchstgewicht:
79 380 kg

Geschwindigkeit:
583 km/h

Besatzung: 10–13 Mann

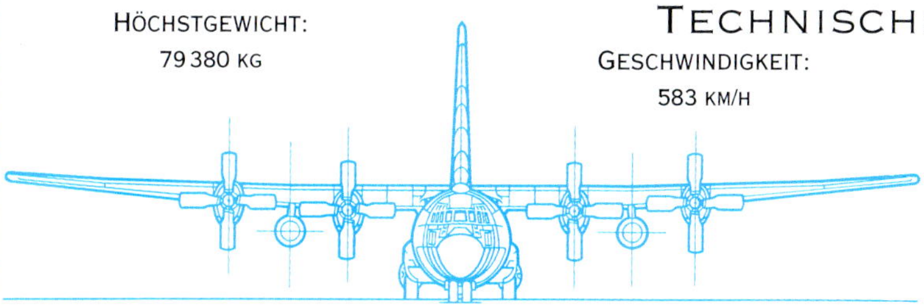

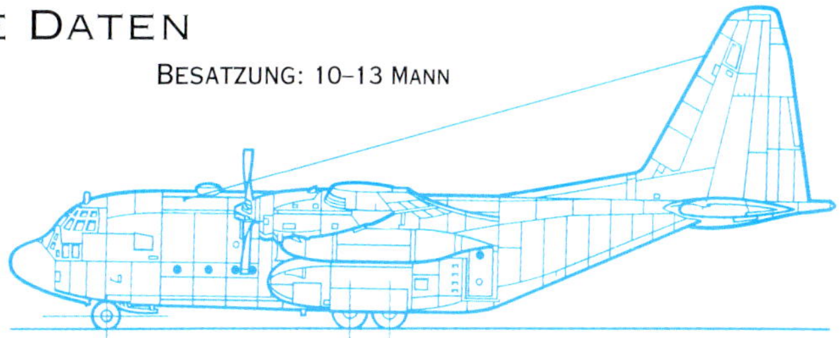

Flügelspannweite:
40,39 m

Triebwerke:
vier Allison T56-1A-Turboprop-Triebwerke

Länge:
30,6 m

Die Hölle auf Erden

Die Bekämpfung eines Waldbrandes ist gefährlich. Brennende Bäume können einen Feuersturm mit Wind bis 130 km/h verursachen. Gerät das Feuer weiter außer Kontrolle, explodieren Bäume und entfachen neue Feuer.

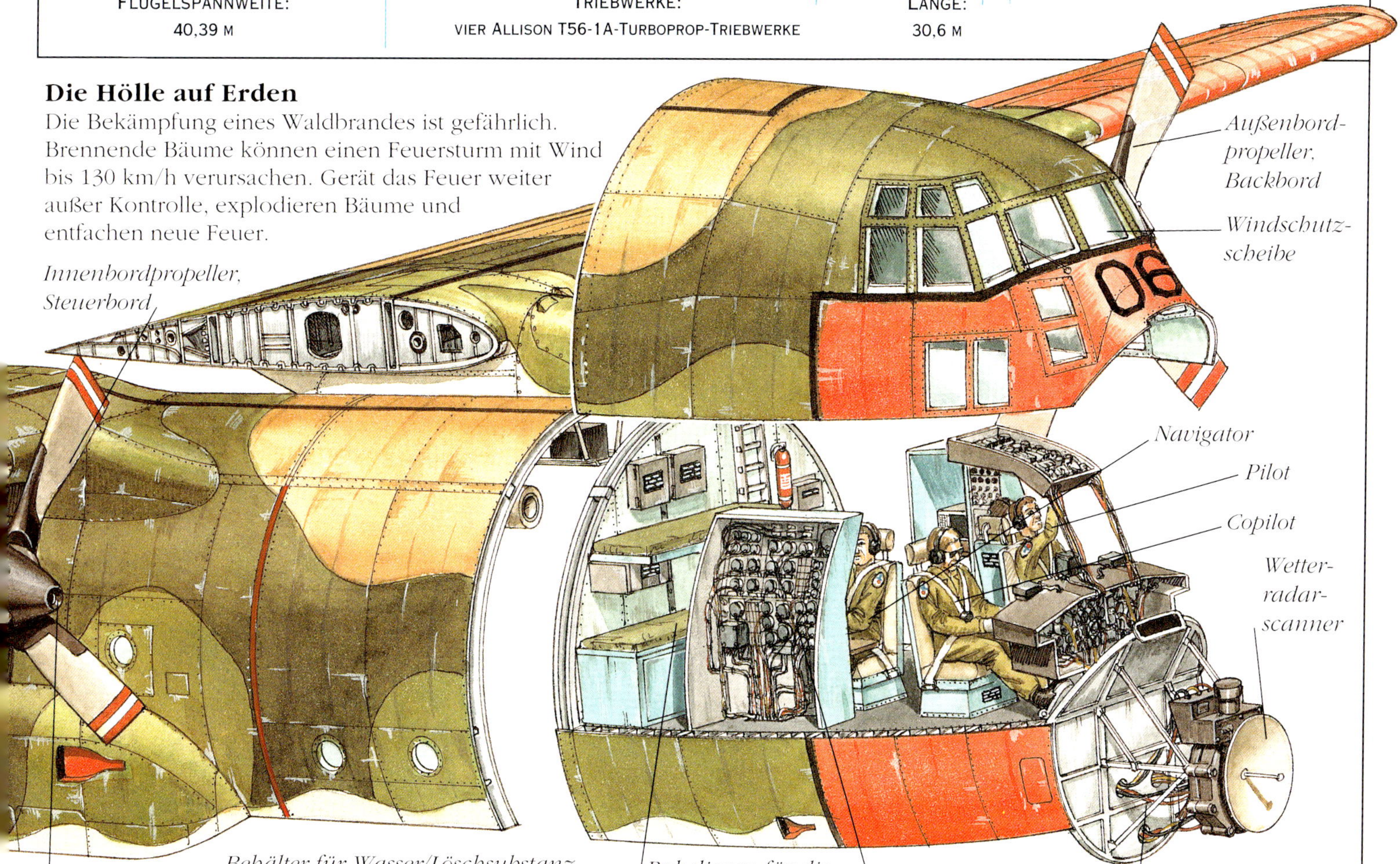

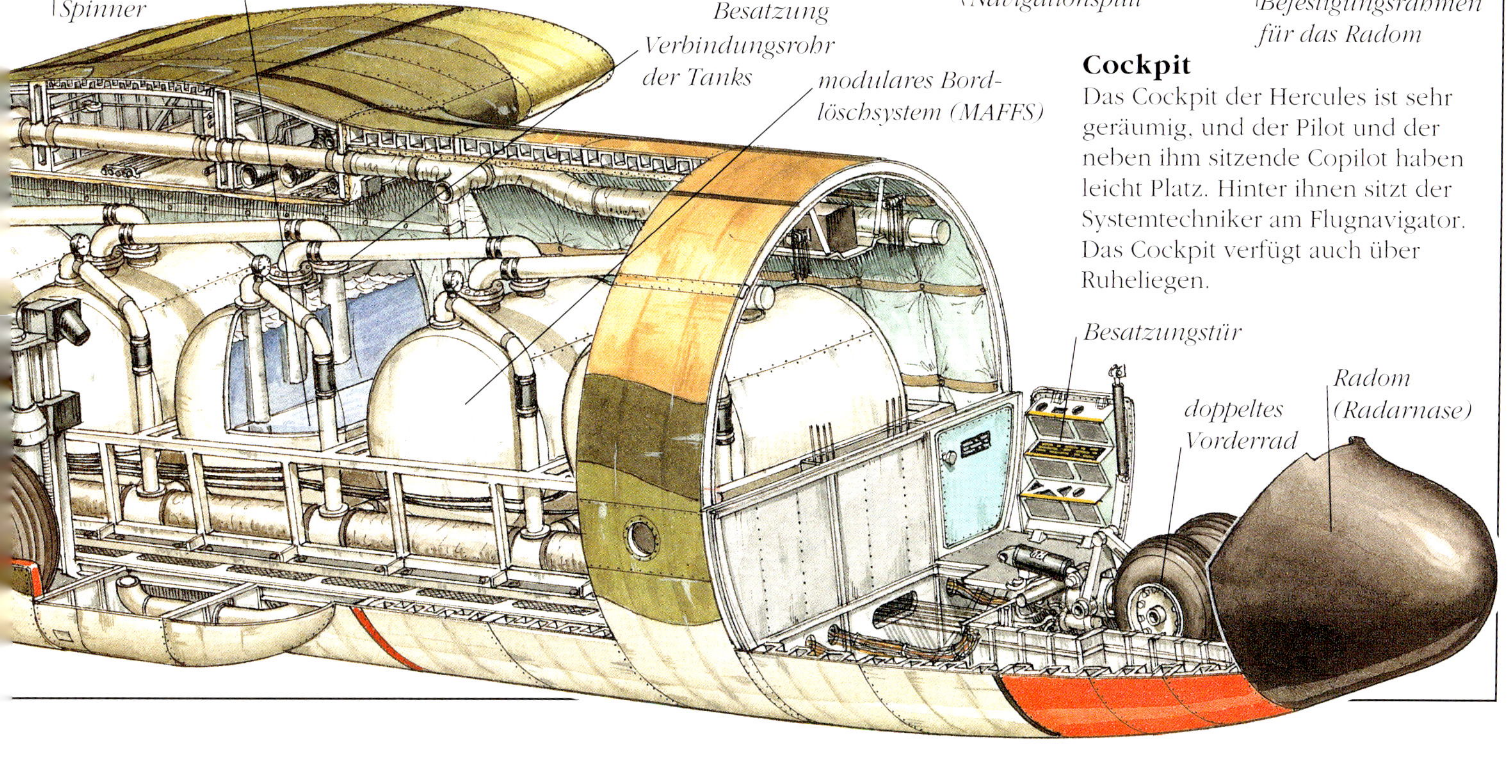

Cockpit

Das Cockpit der Hercules ist sehr geräumig, und der Pilot und der neben ihm sitzende Copilot haben leicht Platz. Hinter ihnen sitzt der Systemtechniker am Flugnavigator. Das Cockpit verfügt auch über Ruheliegen.

ENTWICKLUNG

WAS MACHST DU IM NOTFALL? Du wählst die Notrufnummer und verlangst den Rettungsdienst, den du benötigst – und du erwartest, daß man dir schnell hilft. Wir halten dies für selbstverständlich, doch vor Erfindung des Telefons und des Funks dauerte alles länger. Bei einem Feuer wurde ein Kind zur Feuerwehr geschickt. Die Besatzung von Rettungsbooten wurde mit einem Schuß alarmiert. Da Feuerwehr-, Rettungs- und Polizeiwagen von Pferden gezogen wurden, konnte es lange dauern, bis sie den Unfallort erreichten. Überdies war die Mannschaft oft schlecht ausgebildet und ausgerüstet. Wir können also froh sein, daß wir moderne Einsatzfahrzeuge haben.

Frühe Maschinen mit Handpumpe
Diese Feuerspritze mit Handpumpe wurde um 1800 gebaut. Sie hatte an jedem Ende einen Griff, so daß sie von zwei Personen betätigt werden mußte. Überdies war sie klein genug, um in ein Haus gezogen zu werden.

Shand-Mason-Feuerspritze
Die dampfbetriebene Feuerspritze wurde 1829 erfunden und im 19. Jahrhundert häufig eingesetzt. Das unten dargestellte Modell stammte von der Firma Shand Mason. In kaum zehn Minuten konnte sie genug Dampf erzeugen, um Wasser bis 27,4 m in die Höhe zu spritzen.

Frühe Rettungsboote

Bis 1780 ruderte man mit gewöhnlichen Fischerbooten ins Meer hinaus, um Menschen in Seenot zu retten. 1790 wurde das erste wirkliche Rettungsboot gebaut. Es wurde mit Rudern betrieben und hatte Segel, die bei höherem Wellengang hochgezogen wurden.

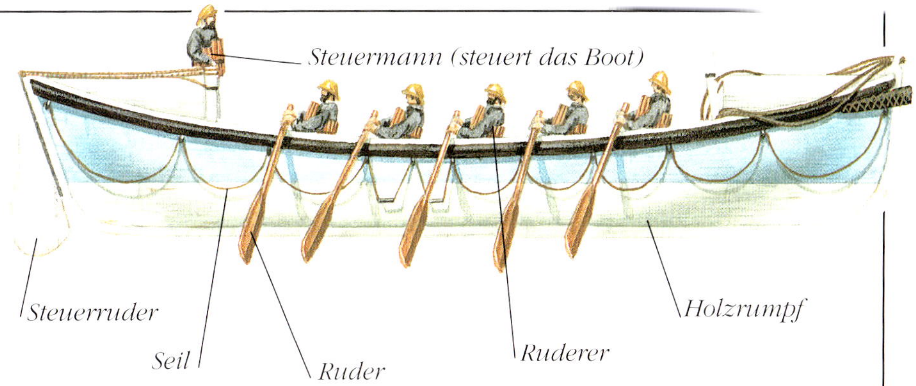

Rettung im 19. Jahrhundert

Die ersten Krankenwagen wurden mit Pferden gezogen. Vor 500 Jahren setzte man sie erstmals in Spanien ein, um verwundete Soldaten zu transportieren. Erst 1869 wurden auch Zivilisten transportiert. Die Fahrt muß sehr beschwerlich gewesen sein. Häufig waren die Kranken bei der Ankunft im Krankenhaus in einem noch schlechteren Zustand. Ab 1905 verwendete man motorisierte Rettungswagen.

Frühe Polizeiautos

Anfang des 20. Jahrhunderts begann man, Autos als Polizeiwagen zu verwenden. Das Kabrio war am beliebtesten, da es mehrere Polizisten oder Gefangene befördern konnte. In den 20er Jahren wurde es durch schnellere, widerstandsfähigere und speziell konstruierte Polizeiautos ersetzt. Mit modernen Autos konnte die Polizei besser Verbrecher jagen – aber auch die Verbrecher konnten jetzt schneller entkommen.

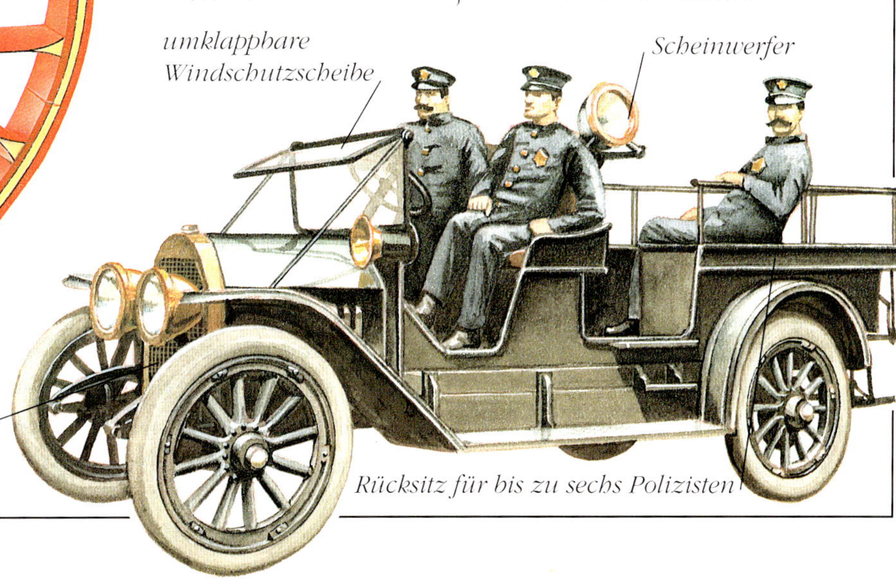

GLOSSAR

Achter
Das hintere Ende eines Schiffs oder Flugzeugs.

Anker
Ein schweres Gewicht am Ende eines Seils oder einer Kette. Er wird über Bord geworfen und gräbt sich in den Meeresgrund, damit das Schiff nicht abtreibt.

Aufrichtsystem
Bewegliche Wassertanks oder Luftsäcke, durch die sich Boote aufrichten, wenn sie kentern.

Backbord
Die linke Seite eines Schiffs oder Flugzeugs.

Blinklicht
Das blinkende Licht am Dach eines Rettungsfahrzeugs.

Bootsführer
Der Kapitän eines Rettungsbootes.

Brücke
Eine Plattform am Schiff, auf der der Kapitän und der Steuermann stehen. Von hier werden Kommandos gegeben.

Bug
Der vordere Teil des Schiffes.

Deck
Eine Plattform, die sich über das Boot erstreckt.

Defibrillator
Ein Gerät, das durch einen Stromstoß das Herz aktiviert, wenn es zu schlagen aufhört.

EKG-Monitor
Ein Gerät, das den Herzschlag des Patienten auf einem Schirm aufzeichnet. Elektroden messen den Herzschlag des Patienten.

EKG-MONITOR

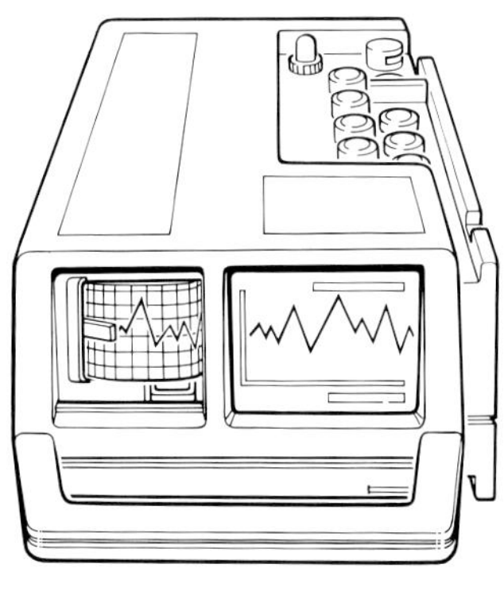

Endotrachealtubus
Ein Schlauch, der in den Hals und die Luftröhre eingeführt wird, um die Atmung zu stützen.

Feuermonitor
Eine Wasserkanone zum Löschen von Feuer.

Flugretter
Die Person an Bord eines Hubschraubers, die an einem Seil abgelassen wird, um jemanden zu retten.

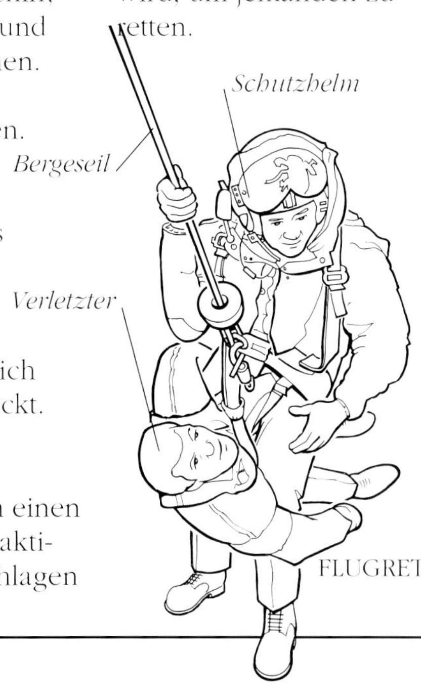

FLUGRETTER

Hubschrauber
Ein Luftfahrzeug, das mit rotierenden Propellern abhebt und fliegt. Es wird zur Rettung eingesetzt.

Hubschrauberlandeplatz
Der Platz, auf dem Hubschrauber landen.

Kabine
Der Wohnbereich für Menschen an Bord.

Kentern
Wenn ein Boot im Wasser umkippt.

Kiel
Ein schwerer Balken, der längs unter dem Rumpf verläuft. Er ist das Rückgrat des Schiffes.

Kompaß
Ein Gerät mit Magnetnadel, die immer nach Norden weist und den Weg zeigt.

Luft-Wasser-Rettung
Rettung am Meer mit Hubschrauber.

Materialluke
Ein Loch im Deck des Schiffs, durch das schwere Ausrüstung zum Meeresboden gesenkt wird.

Neil-Robertson-Bahre
Eine Tragbahre, die nach ihrem Erfinder benannt ist und mittels Holzschienen den Verletzten während des Transports in die Klinik stabilisiert.

Notarzt
Ein Arzt, der eine zusätzliche Ausbildung für Notfälle hat. Er betreut Verletzte, bis sie die Klinik erreichen.

Pilot
Die Person, die ein Flugzeug fliegt.

LUFT-WASSER-RETTUNG

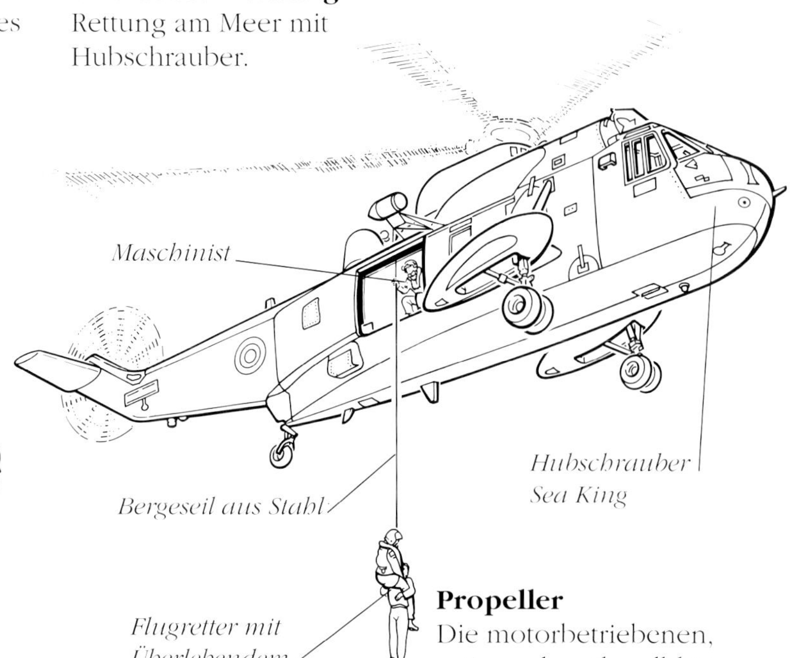

Propeller
Die motorbetriebenen, rotierenden Flügelblätter, die ein Flugzeug vorantreiben.

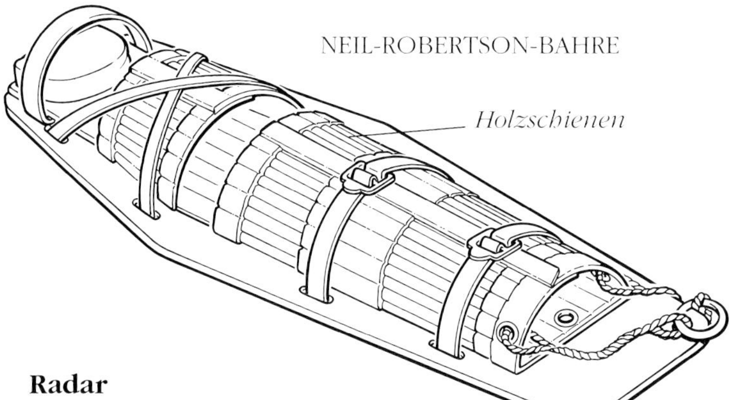

NEIL-ROBERTSON-BAHRE

Radar
Radio **D**etection **a**nd **R**anging. Ein Navigationssystem, das die Strahlen von Radiowellen zum Aufspüren von Gegenständen verwendet.

Rettungsboot
Ein kleines Boot mit starkem Motor, mit dem Menschen in Seenot gerettet werden. Die meisten richten sich selbst auf, wenn sie kentern, und drehen sich sofort wieder um.

Rettungsschiff
Ein großes Boot, das bei Ölplattformen Feuer löscht und die Bohrtürme repariert.

RNLI
Die britische Seewacht. Sie wurde 1824 gegründet und ist eine der ältesten Seewachten der Welt.

Rotor
Die Vorrichtung auf einem Hubschrauber, wo die Rotorblätter befestigt sind. Sie dreht sich und bedingt den Auftrieb.

Rotorblatt
Einer der langen Flügel am Rotor eines Hubschraubers.

Ruder
Eine Metallkonstruktion hinten an einem Schiff oder Flugzeug, die es nach links oder rechts lenkt.

Rumpf
Der Körper eines Flugzeugs oder Hubschraubers. Bei einem Boot der Teil, der im Wasser ist.

Satellitennavigation
Ein Navigationssystem für Schiffe, das mittels Satelliten die genaue Position bestimmt.

Schott
Die Wand, die einen Teil eines Schiffs oder Flugzeugs vom anderen trennt.

Schweben
Wenn ein fliegender Hubschrauber, zum Beispiel bei einer Rettung, an einem Platz bleibt.

Schwimmweste
Eine Weste, die angezogen wird und die Menschen hindert, unterzugehen. Sie ist mit Luft oder Material, das schwebt, wie Plastikschaum, gefüllt.

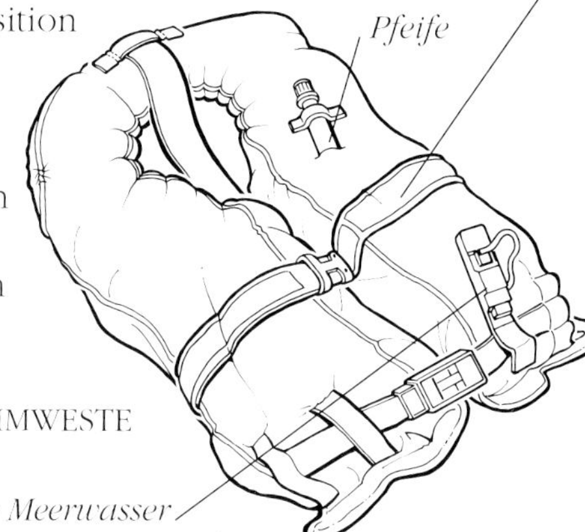

SCHWIMMWESTE

RETTUNGSKORB

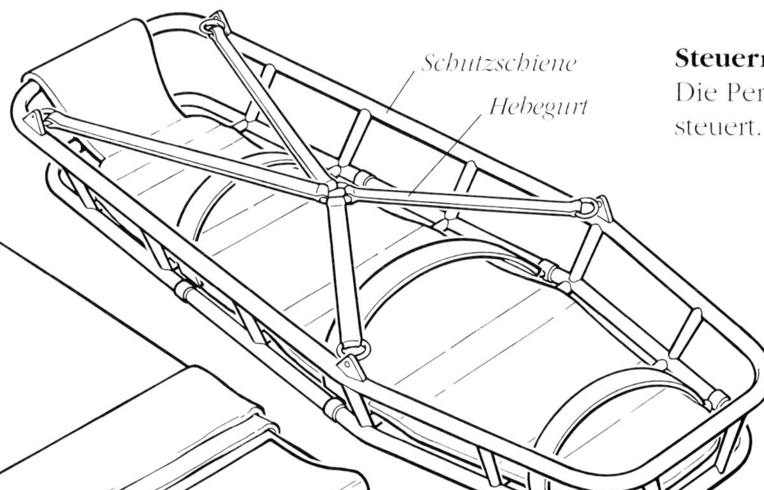

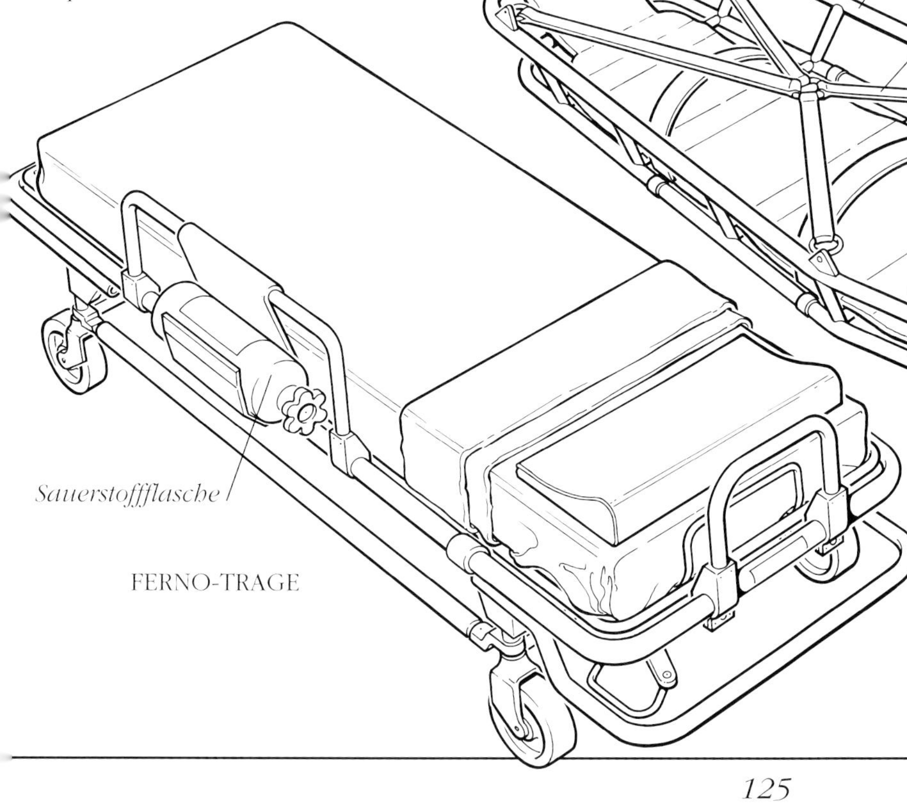

FERNO-TRAGE

Steuermann
Die Person, die das Schiff steuert.

Taucherglocke
Die Druckkapsel, mit der Taucher zum Meeresgrund tauchen und die sie dort als Arbeitsplatz benützen.

Tragbahre
Ein flaches, rechteckiges Gestell, mit dem Verletzte ins Krankenhaus transportiert werden.

Vorschiff
Der vordere Teil eines Schiffes.

REKORD
FAHRZEUGE

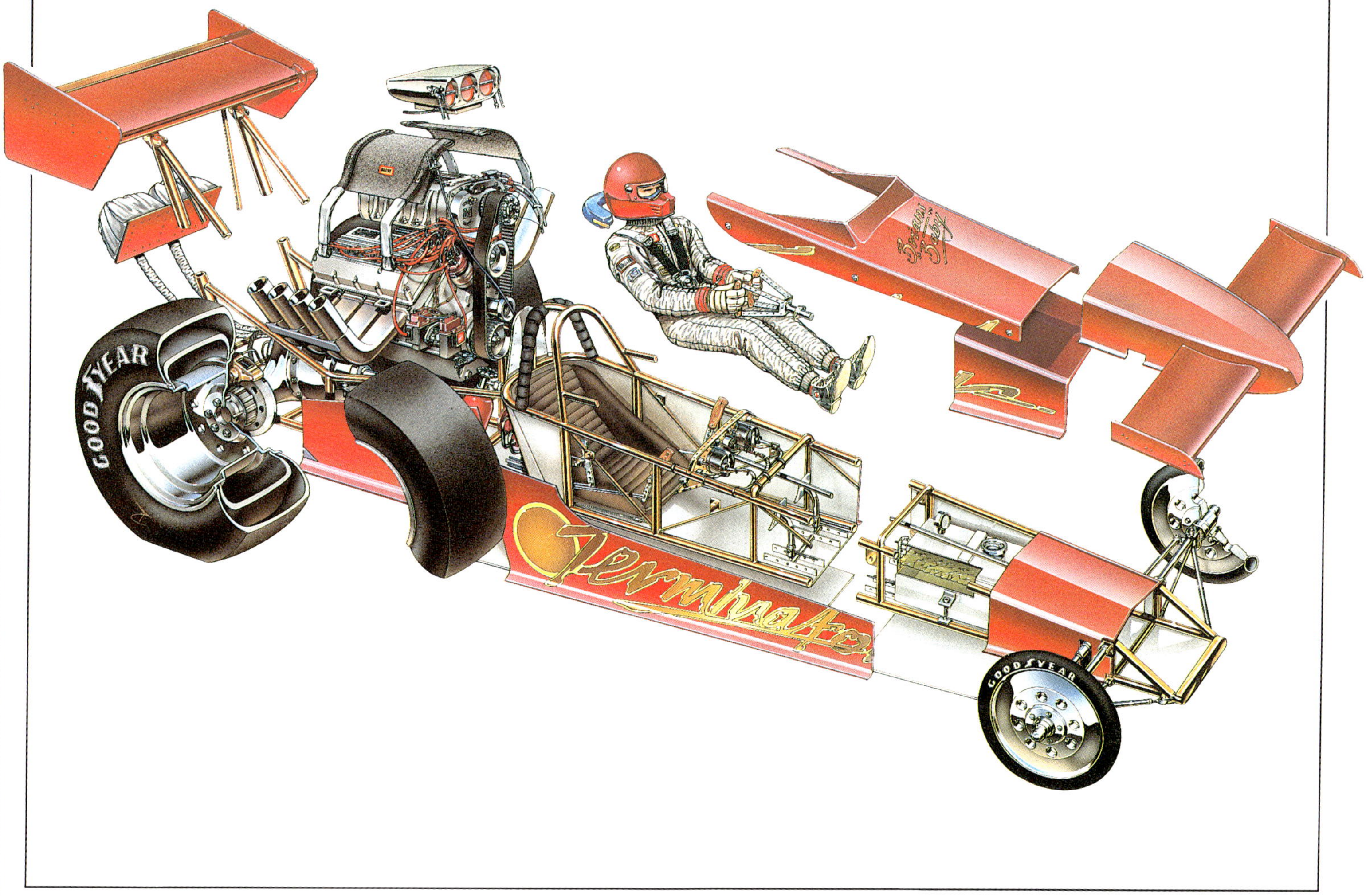

INHALT

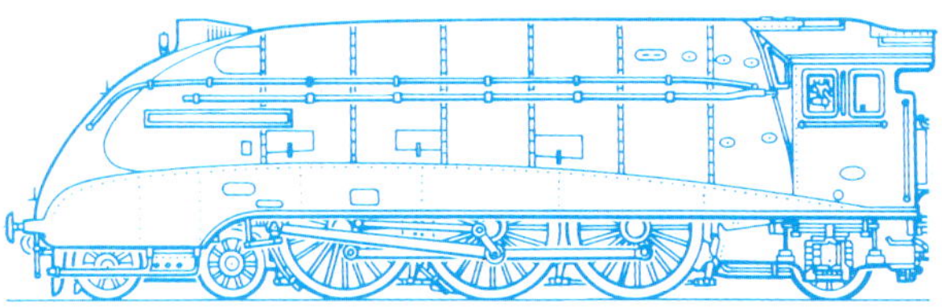

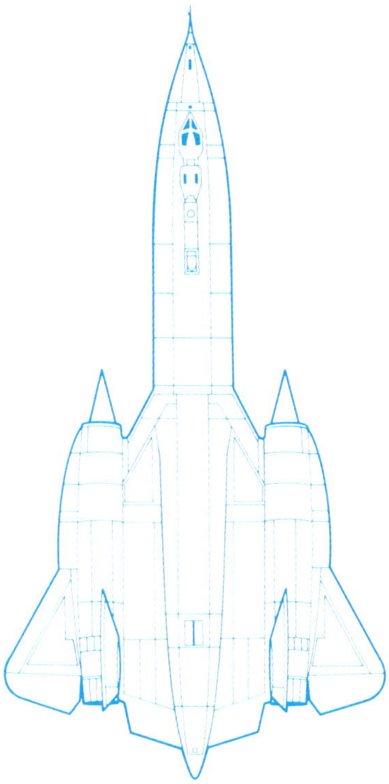

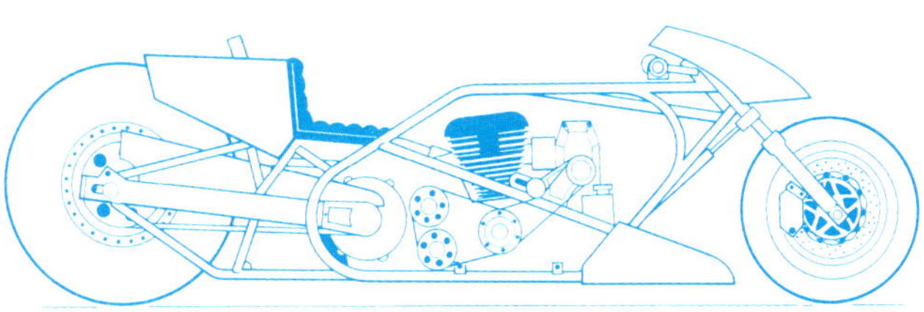

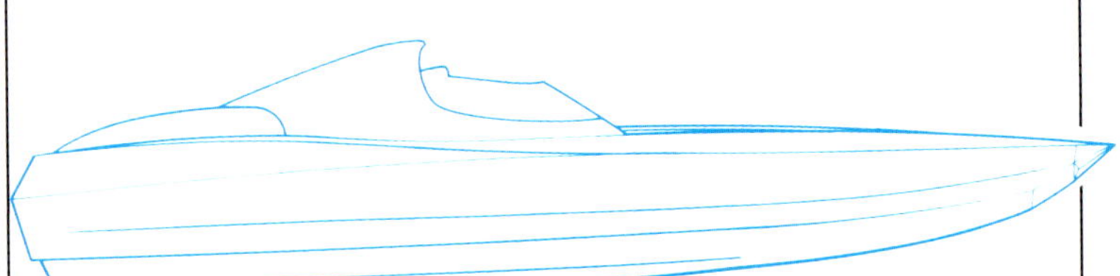

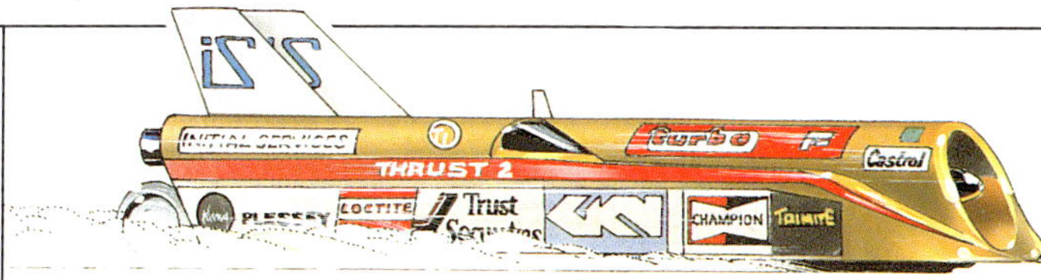
THRUST 2
Castrol
Trust
CHAMPION

LNER
4468

69

5

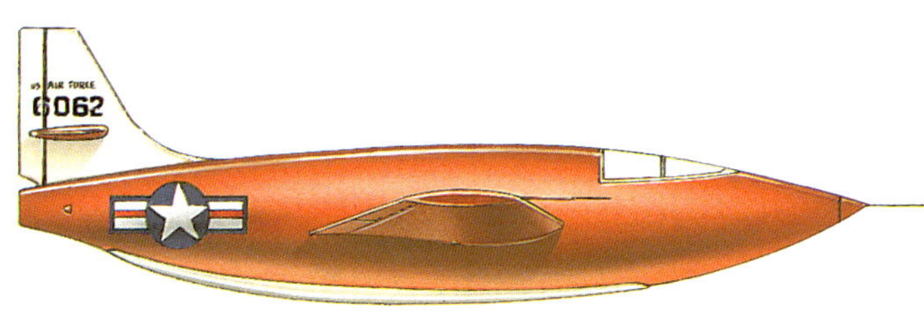
6062

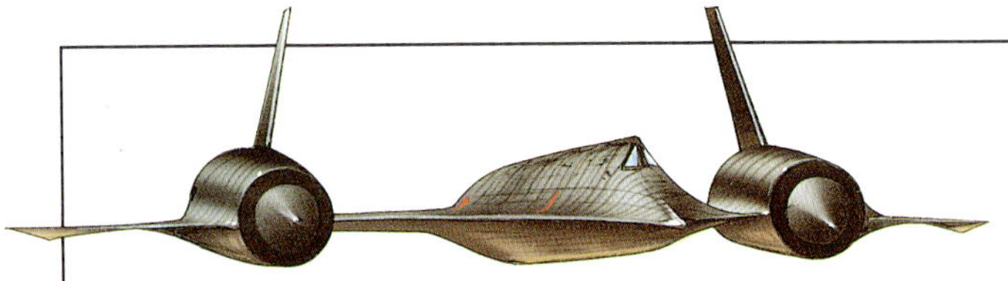

Blackbird

Am 25. Juli 1964 kündigte Lyndon Johnson, Präsident der Vereinigten Staaten, ein Programm zur Entwicklung von Flugzeugen an. Ein spezielles Flugzeug sollte zur Spionage und Aufklärung (Fotografieren von feindlichem Gebiet) eingesetzt und daher mit modernster Elektronik und hochentwickelten Überwachungssystemen ausgerüstet werden. Außerdem sollte es höher und schneller fliegen als alle anderen Flugzeuge. Als es fertig war, glich es keinem anderen Flugobjekt. Es war in tiefem Schwarzblau gestrichen, hieß offiziell SR-71 und wurde allgemein unter der Bezeichnung „Blackbird" bekannt. Bis heute hält dieses erstaunliche Flugzeug mehrere Luftgeschwindigkeitsrekorde.

Geschwindigkeit
Die SR-71 sollte höher und schneller fliegen als alle anderen Flugzeuge. Ihre Höchstgeschwindigkeit betrug 3,2 Mach, also dreimal die Schallgeschwindigkeit. Das ist mehr als 3300 km/h.

Hitze
Die SR-71 bestand großteils aus Titan, dem Metall des Weltraumzeitalters. Titan ist ungeheuer hart und sehr beständig gegen die Hitze, die bei hoher Geschwindigkeit entsteht.

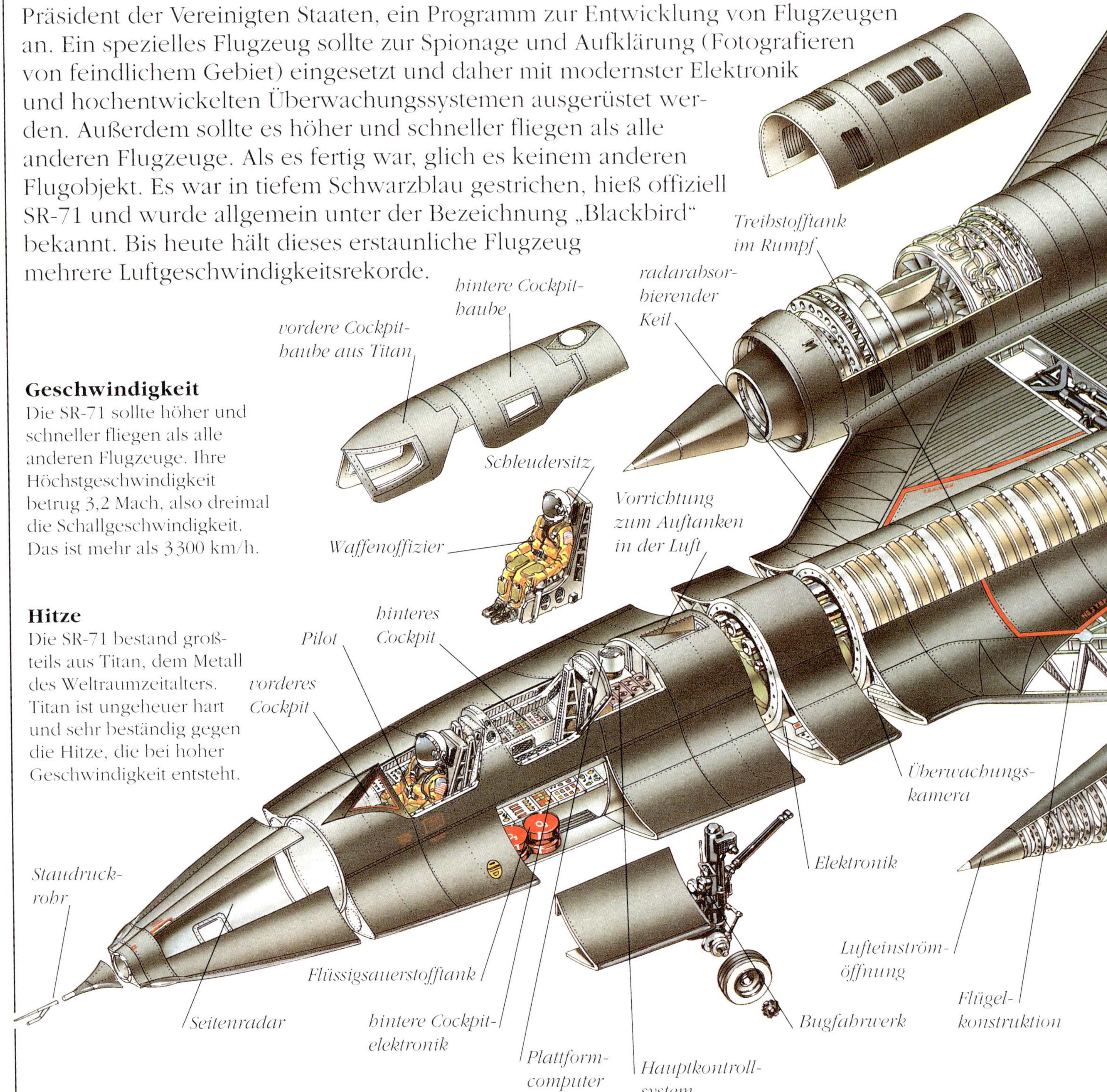

Blackbirds
Die SR-71 war schwarzblau gestrichen, um die große Reibungshitze (Luft, die gegen das Flugzeug reibt), die sich bei hoher Geschwindigkeit bildet, abzustrahlen. Die Farbe enthielt auch winzige Eisenkügelchen, die feindliche Radargeräte in die Irre führen sollten.

Fluganzüge
Die Zweimann-Besatzung der SR-71 trug spezielle Fluganzüge, um sich vor der Belastung durch die große Höhe und die dünne Erdatmosphäre zu schützen. Sie aß auch Nahrung mit geringem Gasgehalt, um Magenkrämpfen, die durch den Druckunterschied entstehen, vorzubeugen. Da die Anzüge schwierig anzulegen waren, zog sich die Besatzung in einem Begleitwagen um, der sie zum Flugzeug brachte.

Rekordbrecher

Am 27. und 28. Juli 1976 stellten SR-71 einen Höhenrekord von 25 929 m und einen Geschwindigkeitsrekord von 3 367 km/h auf. Am 6. März 1990 flog eine SR-71 in 1 Std. 7 Min. mit einer Durchschnittsgeschwindigkeit von 3 419 km/h von Los Angeles nach Washington.

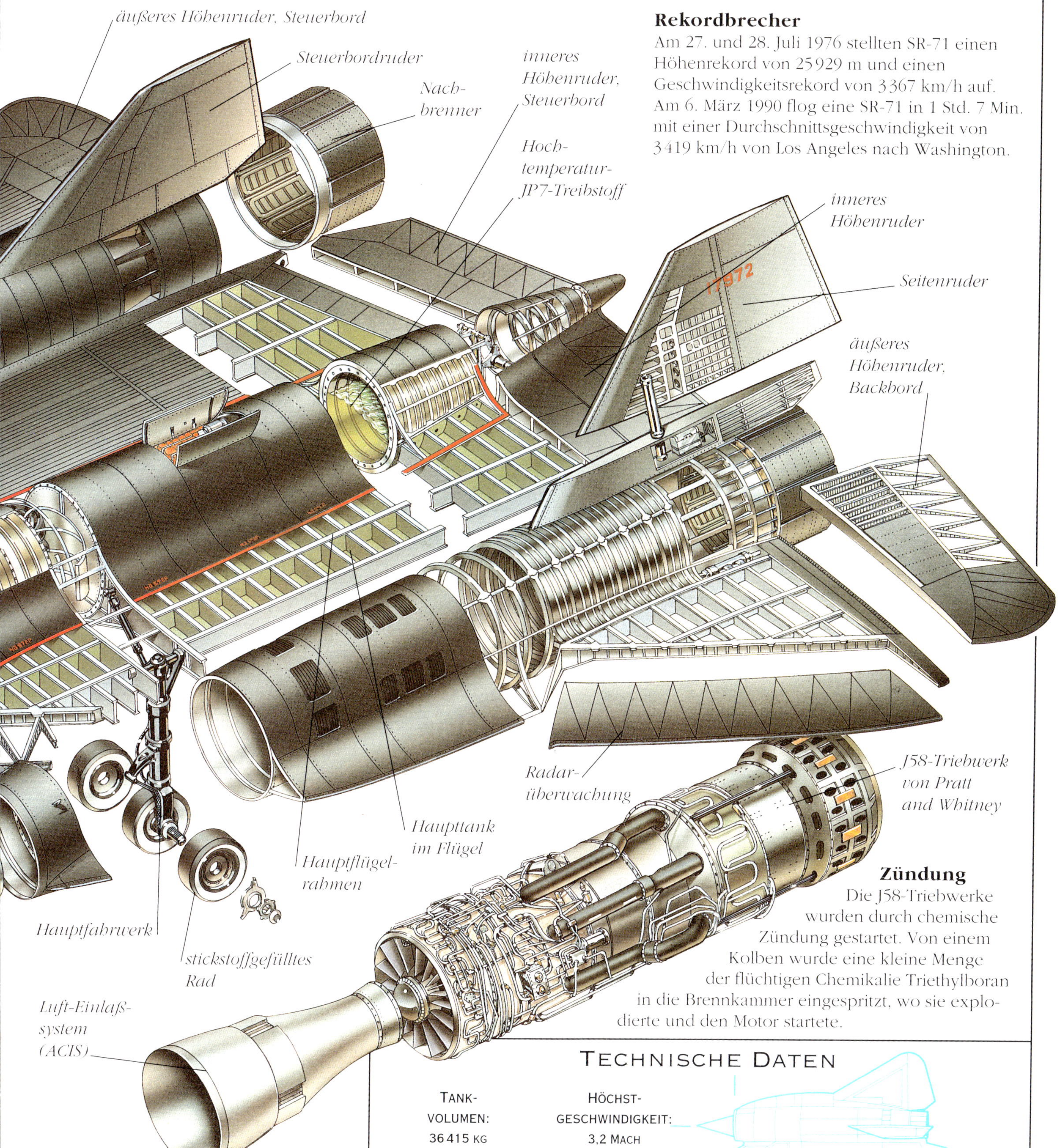

Zündung

Die J58-Triebwerke wurden durch chemische Zündung gestartet. Von einem Kolben wurde eine kleine Menge der flüchtigen Chemikalie Triethylboran in die Brennkammer eingespritzt, wo sie explodierte und den Motor startete.

Triebwerke

Die beiden J58-Triebwerke der Blackbird wurden von Pratt and Whitney entwickelt. Damit sie die nötige Schubkraft erzeugen konnten, verbrauchten die Motoren sehr viel Treibstoff, nämlich JP7, der mit Elementen wie Cäsium angereichert war.

Technische Daten

Tank-Volumen: 36 415 kg

Höchstgeschwindigkeit: 3,2 Mach

Grösste Höhe: 30 480 m

Betriebshöhe: 24 994 m

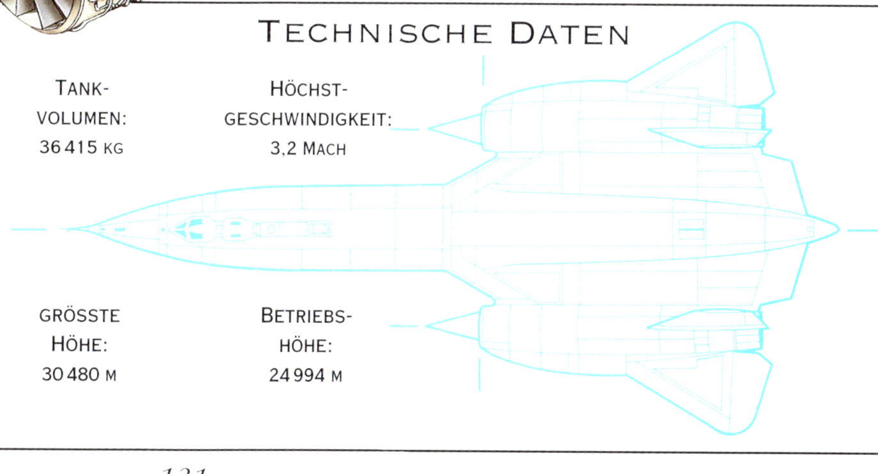

Tee-Klipper

Die Tee-Klipper gehörten zu den schnellsten Segelschiffen. Sie konnten sich durch ihre elegante Form rasch einen Weg durchs Wasser bahnen und boten mit gehißten Segeln einen dramatischen Anblick. Mitte des 19. Jahrhunderts brachten sie Tee aus China nach Großbritannien. Durch die starke Nachfrage nach der neuen Ernte erzielte das erste Schiff, das den Hafen erreichte, einen sehr hohen Preis für seine Ladung. Die Zeitungen weckten das Interesse an den Schiffsrennen, und die Klipper wurden berühmt.

Kurzer Ruhm

Die Klipper erlebten nach 1860 eine kurze Blüte. Mit dem Aufstieg der Dampfschiffe und der Öffnung des Suezkanals im Jahr 1869 wurde der Seeweg von China kürzer. Da die Segelschiffe nicht durch den Kanal fahren konnten, mußten sich die Besitzer der Klipper nach anderer Fracht, zum Beispiel Wolle aus Australien, umsehen.

Eisenspanten

Die Erbauer der Klipper hatten große Probleme: Holz war schwer und knapp; Eisen war leicht und fest, aber die schlechte Lüftung in Schiffen mit Eisenrumpf griff den Tee an. Die Lösung war ein gemischter Rumpf, also ein Eisengerüst mit Holzverkleidung.

Mutige Kapitäne

Zwar war der Klipper schlank, doch lag der Unterschied zwischen einem gewöhnlichen und einem sehr schnellen Schiff im Geschick und Mut der Kapitäne, der „Meister“ dieser Schiffe.

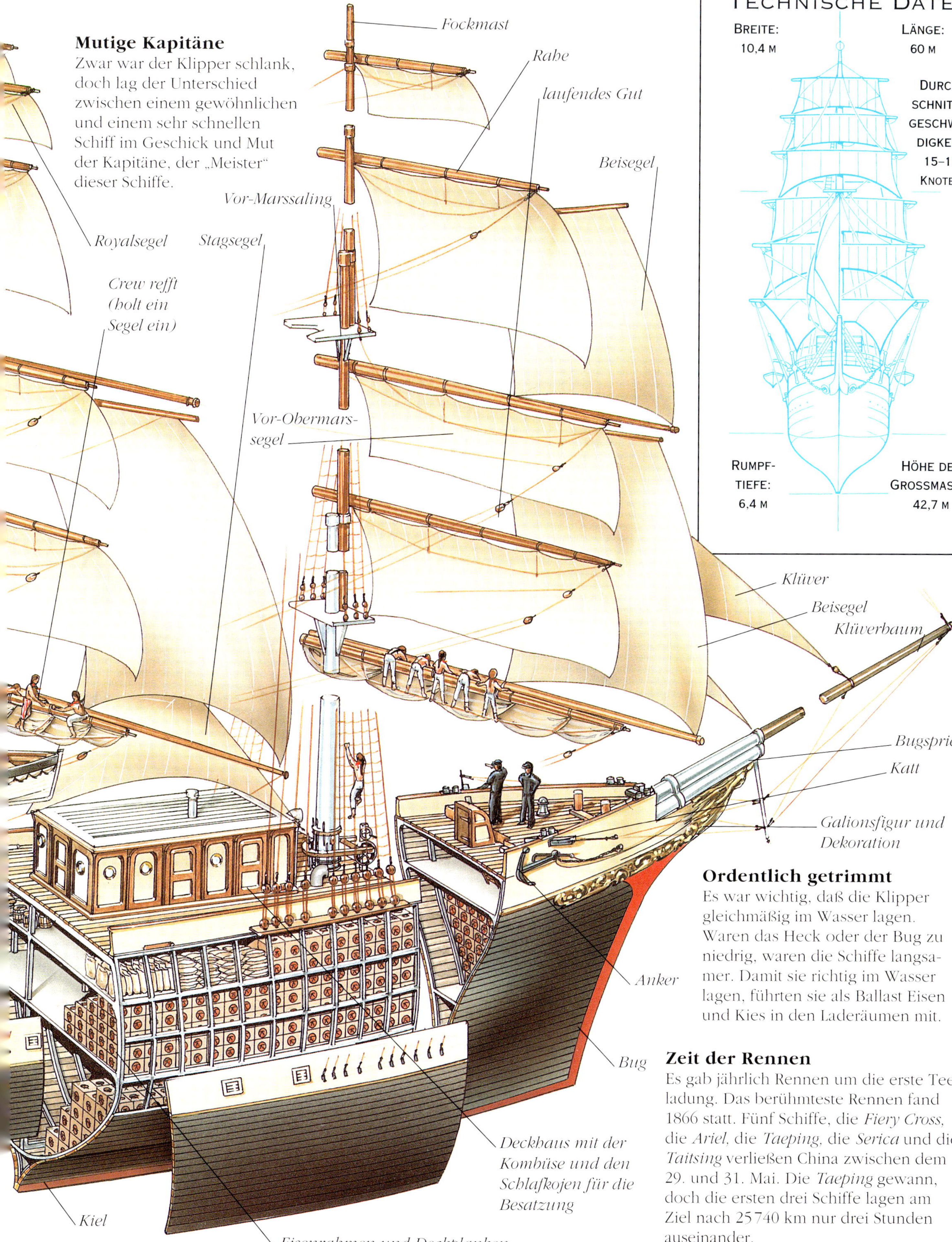

Ordentlich getrimmt

Es war wichtig, daß die Klipper gleichmäßig im Wasser lagen. Waren das Heck oder der Bug zu niedrig, waren die Schiffe langsamer. Damit sie richtig im Wasser lagen, führten sie als Ballast Eisen und Kies in den Laderäumen mit.

Zeit der Rennen

Es gab jährlich Rennen um die erste Teeladung. Das berühmteste Rennen fand 1866 statt. Fünf Schiffe, die *Fiery Cross*, die *Ariel*, die *Taeping*, die *Serica* und die *Taitsing* verließen China zwischen dem 29. und 31. Mai. Die *Taeping* gewann, doch die ersten drei Schiffe lagen am Ziel nach 25 740 km nur drei Stunden auseinander.

Dragster

Das Rennen beginnt: Zwei lange, schlanke Dragster nehmen an der Startlinie Aufstellung. Die Ampel schaltet auf Grün, und die Autos rasen in einer Rauchwolke davon. Top-Fuel-Dragster, wie unten dargestellt, beschleunigen rasch – sie können in der Rekordzeit von 4,726 Sekunden 402 Meter zurücklegen. Am Ende dieses Rennens lag die Geschwindigkeit bei 496,7 km/h.

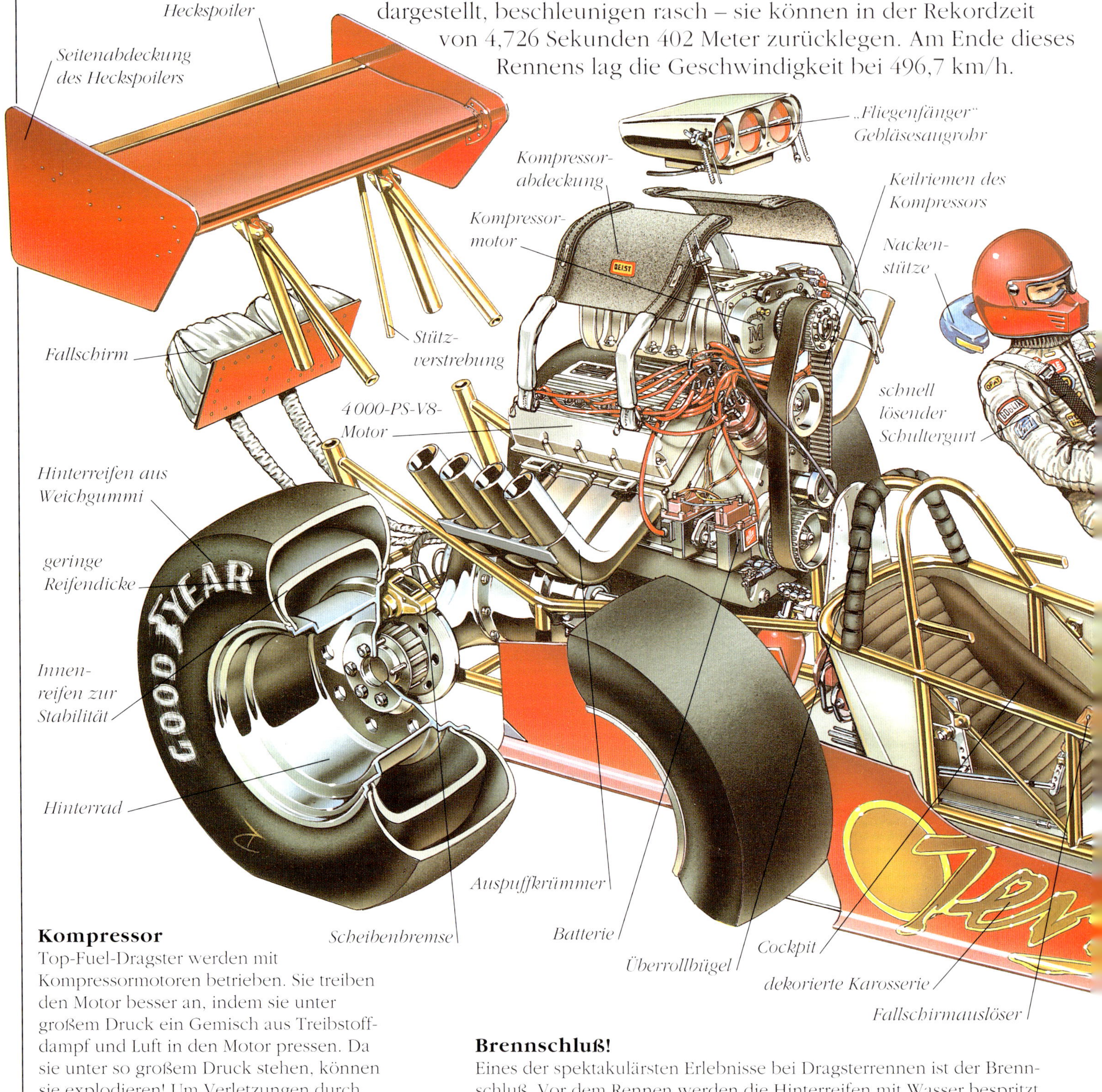

Kompressor

Top-Fuel-Dragster werden mit Kompressormotoren betrieben. Sie treiben den Motor besser an, indem sie unter großem Druck ein Gemisch aus Treibstoffdampf und Luft in den Motor pressen. Da sie unter so großem Druck stehen, können sie explodieren! Um Verletzungen durch fliegende Splitter zu vermeiden, fertigt man Hüllen, die aus demselben Material wie kugelsichere Westen sind, an. Diese werden über den Kompressor gestülpt.

Brennschluß!

Eines der spektakulärsten Erlebnisse bei Dragsterrennen ist der Brennschluß. Vor dem Rennen werden die Hinterreifen mit Wasser bespritzt und sehr schnell gedreht. Dadurch werden sie gereinigt und bis zum Schmelzpunkt erhitzt, so daß sie sehr klebrig werden. Außerdem überzieht sich der Startbereich mit einer Gummischicht. All dies hilft dem Dragster, beim Start besonders schnell wegzukommen.

Technische Daten

Treibstoff:
angereicherte Mischung aus
Nitromethan und Methanol

Länge:
7,32 m

Höchste
Durchschnitts-
geschwindigkeit:
496,7 km/h

Breite:
1,83 m

Motor: 2944-kW (4000 PS)-Kompressormotor mit 8 Zylindern

Bremsen des Dragster

Die Beschleunigung eines Top-Fuel-Dragster ist erstaunlich. Er kann in 0,5 Sekunden von 0 auf 97 km/h beschleunigen, von 0 auf 160 km/h in 1,1 Sekunden und von 0 auf 240 km/h in 1,9 Sekunden. Zum Bremsen hat das Auto herkömmliche Scheibenbremsen plus zwei Fallschirme zwischen den Hinterrädern. Sie öffnen sich, wenn das Auto die Ziellinie überfährt und ziehen es praktisch zurück, bis es steht. Bei den meisten Rennstrecken ist eine Bahn von 0,8 km vorgesehen, wo die Autos sicher auslaufen können. Meist sind auch Sandsäcke und Sicherheitsnetze aufgestellt, falls das Auto weiterfährt.

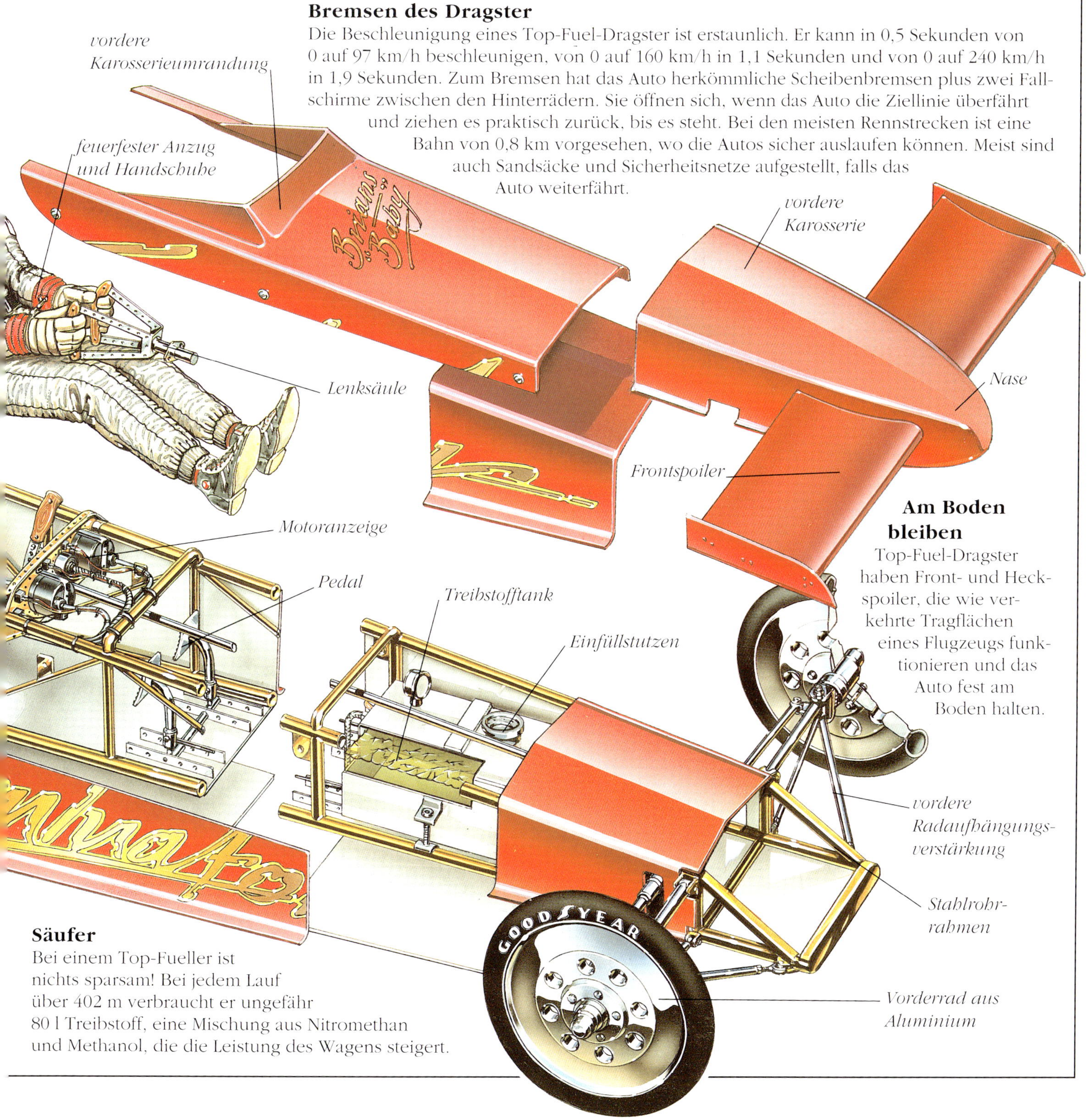

Am Boden bleiben

Top-Fuel-Dragster haben Front- und Heckspoiler, die wie verkehrte Tragflächen eines Flugzeugs funktionieren und das Auto fest am Boden halten.

Säufer

Bei einem Top-Fueller ist nichts sparsam! Bei jedem Lauf über 402 m verbraucht er ungefähr 80 l Treibstoff, eine Mischung aus Nitromethan und Methanol, die die Leistung des Wagens steigert.

Jet-Ski

Im Jahr 1968 hatte der amerikanische Motorradrennfahrer Clay Jacobson eine gute Idee. Er hatte genug von den Schnittwunden und Abschürfungen, die er sich bei Stürzen mit seinem Motorrad zuzog. Deshalb entwickelte er ein Gerät, das die Spannung des Motorradfahrens mit der Fähigkeit, Wasserski zu laufen, verband, mit dem er aber weicher fiel! Die Idee zum PWC („Personal Watercraft“) war geboren. Jacobson entwickelte mit der Firma Kawasaki einige Prototypen, für die er Motoren von Schneemobilen verwendete. Der erste „Jet-Ski“ von Kawasaki wurde 1973 produziert. Heute sind Jet-Skier von den Stränden und Seen in aller Welt nicht mehr wegzudenken, wo sie in einem Sprühregen über das Wasser ziehen.

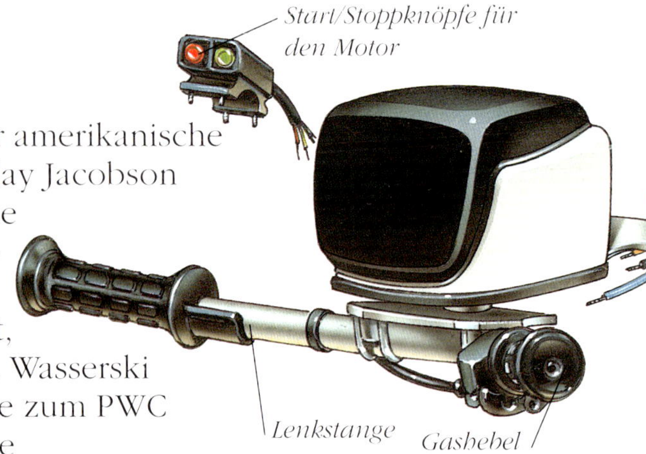

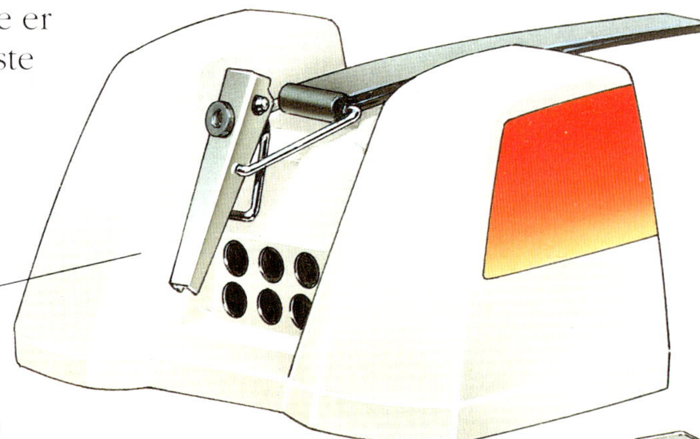

Pumpe

Der hier abgebildete Jet-Ski hat einen 530-cc-Motor, der einen „Propeller“ mit drei Blättern antreibt, der hinten am Fahrzeug in einer Pumpe montiert ist. Das Wasser, das durch eine Öffnung am Boden der Abdeckung eintritt, wird durch eine schmale Öffnung hinausgedrückt, während sich der Propeller dreht. Der entstehende Wasserstrahl treibt das Fahrzeug an. Dieses Modell erreicht eine Geschwindigkeit von ungefähr 56,3 km/h.

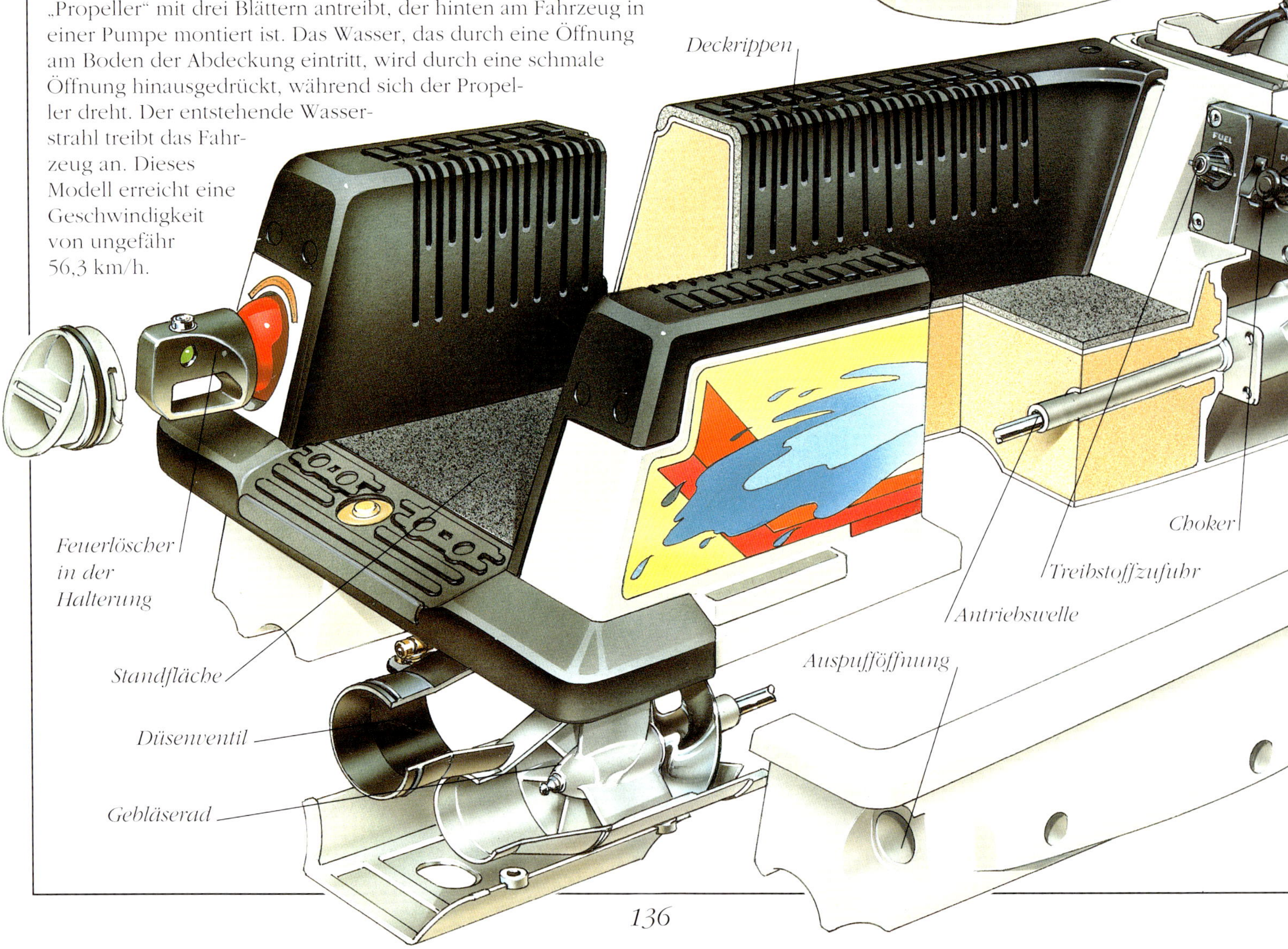

Technische Daten

Größte Schubkraft: 167 kg

Gesamtlänge: 2 140 mm

Trockengewicht: 114 kg

Gesamtbreite: 620 mm

Gesamthöhe: 640 mm

Motor: 530-cc-Zweitaktmotor mit Wasserkühlung

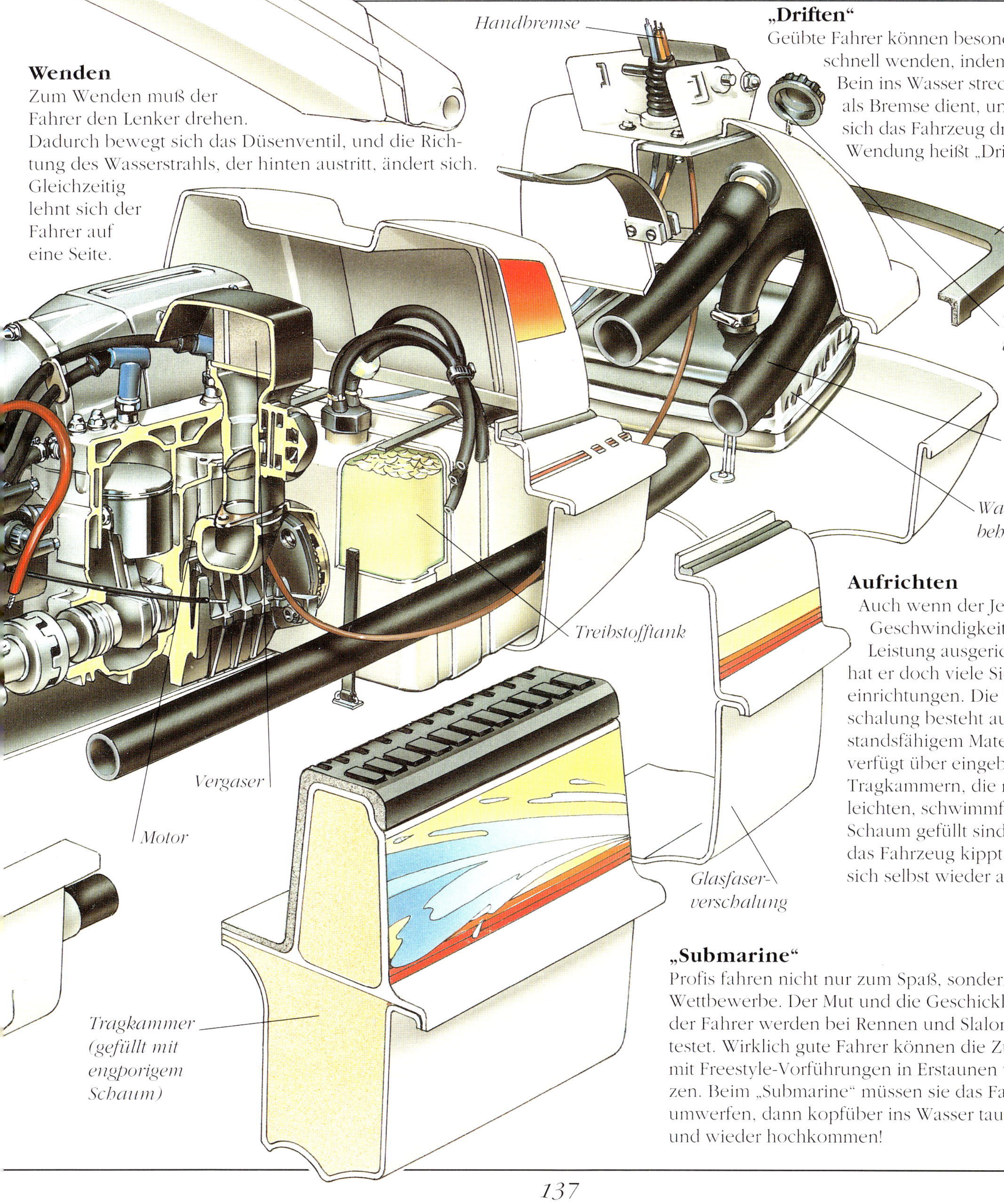

Wenden

Zum Wenden muß der Fahrer den Lenker drehen. Dadurch bewegt sich das Düsenventil, und die Richtung des Wasserstrahls, der hinten austritt, ändert sich. Gleichzeitig lehnt sich der Fahrer auf eine Seite.

„Driften“

Geübte Fahrer können besonders schnell wenden, indem sie ein Bein ins Wasser strecken, das als Bremse dient, und um das sich das Fahrzeug dreht. Diese Wendung heißt „Driften“.

Aufrichten

Auch wenn der Jet-Ski auf Geschwindigkeit und Leistung ausgerichtet ist, hat er doch viele Sicherheitseinrichtungen. Die Verschalung besteht aus widerstandsfähigem Material und verfügt über eingebaute Tragkammern, die mit einem leichten, schwimmfähigen Schaum gefüllt sind. Wenn das Fahrzeug kippt, kann es sich selbst wieder aufrichten.

„Submarine“

Profis fahren nicht nur zum Spaß, sondern auch Wettbewerbe. Der Mut und die Geschicklichkeit der Fahrer werden bei Rennen und Slaloms getestet. Wirklich gute Fahrer können die Zuschauer mit Freestyle-Vorführungen in Erstaunen versetzen. Beim „Submarine“ müssen sie das Fahrzeug umwerfen, dann kopfüber ins Wasser tauchen und wieder hochkommen!

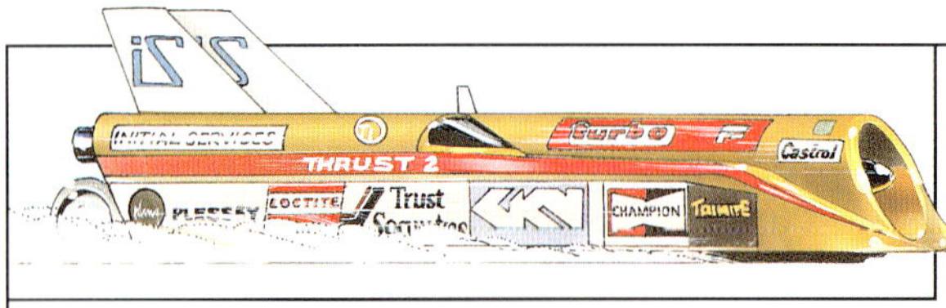

THRUST 2

AN EINEM TAG IM JAHR 1983 wartete eine Gruppe Menschen in der Wüste Black Rock in Nevada, USA, gespannt. Plötzlich tauchte das schnellste Landfahrzeug der Welt auf, ein seltsames, langes Gefährt, das sich schneller bewegte, als das Auge erfassen konnte. Drinnen saß der Engländer Richard Noble. Sein Auto, *Thrust 2*, raste 24 km weit, tankte auf und kam zurück. Die Geschwindigkeit des Fahrzeugs wurde elektronisch gemessen. Als Noble aus seinem Wagen stieg, hatte er seinen Traum verwirklicht – er hatte einen atemberaubenden neuen Geschwindigkeitsrekord von 1019,467 km/h aufgestellt.

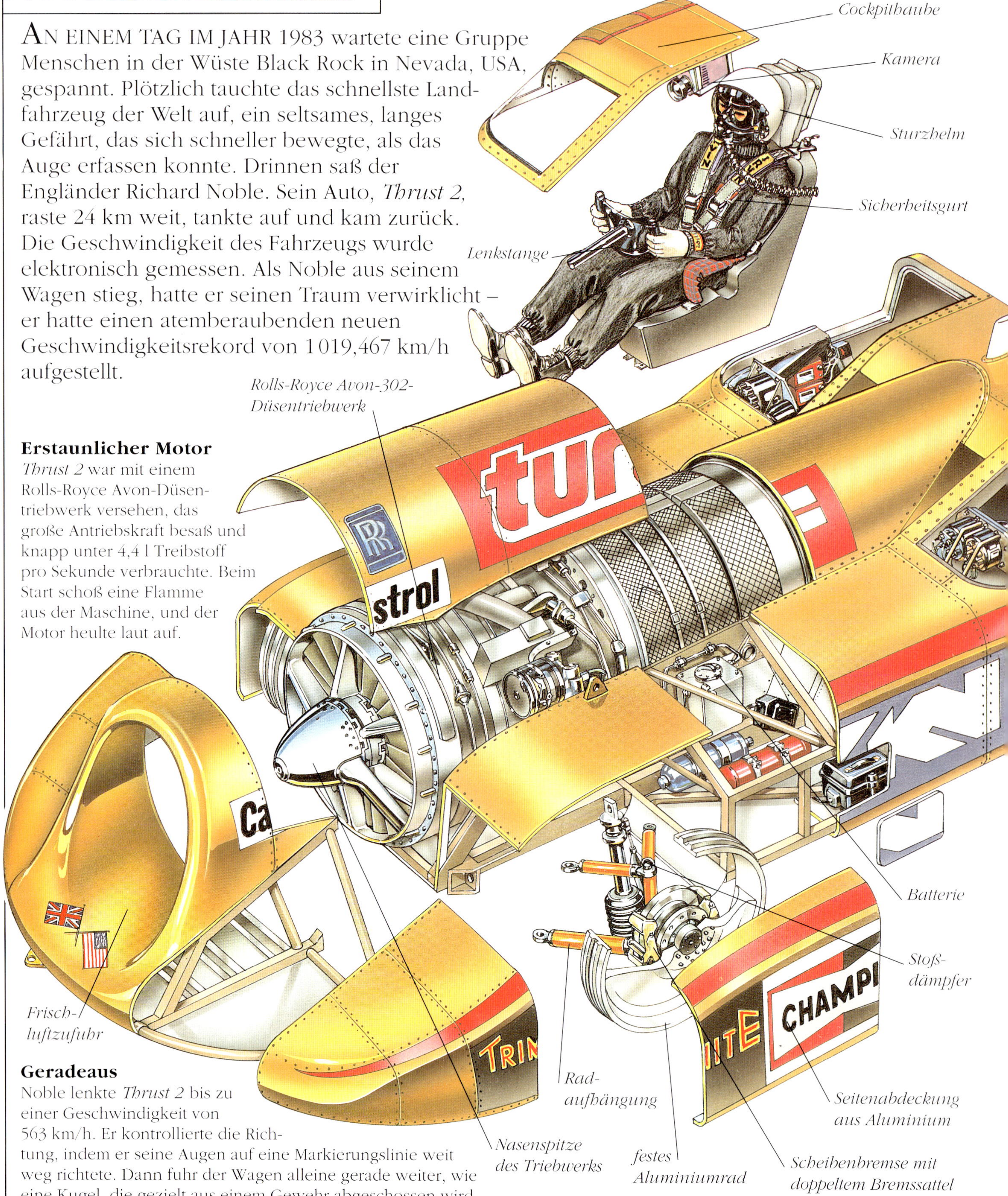

Erstaunlicher Motor
Thrust 2 war mit einem Rolls-Royce Avon-Düsentriebwerk versehen, das große Antriebskraft besaß und knapp unter 4,4 l Treibstoff pro Sekunde verbrauchte. Beim Start schoß eine Flamme aus der Maschine, und der Motor heulte laut auf.

Geradeaus
Noble lenkte *Thrust 2* bis zu einer Geschwindigkeit von 563 km/h. Er kontrollierte die Richtung, indem er seine Augen auf eine Markierungslinie weit weg richtete. Dann fuhr der Wagen alleine gerade weiter, wie eine Kugel, die gezielt aus einem Gewehr abgeschossen wird.

Geschmeidig und schnell

Das Auto war lang, schlank und stromlinienförmig. Es wurde mit Hilfe von Windkanälen und Computersimulationen entwickelt, so daß man vorhersagen konnte, wie es reagieren würde. Vor dem Rennen wurde es poliert, damit es besonders windschlüpfrig war.

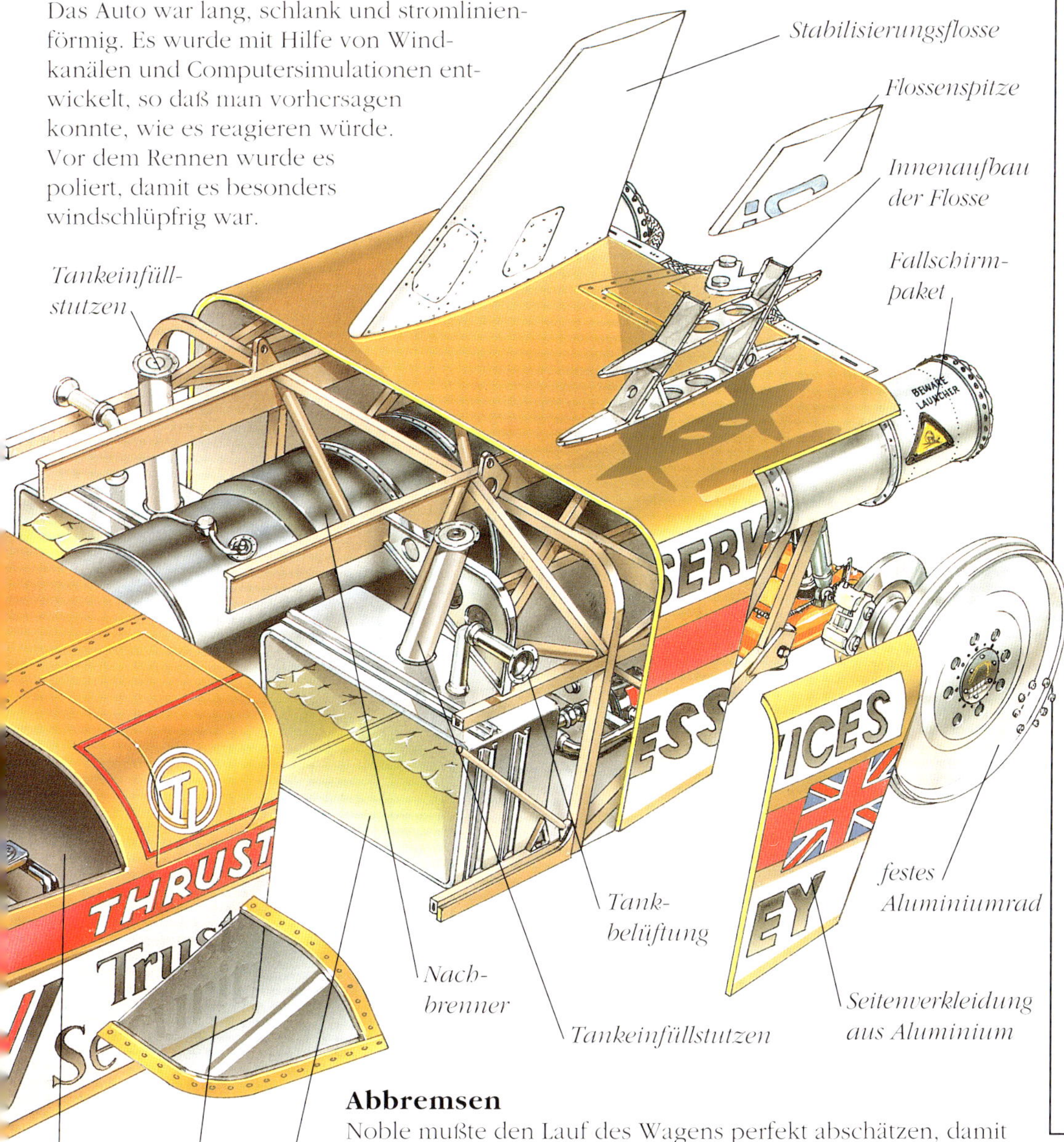

Technische Daten

TANKKAPAZITÄT: 563,7 L

GESCHWINDIGKEIT:
1 019,467 KM/H

MOTOR:
ROLLS-ROYCE AVON-302-TURBOTRIEBWERK

Abbremsen

Noble mußte den Lauf des Wagens perfekt abschätzen, damit das Auto zwischen den elektronischen Augen, die eine Strecke von 1,6 km überwachten, seine höchste Geschwindigkeit erreichte. Danach bremste er, indem er bei einer Geschwindigkeit von 965,58 km/h den großen Fallschirm löste und drei kleinere bei 603,48 km/h. Bei 201,16 km/h bremste Noble mit dem Bremspedal, und die Scheibenbremsen brachten die *Thrust 2* zu einem triumphalen Halt.

An Bord

Noble atmete während der Fahrt gefilterte Luft durch eine Maske. Er hatte vor sich ein gabelförmiges Lenkrad, ein Gaspedal, ein Bremspedal, Hebel zum Lösen der Fallschirme und verschiedene Meßgeräte. Die Hersteller waren sehr optimistisch gewesen – der Tachometer reichte bis 1 287 km/h!

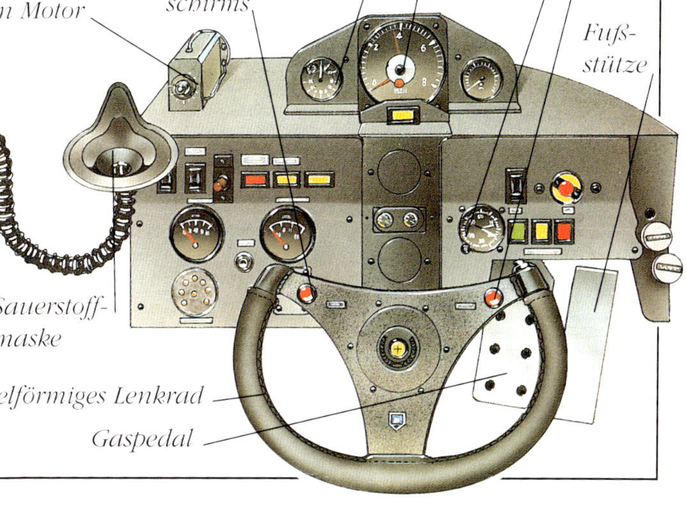

Mallard

Stell dir vor, du sitzt an einem Sommertag an der London and North Eastern Railway in Großbritannien. Es ist der 3. Juli 1938. Plötzlich flitzt ein Zug vorüber, der von einer schlanken, blauen Lokomotive gezogen wird – schneller als alles, was du jemals auf Schienen gesehen hast. Die Lok Nummer 4468 heißt *Mallard* und hat mit 202 km/h gerade den neuen Geschwindigkeitsrekord für Dampfloks aufgestellt. Die *Mallard* wurde von Sir Nigel Gresley entwickelt und gehörte zu den A4-Loks, die schnelle Expreßzüge ziehen sollten. Heute steht *Mallard* im Nationalen Eisenbahnmuseum von Großbritannien.

Schlanke Maschine
Für seine A4-Loks entwickelte Gresley ein stromlinienförmiges Gehäuse. Er ließ sich von der Karosserie der Rennautos inspirieren.

Dampfgeschichte
Im Prinzip funktionierte die *Mallard* wie alle Dampfloks: Heiße Gase aus der Feuerbüchse strömten durch Rohre in den mit Wasser gefüllten Langkessel, wo sie Dampf erzeugten. Der Dampf strömte durch das Reglerventil weiter zu den Zylindern.

Zylinder
In jedem Dampfzylinder bewegte sich ein Kolben vor und zurück, während Dampf durch ein Reglersystem einströmte. Durch die Vor- und Rückwärtsbewegung jedes Kolbens wurden die Räder an den Stangen bewegt.

Heiße Gase
Dampf aus den Zylindern der Lok wurde durch das Blasrohr abgelassen, wodurch ein Teilvakuum entstand, das heiße Gase durch die Kesselrohre und den Schornstein drückte.

Technische Daten

Breite über dem Stand des Lokomotivführers: 2,7 m

Höhe: 3,98 m

Gewicht: 67 060 kg

Höchstgeschwindigkeit: 202 km/h

Länge mit Tender: 21,6 m

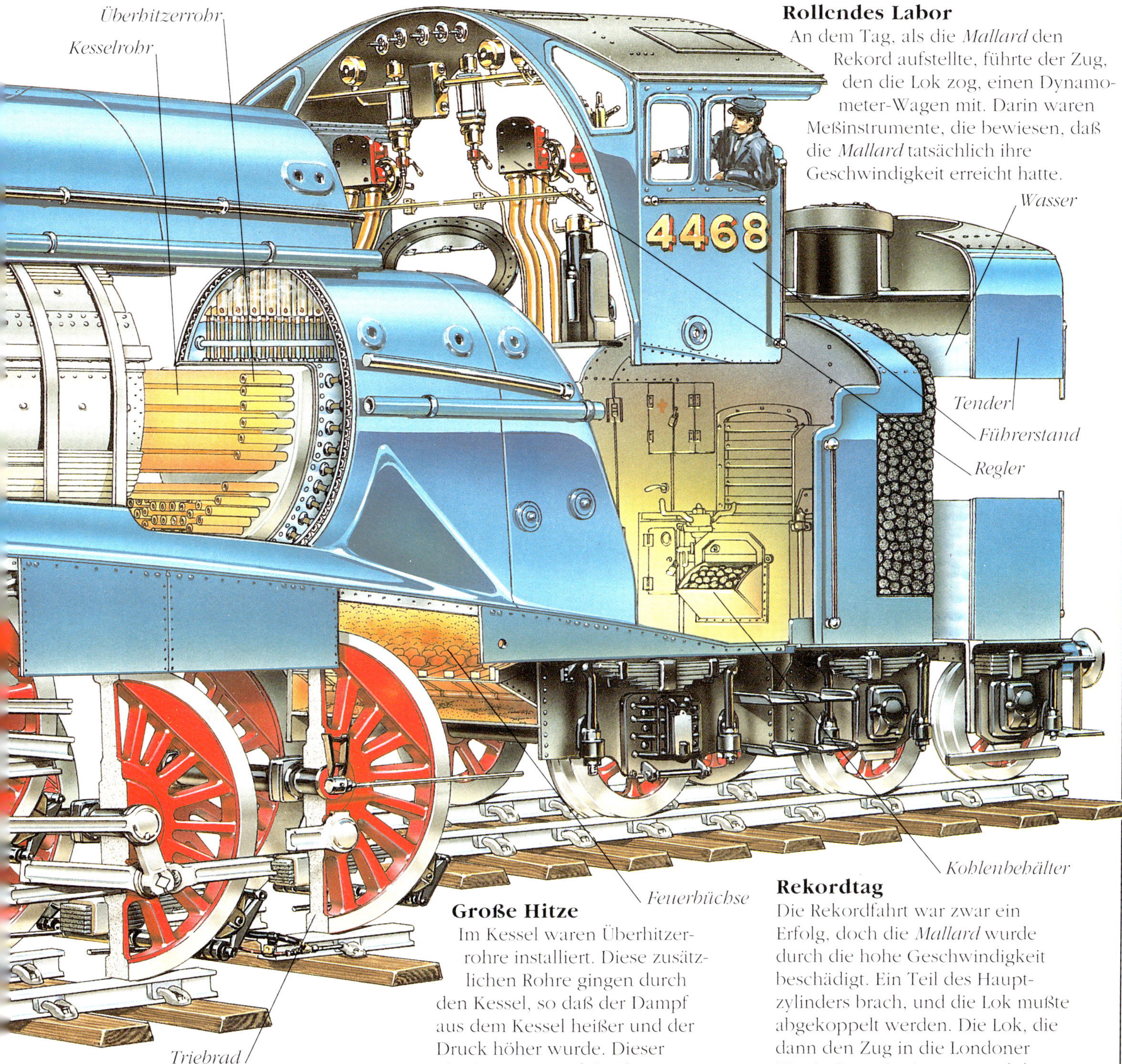

Rollendes Labor

An dem Tag, als die *Mallard* den Rekord aufstellte, führte der Zug, den die Lok zog, einen Dynamometer-Wagen mit. Darin waren Meßinstrumente, die bewiesen, daß die *Mallard* tatsächlich ihre Geschwindigkeit erreicht hatte.

Große Hitze

Im Kessel waren Überhitzerrohre installiert. Diese zusätzlichen Rohre gingen durch den Kessel, so daß der Dampf aus dem Kessel heißer und der Druck höher wurde. Dieser überhitzte Dampf drückte stärker auf die Kolben, wodurch die Lok effizienter arbeitete.

Rekordtag

Die Rekordfahrt war zwar ein Erfolg, doch die *Mallard* wurde durch die hohe Geschwindigkeit beschädigt. Ein Teil des Hauptzylinders brach, und die Lok mußte abgekoppelt werden. Die Lok, die dann den Zug in die Londoner King's Cross Station zog und dort von zahlreichen Zeitungsreportern empfangen wurde, war viel älter!

TURBINIA

IM JUNI 1897 GAB DIE BRITISH ROYAL NAVY in Spithead, England, eine Vorführung zur Feier von Königin Victorias diamantenem Jubiläum. Kriegsschiffe, der Stolz der königlich-britischen Marine, waren angetreten, um von aller Welt bewundert zu werden. Plötzlich tauchte ein kleines Privatboot auf und rasten die Reihen auf und ab. Die Zuschauer betrachteten verblüfft das schnellste Boot der Welt: Es war die *Turbinia*, gebaut von Charles Parsons, der damit seine neueste Erfindung, den Dampfturbinenmotor, präsentieren wollte. Seine brillante Vorführung veränderte die Welt der Schiffahrt für immer.

Neues Design

Bei Parsons' Motor wurde Wasser in einem kohlegeheizten Kessel erhitzt, um Dampf zu erzeugen. Dieser wurde durch Schaufeln gedrückt, so daß sie sich drehten und die Welle mit einer Schraube am Ende bewegten. Der neue Turbinenmotor war leichter, wirtschaftlicher und leiser als die älteren Dampfmaschinen.

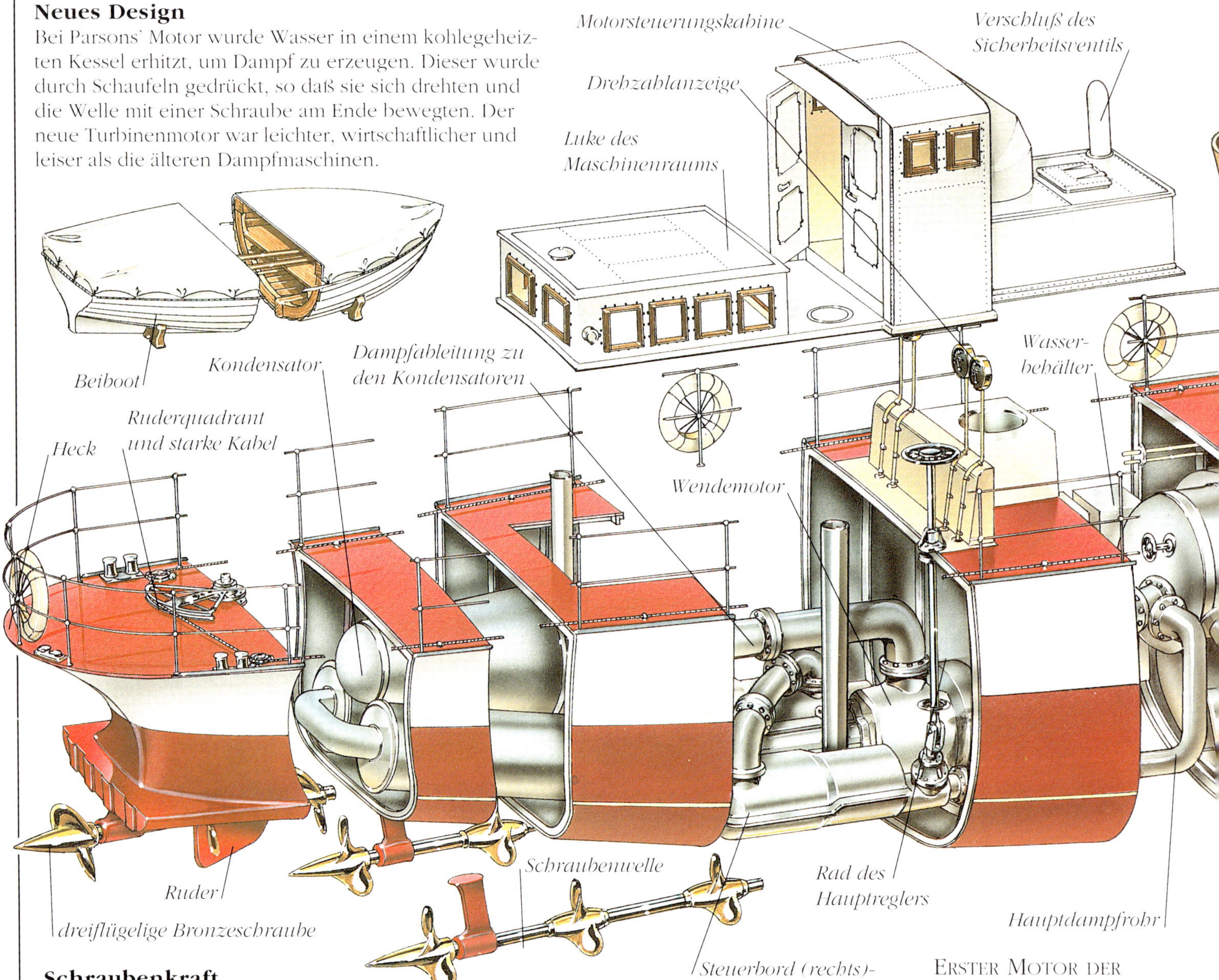

Schraubenkraft

Wenn sich die Flügel auf der Schraube eines Schiffes drehen, drücken sie Wasser nach hinten und das Schiff fährt nach vorne. Auf der *Turbinia* gab es drei Turbinen, die drei Wellen mit je drei Schrauben antrieben. Die Höchstgeschwindigkeit betrug 34,5 Knoten.

Versuche

Wie die meisten Erfindungen durchlief die *Turbinia* viele Entwicklungsphasen, bevor Parsons zufrieden war. In der ersten Version war nur eine Turbine mit einer Schraube verbunden. Doch war es damit unmöglich, die Geschwindigkeit zu erreichen, die Parsons anstrebte.

ERSTER MOTOR DER *TURBINIA*

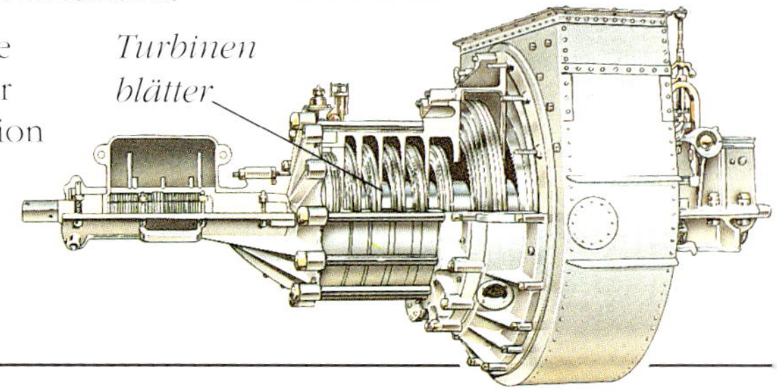

Brillanz

Sir Charles Parsons wurde 1854 als jüngster Sohn des Earl of Rosse geboren. Er lebte mit seinen Geschwistern auf einem Schloß in Irland. Sie gingen nie zur Schule, sondern hatten einen Privatlehrer und ihre eigene Werkstatt, wo sie viele Stunden damit zubrachten, Maschinen zu bauen. Als Charles erwachsen war, arbeitete er für technische Unternehmen und gründete schließlich seine eigene Firma, um seine Erfindung umzusetzen.

Ein neues Zeitalter

Nach der Vorführung der *Turbinia* begann die königliche Marine, ihre Kriegsschiffe mit Dampfturbinen zu betreiben. Innerhalb weniger Jahre wurde jedes größere Militär- oder Privatschiff der Welt mit Parsons' Erfindung betrieben. Die *Turbinia* hatte ihren letzten Demonstrationslauf im Jahr 1907, doch ist sie bis heute, renoviert, im Originalzustand erhalten.

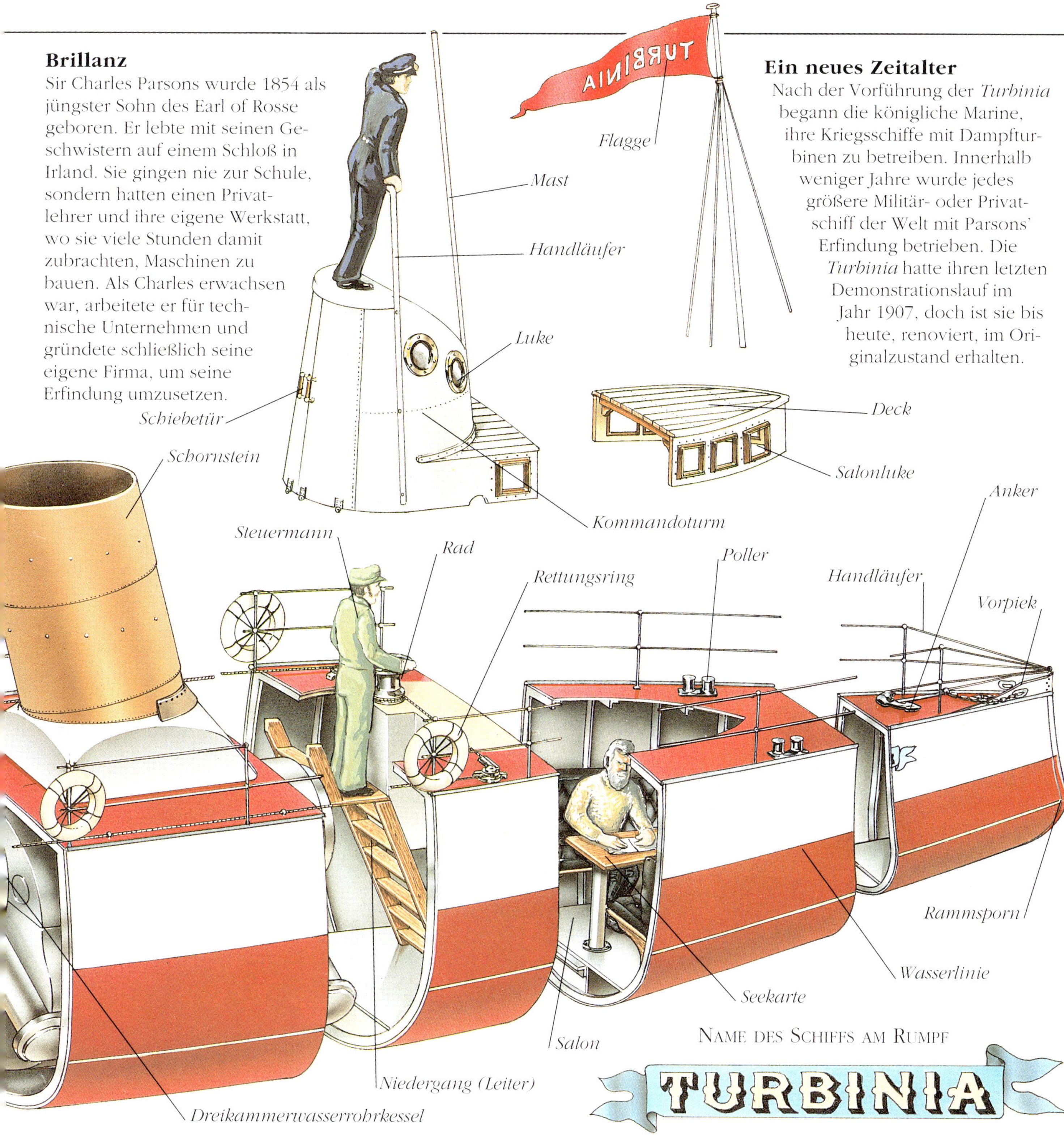

Name des Schiffs am Rumpf

TURBINIA

Technische Daten

Schraube: 45,2 cm im Durchmesser; 60,9 cm Steigung

Deckbalken: 2,74 m

Tiefgang: 0,91 m

Höchstgeschwindigkeit: 34,5 Knoten

Verdrängung: 45,2 Tonnen

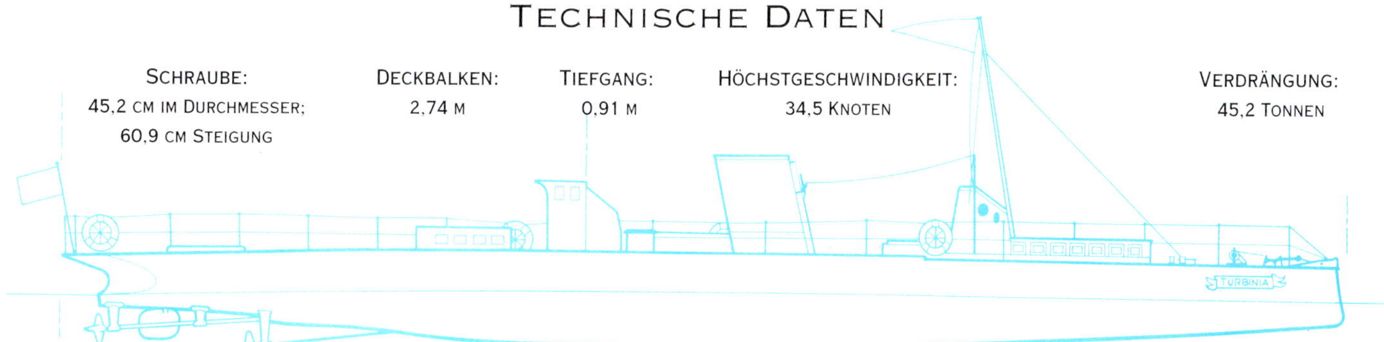

Höchstleistung: 1 472 kW (2 000 PS)

Gesamtlänge: 31,61 m

Rumpftiefe: 2,13 m

DRAGSTER-BIKE

ALLEIN WEGEN DES REIZES UND DER GEFAHR gehören Motorrad-Dragsterrennen zu den tollsten Erlebnissen! Die Fahrer sitzen kaum geschützt auf ihren hochgerüsteten Maschinen und wissen, daß der kleinste Fehler zur Katastrophe führen kann. Einst fuhren Motorrad-Dragster gegen Dragster-Wagen, heute bestreiten die Rennen zwei Motorräder über eine gerade Strecke von 402 m mit Geschwindigkeiten von knapp 325 km/h. Die Fahrer benötigen Erfahrung, Talent und Mut, um an die Grenzen des Möglichen zu stoßen.

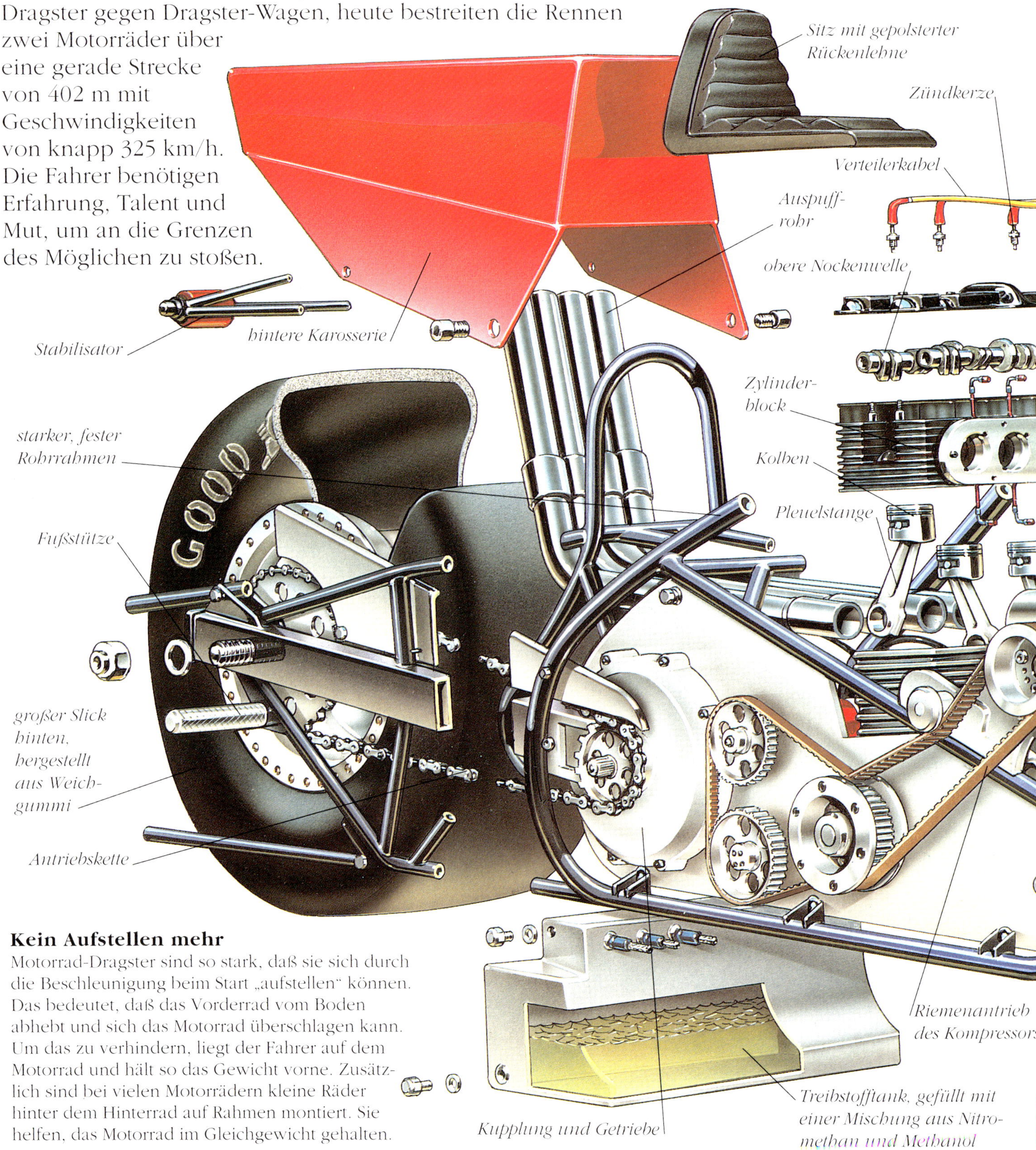

Kein Aufstellen mehr

Motorrad-Dragster sind so stark, daß sie sich durch die Beschleunigung beim Start „aufstellen" können. Das bedeutet, daß das Vorderrad vom Boden abhebt und sich das Motorrad überschlagen kann. Um das zu verhindern, liegt der Fahrer auf dem Motorrad und hält so das Gewicht vorne. Zusätzlich sind bei vielen Motorrädern kleine Räder hinter dem Hinterrad auf Rahmen montiert. Sie helfen, das Motorrad im Gleichgewicht gehalten.

Grundausrüstung
Grundsätzlich besteht der Motorrad-Dragster aus einem Rahmen, einem Motor, einem Sitz und zwei Rädern! Zusätzlich ist eine Verkleidung vorne am Motorrad und auch vorne am Rahmen angebracht. Die Verkleidungen vermindern den Luftwiderstand und tragen dazu bei, daß das Motorrad während eines Rennens hohe Geschwindigkeiten erreicht.

TECHNISCHE DATEN

BODENFREIHEIT: 7,5 CM

HÖCHSTGESCHWINDIGKEIT: 325 KM/H

MOTOR: 4 ZYLINDER, 1000 CC

GESAMTLÄNGE: 3 M

Genaue Beschreibung
Motorrad-Dragster sind entweder abgeänderte Modelle von bestehenden Produktionen oder ausschließlich für Rennen gebaute Motorräder. Um den Bestimmungen der örtlichen Rennverbände zu entsprechen, müssen sie manchmal einige Komponenten gewöhnlicher Straßenmodelle aufweisen, wie Scheinwerfer und Schutzbleche.

Vielmotorige Ungeheuer
Drag-Rennmotorräder können nicht nur einen Motor, sondern zwei oder sogar drei Motoren hintereinander haben. Mehrere Zylinder bedeuten auch mehr Kraft und Geschwindigkeit. Doch sogar mit dem stärksten Motorrad hängt es von den Fähigkeiten des Fahrers ab, ob er den Vorsprung in der Leistung zum Sieg nützen kann.

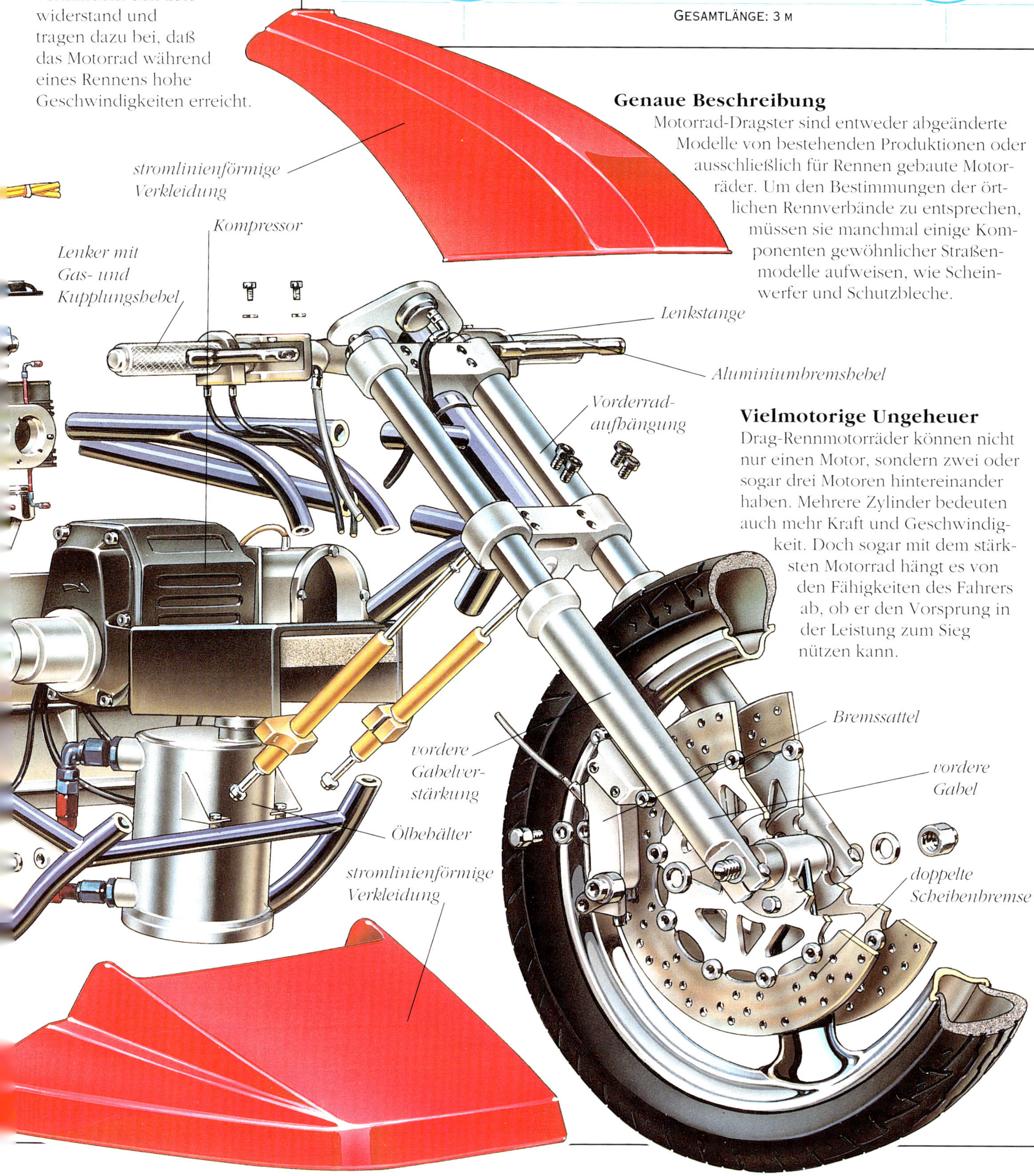

Rennboot

Hochsee-Schnellboote sind die schlanken Ungeheuer des Wassersports. Sie rasen über das offene Meer auf Strecken, die bis zu 257 km lang sein können. Einige haben einen Einzelrumpf, und andere (wie das unten dargestellte Modell) sind Katamarane, das heißt, sie haben zwei schlanke parallele Rümpfe. Sie ziehen mit Geschwindigkeiten von weit über 160 km/h über das Meer. Bootsrennen sind nichts für ängstliche Menschen. Bootsrahmen und Besatzung müssen stark genug sein, um die dauernden starken Schläge während eines Rennens auszuhalten.

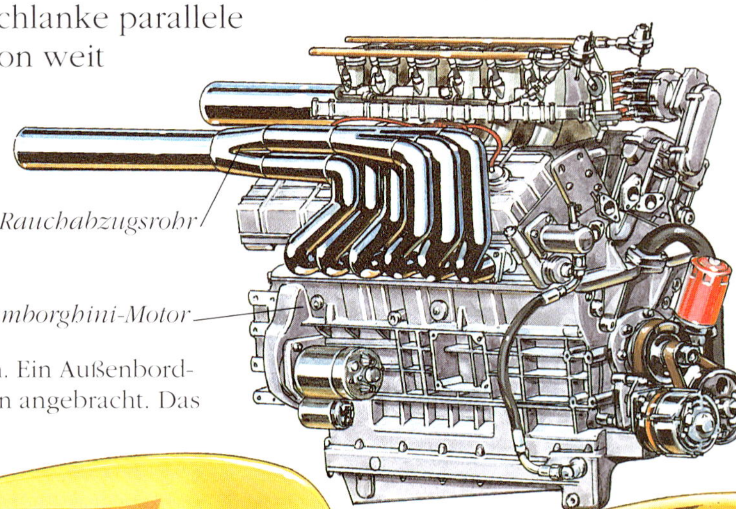

Hoher Treibstoffverbrauch

Rennboote können Außen- oder Innenbordmotoren haben. Ein Außenbordmotor ist mit der Rückseite des Boots verbunden und daran angebracht. Das hier dargestellte Fahrzeug hat zwei V-12-Lamborghini-Innenbordmotoren, die innen am Bootsrahmen befestigt sind. Diese Motoren sind sehr stark und verbrauchen in einem Rennen bis zu 181 l Treibstoff pro Stunde!

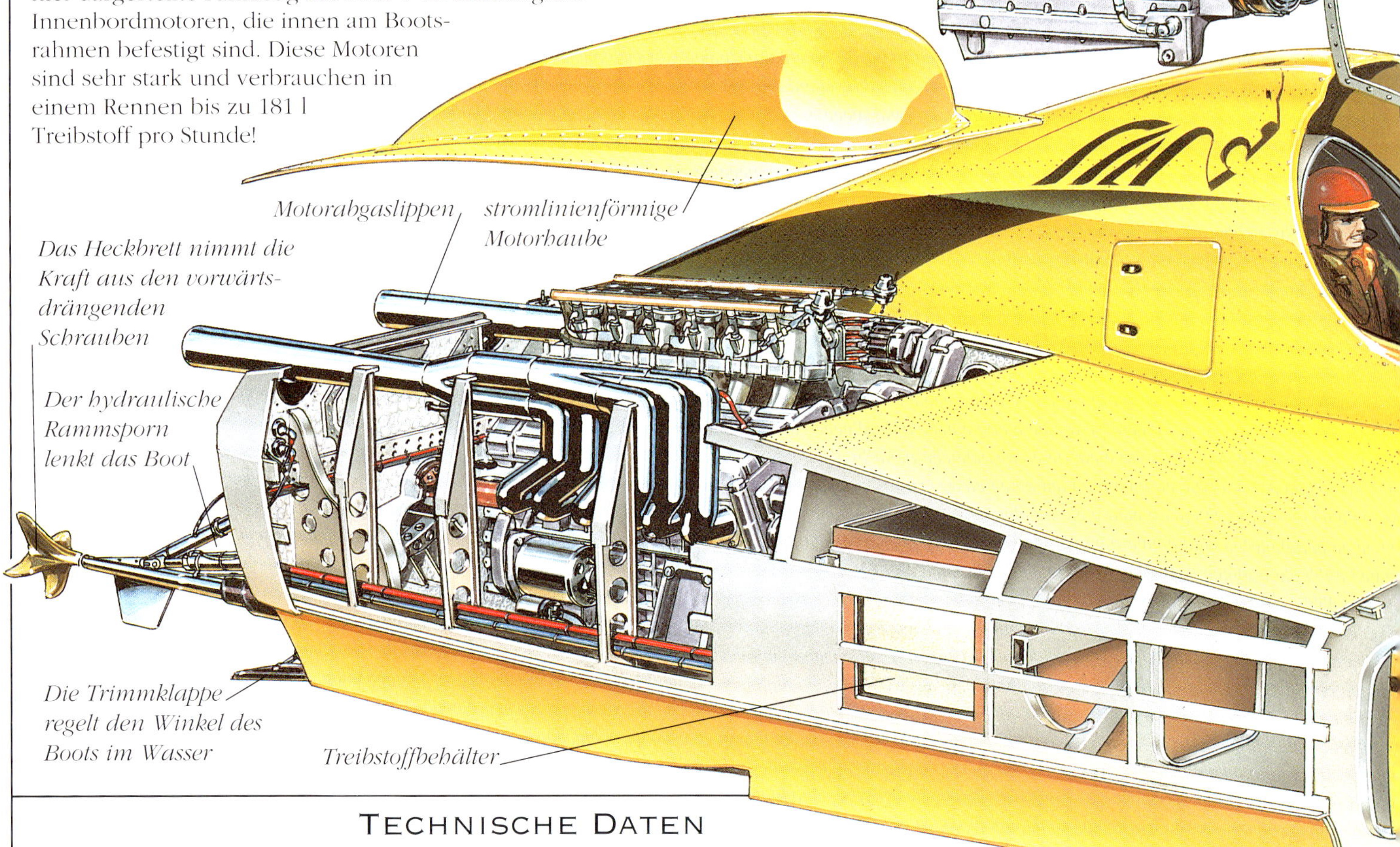

Technische Daten

Antrieb: Wellenschneidschraube mit Umfangsantrieb

Konstruktion: Aluminiumblech auf geschweisstem Aluminiumrahmen

Motoren: 2 x V-12-Lamborghini, 8,2 Liter, je 699 kW (950 PS)

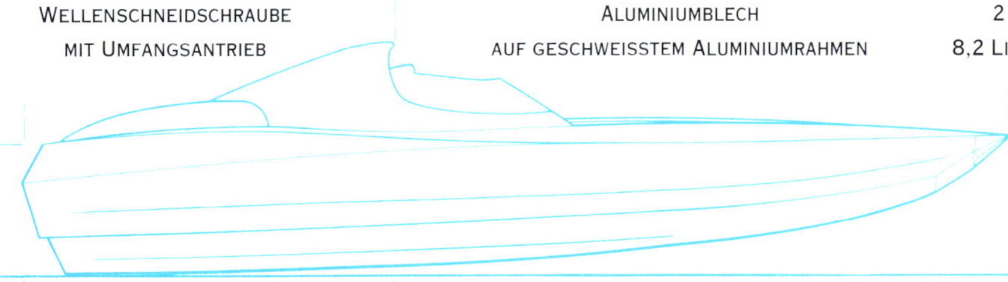

Länge: 15,2 m

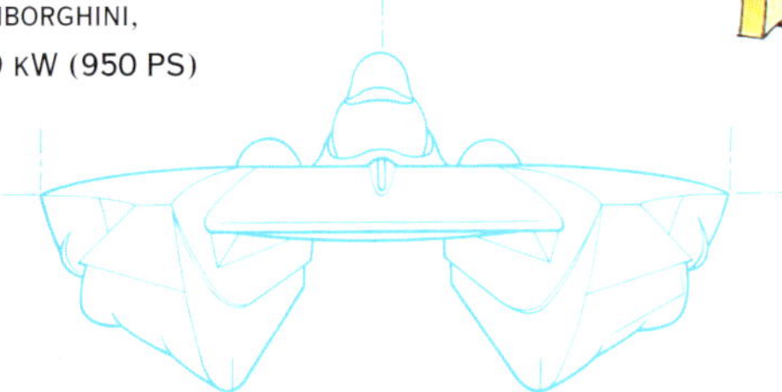

Im Cockpit

Boote dieser Größe brauchen eine Besatzung von zwei Mann. In diesem Katamaran sitzt der Fahrer vorne und der Bediener der Drosselklappe hinter ihm. Das Cockpit ist mit einer durchsichtigen Haube abgedeckt, die das Boot stromlinienförmig macht und gute Sicht garantiert. Sie entspricht der Haube des amerikanischen F-16-Kampffliegers, hat aber oben eine Öffnung als Fluchtweg für den Notfall.

Der Ausschalter

Aufgrund der Rennbestimmungen muß jedes Besatzungsmitglied an einem Handgelenk eine Schnur mit einem „Ausschalter" tragen. Wird einer aus dem Boot geschleudert, stellt der Ausschalter den Motor automatisch ab, damit das Boot nicht ohne Steuerung über das Meer rast.

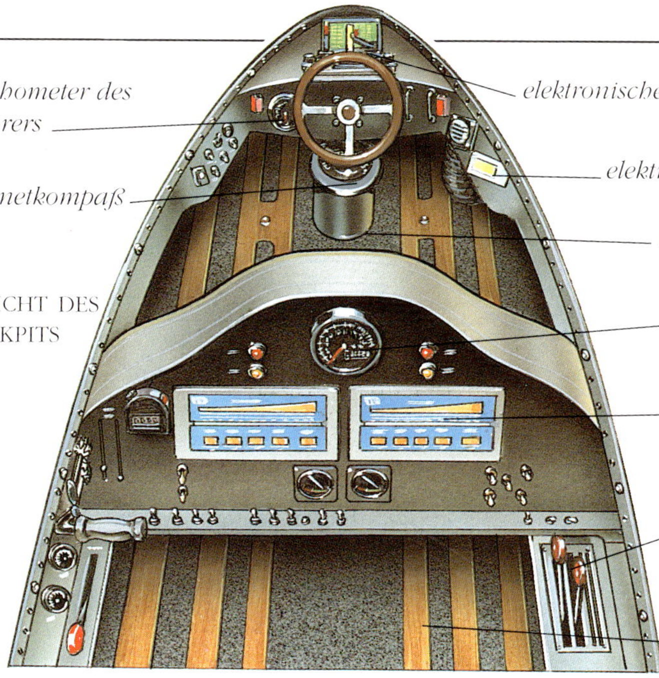

Ansicht des Cockpits

An der Steuerung

Der Fahrer muß das Boot mit Hilfe von elektronischen Satelliten-Navigationssystemen steuern. Sie zeigen sehr genau die Position des Boots an. Das andere Mitglied der Besatzung kontrolliert die Geschwindigkeit und Trimmlage des Boots. Die Trimmklappen werden bewegt, falls die Nase zu hoch ist. Es ist sogar möglich, Treibstoff zwischen die Tanks zu pumpen, um die Seiten im Gleichgewicht zu halten.

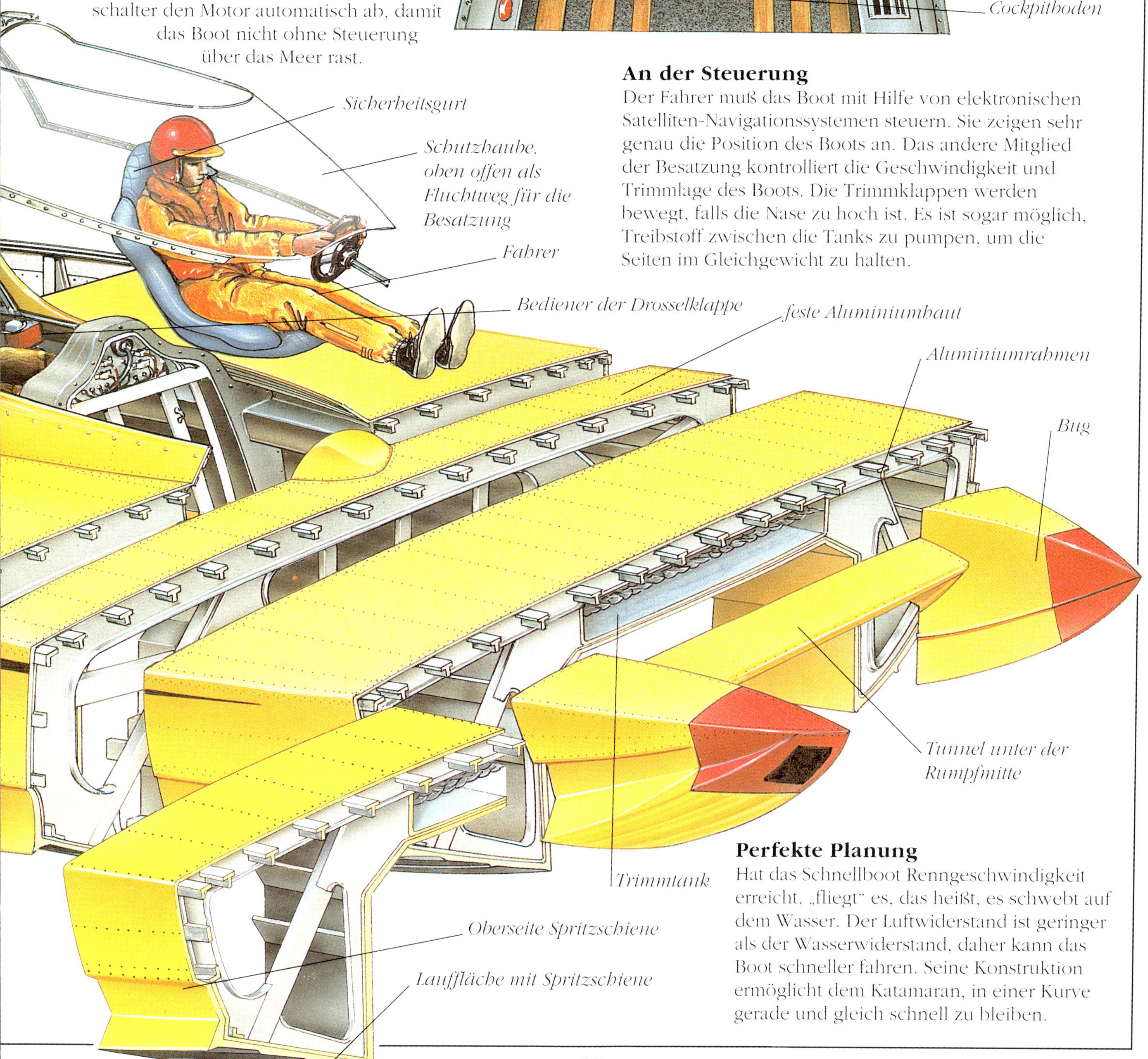

Perfekte Planung

Hat das Schnellboot Renngeschwindigkeit erreicht, „fliegt" es, das heißt, es schwebt auf dem Wasser. Der Luftwiderstand ist geringer als der Wasserwiderstand, daher kann das Boot schneller fahren. Seine Konstruktion ermöglicht dem Katamaran, in einer Kurve gerade und gleich schnell zu bleiben.

Tempest V

Es ist Juni 1944, und ein Pilot der königlich-britischen Luftwaffe (RAF) versucht angestrengt, am dunklen Nachthimmel etwas zu erkennen. Er sucht kein feindliches Flugzeug, sondern eine unbemannte V-1-Rakete, eine tödliche „fliegende Bombe" mit Düsenantrieb. Plötzlich sieht der Pilot den Lichtschimmer des Abdampfs der V-1 in der Ferne. Die Hawker Tempest V, die er fliegt, ist eines der schnellsten Propellerflugzeuge. Er fliegt hinter der Bombe, nimmt den Abdampf ins Visier und feuert ab. Wenn die V-1 explodiert, dreht er sich schnell weg.

Hoch, schnell und tödlich

Die V-1-Raketenbomben flogen in einer Höhe zwischen 450 und 600 m. Sie waren voller Sprengstoff, um auf der Erde bei der Explosion großen Schaden anzurichten. Die Hawker Tempests gehörten zu den schnellsten Propellerflugzeugen ihrer Zeit, schnell genug, um die Bomben auf ihrer tödlichen Mission abzufangen.

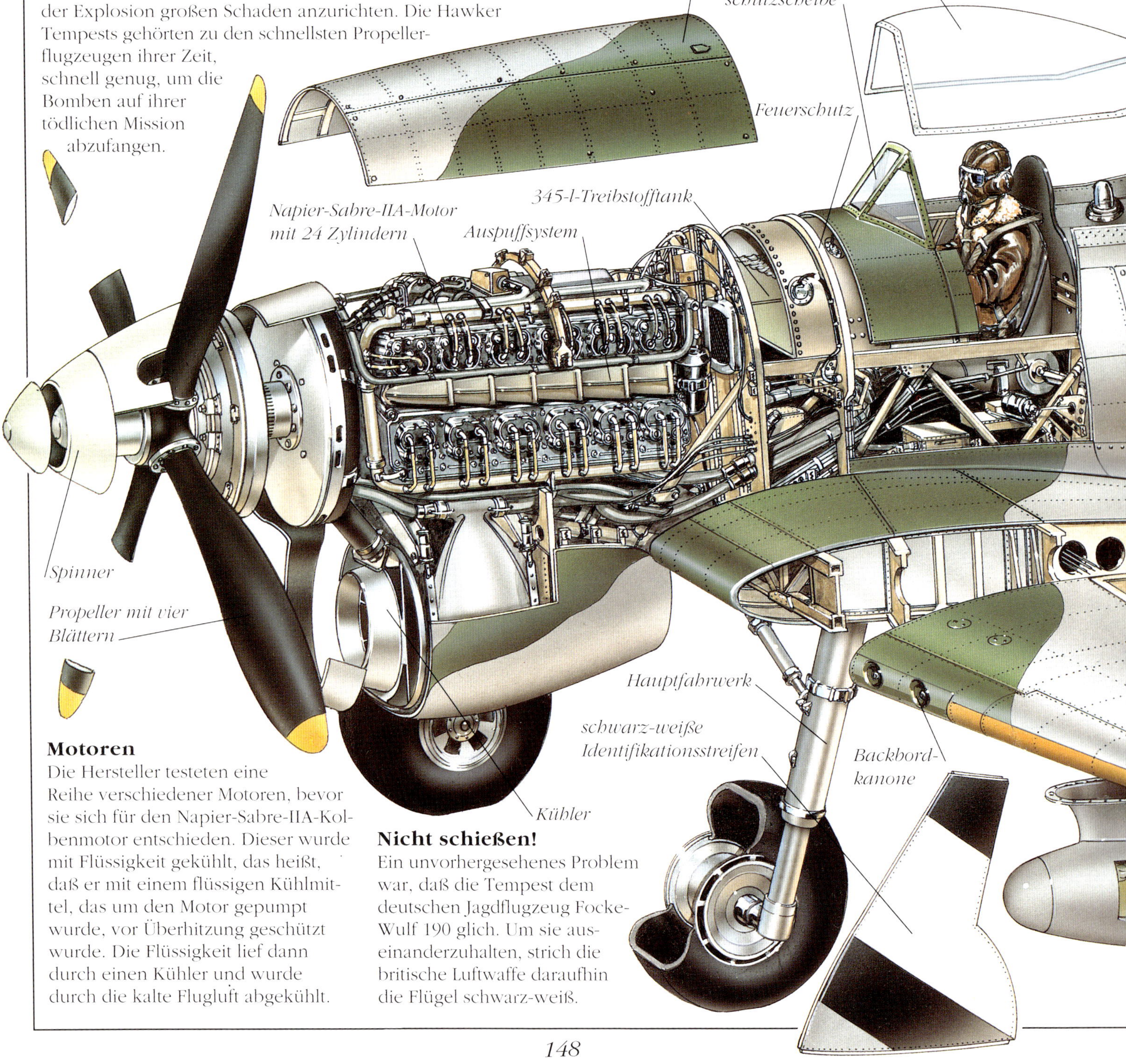

Motoren

Die Hersteller testeten eine Reihe verschiedener Motoren, bevor sie sich für den Napier-Sabre-IIA-Kolbenmotor entschieden. Dieser wurde mit Flüssigkeit gekühlt, das heißt, daß er mit einem flüssigen Kühlmittel, das um den Motor gepumpt wurde, vor Überhitzung geschützt wurde. Die Flüssigkeit lief dann durch einen Kühler und wurde durch die kalte Flugluft abgekühlt.

Nicht schießen!

Ein unvorhergesehenes Problem war, daß die Tempest dem deutschen Jagdflugzeug Focke-Wulf 190 glich. Um sie auseinanderzuhalten, strich die britische Luftwaffe daraufhin die Flügel schwarz-weiß.

Technische Daten:

Motor:
1605-kW (2 180 PS)-Napier-Sabre-IIA, 24 Zylinder

Bestückung:
Vier MK-V-Hispano-20-mm-Kanonen, zwei 454-kg-Bomben oder acht Raketen

Höchstgeschwindigkeit:
750 km/h

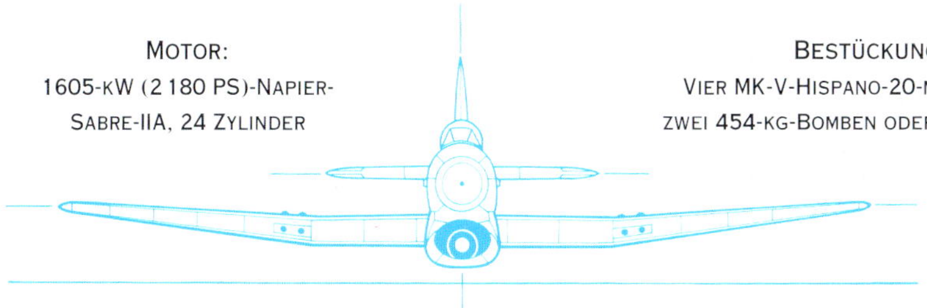

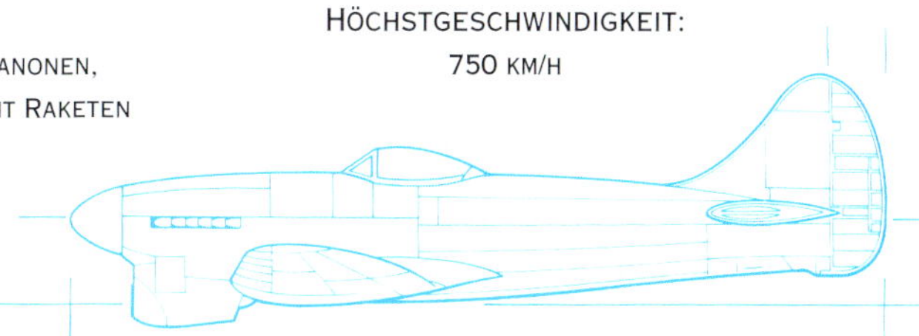

Flügelspannweite: 12,5 m

Länge: 10,26 m

Höhe: 4,9 m

Erfolgreicher Vogel

1945, gegen Ende des II. Weltkriegs, behaupteten die Piloten der Tempests, 800 deutsche V-1 zerstört zu haben. Nach Kriegsende machte die Erfindung der Düsenjets die Tempests überflüssig, und sie endeten in der Luftwaffe als Ziele für Schießübungen.

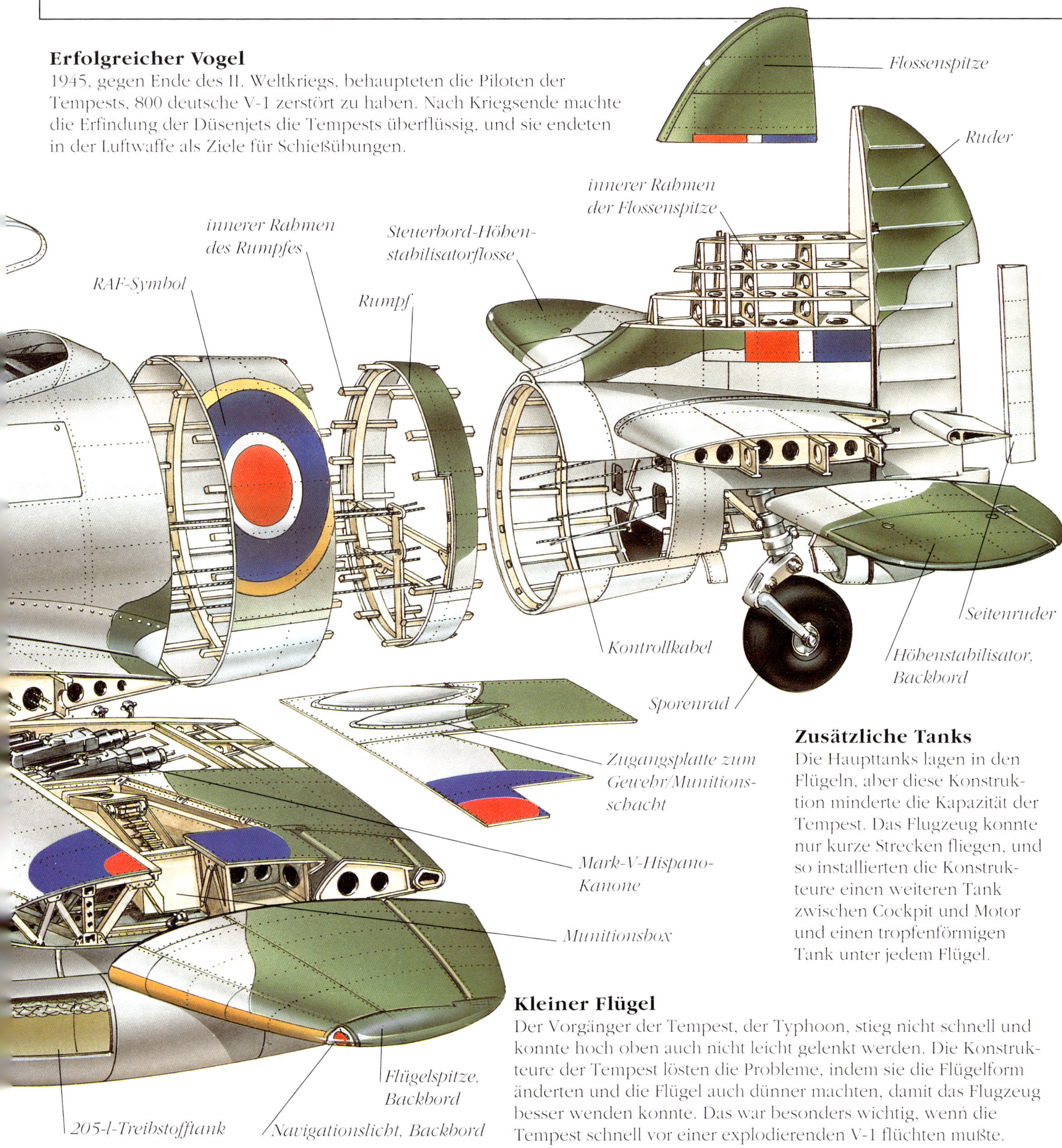

Zusätzliche Tanks

Die Haupttanks lagen in den Flügeln, aber diese Konstruktion minderte die Kapazität der Tempest. Das Flugzeug konnte nur kurze Strecken fliegen, und so installierten die Konstrukteure einen weiteren Tank zwischen Cockpit und Motor und einen tropfenförmigen Tank unter jedem Flügel.

Kleiner Flügel

Der Vorgänger der Tempest, der Typhoon, stieg nicht schnell und konnte hoch oben auch nicht leicht gelenkt werden. Die Konstrukteure der Tempest lösten die Probleme, indem sie die Flügelform änderten und die Flügel auch dünner machten, damit das Flugzeug besser wenden konnte. Das war besonders wichtig, wenn die Tempest schnell vor einer explodierenden V-1 flüchten mußte.

Indy-Car

Indy-car-Rennen begannen in den USA Anfang des 20. Jahrhunderts. Sie erhielten den Namen von der Stadt Indianapolis, Indiana, wo 1909 eine neue Rennstrecke eröffnet wurde. Heute gehören die Indy-Car-Rennen zu den beliebtesten Motorsportveranstaltungen. Das Indy-Car ist schwerer als das andere bekannte Rennauto, der Formel-1-Wagen, und hat einen Turbomotor, der die Leistung steigert. Dazu kommt eine aerodynamische Form, durch die das Auto auf der Strecke gehalten wird. Das Ergebnis ist ein wunderbares Fahrzeug, das in einem Rennen Geschwindigkeiten bis zu 322 km/h erreichen kann.

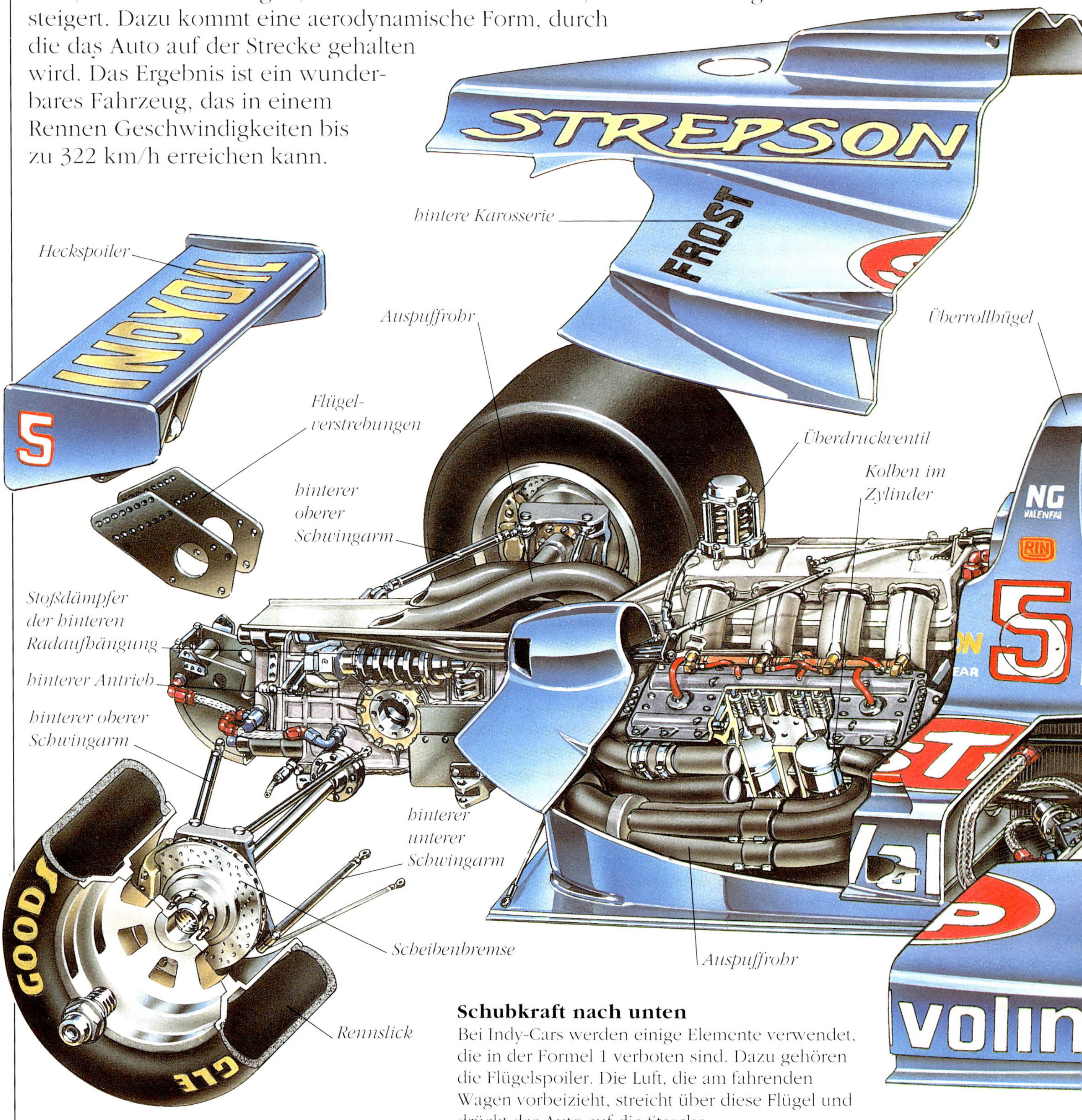

Schubkraft nach unten

Bei Indy-Cars werden einige Elemente verwendet, die in der Formel 1 verboten sind. Dazu gehören die Flügelspoiler. Die Luft, die am fahrenden Wagen vorbeizieht, streicht über diese Flügel und drückt das Auto auf die Strecke.

Technische Daten

Überleben
Das Cockpit eines Indy-Car besteht aus Kohlenfasern, um einem Aufprall standzuhalten und dem Fahrer bei einem Unfall größtmöglichen Schutz zu gewähren. Der Überrollbügel schützt den Kopf des Fahrers.

Sofortiges Abheben
Indy-Cars sind speziell konstruiert, um die Schräglage (Erhöhung an den Außenseiten) der ovalen Rennstrecke auszugleichen. Wenn der Fahrer einen Schalter betätigt, hebt sich die rechte Seite des Wagens durch Druckluft, um die Erhöhung auszugleichen.

High-Tech
Der Fahrer hat eine Flüssigkristallanzeige auf dem Lenkrad. Sie zeigt die Drehzahl, die Motor- und Öltemperatur und andere Funktionen an.

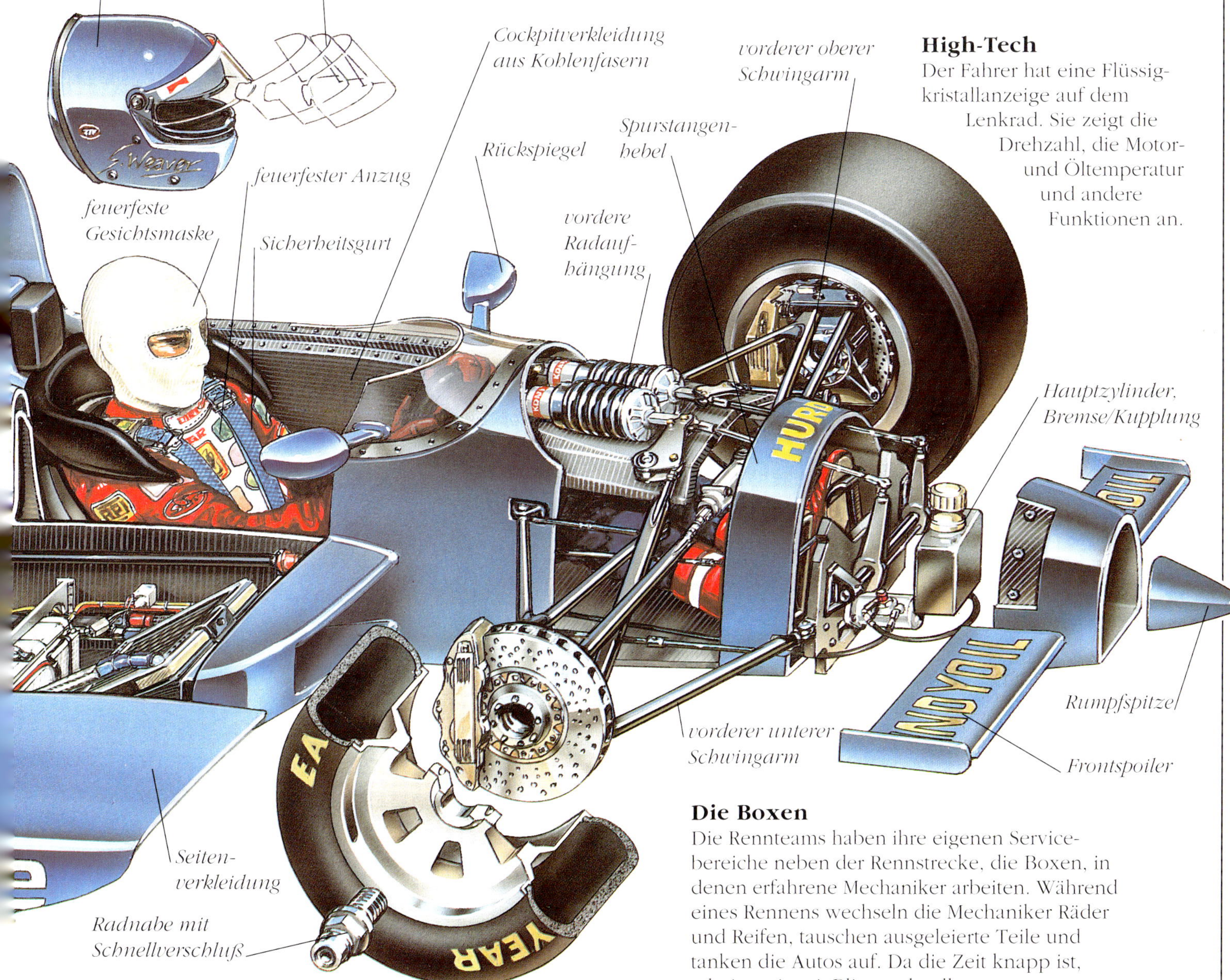

Die Boxen
Die Rennteams haben ihre eigenen Servicebereiche neben der Rennstrecke, die Boxen, in denen erfahrene Mechaniker arbeiten. Während eines Rennens wechseln die Mechaniker Räder und Reifen, tauschen ausgeleierte Teile und tanken die Autos auf. Da die Zeit knapp ist, arbeiten sie mit Blitzesschnelle.

Entwicklung

In den letzten 150 Jahren haben die Menschen immer schnellere Autos, Züge, Boote und Flugzeuge gebaut. Hatten sie einst Angst vor den hohen Geschwindigkeiten, fliegen nun viele Menschen mit Überschallflugzeugen. Hier sind einige Meilensteine in der Geschichte von Hochgeschwindigkeitsmaschinen.

Dreirad von Benz, 1885, 12–16 km/h

Tee-Klipper um 1860, 20 km/h

Indy-Car der 90er Jahre, 370 km/h

Dragster der 90er Jahre, 370 km/h

LNER Mallard, 1938, 202 km/h

Hawker Tempest, 1943, 750 km/h

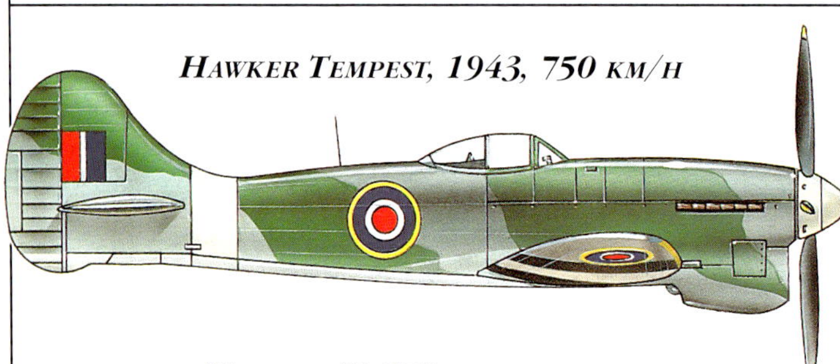

Blue Flame, 1970, 1 001 km/h

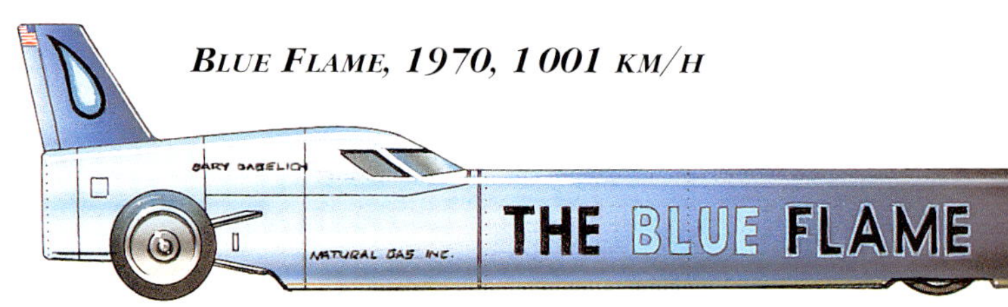

Heinkel He178 (erster Jet), 1939, 684 km/h

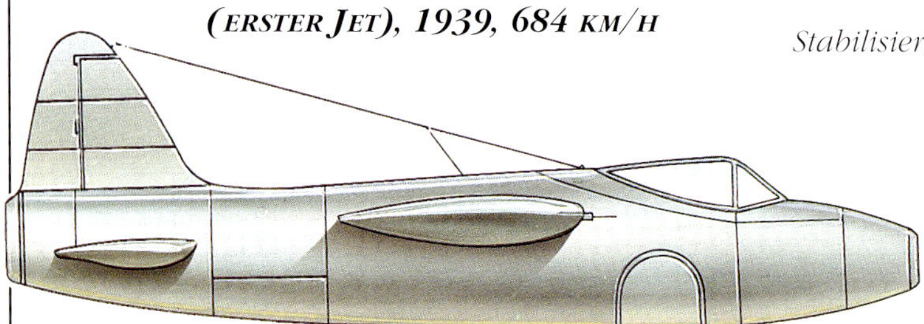

Thrust 2, 1983, 1 108 km/h

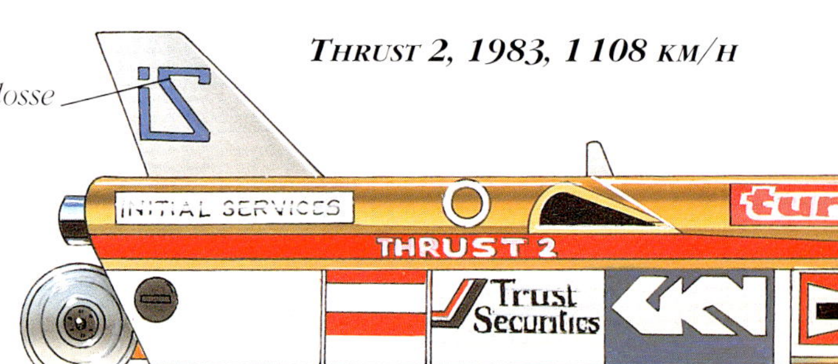

Lokomotive, 1825, 24 km/h

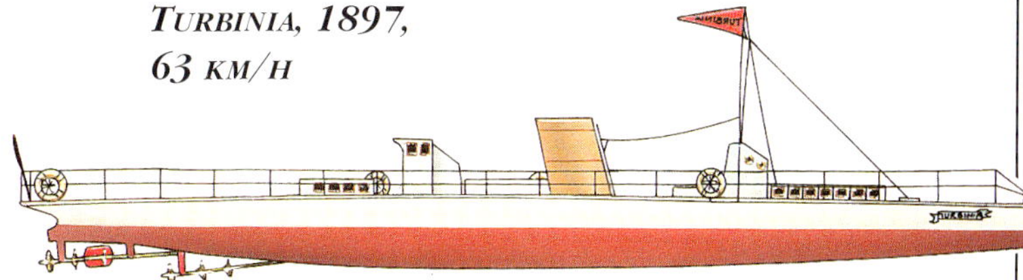

Turbinia, 1897, 63 km/h

Fahrrad, 1840, 20 km/h

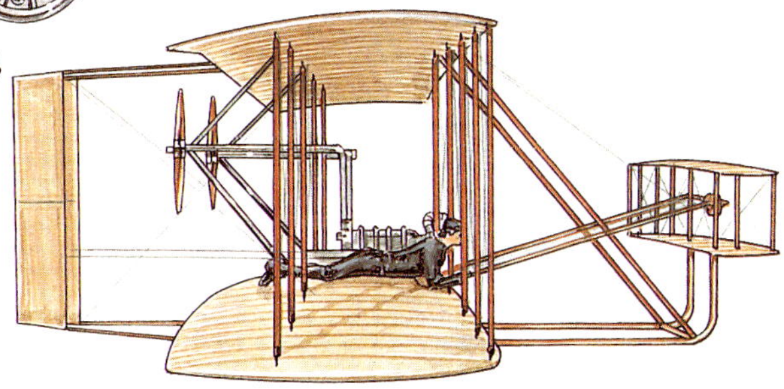

Flieger von Wright, 1903, 48 km/h

Jet-Ski der 90er Jahre, 64 km/h

TGV-Zug der 80er Jahre, 380 km/h

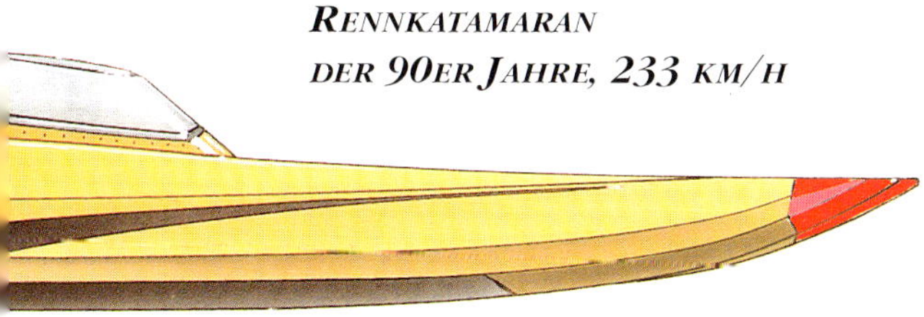

Rennkatamaran der 90er Jahre, 233 km/h

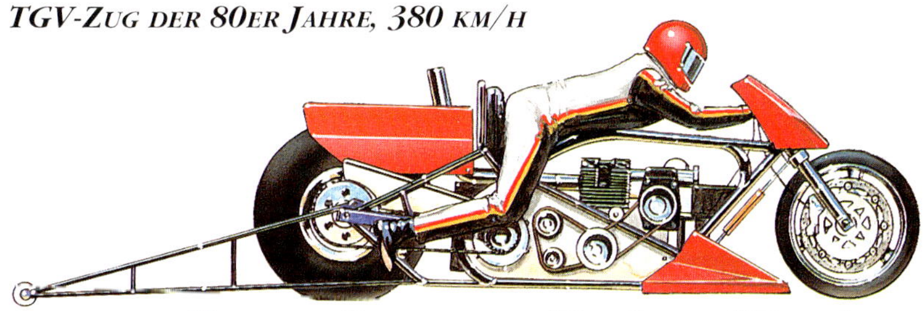

Motorrad-Dragster der 90er Jahre, 325 km/h

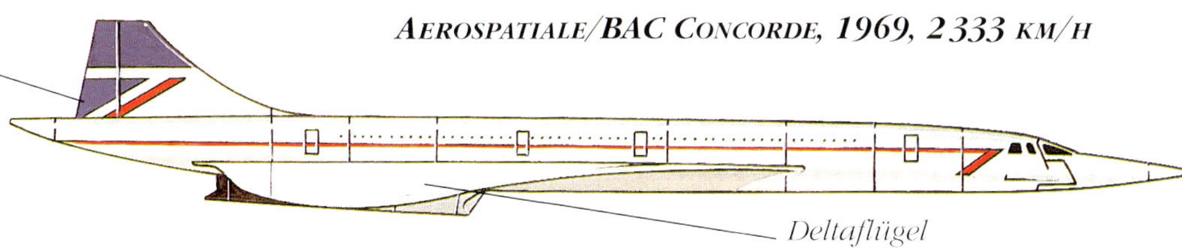

Aerospatiale/BAC Concorde, 1969, 2 333 km/h

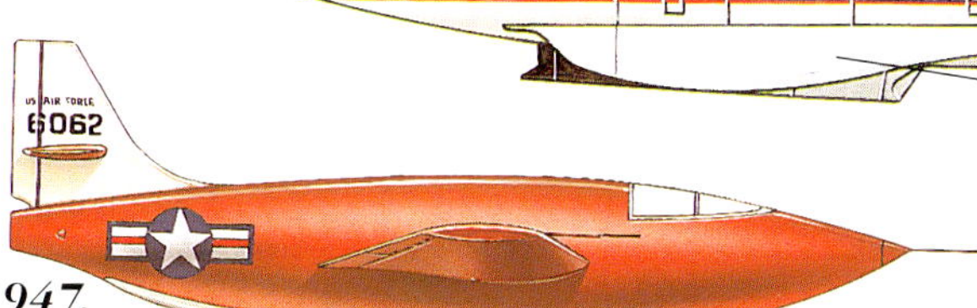

Bell X-1, 1947, 1 078 km/h

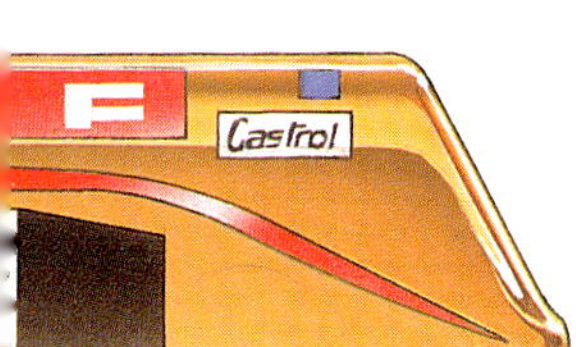

Lockheed SR-71 Blackbird, 1964, 3 528 km/h

Glossar

Abgas
Die Gase, die vom Zylinder eines Motors ausgestoßen werden, sobald der Treibstoff verbrannt ist.

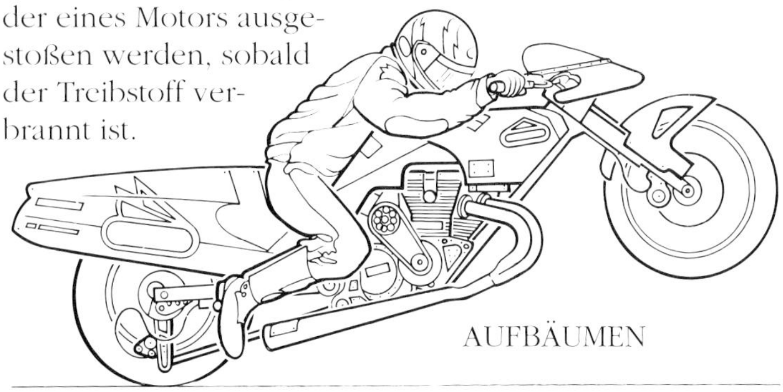

AUFBÄUMEN

Aufbäumen
Wenn der Fahrer zu rasch beschleunigt, hebt das Vorderrad vom Boden ab, und das Motorrad richtet sich auf. Aus diesem Grund haben Drag-Bikes am Hinterrad Vorrichtungen, die verhindern, daß sich das Motorrad beim Beschleunigen überschlägt.

Ausbrennen
Eine Technik, die bei Dragster-Rennen verwendet wird, um die großen Hinterreifen aufzuwärmen. Die Reifen werden mit Wasser befeuchtet und im Stand gedreht. Dadurch wird der Reifen gereinigt und der Gummi erhitzt, so daß er auf der Strecke bessere Bodenhaftung hat.

Außenbord
Der Begriff wird verwendet, wenn der Motor eines Schnellboots außen am Heck des Boots befestigt ist.

Ballast
Schweres Material wie Stein oder Eisen, das zur Stabilisierung eines Schiffes verwendet wird und gewährleistet, daß es geradebleibt und sich nicht auf eine Seite neigt.

Beschleunigung
Die Einheit, mit der ein Fahrzeug, Flugzeug oder Boot an Geschwindigkeit gewinnt.

Endgeschwindigkeit
Die höchste Geschwindigkeit, die von einem Drag-Car oder -Bike bei einem Rennen über eine Viertelmeile erreicht wird.

Gashebel
Eine Vorrichtung, die kontrolliert, wieviel Treibstoff in einen Motor fließen kann. Dadurch wird das Fahrzeug beschleunigt oder abgebremst.

G-Kraft
Die Auswirkungen der Schwerkraft auf den menschlichen Körper, meist als 1 bezeichnet. Fahren mit hoher Geschwindigkeit kann diese Kraft erhöhen. Zum Beispiel bedeutet eine G-Kraft von 8 (wie man sie in einem Schnellboot verspürt), daß der Körper tatsächlich achtmal so schwer ist wie normal.

Gleiten
Der kombinierte Effekt von Geschwindigkeit und Bauweise, durch den Boote auf der Wasseroberfläche gleiten können, indem sie auf einem sehr dünnen Luftpolster schweben. Luft hat einen geringeren Widerstand als Wasser, so daß das Boot schneller ist, wenn es gleitet.

Innenbord
Der Begriff wird verwendet, wenn sich der Motor eines Schnellboots innen am Rahmen eines Boots befindet.

Katamaran
Ein Boot mit einem schlanken Rumpf auf jeder Seite. Diese Rümpfe vermindern den Wasserwiderstand und machen das Boot schneller.

KATAMARAN

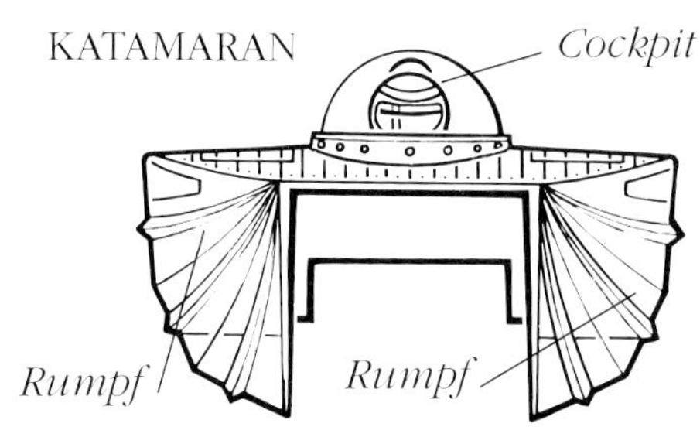

Kessel
Der Teil einer Dampfmaschine, in dem das Wasser zur Dampferzeugung erhitzt wird.

Kolben
Ein Metallstück in einem Zylinder. Er wird im Zylinder durch die Kräfte des verbrennenden Treibstoffs (wie beim Verbrennungsmotor) oder Öls, das (wie bei einem hydraulischen System) in den Zylinder gepumpt wird, auf- und abbewegt.

Kompressor
Manchmal auch als Gebläse bezeichnet. Diese Vorrichtung verhilft einem Motor zu höherer Leistung, da eine Mischung aus Treibstoffdampf und Luft unter stark erhöhtem Druck in den Motor gedrückt wird.

Kühler
Teil des Kühlsystems eines Motors. Die Hitze, die durch den Betrieb des Motors entsteht, wird durch eine Kühlflüssigkeit gesenkt, die um den Motor zirkuliert. Die Hitze wird an die Luft abgegeben, wenn die Kühlflüssigkeit durch den Kühler geht. Dann fließt die abgekühlte Flüssigkeit zurück zum Motor, wo sich der Vorgang wiederholt.

Laufendes Gut
Ein Seilsystem, das verwendet wird, um die Segel auf einem Segelschiff wie einem Klipper oder einem anderen Rahsegler zu heben und zu sichern.

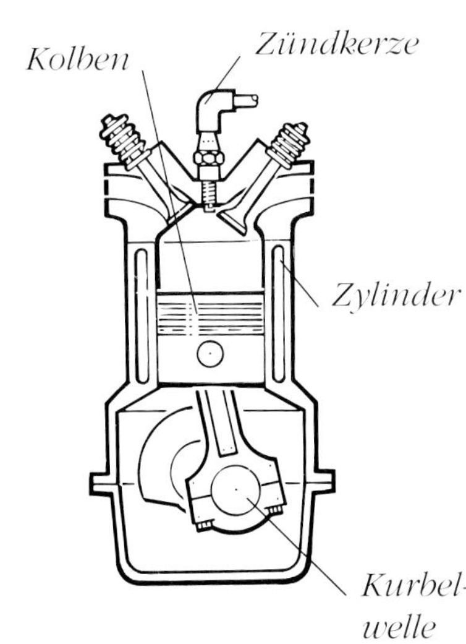

QUERSCHNITT EINES MOTORS

Luftwiderstand
Die Kraft, die von der Luft während einer Bewegung auf einen Körper ausgeübt wird. Konstrukteure von Hochgeschwindigkeitsmaschinen versuchen den Luftwiderstand gering zu halten, damit das Fahrzeug nicht aufgehalten wird.

Nitromethan
Besonderer Treibstoff, der bei Drag-Rennmotoren verwendet wird. Er steigert die Leistung des Motors.

Personal Watercraft
Kurz PWC. Eine Art Motorrad auf Wasserskiern, das im Wassersport verwendet wird. Ein besonderer Typ des PWC heißt „Jet-Ski".

Seitenwände
Die Seitenflächen eines Reifens. Sie kommen nicht mit der Fahrbahn in Kontakt.

Spoiler
Die flügelähnliche Struktur auf einem Auto oder Flugzeug. Wenn ein Fahrzeug fährt, preßt der Spoiler je nach seiner Form Luft schneller über eine Seite. Dadurch hebt das Fahrzeug entweder ab (wie beim Flugzeug), oder es wird auf den Boden gedrückt (wie beim Rennauto).

Treibstofftank
Eine Kammer, wo der Treibstoff aufbewahrt wird. Wenn ein Fahrzeug gestartet wird, strömt der Treibstoff vom Tank über Rohre in den Motor.

Triebwerk
Ein Motor, der einen mächtigen Strahl von heißem Gas (wie beim Flugzeug) oder Wasser (wie beim PWC) produziert, mit dem ein Fahrzeug oder Flugzeug angetrieben wird.

Verbrennungsmotor
Eine Art Motor, bei der Treibstoff in Metallzylindern im Motor verbrannt wird. In jedem Zylinder befindet sich ein Metallstück, der Kolben, der durch Kräfte bewegt wird, die durch die Verbrennung von heißen Gasen entstehen. Die Bewegung des Kolbens treibt andere Teile des Fahrzeugs an.

VERBRENNUNGSMOTOR

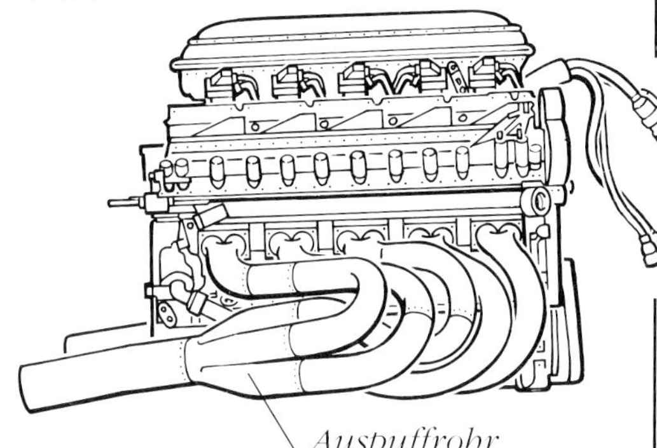

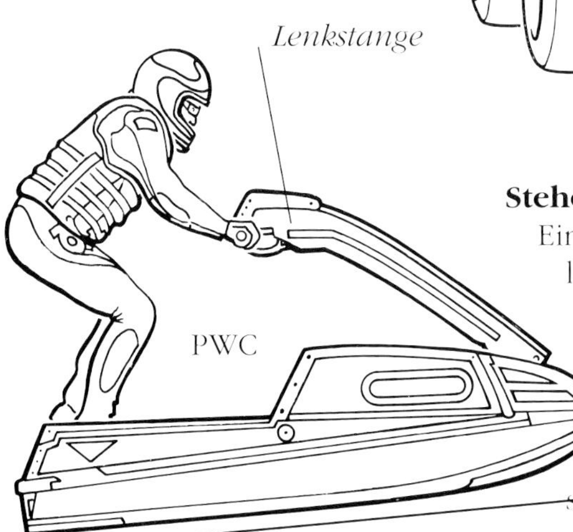

Scheibenbremse
Die Bremsklötze sind an einer Scheibe am Rad des Fahrzeugs befestigt. Durch die Reibung wird das Rad langsamer.

Schraube
Eine Achse, auf der Flügel aus Metall befestigt sind. Die Drehbewegung verursacht Kräfte, die das Fahrzeug durch die Luft oder das Wasser treiben.

Stehendes Gut
Ein System aus Seilen oder Drahtkabeln, das verwendet wird, um die Masten auf einem Segelschiff zu fixieren.

Stromlinienform
Die Form einer Hochgeschwindigkeitsmaschine, die den Luft- oder Wasserwiderstand verringert. Der Luft- oder Wasserwiderstand steigt, wenn er mehr flache Angriffsflächen hat. Er sinkt, wenn die Formen abgerundet sind und Luft oder Wasser vorbei können. Dadurch wird die Maschine schneller.

Trimmlage
Der Winkel, in dem ein Boot auf dem Wasser aufsitzt.

Überschall
Schneller als die Schallgeschwindigkeit. Düsenjets fliegen heute mit dieser Geschwindigkeit. Rekordbrecher unter Landfahrzeugen werden gerade gebaut.

Verstrichene Zeit
Die Zeit, die ein Drag-Car oder -Bike benötigt, um eine Viertelmeile zu fahren.

Zylinder
Ein rohrförmiger Teil des Motors, in dem der Kolben durch Dampf oder heißes Gas, das unter Druck in den Zylinder eintritt, auf- und abbewegt wird.

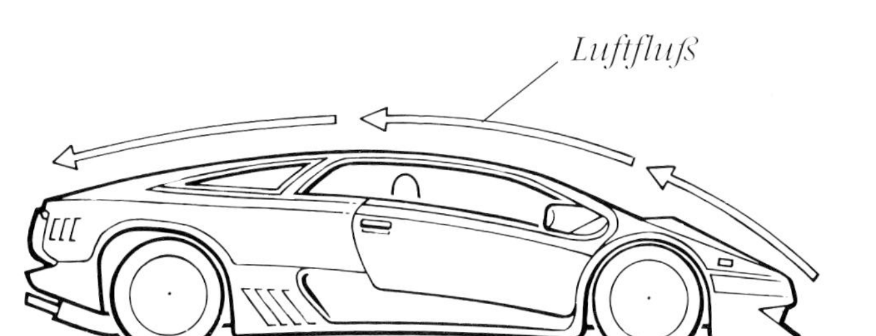

STROMLINIENFORM

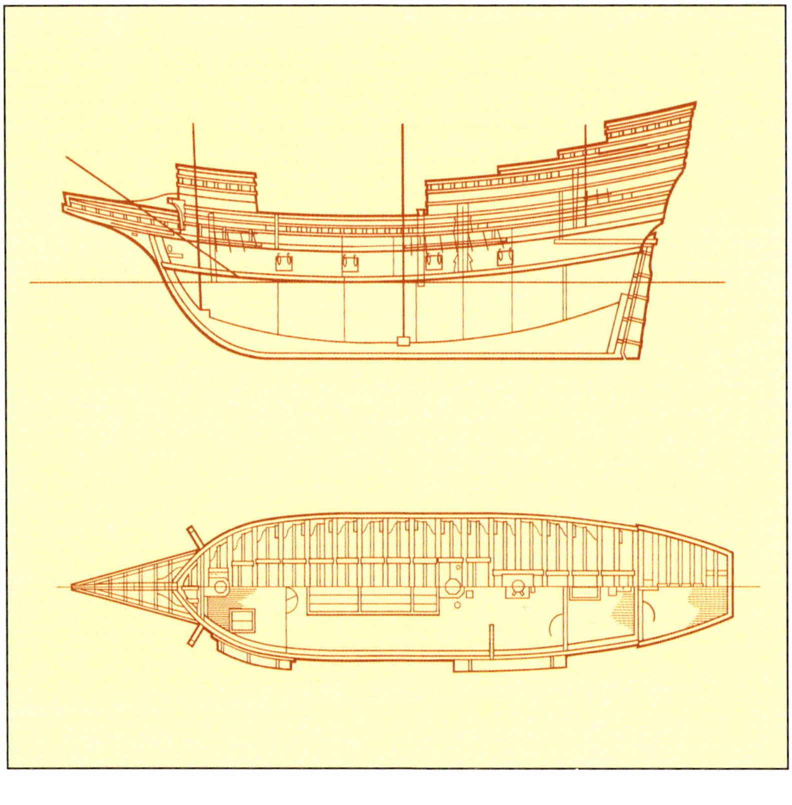

SCHIFFE

INHALT

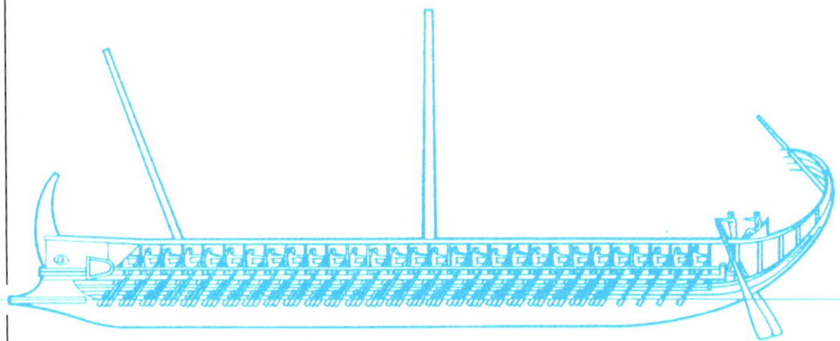

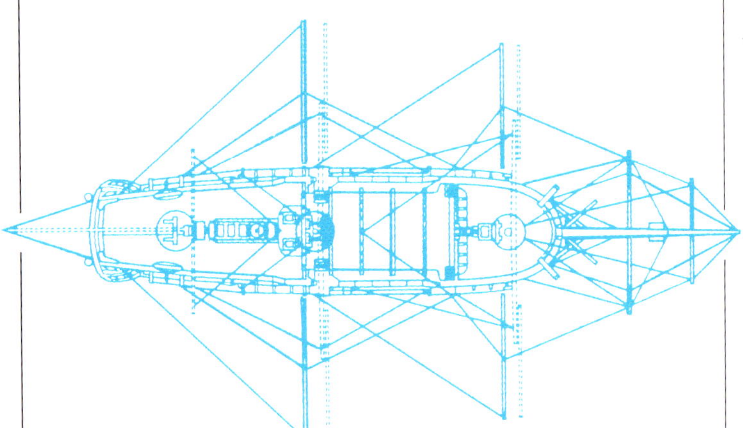

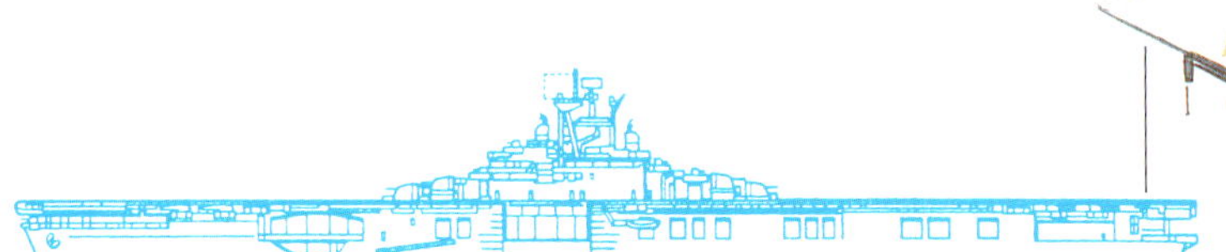

TRIREME

STELL DIR VOR, eine Flotte von schnellen, schlanken Schiffen mit aufgemalten grimmigen Augen kommt auf dich zu. Du hörst das Platschen der Ruder und siehst die Schwerter in der Sonne glitzern. Wärst du ein Feind der alten Griechen, bekämest du Angst. Diese Schiffe hießen Triremen und gehörten vor ungefähr 2 400 Jahren dem mächtigen Stadtstaat Athen. Bisher konnten noch keine Überreste einer Trireme gefunden werden. Doch weiß man aus Malereien auf griechischen Vasen und von Reliefs, wie sie ausgesehen haben. Vor kurzem wurde ein Modell einer Trireme gebaut.

Masten und Segel
Es gab zwei Masten und Segel, einen Großmast mit einem Großsegel mittschiffs (in der Mitte) und einen Bootsmast mit Bootssegel vorne.

Segel nieder!
Wenn eine Trireme in eine Schlacht ging, wurden die Segel an Land gelassen und die Masten im Schiff umgelegt. Diese Trireme wurde überraschend angegriffen, so daß Masten und Segel noch gesetzt sind.

Kapitän
Am Bug (vorne) war eine Plattform, auf der ein Schiffsoffizier (der Prorat) und einige Besatzungsmitglieder saßen. Er nahm Befehle vom Steuermann entgegen.

Rammbug
Triremen konnten feindliche Schiffe unter der Wasserlinie rammen und beschädigen. Der Rammbug hatte scharfe Zähne.

Volle Fahrt voraus!
An Bord waren 170 Ruderer, von denen jeder ein schweres Ruder betätigte. Sie ruderten zur Musik eines Pfeifers.

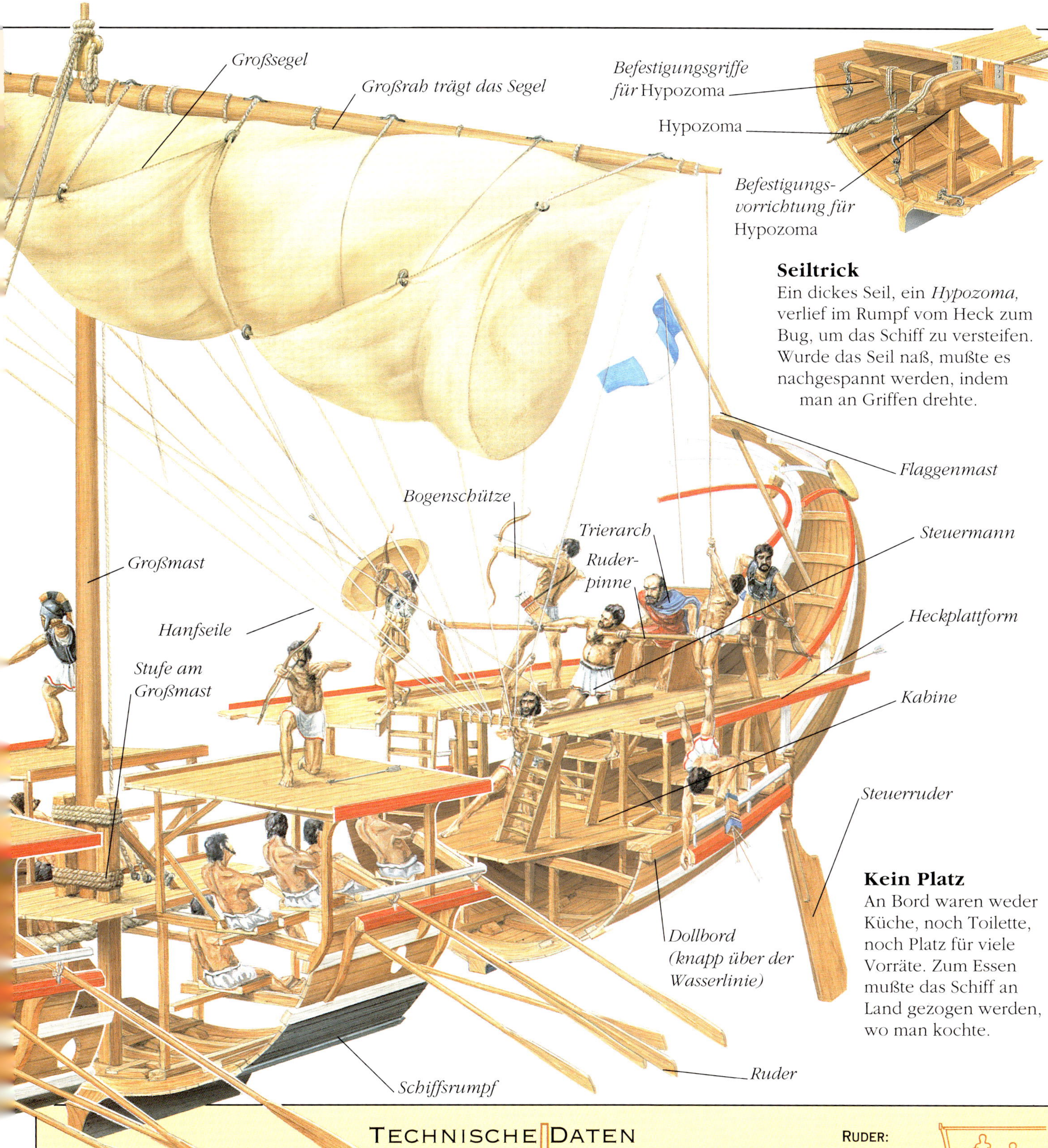

Seiltrick
Ein dickes Seil, ein *Hypozoma*, verlief im Rumpf vom Heck zum Bug, um das Schiff zu versteifen. Wurde das Seil naß, mußte es nachgespannt werden, indem man an Griffen drehte.

Kein Platz
An Bord waren weder Küche, noch Toilette, noch Platz für viele Vorräte. Zum Essen mußte das Schiff an Land gezogen werden, wo man kochte.

Technische Daten

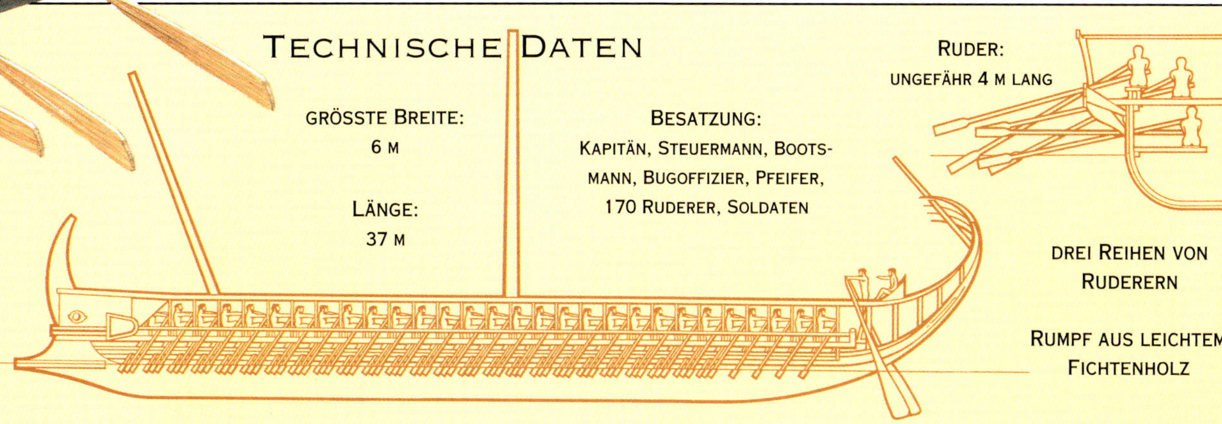

Mary Rose

AN EINEM SOMMERTAG des Jahres 1545 sandte Heinrich VIII. von England seine besten Kriegsschiffe zum Kampf gegen die französische Flotte aus, die sein Königreich bedrohte. Unter den Schiffen, die aus Portsmouth ausliefen, war die mächtige *Mary Rose*. Plötzlich kippte sie nach Steuerbord (rechts), Wasser drang in ihre offenen Geschützluken ein, und sie sank wie ein Stein. Fast 700 Männer ertranken vor den Augen der schockierten Menge, darunter der König, der vom nahen Southsea Castle aus zusah. Die *Mary Rose* lag 437 Jahre am Meeresgrund, bevor sie gehoben wurde. Taucher fanden Hunderte Gegenstände, die das Leben an Bord auf einzigartige Weise dokumentieren.

Gute Aussicht
Die *Mary Rose* war eine Karracke. Sie hatte vier Masten mit je einer Kampfplattform, von der aus die Soldaten gut auf die feindlichen Schiffe zielen konnten.

Planken
Das Schiff wurde zwischen 1509 und 1511 in Klinkerbauweise errichtet, das heißt, daß die Planken am Rumpf überlappten und man keine Gewehrluken einbauen konnte. Zwischen 1536 und 1540 bekam es Kraweelplanken, die fugenlos aneinanderstießen. Nun wurden Luken eingebaut, so daß viel mehr Kanonen an den Unterdecks mitgeführt werden konnten.

Kanonen
An Bord waren ungefähr 91 Geschütze, darunter Kanonen aus Schmiedeeisen oder Bronze. Einige waren Vorderlader, andere Hinterlader. Sie ragten aus den Seitenluken hervor.

Kastelle auf hoher See
Am Bug (vorne) des Schiffs war das Vorderkastell. Hinten oder achtern war das Achterkastell. Geschütze wurde hoch oben auf beiden Kastellen befestigt.

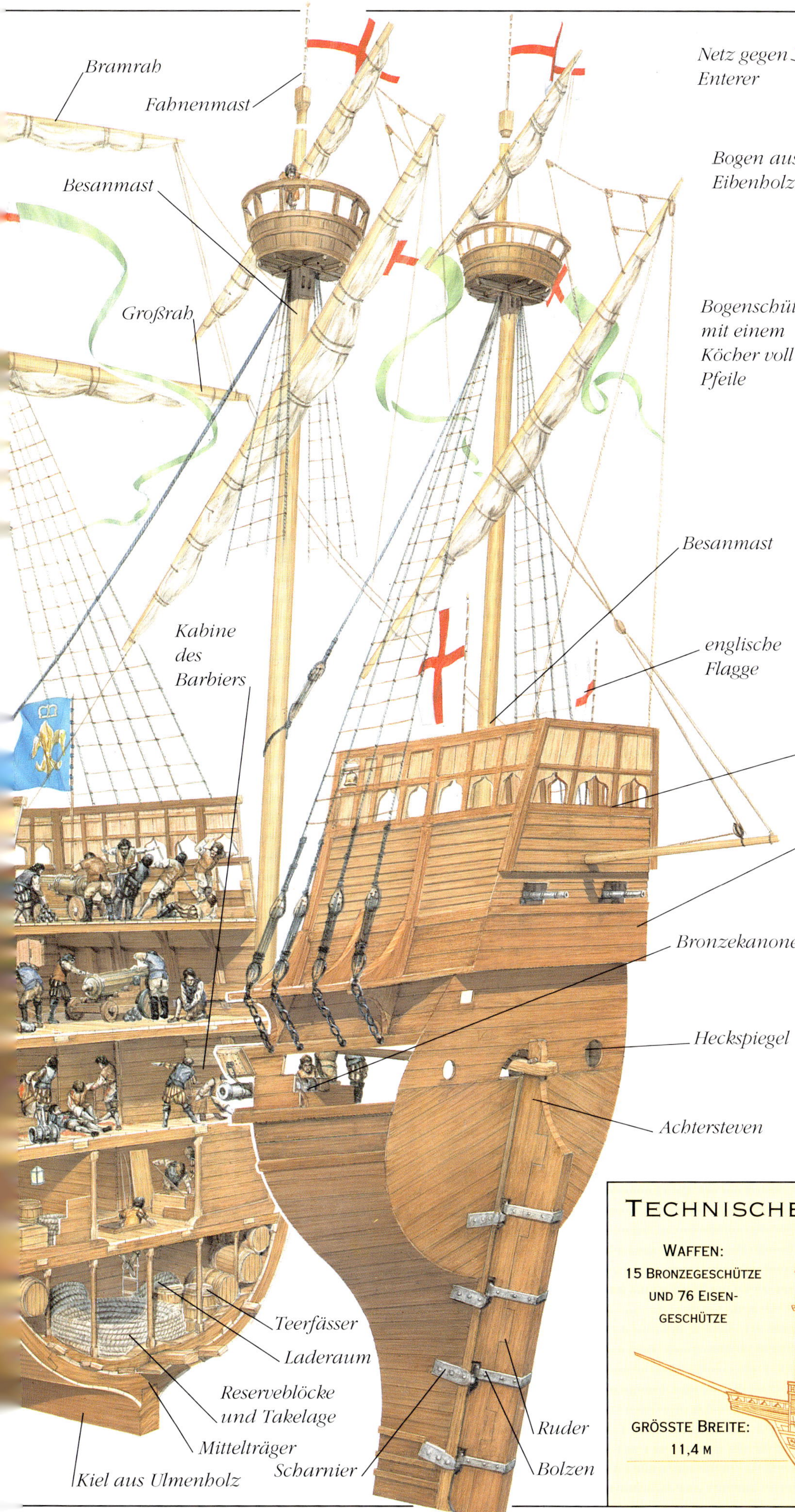

Soldaten und Bogenschützen
An Bord waren Soldaten und Bogenschützen, die für jeden Nahkampf gerüstet waren. Die Taucher, die das Wrack hoben, fanden Langbogen, Pfeile, Schwerter und Degen. Über dem Deck war ein Netz gespannt, das Feinde zwar hinderte, an Bord zu kommen, aber die Besatzung bei Sinken des Schiffs einschloß.

Der verhängnisvolle Tag
An dem Tag, als das Schiff sank, zog die Besatzung vielleicht die Segel falsch auf, so daß es bei einer Wendung zu sehr krängte (sich neigte). Soldaten und Geschütze fielen nach Steuerbord, so daß sich das Schiff noch weiter neigte, bis es mit Wasser gefüllt war und sank.

Technische Daten

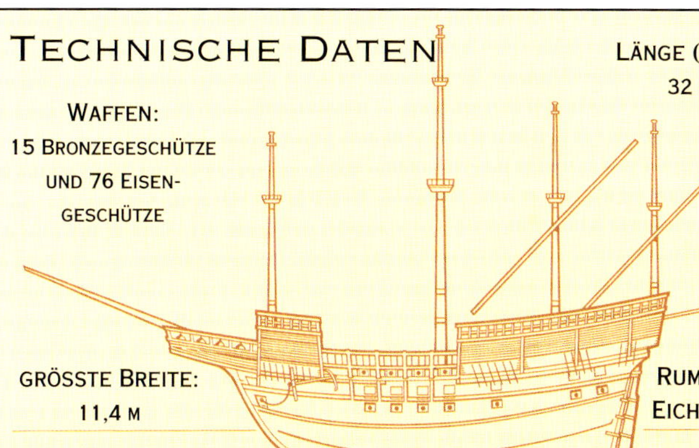

Waffen: 15 Bronzegeschütze und 76 Eisengeschütze

Länge (Kiel): 32 m

Grösste Breite: 11,4 m

Rumpf aus Eichenholz

MAYFLOWER

AM 16. SEPTEMBER 1620 verließ ein kleines Handelsschiff aus Holz mit einer Besatzung von 25 Mann und 102 Passagieren Plymouth, England. Es hieß *Mayflower,* und die Passagiere waren Pilgerväter. Ihre Religion war in England verboten, und so beschlossen sie, nach Nordamerika auszuwandern. Im Verlauf der Reise mußten sie Stürme, Krankheiten und Hunger überstehen. Es gibt sehr wenige schriftliche Überlieferungen von der *Mayflower.* Doch die Historiker haben ähnliche Handelsschiffe jener Zeit studiert und erforscht, wie sie ausgesehen haben muß.

Eckige Segel
Die *Mayflower* hatte wahrscheinlich drei Holzmasten. Alle Segel außer dem dreieckigen, schräg aufgehängten Lateinsegel waren viereckig.

Unbequemes Lager
Bei den meisten Schiffen jener Zeit waren die Toiletten vorne. Die Fahrt der *Mayflower* war jedoch so stürmisch, daß die Gefahr in jenem Bereich zu groß war. Deshalb mußten die Menschen Eimer unter Deck benützen.

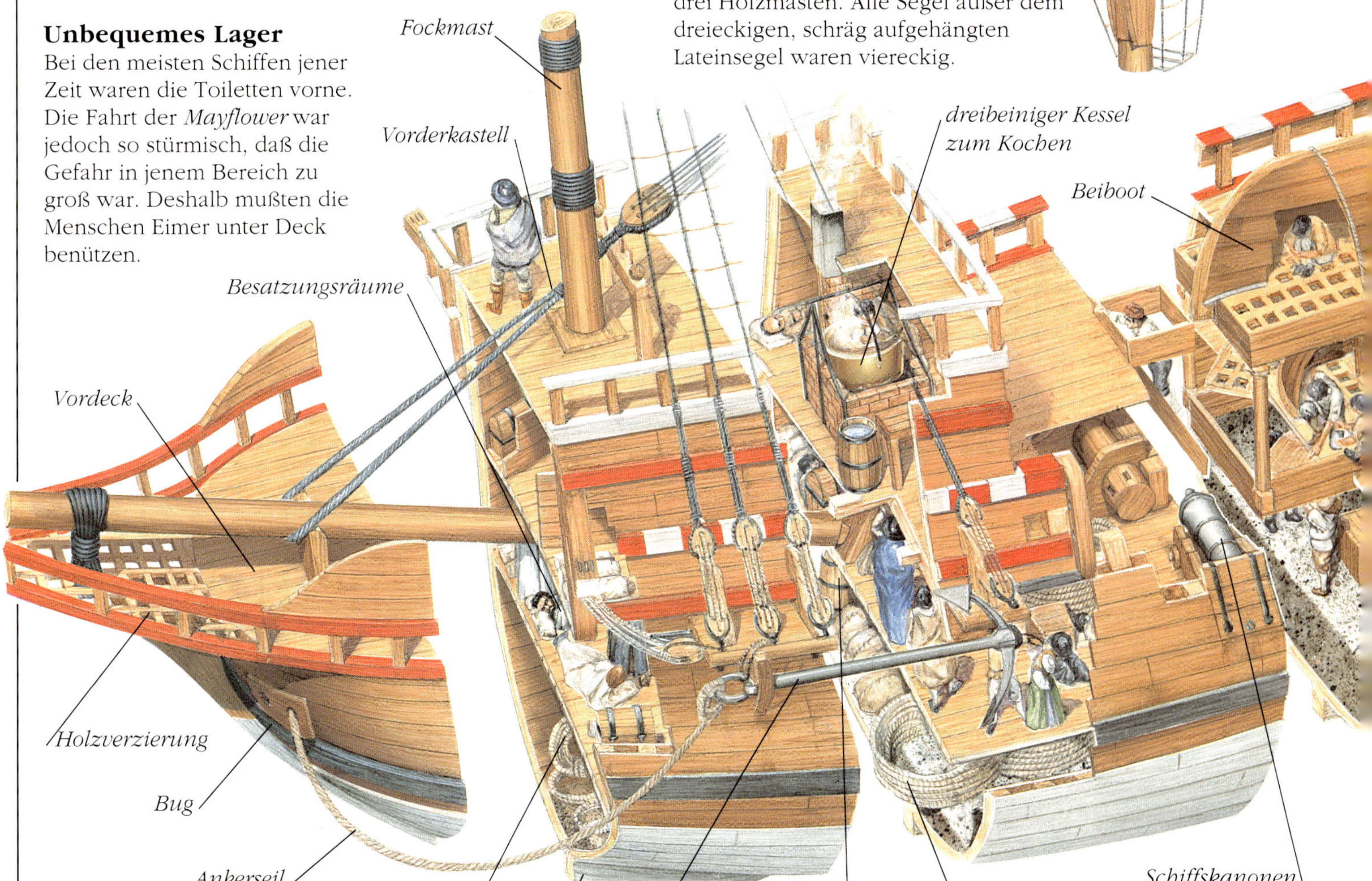

Nach den Pilgervätern
Die *Mayflower* war ein Handelsschiff, mit dem normalerweise Wein und Stoffe transportiert wurden. Sie kam 1621 nach England zurück, doch weiß niemand, was danach mit ihr geschah.

Der ganze Hausrat
Die Pilgerväter hatten alles, was sie für ihr neues Leben brauchen konnten, wie Möbel, Bauwerkzeuge, Samen und Gartenwerkzeug. Zum Glück führten sie auch eine Druckerpresse mit, von der ein Teil dazu verwendet wurde, um einen geborstenen Balken am Schiff zu reparieren.

Furchtbare Zustände

Das Schiff war so überfüllt, daß die Pilgerväter in jedem Winkel schlafen mußten, den sie fanden. Sie waren dauernd naß, da das Meer bis in die oberen Teile des Schiffs schwappte.

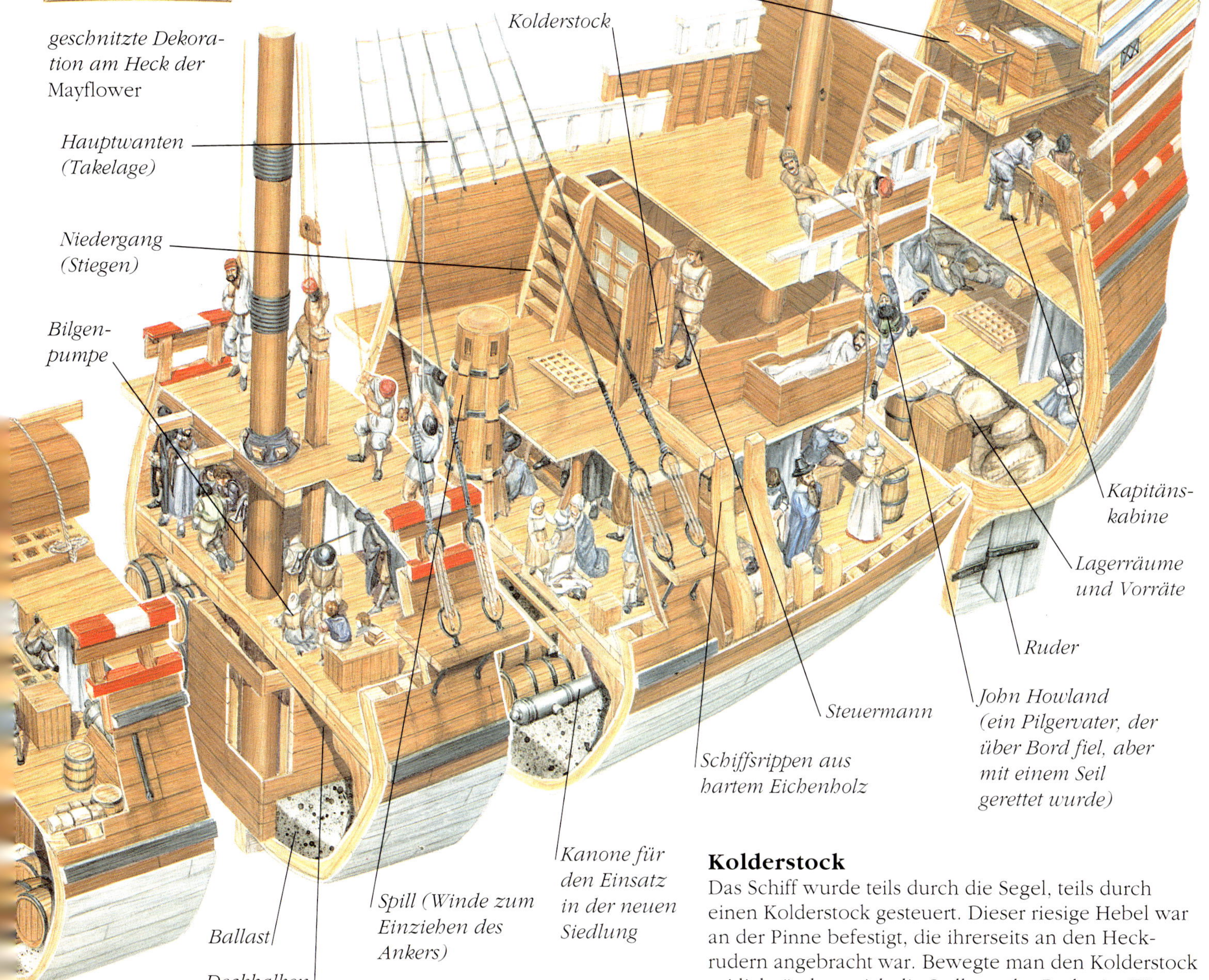

Kolderstock

Das Schiff wurde teils durch die Segel, teils durch einen Kolderstock gesteuert. Dieser riesige Hebel war an der Pinne befestigt, die ihrerseits an den Heckrudern angebracht war. Bewegte man den Kolderstock seitlich, änderte sich die Stellung der Ruder im Wasser.

Technische Daten

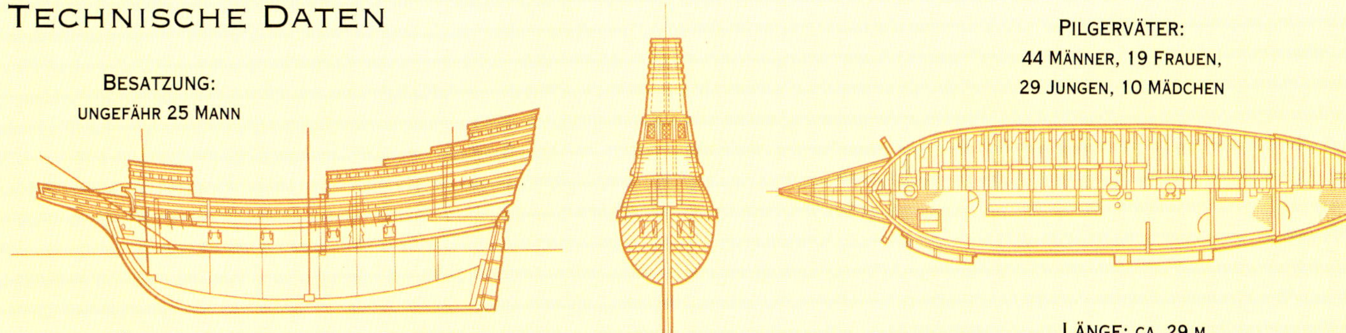

HMS Pandora

IM JAHR 1790 segelte die HMS *Pandora* von England ab. Sie sollte die berüchtigtesten Meuterer in der Geschichte der Seefahrt fassen. 1787 gab der Kapitän der HMS *Bounty* den Befehl, die Pazifikinsel Tahiti zu verlassen und Kurs auf England zu nehmen. Den Matrosen, die lieber auf Tahiti bleiben wollten, gefiel das nicht, und es kam zur Meuterei. Bei ihrer Fahrt faßte die *Pandora* 14 Meuterer, lief aber dann auf das Große Barriereriff bei Nord-Queensland, Australien, auf und sank. 1977 wurde das Wrack gefunden und seither sorgfältig gehoben.

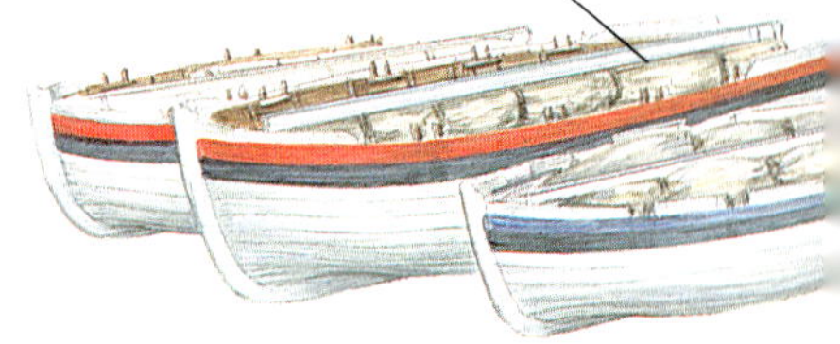

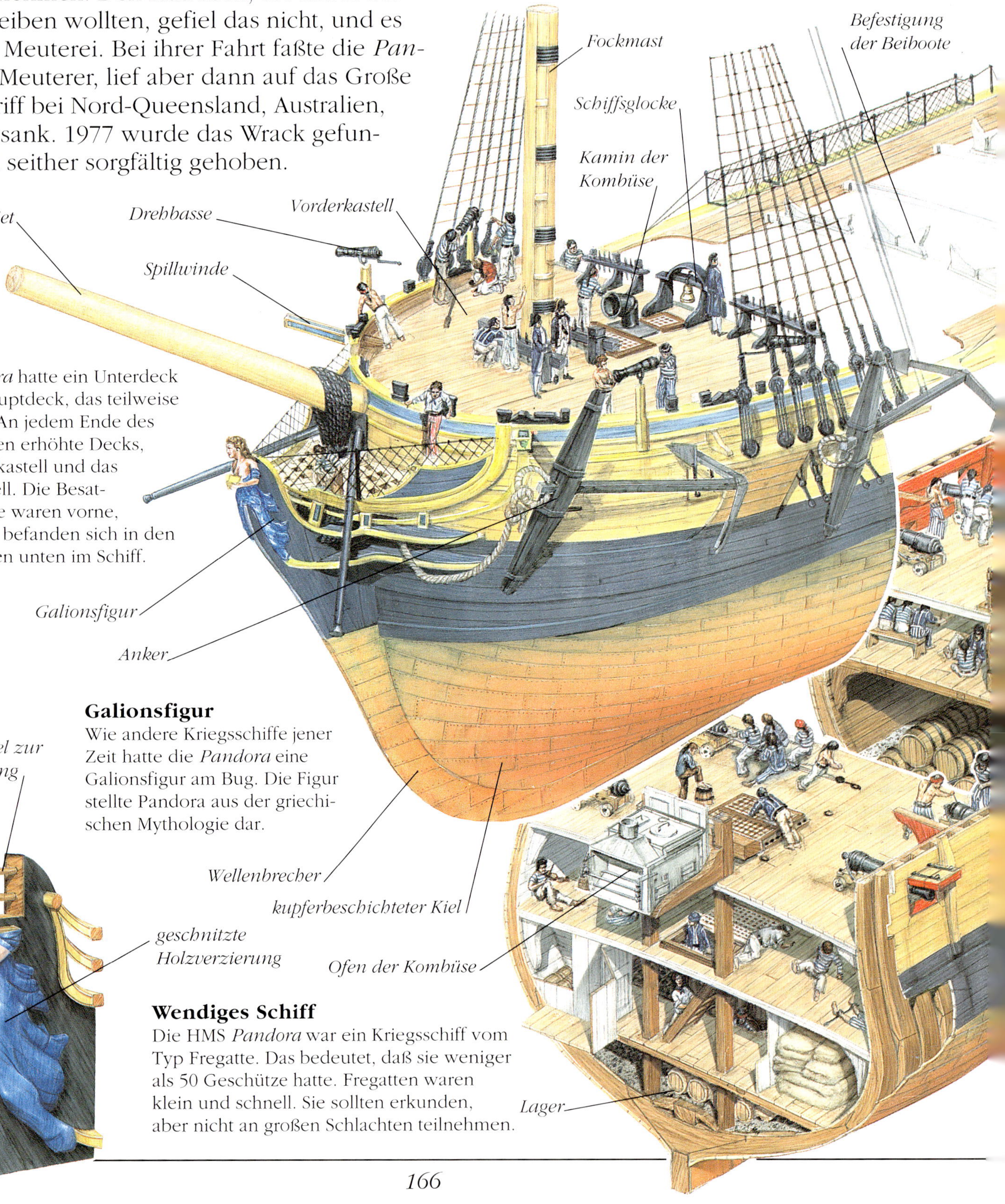

Decks
Die *Pandora* hatte ein Unterdeck und ein Hauptdeck, das teilweise offen war. An jedem Ende des Schiffs waren erhöhte Decks, das Vorderkastell und das Achterkastell. Die Besatzungsräume waren vorne, die Vorräte befanden sich in den Lagerräumen unten im Schiff.

Galionsfigur
Wie andere Kriegsschiffe jener Zeit hatte die *Pandora* eine Galionsfigur am Bug. Die Figur stellte Pandora aus der griechischen Mythologie dar.

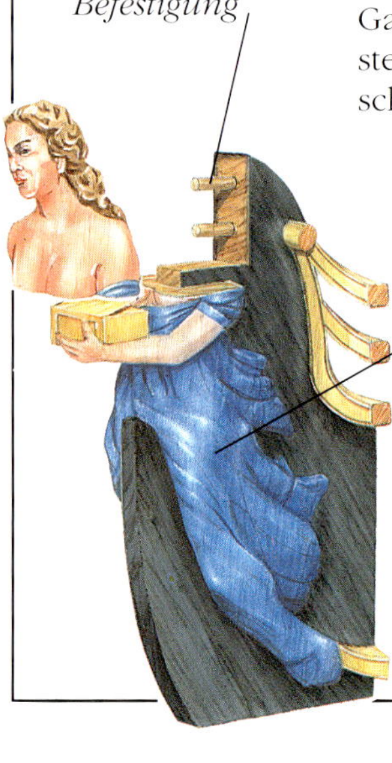

Wendiges Schiff
Die HMS *Pandora* war ein Kriegsschiff vom Typ Fregatte. Das bedeutet, daß sie weniger als 50 Geschütze hatte. Fregatten waren klein und schnell. Sie sollten erkunden, aber nicht an großen Schlachten teilnehmen.

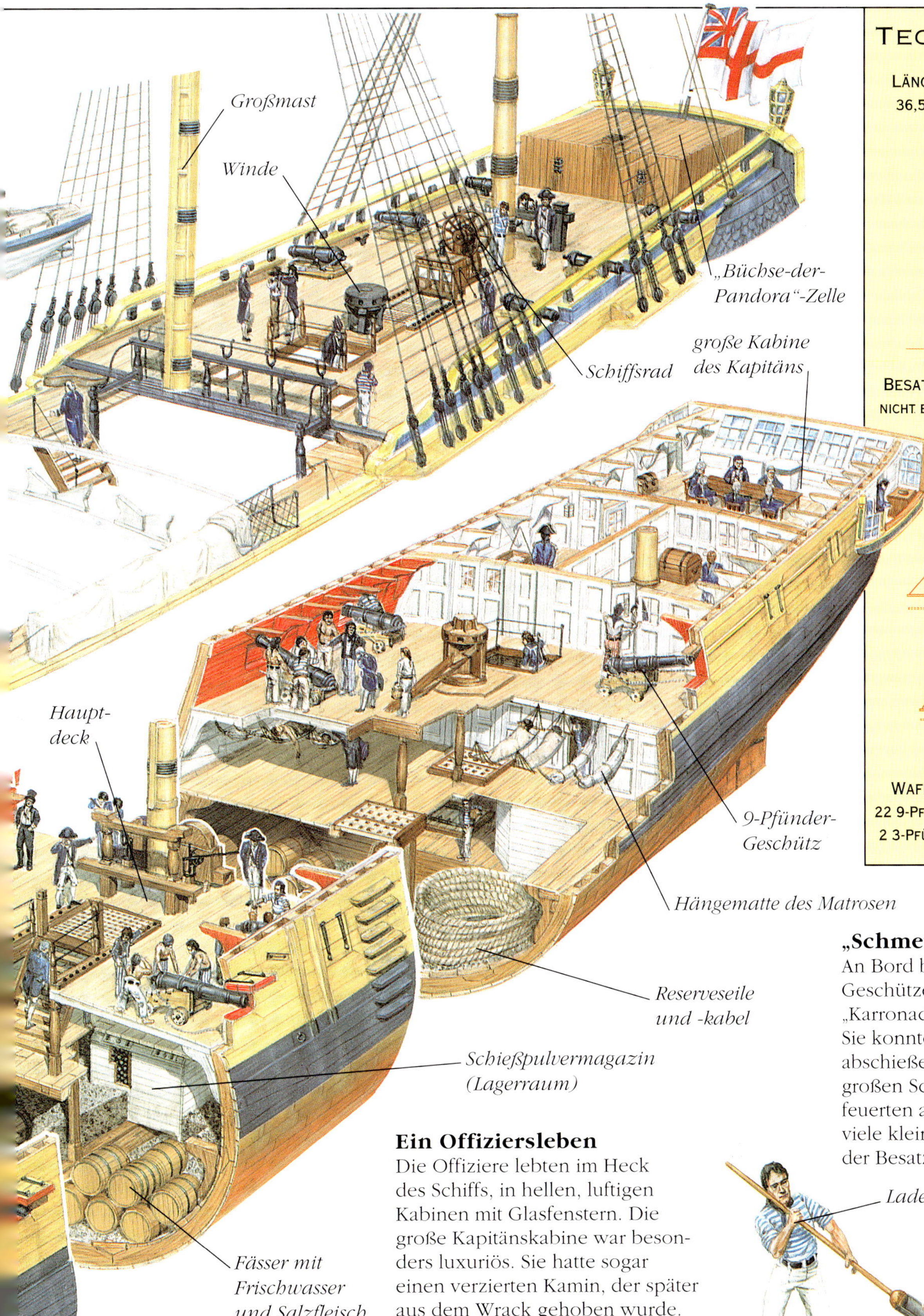

Technische Daten

Länge: 36,5 m

Grösste Breite: 9,75 m

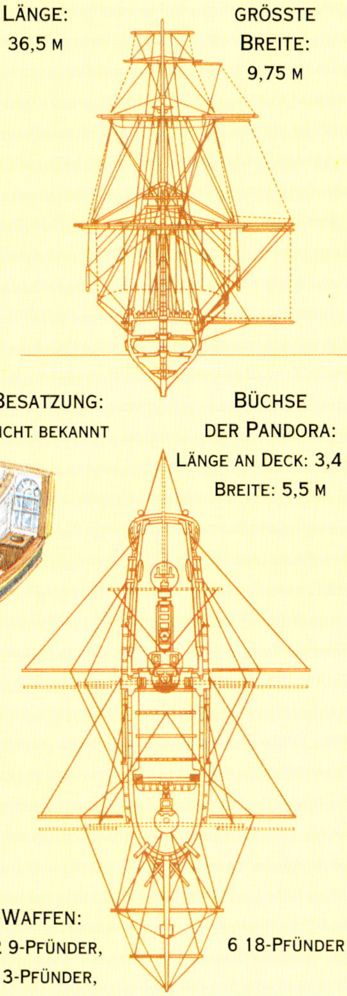

Besatzung: nicht bekannt

Büchse der Pandora: Länge an Deck: 3,4 m, Breite: 5,5 m

Waffen: 22 9-Pfünder, 2 3-Pfünder, 6 18-Pfünder

„Schmetterer"

An Bord befanden sich 24 große Geschütze. Einige davon waren neue „Karronaden" oder „Schmetterer": Sie konnten große Kanonenkugeln abschießen, die in kurzer Entfernung großen Schaden anrichteten. Sie feuerten auch Hagelgeschosse ab, viele kleine Kugeln, die Mitglieder der Besatzung töteten.

Ein Offiziersleben

Die Offiziere lebten im Heck des Schiffs, in hellen, luftigen Kabinen mit Glasfenstern. Die große Kapitänskabine war besonders luxuriös. Sie hatte sogar einen verzierten Kamin, der später aus dem Wrack gehoben wurde.

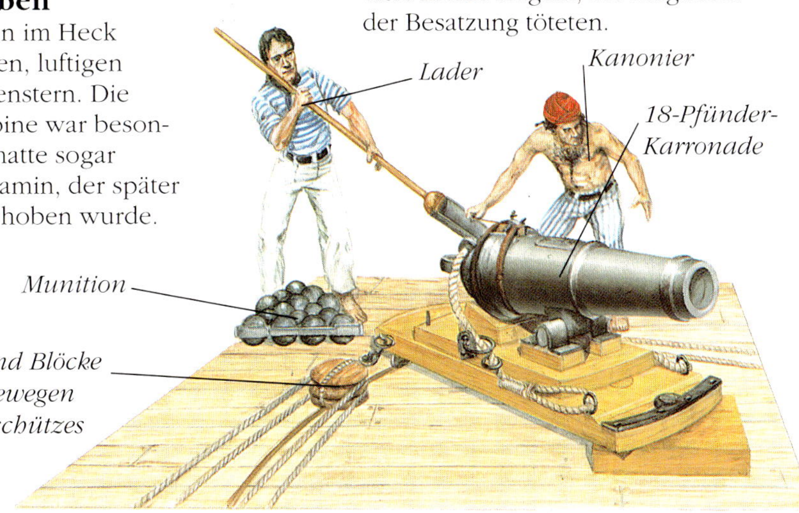

Büchse der Pandora

Auf dem Poopdeck war eine hölzerne Zelle für die Gefangenen. Als das Schiff zu sinken begann, konnten alle außer einem entkommen, der mit Eisen an den Füßen ertrank. Weitere drei ertranken im Meer.

SCHLACHTSCHIFF

GEGEN ENDE DES 19. JAHRHUNDERTS wurden die Dampfschiffe verbessert und die Kanonenkugeln durch Granaten ersetzt. Bald gehörten die hochmastigen Kriegsschiffe der Vergangenheit an. Neue Schlachtschiffe mit Eisenrumpf, später mit Stahlrumpf, kamen zum Einsatz. Die größte Veränderung erfolgte 1906 mit der HMS *Dreadnought* in Portsmouth, England. Ihre Konstrukteure hatten so viele neue Ideen verarbeitet, daß alle anderen Schlachtschiffe veraltet und unbrauchbar wirkten. Die Dampfturbinen machten sie schneller, die Geschütze waren größer und genauer als alle davor. Sie war das erste Schiff einer Generation, die die Seeschlachten verändern sollte.

Torpedofänger
Riesige Netze konnten über die Seiten gehängt werden, um Torpedos aus feindlichen U-Booten abzufangen. Rutschte einer durch, prallte er an der Stahlpanzerung ab.

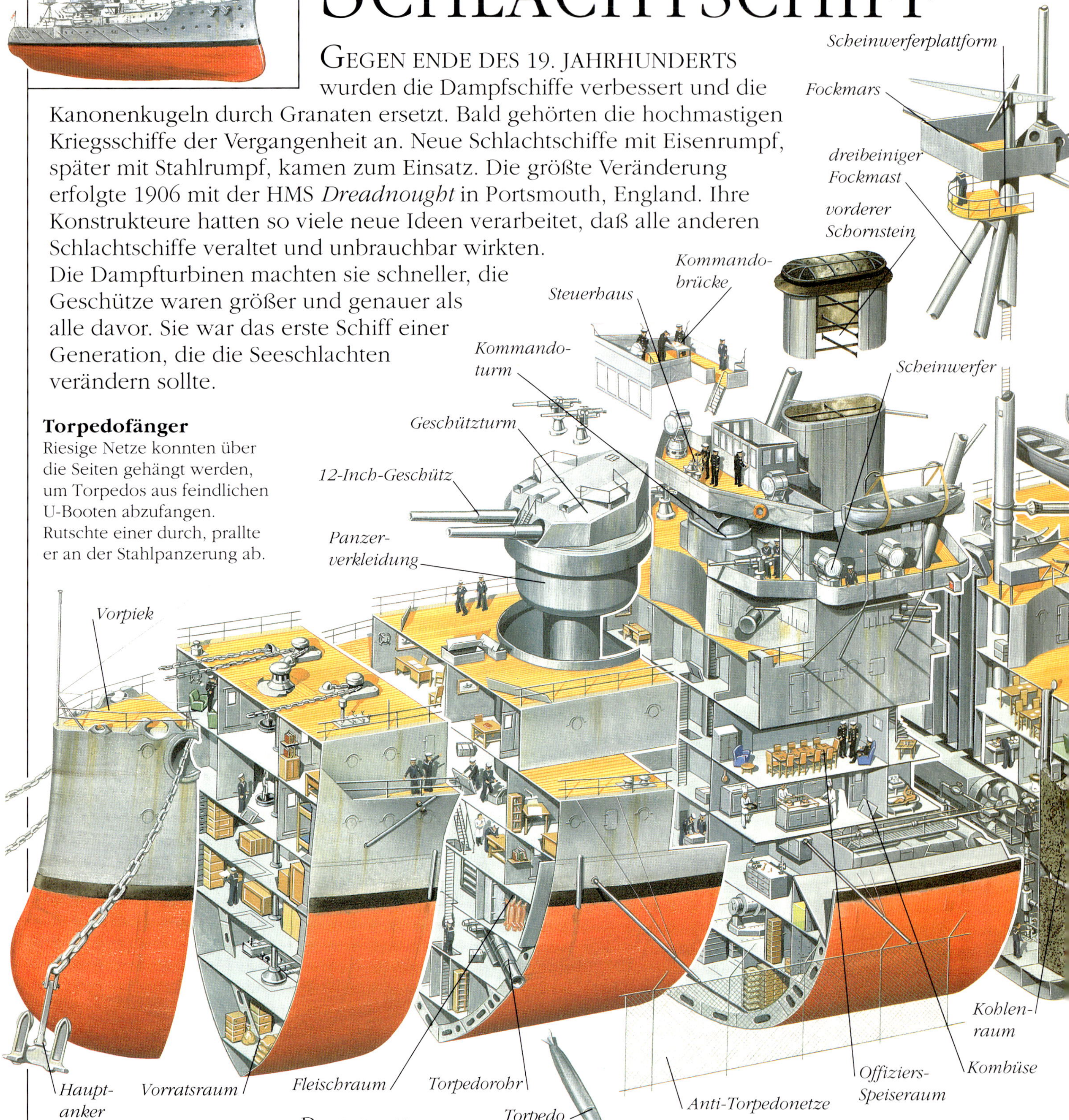

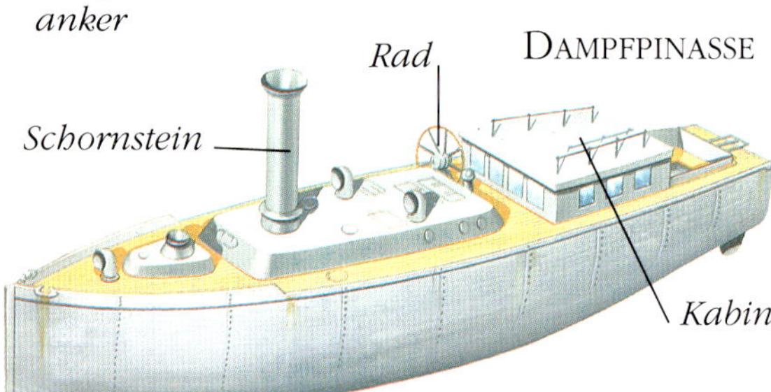

Beiboote
Das Schiff führte mehrere kleine Boote mit, wie die hier abgebildete Dampfpinasse. Sie wurden verwendet, um Offiziere und Vorräte zum und vom Land zu bringen.

Volle Kraft voraus!
Die Turbinen der *Dreadnought* waren schnell und verläßlich. In ihnen drückte Dampf gegen viele tausend drehende Schaufeln, die auf Wellen montiert waren und die Schraube antrieben.

Große Geschütze

Die *Dreadnought* verfügte über zehn große Geschütze, von denen jedes 385,5 kg Patronen verfeuern konnte. Sie konnte eine Breitseite von acht Granaten zur selben Zeit in dieselbe Richtung abschießen. Andere Kriegsschiffe jener Zeit hatten verschieden große Geschütze mit unterschiedlicher Reichweite.

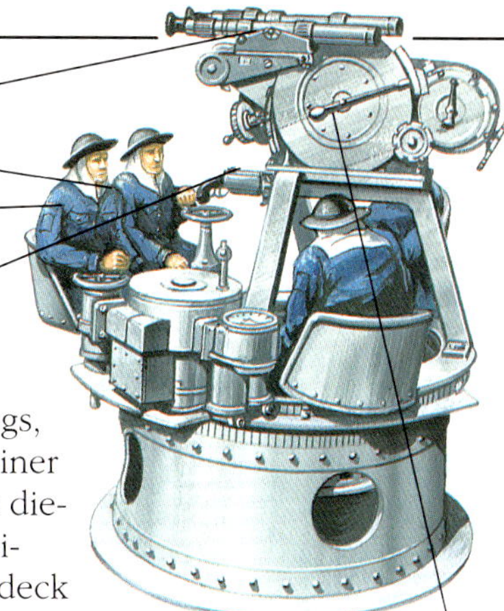

FEUERLEITSTAND

Feuerleitstand

1915, während des I. Weltkriegs, wurde die *Dreadnought* mit einer Feuerleitung ausgerüstet. Von dieser Vorrichtung auf einem kleinen Geschützturm am Vorderdeck aus wurden die Geschütze ausgerichtet. Von hier wurden alle 12-Inch-Geschütze des Schiffs abgefeuert.

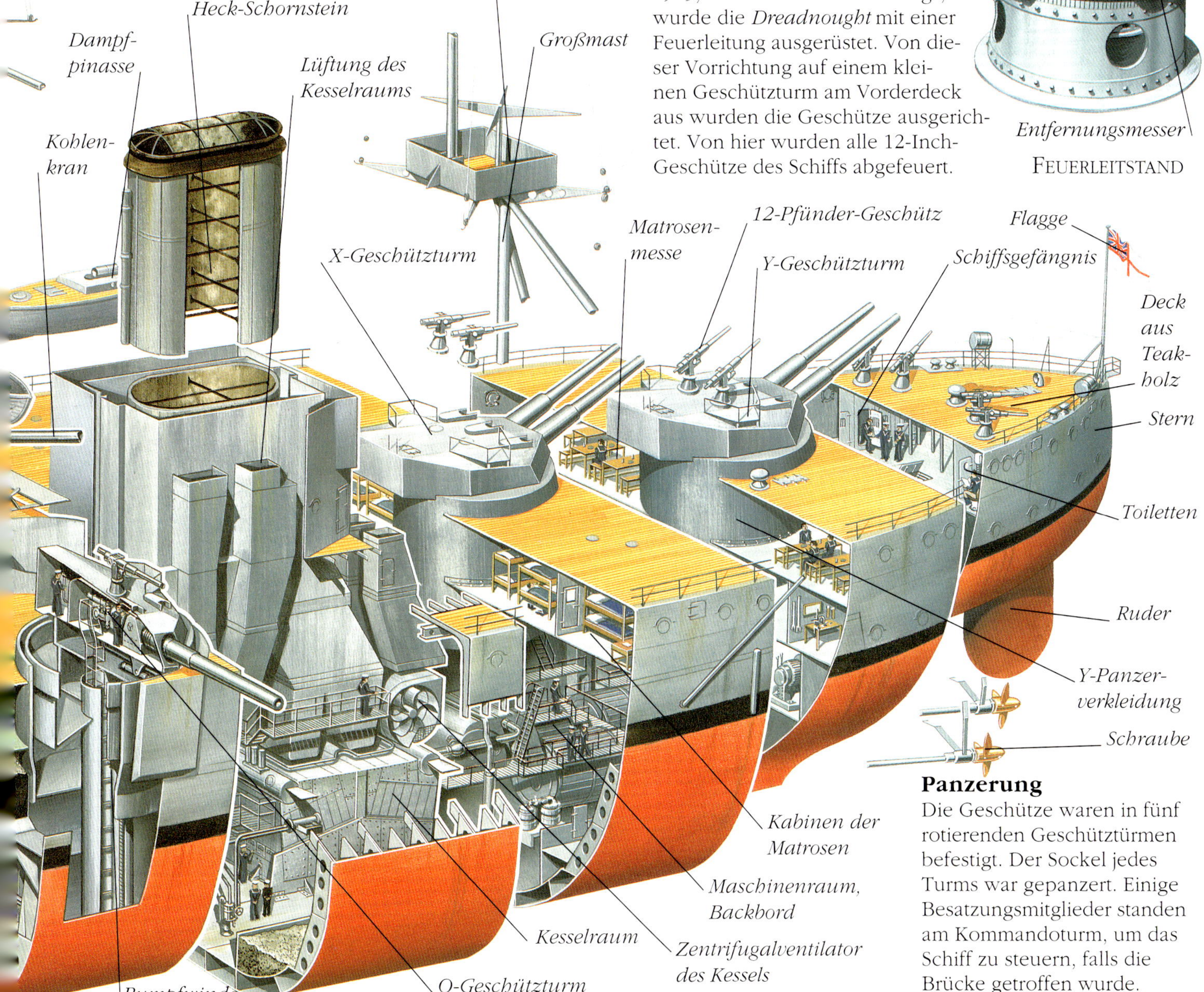

Panzerung

Die Geschütze waren in fünf rotierenden Geschütztürmen befestigt. Der Sockel jedes Turms war gepanzert. Einige Besatzungsmitglieder standen am Kommandoturm, um das Schiff zu steuern, falls die Brücke getroffen wurde.

TECHNISCHE DATEN

LÄNGE: 160 M

GRÖSSTE BREITE: 25 M

JUNGFERNFAHRT: FEBRUAR 1906

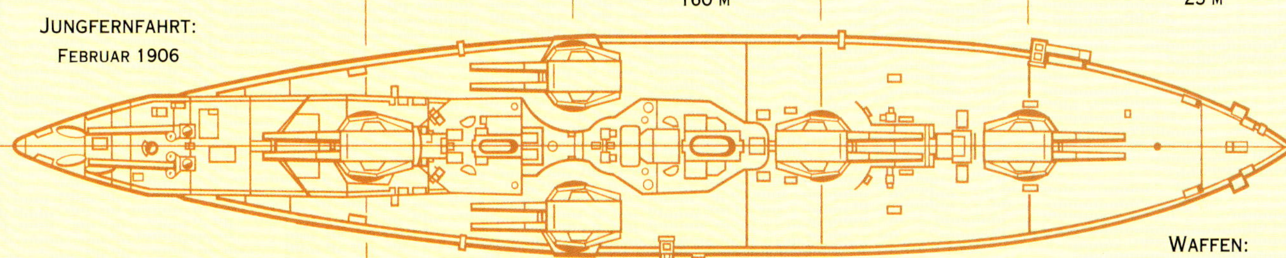

BESATZUNG: 727 OFFIZIERE UND MATROSEN

HÖCHSTGESCHWINDIGKEIT: 21 KNOTEN

WAFFEN: 10 12-INCH-GESCHÜTZE, 27 12-PFÜNDER-GESCHÜTZE, 5 TORPEDOROHRE

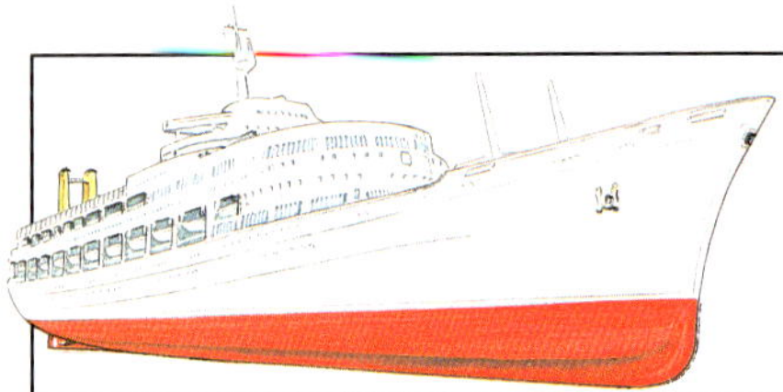

CANBERRA

EIN MODERNES PASSAGIERSCHIFF ist ein riesiges, schwimmendes, sehr luxuriöses Hotel. Die Passagiere können sich an Deck sonnen, im Pool schwimmen, Sport betreiben, einkaufen oder ins Kino gehen. Die wichtigste Aufgabe der Besatzung ist, den Passagieren das Leben so angenehm wie möglich zu machen. Dieses Bild zeigt die *Canberra*. Sie lief 1960 vom Stapel und ist noch immer bei Kreuzfahrten im Einsatz. Ursprünglich galt ihre Form als zukunftsweisend. Ihr schlanker, eleganter Rumpf und ihre Unterdeck-Konstruktion wurden bei Passagierschiffen in aller Welt kopiert.

Luxusleben
Die meisten Passagierkabinen befinden sich in der Mitte des Schiffs, weit weg von jedem Maschinenlärm und jeder Vibration. Zwischen den Kabinenbereichen sind Lounges, Geschäfte, Friseure, Bibliotheken und Kinderspielräume.

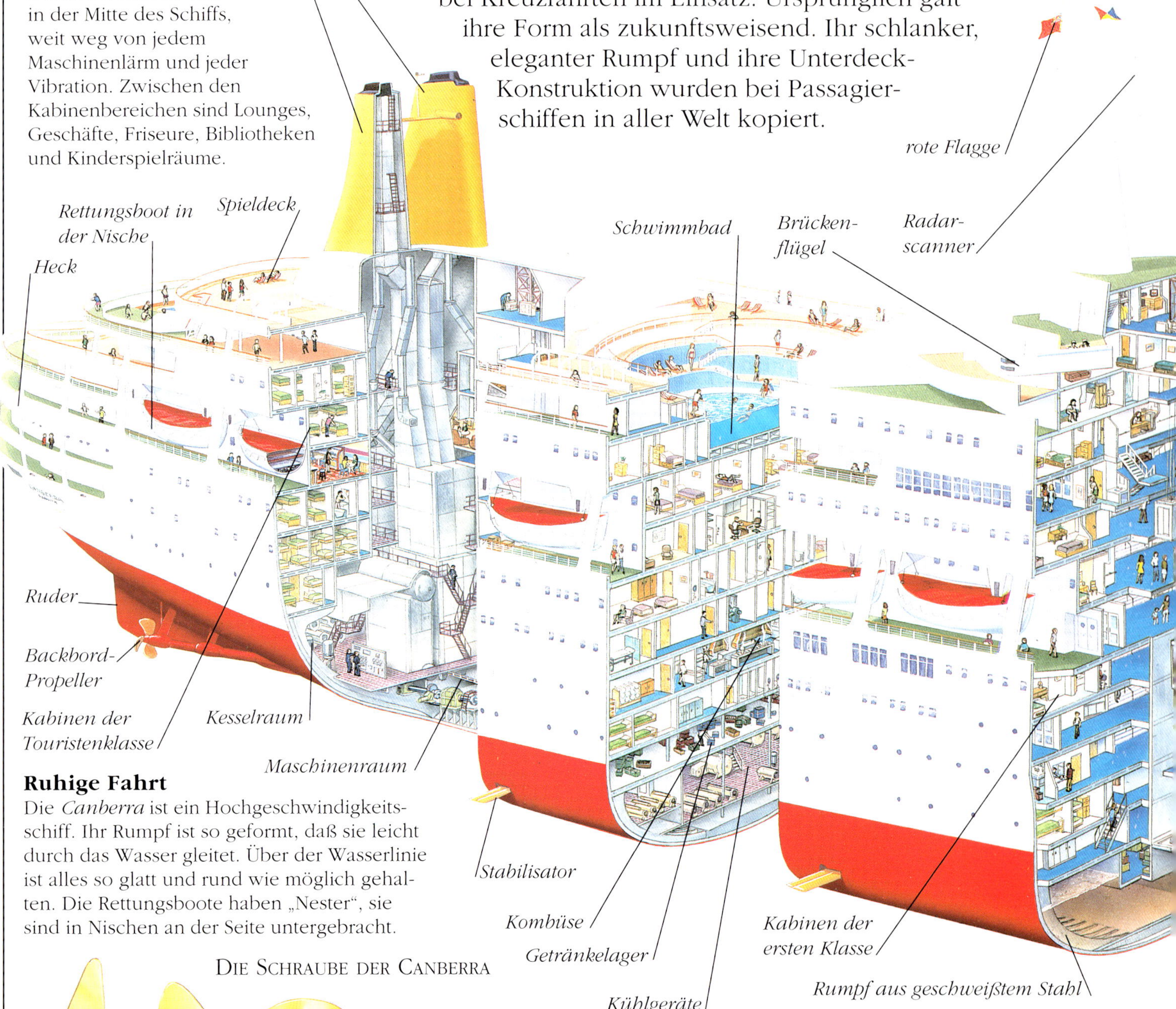

Ruhige Fahrt
Die *Canberra* ist ein Hochgeschwindigkeitsschiff. Ihr Rumpf ist so geformt, daß sie leicht durch das Wasser gleitet. Über der Wasserlinie ist alles so glatt und rund wie möglich gehalten. Die Rettungsboote haben „Nester", sie sind in Nischen an der Seite untergebracht.

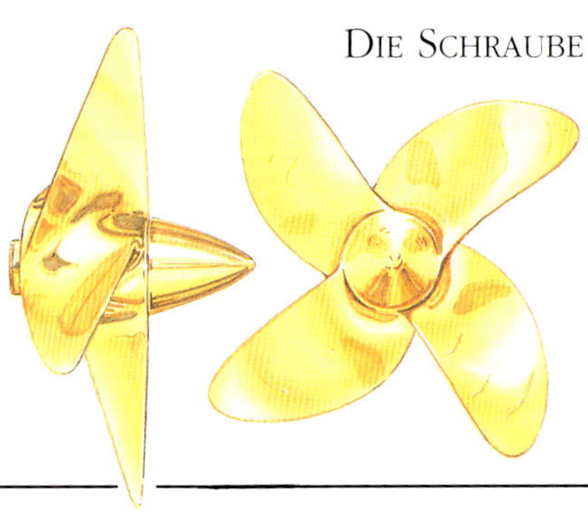
DIE SCHRAUBE DER CANBERRA

Zwei Schiffsschrauben
Die beiden Schrauben befinden sich am Heck auf jeder Seite des Rumpfs. Sie treiben die *Canberra* mit einer Durchschnittsgeschwindigkeit von 27,5 Knoten an.

Mächtige Maschinen
Anders als bei den meisten früheren Schiffen sind die Motoren beim Heck. Dampfturbinen werden verwendet, um Strom für die Motoren zu erzeugen, die zwei Schrauben unter dem Heck drehen. Das Schiff braucht für 16 m 4,5 Liter Treibstoff.

Technische Daten

Höhe (Kiel bis Schornsteinboden): 32,46 m

Grösste Breite: 31 m

Länge: 249,93 m

Passagiere pro Jahr: ungefähr 20 000

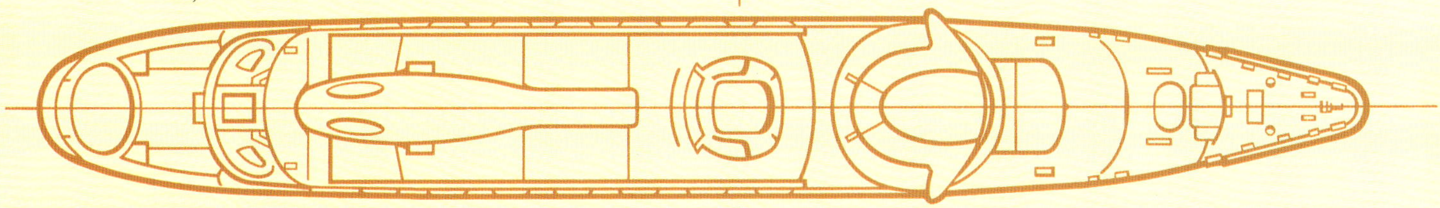

Befördert bis zu 5 000 Stück Gepäck auf einer Reise

Normalgeschwindigkeit: 27,5 Knoten

Höchstgeschwindigkeit: 29,27 Knoten

Kapazität: 2 238 Personen, 548 Passagiere der ersten Klasse; 960 Besatzungsmitglieder, darunter 194 Küchenbedienstete

Kommandoposten des Kapitäns

Der obere Teil des Schiffs ragt über dem Hauptdeck in die Höhe. Auf diesen Deckaufbauten befindet sich die Brücke, wo der Kapitän arbeitet. Hier sind auch die Offizierskabinen und der Navigationsraum mit Radar und Satellitennavigationsgeräten.

Besatzung der Canberra

Auf dem Schiff arbeiten 960 Personen, darunter Kellner, Köche, Putzpersonal, Animateure und weiteres Hotelpersonal, sowie die Matrosen, die für eine reibungslose Fahrt sorgen.

Versorgung

Die *Canberra* braucht für eine Fahrt um die Erde 90 Tage. In dieser Zeit werden 675 000 Hauptmahlzeiten, manchmal mit 400 000 Eiern, zubereitet. Mehr als 250 000 Kuchen und Torten werden gebacken, weiters 35 000 Brotlaibe und eine halbe Million Brötchen!

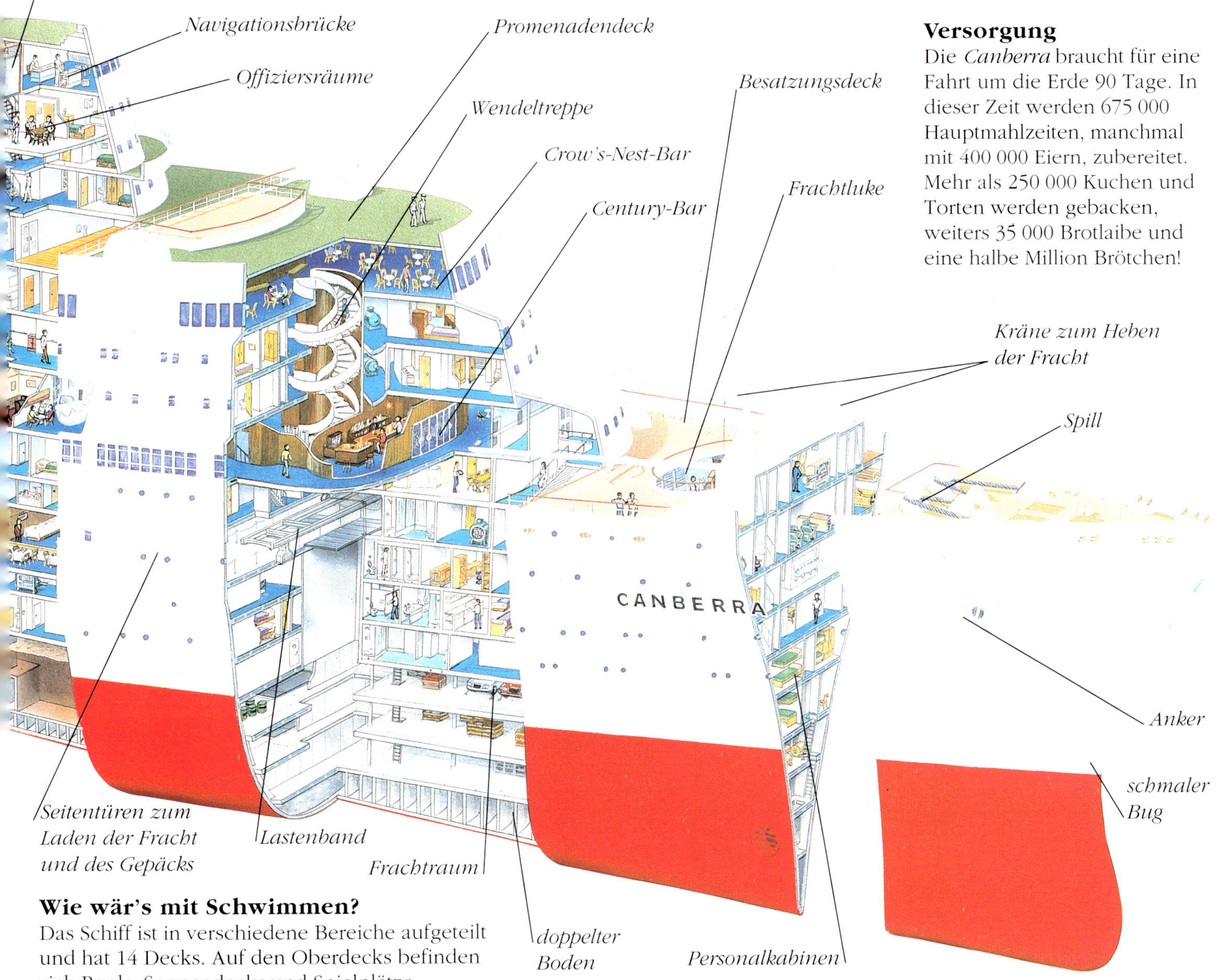

Wie wär's mit Schwimmen?

Das Schiff ist in verschiedene Bereiche aufgeteilt und hat 14 Decks. Auf den Oberdecks befinden sich Pools, Sonnendecks und Spielplätze.

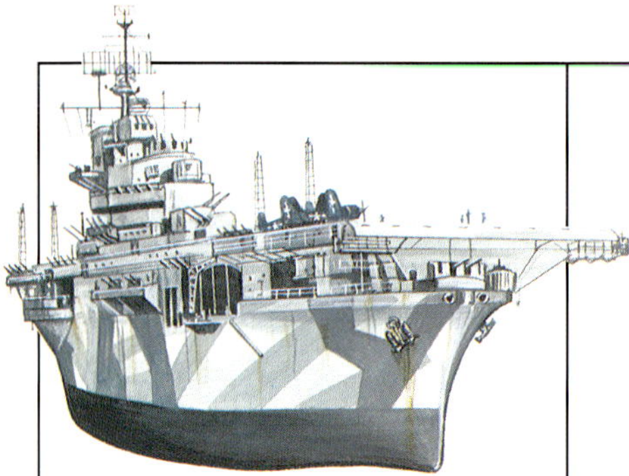

Flugzeugträger

Flugzeugträger sind die größten Kriegsschiffe der Welt. Ihr riesiger Stahlrumpf ragt hoch über die Wellen hinaus, und ihr Flugdeck erstreckt sich über die gesamte Länge des Schiffs. Ein Träger muß dem Feind nicht nahe kommen. Das Flugzeug kann vom Deck abheben und ein weit entferntes Ziel beschießen. Während des II. Weltkriegs kämpften amerikanische Flugzeugträger der Essex-Klasse wichtige Schlachten im Pazifik. Viele Elemente des Trägers sind bis heute gleichgeblieben. Sie beförderten über hundert Flugzeuge, viele tausend Menschen und sehr viel Munition und Treibstoff. Dieses Bild zeigt die USS *Lexington* der Essex-Klasse, die im Pazifik im Einsatz war.

Bofors 10-mm-Fla-Geschütze

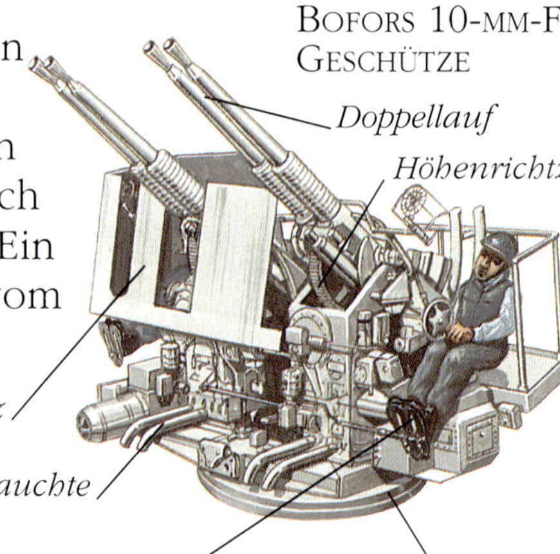

Den Feind abschießen
Da Flugzeugträger von feindlichen Flugzeugen angegriffen werden konnten, waren sie mit vielen kleinen Fla-Schnellfeuergeschützen bestückt, um diese aus geringer Entfernung abzuschießen. Die Besatzung trug weiße Kappen zum Schutz gegen Lichtblitzverbrennungen.

Kamikaze!
Eine der größten Gefahren für die Träger waren im II. Weltkrieg die japanischen *Kamikaze*-Flieger. Mitsamt ihren bombenbestückten Flugzeugen stürzten sich die Piloten auf feindliche Schiffe.

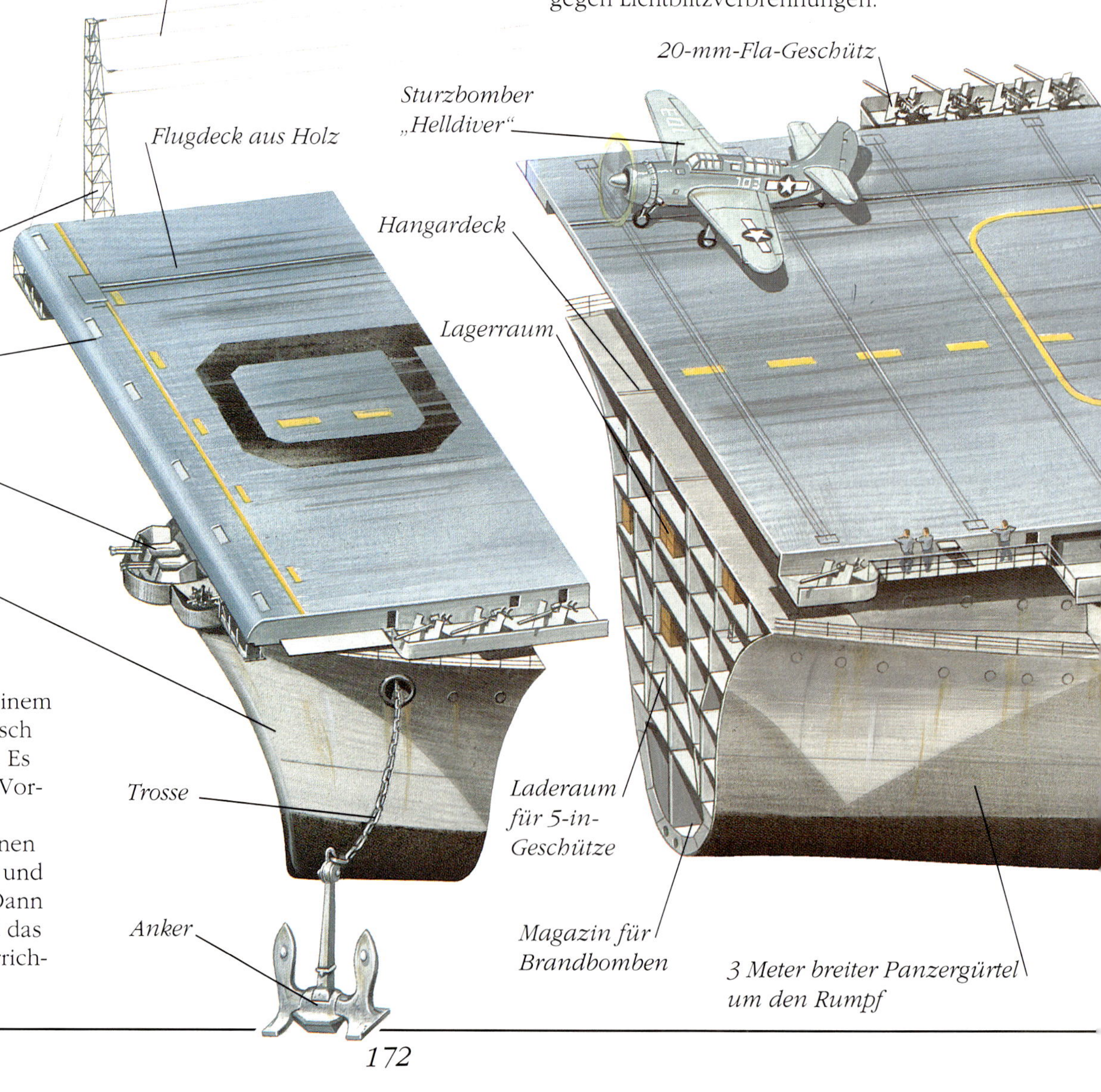

Auf und davon
Wenn ein Flugzeug von einem Schiff abhob, mußte es rasch Geschwindigkeit zulegen. Es war mit einem Haken an Vorrichtungen befestigt, die dampfgetrieben auf Schienen über das Flugdeck glitten und das Flugzeug antrieben. Dann löste sich der Haken, und das Flugzeug hob ab. Die Vorrichtung hieß Katapult.

Auf der Insel

Brücke, Schornstein und Navigationsräume lagen über dem Flugdeck in der sogenannten „Insel“. Sie war auf eine Seite gebaut, um das Flugdeck frei zu halten. Darüber befanden sich Funk- und Radarausrüstung sowie Feuerleitungen.

Wasserflugzeuge

An Bord war Platz für mehr als hundert Flugzeuge, darunter Jagd- und Sturzbomber und Torpedoflugzeuge. Jeder Flugzeugtyp führte einen anderen Angriff durch. Sie hatten alle zusammenklappbare Flügel, damit sie leichter untergebracht werden konnten.

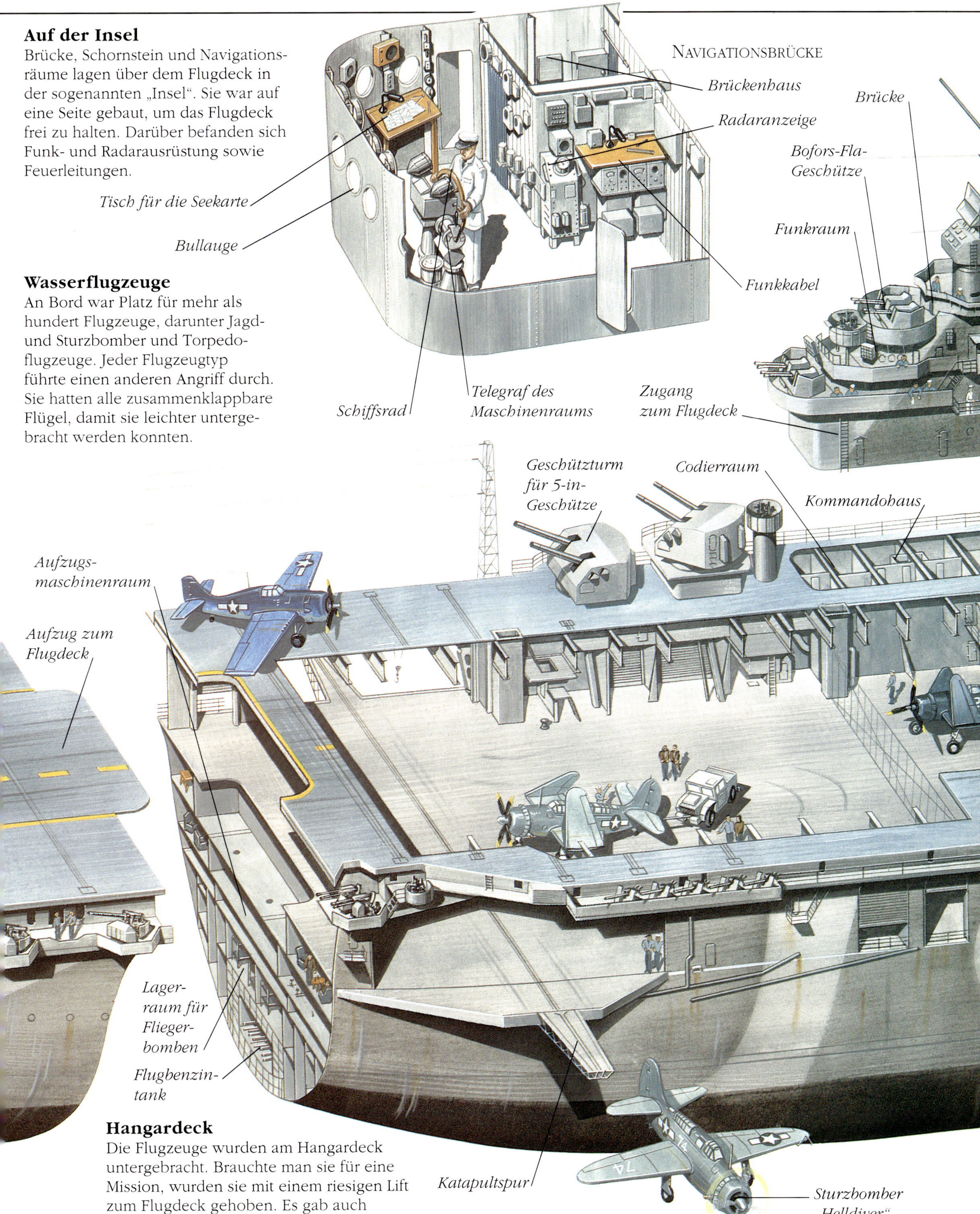

Hangardeck

Die Flugzeuge wurden am Hangardeck untergebracht. Brauchte man sie für eine Mission, wurden sie mit einem riesigen Lift zum Flugdeck gehoben. Es gab auch Reparaturwerkstätten und Ersatzteillager.

Ein Antennenwald

Die *Lexington* war mit Luft- und Bodenradar, um feindliche Flugzeuge und Schiffe aufzuspüren, weiters Höhensuchgeräten, um die Höhe der hereinkommenden Flugzeuge zu bestimmen, mit Antennen für Lang- und Kurzstreckenradar und Geräten zum Stören feindlicher Signale ausgerüstet.

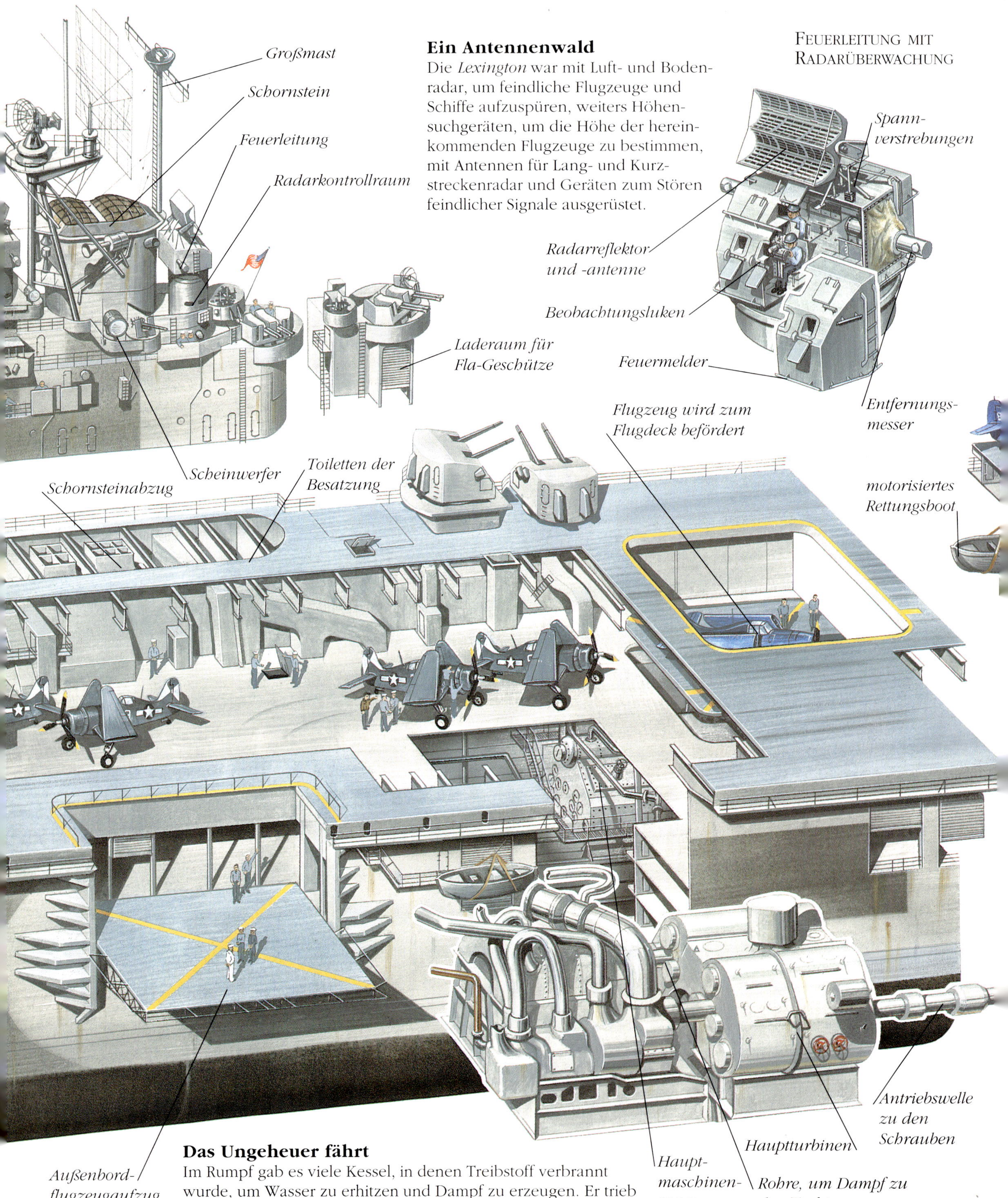

Das Ungeheuer fährt

Im Rumpf gab es viele Kessel, in denen Treibstoff verbrannt wurde, um Wasser zu erhitzen und Dampf zu erzeugen. Er trieb die riesigen Turbinen an, die wiederum die Schrauben des Schiffs drehten. Die Höchstgeschwindigkeit betrug 33 Knoten.

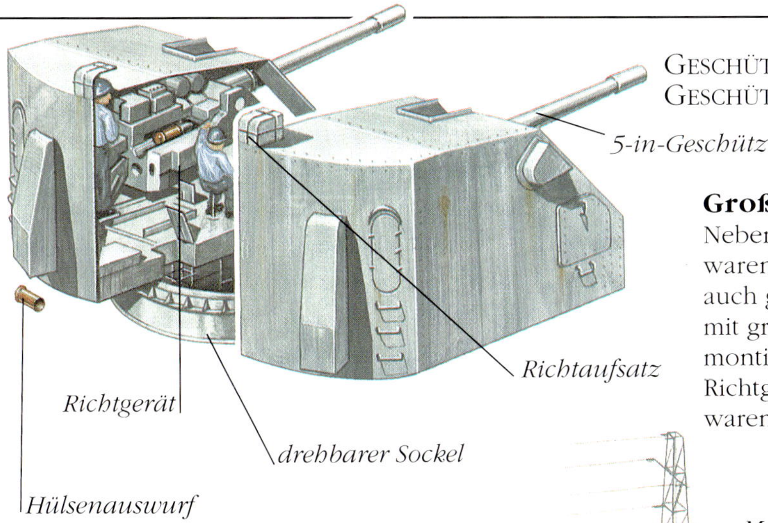

Große Geschütze
Neben kleinen Fla-Geschützen waren auf jeder Seite der Insel auch größere 5-in-Geschütze mit größerer Reichweite montiert, die auch mit Radar-Richtgeräten verbunden waren.

Glücklich gelandet
Die Flugzeuge landeten über dem Heck. Kam eines herein, koppelte ein Haken hinten am Flugzeug an eines der stählernen „Fangkabel" an, die sich wie riesige Gummibänder über das Deck erstreckten und das Flugzeug sanft bremsten. Erwischte der Haken kein Kabel, konnte man das Flugzeug in einen Fangzaun lenken. Verpaßte man auch den, fiel es ins Meer!

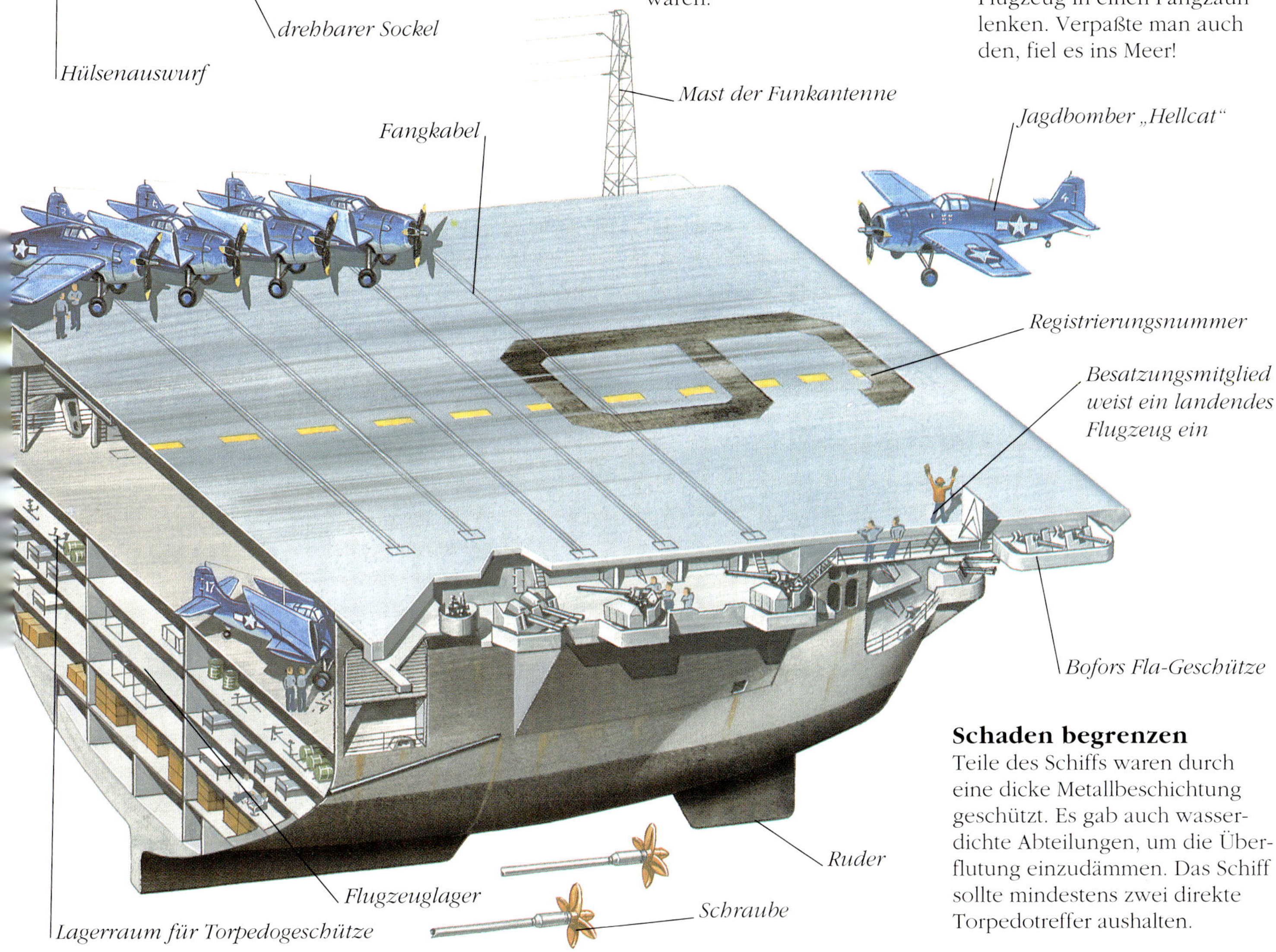

Schaden begrenzen
Teile des Schiffs waren durch eine dicke Metallbeschichtung geschützt. Es gab auch wasserdichte Abteilungen, um die Überflutung einzudämmen. Das Schiff sollte mindestens zwei direkte Torpedotreffer aushalten.

Technische Daten

Besatzung: über 3 000 Mann

Geschwindigkeit: 33 Knoten

Grösste Breite an der Wasserlinie: 28,3 m

Grösse des Flugdecks: 257,8 m x 32,9 m

Länge: 265,7 m

Grösste Breite an der breitesten Stelle: 44,8 m

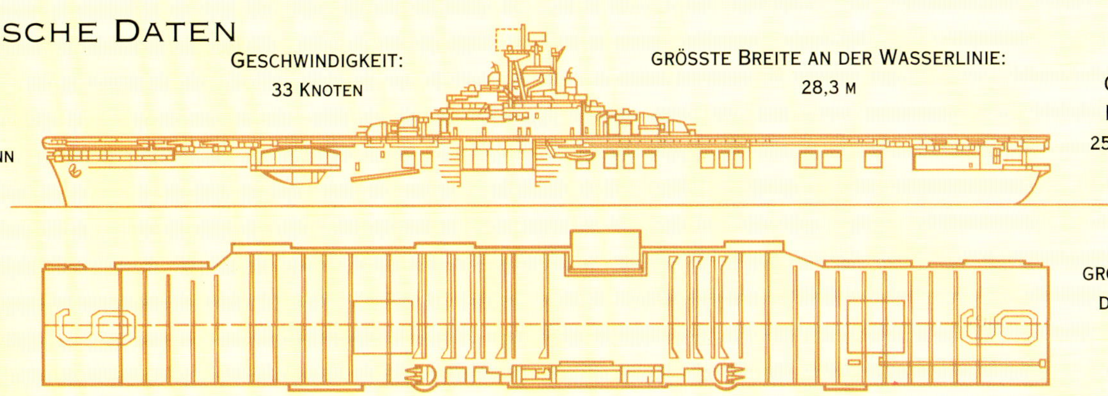

Dschunke

Im 13. Jahrhundert erreichte der Venezianer Marco Polo als einer der ersten Reisenden China. Er staunte über viele Dinge, unter anderem über leuchtend gestrichene Boote, die teilweise viel höher entwickelt waren als alles, was Europäer zu jener Zeit bauen konnten. Zum Beispiel hatten sie ein Ruder am Heck und wasserdichte Abteile unter dem Deck. Diese Dschunken gibt es noch heute. Seit Jahrhunderten befahren sie Flüsse und Küsten. Es gibt viele verschiedene Dschunken. Abgebildet ist das meerestaugliche Modell aus der Region Fuzhou.

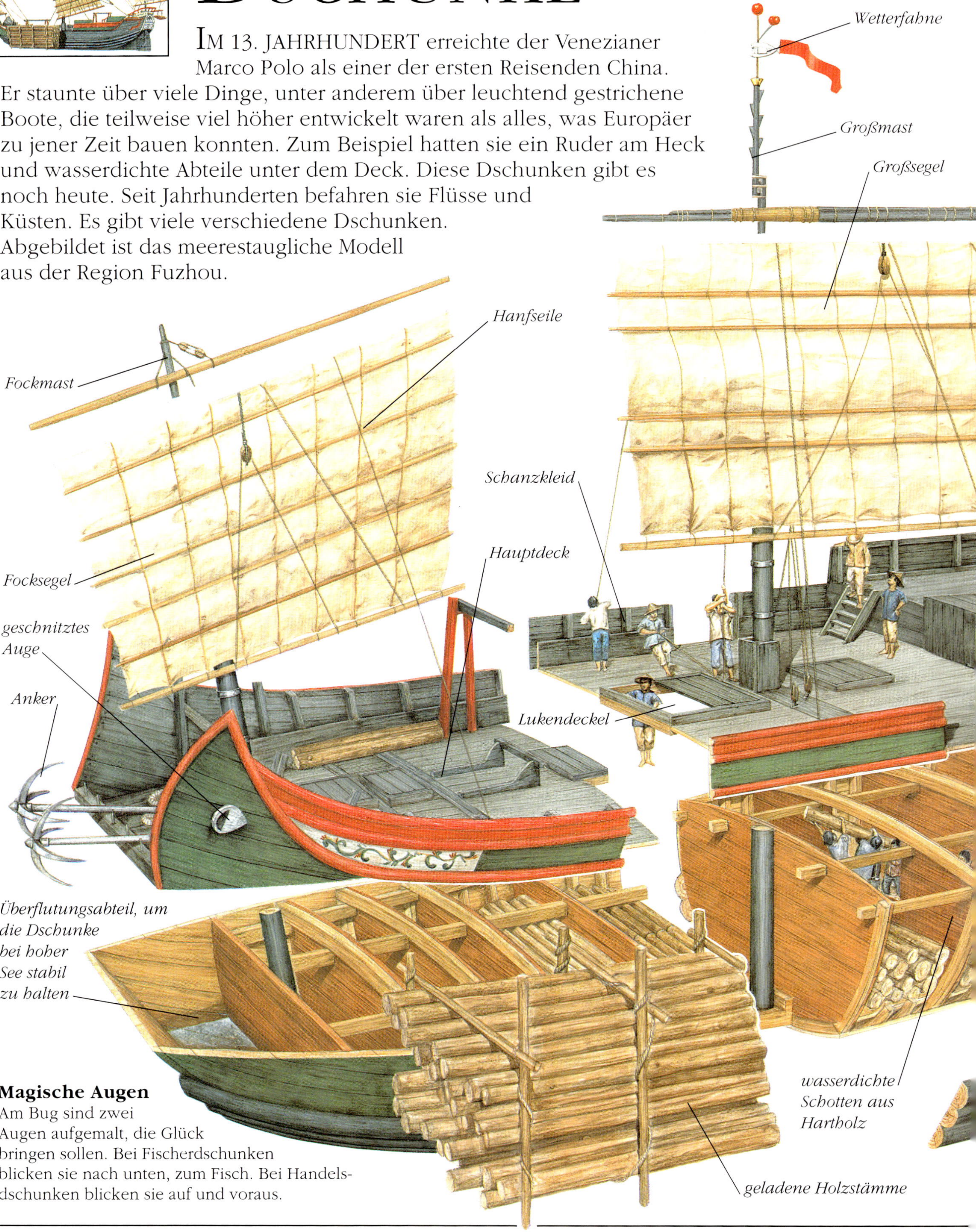

Magische Augen
Am Bug sind zwei Augen aufgemalt, die Glück bringen sollen. Bei Fischerdschunken blicken sie nach unten, zum Fisch. Bei Handelsdschunken blicken sie auf und voraus.

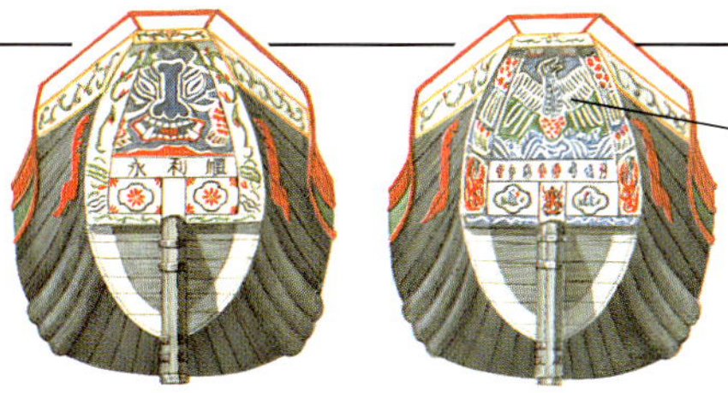

Glücksbringer
Das Heck ist meist mit traditionellen Zeichen bemalt. Die Matrosen glauben, daß sie Glück, Reichtum und Sicherheit bringen. Die häufigste Farbe ist rot, da Rot böse Geister abhalten soll.

Hinten
Das Heck ist meist viereckig. Darüber liegt eine Kabine, das Haus, wo die Besatzung lebt und kocht.

Schotten dicht
Unter Deck sind hölzerne Trennwände, die Schotten. Sie teilen den Rumpf in mehrere wasserdichte Abteilungen für die Last. Wird das Schiff beschädigt, verhindern die Schotten, daß die Dschunke sinkt.

Technische Daten

Rumpf: 15 wasserdichte Abteilungen

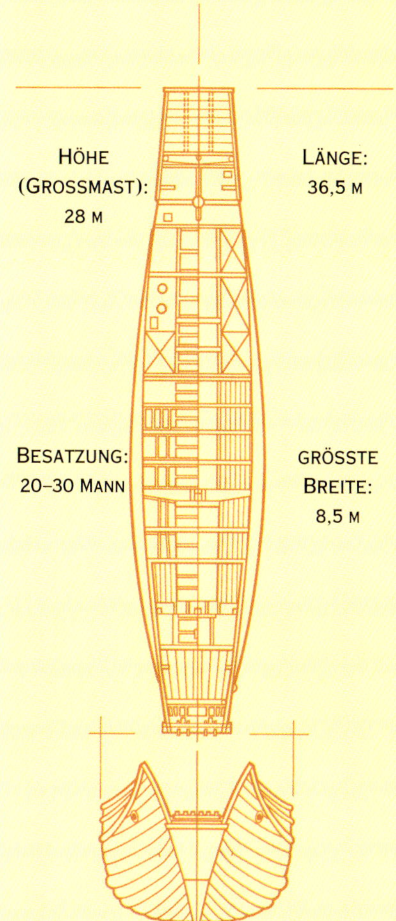

Höhe (Grossmast): 28 m

Länge: 36,5 m

Besatzung: 20–30 Mann

Grösste Breite: 8,5 m

Gewicht des Ruders: 9,9 m

Last: 5 000 Stück Holz

Ein Ruder zum Heben
Das Ruder einer Dschunke ist ungewöhnlich groß. Es hängt vom Heck herab und wird durch Ketten gehoben oder gesenkt. In seichtem Wasser wird es gehoben und das Schiff mit einer kurze Pinne gelenkt. In tiefem Wasser wird es gesenkt und eine längere Pinne angebracht.

Trawler

SEIT VIELEN JAHRHUNDERTEN fischen Menschen in Meeren, widerstehen hohem Wellengang und Stürmen, um Fisch heimzubringen. Der Unterschied heute ist, daß die Schiffe viel sicherer und bequemer sind als jemals zuvor und daß sie über viel Ausrüstung verfügen, die der Besatzung das Leben erleichtert. Dieses moderne Schiff heißt Trawler. Zum Fischen benutzt es ein riesiges „Schleppnetz“, das viele tausend Fische faßt. Sobald die Fische im Boot sind, werden sie verarbeitet und für die Rückreise eingefroren.

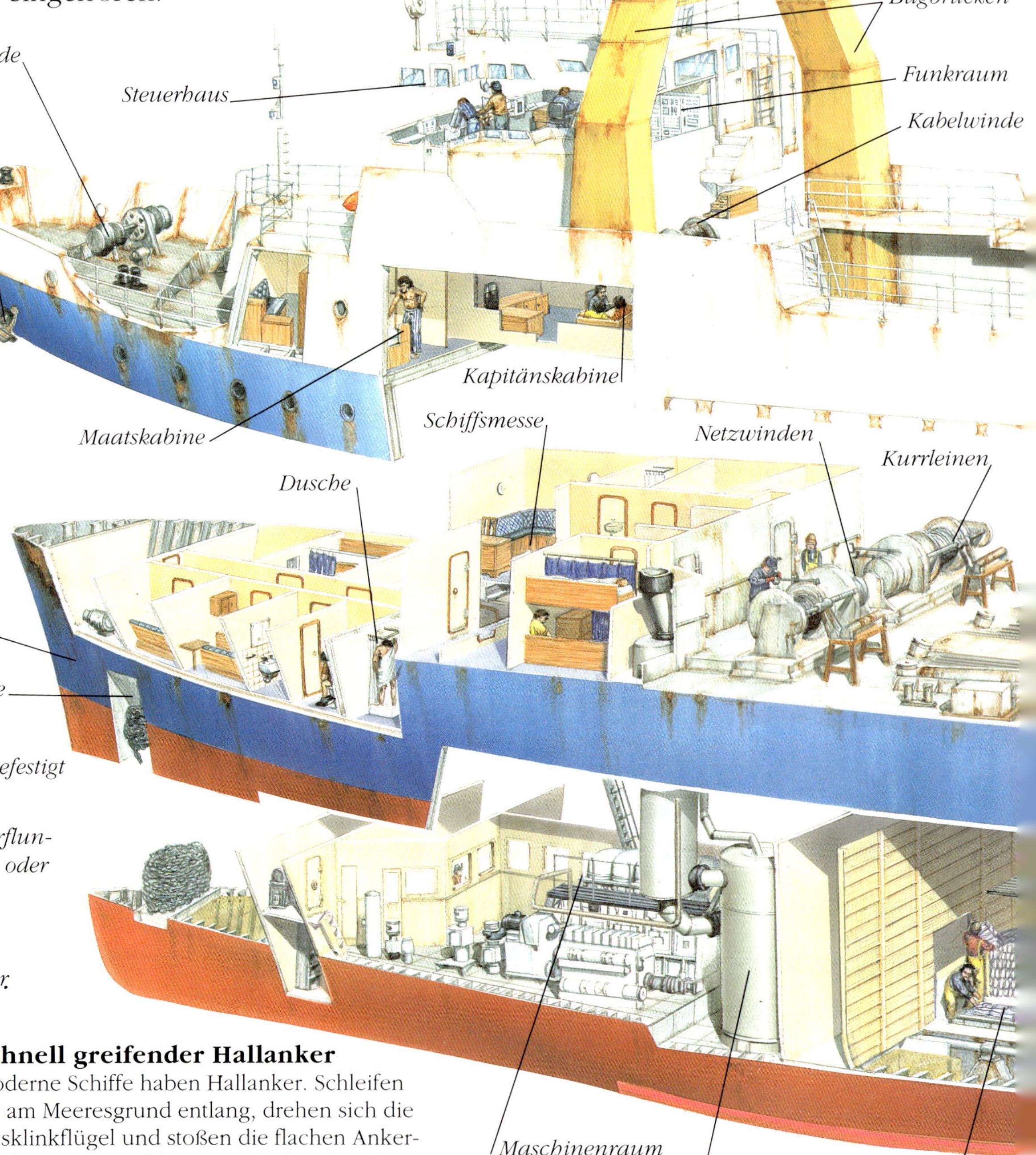

Nichts für feine Nasen

Ist das Netz voll, wird es über eine Rampe am Heck eingeholt. Das hintere Ende des Netzes wird geöffnet, und die Fische gleiten über einen Schacht zum Fabriksbereich. Auf einem Fließband werden sie ausgenommen und gereinigt. Dann werden sie in Blöcken zu 50 kg eingefroren.

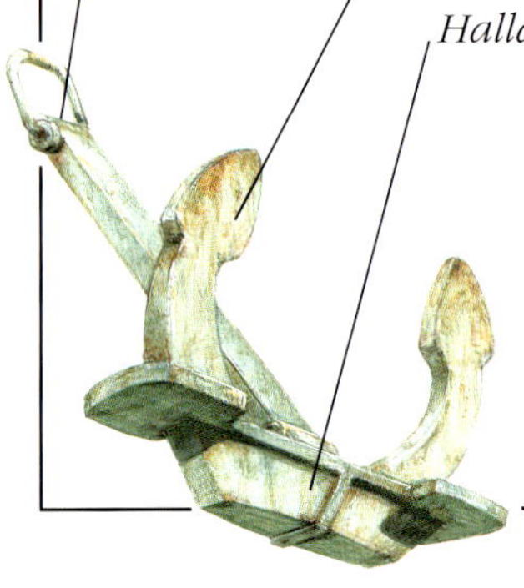

Schnell greifender Hallanker

Moderne Schiffe haben Hallanker. Schleifen sie am Meeresgrund entlang, drehen sich die Ausklinkflügel und stoßen die flachen Ankerflunken in den Schlamm. Sie halten fest, können aber bei Abfahrt leicht wieder gelöst werden.

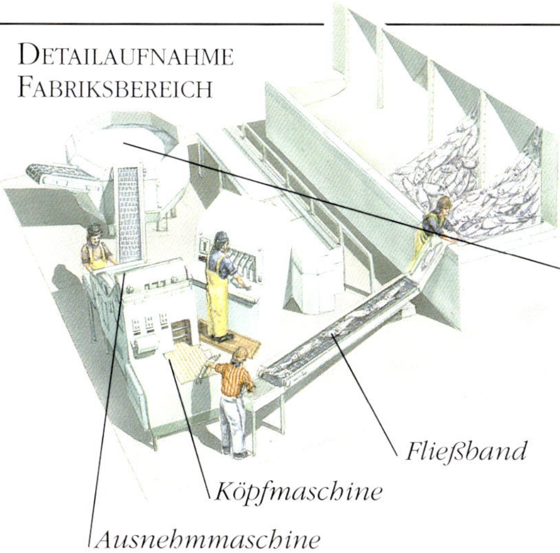

Fischkühler

Im Frachtraum des Schiffs befindet sich ein riesiger Kühlraum, wo die Fischblöcke gefroren werden. Das Schiff kann einige Wochen auf See sein, doch bei der Rückkehr sind die Fische fangfrisch.

Obenauf

Das Netz wird mit Winden und Seilzügen eingeholt oder ausgeworfen. Das Boot hat zwei hohe Brücken, die einige Seile halten. Auf der Bugbrücke sind der Funkmast und rotierende Radarscanner, die sogar bei Nebel andere Boote erkennen.

Technische Daten

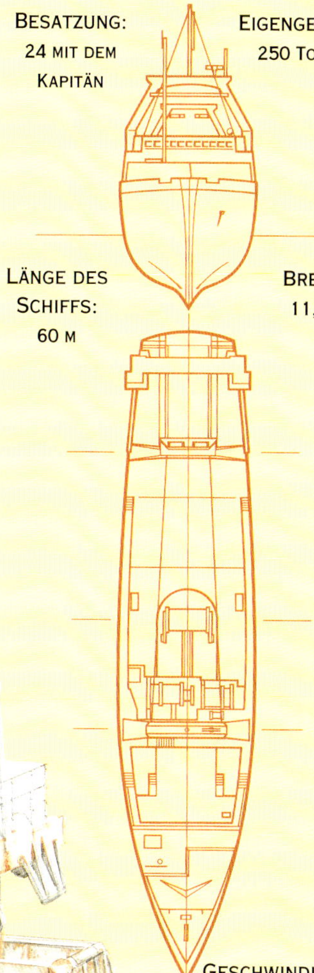

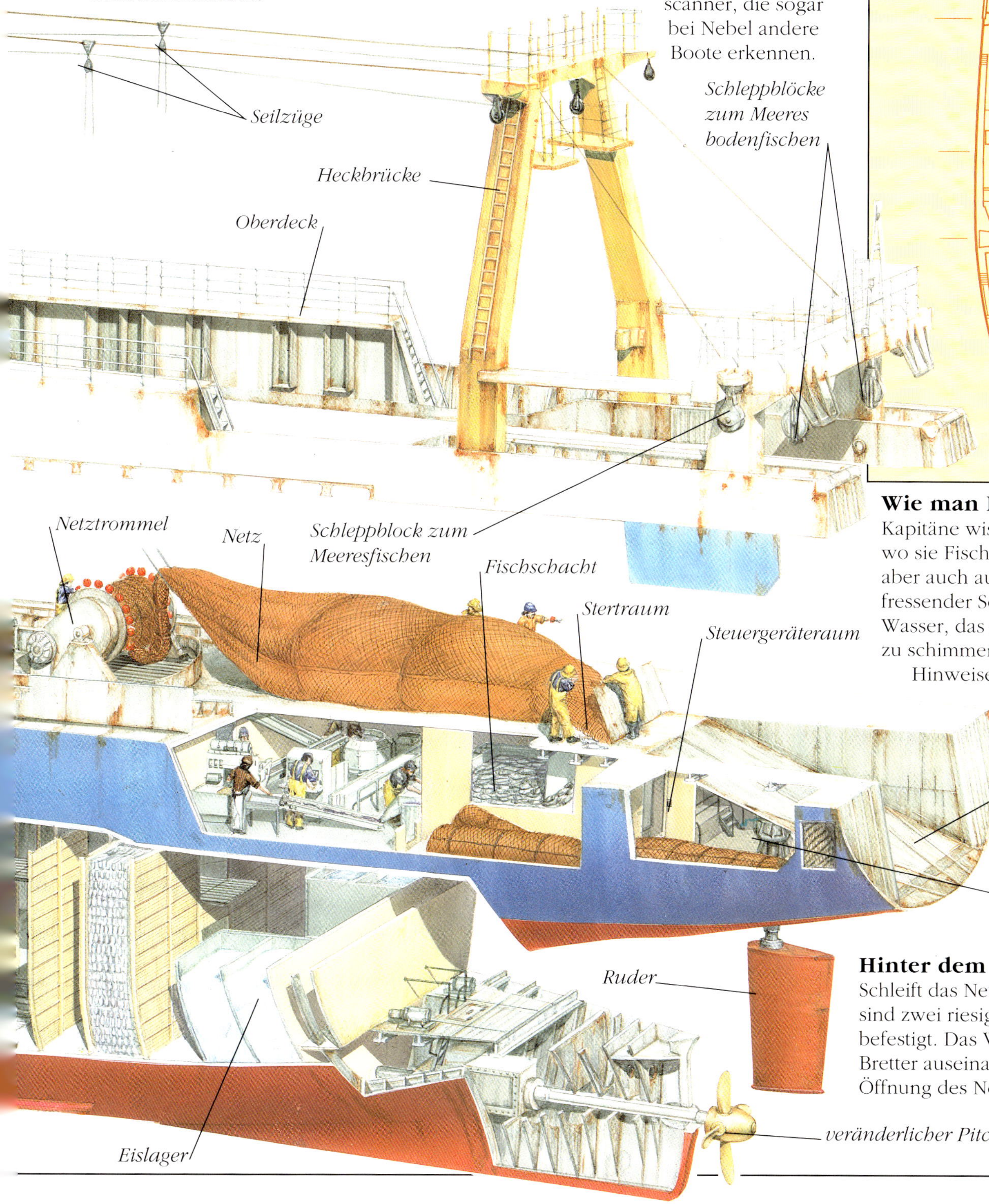

Wie man Fisch findet

Kapitäne wissen aus Erfahrung, wo sie Fische finden. Sie achten aber auch auf einen Schwarm fressender Seevögel oder auf Wasser, das in der Dunkelheit zu schimmern scheint. Das sind Hinweise auf einen großen Fischschwarm.

Hinter dem Boot

Schleift das Netz am Meeresgrund, sind zwei riesige Scherbretter daran befestigt. Das Wasser drückt die Bretter auseinander und hält die Öffnung des Netzes offen.

Rettungsboot

Beobachtest du das nächste Mal ein Unwetter vom Fenster aus, stell dir vor, du wärst vor der zerklüfteten britischen Küste auf hoher See: Der Wind peitscht die Wellen, und der Regen schlägt dir ins Gesicht. Bei eben diesem Wetter könnte ein Boot in Seenot geraten, und ein Rettungsboot der britischen Seewache RNLI würde zu Hilfe gerufen. Die RNLI ist die älteste Seewache der Welt und hat Stützpunkte an der gesamten britischen Küste. Das hier dargestellte Boot gehört zum Typ Tyne Class. Die Besatzung besteht aus freiwilligen Helfern! Wird ein Rettungsboot alarmiert, fahren sie so schnell wie möglich zum Stützpunkt. Sind alle an Bord, wird das Boot zu Wasser gelassen und rast zum Unglücksort.

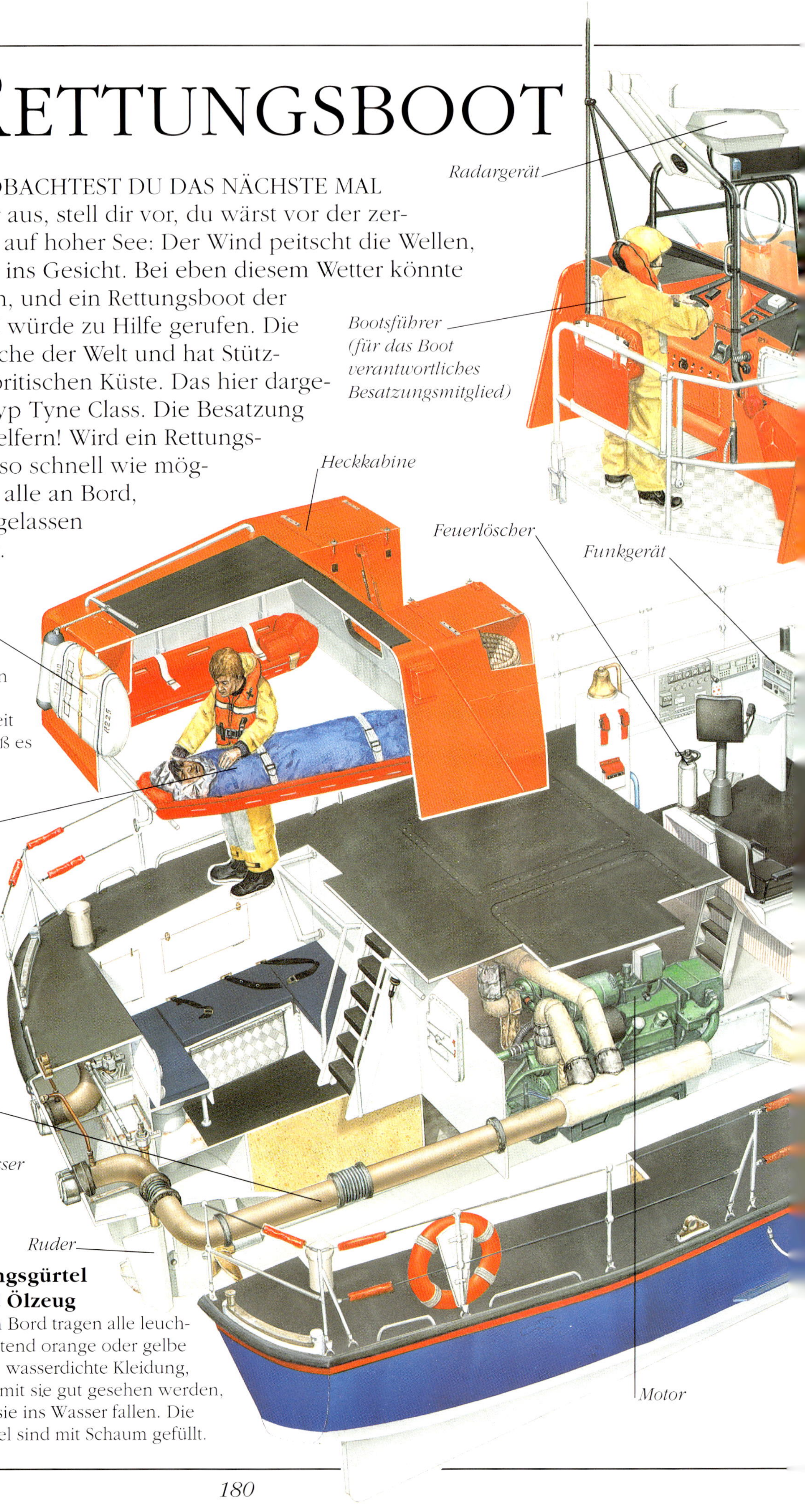

Zur Rettung gleiten
Das Tyne Class hat einen leichten Stahlrahmen, der es schnell macht. Bei hoher Geschwindigkeit gleitet es so über das Wasser, daß es beinahe zu fliegen scheint.

Rettungsausrüstung
An Bord befindet sich die Rettungsausrüstung, darunter eine Rakete an einem Seil, das zu einem anderen Boot geschossen werden kann, und Netze, die über die Wände gehängt werden, damit Menschen hochklettern können.

Rettungsgürtel und Ölzeug
An Bord tragen alle leuchtend orange oder gelbe wasserdichte Kleidung, damit sie gut gesehen werden, sollten sie ins Wasser fallen. Die Rettungsgürtel sind mit Schaum gefüllt.

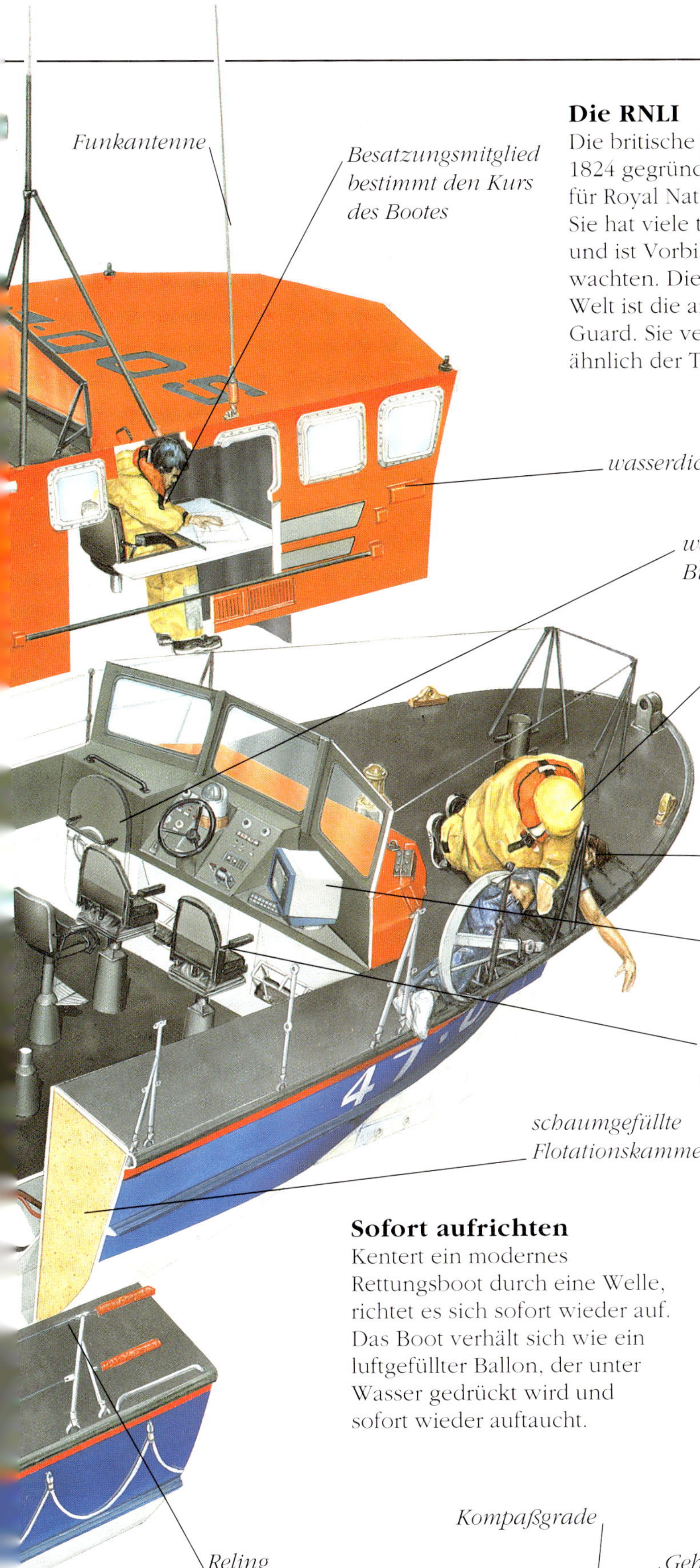

Die RNLI

Die britische Seewacht RNLI wurde 1824 gegründet. Die Abkürzung steht für Royal National Lifeboat Institution. Sie hat viele tausend Leben gerettet und ist Vorbild vieler anderer Seewachten. Die größte Seewacht der Welt ist die amerikanische Coast Guard. Sie verwendet kleine Boote, ähnlich der Tyne Class.

Technische Daten

Länge: 14 m

Grösste Breite: 4,5 m

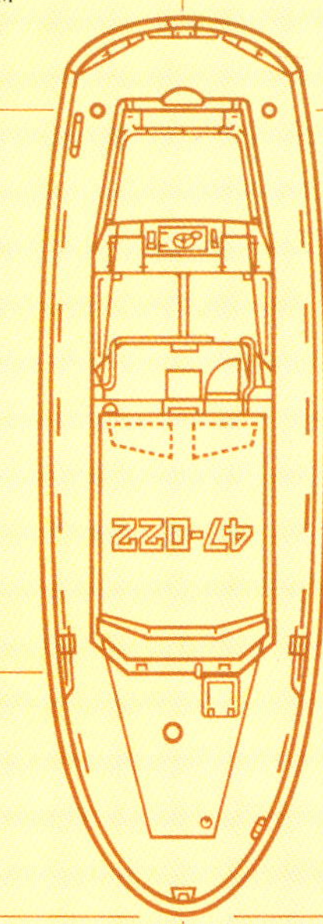

Reichweite: 364 km

Tiefgang (Tiefe im Wasser): 1,2 m

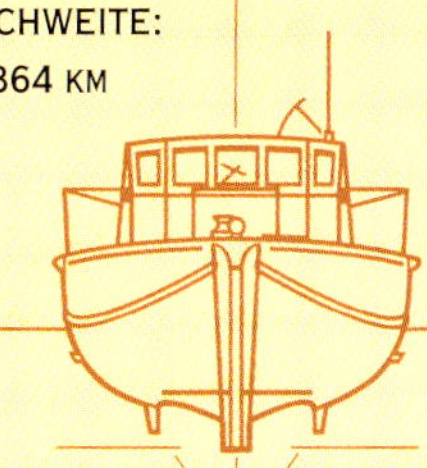

Geschwindigkeit: 15 Knoten

Besatzung: sechs Mann

Sofort aufrichten

Kentert ein modernes Rettungsboot durch eine Welle, richtet es sich sofort wieder auf. Das Boot verhält sich wie ein luftgefüllter Ballon, der unter Wasser gedrückt wird und sofort wieder auftaucht.

Boote in Seenot aufspüren

Man verwendet Radar, um Boote in Seenot zu finden. Eine Antenne sendet unsichtbare Wellen, die von den Objekten, die sie treffen, abprallen und zurückkommen. Sie werden von einem Scanner gemessen, der die Entfernung der Objekte vom Boot auf dem Bildschirm anzeigt.

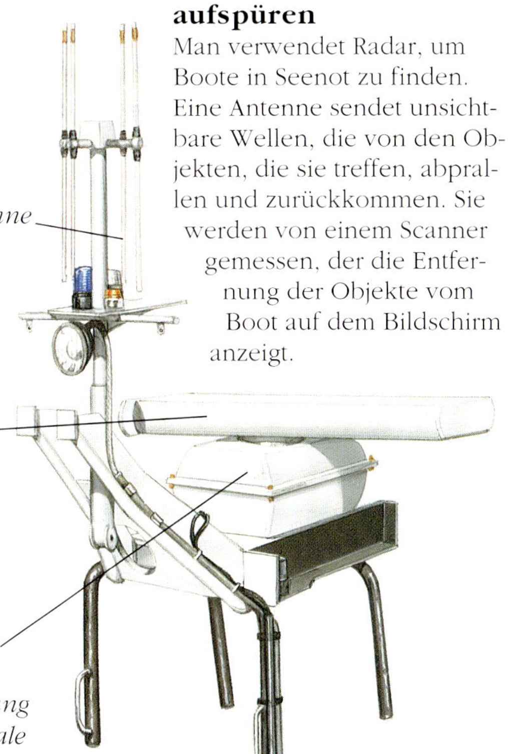

Kluger Kompaß

Der Schiffskompaß hat eine kardanische Aufhängung: Er ist auf einem bewegten Rahmen befestigt, damit er immer gerade hängt.

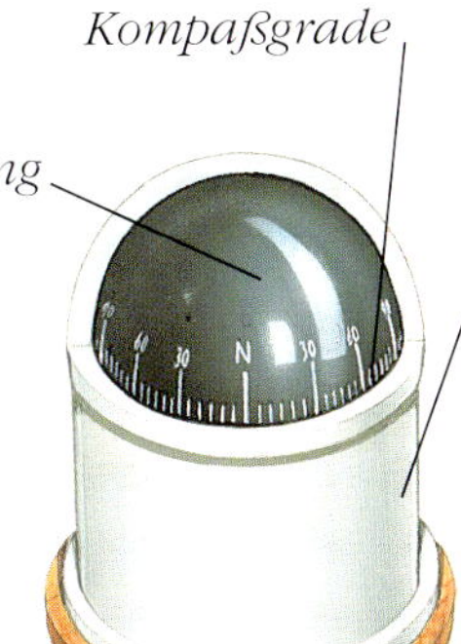

Entwicklung

Die Geschichte der Schiffahrt geht viele tausend Jahre zurück. Die ersten Boote bestanden aus aufgeblasenen Häuten, ausgehöhlten Stämmen oder zusammengebundenen Schilfballen. Seit damals verändern sich die Schiffe ständig. Hier sind einige Meilensteine in der Entwicklung der modernen Schiffe.

Aufgeblasene Tierhäute

Schilfboot

Langschiff der Wikinger, ca. 800 n. Chr.

Chinesische Dschunke, ca. 1200

Mittelalterliche Kogge, ca. 1250

Kriegsschiff mit 100 Geschützen, ca. 1800

SS Great Britain, Schraubendampfer mit Eisenrumpf, 1843

Flugzeugträger USS Lexington, 1942

Passagierschiff SS Canberra, 1964

Containerschiff, um 1970

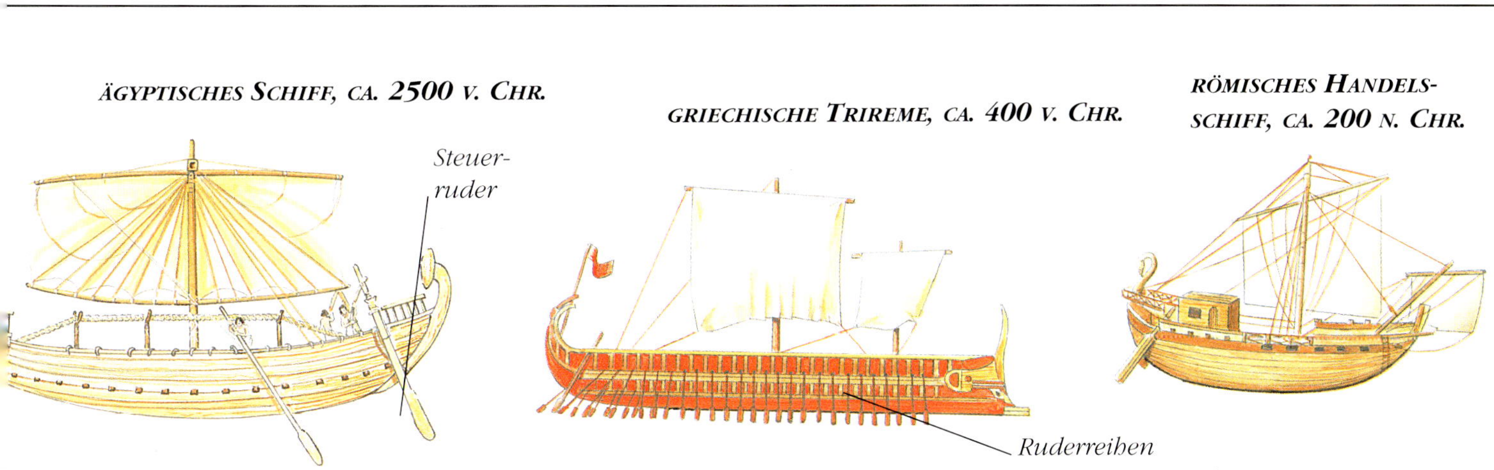
ÄGYPTISCHES SCHIFF, CA. 2500 V. CHR.
Steuer-
ruder
GRIECHISCHE TRIREME, CA. 400 V. CHR.
Ruderreihen
RÖMISCHES HANDELS-
SCHIFF, CA. 200 N. CHR.

MARY ROSE,
1536
MAYFLOWER,
1620
FREGATTE
HMS PANDORA,
UM 1780

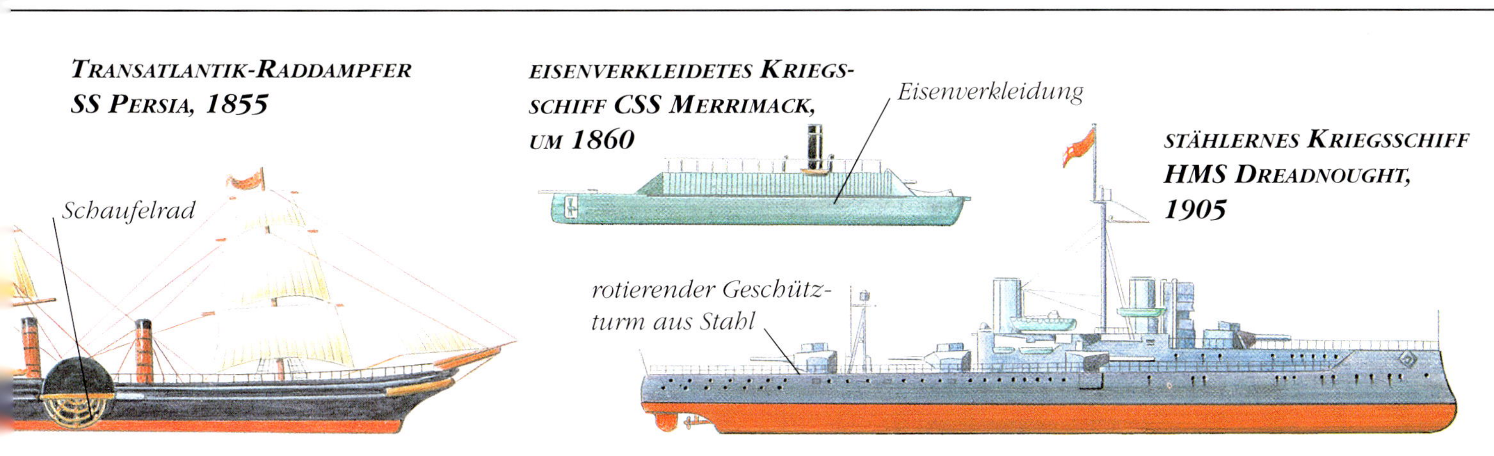
TRANSATLANTIK-RADDAMPFER
SS PERSIA, 1855
Schaufelrad
EISENVERKLEIDETES KRIEGS-
SCHIFF CSS MERRIMACK,
UM 1860
Eisenverkleidung
STÄHLERNES KRIEGSSCHIFF
HMS DREADNOUGHT,
1905
rotierender Geschütz-
turm aus Stahl

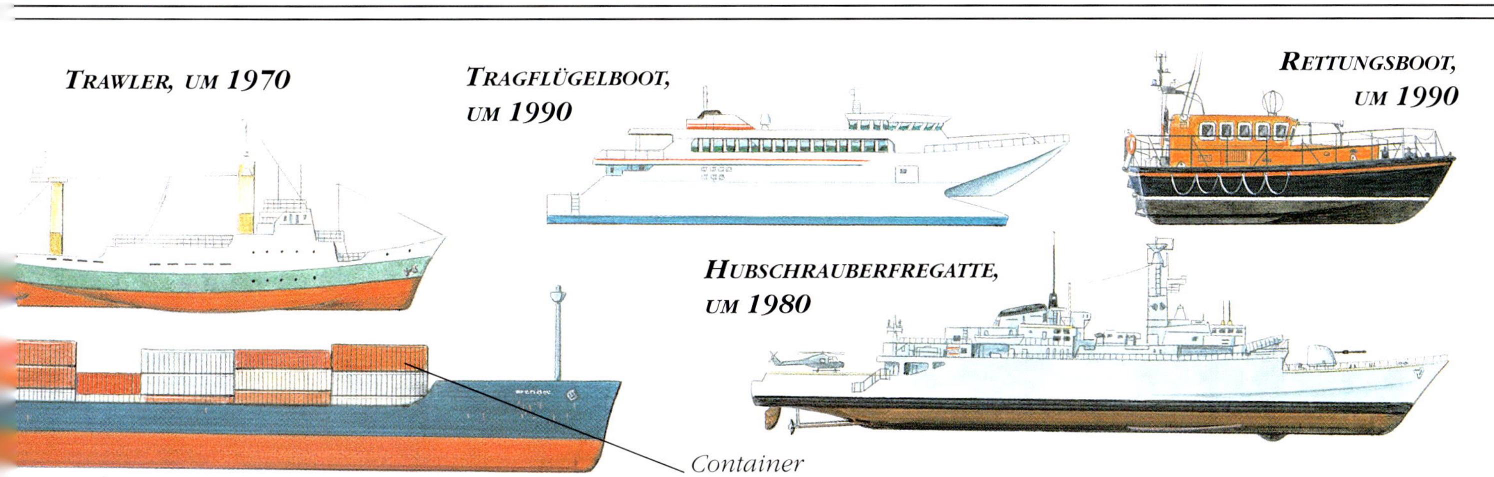
TRAWLER, UM 1970
TRAGFLÜGELBOOT,
UM 1990
RETTUNGSBOOT,
UM 1990
HUBSCHRAUBERFREGATTE,
UM 1980
Container

GLOSSAR

Achterdeck
Das erhöhte Deck am hinteren Ende eines Segelschiffs.

Achterschiff
Der hintere Teil des Schiffes.

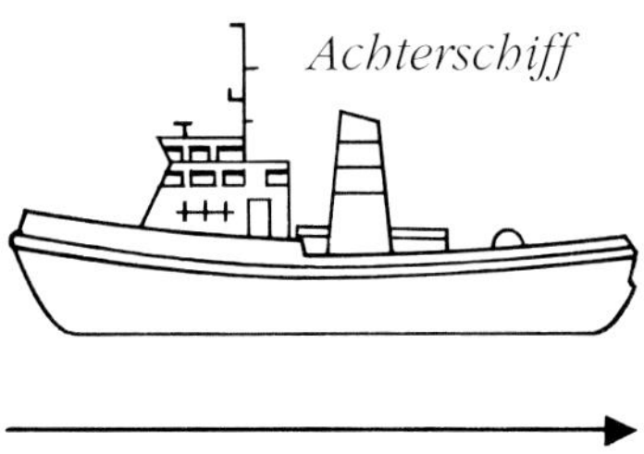
Achterschiff

Anker
Ein schweres Gewicht am Ende eines dicken Seils oder einer Kette. Er wird über Bord geworfen und gräbt sich in den Meeresgrund, damit das Schiff nicht abtreibt.

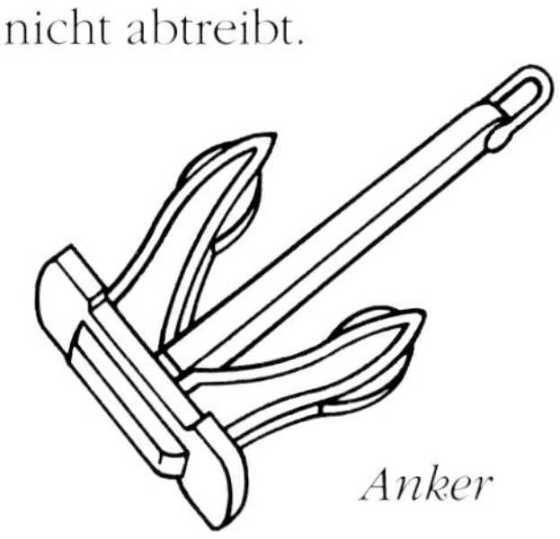
Anker

Ausleger
Eine Verlängerung, die aus dem Rumpf ragt.

Backbord
Die linke Seite eines Schiffs. Auch ein Befehl, nach links zu wenden.

Ballast
Schwere Steine oder Fracht, die unten in ein Schiff geladen werden, damit es im Wasser das Gleichgewicht hält.

Besanmast
Der Mast hinter dem Großmast.

Bilgenpumpe
Eine Pumpe, mit der eingedrungenes Wasser abgepumpt wird. Bilgenpumpen befinden sich zu beiden Seiten des Kiels im breitesten Teil des Laderaums unten im Schiff. Dieser Bereich heißt Kielraum.

Bootsmann
Der Aufseher über die Besatzung.

Breitseite
Das gleichzeitige Abfeuern aller Geschütze von einer Seite des Schiffs.

Brücke
Eine Plattform, auf der bei einem modernen Schiff der Kapitän und der Steuermann stehen. Von hier werden Kommandos gegeben.

Bug
Der vordere Teil des Schiffes.

Bugspriet
Eine lange Stange, die bei Segelschiffen über den Bug hinausragt. Darauf hängt die Blinde (Bugsprietsegel).

Bugzier
Verzierung des Rumpfs, die vorne an einem Holzschiff aus dem Wasser ragt.

Deck
Eine Plattform, die sich über das Boot erstreckt.

Dschunke
Ein chinesisches Boot mit bambusverstärkten Segeln.

Fockmast
Der Mast vor dem Großmast.

Frachtraum
Der Bereich unten im Schiff, wo häufig Fracht oder Vorräte gelagert werden.

Fregatte
Ein kleines Kriegsschiff.

Galeere
Ein Boot, das von Reihen von Ruderern bewegt wird.

Geschützluke
Ein Loch in der Seite des Schiffs, aus dem ein Geschütz ragen kann.

Großmast
Die Stange in der Mitte des Decks bei einem Segelschiff.

Handelsschiff
Ein Schiff zum Transport von Fracht.

Heck
Das hintere Ende des Schiffs.

Kabine
Der Wohnbereich für Menschen an Bord.

Kessel
Ein wasserdichter Behälter, in dem Wasser zu Dampf erhitzt wird.

Kiel
Ein schwerer Balken, der längs unter dem Rumpf verläuft. Er gibt dem Schiff Festigkeit.

Klinkerbauweise
Ein Holzrumpf mit überlappenden Planken.

Knoten
Die Geschwindigkeit eines Schiffes. Ein Knoten ist eine Seemeile pro Stunde.

Kolderstock
Ein riesiger Hebel an der Pinne bei alten Holzschiffen. Bevor Schiffe Steuerräder hatten, wurde der Kolderstock bewegt, um das Ruder zu verändern.

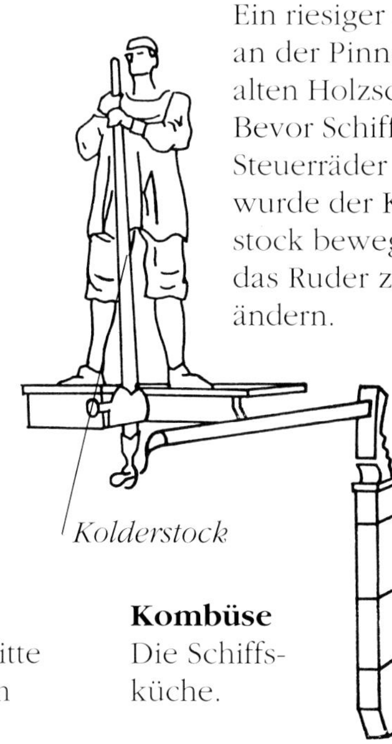
Kolderstock

Kombüse
Die Schiffsküche.

Kompaß
Ein Gerät mit Magnetnadel, die immer nach Norden weist. Wird von Seemännern zur Bestimmung des Weges verwendet.

Kraweelbauweise
Ein Holzrumpf, bei dem die Planken fugenlos aneinanderstoßen.

Kriegsschiff
Ein großes, schwerbewaffnetes Segelschiff aus dem 18. und 19. Jahrhundert.

Maat
Unteroffizier der deutschen Marine.

Mittschiffs
Der mittlere Bereich des Schiffes.

Poopdeck
Ein erhöhtes Deck über dem Heck des Schiffs.

Radar
Eine rotierende Antenne, die unsichtbare Magnetwellen aussendet, die von dem Objekt, das sie treffen, abprallen. Die zurückkehrenden Wellen werden vom Scanner gemessen und zeigen an, wie weit das Objekt entfernt ist. Damit werden andere Schiffe geortet.

Rah
Eine lange Stange quer über den Mast, an der die Segel hängen. Kleine Boote haben eine Rah, große Schiffe mehrere.

Rammsporn
Ein langer, spitzer Teil, der vorne an einem Holzschiff unter Wasser befestigt ist. Er sollte Löcher in feindliche Schiffe rammen.

Ruder
Ein großes Holz- oder Metallstück, das an einem Stab hinten am Schiff angebracht ist. Das Ruder wird zur Richtungsänderung nach links oder rechts bewegt.

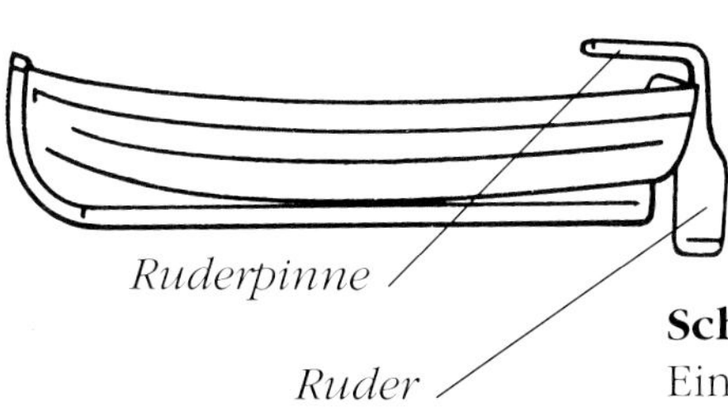

Ruderpinne
Ein Stock im Boot, der an das Ruder befestigt ist. Man bewegt ihn, um das Ruder zu bedienen.

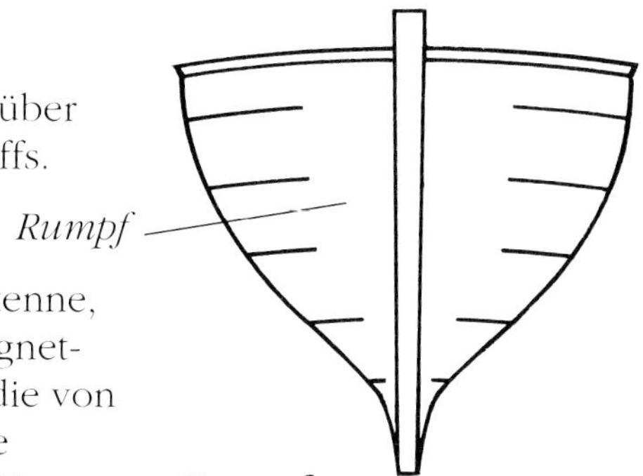

Rumpf
Der äußere Schiffskörper.

Schanzkleid
Oberkante des Rumpfes, die über dem Oberdeck um das Schiff verläuft.

Schiffbauer
Der Hersteller eines Schiffs.

Schornstein
Ein langes Rohr bei Dampfschiffen, aus dem Rauch und Dampf aus den Maschinen austritt. Es ist oben zum Himmel offen.

Schott
Eine Innenwand, die das Schiff in wasserdichte Abteile trennt.

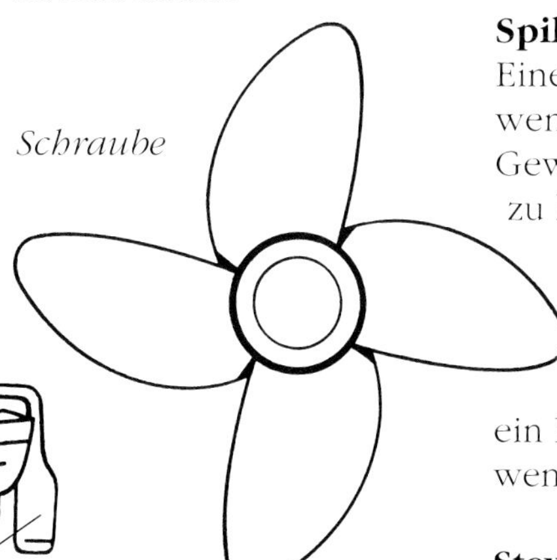

Schraube
Eine Welle mit Flügelblättern, die am Schiffsheck unter Wasser montiert ist. Sie heißt auch Propeller. Sie wird von den Motoren angetrieben und bewegt das Schiff vorwärts.

Segel
Ein großes Tuch, das auf den Masten eines Segelschiffs aufgezogen wird, um es mittels Windkraft anzutreiben. Segel werden nach den Masten benannt, die sie tragen.

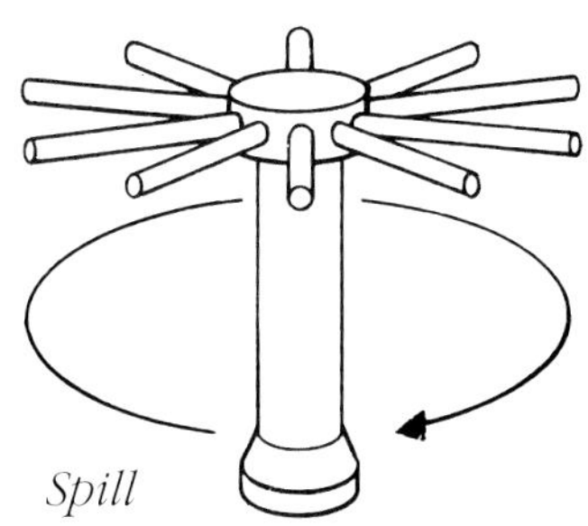

Spill
Eine Winde, die verwendet wird, um schwere Gewichte wie den Anker zu heben.

Steuerbord
Die rechte Seite eines Schiffs. Auch ein Befehl, nach rechts zu wenden.

Steuermann
Die Person, die das Schiff steuert.

Steuerrad
Dient bei Segelschiffen zur Steuerung des Ruders und damit des Schiffes.

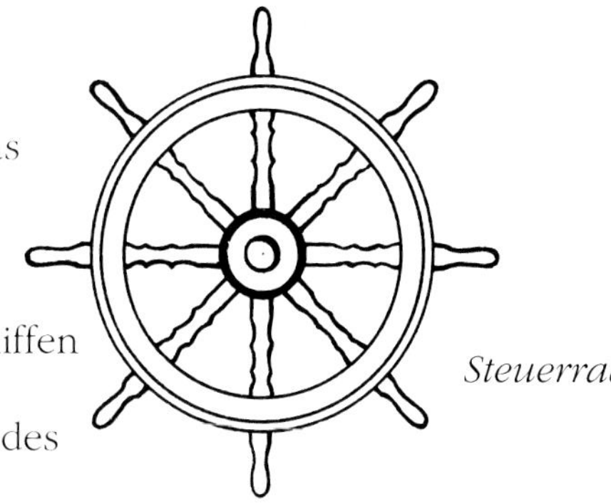

Steven
Die schmalste Stelle ganz vorne am Schiff, die das Wasser teilt, wenn das Schiff fährt.

Takelage
Seile oder Drähte, mit der Segel und Masten auf einem Segelschiff befestigt werden.

Trireme
Ein altes griechisches Boot, das von drei Reihen von Ruderern betrieben wurde.

Vorderkastell
Eine erhöhte Kampfplattform im vorderen Teil eines Holzschiffs. Bei einem modernen Schiff der Bereich vorne im Schiff, wo sich die Kabinen der Besatzung befinden.

Vorschiff
Der vordere Teil eines Schiffes.

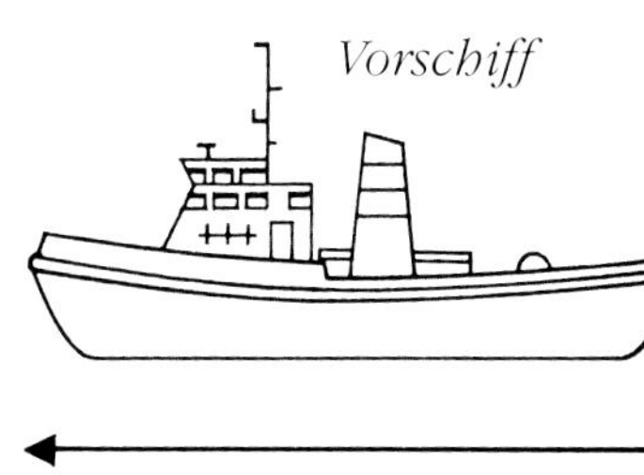

Wasserlinie
Der Wasserstand an der Seite des Schiffs.

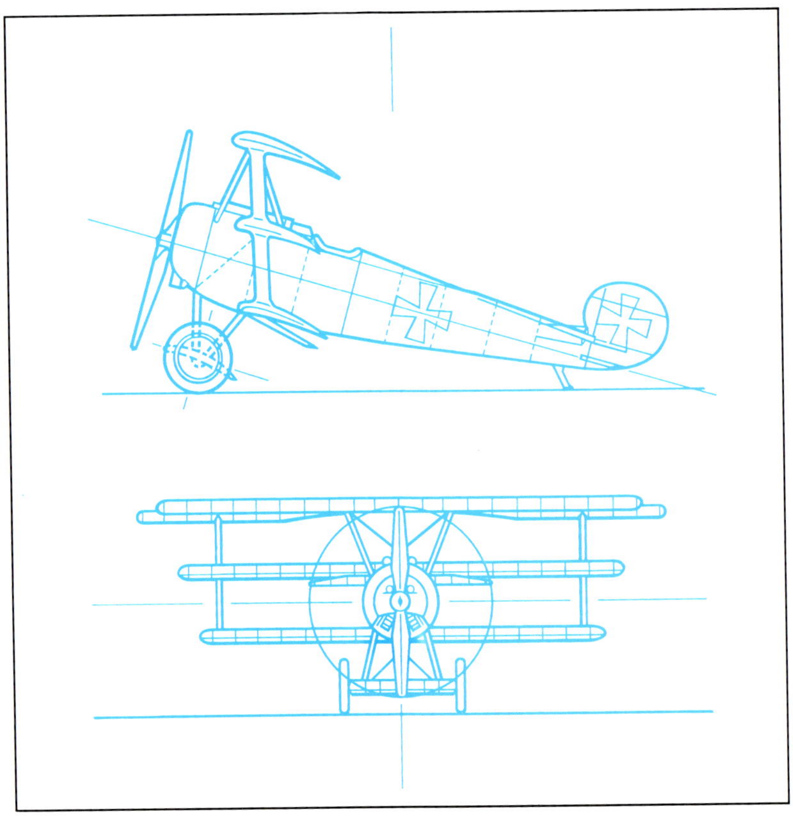

FLUGZEUGE

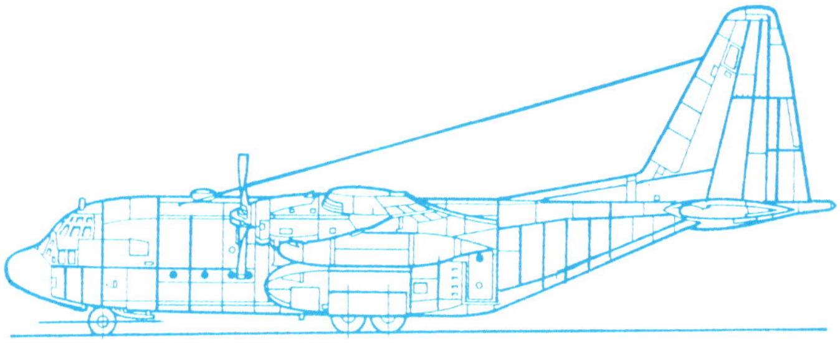

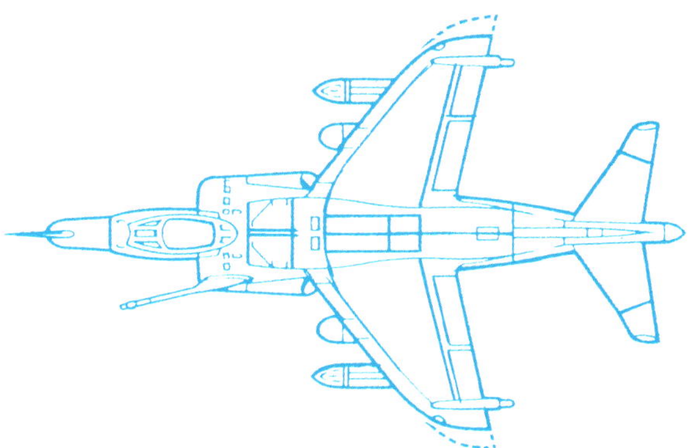

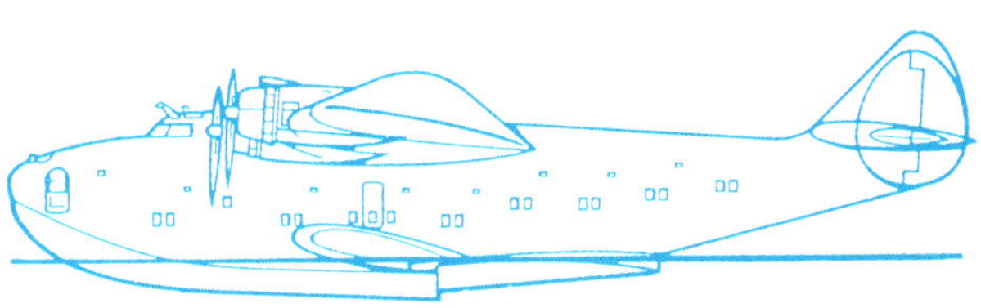

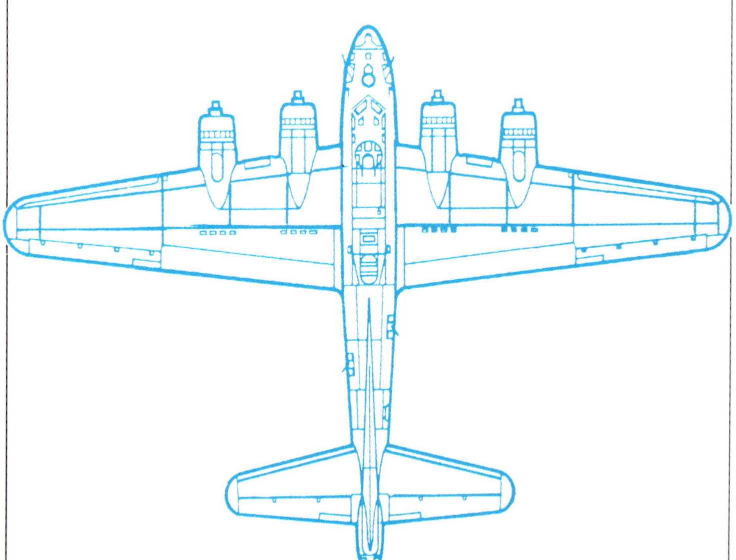

INHALT

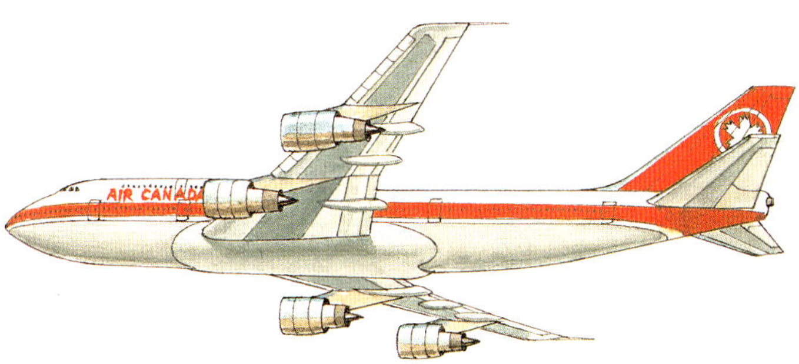

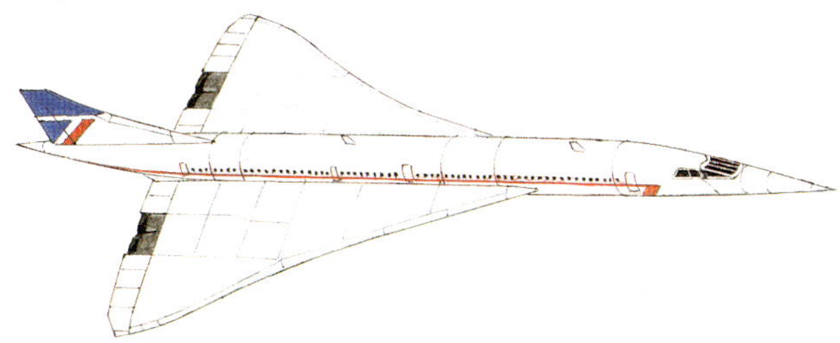

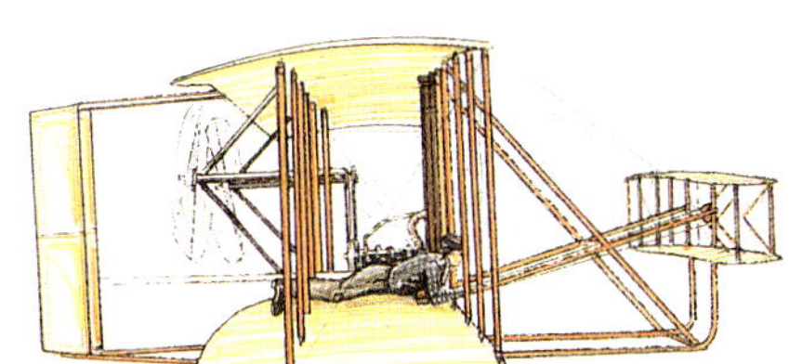

Fokker Dreidecker

Als der I. Weltkrieg zwischen Deutschland und den Alliierten ausbrach, gab es einige Flugzeuge, die vor allem zum Aufspüren feindlicher Truppen eingesetzt wurden. 1915 wurden erstmals Maschinengewehre auf einige dieser wenig stabilen Flugzeuge montiert, und der Abfangjäger war erfunden. Die Alliierten hatten dabei einen kleinen Vorsprung. Doch die Deutschen schlugen mit dem Fokker *Dreidecker* zurück, der den alliierten Flugzeugen überlegen war. Bald hallte der Himmel über Europa vom Geknatter der Maschinengewehre wider, als deutsche und alliierte Abfangjäger um die Vorherrschaft in der Luft kämpften.

Dreidecker
Die Fokker Dr 1 hatte drei Flügelreihen: Zwei waren auf jeder Seite des Rumpfs montiert, zwei weitere darüber auf jeder Seite des Cockpits mit einem Flügel darüber. Dadurch konnte das Flugzeug besser abheben und war in der Luft leichter zu steuern.

Motor
Der Motor war vorne am Flugzeug angebracht. Er sprang an, sobald der Propeller von einem Mechaniker am Boden angeworfen wurde. Im Lauf des Krieges waren die feindlichen Flugzeuge der Fokker weit überlegen.

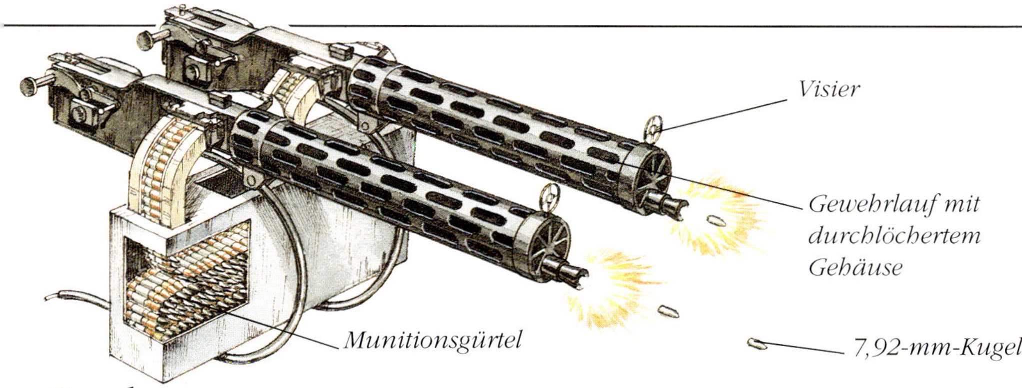

Gewehr
Die ersten Dr 1 hatten nur ein einziges Maschinengewehr, spätere dann zwei. Diese wurden vom Piloten bedient, der zielen und schießen mußte, während er flog. Die Gewehre waren mit einem „Unterbrecher" ausgestattet, der es ermöglichte, die Kugeln durch den drehenden Propeller abzufeuern.

TECHNISCHE DATEN

BESATZUNG: EIN MANN

MOTOR: 81-KW (110 PS)-NEUN-ZYLINDER-OBERURSEL UR 11 MIT LUFTKÜHLUNG

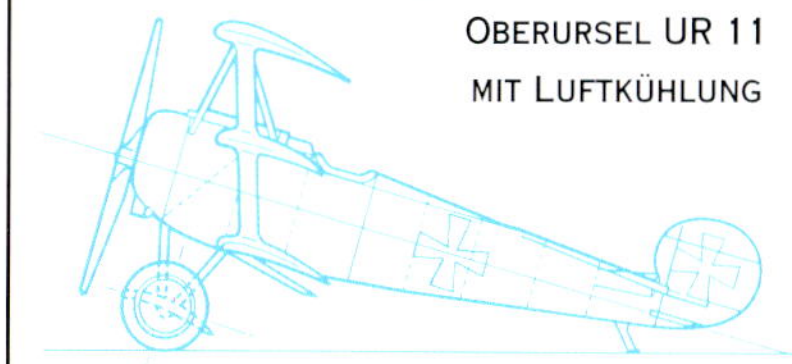

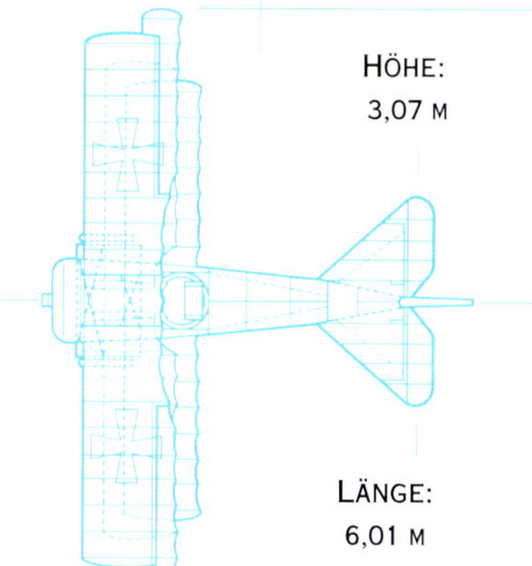

HÖHE: 3,07 M

LÄNGE: 6,01 M

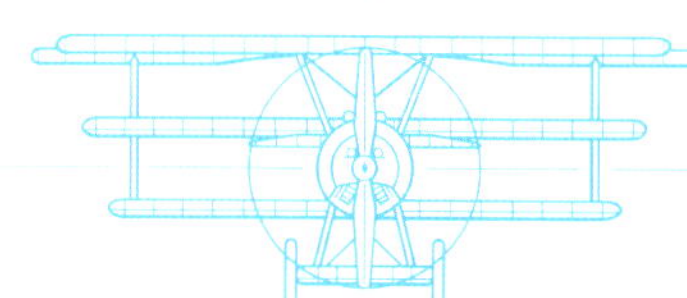

FLÜGELSPANNWEITE: 7,5 M (OBEN), 6,5 M (MITTE), 5,3 M (UNTEN)

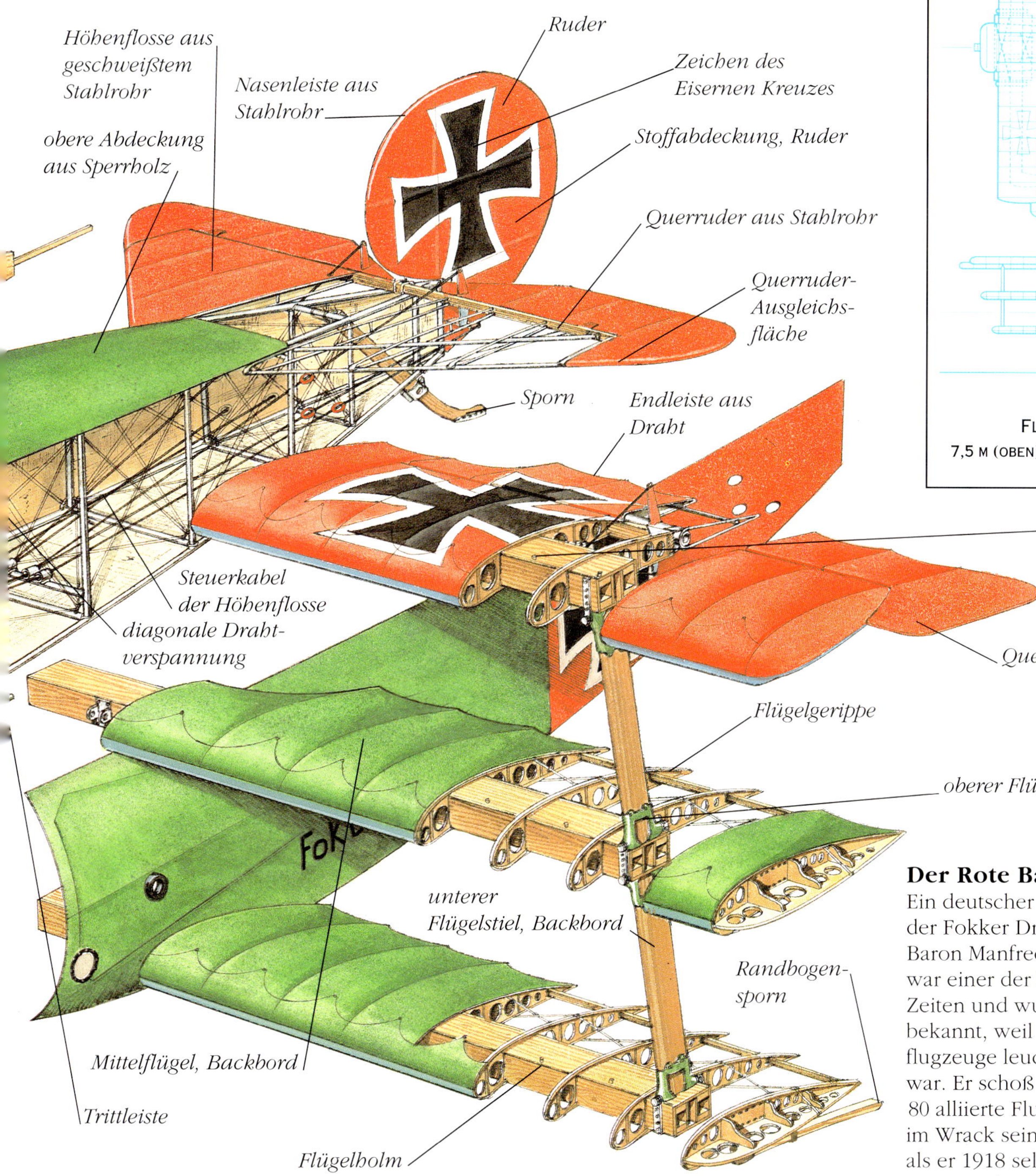

Der Rote Baron
Ein deutscher Pilot wird immer mit der Fokker Dr 1 verbunden bleiben – Baron Manfred von Richthofen. Er war einer der besten Jagdflieger aller Zeiten und wurde als „Roter Baron" bekannt, weil eines seiner Lieblingsflugzeuge leuchtend rot gestrichen war. Er schoß in seiner Laufbahn 80 alliierte Flugzeuge ab und starb im Wrack seiner berühmten Fokker, als er 1918 selbst Ziel eines gegnerischen Fliegers wurde.

Handley Page

Zwischen 1930 und 1931 wurden nur acht Handley Page H.P. 42 gebaut, aber als sie 1940 ausgetauscht wurden, hatten sie lange Strecken zurückgelegt und wurden von der Besatzung und den Passagieren gleichermaßen geschätzt. Ihr Hersteller bezeichnete sie als „die ersten Verkehrsflugzeuge der Welt". Viele Passagiere hielten sie für die bequemsten Flugzeuge, mit denen sie jemals geflogen waren. Vier H.P. 42 beförderten Passagiere und Post zwischen Kairo in Ägypten und Karatschi (damals in Indien). Die anderen vier flogen zwischen London und Paris. Alle hatten Namen mit „H" – Hannibal, Hadrian, Hanno und Horsa hießen die Flugzeuge im Osten, Hercules, Horatius, Hengist und Helena flogen in Europa.

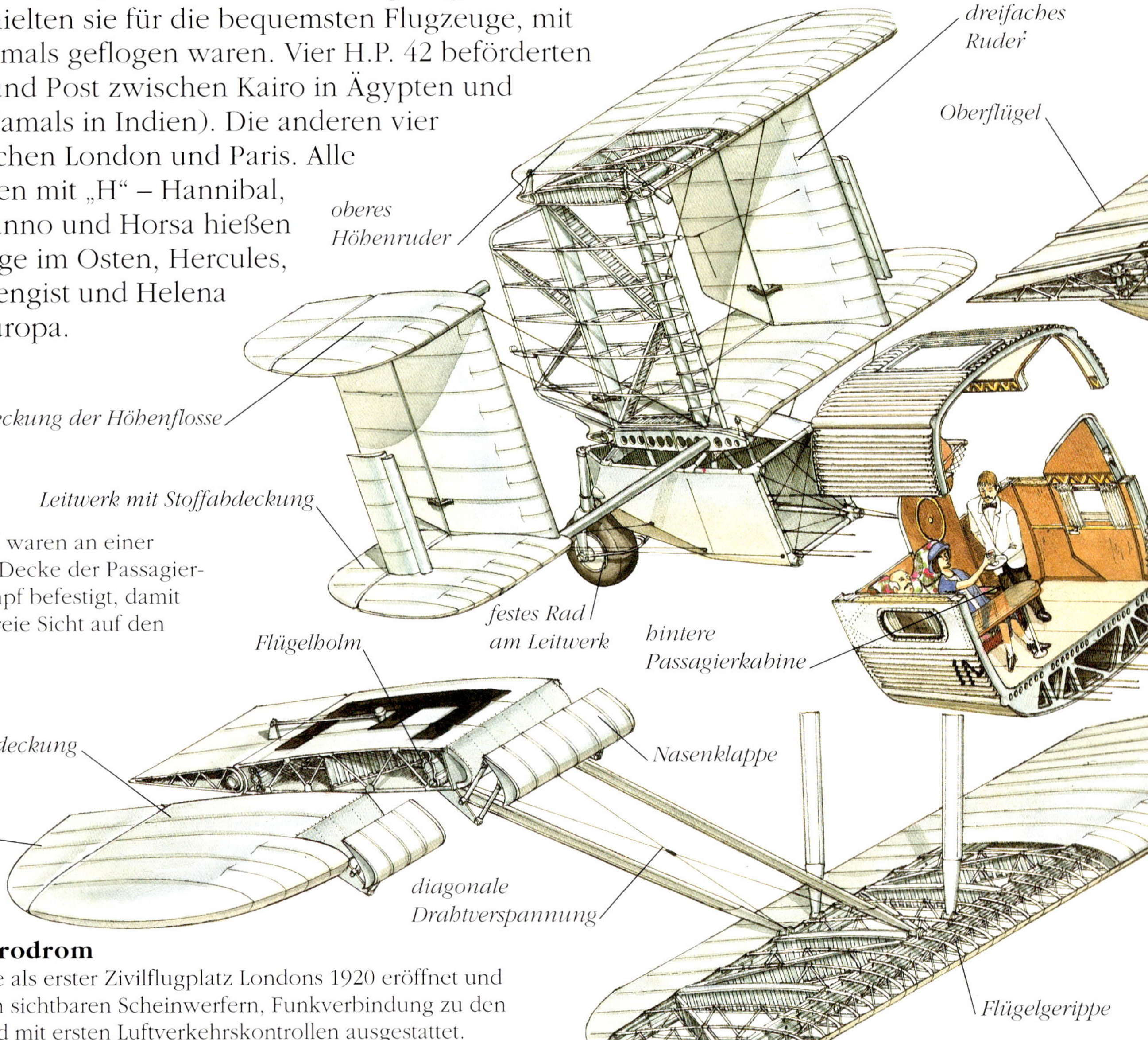

Flügel

Die Unterflügel waren an einer Stelle über der Decke der Passagierkabine am Rumpf befestigt, damit die Fahrgäste freie Sicht auf den Boden hatten.

Croydon Aerodrom

Croydon wurde als erster Zivilflugplatz Londons 1920 eröffnet und war mit weithin sichtbaren Scheinwerfern, Funkverbindung zu den Flugzeugen und mit ersten Luftverkehrskontrollen ausgestattet.

Technische Daten

Flügelspannweite: 39,62 m

Passagiere: max. 38

Motoren: vier 361-kW (490-PS)-Bristol-Jupiter-X1F-Sternmotoren mit Luftkühlung, neun Zylinder, kein Verdichter

Länge: 28,10 m

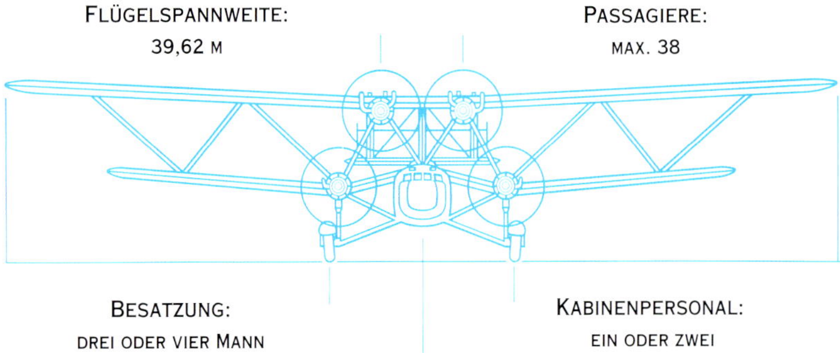

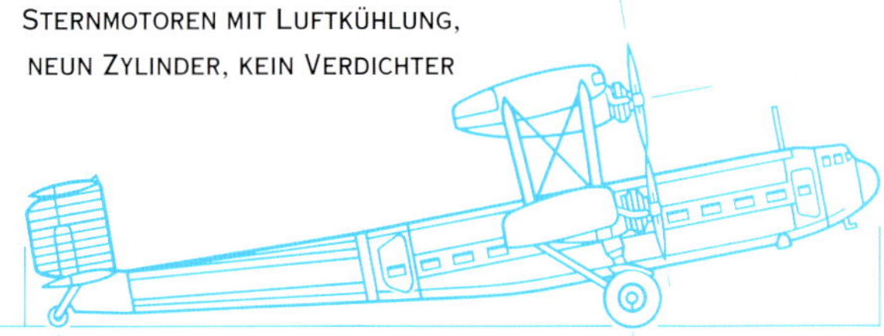

Besatzung: drei oder vier Mann

Kabinenpersonal: ein oder zwei

Leergewicht: 8047 kg

Ladegewicht: 12 700 kg

Rumpf

Zwei Drittel des Rumpfs der H.P. 42 bestanden aus leichtem Wellaluminium. Um das Gewicht gering zu halten, umhüllte ein strapazierfähiger Stoff das Leitwerk aus geschweißtem Stahlrohr.

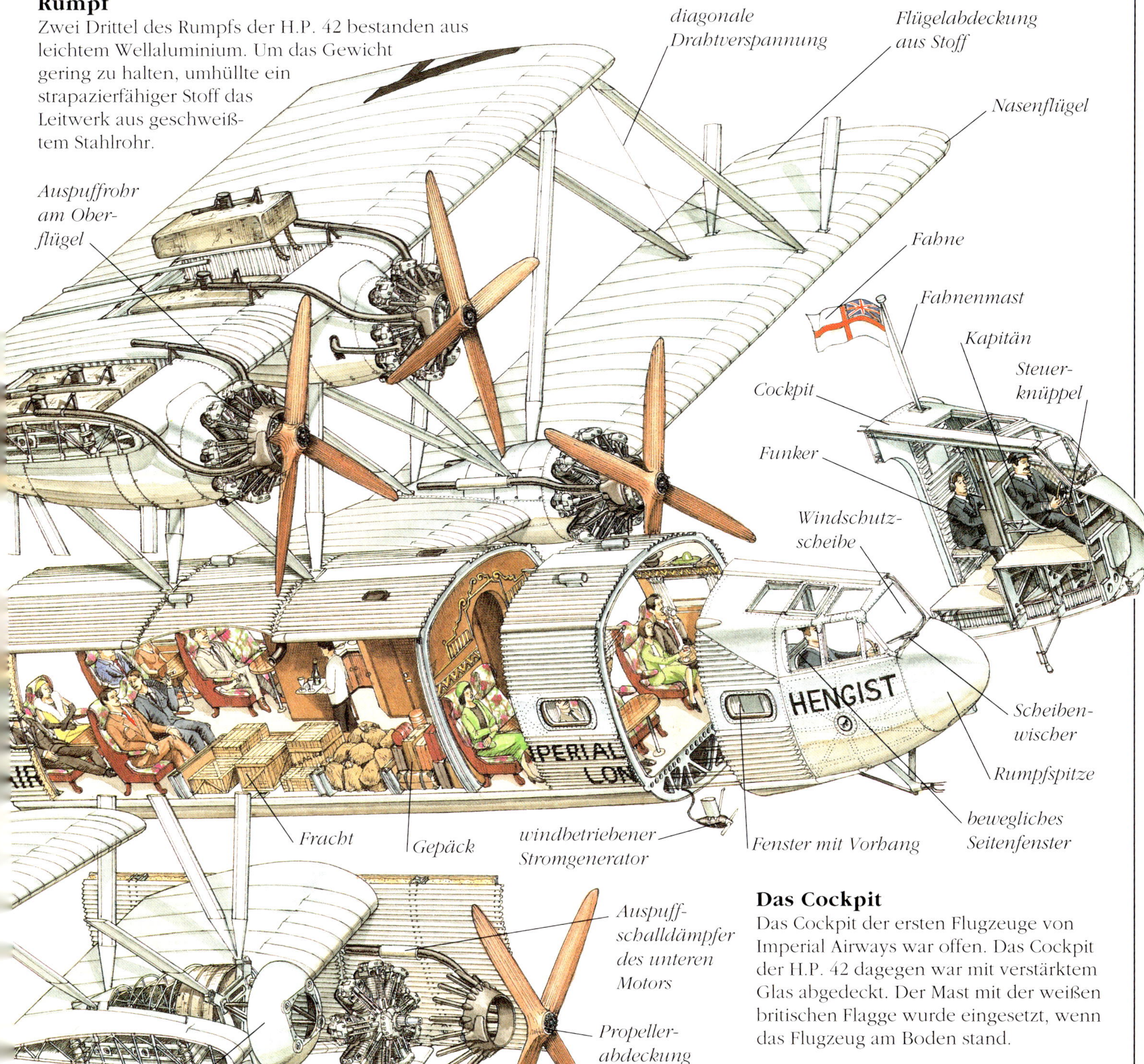

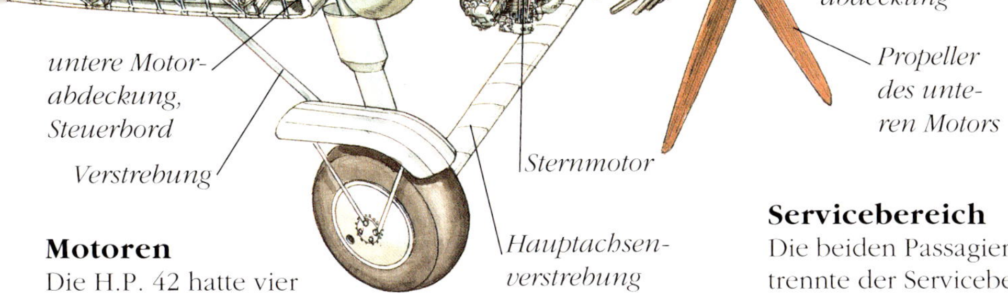

Das Cockpit

Das Cockpit der ersten Flugzeuge von Imperial Airways war offen. Das Cockpit der H.P. 42 dagegen war mit verstärktem Glas abgedeckt. Der Mast mit der weißen britischen Flagge wurde eingesetzt, wenn das Flugzeug am Boden stand.

Motoren

Die H.P. 42 hatte vier Motoren, zwei in der Mitte des Oberflügels und je einen am Unterflügel auf jeder Seite des Rumpfs. Die Motoren liefen leise – ein Mann schrieb erfreut an Imperial Airways, daß er sich nicht Watte in die Ohren stecken mußte, um den Motorenlärm zu mindern.

Servicebereich

Die beiden Passagierkabinen trennte der Servicebereich. Bei langen Flügen servierte das Personal den Passagieren ein siebengängiges Gourmetmenü. Neben der Bordküche befanden sich der Gepäckraum und die Toiletten.

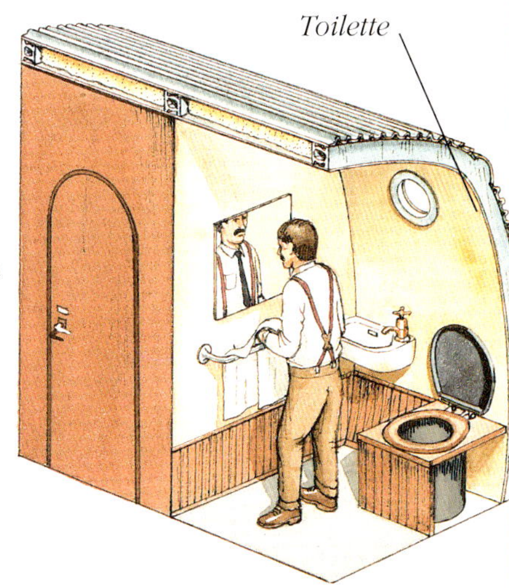

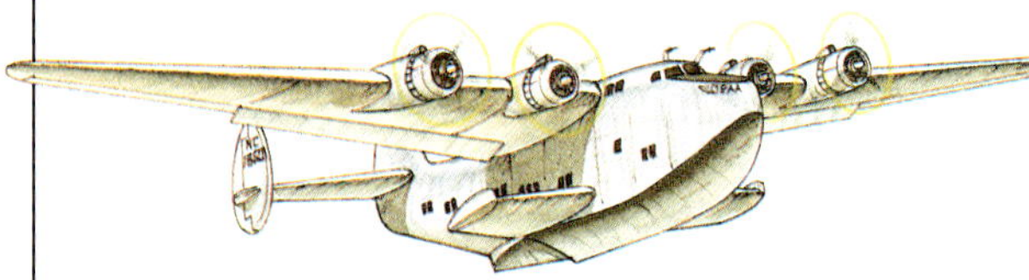

BOEING 314

NUR ACHT JAHRE nach den Brüdern Wright setzte 1911 ein anderer Amerikaner, Glenn Curtiss, mit dem ersten Wasserstart einen Meilenstein: Das Wasserflugzeug war erfunden. Das berühmteste war wohl die Boeing 314, die 1938 ihren Jungfernflug antrat. Im März 1939 flog der *California Clipper* Passagiere von San Francisco nach Singapur, im Juni desselben Jahres machte der *Atlantic Clipper* seinen ersten offiziellen Passagierflug über den Atlantik. Während des II. Weltkriegs transportierten Clipper, die „fliegenden Boote“, Menschen und Material in die ganze Welt. Bei Kriegsende hatten die 314er mehr als 4100 Überseeflüge absolviert, konnten anschließend aber nicht mehr mit den neuen Flugzeugen mithalten. Sie wurden verkauft und später verschrottet.

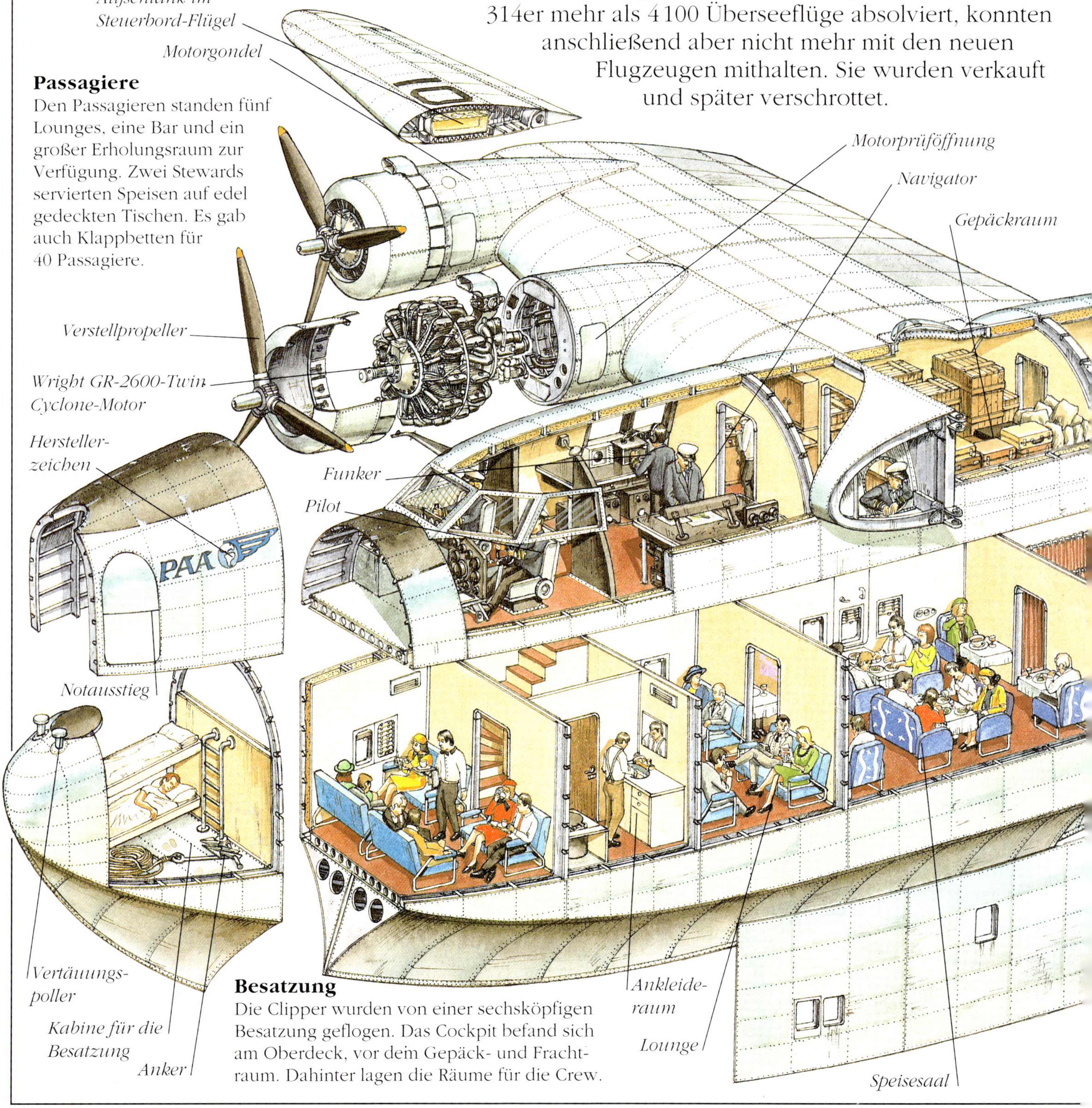

Passagiere
Den Passagieren standen fünf Lounges, eine Bar und ein großer Erholungsraum zur Verfügung. Zwei Stewards servierten Speisen auf edel gedeckten Tischen. Es gab auch Klappbetten für 40 Passagiere.

Besatzung
Die Clipper wurden von einer sechsköpfigen Besatzung geflogen. Das Cockpit befand sich am Oberdeck, vor dem Gepäck- und Frachtraum. Dahinter lagen die Räume für die Crew.

Technische Daten

Baujahr: 1938

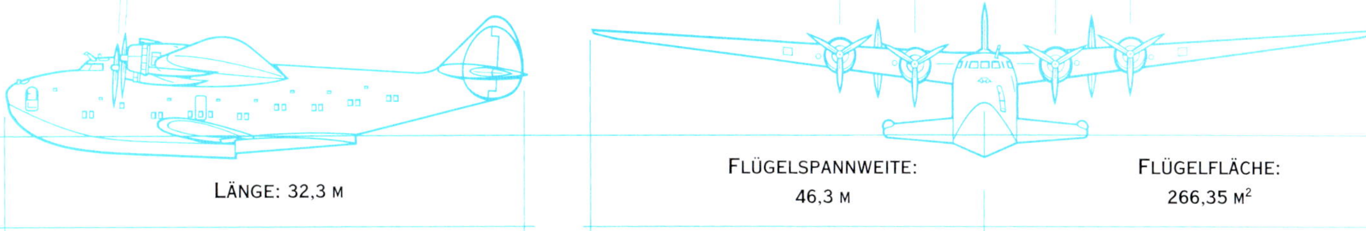

Länge: 32,3 m

Flügelspannweite: 46,3 m

Flügelfläche: 266,35 m^2

Motoren: vier Wright-GR-2600-Twin-Cyclone

Besatzung: acht Mann

Kapazität: 74 Passagiere

Motoren

Die ersten sechs 314er waren mit vier 1 104-kW (1 500-PS)-Wright-GR-2600-Twin-Cyclone-Sternmotoren mit 14 Zylindern ausgerüstet und erzielten eine maximale Reichweite von 7 885 km. Die zweiten sechs hatten eine verbesserte Version dieses Motors mit 74 kW (100 PS) mehr.

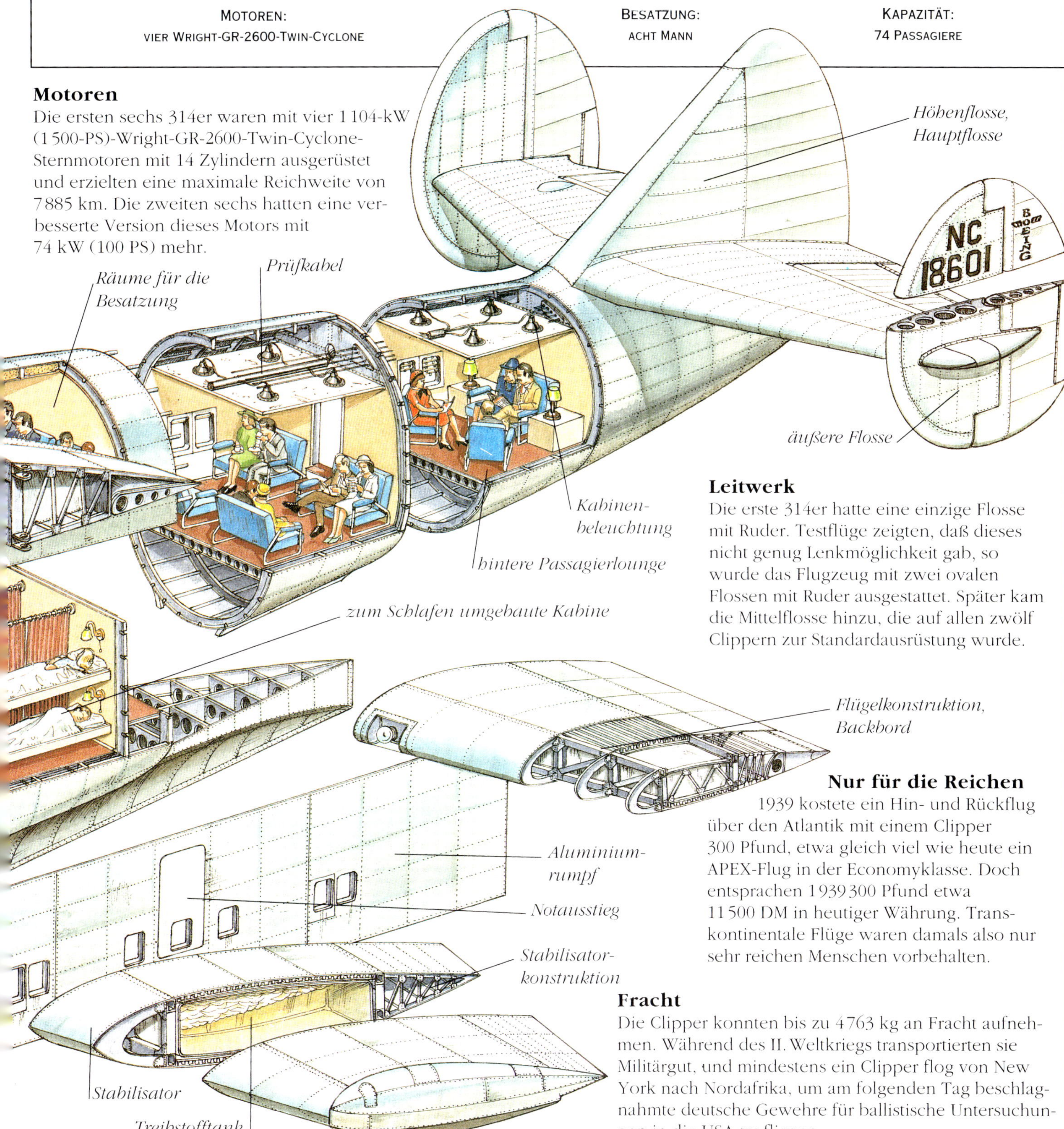

Leitwerk

Die erste 314er hatte eine einzige Flosse mit Ruder. Testflüge zeigten, daß dieses nicht genug Lenkmöglichkeit gab, so wurde das Flugzeug mit zwei ovalen Flossen mit Ruder ausgestattet. Später kam die Mittelflosse hinzu, die auf allen zwölf Clippern zur Standardausrüstung wurde.

Nur für die Reichen

1939 kostete ein Hin- und Rückflug über den Atlantik mit einem Clipper 300 Pfund, etwa gleich viel wie heute ein APEX-Flug in der Economyklasse. Doch entsprachen 1939 300 Pfund etwa 11 500 DM in heutiger Währung. Transkontinentale Flüge waren damals also nur sehr reichen Menschen vorbehalten.

Fracht

Die Clipper konnten bis zu 4763 kg an Fracht aufnehmen. Während des II. Weltkriegs transportierten sie Militärgut, und mindestens ein Clipper flog von New York nach Nordafrika, um am folgenden Tag beschlagnahmte deutsche Gewehre für ballistische Untersuchungen in die USA zu fliegen.

Spitfire

Die Spitfire wurde gebaut, weil der Chefkonstrukteur von Supermarine Aviation Works unbedingt ein Flugzeug konstruieren wollte, um damit die berühmte Schneider Trophäe zu gewinnen, einen internationalen Wettbewerb der 20er und 30er Jahre. Seine Pläne für ein Rennflugzeug wurden schließlich zu einem Abfangjäger umgeändert, und der Prototyp (der erste) flog im März 1936. Das Flugzeug war leicht und einfach zu fliegen. Die Testflüge verliefen so erfolgreich und übertrafen alle britischen Maßgaben für Kampfflugzeuge, daß im Juni desselben Jahres die ersten Serienmodelle bestellt wurden.

Perfekte Propeller
Die ersten Spitfire hatten große Propeller mit drei Flügeln. Spätere Modelle wiesen Propeller mit vier oder sogar fünf Flügeln auf.

Motor
Die frühen Spitfire hatten Rolls-Royce Merlin-I-Kolbenmotoren. 1942 konnte die Mark IX mit einem Merlin-60-Motor 650 km/h fliegen. Spätere Modelle hatten den größeren Griffin-Motor. Eine der letzten Spitfires war die Mark XXI, die mindestens doppelt so stark war wie die Original-Spitfire Mark I.

Schweres Geschütz
Die Spitfire Mark I war mit acht Maschinengewehren ausgerüstet. Spätere Spitfires hatten meist 20-mm-Maschinenkanonen und vier Maschinengewehre.

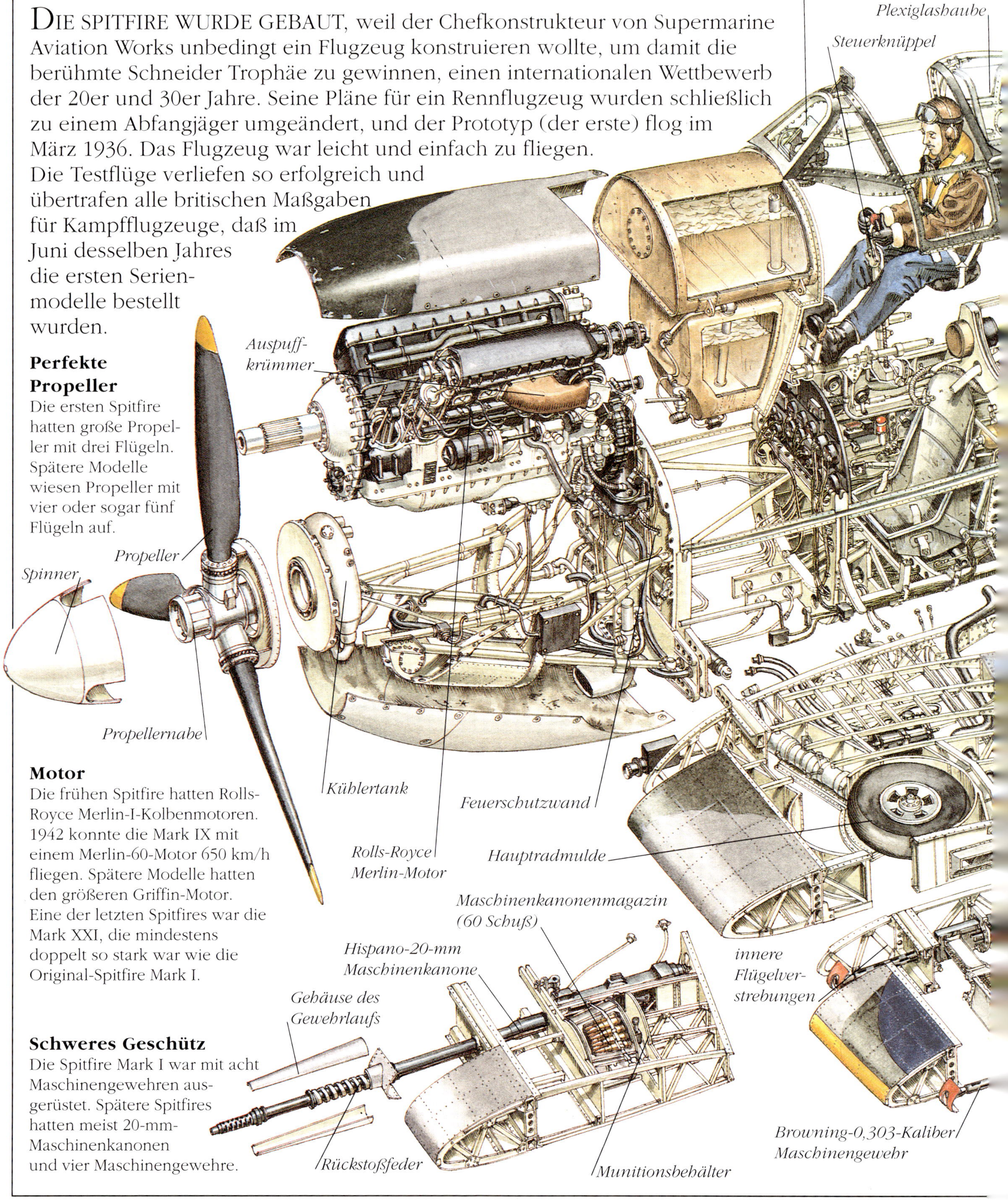

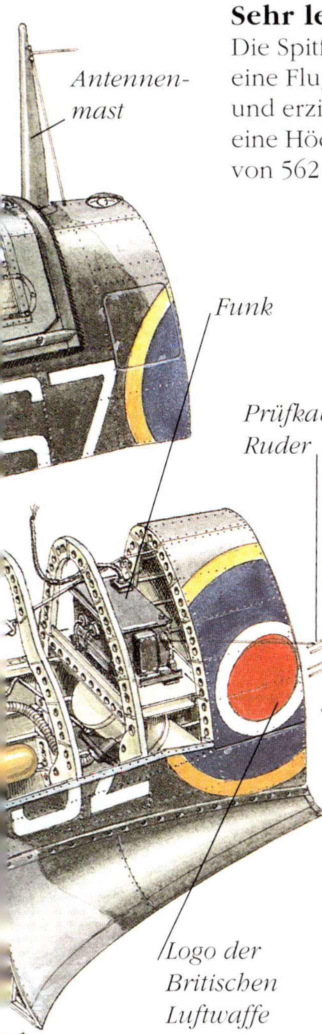

Sehr leistungsfähig

Die Spitfire Mk I erreichte eine Flughöhe von 10 655 m und erzielte in 5 124 m Höhe eine Höchstgeschwindigkeit von 562 km/h.

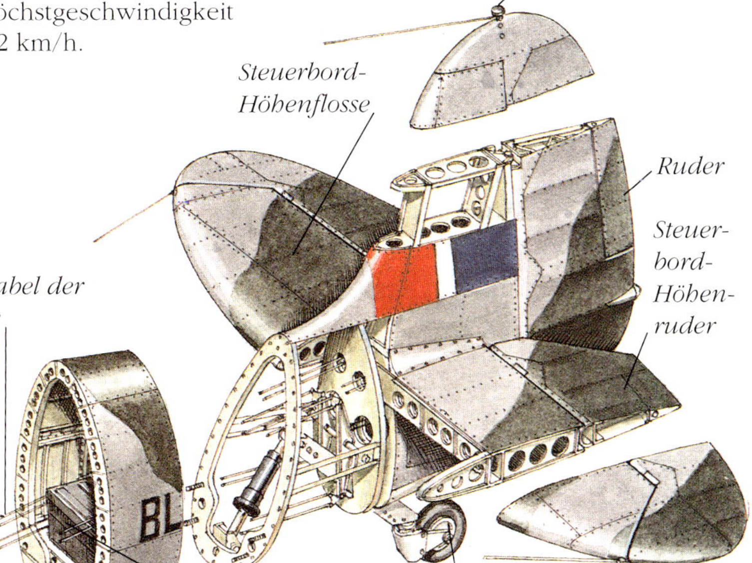

Bedienung

Die Spitfire der Schlacht um England waren im Normalflug schneller als die Messerschmitt 109, gegen die sie kämpften. Doch die deutschen Flugzeuge konnten schneller steigen und sinken. In bezug auf die Manövrierfähigkeit war jedoch die Spitfire unschlagbar.

Technische Daten

(MARK V)

Besatzung: ein Mann

Länge: 9,12 m

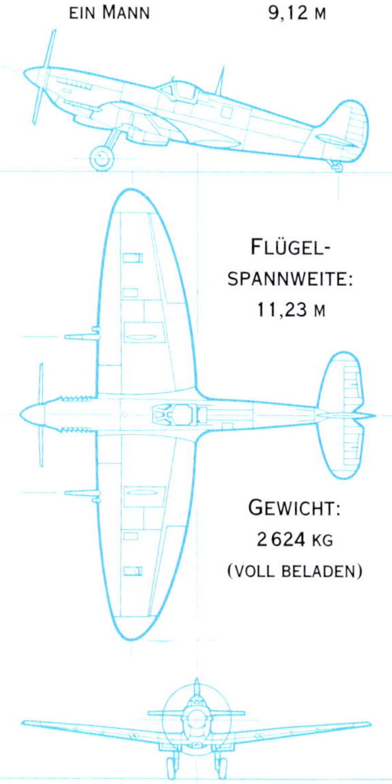

Flügel-spannweite: 11,23 m

Gewicht: 2 624 kg (voll beladen)

Motoren: ein Rolls-Royce Merlin III, 12 Zylinder

Zähe Kämpfer

Als die Produktion der Spitfire 1948 eingestellt wurde, war sie mit 20 334 Exemplaren das meistverwendete britische Flugzeug aller Zeiten.

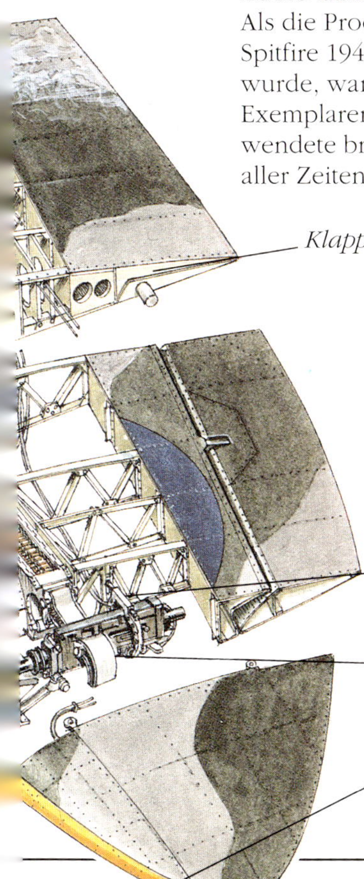

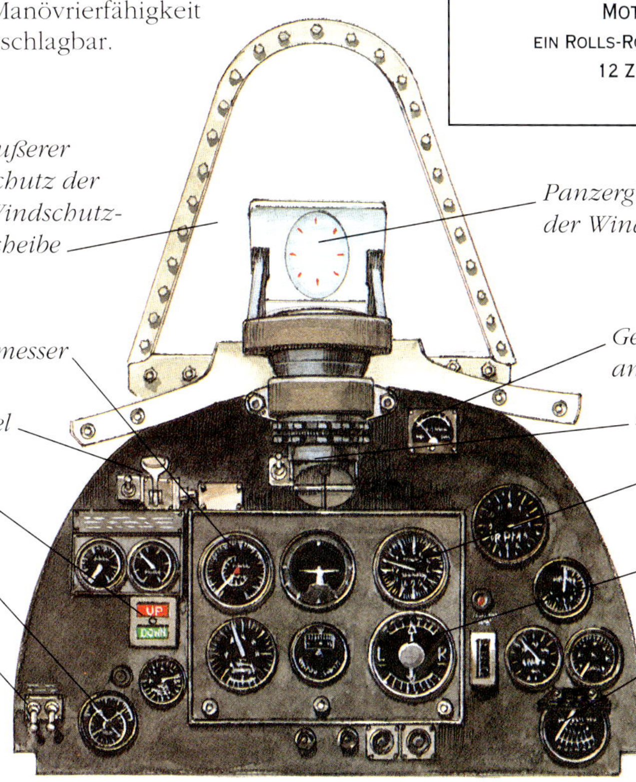

Alles übersichtlich

Im Cockpit wurde der Pilot von einer kugelsicheren Windschutzscheibe geschützt. Die Instrumentenanzeigetafel war übersichtlich, man hatte zu allen Schaltern leicht Zugriff. Das Flugzeug wurde vom Piloten mittels eines Steuerknüppels und Ruderpedalen bei den Füßen geflogen.

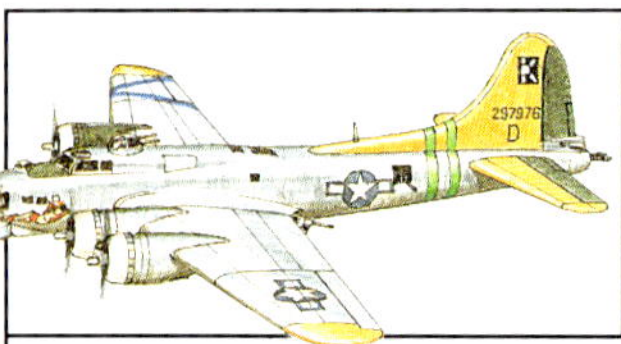

B-17-Bomber

Stell dir eine riesige Festung vor, die abhebt und fliegt. Sie ist voller Gewehre und Bomben, und ihr Anblick würde jedem Feind Angst einjagen. Das war der US B-17-Bomber. Er wurde im II. Weltkrieg vor allem in Europa für Luftangriffe eingesetzt, flog aber auch im Pazifik, im Nahen und im Fernen Osten. Im Jahre 1935 baute Boeing das Modell 299, den Prototyp des B-17. Die offizielle Bezeichnung B-17 bekam er nach Testflügen für die amerikanische Armee. Der B-17G aus dem Jahr 1943 war mit zwei Maschinengewehren im vorderen, mittleren und hinteren Bereich, in der Höhenflosse und im Bug, einem weiteren in der Funkkabine und je einem in den Mittelrumpfpositionen bestückt.

Bomben
Die B-17 beförderten für gewöhnlich 2724 kg Bomben, waren aber für mehr als das Doppelte gerüstet. Sie wurden vom Bombenschützen kontrolliert, der in der Rumpfspitze saß.

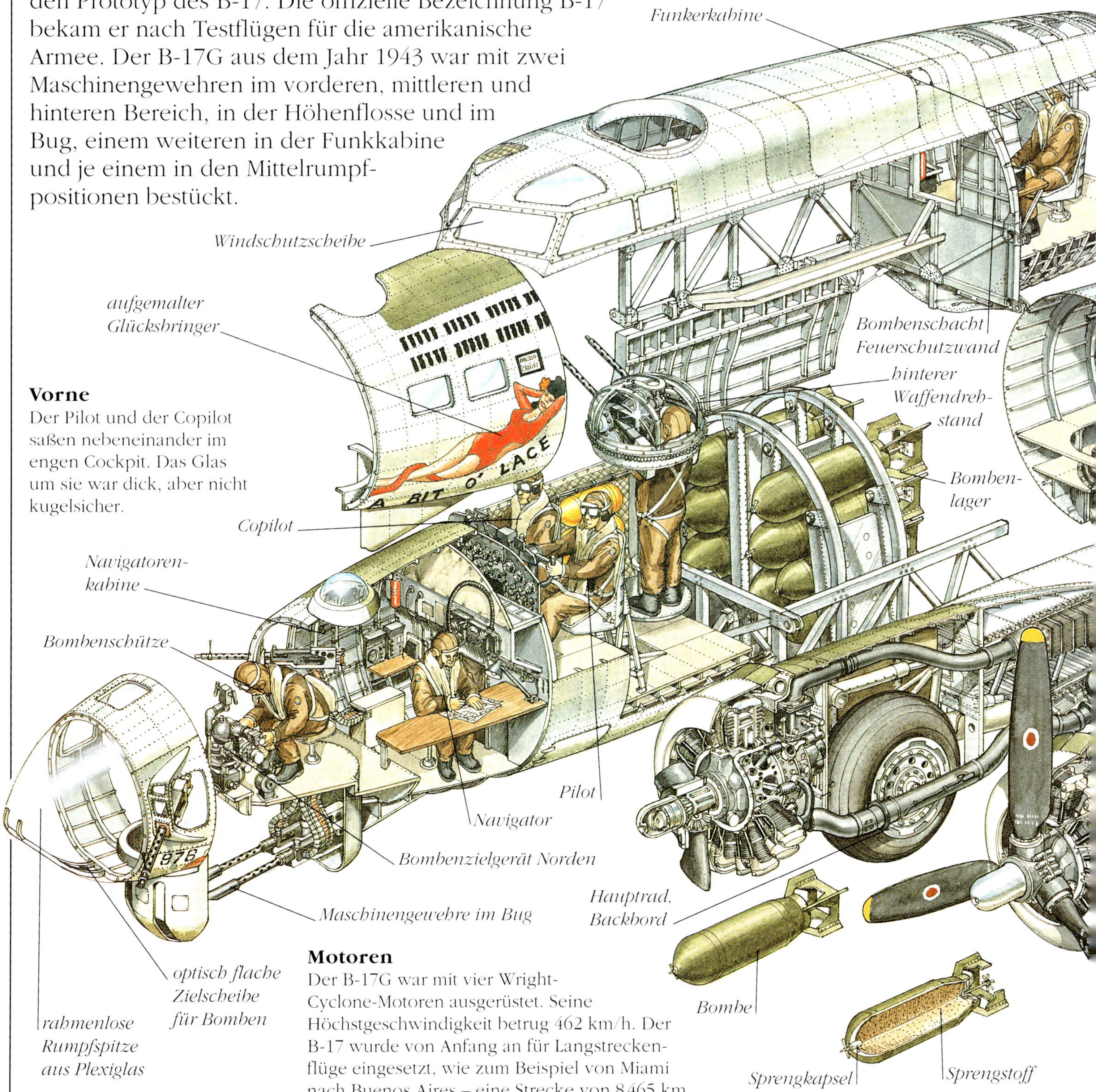

Vorne
Der Pilot und der Copilot saßen nebeneinander im engen Cockpit. Das Glas um sie war dick, aber nicht kugelsicher.

Motoren
Der B-17G war mit vier Wright-Cyclone-Motoren ausgerüstet. Seine Höchstgeschwindigkeit betrug 462 km/h. Der B-17 wurde von Anfang an für Langstreckenflüge eingesetzt, wie zum Beispiel von Miami nach Buenos Aires – eine Strecke von 8 465 km.

Seitenschützen

Zwei Seitenschützen standen in den B-17 die an den Seitenfenstern nahe der Eingangstür für die Besatzung. Es erforderte großes Geschick, vorbeifliegende feindliche Kampfflugzeuge zu treffen, aber Kanonenfeuer aus einem Konvoi von B-17 war eine gute Verteidigung für die Flugzeuge.

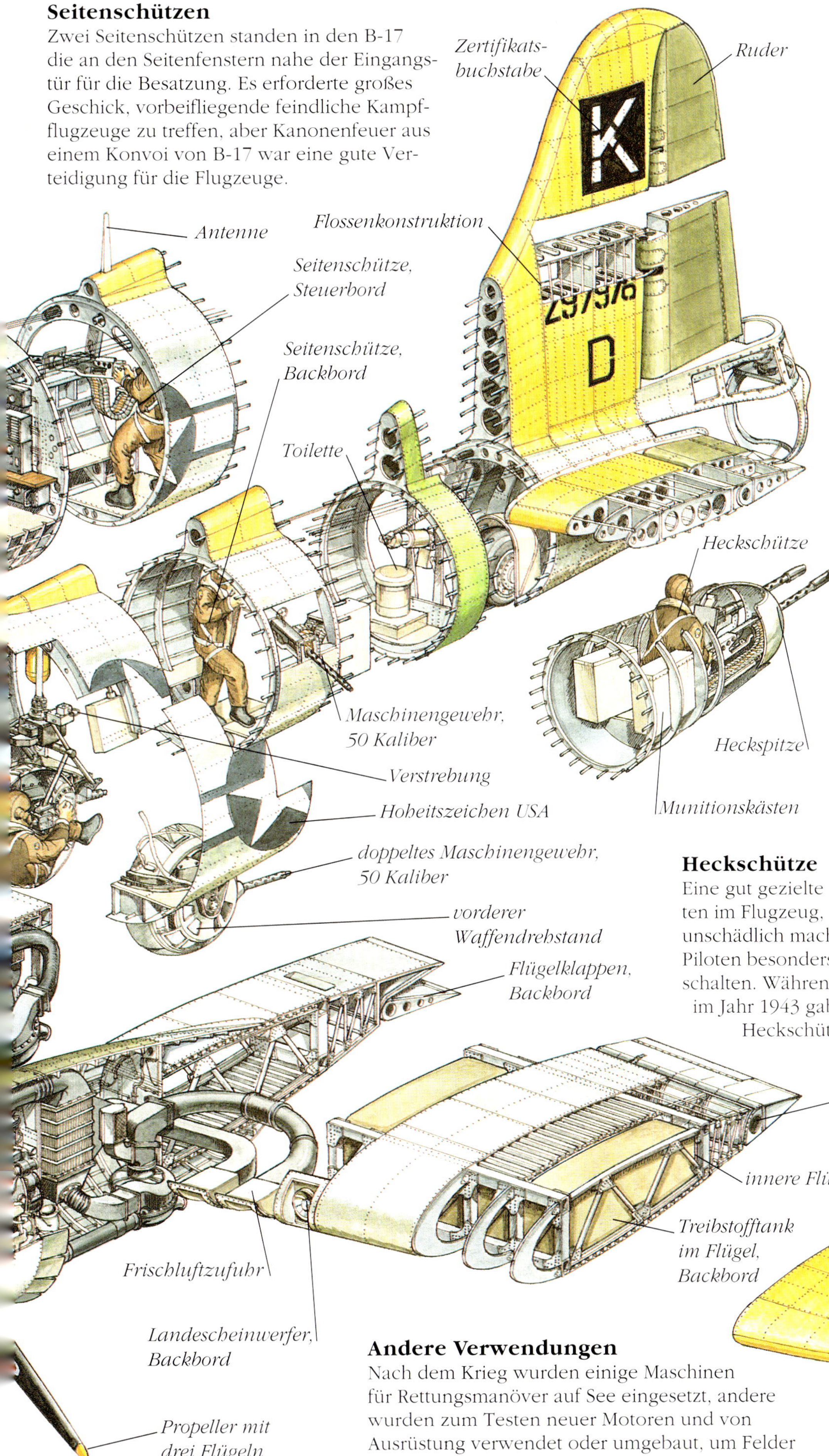

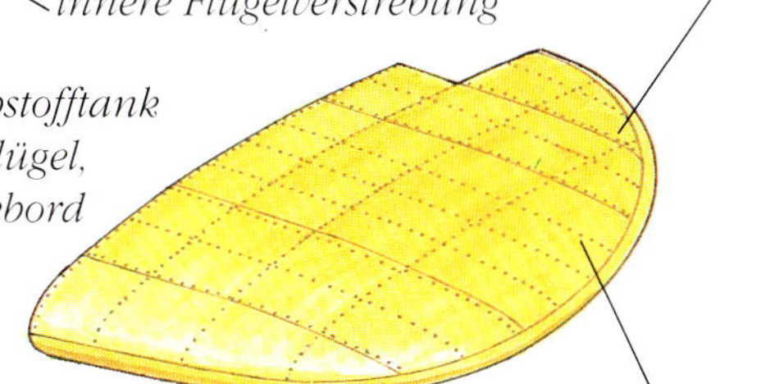

Technische Daten

Besatzung: 6–10 Mann

Länge: 22,8 m

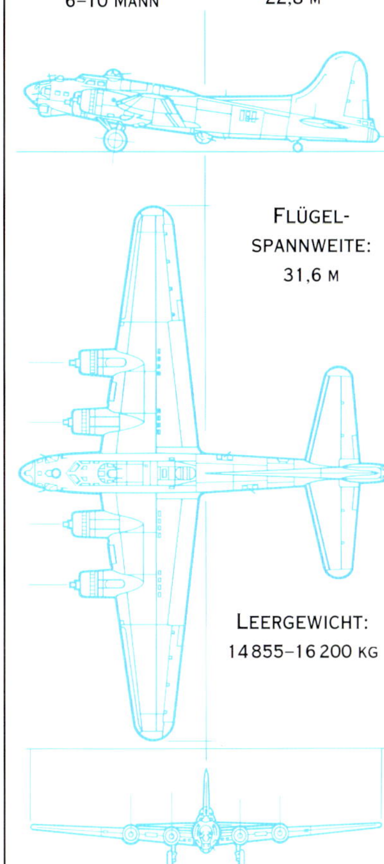

Flügelspannweite: 31,6 m

Leergewicht: 14 855–16 200 kg

Motoren: vier 883 kW (1 200 PS) Wright R-1820-97 Cyclone Sternmotoren

Heckschütze

Eine gut gezielte Salve aus den Heckwaffen, ganz hinten im Flugzeug, konnte einen feindlichen Abfangjäger unschädlich machen. Deshalb war es den feindlichen Piloten besonders wichtig, den Heckschützen auszuschalten. Während der Bombardements über Europa im Jahr 1943 gab es nur wenige B-17, in denen kein Heckschütze tätig war.

Andere Verwendungen

Nach dem Krieg wurden einige Maschinen für Rettungsmanöver auf See eingesetzt, andere wurden zum Testen neuer Motoren und von Ausrüstung verwendet oder umgebaut, um Felder zu düngen und Waldbrände zu bekämpfen.

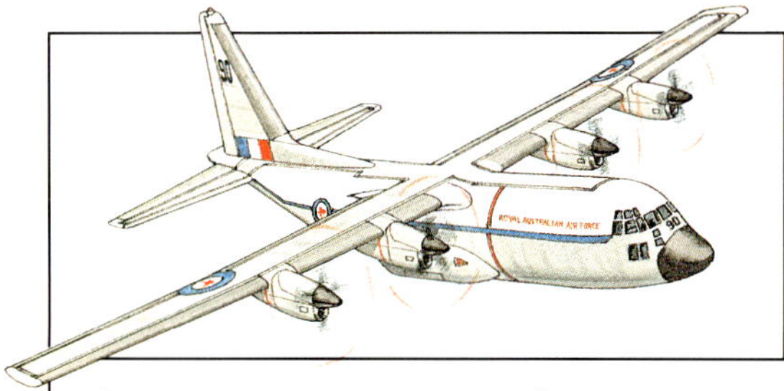

Hercules

„Sie bauen aber stabile Flugzeuge!“ Das sagte der Gouverneur von Georgia, USA, im Jahr 1954, nachdem er die erste C-130 Hercules mit einer Wasserflasche „eingeweiht“ hatte. Das Glas war erst beim vierten Versuch über dem Rumpf gebrochen. Die Hercules war tatsächlich widerstandsfähig. Über 1700 Flugzeuge dieses Typs sind in ungefähr 40 Versionen gebaut worden. Es werden noch immer durchschnittlich drei Hercules pro Monat hergestellt. Sie werden von mehr als 50 Luftwaffen in aller Welt geflogen und haben im Krieg und im Frieden bewiesen, wie robust sie sind. Die C-130 kann auf Sand, Schnee, rauher Oberfläche und auf Flugzeugträgern landen. Es gab sogar ein Hercules-Kunstflugteam!

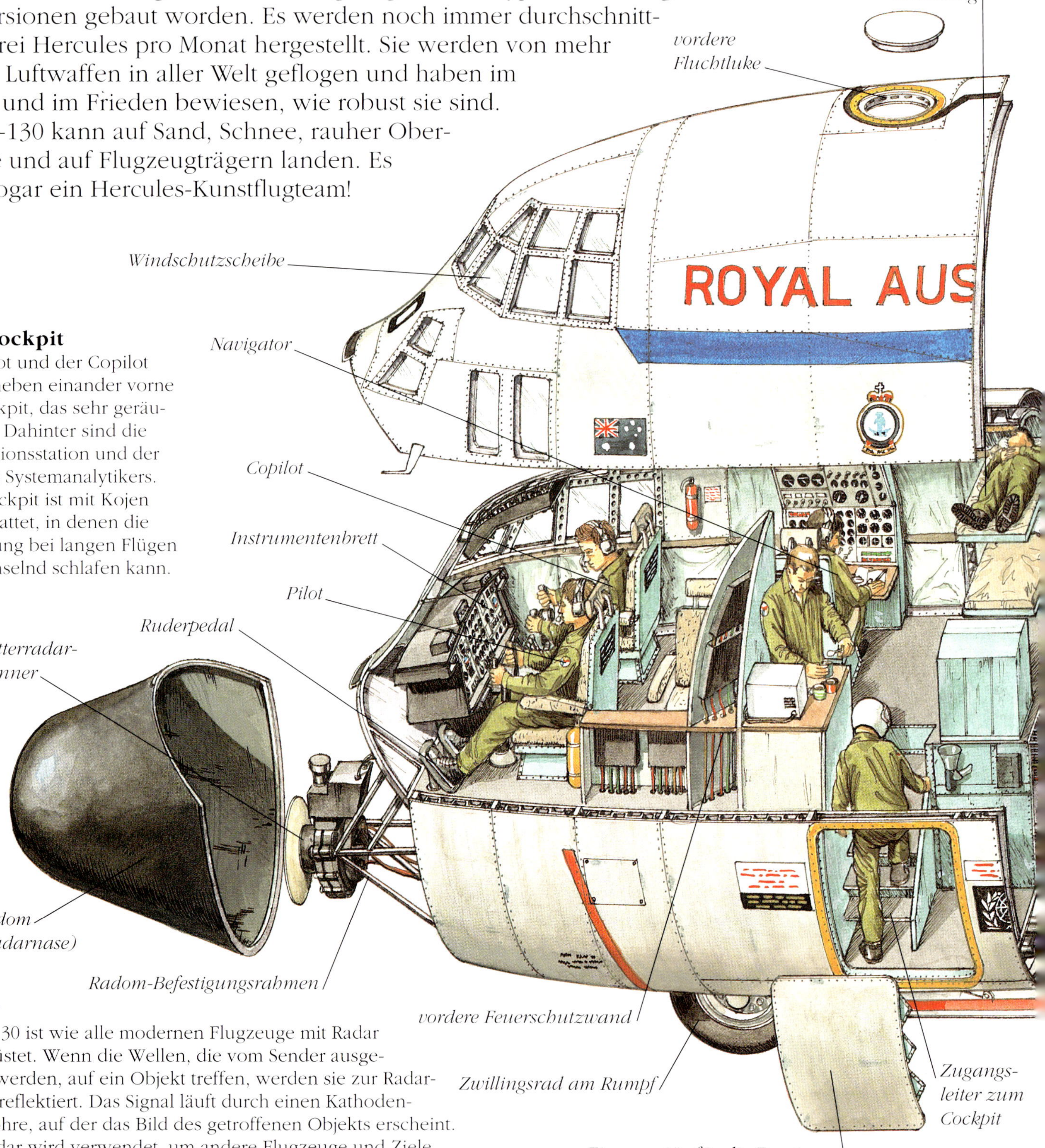

Das Cockpit
Der Pilot und der Copilot sitzen neben einander vorne im Cockpit, das sehr geräumig ist. Dahinter sind die Navigationsstation und der Sitz des Systemanalytikers. Das Cockpit ist mit Kojen ausgestattet, in denen die Besatzung bei langen Flügen abwechselnd schlafen kann.

Radar
Die C-130 ist wie alle modernen Flugzeuge mit Radar ausgerüstet. Wenn die Wellen, die vom Sender ausgestrahlt werden, auf ein Objekt treffen, werden sie zur Radarstation reflektiert. Das Signal läuft durch einen Kathodenstrahlröhre, auf der das Bild des getroffenen Objekts erscheint. Das Radar wird verwendet, um andere Flugzeuge und Ziele aufzuspüren und um vor schlechtem Wetter zu warnen.

Propeller

Beim Prototyp der C-130 konnte der Winkel oder die Neigung der Propellerflügel eingestellt werden. Doch die Piloten meldeten, daß sich der Winkel der Propeller oft unerwartet änderte. Lockheed beschloß, die Lieferung von Propellern auszuschreiben. Der Gewinner war Hamilton-Standard mit seinen vierblättrigen Propellern, mit denen heute alle Hercules bestückt sind.

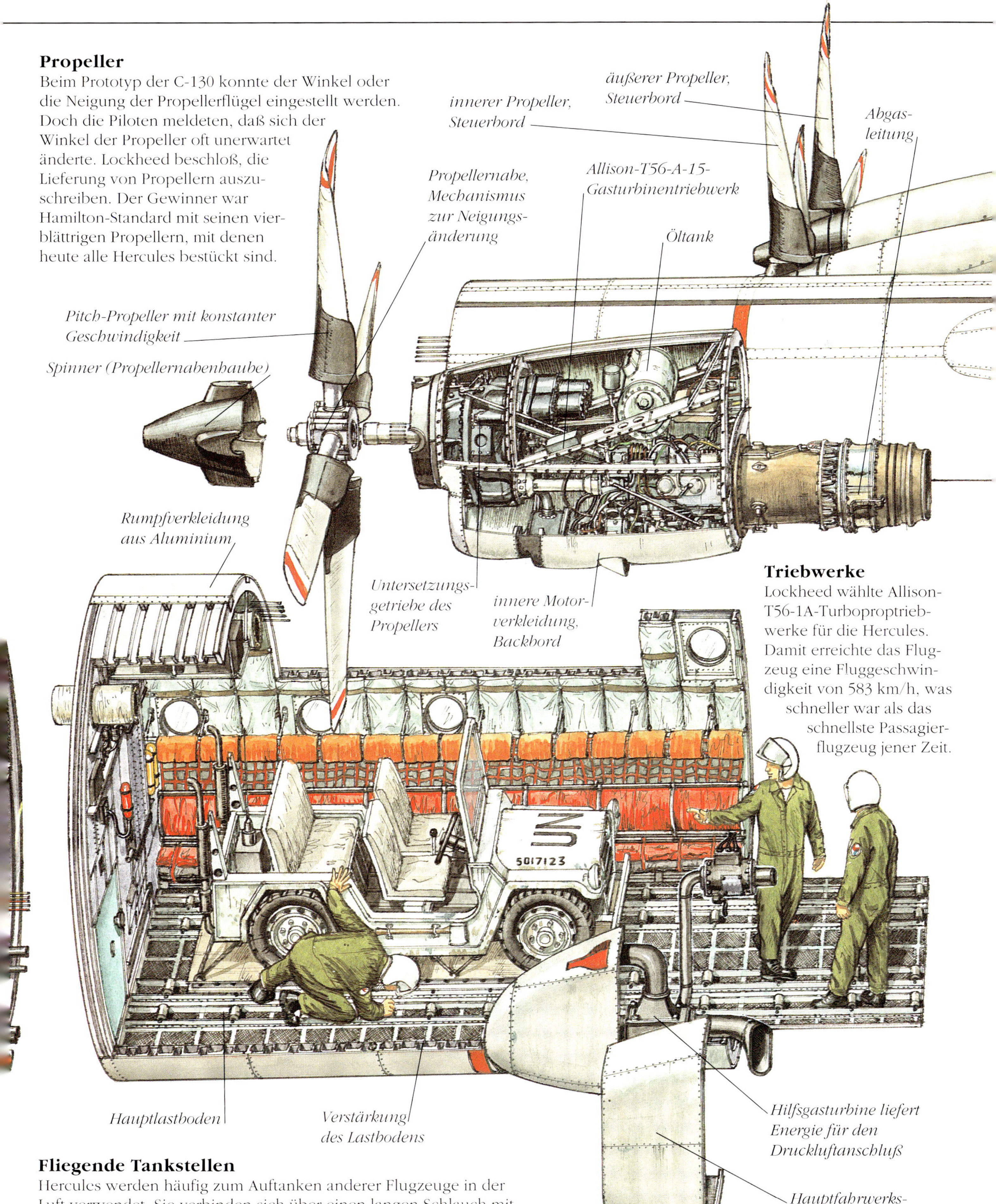

Triebwerke

Lockheed wählte Allison-T56-1A-Turboproptriebwerke für die Hercules. Damit erreichte das Flugzeug eine Fluggeschwindigkeit von 583 km/h, was schneller war als das schnellste Passagierflugzeug jener Zeit.

Fliegende Tankstellen

Hercules werden häufig zum Auftanken anderer Flugzeuge in der Luft verwendet. Sie verbinden sich über einen langen Schlauch mit den anderen Flugzeugen und pumpen dann Treibstoff aus riesigen Behältern in ihren Flügeln in den Tank des anderen Flugzeugs.

In der Arktis

1965 mieteten Alaska Airways eine Hercules von Lockheed. In 20 Tagen transportierte sie Ölbohranlagen zwischen Fairbanks und einem Ort in der Nähe des arktischen Meers. Es wurden fünf weitere „Herks“ gemietet, die eine wichtige Rolle im Ölrausch spielten, der in den 70er Jahren diese Region erfaßte.

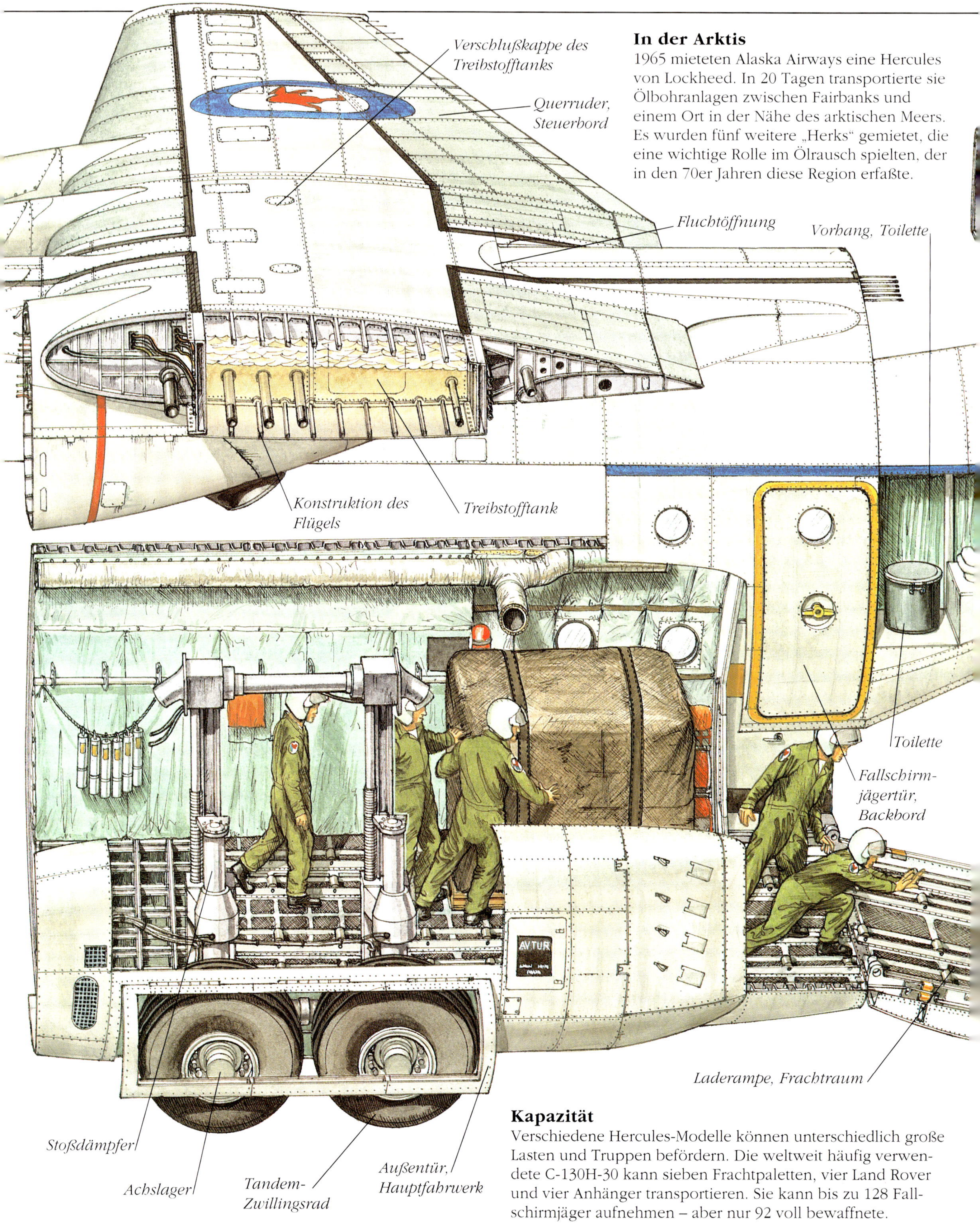

Kapazität

Verschiedene Hercules-Modelle können unterschiedlich große Lasten und Truppen befördern. Die weltweit häufig verwendete C-130H-30 kann sieben Frachtpaletten, vier Land Rover und vier Anhänger transportieren. Sie kann bis zu 128 Fallschirmjäger aufnehmen – aber nur 92 voll bewaffnete.

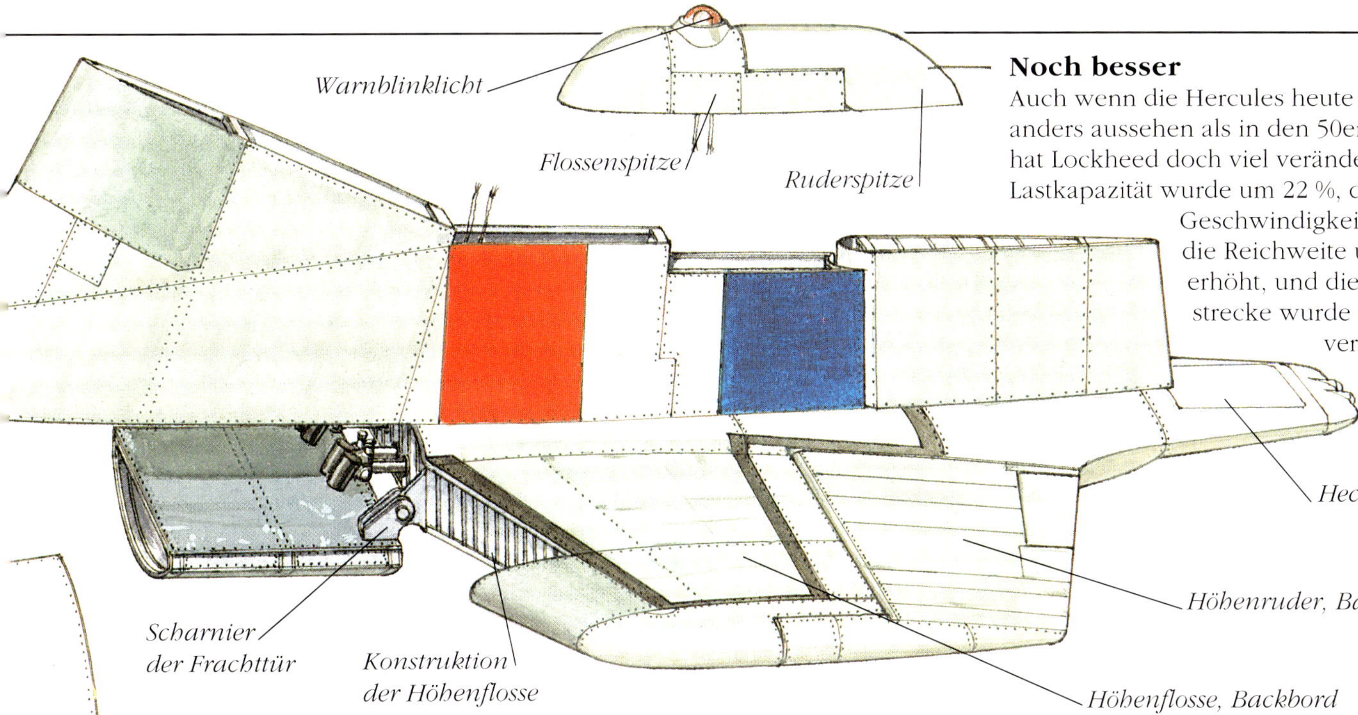

Noch besser

Auch wenn die Hercules heute nicht viel anders aussehen als in den 50er Jahren, hat Lockheed doch viel verändert. Die Lastkapazität wurde um 22 %, die Geschwindigkeit um 11 %, die Reichweite um 52 % erhöht, und die Abhebestrecke wurde um 17 % verringert.

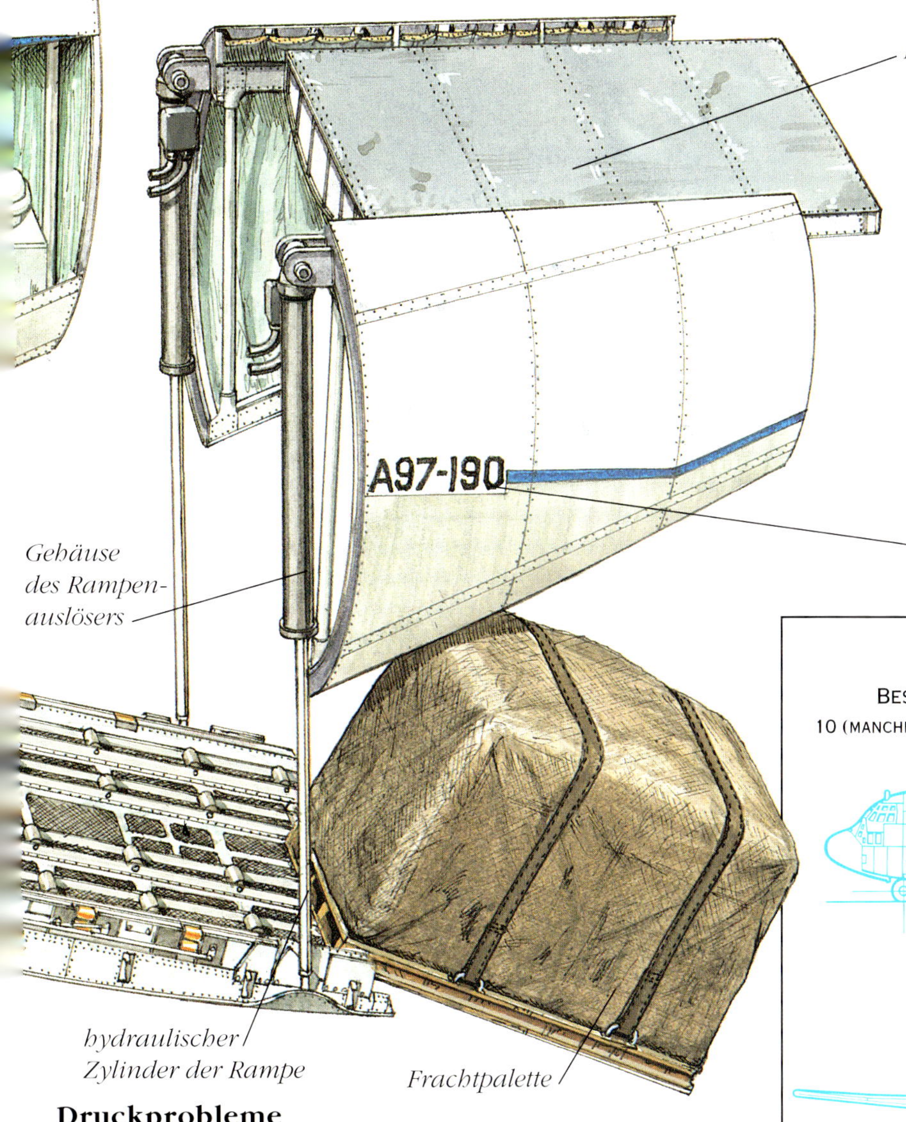

Umzug

Der Prototyp wurde von Lockheed in der Fabrik in Kalifornien, USA, hergestellt. Aber dann beschloß man, das Flugzeug in Georgia zu produzieren. Das riesige Holzmodell der Hercules wurde auf ein Schiff verladen und von Los Angeles nach Savannah, Georgia, transportiert. Von dort wurde es auf dem Landweg zur Fabrik in Marietta gebracht. Fernmeldetechniker mußten auf dem Weg Telefonkabel durchschneiden, und die Schulkinder bekamen einen Tag frei, um den Transport durch Städte und Felder zu beobachten.

Druckprobleme

Die Techniker von Lockheed fürchteten, daß die Tür der Hinterrampe sich unter dem Druck lösen könnte. Als Test versenkten sie eine ganze C-130 in einen riesigen Wassertank. Die Rampenkonstruktion wurde nach diesen Tests verstärkt.

Technische Daten

Besatzung: 10 (manchmal bis 13) Mann

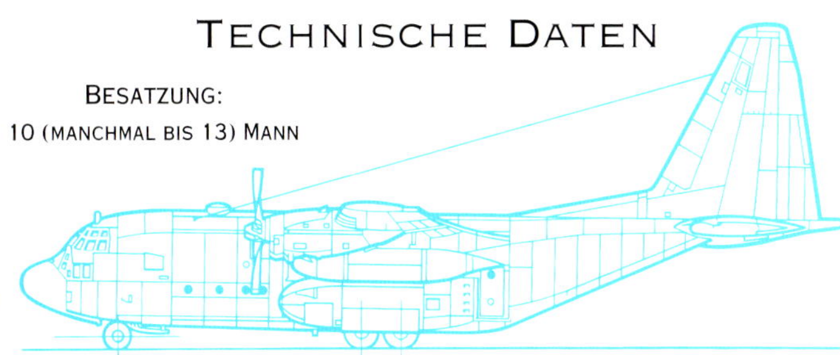

Flügelspannweite: 40,39 m

Länge: 30,6 m

Geschwindigkeit: 618 km/h

Gewicht (voll beladen): 79 380 kg

Triebwerke: vier Allison-Turboproptriebwerke T56 A-15s

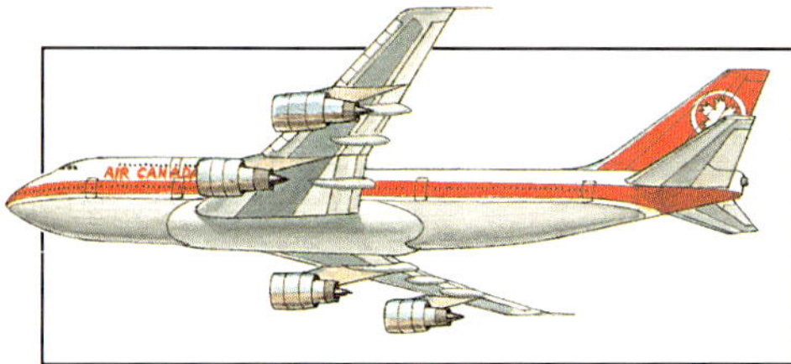

BOEING 747

DIE LUFTLINIEN in aller Welt beförderten 1960 mehr als 106 Millionen Passagiere. 1966 war die Zahl auf 200 Millionen gestiegen, und auch das Luftfrachtvolumen hatte sich stark erhöht. Gleichzeitig wurden auch die Flughäfen immer voller, und so beschlossen die Hersteller, ein größeres Flugzeug zu bauen, um den dramatischen Anstieg zu bewältigen. Das erste Großraumflugzeug, die Boeing 747, absolvierte ihren Jungfernflug am 9. Februar 1969. Knapp ein Jahr später wurde sie von der Fluglinie Pan American für Transatlantikflüge eingesetzt, wo sie mehr als 350 Passagiere von New York nach London beförderte. Mit einem gewagten Schritt hatte Boeing die Kapazität, die Leistung und das Gewicht der Transportflugzeuge verdoppelt. Kein Wunder, daß diese riesige Maschine den Namen „Jumbo" bekam. Bis heute heißen die 747 und ihre Nachfolger „Jumbo-Jets".

Das Cockpit

Die meisten 747 haben eine dreiköpfige Besatzung: Pilot, erster Offizier und Bordingenieur. Der Pilot und der erste Offizier sitzen nebeneinander, der Bordingenieur hinter ihnen. Das Cockpit der 747-400 aus dem Jahr 1988 faßt zwei Mann.

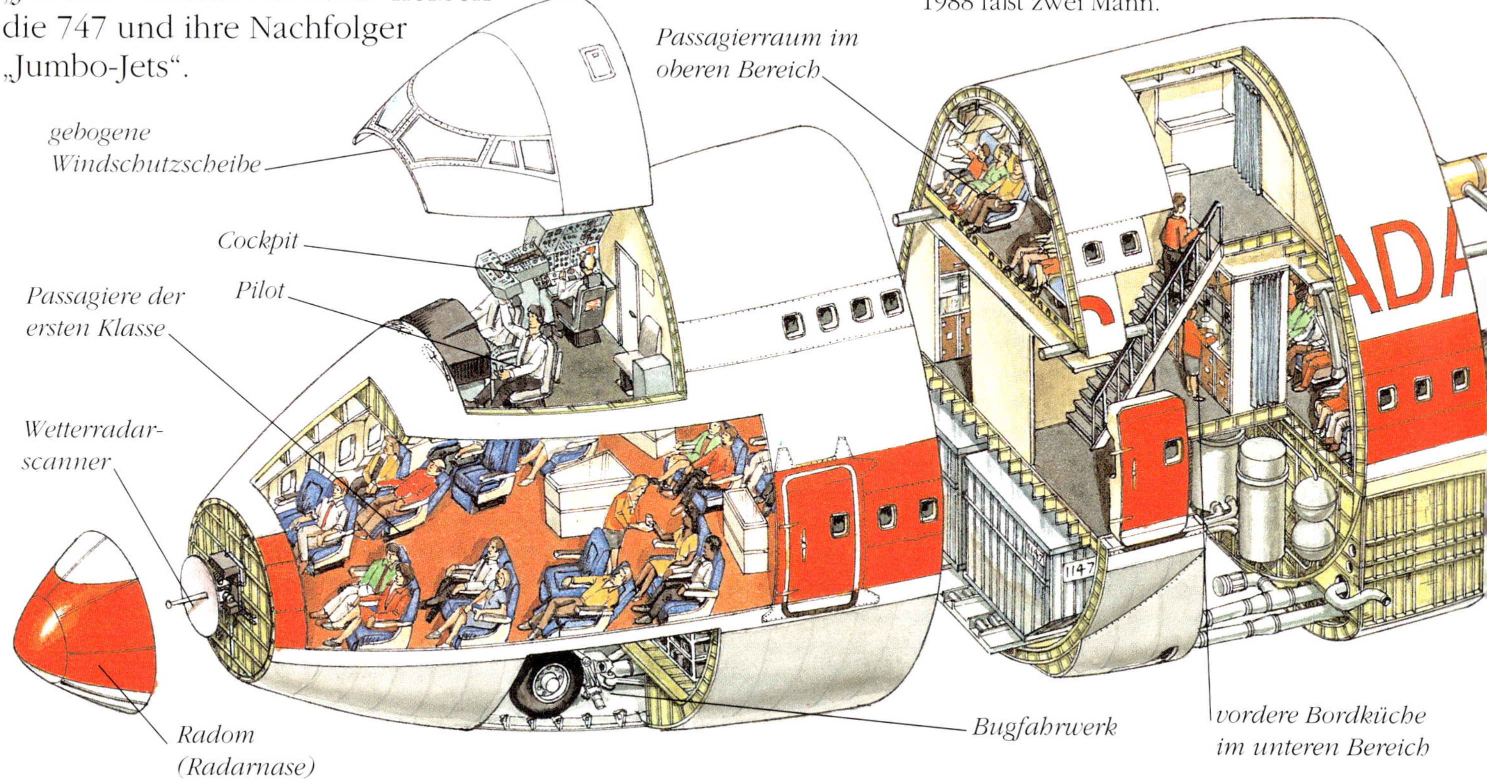

TECHNISCHE DATEN

GESCHWINDIGKEIT: 940 KM/H

BESATZUNG: COCKPIT: DREI; KABINE: BIS ZU 17

FLÜGEL SPANNWEITE: 59,6 M

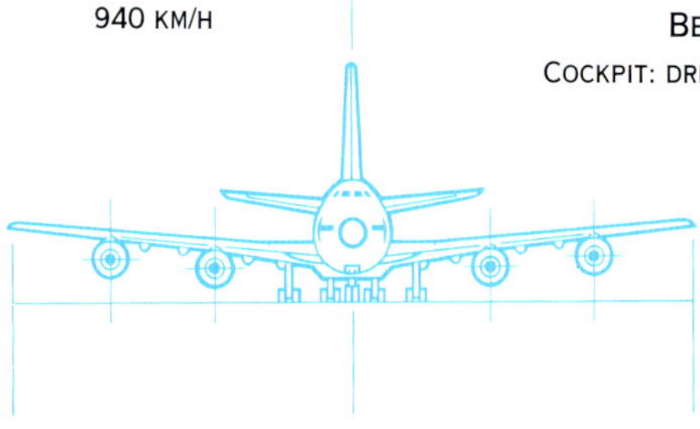

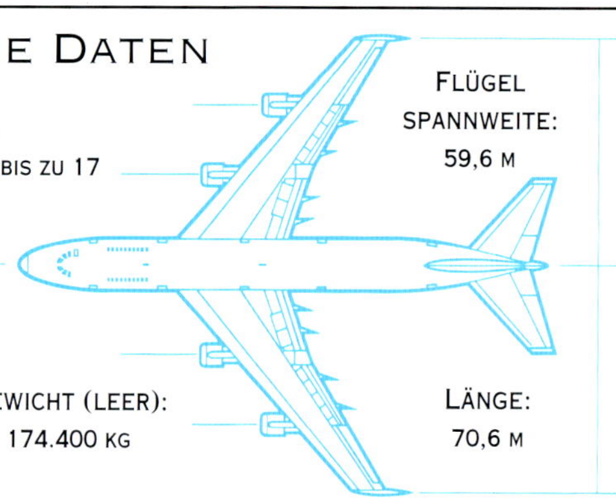

GEWICHT (LEER): 174.400 KG

LÄNGE: 70,6 M

TRIEBWERKE: 4 PRATT & WHITNEY JT9D-TURBOFAN

Varianten der 747

Dazu gehören die 747SP (Special Purpose, bestimmter Zweck), die 15 m kürzer ist als die normale 747, aber eine höhere Seitenflosse aufweist. Sie fliegt schneller und weiter als jedes andere Unterschallflugzeug. Im März 1976 flog sie Nonstop von Seattle, USA, nach Kapstadt, Südafrika.

Hunderte Passagiere

Die ersten 747 beförderten 58 Passagiere in der ersten Klasse und 304 Passagiere in der Economyklasse. Einige Passagiere der ersten Klasse saßen im oberen Bereich, der ursprünglich als Lounge eingerichtet war. Einige Fluglinien ließen sogar ein Klavier einbauen! Sobald die ersten 747 flogen, ging Boeing daran, die Passagierzahl zu steigern. Man plante sogar, den oberen Bereich über die gesamte Rumpflänge auszubauen, um Platz für insgesamt 1000 Passagiere zu schaffen.

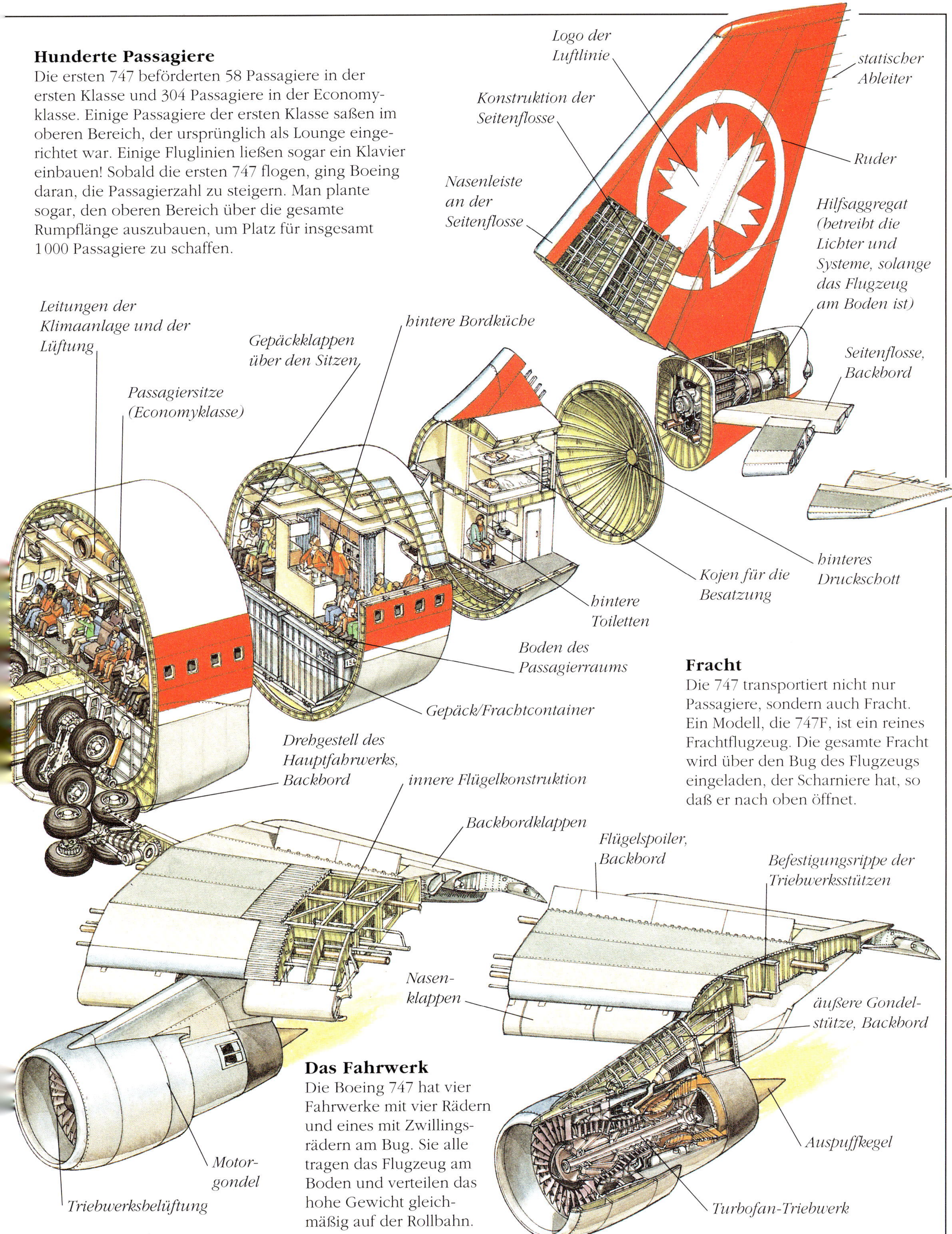

Fracht

Die 747 transportiert nicht nur Passagiere, sondern auch Fracht. Ein Modell, die 747F, ist ein reines Frachtflugzeug. Die gesamte Fracht wird über den Bug des Flugzeugs eingeladen, der Scharniere hat, so daß er nach oben öffnet.

Das Fahrwerk

Die Boeing 747 hat vier Fahrwerke mit vier Rädern und eines mit Zwillingsrädern am Bug. Sie alle tragen das Flugzeug am Boden und verteilen das hohe Gewicht gleichmäßig auf der Rollbahn.

PIPER CHIEFTAIN

LEICHTE FLUGZEUGE WERDEN zur Düngung von Feldern, in der Seerettung und zur Feuerbekämpfung verwendet. Sie können auch einige Passagiere befördern und an Orten landen, die größeren Flugzeugen unzugänglich sind. Seit vielen Jahren ist die amerikanische Piper Corporation der führende Hersteller kleiner Flugzeuge. Sie produziert viele verschiedene Flugzeuge: von Einsitzern, die so niedrig fliegen können, daß der Pilot manchmal meint, sich aus dem Fenster lehnen und die Baumwipfel berühren zu können, bis zu hochentwickelten Jets, in denen bis zu zehn Personen luxuriös reisen. Piper wie die Chieftain PA-31 sind bei allen Fluglinien beliebt. Sie sind sogar so erfolgreich, daß Piper 1981 eine eigene Fluglinienabteilung gründete.

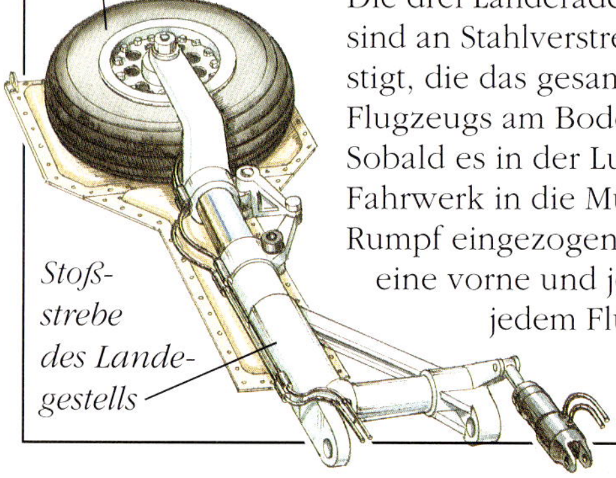

Das Fahrwerk

Die drei Landeräder der Chieftain sind an Stahlverstrebungen befestigt, die das gesamte Gewicht des Flugzeugs am Boden tragen. Sobald es in der Luft ist, wird das Fahrwerk in die Mulden unten am Rumpf eingezogen, wobei sich eine vorne und je eine unter jedem Flügel befindet.

Das Instrumentenbrett

Der Pilot und der Copilot (wenn es einen gibt) haben Sitze mit verstellbarer Lehne, die zum Instrumentenbrett zeigen. Darauf befinden sich die Blindfluginstrumente, der Höhenmeter, die Navigationsgeräte und die Motortemperaturanzeige.

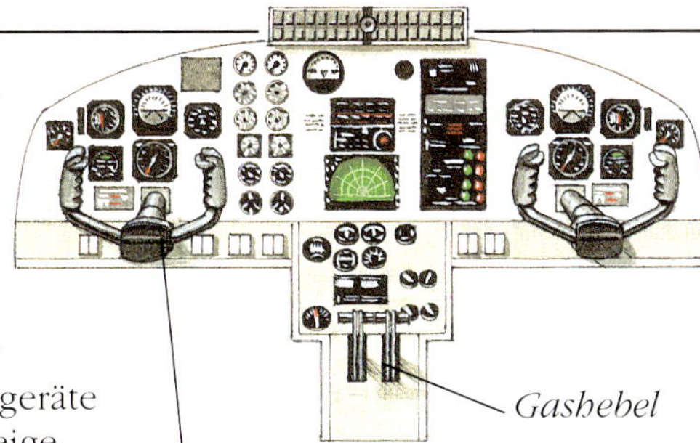

Technische Daten

Besatzung: ein oder zwei Mann

Passagiere: acht oder neun

Länge: 11,18 m

Flügelspannweite: 12,52 m

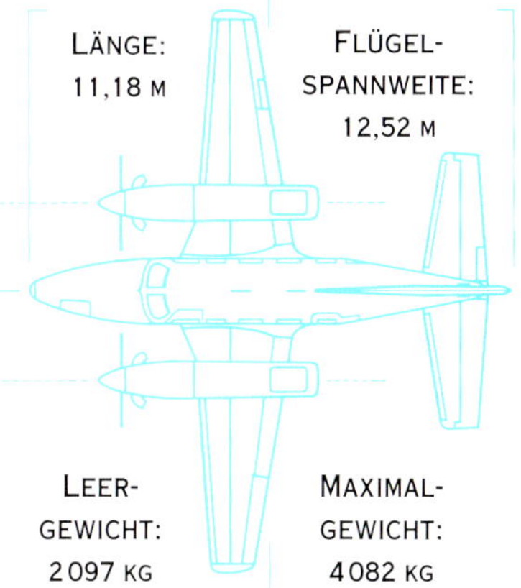

Leergewicht: 2 097 kg

Maximalgewicht: 4 082 kg

Triebwerke: zwei Pratt & Whitney Canada PT6A-11-Turbopropmotoren

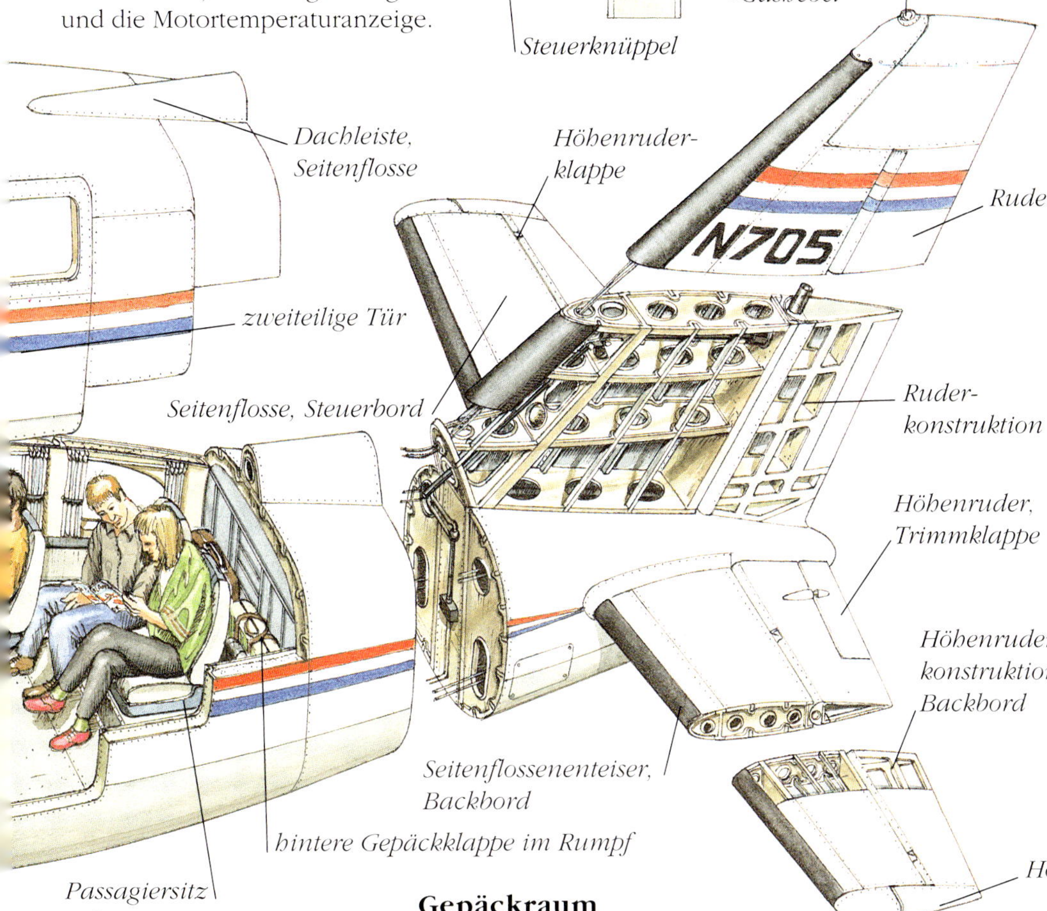

Gepäckraum

Die Menge an Gepäck, die Passagiere an Bord nehmen können, ist streng begrenzt. Ein Teil des Gepäcks wird vorne im Flugzeug in einem kleinen Abteil aufbewahrt. Ein weiterer Raum ist hinten im Flugzeug, bei manchen Modellen gibt es noch einen zusätzlichen in den Flügeln.

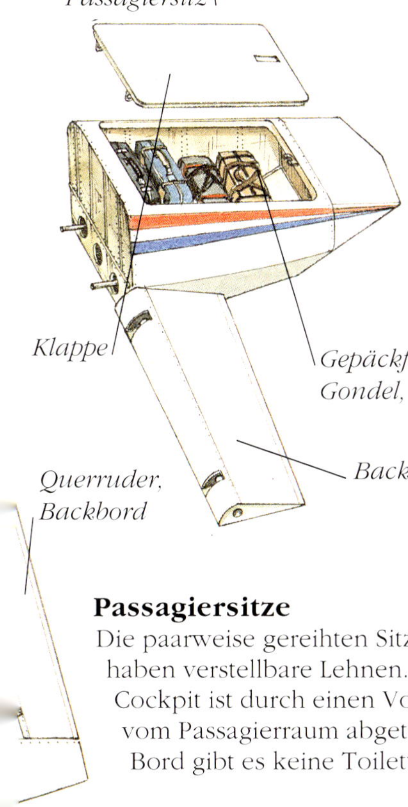

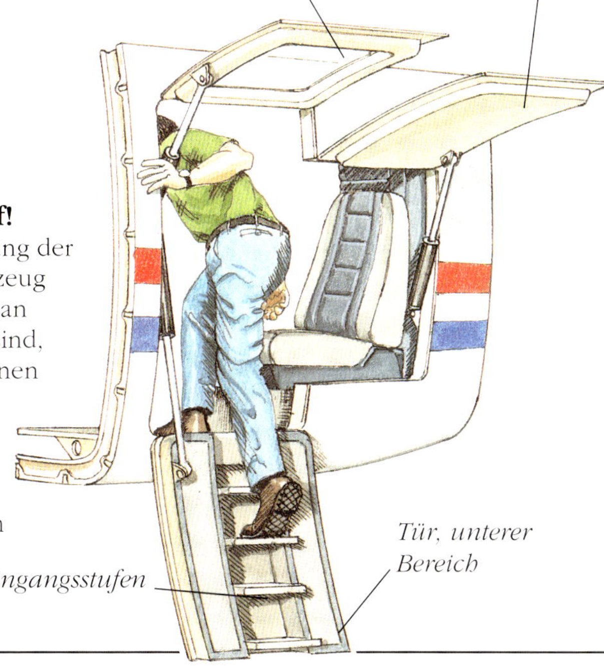

Achtung auf den Kopf!

Die Passagiere und Besatzung der Chieftain betreten das Flugzeug über vier Stufen, die unten an einer Schwingtür befestigt sind, und zwängen sich durch einen engen Gang. Die meisten Menschen müssen sich bücken, um sich nicht den Kopf anzuschlagen. Eine kleinere Tür führt zum hinteren Gepäckraum.

Passagiersitze

Die paarweise gereihten Sitze haben verstellbare Lehnen. Das Cockpit ist durch einen Vorhang vom Passagierraum abgeteilt. An Bord gibt es keine Toiletten.

Harrier

Seit Erfindung des Flugzeugs träumten die Hersteller von einer Maschine, die ohne Rollfeld senkrecht abheben kann. Es sollte VTOL heißen – Vertical-Take-Off-and-Landing-Flugzeug. Der große Durchbruch gelang mit der Harrier, die in Großbritannien und den USA entwickelt wurde. Sie war eines der ersten Flugzeuge mit fixen Flügeln, das senkrecht abheben konnte, und das einzige VTOL-Flugzeug, das erfolgreich eingesetzt wurde.

Triebwerk

Die Harrier hat ein Rolls-Royce Pegasus Turbofan-Triebwerk. Kalte Luft vom Pegasus-Ventilator und heiße Luft aus dem Triebwerk werden durch zwei Paar rotierende Düsen ausgestoßen, die die Schubkraft in die gewünschte Richtung leiten.

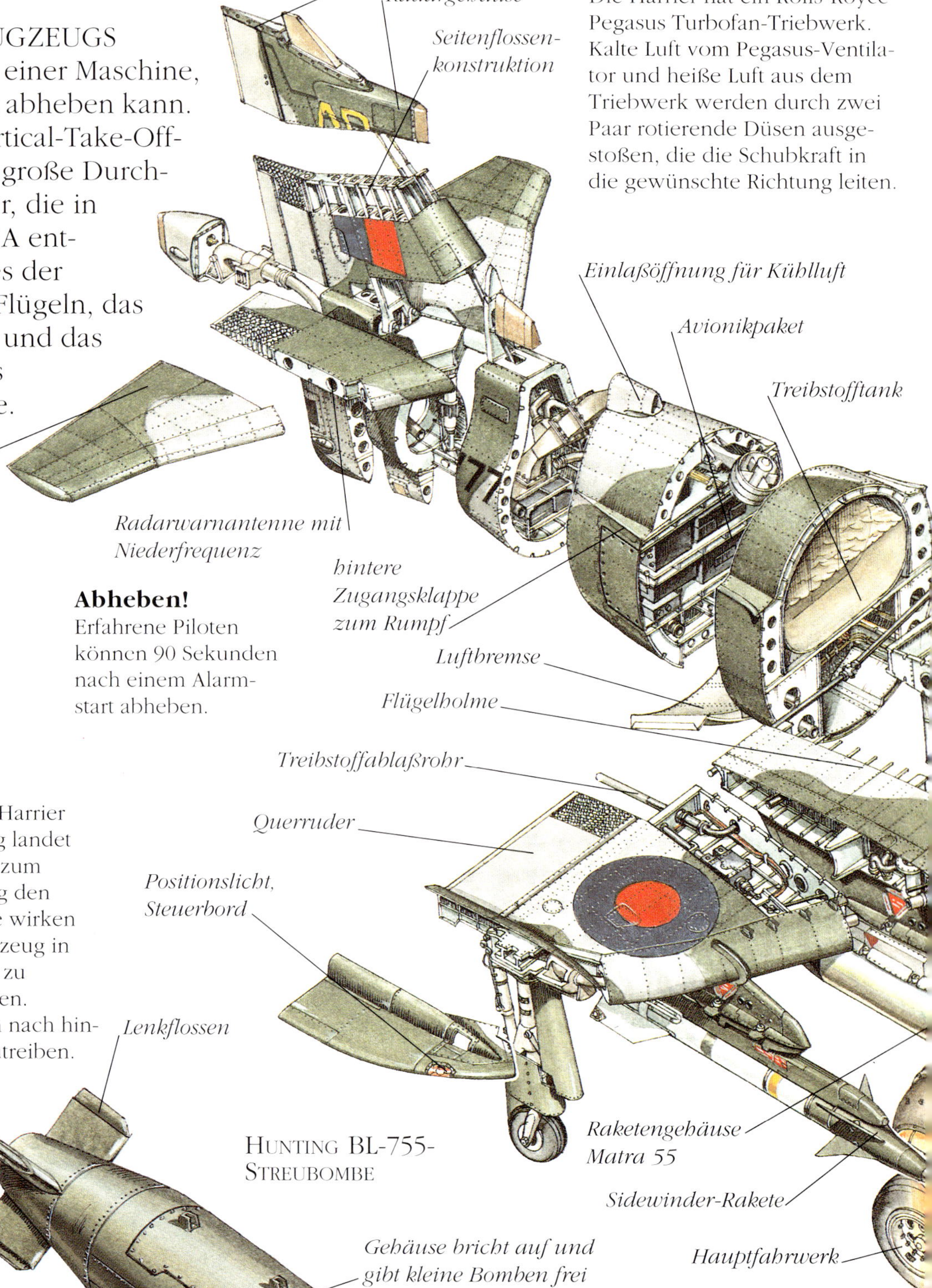

Seevögel

VTOL-Flugzeuge brauchen keine Rollfelder, sie sind daher ideal für Flugzeugträger. Deshalb bestellte die britische Regierung die Sea Harrier für die Piloten der Kriegsmarine.

Abheben!

Erfahrene Piloten können 90 Sekunden nach einem Alarmstart abheben.

Rauf und runter

Die Düsen in den Triebwerken der Harrier können kreisen. Wenn das Flugzeug landet oder abhebt, zeigen sie nach unten zum Boden. Dadurch erhält das Flugzeug den nötigen Schub, um aufzusteigen. Sie wirken auch als Luftbremse, wenn das Flugzeug in der Luft stehenbleibt und zu Boden zu schweben scheint, um sanft zu landen. Während des Fluges sind die Düsen nach hinten gerichtet, um das Flugzeug anzutreiben.

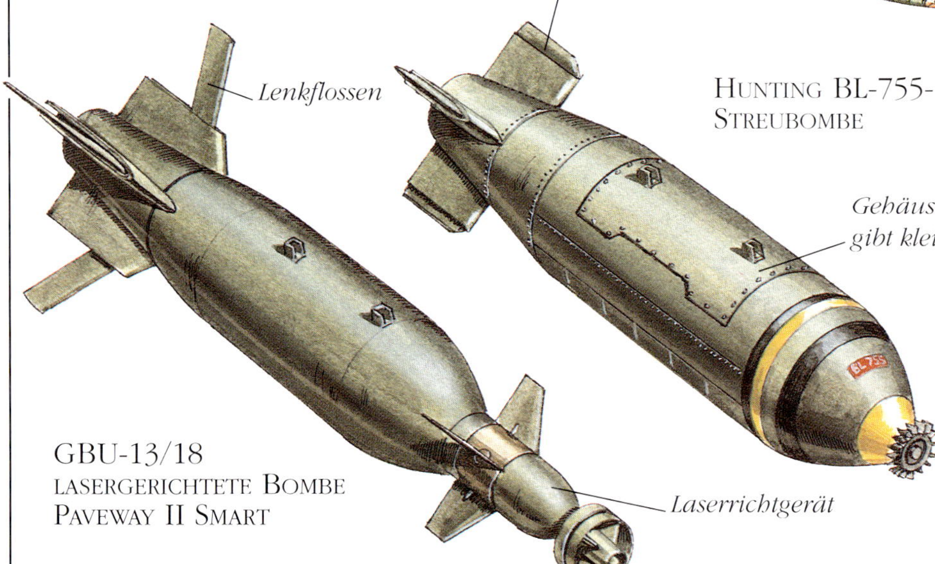

GBU-13/18 Lasergerichtete Bombe Paveway II Smart

Hunting BL-755-Streubombe

Bomben weg!

Harrier können mit verschiedenen Bomben bestückt werden. Zu den gefährlichen Waffen gehören die lasergerichtete Bombe Paveway II, die Hunting BL-755 und andere Streubomben (sie brechen auf und geben kleinere Bomben frei), die Sidewinder-Fliegerabwehrraketen und die U-Boot-Abwehrraketen Martel und Harpoon.

Schleudersitz

Die Harrier ist mit einem raketengetriebenen Schleudersitz ausgestattet, der es den Piloten im Notfall erlauben soll, schnell aus dem Flugzeug zu kommen. Wenn sie den Auslösehebel betätigen, schleudern die Düsen den Sitz und den Piloten nach oben aus dem Cockpit. Fußgurte ziehen die Beine und Füße des Piloten automatisch von allem im Cockpit weg, was sie verletzen könnte.

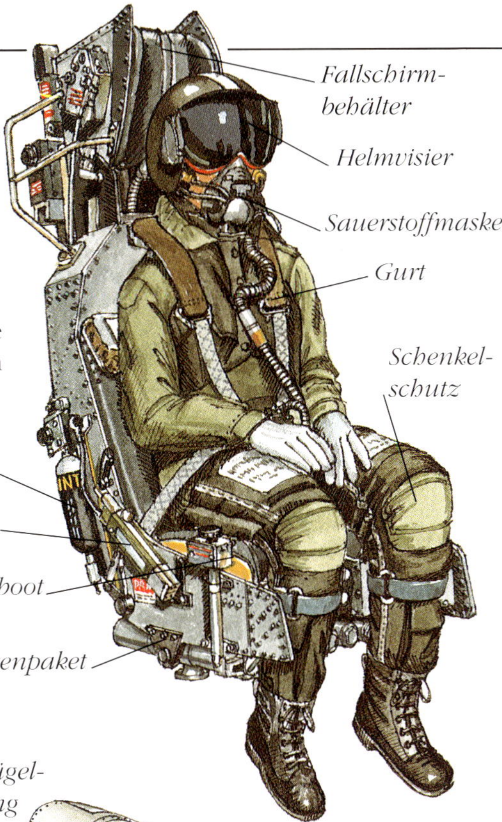

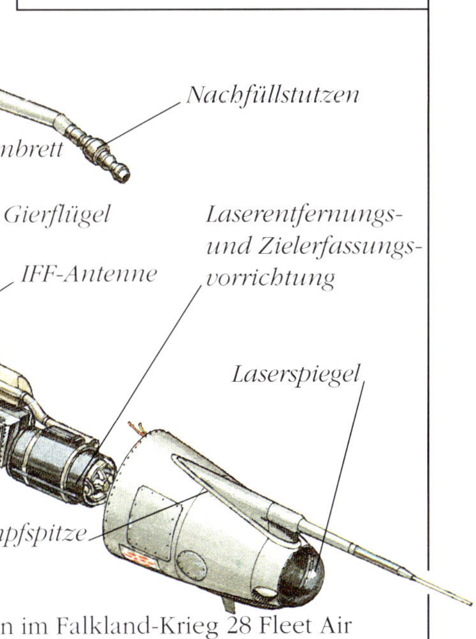

Technische Daten

Gewicht:
8 702 kg (normal für VTO)

Höchstgeschwindigkeit:
1 186 km/h

Besatzung:
ein Mann

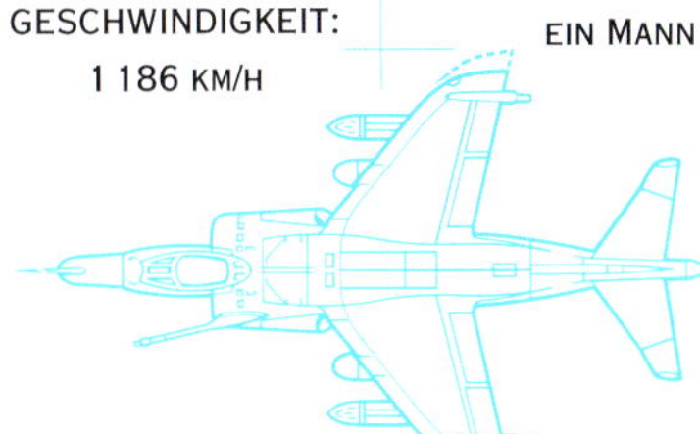

Flügelspannweite:
9,25 m

Länge:
14,12 m

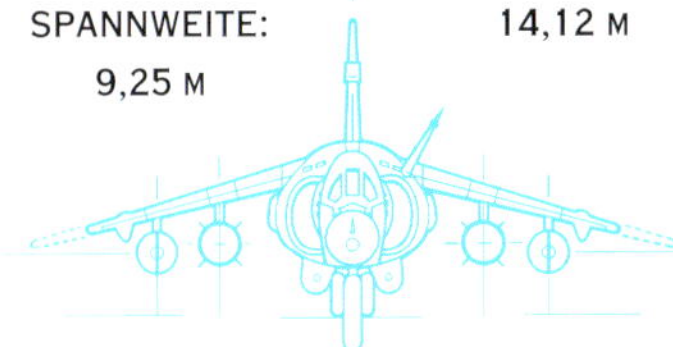

Triebwerke:
ein Rolls-Royce-Pegasus-11-21E-Turbofan-Triebwerk mit 9 525 kg Schub

Im Krieg

1982 wurden im Falkland-Krieg 28 Fleet Air Arm Sea Harrier und 14 RAF Harrier in den Südatlantik geschickt. Sie flogen mehr als 1 100 Luftangriffe. Sechs Sea Harrier und vier RAF Harrier gingen verloren, aber die Sea Harriers schossen mindestens 20 argentinische Flugzeuge ab, 16 davon mit Sidewinder-Raketen und vier mit Kanonen.

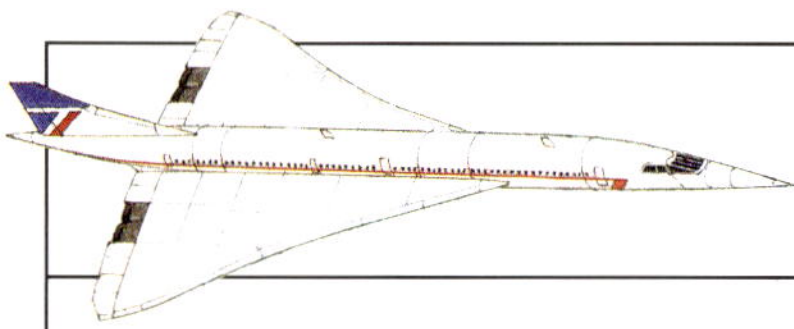

Concorde

Stell dir vor, du frühstückst in London, fährst zum Flughafen und besteigst ein Flugzeug, das dich rechtzeitig zum – Frühstück nach New York bringt! Dank des Zeitunterschieds zwischen den beiden Städten könntest du genau das machen, wenn du mit einer Concorde fliegst. Die Concorde ist das einzige kommerziell betriebene Überschall-Passagierflugzeug. Ihre Erhaltung ist sehr teuer – und die Passagiere zahlen viel mehr für einen Flug mit der Concorde als mit einem anderen Flugzeug. Wer das erste Mal mit der Concorde fliegt, ist überrascht, wie eng der Passagierraum ist. Geschäftsreisende und andere Menschen, die regelmäßig fliegen, sind der Meinung, daß die Concorde unverzichtbar ist. Bei ihrem Jungfernflug gab es allerdings Beschwerden über den Lärm. Aber alle sind sich einig, daß die Concorde das schönste Flugzeug am Himmel ist.

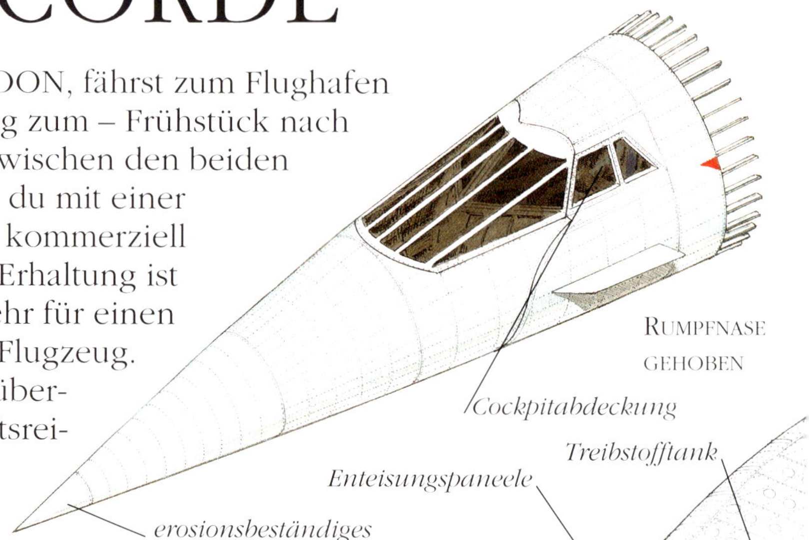

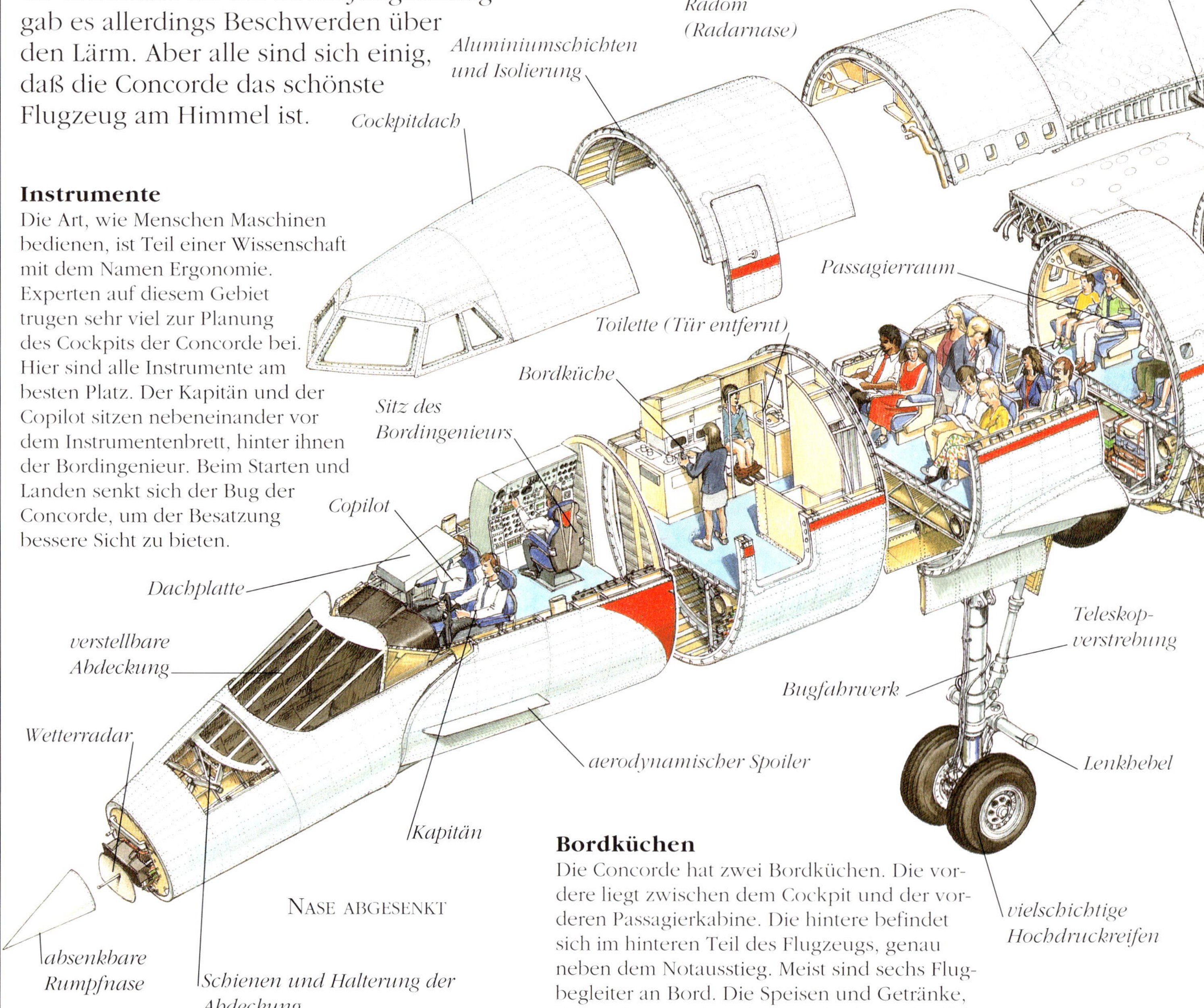

Instrumente

Die Art, wie Menschen Maschinen bedienen, ist Teil einer Wissenschaft mit dem Namen Ergonomie. Experten auf diesem Gebiet trugen sehr viel zur Planung des Cockpits der Concorde bei. Hier sind alle Instrumente am besten Platz. Der Kapitän und der Copilot sitzen nebeneinander vor dem Instrumentenbrett, hinter ihnen der Bordingenieur. Beim Starten und Landen senkt sich der Bug der Concorde, um der Besatzung bessere Sicht zu bieten.

Bordküchen

Die Concorde hat zwei Bordküchen. Die vordere liegt zwischen dem Cockpit und der vorderen Passagierkabine. Die hintere befindet sich im hinteren Teil des Flugzeugs, genau neben dem Notausstieg. Meist sind sechs Flugbegleiter an Bord. Die Speisen und Getränke, die serviert werden, sind von höchster Qualität.

Geschwindigkeit

Die Concorde fliegt mit mehr als zwei Mach (die Einheit der Schallgeschwindigkeit), also mit Überschallgeschwindigkeit. Wenn ein Flugzeug schneller als 1 Mach fliegt, durchbricht es mit einem lauten Knall die Schallmauer. Die Betreiber weisen ihre Besatzung an, unter 1 Mach (mit Unterschallgeschwindigkeit) zu fliegen, bis sich die Concorde über dem Meer befindet oder so hoch fliegt, daß der Lärm niemanden belästigt.

Technische Daten

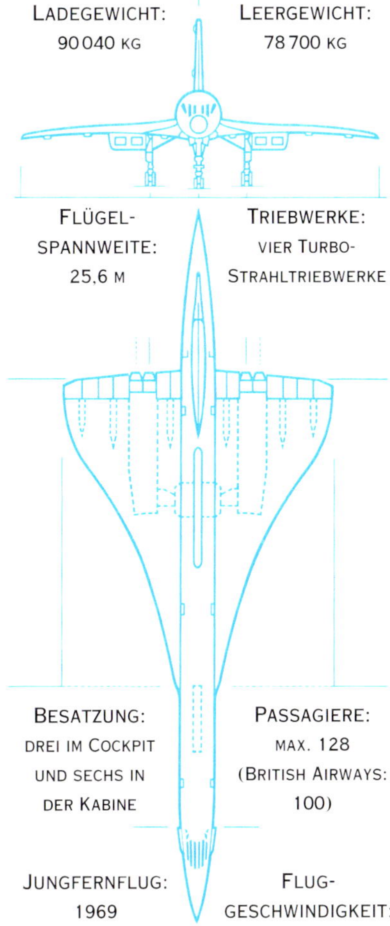

LADEGEWICHT: 90 040 KG	LEERGEWICHT: 78 700 KG
FLÜGELSPANNWEITE: 25,6 M	TRIEBWERKE: VIER TURBO-STRAHLTRIEBWERKE
BESATZUNG: DREI IM COCKPIT UND SECHS IN DER KABINE	PASSAGIERE: MAX. 128 (BRITISH AIRWAYS: 100)
JUNGFERNFLUG: 1969	FLUGGESCHWINDIGKEIT: 2,02 MACH

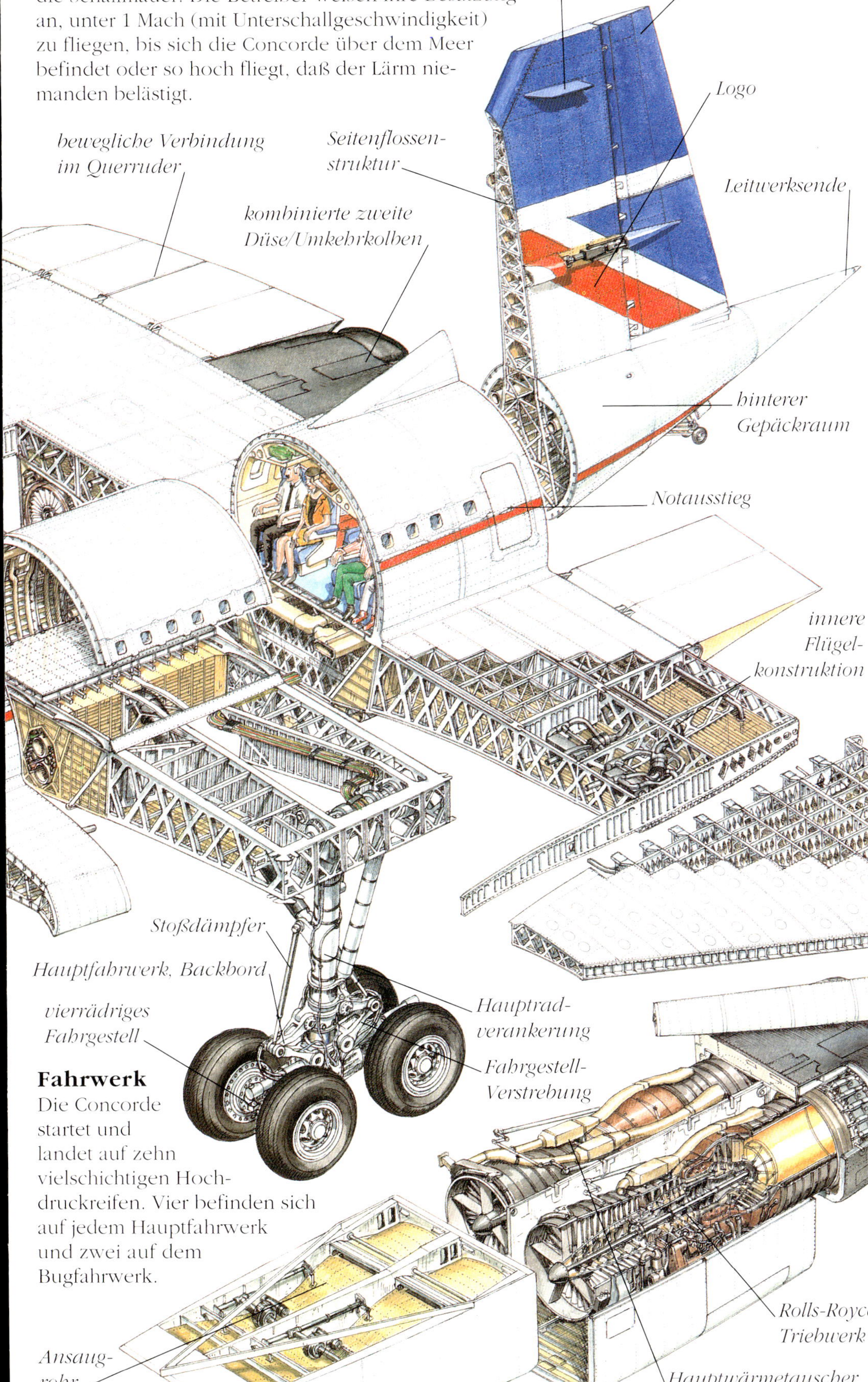

Fahrwerk

Die Concorde startet und landet auf zehn vielschichtigen Hochdruckreifen. Vier befinden sich auf jedem Hauptfahrwerk und zwei auf dem Bugfahrwerk.

Triebwerke

Je zwei Rolls-Royce Turbo-Strahltriebwerke sind an jedem Flügel befestigt. Jedes hat einen Schalldämpfer, um den Maschinenlärm zu mindern. Die Triebwerke haben auch Schubumkehr, damit das Flugzeug beim Landen stehenbleiben kann.

Entwicklung

Im Jahr 1900 träumten einige wenige Personen vom Motorflug. Heute ist er praktisch allen Menschen zugänglich. 1903 flog Orville Wright erstmals in einer motorbetriebenen Maschine, die schwerer als Luft war. Heute würde sein Flugzeug in eine kleine Ecke der C-130 Hercules passen. Hier sind einige Meilensteine in der Entwicklung der Luftfahrt.

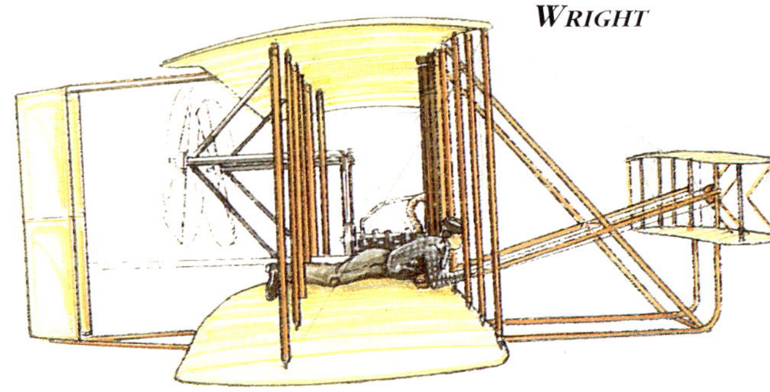

1903 Flieger von Wright

1918 Fokker D VII

1930 Handley Page H.P. 42

1930 Junkers Ju 52

1917 Fokker Dr 1

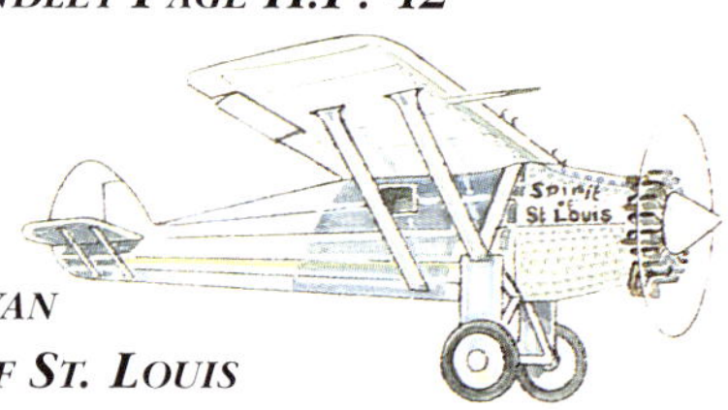

1927 Ryan Spirit of St. Louis

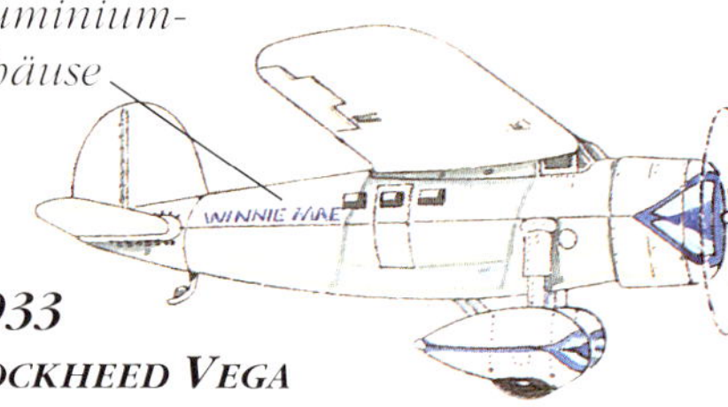

1933 Lockheed Vega

1941 Avro Lancaster

1942 Messerschmitt Me 262

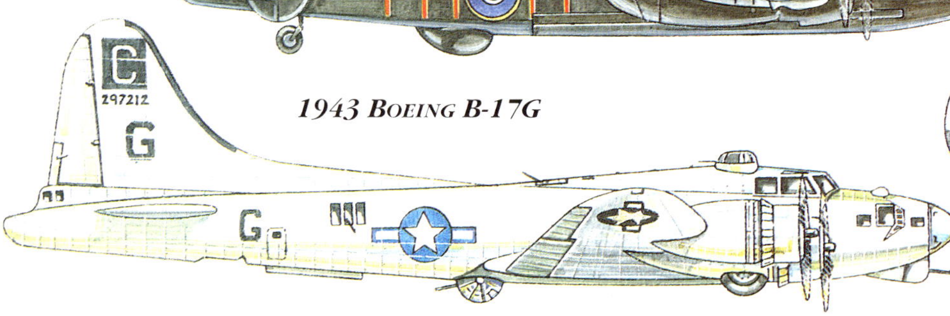

1943 Boeing B-17G

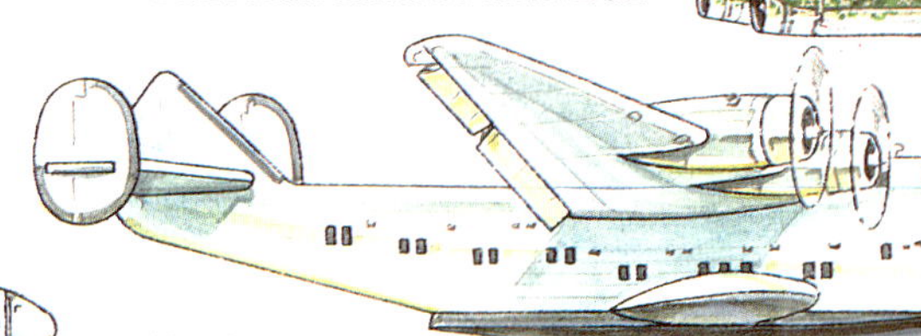

1938 Boeing 314 Clipper

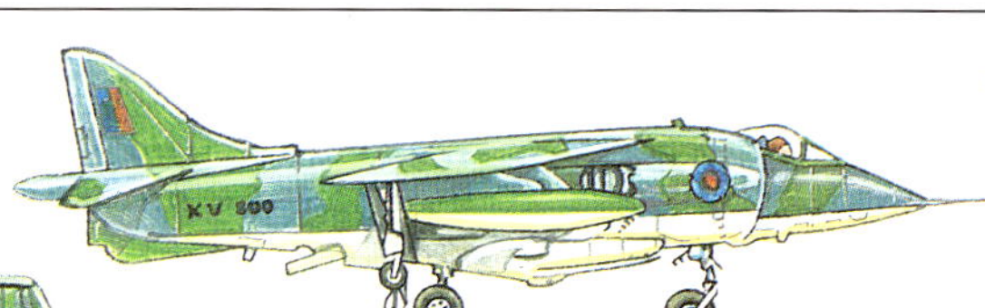

1969 Hawker Harrier

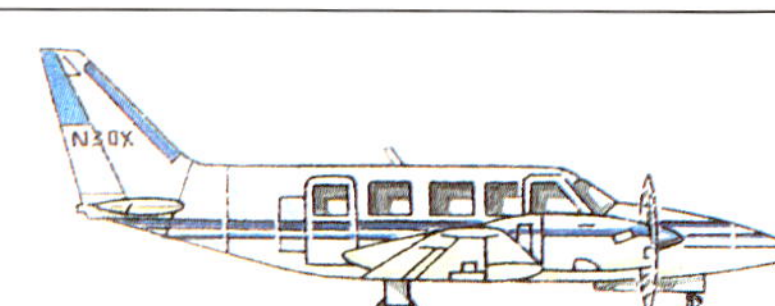

1981 Piper PA-31 Chieftain

1969 Boeing 747

1961 Lockheed C-130 Hercules

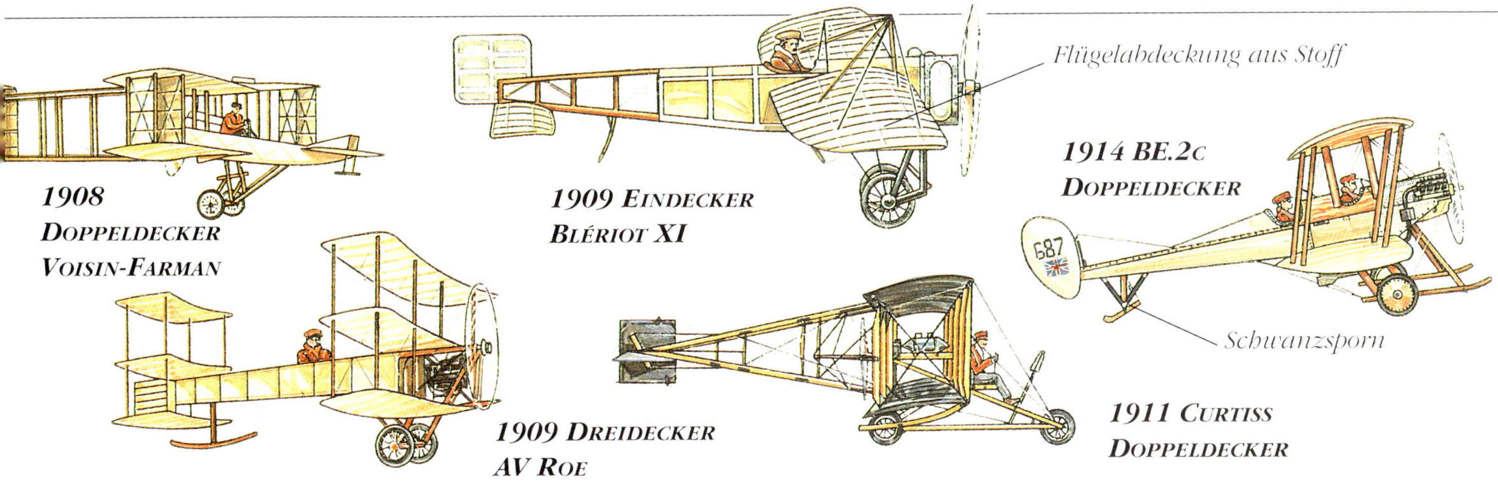
Flügelabdeckung aus Stoff
1908 Doppeldecker Voisin-Farman
1909 Eindecker Blériot XI
1914 BE.2c Doppeldecker
687
Schwanzsporn
1909 Dreidecker AV Roe
1911 Curtiss Doppeldecker

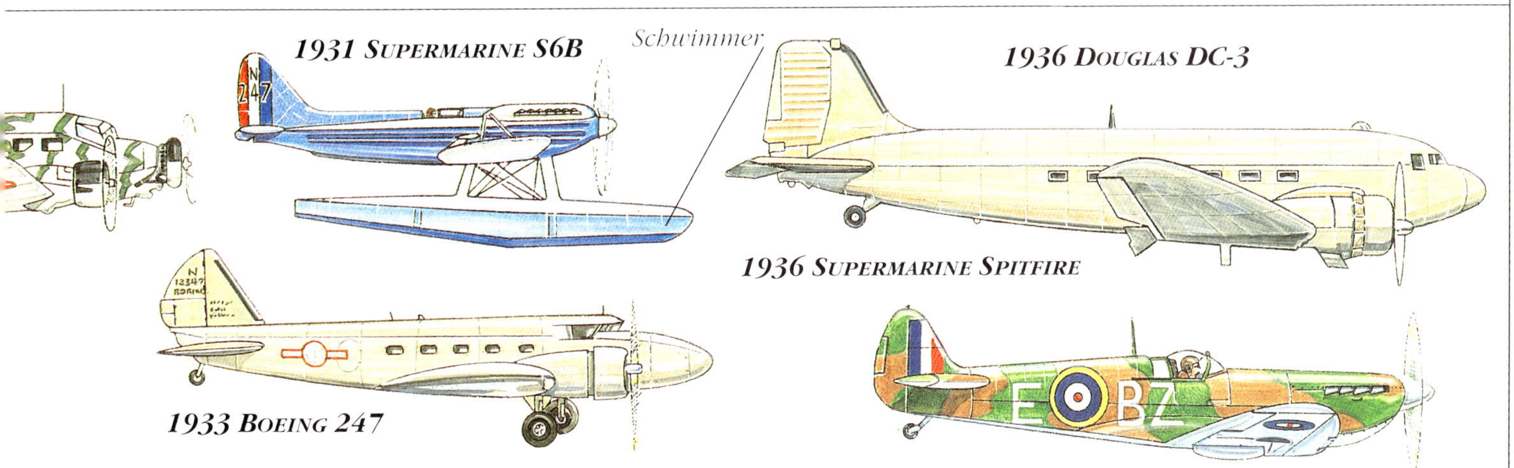
1931 Supermarine S6B
Schwimmer
1936 Douglas DC-3
1936 Supermarine Spitfire
1933 Boeing 247
E BZ

Raketenantrieb
1952 Boeing B-52 Stratofortress
Düsentriebwerk
1947 Bell X-1
Triebwerksgondel mit Strahltriebwerk
bootförmiger Rumpf
1949 DeHavilland Comet

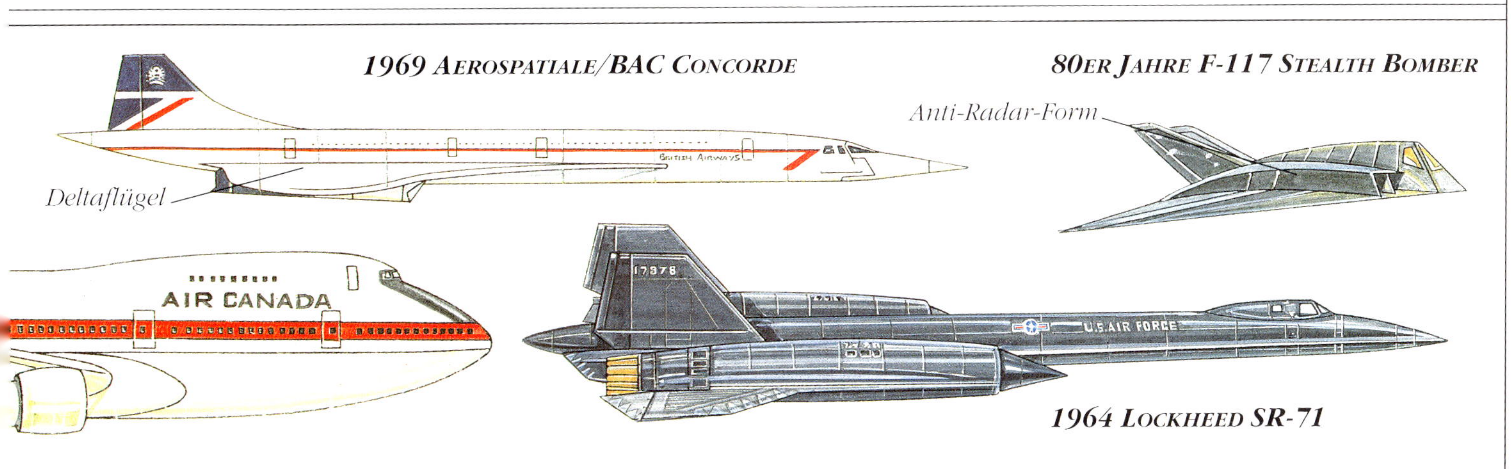
1969 Aerospatiale/BAC Concorde
80er Jahre F-117 Stealth Bomber
Anti-Radar-Form
Deltaflügel
AIR CANADA
U.S. AIR FORCE
1964 Lockheed SR-71

Glossar

Auftrieb
Die Kraft, die von einer Tragfläche ausgeht, wenn sie 90° gegen die Luftströmung steht.

Autopilot
Eine elektronische Vorrichtung, mit der ein Flugzeug automatisch fliegt.

Bordküche
Der Raum, wo Speisen und Getränke während eines Fluges aufbewahrt und zubereitet werden.

Cockpit
Der Raum in einem Flugzeug, in dem der Pilot, der Copilot und der Bordingenieur sitzen.

Deltaflügel
Eine dreieckige oder annähernd dreieckige Tragfläche mit einer Endleiste, dem flachen Grund des Dreiecks. Die Concorde hat Deltaflügel.

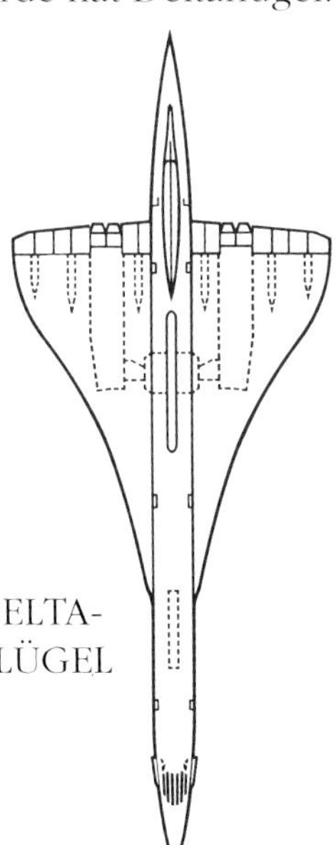

DELTA-FLÜGEL

Doppeldecker
Ein Flugzeug mit zwei Flügelreihen, die übereinander liegen.

Düsentriebwerk
Ein Triebwerk, das Luft ansaugt, Treibstoff verbrennt und einen Strahl heißer Gase ausscheidet. Dadurch entsteht der Schub, der das Flugzeug antreibt.

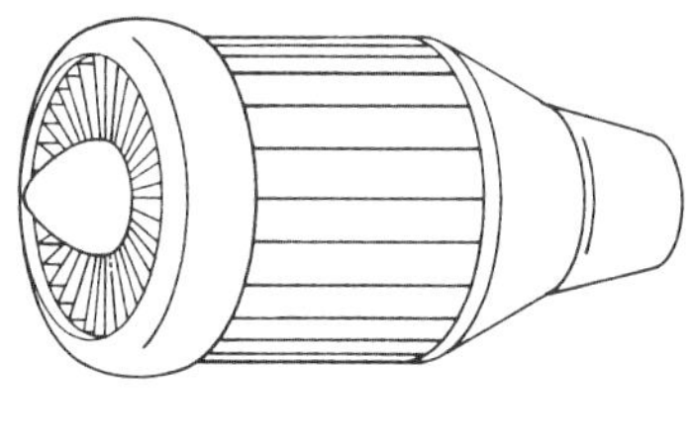

DÜSENTRIEBWERK

Endleiste
Die Hinterkante einer Tragfläche.

Fahrgestell
Das Gerüst mit Rädern am Hauptfahrwerk.

Fliegende Drähte
Die Drähte eines festen Flügels, die das Gewicht des Flügels während des Fluges tragen.

Flosse
Die feste, aufrechte Fläche am Leitwerk des Flugzeugs, die Querlage und Seitenlage beeinflußt.

Flügel
Die Haupttragfläche auf beiden Seiten des Flugzeugs.

Flugschreiber
Ein unzerbrechliches Gerät, das durchgehend die Geschwindigkeit, Höhe, Position und andere wichtige Ereignisse während eines Fluges aufzeichnet.

Flugsicherung
Das Bodensystem, mit dem die Bewegung eines Flugzeugs gesteuert wird.

Freie Tragfläche
Ein Rohr oder eine andere Vorrichtung, die nur an einem Ende befestigt ist.

Geschwindigkeitsmesser
Ein Instrument, das die Fluggeschwindigkeit des Flugzeugs mißt.

Gieren
Die Drehbewegung nach links und rechts, die durch das Ruder an der Höhenflosse beeinflußt werden kann.

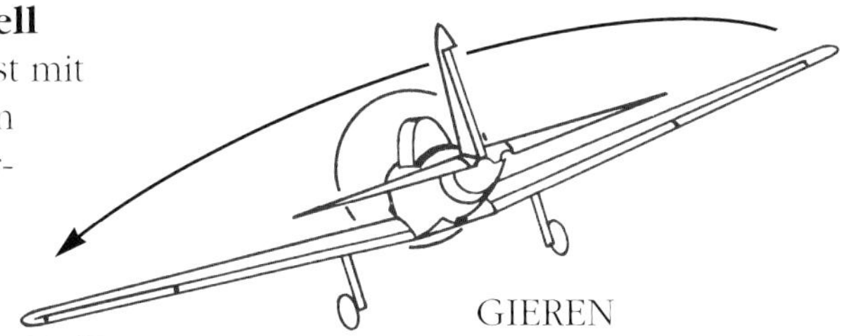

GIEREN

Gleitweg
Der Kurs, über den ein Flugzeug zur Landung anfliegt.

Höhenflosse
Die waagrechte Tragfläche am Leitwerk, die dem Flugzeug in Längsrichtung Stabilität verleiht. Sie kann fest oder beweglich sein.

Höhenruder
Der Teil hinten an der Seitenflosse, der zum Steigflug und Sinkflug dient.

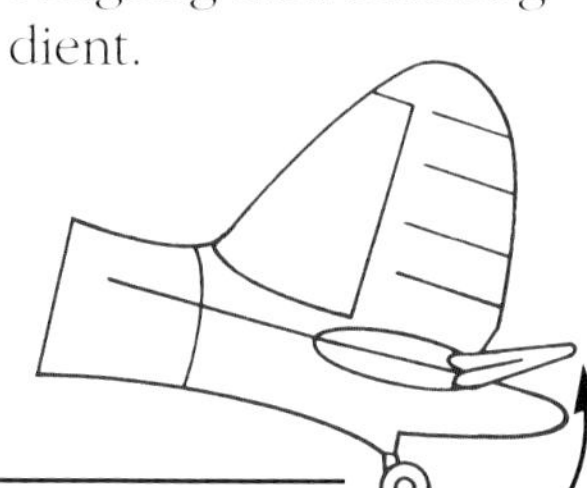

HÖHENRUDER

Instrumentenlandesystem
Ein System, den Piloten zu leiten, wenn er bei schlechter Sicht landet. Dies geschieht vom Tower aus, der mittels zweier Funkstrahlen das Rollfeld markiert.

Klappe
Eine Fläche an der Endleiste der Flügel, die gesenkt werden kann, um den Auftrieb teilweise oder den Luftwiderstand vollständig zu erhöhen.

Kontrollbereich
Eine Fläche, die bewegt werden kann, um den Winkel oder die Flugrichtung zu ändern.

Kreiselkompaß
Ein nicht magnetischer Kompaß, der den echten Norden anzeigt.

Luftwiderstand
Der Widerstand, mit dem die Luft bewegten Dingen begegnet.

Mach 1
Die Schallgeschwindigkeit (1 193 km/h).

Magnetkompaß
Ein Instrument, das eine Magnetnadel enthält, die sich immer zum magnetischen Norden richtet.

Nasenleiste
Die Vorderkante einer Tragfläche.

Negative Steigung
Die Art, wie die Propellerflügel eines Flugzeugs montiert sind, damit sie nach der Landung einen Umkehrschub ausüben, um das Flugzeug zu bremsen.

Neigung
Die Auf- und Abbewegung von Rumpfnase und Leitwerk. Die Neigung wird durch die Höhenruder auf der Höhenflosse beeinflußt.

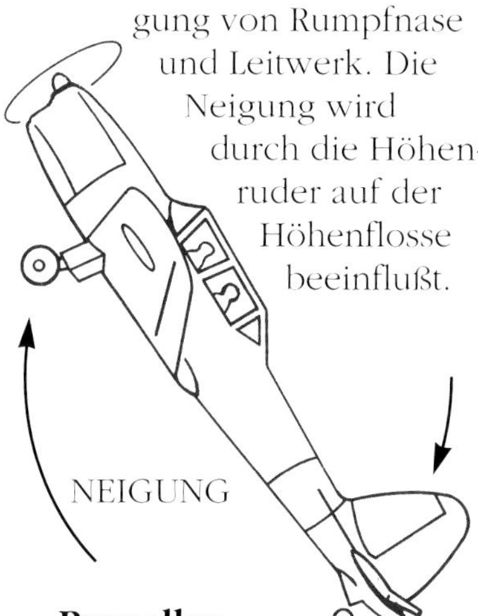

Propeller
Die motorbetriebenen rotierenden Flügel, die den Schub erzeugen, der das Flugzeug vorantreibt.

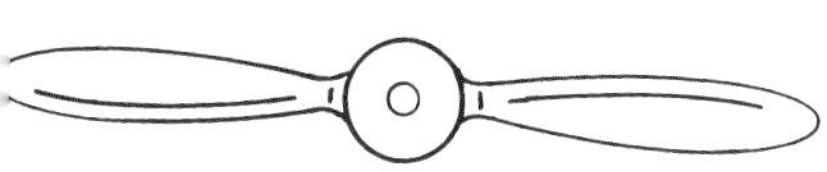

PROPELLER

Querruder
Eine bewegliche Fläche an der Endleiste eines Flügels. Dient zur Beeinflussung der Querlage.

Radar
Radio **D**etection **a**nd **R**anging: Ein Navigationssystem, das die Strahlen von Radiowellen zum Aufspüren von Gegenständen verwendet.

Radom
Die Schutzhülle der Radarantenne, die Radiowellen durchläßt.

Rollen
Die Seitwärtsbewegung eines Flugzeugs. Das Rollen wird von den Querrudern beeinflußt.

Ruder
Die bewegliche Fläche, die hinten an der Höhenflosse befestigt ist und das Gieren beeinflußt.

Rumpf
Der Körper eines Flugzeugs.

Schlitz
Die Öffnung zwischen dem Vorflügel und dem Spoiler.

Schott
Die feste Trennwand zwischen verschiedenen Flugzeugteilen.

Schub
Die Kraft, die von den Propellern oder den Düsentriebwerken erzeugt wird und das Flugzeug durch die Luft trägt.

Schubumkehr
Die Wirkung, die ausgelöst wird, wenn man eine Düse nach vorne neigt, so daß sie einen Umkehrschub erzeugt, der das Flugzeug nach der Landung bremst.

Schubumkehrer
Die Teile eines Triebwerks, die Abgase nach vorne umleiten, um das Flugzeug bei der Landung zu bremsen.

Spannweite
Die Entfernung zwischen den Flügelspitzen.

Spoiler
Die Fläche auf den Flügeln eines Flugzeugs, die den Luftfluß über den Flügeln stört und den Auftrieb aufhebt. Sie erhöht den Luftwiderstand und bremst das Flugzeug.

Tragfläche
Eine Konstruktion, die in der Luft Auftrieb verursacht. Flügel, Propeller, Rotorblatt und Seitenflosse sind solche Luftwiderstandsflächen.

TRAGFLÄCHE

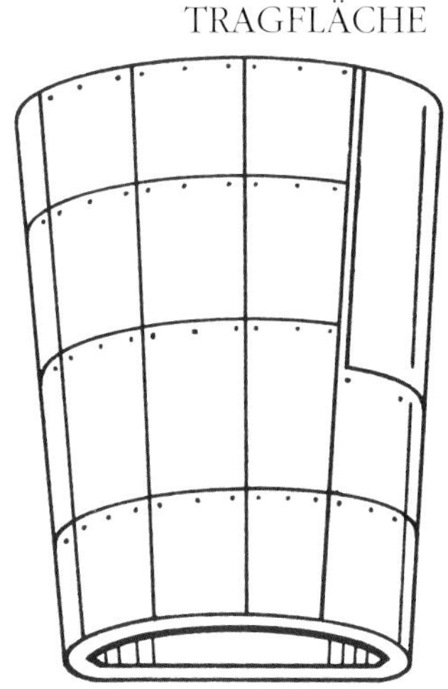

Trägheitsnavigationssystem
Ein System, das dauernd die Veränderungen in der Geschwindigkeit und Richtung eines Flugzeugs mißt und die Information an einen Computer leitet, der die genaue Position des Flugzeugs ausrechnet.

Turbinen-Propeller-Strahltriebwerk
Ein Triebwerk mit Gasturbine, das den Propeller antreibt.

Turbofan
Ein Triebwerk, in dem die Luft an der Turbine vorbeiströmt und als kalter Strahl ausgeschieden wird.

Turbostrahltriebwerk
Ein Triebwerk, in dem die gesamte Luft durch die Verbrennungskammer strömt und als heißer Strahl ausgeschieden wird.

Überschallflugzeug
Flugzeuge, die mit einer Geschwindigkeit von mehr als 1 Mach fliegen.

Vorflügel
Eine sehr kleine, bewegliche Fläche, die an der Nasenleiste einer Tragfläche befestigt ist und den Auftrieb steigert.

VTOL-Flugzeug
Vertical-**T**ake-**O**ff-and-**L**anding-Flugzeug: eine Maschine, die gerade in die Luft aufsteigen oder senkrecht auf einer Landebahn landen kann.

VTOL-FLUGZEUG

Wasserflugzeug
Ein Flugzeug, das aufgrund seines bootsförmigen Rumpfes am Wasser landen oder starten kann.

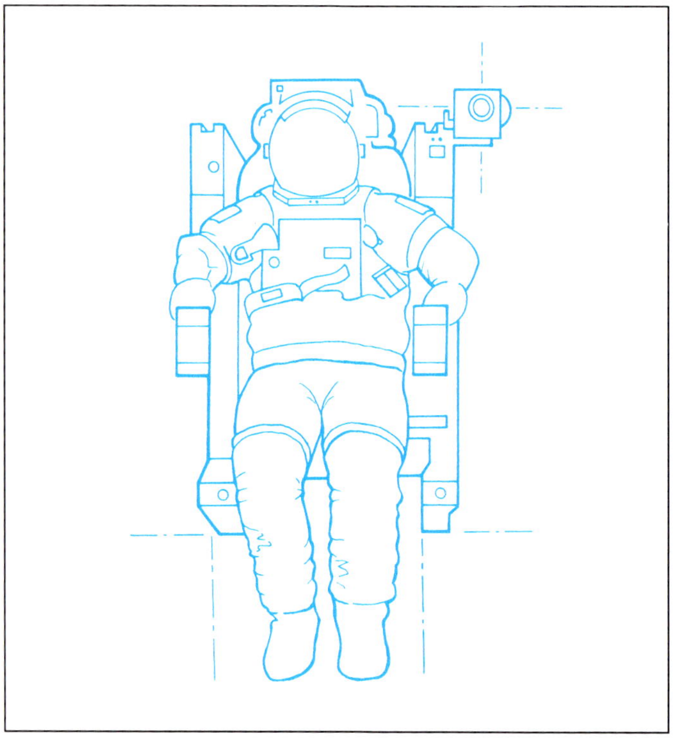

WELTRAUM FAHRZEUGE

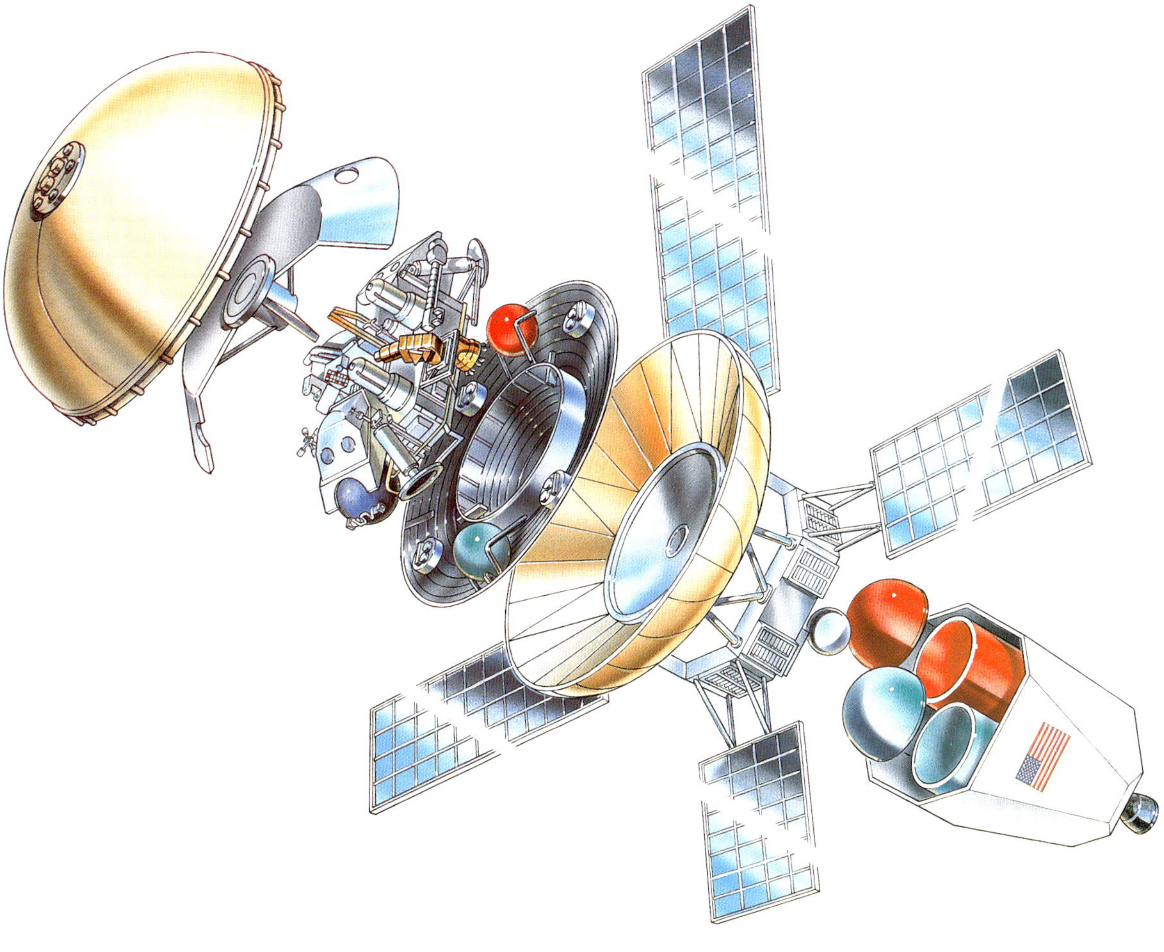

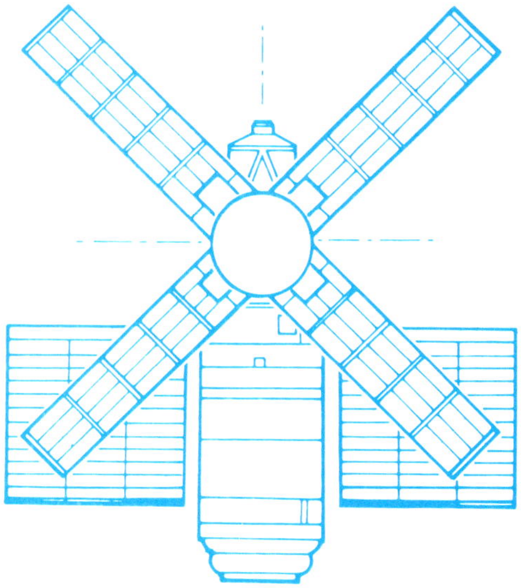

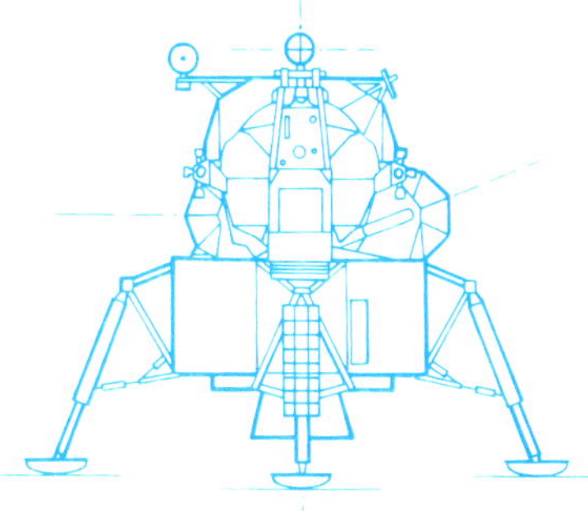

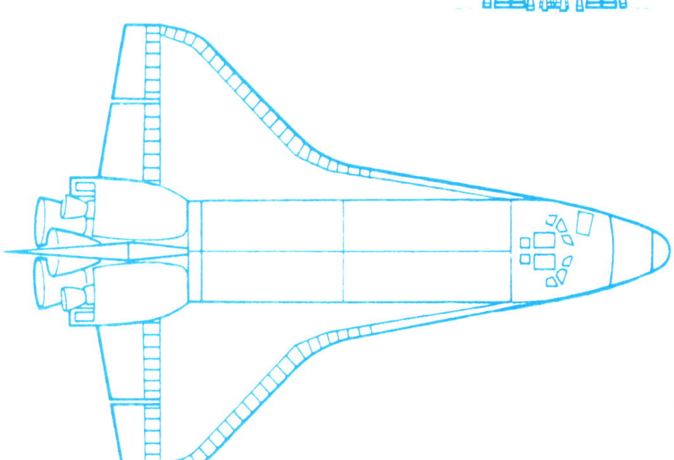

INHALT

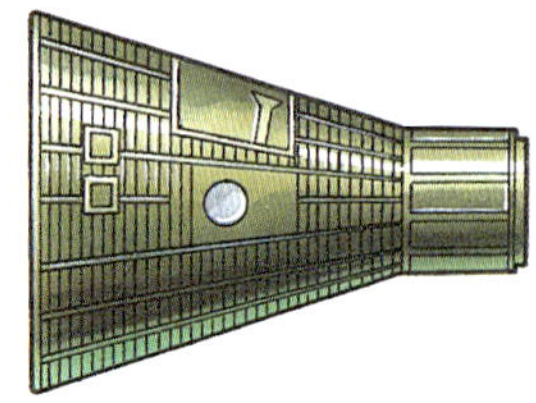

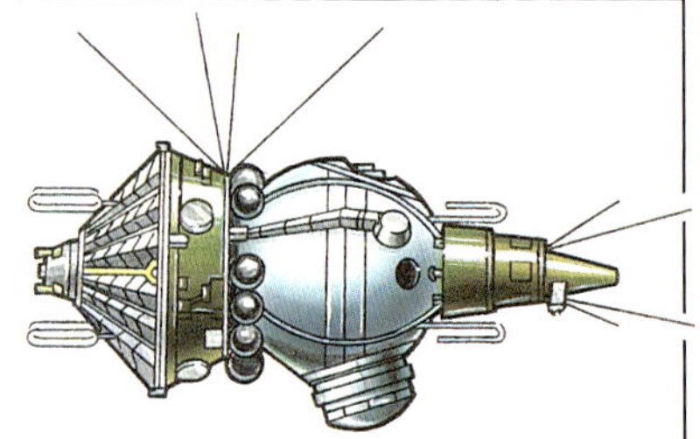

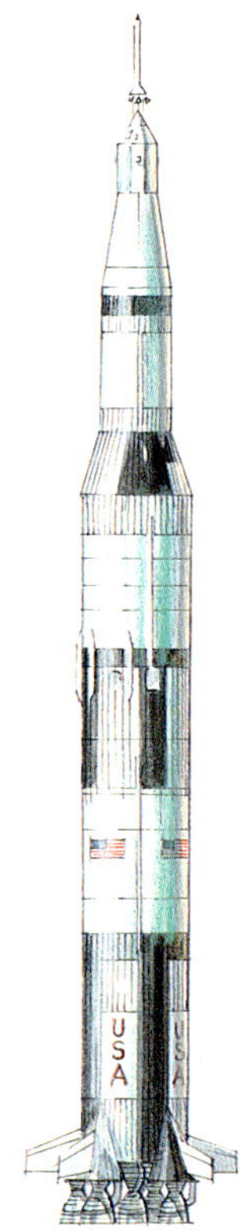

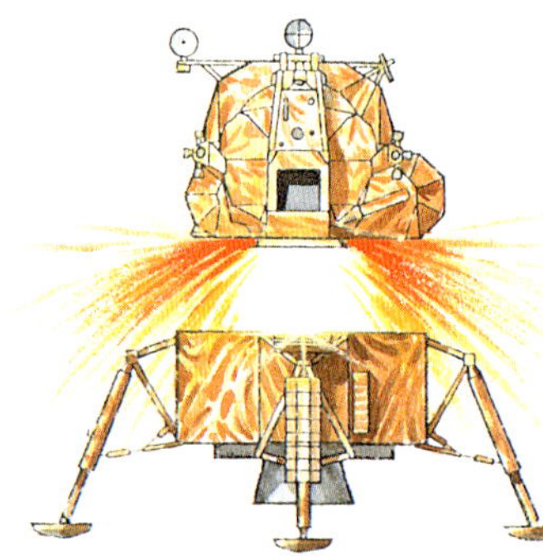

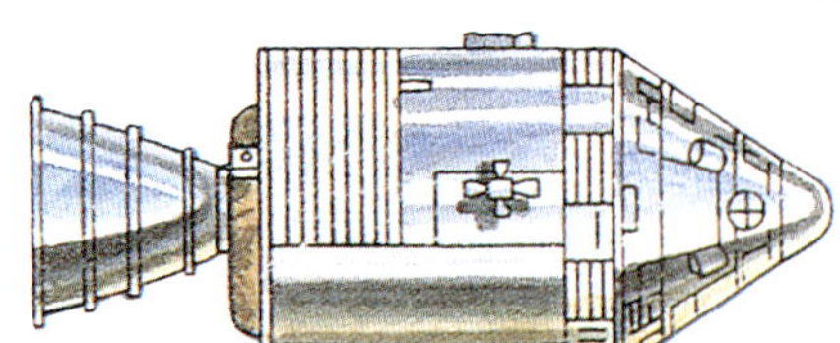

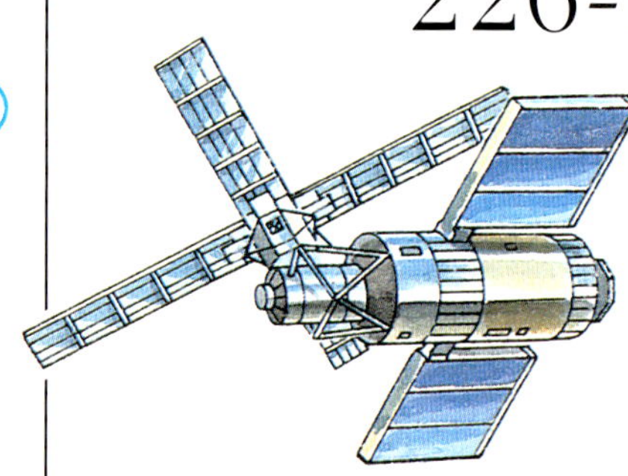

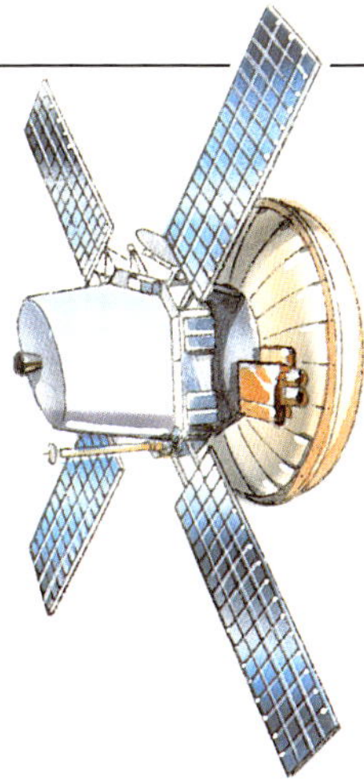

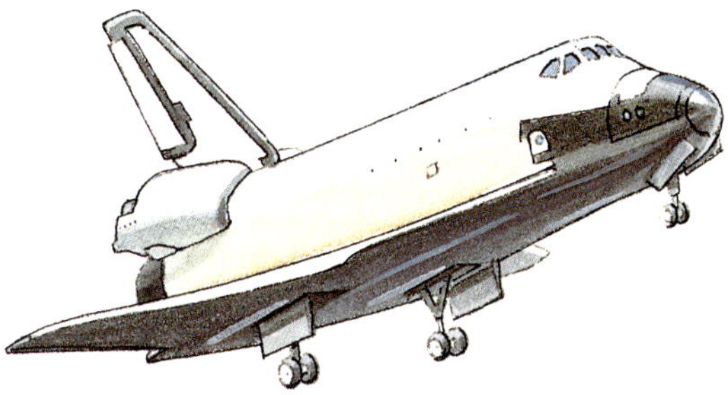

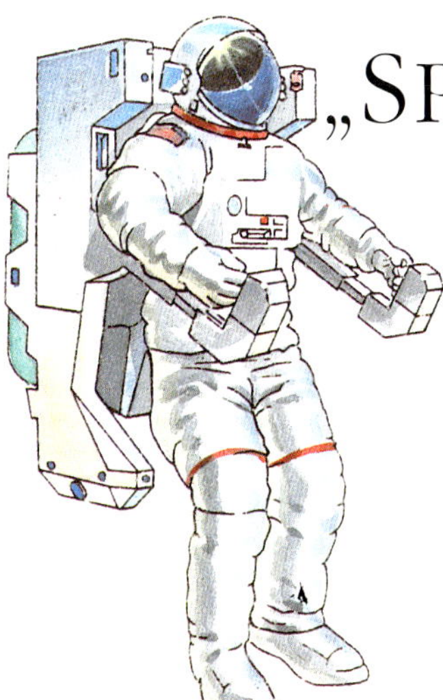

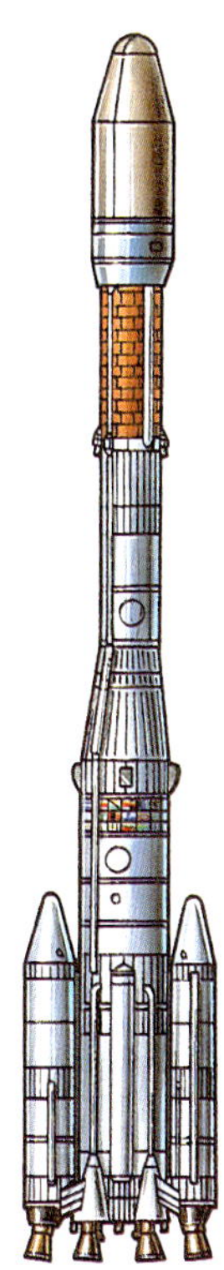

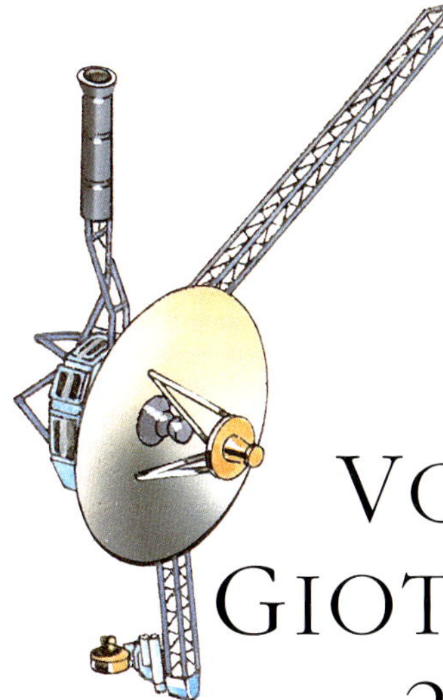

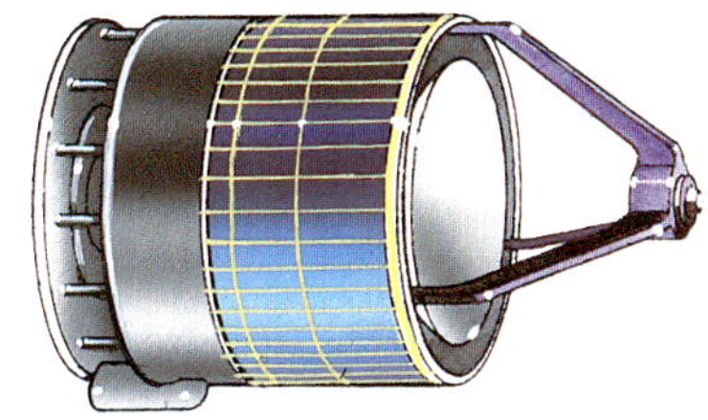

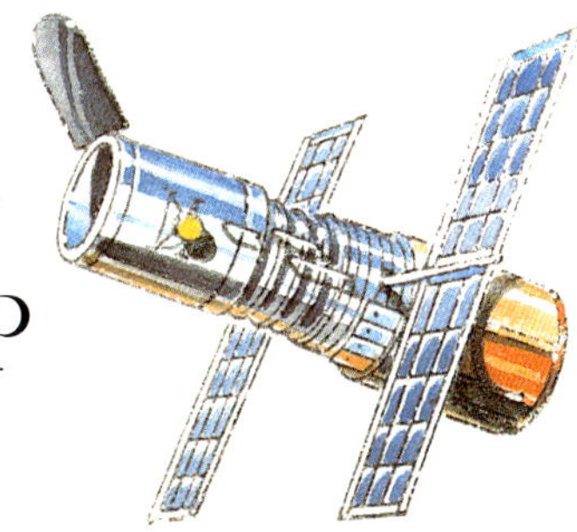

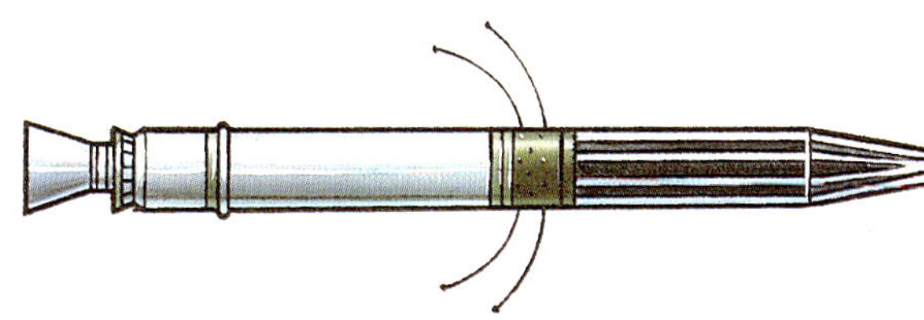

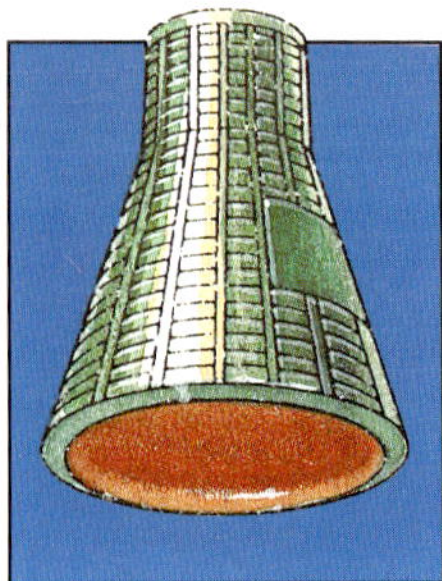

Mercury

Am 4. Oktober 1957 schickte die UdSSR den weltweit ersten Satelliten ins All: Sputnik 1. Auf seinem Weg durch den Weltraum begann dieses kleine Aluminiumschiff einen Wettlauf, der als „Rennen ums All" bekannt werden sollte. Wissenschaftler aus der UdSSR und den USA kämpften um die Vorherrschaft im Weltraum. Am 20. Februar 1962 schickten die Amerikaner ihren ersten Astronauten im Mercury-Raumschiff Friendship 7 ins All. Sein Name war John Glenn, und er wurde ein Held in Amerika, nachdem er in einer fünfstündigen Fahrt die Erde dreimal umkreist hatte.

Start

Ein Raumschiff muß mit hoher Geschwindigkeit starten, da es sonst in die Schwerkraft zurückfällt. Friendship 7 wurde auf einer großen Rakete gezündet, die von der bemannten Raumkapsel getrennt wurde und auf die Erde zurückfiel, sobald sie ihre Aufgabe erfüllt hatte.

Rettungsraketen

Auf der kegelförmigen Kapsel war ein Rettungsturm mit einer zusätzlichen Rakete, um das Raumschiff von der Hauptrakete zu trennen, falls beim Start ein Problem auftrat.

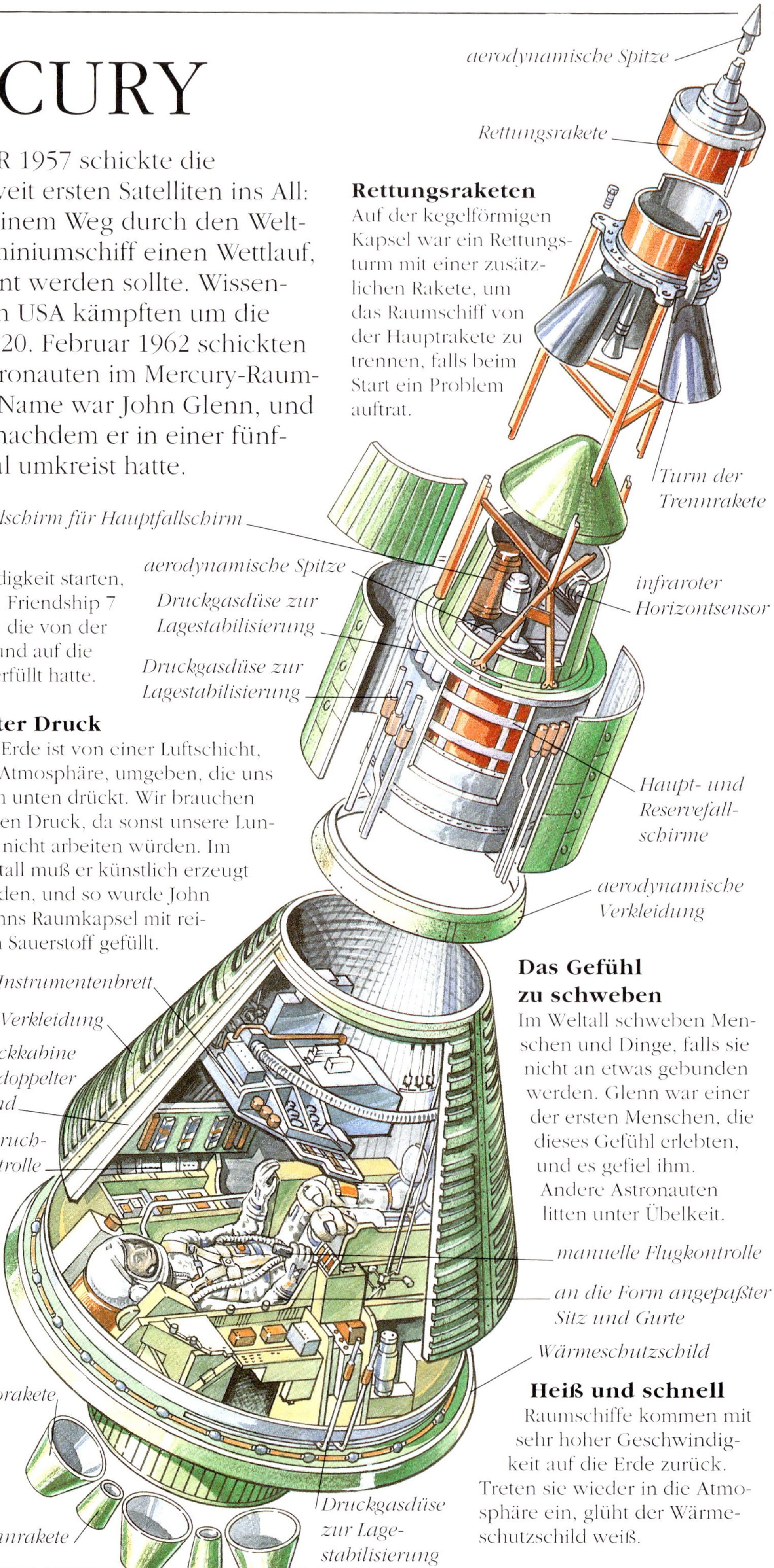

Unter Druck

Die Erde ist von einer Luftschicht, der Atmosphäre, umgeben, die uns nach unten drückt. Wir brauchen diesen Druck, da sonst unsere Lungen nicht arbeiten würden. Im Weltall muß er künstlich erzeugt werden, und so wurde John Glenns Raumkapsel mit reinem Sauerstoff gefüllt.

Das Gefühl zu schweben

Im Weltall schweben Menschen und Dinge, falls sie nicht an etwas gebunden werden. Glenn war einer der ersten Menschen, die dieses Gefühl erlebten, und es gefiel ihm. Andere Astronauten litten unter Übelkeit.

Heiß und schnell

Raumschiffe kommen mit sehr hoher Geschwindigkeit auf die Erde zurück. Treten sie wieder in die Atmosphäre ein, glüht der Wärmeschutzschild weiß.

Technische Daten

Höhe (einschliesslich Turm): 7,9 m

Breite über dem Wärmeschutzschild: 1,89 m

Höhe (einschliesslich Raumschiff): 38,4 m

Durchmesser: 23 m

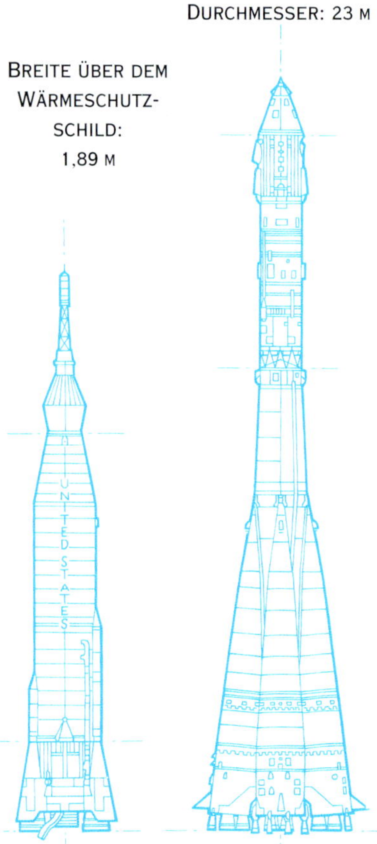

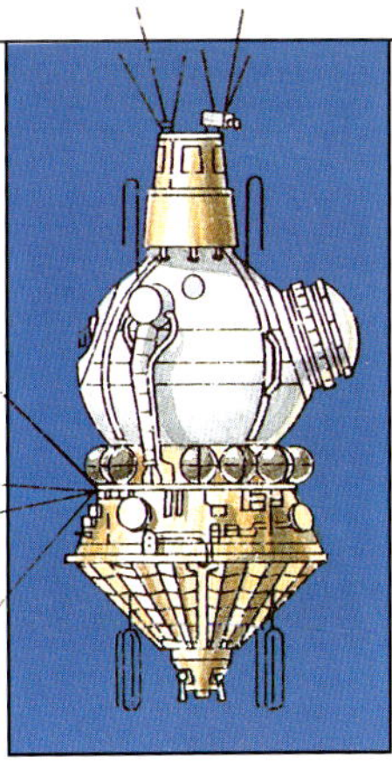

WOSCHOD 2

DIE UdSSR GEWANN DAS RENNEN um den bemannten Raumflug. Am 12. April 1961 startete der Kosmonaut Jurij Gagarin in einem Wostok-Raumschiff ins All. Spätere Modelle hießen Woschod. Dieses Bild zeigt Woschod 2 aus dem Jahr 1965. Ein Besatzungsmitglied, Alexeij Leonow, machte den ersten Weltraumspaziergang am 18. März 1965.

Oben und unten
Woschod bestand aus zwei Teilen. Die Kosmonauten saßen in der oberen Einheit. Diese war mit Metallgurten an eine Betriebseinheit gebunden. Am Rückweg wurde die Einheit abgeworfen, so daß nur die bemannte Kapsel landete.

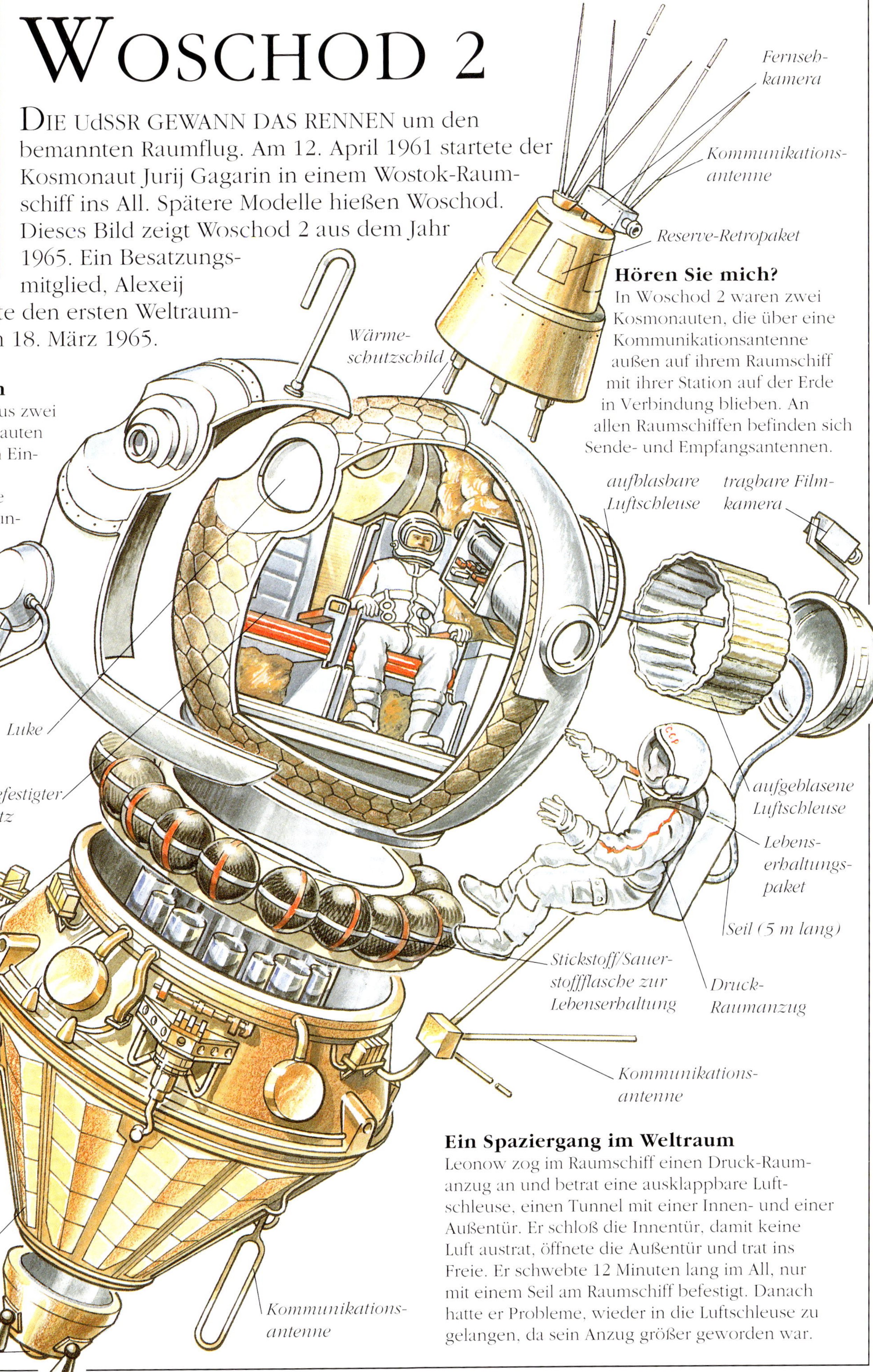

Hören Sie mich?
In Woschod 2 waren zwei Kosmonauten, die über eine Kommunikationsantenne außen auf ihrem Raumschiff mit ihrer Station auf der Erde in Verbindung blieben. An allen Raumschiffen befinden sich Sende- und Empfangsantennen.

Ein Spaziergang im Weltraum
Leonow zog im Raumschiff einen Druck-Raumanzug an und betrat eine ausklappbare Luftschleuse, einen Tunnel mit einer Innen- und einer Außentür. Er schloß die Innentür, damit keine Luft austrat, öffnete die Außentür und trat ins Freie. Er schwebte 12 Minuten lang im All, nur mit einem Seil am Raumschiff befestigt. Danach hatte er Probleme, wieder in die Luftschleuse zu gelangen, da sein Anzug größer geworden war.

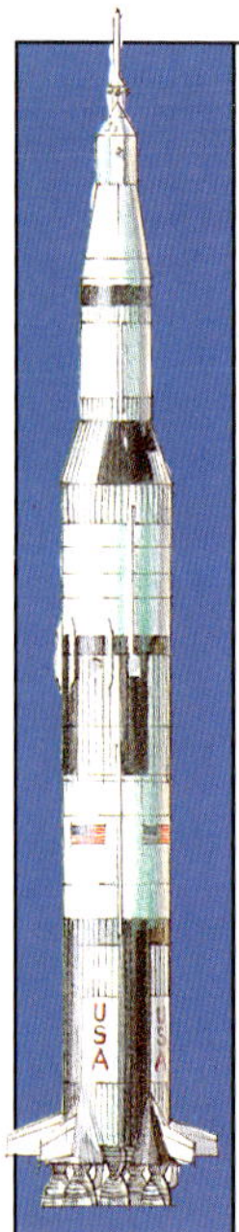

Saturn V

„Fünf, vier, drei, zwei, eins ... Wir starten!" Am Ende dieses Countdowns erfüllt der Lärm riesiger Triebwerke die Luft, und die riesigen Triebwerksdüsen spucken weiße Flammen- und Gassäulen aus, die die gesamte Rakete vorantreiben. Zwischen 1968 und 1972 brachten riesige Saturn-V-Trägerraketen die bemannten amerikanischen Apollo-Raumschiffe zum Mond. Der Start einer Saturn V hörte sich wie ein Vulkanausbruch an. Eine Saturn V brachte am 16. Juli 1969 Apollo 11 ins All. Vier Tage später schrieben zwei Mitglieder der Besatzung Geschichte, als sie als erste Menschen den Mond betraten.

In den Triebwerken
In einer Rakete gibt es verschiedene Tanks für Flüssigtreibstoff und -sauerstoff, die Treibmittel, die in eine Verbrennungskammer in jedem Triebwerk gepumpt werden. Dort werden sie gemischt und gezündet, so daß sie die heißen Gase produzieren, um die Rakete anzutreiben.

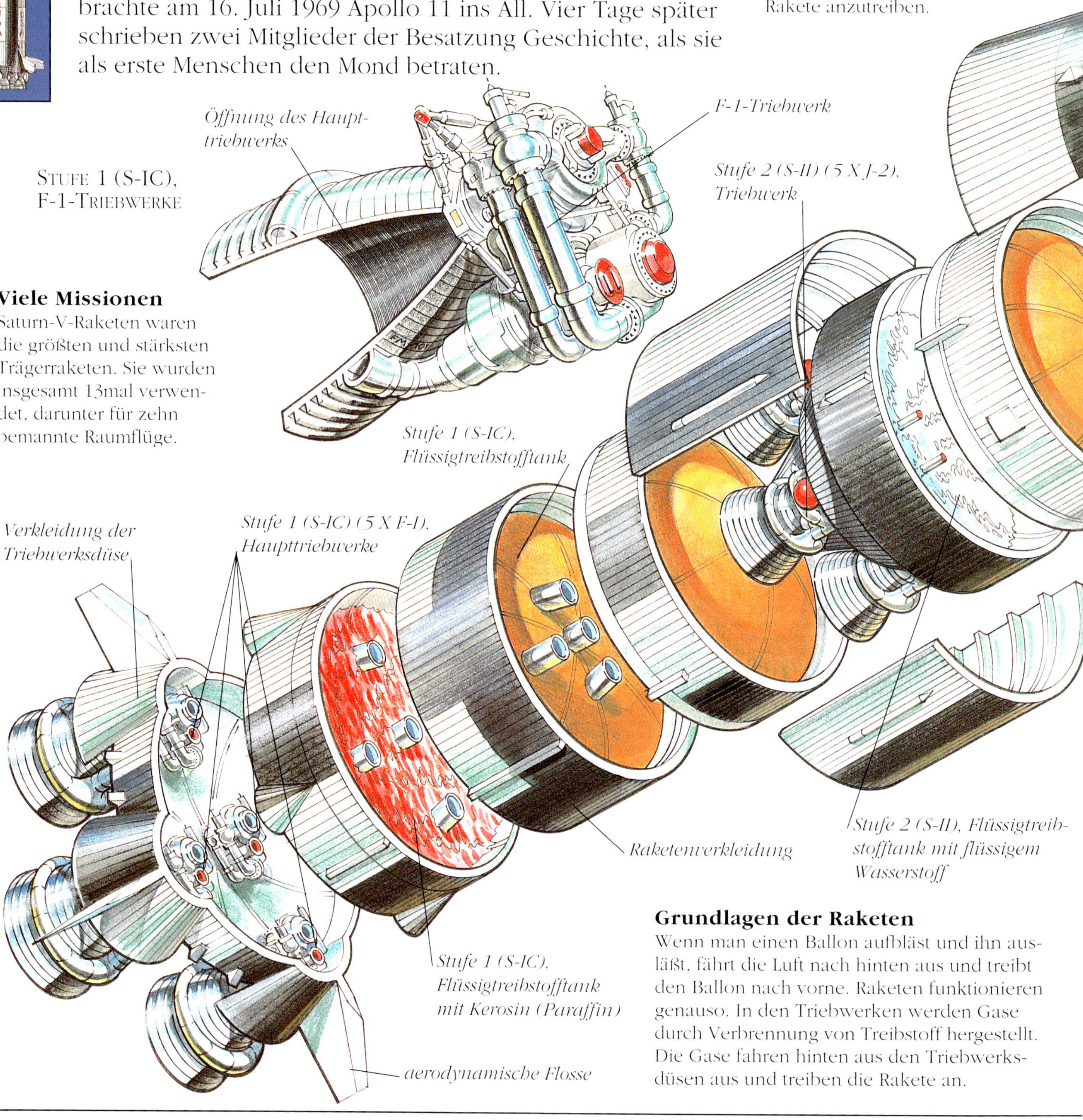

Viele Missionen
Saturn-V-Raketen waren die größten und stärksten Trägerraketen. Sie wurden insgesamt 13mal verwendet, darunter für zehn bemannte Raumflüge.

Grundlagen der Raketen
Wenn man einen Ballon aufbläst und ihn ausläßt, fährt die Luft nach hinten aus und treibt den Ballon nach vorne. Raketen funktionieren genauso. In den Triebwerken werden Gase durch Verbrennung von Treibstoff hergestellt. Die Gase fahren hinten aus den Triebwerksdüsen aus und treiben die Rakete an.

Stück für Stück

Damit die Saturn V die Schwerkraft der Erde überwinden konnte, waren drei verschiedene Teile, die Stufen, nötig. Die erste Stufe brannte 2 Min. 30 Sek., löste sich und fiel auf die Erde zurück. Danach zündete die zweite Stufe und brannte 6 Min. 30 Sek. Die dritte Stufe brannte ungefähr 2 Min. 30 Sek. und brachte Apollo in die Umlaufbahn um die Erde. Dann zündete sie nochmals 5 Min. 30 Sek., um Apollo vor der Trennung zum Mond zu schießen.

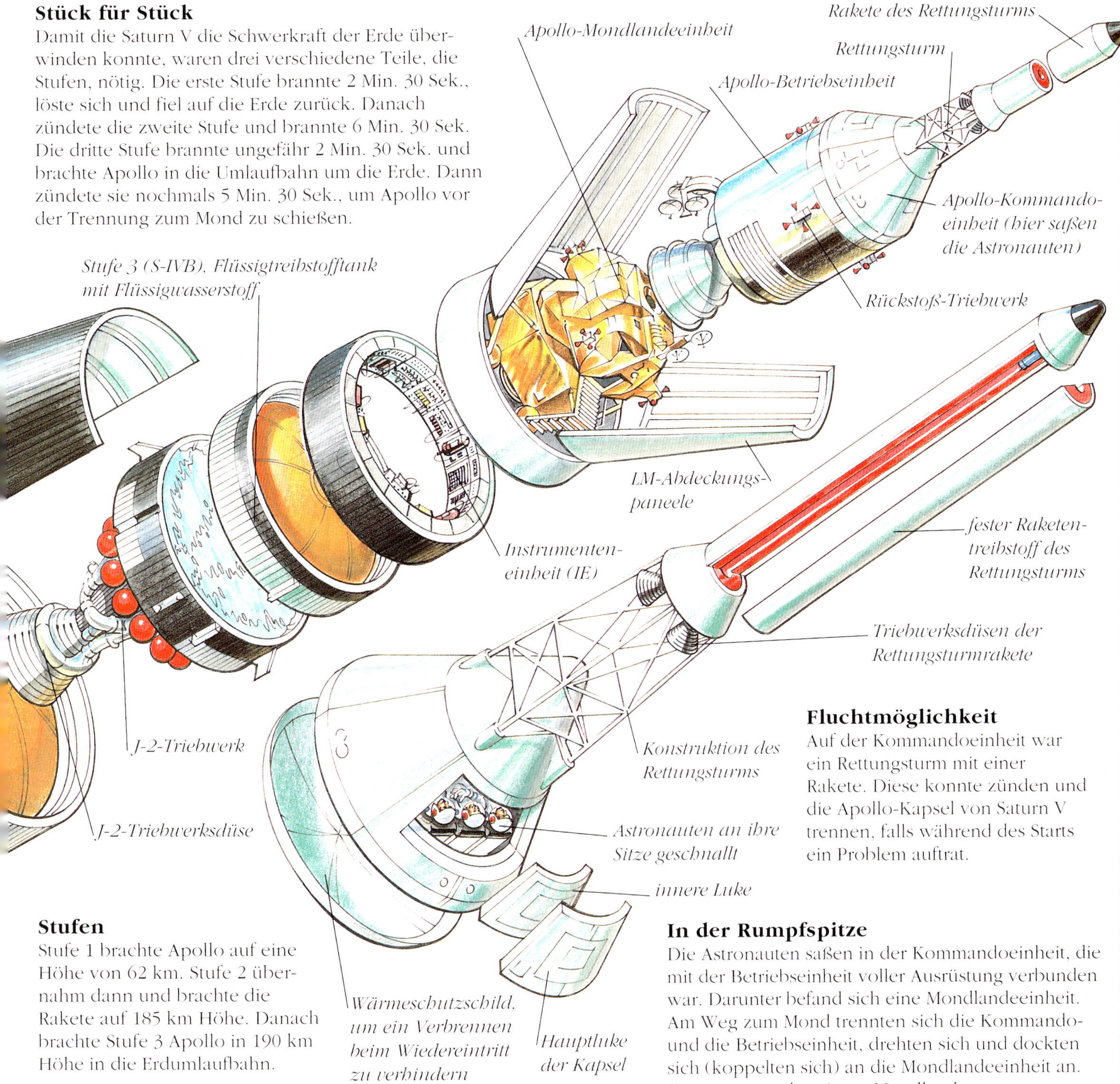

Fluchtmöglichkeit

Auf der Kommandoeinheit war ein Rettungsturm mit einer Rakete. Diese konnte zünden und die Apollo-Kapsel von Saturn V trennen, falls während des Starts ein Problem auftrat.

Stufen

Stufe 1 brachte Apollo auf eine Höhe von 62 km. Stufe 2 übernahm dann und brachte die Rakete auf 185 km Höhe. Danach brachte Stufe 3 Apollo in 190 km Höhe in die Erdumlaufbahn.

In der Rumpfspitze

Die Astronauten saßen in der Kommandoeinheit, die mit der Betriebseinheit voller Ausrüstung verbunden war. Darunter befand sich eine Mondlandeeinheit. Am Weg zum Mond trennten sich die Kommando- und die Betriebseinheit, drehten sich und dockten sich (koppelten sich) an die Mondlandeeinheit an. Sie waren nun bereit zur Mondlandung.

Technische Daten

Startgewicht: 2 912 925 kg

Gesamthöhe: 110,6 m

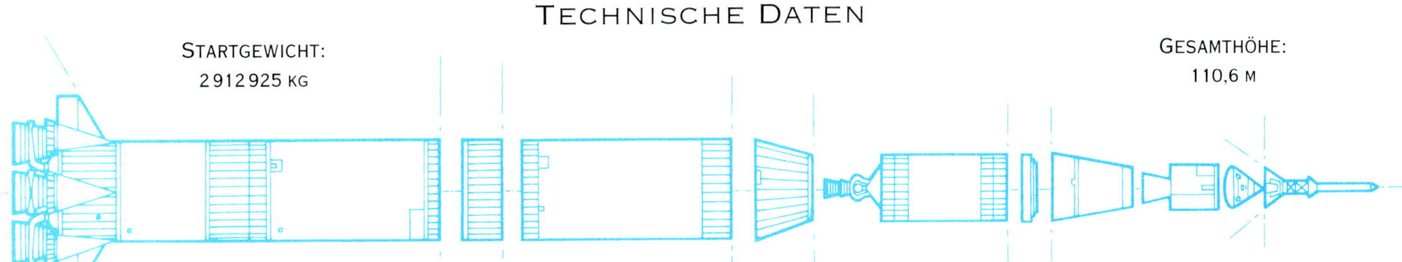

F-1-Triebwerksdüse: 5,79 m lang, 3,81 m breit

Länge Stufe 1: 42 m lang

Rettungsturm: 10,2 m lang

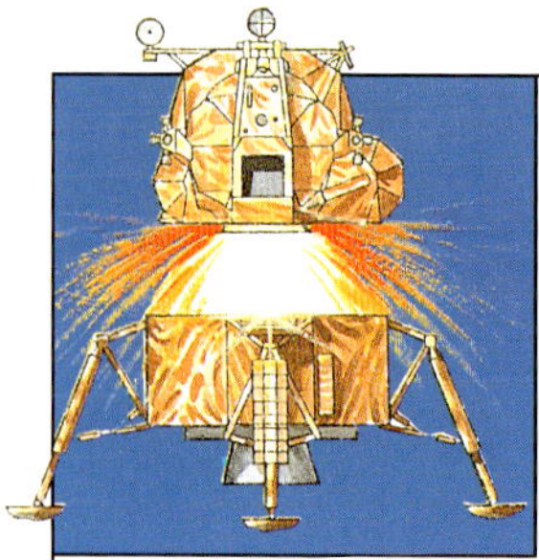

Apollo LM

Am 16. Juli 1969 startete eine riesige Saturn-V-Rakete das berühmteste Raumschiff der Welt, Apollo 11. Die NASA hatte bemannte Apollo-Raumschiffe getestet und war immer näher zum Mond gekommen. Nun war es an der Zeit zu landen! Die Apollo-Astronauten gingen in einer Kommandoeinheit in die Umlaufbahn. Sie dockten an die Mondlandeeinheit an, in die zwei Besatzungsmitglieder krochen. Diese Einheit trennte sich ab und landete auf dem Mond. Ein Teil brachte die Besatzung nach getaner Arbeit wieder zurück. Am 20. Juli 1969 verließ Neil Armstrong seine Mondlandeeinheit „Eagle" und machte die ersten Schritte am Mond.

Raumkäfer

Die Mondlandeeinheit hatte eine seltsame Form, die an ein Insekt erinnerte. Da sie nur im luftfreien Raum funktioniert, mußte sie nicht stromlinienförmig konstruiert werden.

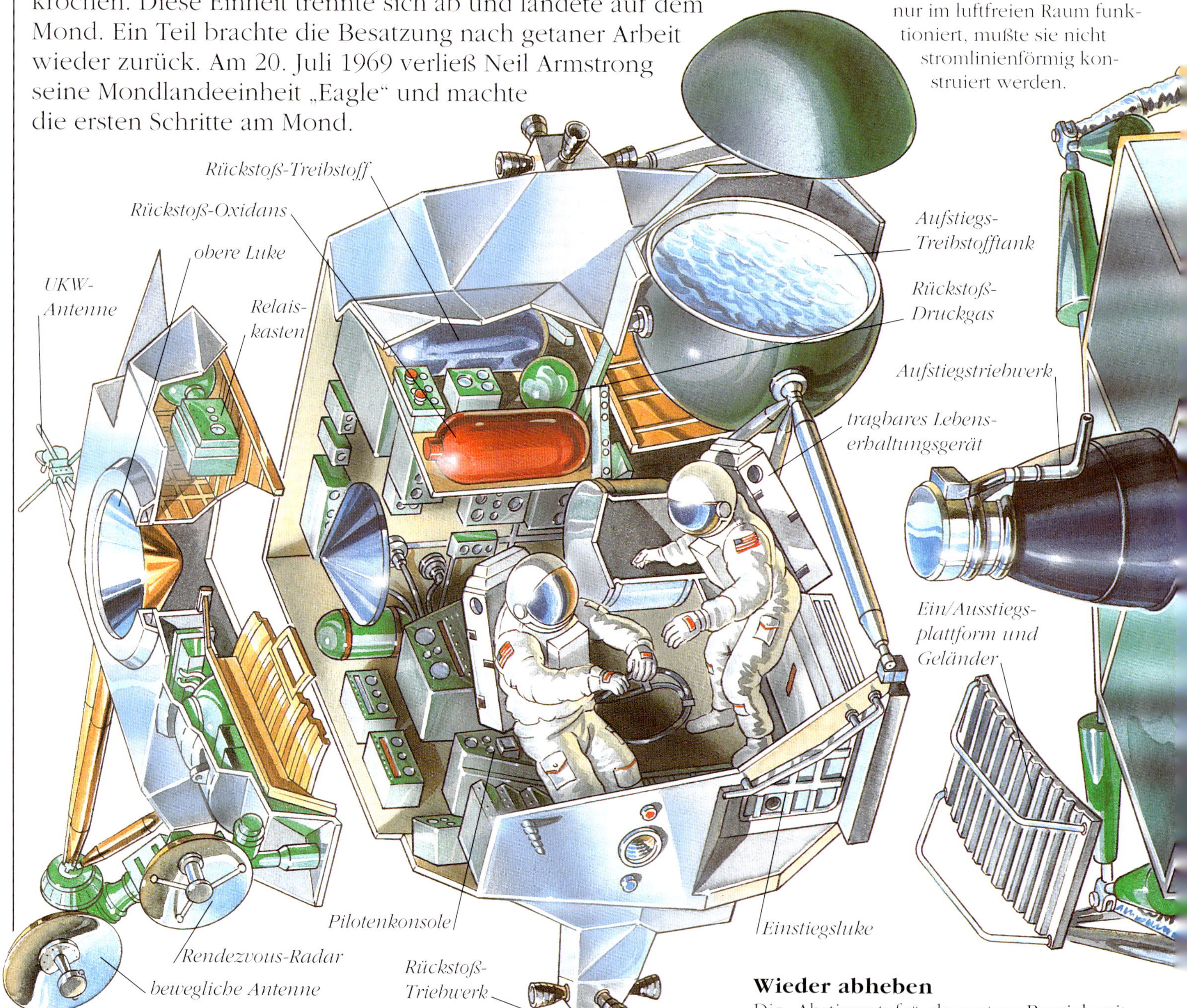

Raum im Innern

In der Druckkabine waren Computerkonsolen, Fenster und Instrumente. Verließ die Besatzung das Raumschiff, legte sie Raumanzüge an und ließ den Druck aus der Kabine (so daß keine Luft drinnen war), öffnete die Luke, kletterte hinaus und schloß die Tür. Die Rückkehr erfolgte in umgekehrter Reihenfolge.

Wieder abheben

Die „Abstiegsstufe", der untere Bereich mit Beinen, diente als Abschußplattform für die „Aufstiegsstufe" beim Verlassen des Mondes. Sie wurde zurückgelassen, während die Aufstiegsstufe automatisch an die Kommando- und Betriebseinheit ankoppelte. War die Besatzung wieder im Raumschiff, wurde die Aufstiegsstufe abgeworfen.

Landung

Die Mondlandeeinheit näherte sich dem Mond. Sie hatte Raketen, um die Geschwindigkeit zu drosseln, wenn sie radargesteuert den Mond erreichte. Die vier ausklappbaren Beine waren mit Tellern versehen, um das Gewicht zu tragen. Drei davon hatten Fühler, die der Besatzung sofort nach der Landung signalisierten, die Triebwerke abzustellen.

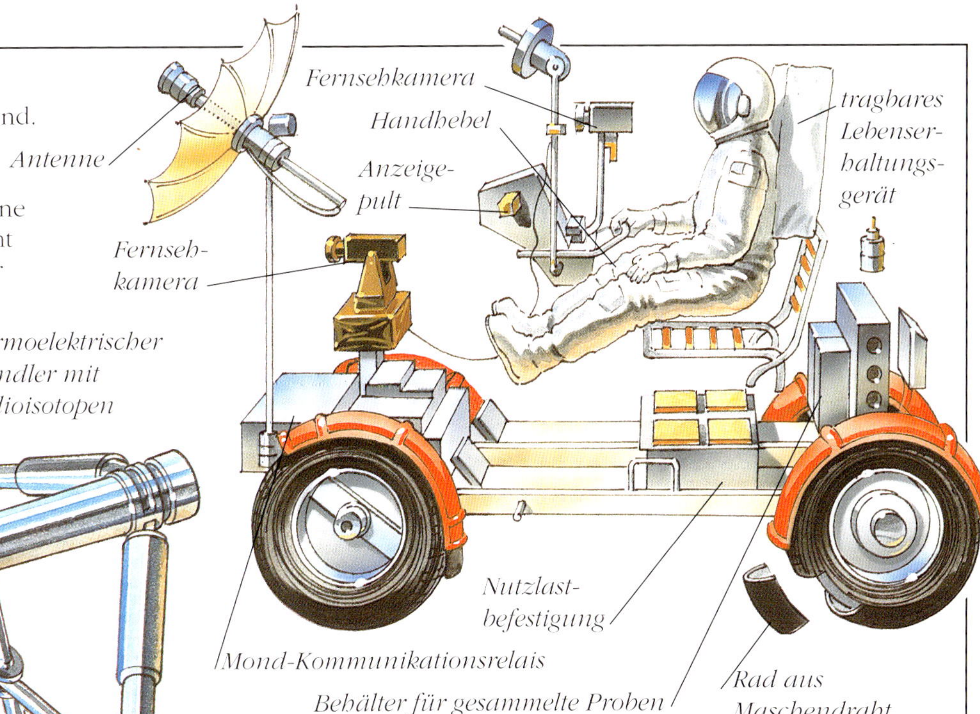

Mondfahrzeug

Spätere Apollomissionen führten ein elektrisch betriebenes Fahrzeug mit, den Lunar Rover. Es hatte eine Fernsehkamera, eine Fernmeldeantenne und wissenschaftliche Geräte. Damit konnten die Astronauten vom Raumschiff viel weiter entfernte Gebiete erforschen.

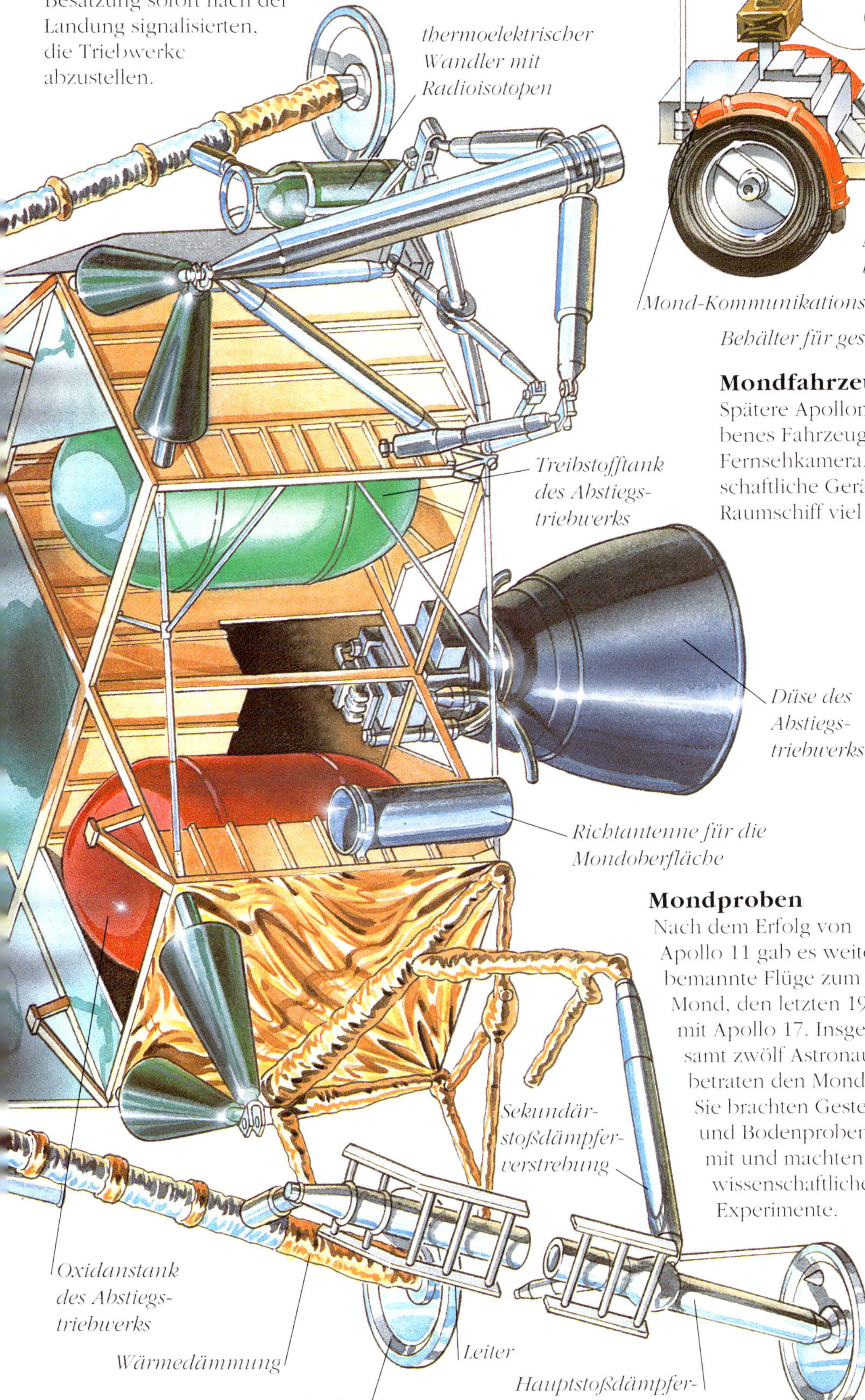

Mondproben

Nach dem Erfolg von Apollo 11 gab es weitere bemannte Flüge zum Mond, den letzten 1972 mit Apollo 17. Insgesamt zwölf Astronauten betraten den Mond. Sie brachten Gesteins- und Bodenproben mit und machten wissenschaftliche Experimente.

Technische Daten

Besatzung: zwei Mann

Höhe: 6,9 m

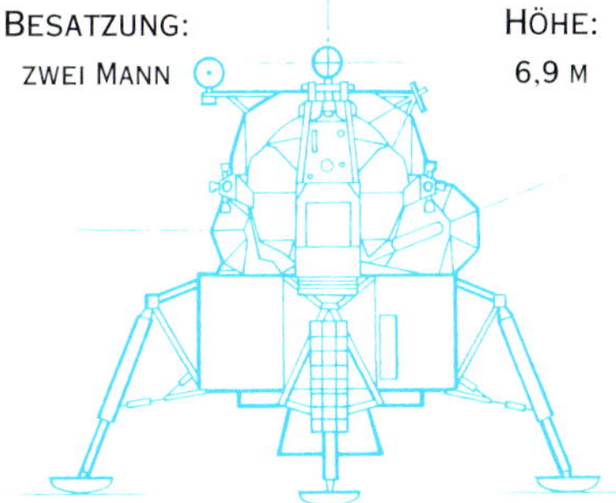

Breite über den Landetellern: 9,5 m

Gewicht: 15 059 kg

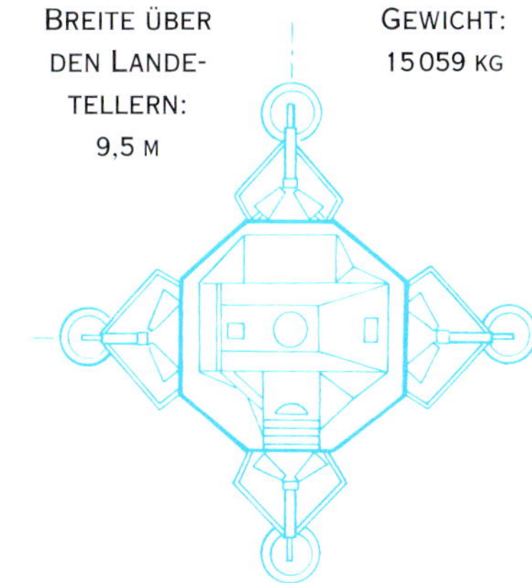

Lunar Rover

Länge: 3 m

Breite: 1,8 m;

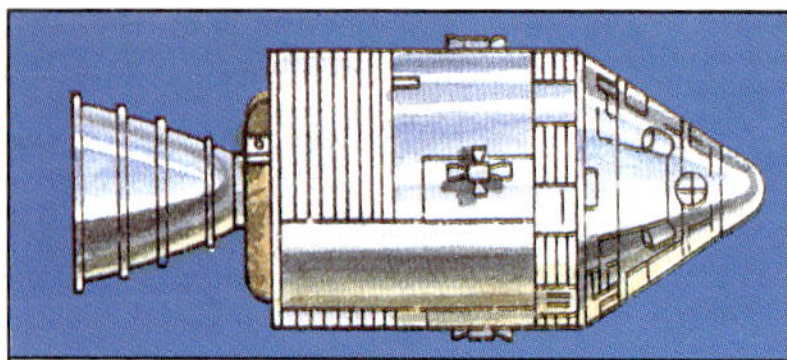

Apollo CSM

Waren zwei Besatzungsmitglieder der Apollo am Mond, blieb ein weiterer in der Kommando- und Betriebseinheit (kurz CSM), die um den Mond kreiste. Waren die beiden am Mond mit ihrer Arbeit fertig, fuhren sie mit der Aufstiegsstufe zur Mondlandeeinheit (LM), koppelten an die CSM an und krochen durch die Luke in die Kommandoeinheit. Die LM wurde abgeworfen, und sie kehrten nach Hause zurück.

Ständiger Kontakt
Das NASA-Personal im Mission Control Center in Houston, Texas, blieb mit den Astronauten in Kontakt und überwachte die Apollo.

Betriebseinheit

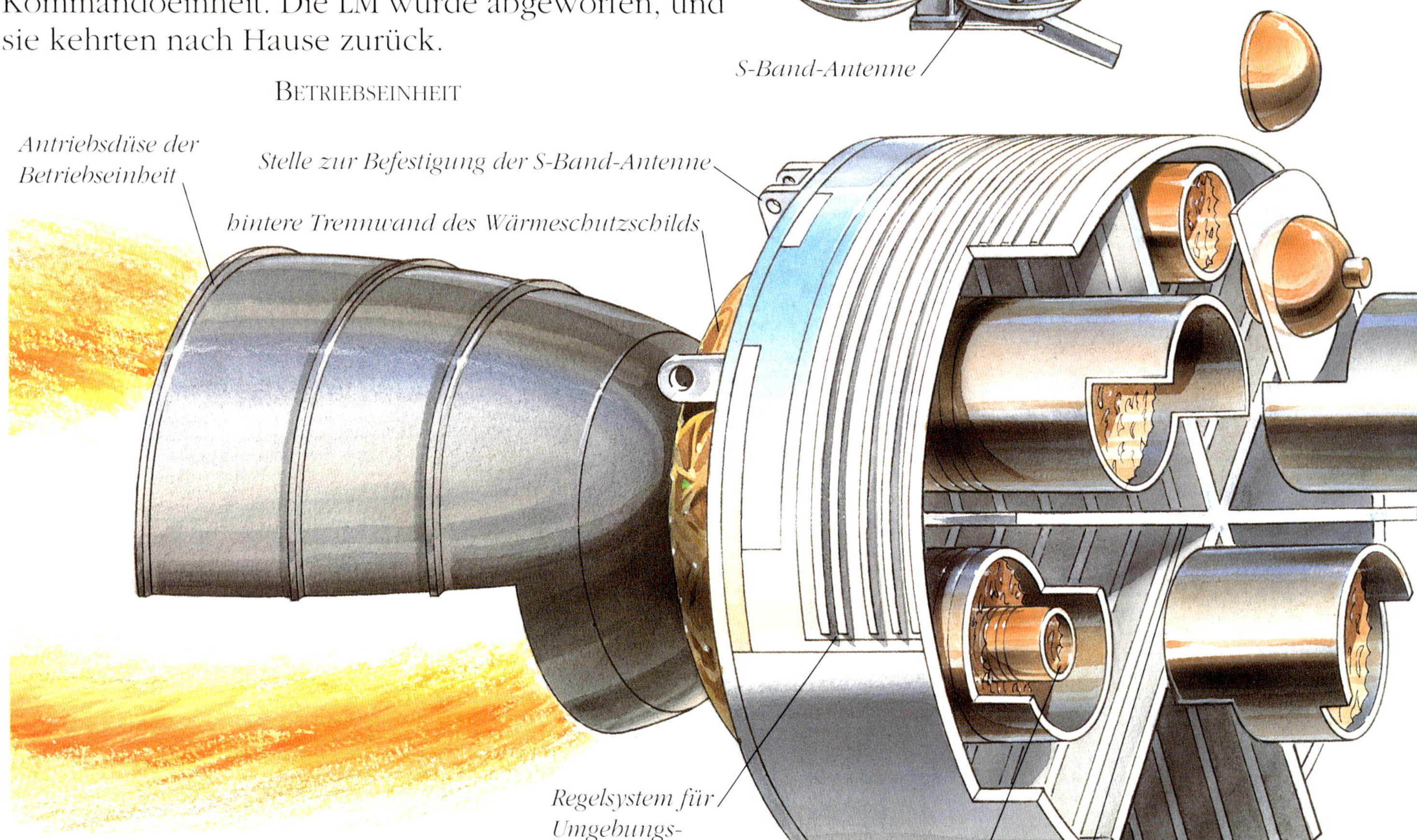

Anstecker der Apollo-11-Mission

Rückstoss-Viererpaneel

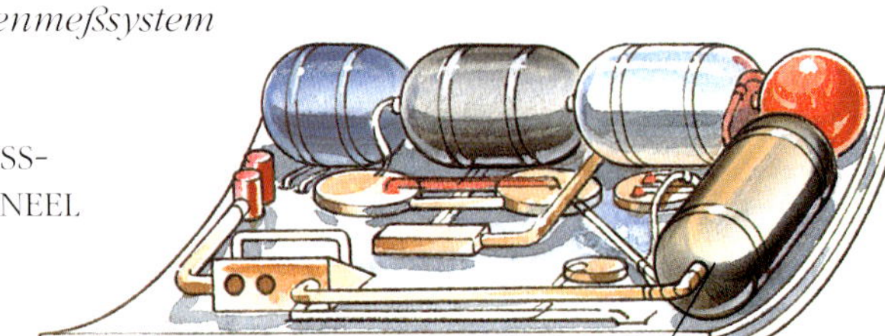

Wasserung
Die Kommandoeinheit trat mit ungefähr 39000 km/h wieder in die Erdatmosphäre ein. Gegen Ende der Reise öffneten sich Bremsfallschirme, und sie fiel mit 27 km/h ins Wasser. Drei Luftkissen bliesen sich zu riesigen Ballonen auf, um sie nicht sinken zu lassen, bevor die Hubschrauber der amerikanischen Marine die Besatzung in Sicherheit brachten.

Wieder zurück!
Die Besatzung koppelte die CSM radarunterstützt mit der Mondlandeeinheit. Die Kommandoeinheit hatte eine lange Sonde, die in eine tellerförmige Öffnung in der Mitte der Mondlandeeinheit eingeführt wurde und die zwei Einheiten verband. Dann wurden Luken geöffnet, durch die zwei Besatzungsmitglieder kriechen konnten.

Betriebseinheit

In der Betriebseinheit (kurz SM) waren Sauerstoff, Treibstoff, Wasser und Strom für die Kommandoeinheit. Ihr großes Triebwerk wurde gezündet, um die Kommandoeinheit in die Umlaufbahn um den Mond und auf der Rückfahrt wieder zur Erde zu bringen. Bei der Apollo 13 explodierte ein Sauerstofftank in der SM und beschädigte das Raumschiff so schwer, daß es umkehren mußte und man die Mission absagte.

Kleine Triebwerke

Beide Einheiten hatten außen kleine Rückstoß-Triebwerke, um die Lage der CSM auf dem Weg durchs All zu prüfen. Aus diesen kleinen Raketen wurde Gas ausgestoßen, um das Raumschiff bei Bedarf zu lenken.

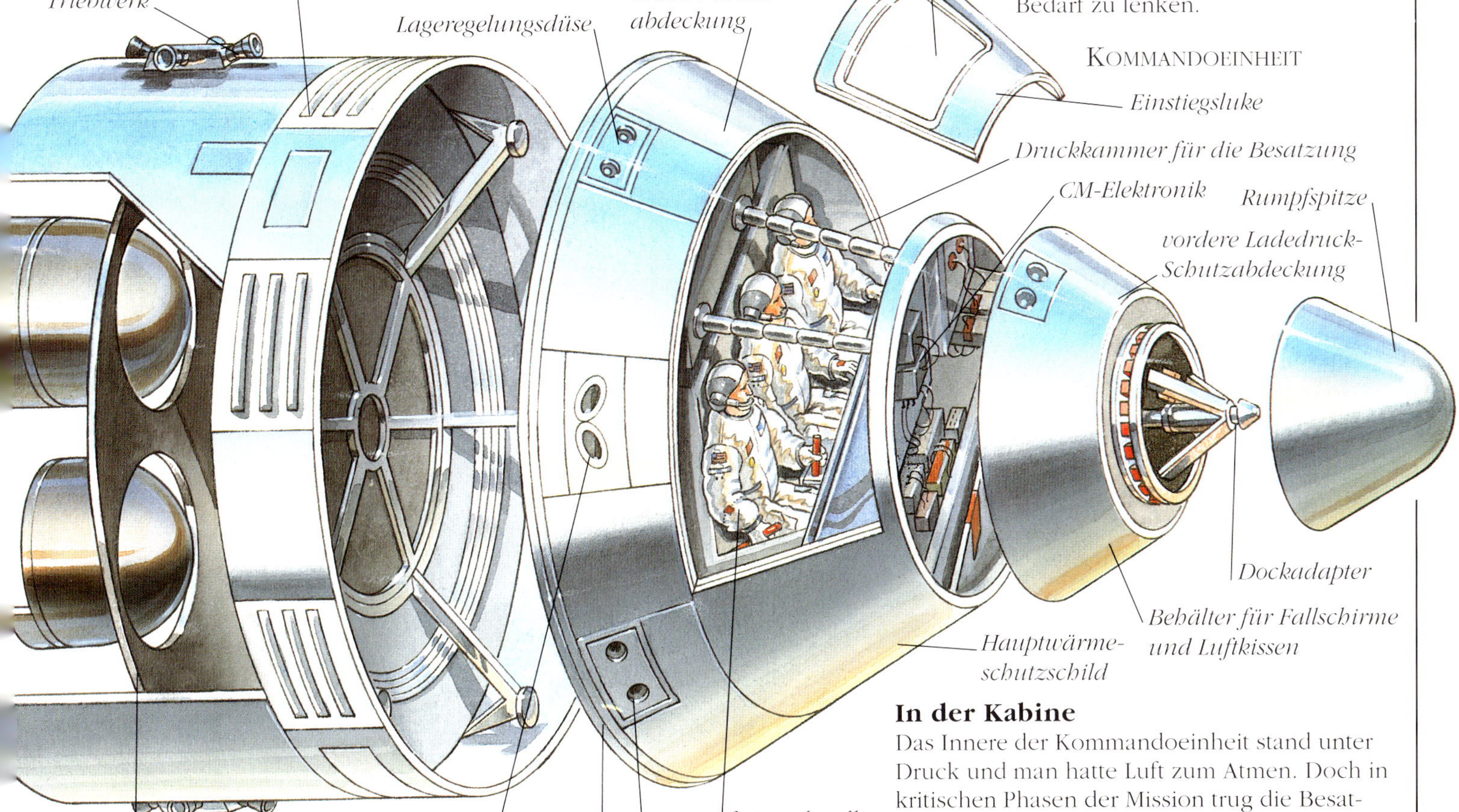

In der Kabine

Das Innere der Kommandoeinheit stand unter Druck und man hatte Luft zum Atmen. Doch in kritischen Phasen der Mission trug die Besatzung Druck-Raumanzüge. Sie waren mit Schläuchen versehen, die an die Sauerstoff- und Wasserleitungen an Bord angeschlossen waren. Wich der Druck plötzlich aus der Kabine, war die Besatzung in diesen Anzügen sicher.

Technische Daten

Gewicht der Kommandoeinheit: 5937 kg

Grösster Durchmesser der Kommandoeinheit: 3,9 m

Länge der Betriebseinheit: 7,4 m

Länge der Kommandoeinheit: 3,2 m

Triebwerk: 9300 kg

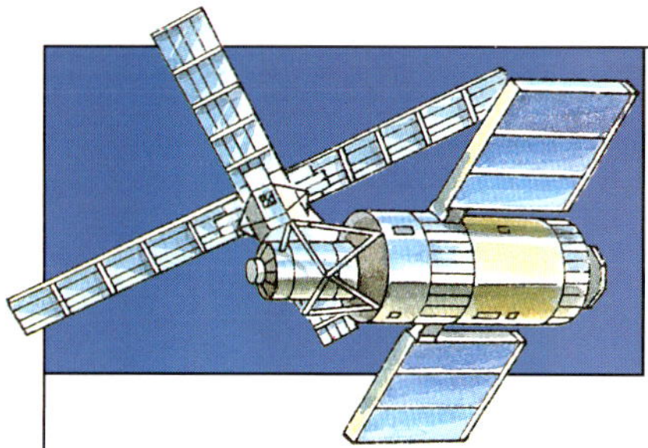

Skylab

Nachdem es den USA gelungen war, Menschen zum Mond zu fliegen, sollte nun eine Raumstation gebaut werden, wo Menschen leben und arbeiten konnten. Die Russen schickten 1971 die erste Raumstation, Saljut, ins All. Die Amerikaner starteten 1973 Skylab, das unten dargestellt ist. 1973 und 1974 lebten hier drei verschiedene Besatzungen, die an Bord von Apollo-Kommandoeinheiten ankamen. Ihre Körper wurden ständig untersucht, um die Auswirkungen eines längeren Aufenthalts im All zu erforschen. Sie verbrachten die Zeit mit wissenschaftlichen Experimenten und mit Fotografieren. Außerdem mußten sie ihre Station reparieren, die während des Starts schwer beschädigt worden war.

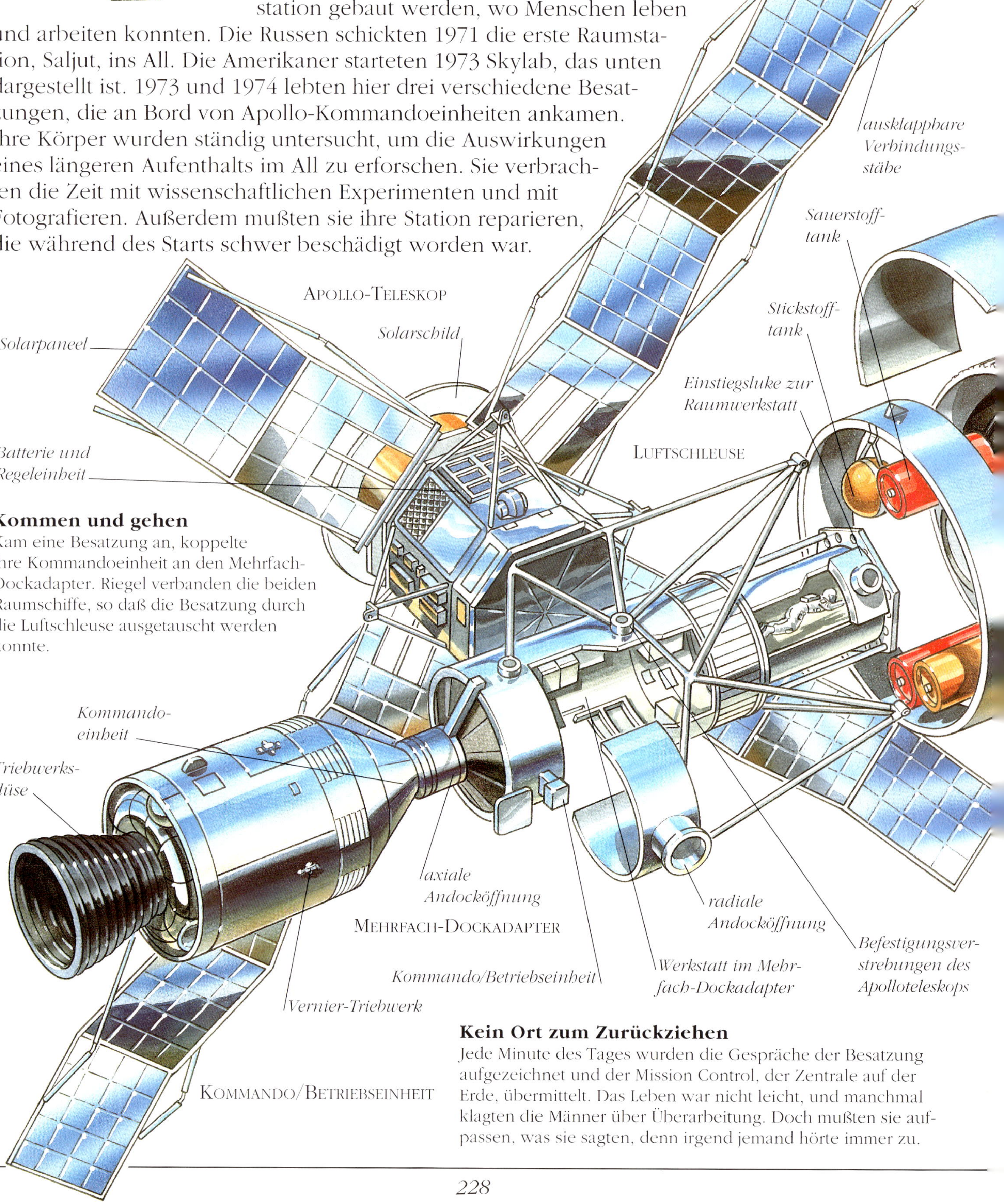

Kommen und gehen

Kam eine Besatzung an, koppelte ihre Kommandoeinheit an den Mehrfach-Dockadapter. Riegel verbanden die beiden Raumschiffe, so daß die Besatzung durch die Luftschleuse ausgetauscht werden konnte.

Kein Ort zum Zurückziehen

Jede Minute des Tages wurden die Gespräche der Besatzung aufgezeichnet und der Mission Control, der Zentrale auf der Erde, übermittelt. Das Leben war nicht leicht, und manchmal klagten die Männer über Überarbeitung. Doch mußten sie aufpassen, was sie sagten, denn irgend jemand hörte immer zu.

Reparatur im All

Skylab hatte riesige Solarpaneele, um Sonnenstrahlen in elektrische Energie umzuwandeln. Sie wurden aber beim Start so schwer beschädigt, daß Skylab zuwenig Strom und Kühlung hatte. Doch konnte die Besatzung die Schäden reparieren.

Leben im All

Skylab wurde aus der dritten Stufe der Rakete Saturn V gebaut. Einer der Treibstofftanks wurde zu einer Werkstatt mit Aufenthaltsraum, Schlafraum, Bad und Experimentierraum umgebaut. Nahrung und Kleidung, darunter 210 Unterhosen, wurden an Bord verstaut.

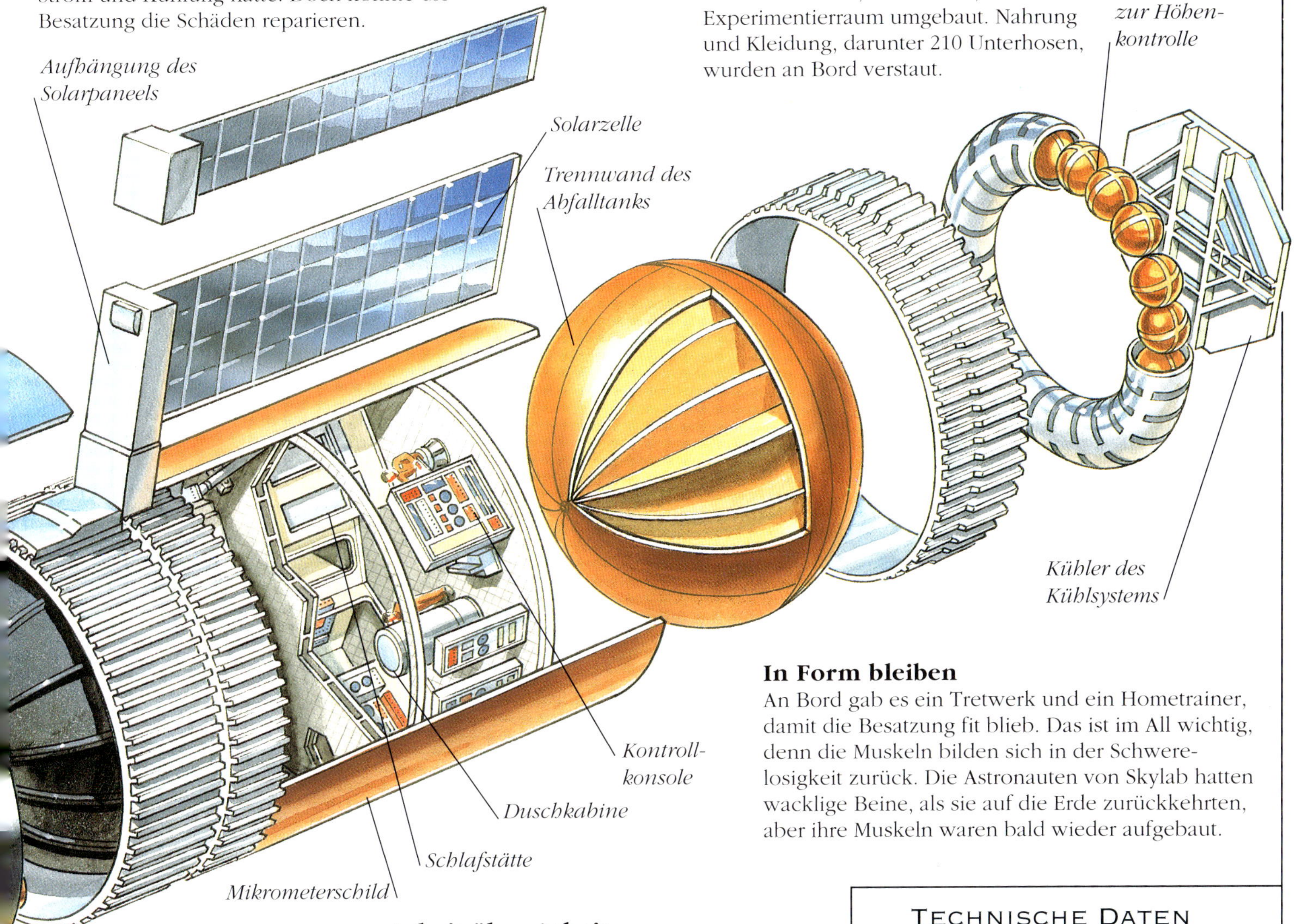

Raumwerkstatt

In Form bleiben

An Bord gab es ein Tretwerk und ein Hometrainer, damit die Besatzung fit blieb. Das ist im All wichtig, denn die Muskeln bilden sich in der Schwerelosigkeit zurück. Die Astronauten von Skylab hatten wacklige Beine, als sie auf die Erde zurückkehrten, aber ihre Muskeln waren bald wieder aufgebaut.

Arbeit über Arbeit

Über der Station war eine Plattform mit dem Apollo-Teleskop, mit dem die Sonne untersucht wurde. Die Astronauten überwachten die Arbeit des Teleskops und nahmen Fotos auf die Erde mit. Sie stellten Metall, Glas und Kristalle her und testeten, ob diese Materialien im All anders sind.

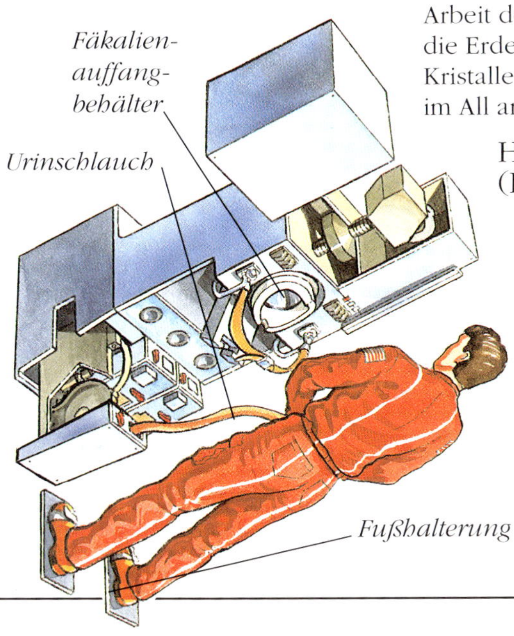

Hygienestation (Raumtoilette)

Waschen im All

Im Waschraum war eine Toilette mit Vakuumansaugung. Die Ausscheidungen wurden angesaugt und für spätere Untersuchungen auf der Erde aufbewahrt. Wollte ein Astronaut duschen, kletterte er in ein bewegliches Rohr mit Deckel, damit das Wasser nicht wegfließen konnte.

Technische Daten

Gesamtlänge: 36,1 m

Gewicht: 13 381 kg

Arbeitsvolumen: 331,5 m³

Länge des Solarpaneels: 30 m

Viking-Raumsonde

Unbemannte Raumsonden sind komplexe Forschungsroboter, die zu anderen Planeten geschickt werden und faszinierende neue Informationen und Bilder zurücksenden. Dies ist eine der zwei Viking-Raumsonden, die 1975 starteten, um den Mars zu erkunden. Die Menschen haben immer über den äußeren Weltraum gerätselt. Ist der Mars wirklich bewohnt? Viking erkundete den Planeten und suchte nach Lebensformen.

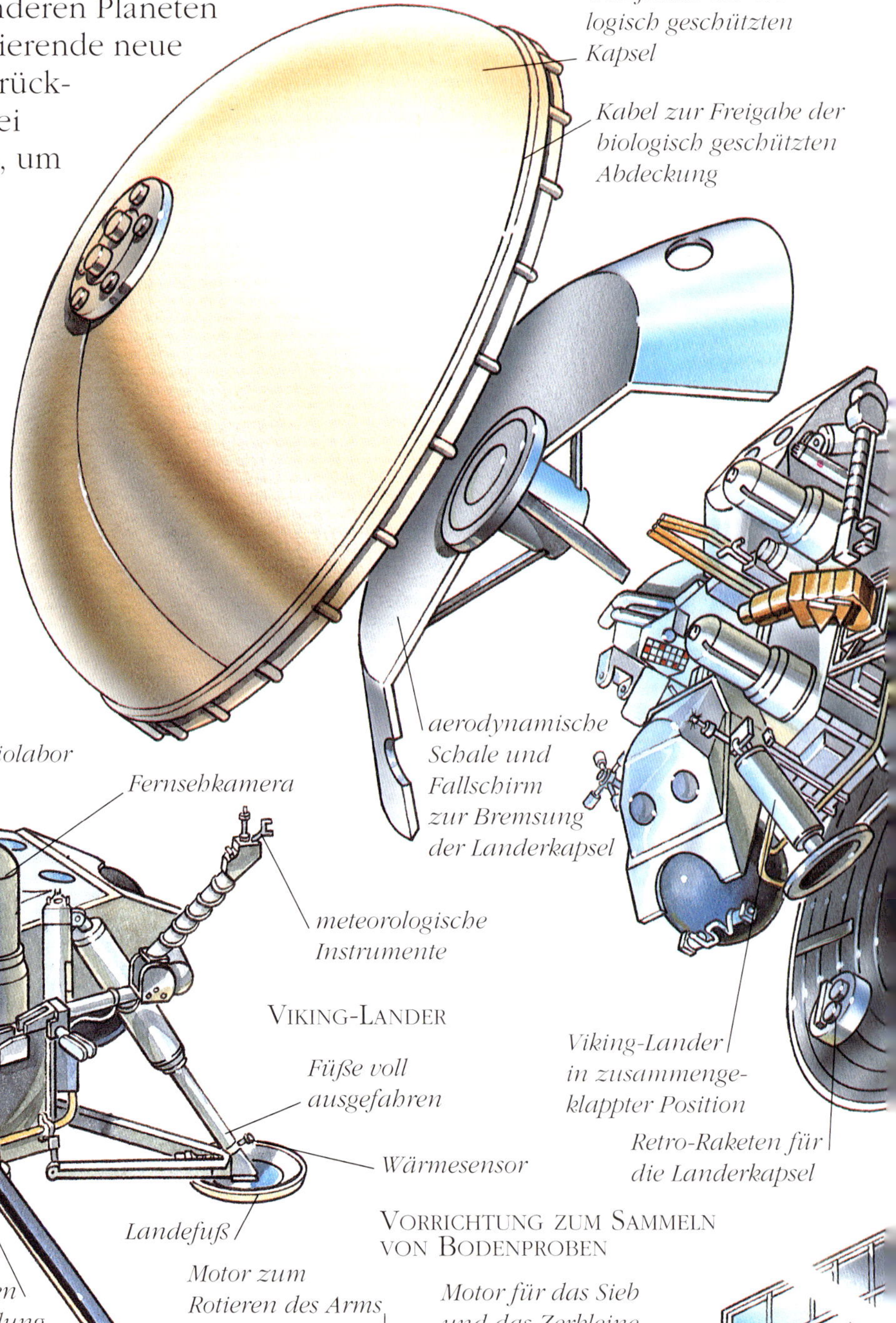

Lander bei der Arbeit

In den Landern waren zur Wind- und Temperaturmessung computergesteuerte Instrumente installiert. Jeder Lander hatte einen ferngesteuerten Greifarm mit einer Schaufel am Ende, um Erde zur Analyse zu sammeln.

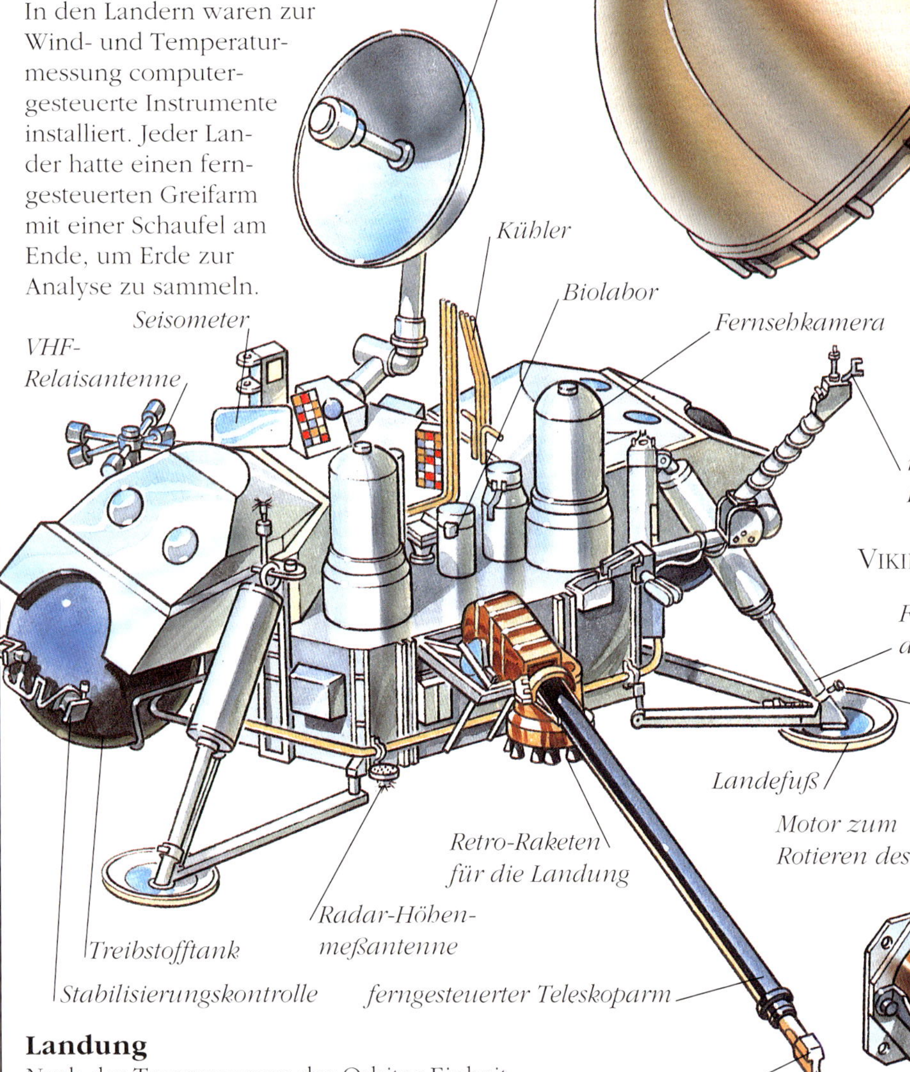

Landung

Nach der Trennung von der Orbiter-Einheit flog jeder Lander zum Mars. Knapp über dem Boden wurde die Schutzhülle ausgefahren und ein Bremsfallschirm geöffnet. Die Füße fuhren aus, und die Raketen wurden gezündet, so daß er sanft landen konnte.

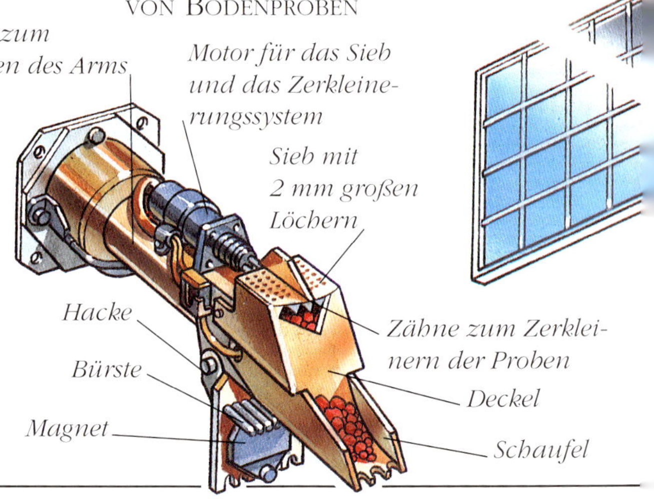

Teile der Viking

Jede Viking-Raumsonde bestand aus zwei Teilen – dem Orbiter und dem Lander. Der Lander trennte sich über dem Mars vom Orbiter und landete. Unterdessen kreiste der Orbiter weiter um den Planeten, machte Bilder von der Oberfläche und übertrug die Informationen, die vom Lander gesammelt wurden.

Hart oder weich?

Vor den Missionen der Viking wußten die Wissenschaftler nicht, ob die Marsoberfläche aus einer harten Kruste oder weichem Staub bestand, in den der Lander einsinken würde. Es zeigte sich, daß sie hart und mit rostroten Gesteinsbrocken übersät war.

Technische Daten

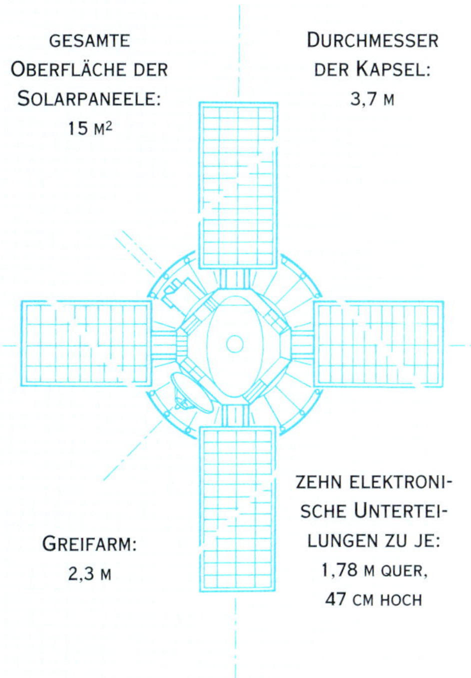

Alles über den Mars

Laut den Daten der Viking-Raumsonden ist der Mars sehr kalt und öde. Starke Winde wirbeln riesige, rosa Staubwolken auf. Es gibt Berge, Schluchten, erloschene Vulkane und Krater, aber kein Zeichen von Leben. Doch können die Wissenschaftler dies noch nicht vollkommen ausschließen. Eine andere Sonde kann an einer neuen Stelle andere Hinweise finden.

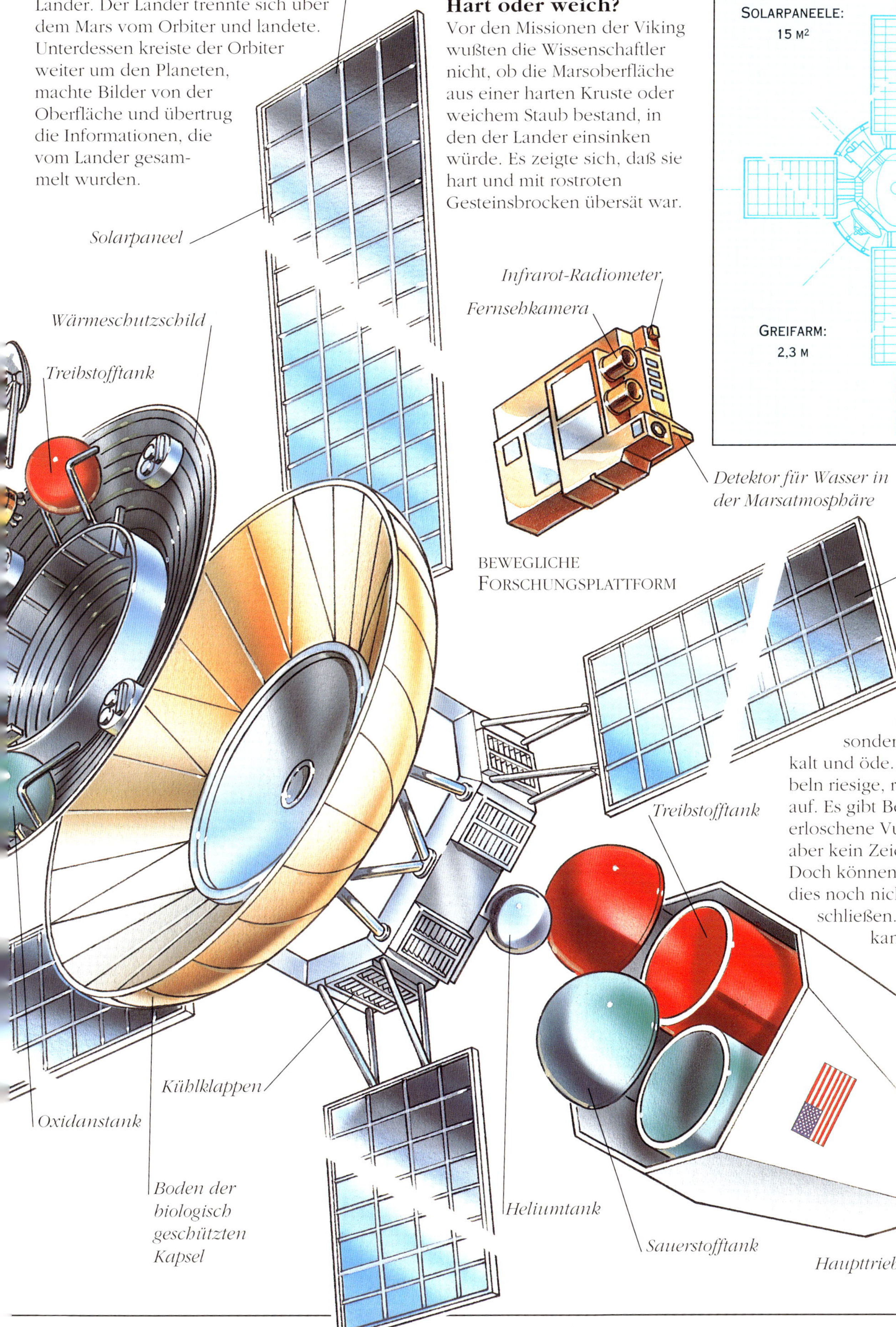

SPACESHUTTLE

DER ERSTE AMERIKANISCHE Spaceshuttle wurde am 12. April 1981 gestartet. Er wurde seither für viele Missionen eingesetzt, die den Astronauten Aufschluß über Leben und Arbeiten im All gaben. Der Spaceshuttle-Orbiter ist ein Mittelding zwischen Raumstation und Raumflugzeug, in dem die Menschen auf ihrer Bahn um die Erde leben können. Er bringt die Besatzung sicher zurück und fliegt nach einer Prüfung und Wartung wieder. Er wird vor allem verwendet, um Satelliten zu starten und sie zur Reparatur zu bringen.

Kühlung
Durch die Rohre um den Orbiter wird eine wärmeabsorbierende Flüssigkeit gepumpt. Danach verlaufen sie durch Kühler in den Nutzlastluken. Die Luken werden im All offen gelassen, damit die Hitze in den Weltraum entweichen kann.

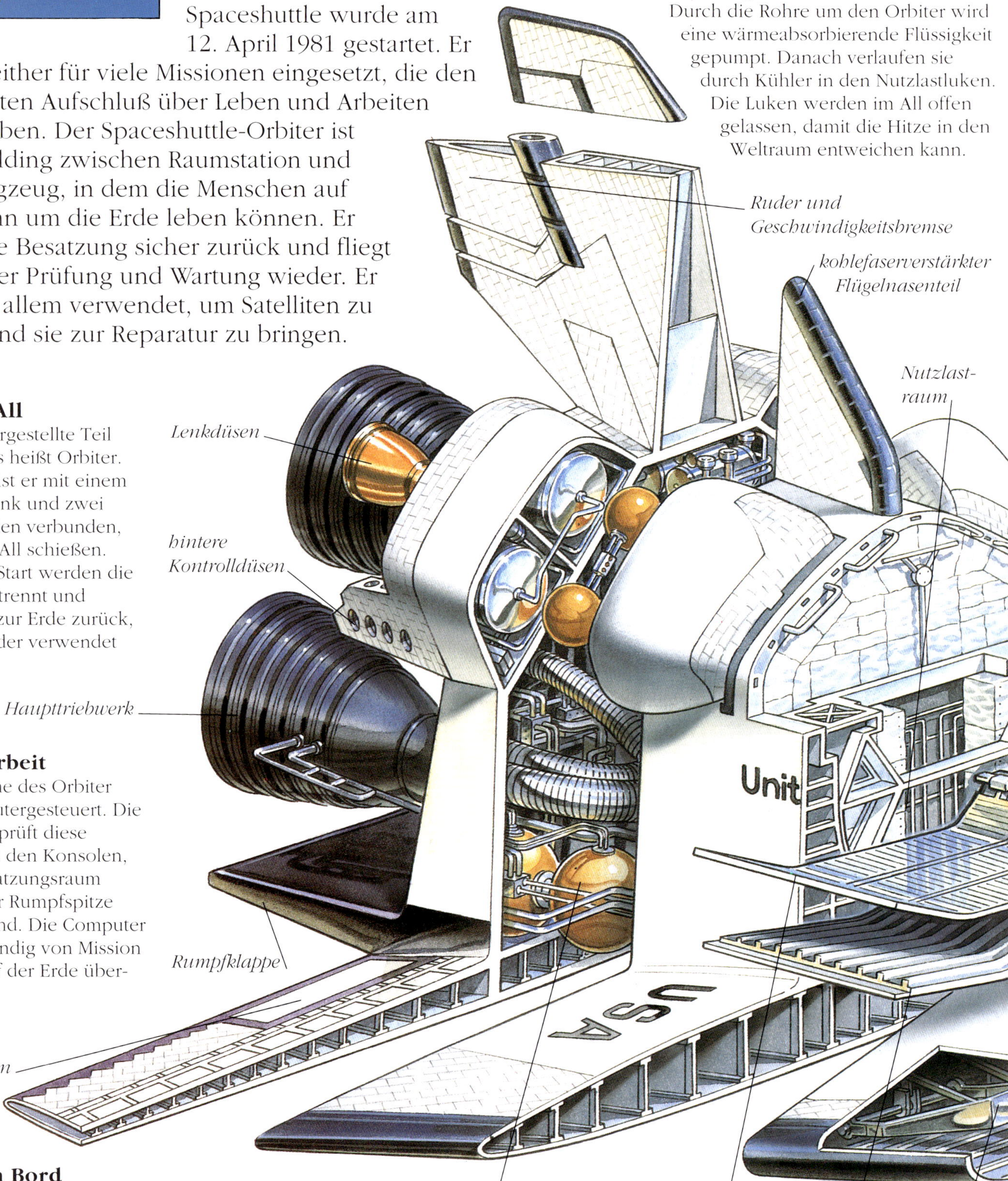

Weg ins All
Der hier dargestellte Teil des Shuttles heißt Orbiter. Beim Start ist er mit einem Treibstofftank und zwei Trägerraketen verbunden, die ihn ins All schießen. Nach dem Start werden die Raketen getrennt und schweben zur Erde zurück, wo sie wieder verwendet werden.

An die Arbeit
Alle Systeme des Orbiter sind computergesteuert. Die Besatzung prüft diese Systeme an den Konsolen, die im Besatzungsraum oben in der Rumpfspitze montiert sind. Die Computer werden ständig von Mission Control auf der Erde überwacht.

Leben an Bord
Die Astronauten haben eine winzige Bordküche, wo sie ihr Essen in vorgepackten Behältern aufwärmen. Vier Menschen können in der „Schlafstätte" ruhen, wenn sie sich in Schlafsäcke schnallen. Einer schläft nach unten hängend, der andere stehend. Da sie schwerelos sind, ist das kein Problem.

Die Besatzung

Der Orbiter kann bis zu sieben Personen unter der Führung des Kommandanten aufnehmen. An Bord schweben alle schwerelos, doch können sie sich an den Füßen festschnallen.

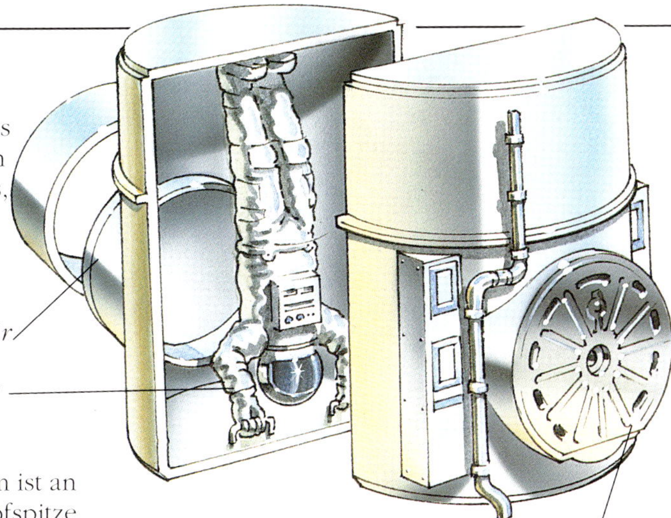

RMS

Ein 15 Meter langer Roboterarm ist an der Frachtluke hinter der Rumpfspitze befestigt. Er heißt RMS (äußerer Manipulatorarm) oder Canadarm, da er in Kanada hergestellt wurde. Mit einem Greifmechanismus an einem Ende kann er Satelliten fassen.

Rückkehr

Bei der Rückkehr tritt der Shuttle mit 28 000 km/h in die Atmosphäre ein. Die Spitze und die Flügel glühen, doch der Orbiter ist durch hitzebeständige Silikonplatten geschützt und gleitet auf die Erde zurück.

Technische Daten

Länge des Orbiter: 37,24 m

Höhe des Orbiter: 17,27 m

Flügelspannweite: 23,79 m

Nutzlastraum: 18,3 m x 4,6 m

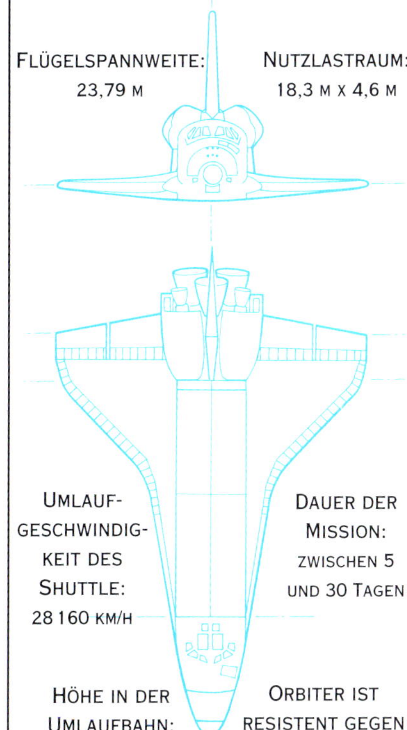

Umlaufgeschwindigkeit des Shuttle: 28 160 km/h

Dauer der Mission: zwischen 5 und 30 Tagen

Höhe in der Umlaufbahn: zwischen 185 und 1 110 km

Orbiter ist resistent gegen Temperaturen bis 1 260°C

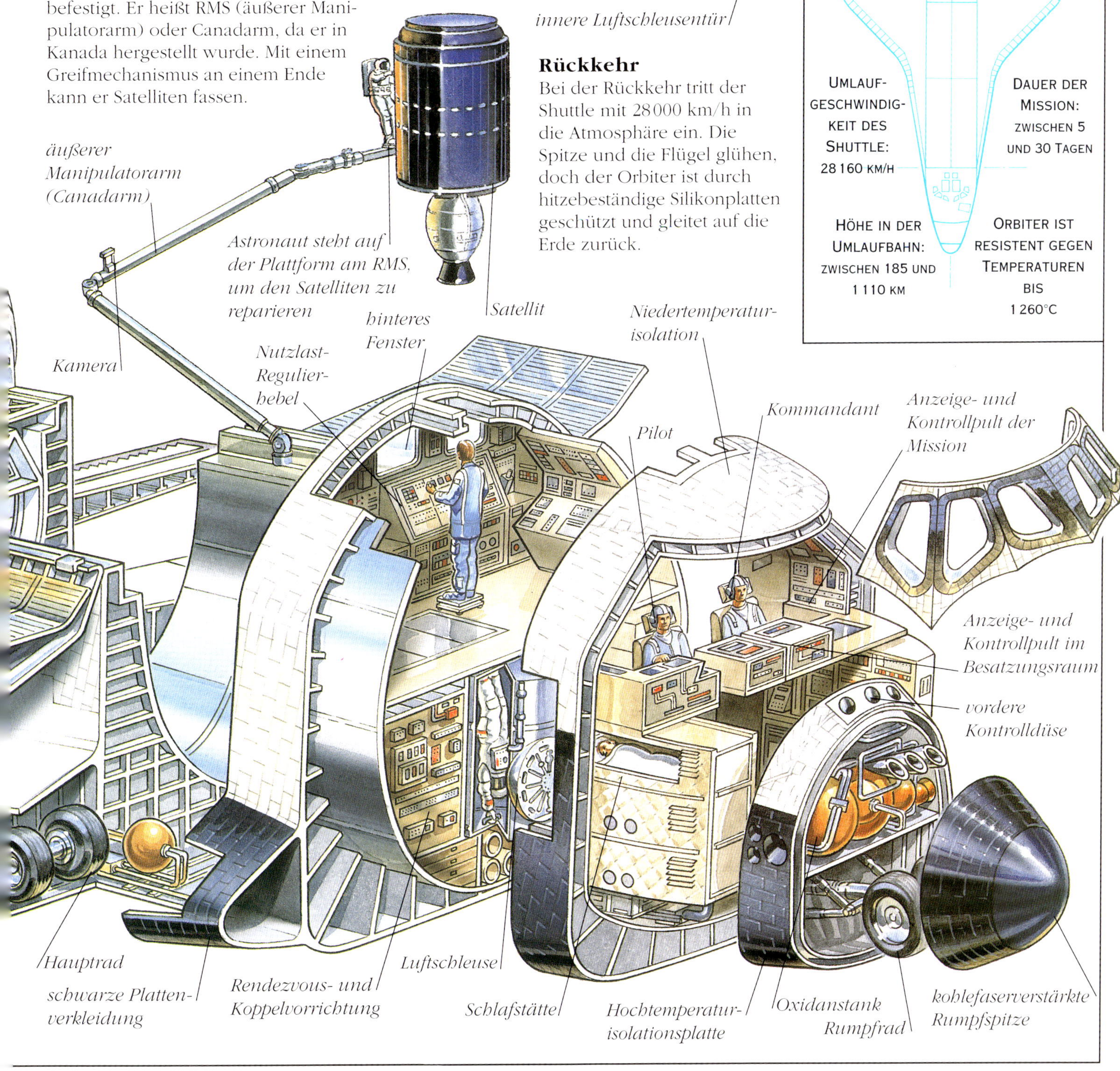

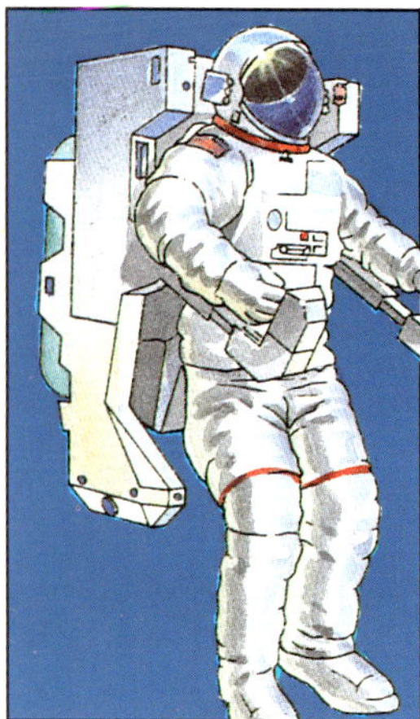

„Space walk“

MANCHMAL MÜSSEN ASTRONAUTEN einen Weltraumspaziergang (Space walk) machen, um Satelliten zu holen und zu reparieren oder um neue Ausrüstung zu prüfen. Sie würden einen schnellen, schmerzhaften Tod erleiden, wären sie nicht richtig ausgerüstet. Auszusteigen ist eine „Außenbordtätigkeit“, kurz EVA genannt. Ein Astronaut muß dabei einen komplizierten Raumanzug als Schutz tragen, um den richtigen Druck und Atemluft zu erhalten. Bis vor kurzem war er noch durch ein Kabel mit dem Raumschiff verbunden, damit er nicht davonschweben und nur mühsam gerettet werden konnte. Heute kann er einen „fliegenden Sessel“, kurz MMU benützen, der ihn überall hinbringt, wo er möchte.

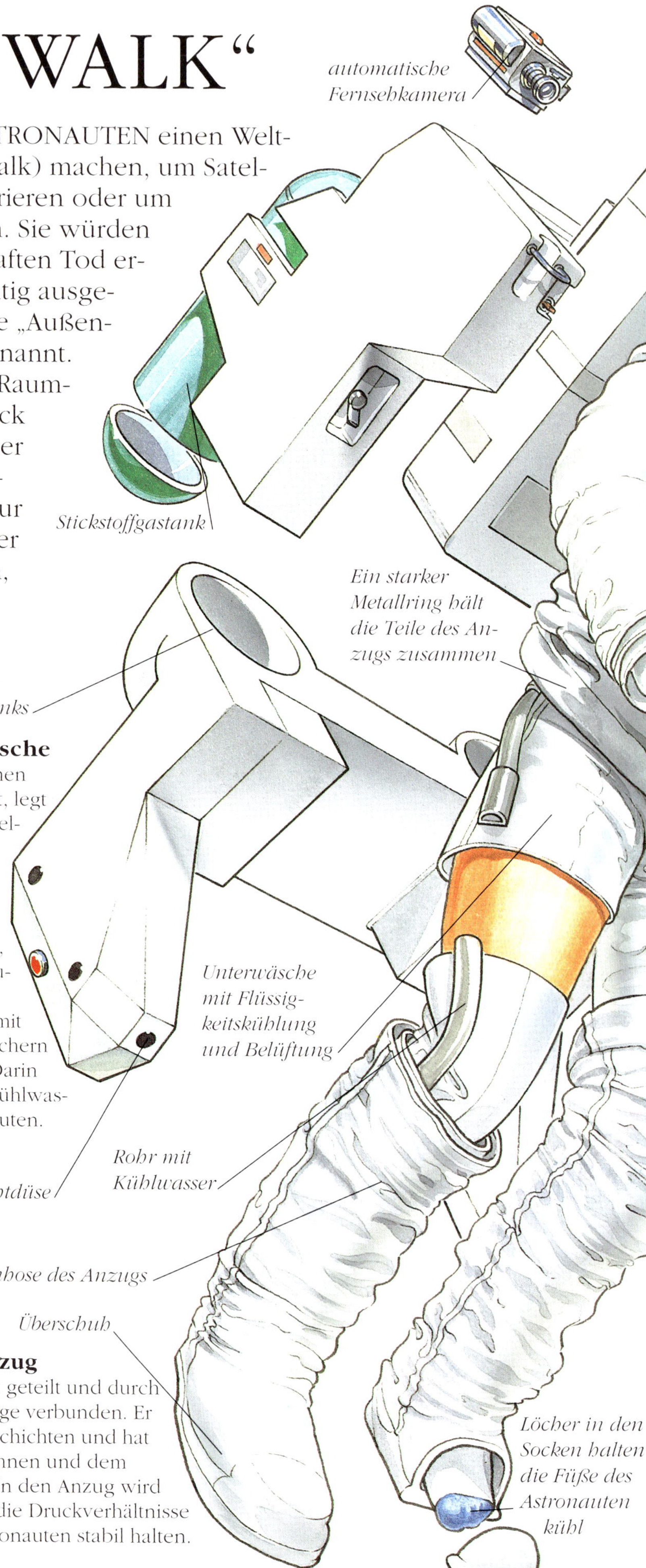

Technische Daten

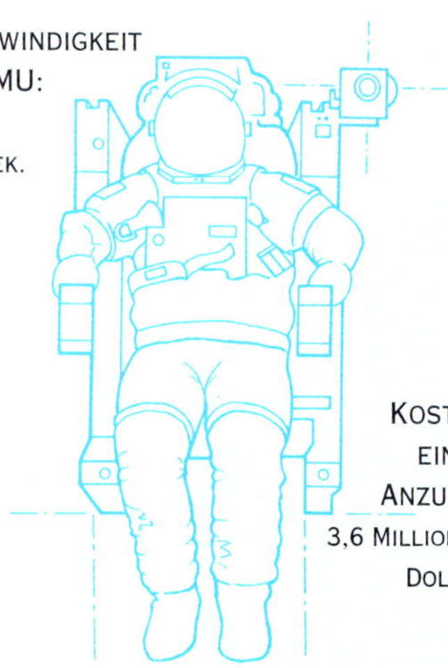

GESCHWINDIGKEIT DES MMU: BIS ZU 20 M/SEK.

KOSTEN EINES ANZUGS: 3,6 MILLIONEN DOLLAR

GEWICHT DES MMU: 109 KG AUF DER ERDE

ABMESSUNGEN DES MMU: 1,25 M HOCH, 0,83 M BREIT

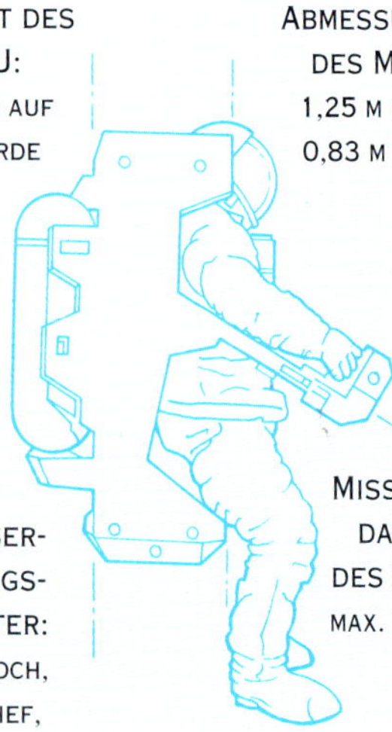

MISSIONSDAUER DES MMU: MAX. 7 STD.

LEBENSERHALTUNGSTORNISTER: 77 CM HOCH, 30 CM TIEF, 58 CM BREIT

Astronautenwäsche

Bevor ein Mann einen Raumanzug anzieht, legt er einen Urinsammelbehälter an – ein Rohr mit einem Beutel am Ende. Frauen tragen beschichtete Shorts, die den Urin aufsaugen. Danach muß eine Unterwäsche mit Schläuchen und Löchern angelegt werden. Darin befindet sich das Kühlwasser für den Astronauten.

Astronautenanzug

Der Raumanzug ist geteilt und durch luftdichte Metallringe verbunden. Er besteht aus Nylonschichten und hat Falten, die sich dehnen und dem Körper anpassen. In den Anzug wird Luft gepumpt, die die Druckverhältnisse im Körper des Astronauten stabil halten.

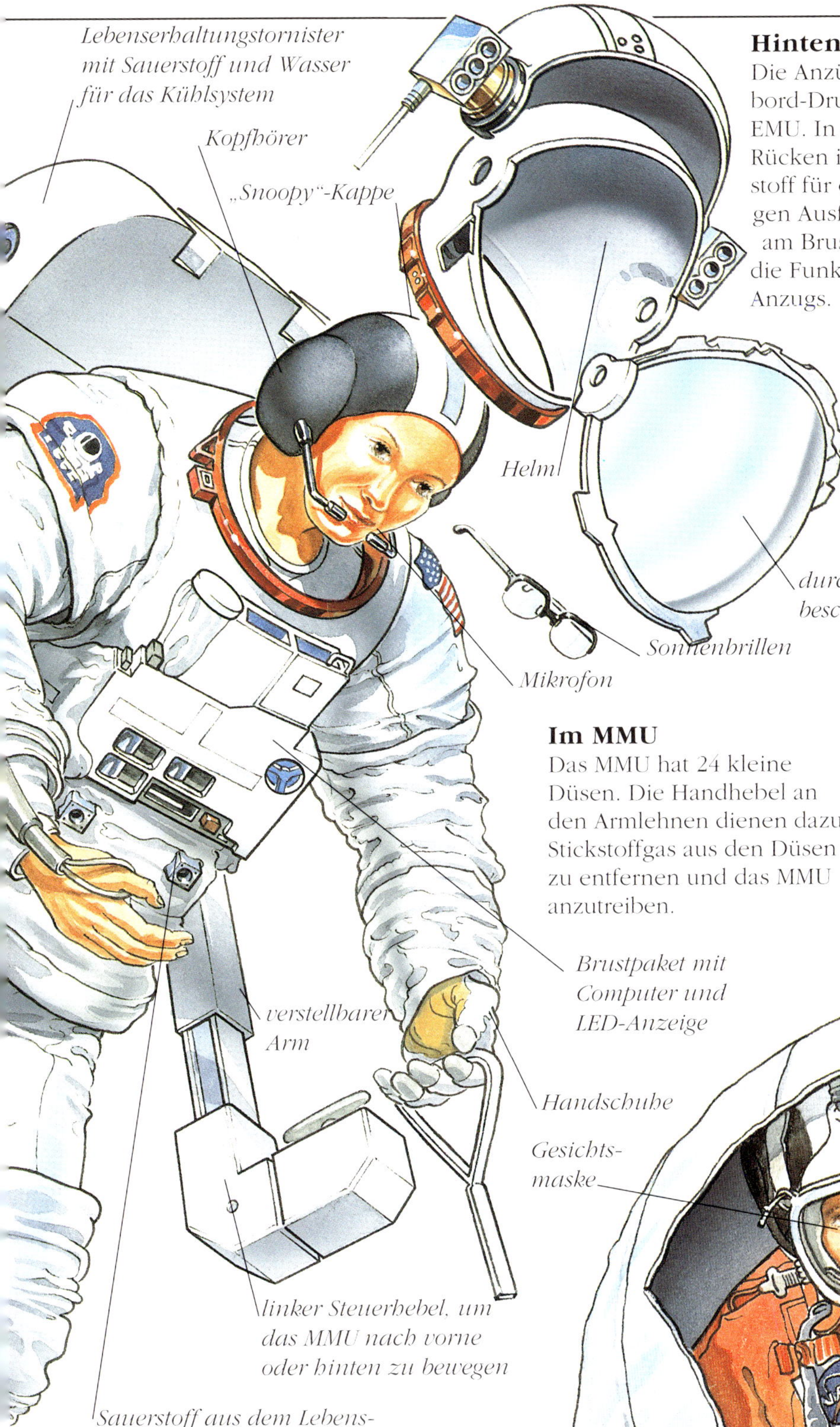

Hinten und vorne

Die Anzüge heißen Außenbord-Druckanzüge, kurz EMU. In einem Gerät am Rücken ist genug Sauerstoff für einen siebenstündigen Ausflug. Ein Computer am Brustkorb überwacht die Funktionen des Anzugs.

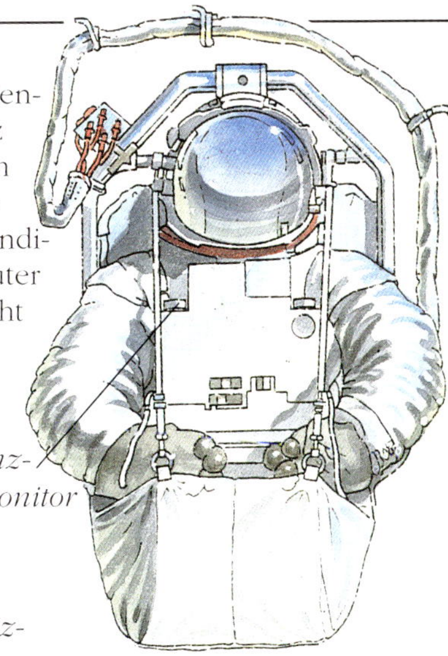

GELAGERTER EMU-ANZUG

Im MMU

Das MMU hat 24 kleine Düsen. Die Handhebel an den Armlehnen dienen dazu, Stickstoffgas aus den Düsen zu entfernen und das MMU anzutreiben.

Eine schlechte Idee

Ohne Druckanzug würden das Blut und die Körpersäfte im All rasch zu kochen beginnen. Der Körper würde sich wie ein Ballon aufblasen, man bekäme keine Luft, und Stickstoffblasen würden die Blutversorgung des Gehirns unterbrechen.

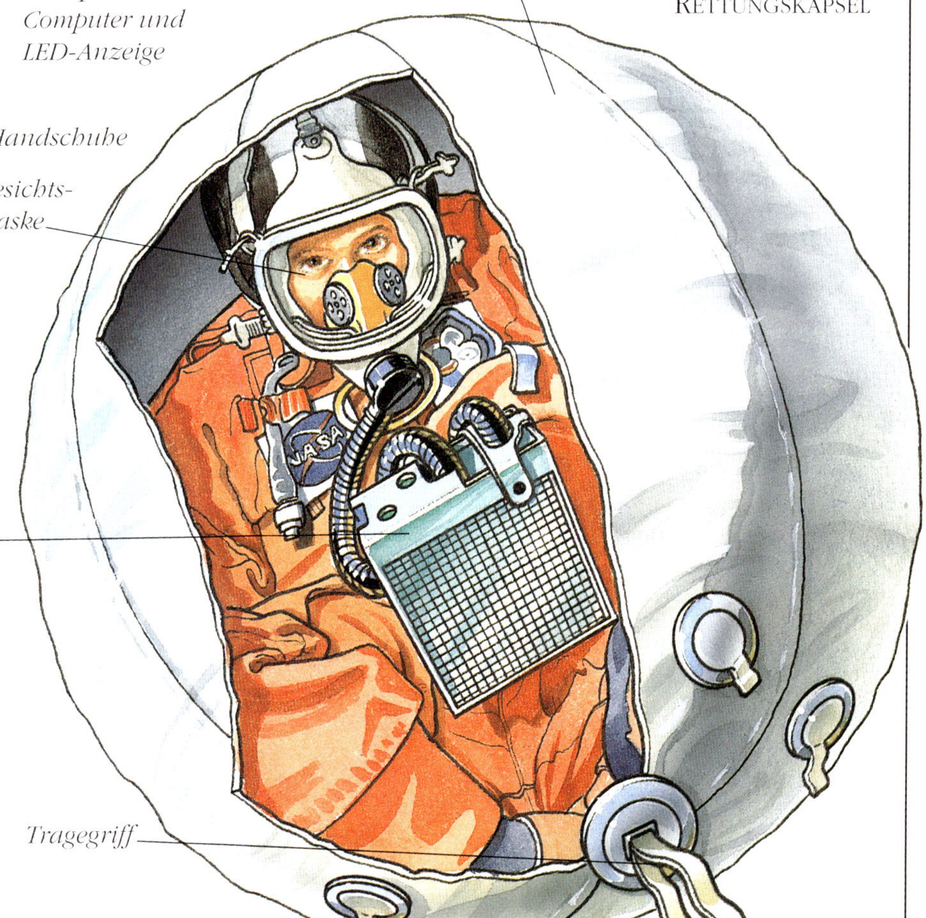

RETTUNGSKAPSEL

Rettung im All!

Shuttle-Orbiter haben nur drei vollständige EMU-Anzüge an Bord, aber bis zu sieben Besatzungsmitglieder. Mit der Rettungskapsel können die anderen Besatzungsmitglieder gerettet werden. Sie ist in sich geschlossen, besteht aus dem Material der Raumanzüge und hat Sauerstoffvorrat, so daß ein Astronaut ohne Probleme in einen anderen Shuttle evakuiert werden kann.

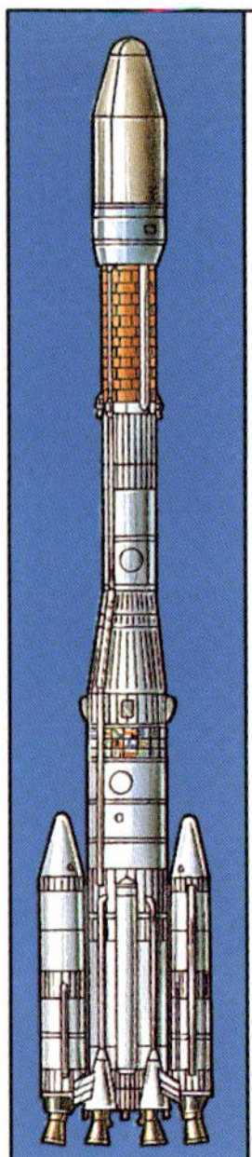

ARIANE 4

IN FRANZÖSISCH-GUAYANA, Südamerika, wurde ein riesiges Raumfahrtzentrum im Urwald errichtet. Von hier starten die europäischen Ariane-Raketen, die Arbeitstiere des Weltalls, die regelmäßig Satelliten in die Erdumlaufbahn schicken. Sie sind „kommerzielle Trägerraketen". Jedes Land kann sie mieten, um Satelliten zu starten. Dargestellt ist die am häufigsten verwendete Rakete, Ariane 4. Sie hat drei Stufen, die sich während des Fluges trennen, und ist wie Saturn V aufgebaut (siehe S. 8–9). Es gibt sechs verschiedene Modelle, die dem Ladegewicht entsprechend eingesetzt werden.

Computergesteuert
Ariane hängt völlig von ihrem Bordcomputer ab. Er trennt die Raketenstufen ab, indem er kleine Explosionen oben auf jeder Stufe auslöst. Er ist auch dafür verantwortlich, daß die verschiedenen Triebwerke pünktlich zünden.

Trägerraketen
An den stärksten Ariane-4-Raketen sind auf der ersten Stufe zusätzliche Trägerraketen montiert, damit sie schwere Satelliten starten können. Einige haben zwei oder auch vier Starttriebwerke.

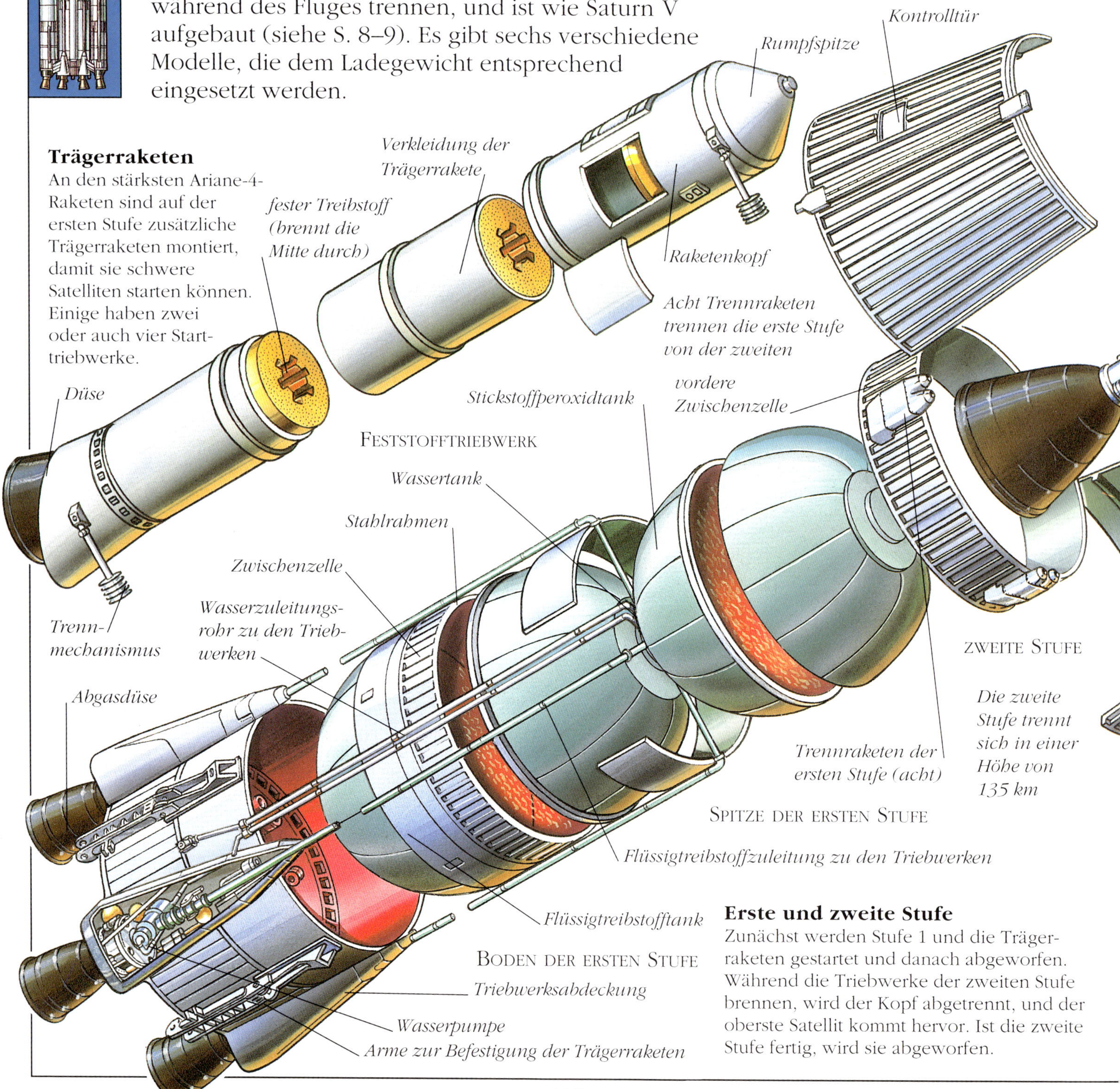

Erste und zweite Stufe
Zunächst werden Stufe 1 und die Trägerraketen gestartet und danach abgeworfen. Während die Triebwerke der zweiten Stufe brennen, wird der Kopf abgetrennt, und der oberste Satellit kommt hervor. Ist die zweite Stufe fertig, wird sie abgeworfen.

Im Kopf

Die Satelliten an Bord von Ariane heißen „Nutzlast“, da sie wirtschaftlichen Zwecken dienen. Sie liegen übereinander im Kopf der Rakete, wobei einige Teile zusammengelegt sind. Der unterste Satellit ist von einer kohlefaserverstärkten Schutzhülle, der SPELDA, umgeben. Es gibt drei verschieden große Köpfe für die unterschiedlichen Lasten.

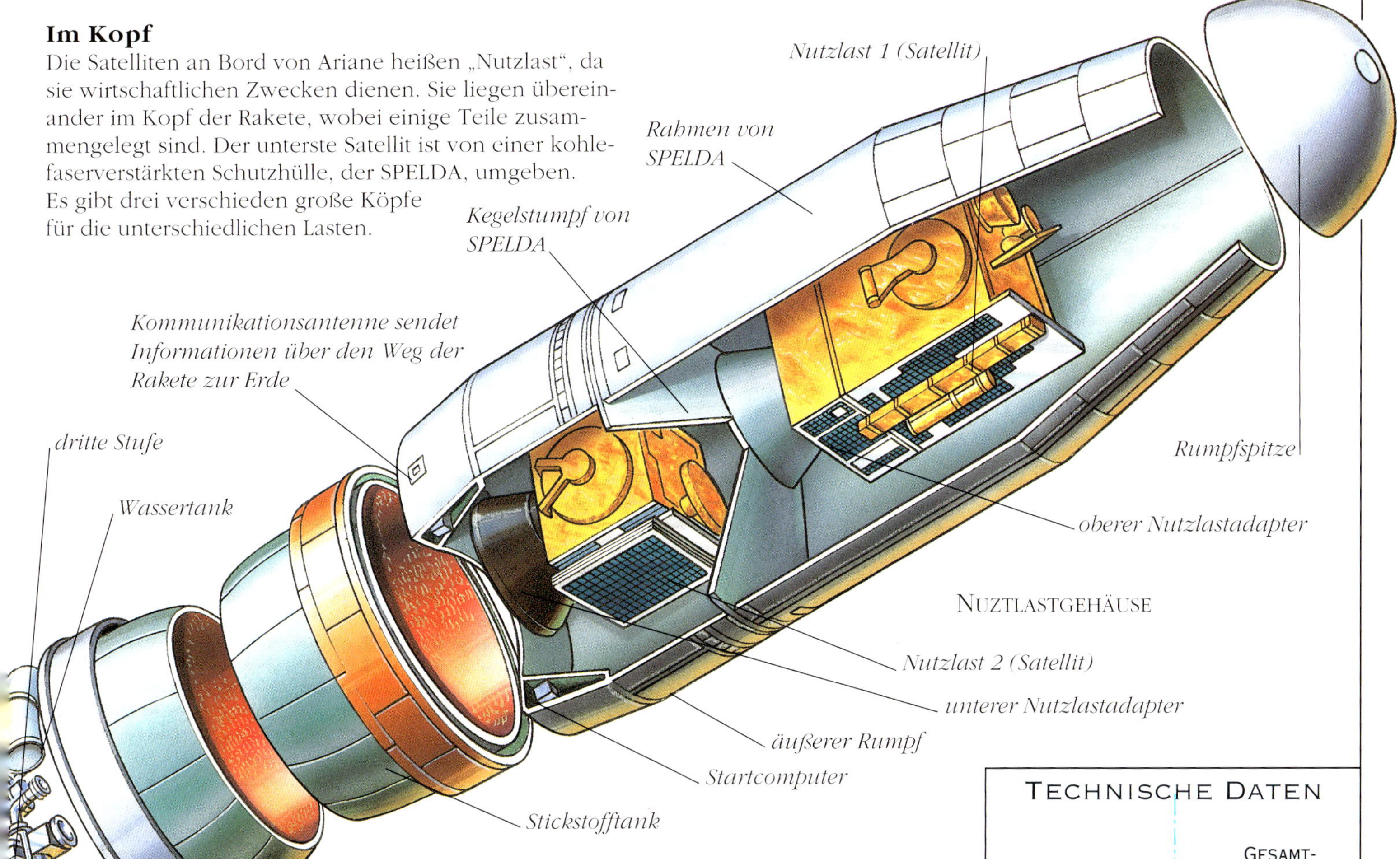

Dritte Stufe

Hat die dritte Stufe die größte Höhe erreicht, schalten die Triebwerke ab. Sie zeigt dem obersten Satelliten den richtigen Weg und bringt ihn, falls nötig, zum Drehen (einige Satelliten rotieren im All). Durch kleine Explosionen wird die Nutzlast getrennt, und derselbe Prozeß beginnt beim zweiten Satelliten. Ist die dritte Stufe fertig, wird sie auf eine sichere Bahn weit weg von ihren Nutzlasten gebracht.

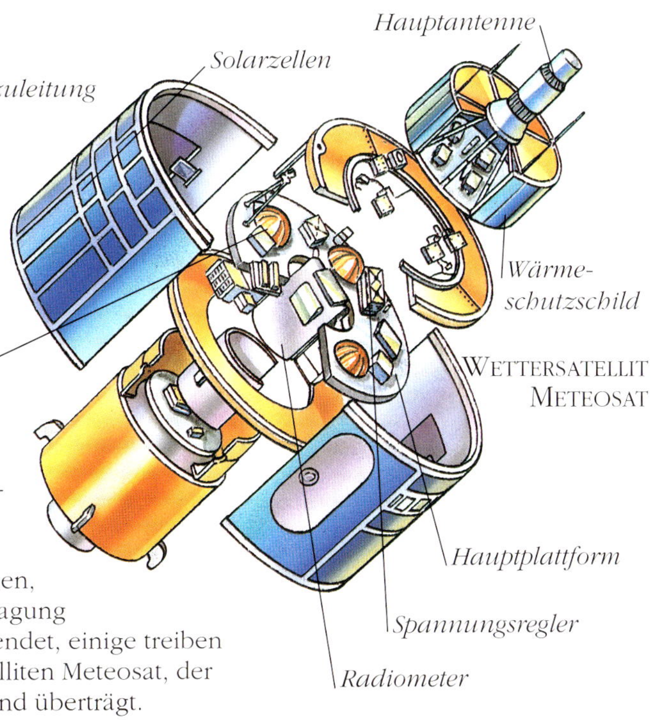

Alles über Satelliten

Ariane-4-Raketen haben verschiedene Satelliten in die Erdumlaufbahn gebracht. Einige führen automatische Messungen, zum Beispiel für Landvermessungen, durch. Andere werden zur Übertragung von TV- und Radiosignalen verwendet, einige treiben Spionage. Das Bild zeigt den Satelliten Meteosat, der Daten über das Wetter sammelt und überträgt.

Technische Daten

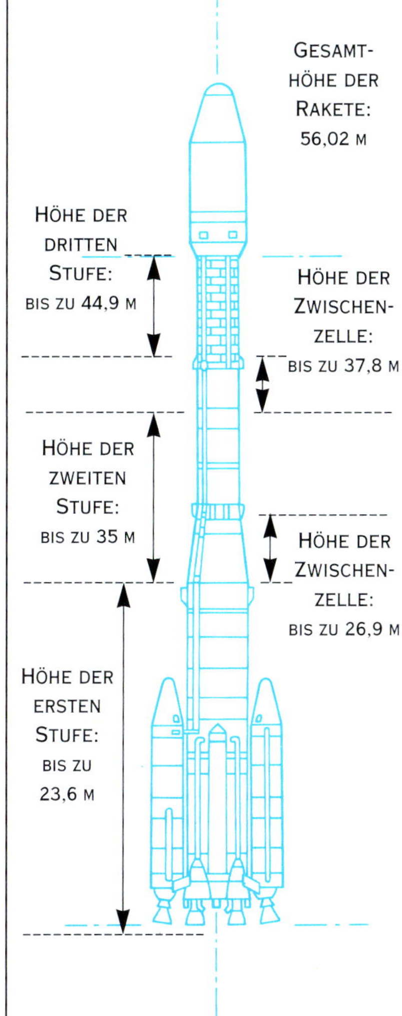

VOYAGER

VOYAGER 1 UND 2 wurden 1977 gestartet und begannen eine aufregende, lange Reise in das tiefe All. Sie wurden in den äußeren Bereich unseres Sonnensystems geschickt. Dort entdeckten sie seltsame gefrorene Monde und riesige Planeten, umhüllt von giftigem Gas. Sie fliegen noch immer durch den äußeren Weltraum und führen eine Botschaft von der Erde mit sich, falls sie auf andere Lebensformen treffen.

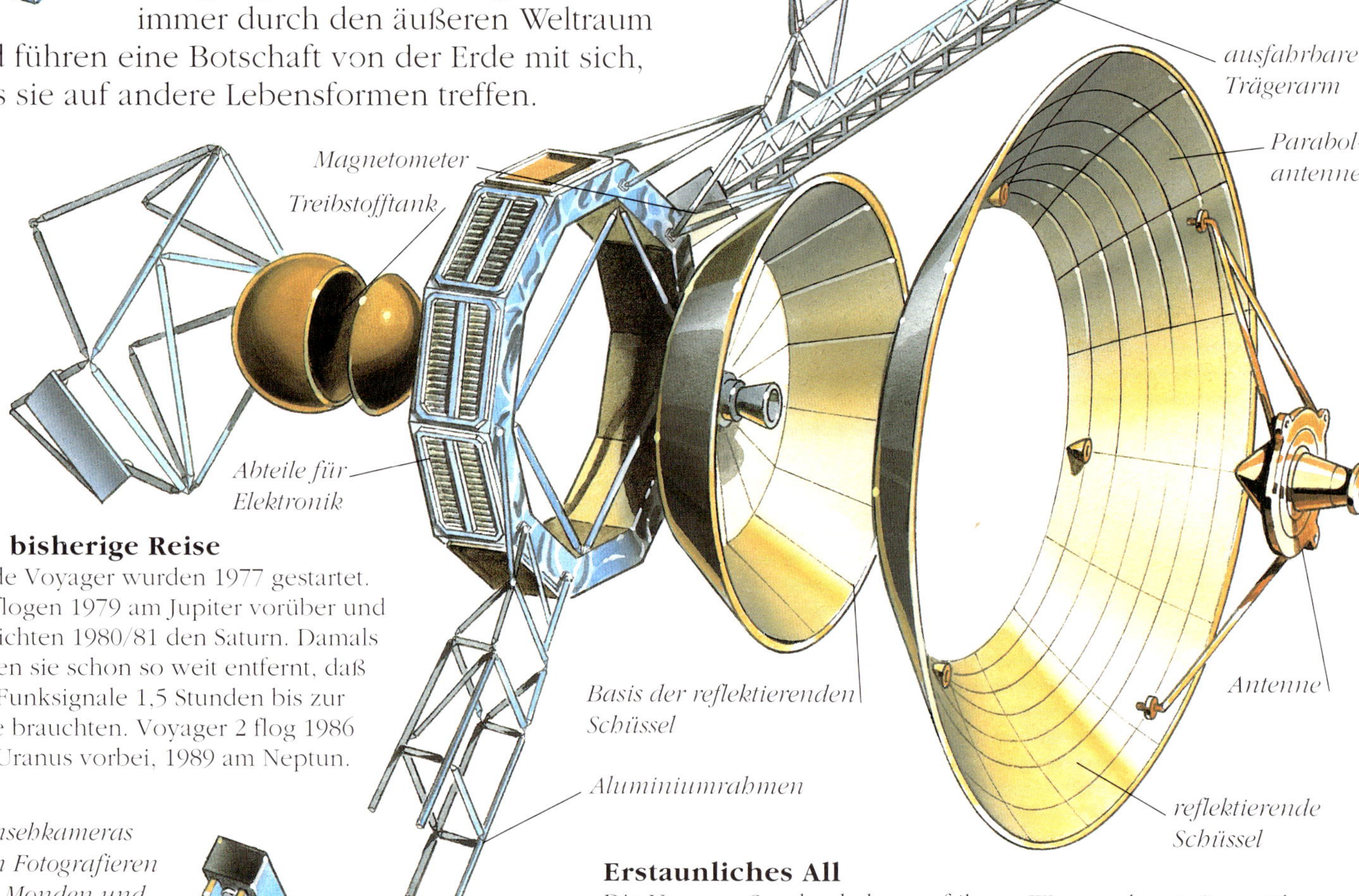

An Bord der Voyager

Die Voyager sind computergesteuert. Ihre Instrumente messen zum Beispiel das Magnetfeld, und ihre Kameras schicken spektakuläre Bilder von Planeten zur Erde.

Die bisherige Reise

Beide Voyager wurden 1977 gestartet. Sie flogen 1979 am Jupiter vorüber und erreichten 1980/81 den Saturn. Damals waren sie schon so weit entfernt, daß die Funksignale 1,5 Stunden bis zur Erde brauchten. Voyager 2 flog 1986 am Uranus vorbei, 1989 am Neptun.

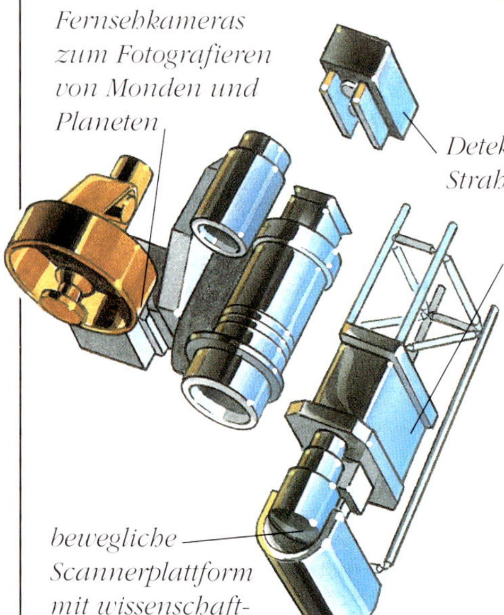

Erstaunliches All

Die Voyager-Sonden haben auf ihrem Weg an den äußeren Planeten vorbei erstaunliche Entdeckungen gemacht. Ihre spektakulären Fotos zeigten neue Monde und Planetenringe. Der „große rote Fleck", den die Astronomen am Jupiter entdeckt hatten, erwies sich als riesige Giftgaswolke.

TECHNISCHE DATEN

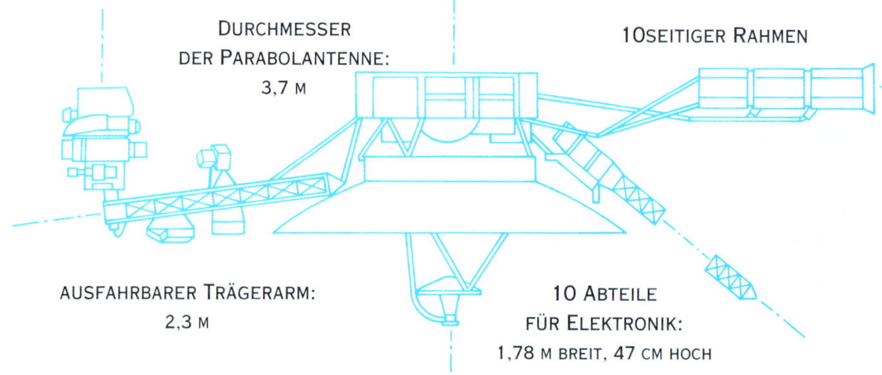

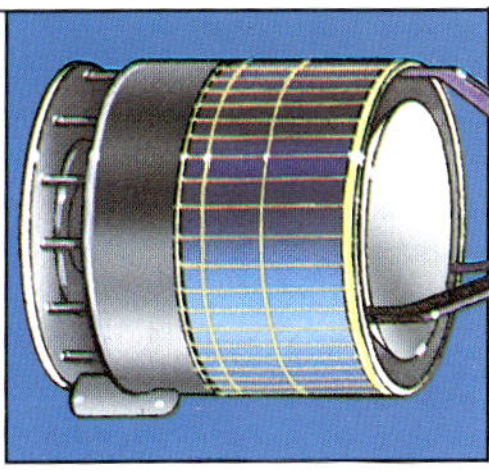

Giotto-Sonde

GIOTTO WURDE 1985 GESTARTET, kam 1986 in geringem Abstand am Halleyschen Kometen vorbei und machte dabei Fotos. Der Halleysche Komet kreist um die Sonne und passiert alle 76 Jahre die Erde. Viele Jahrhunderte lang hielten ihn die Menschen für ein Zeichen großer Veränderung. Moderne Wissenschaftler versuchten herauszufinden, woraus er besteht.

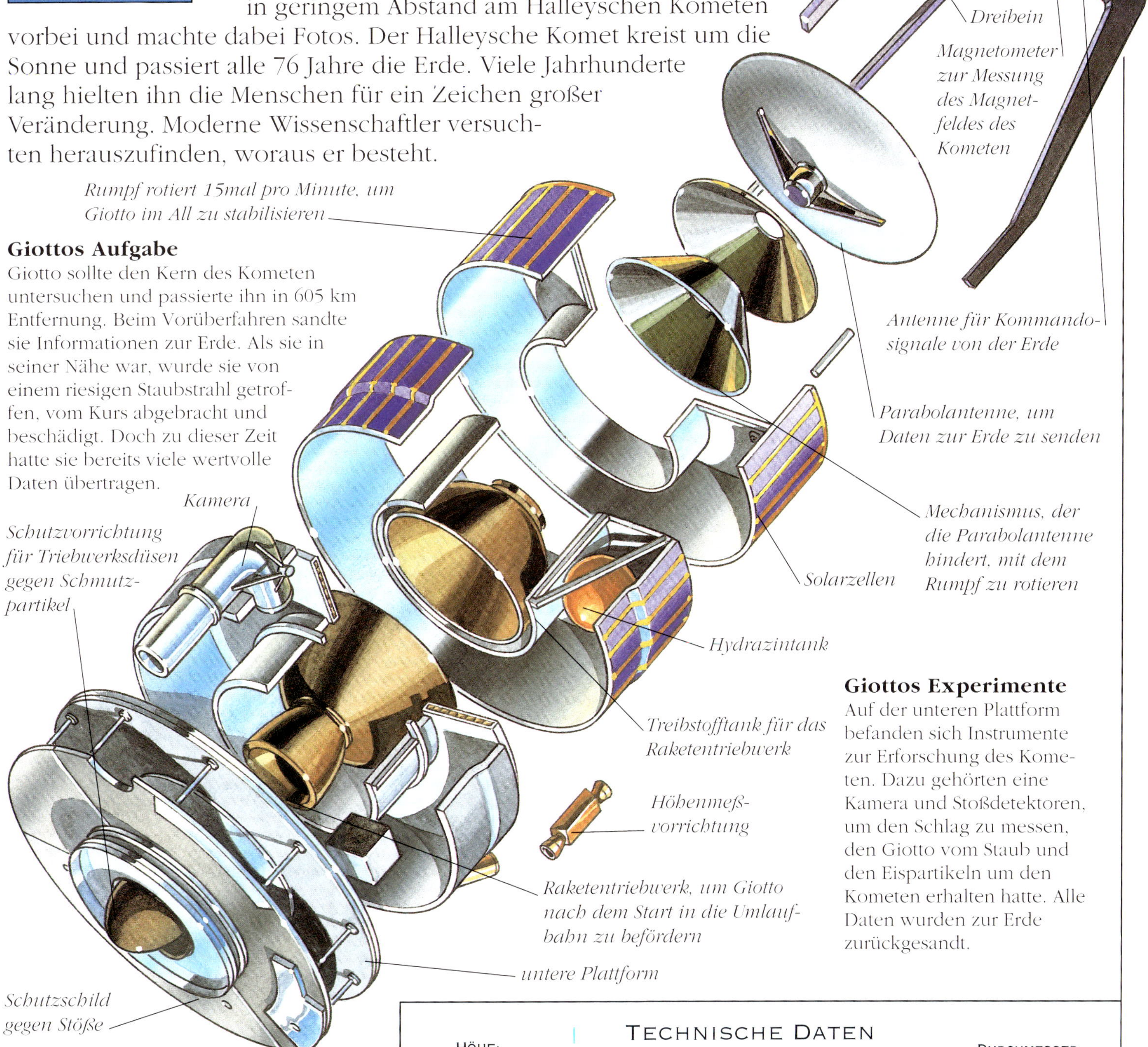

Giottos Aufgabe

Giotto sollte den Kern des Kometen untersuchen und passierte ihn in 605 km Entfernung. Beim Vorüberfahren sandte sie Informationen zur Erde. Als sie in seiner Nähe war, wurde sie von einem riesigen Staubstrahl getroffen, vom Kurs abgebracht und beschädigt. Doch zu dieser Zeit hatte sie bereits viele wertvolle Daten übertragen.

Giottos Experimente

Auf der unteren Plattform befanden sich Instrumente zur Erforschung des Kometen. Dazu gehörten eine Kamera und Stoßdetektoren, um den Schlag zu messen, den Giotto vom Staub und den Eispartikeln um den Kometen erhalten hatte. Alle Daten wurden zur Erde zurückgesandt.

Kometenprofil

Giotto wies nach, daß der Halleysche Komet eine Art riesiger, schmutziger Schneeball mit einem festen, erdnußförmigen, rotierenden Kern aus Wasser und Staub ist. Staub-, Gas- und Eisstrahlen werden durch die Sonnenwärme aus Spalten seiner Kruste gedrückt. Sie reflektieren das Sonnenlicht, so daß sie wie ein glühender Schweif aussehen.

Technische Daten

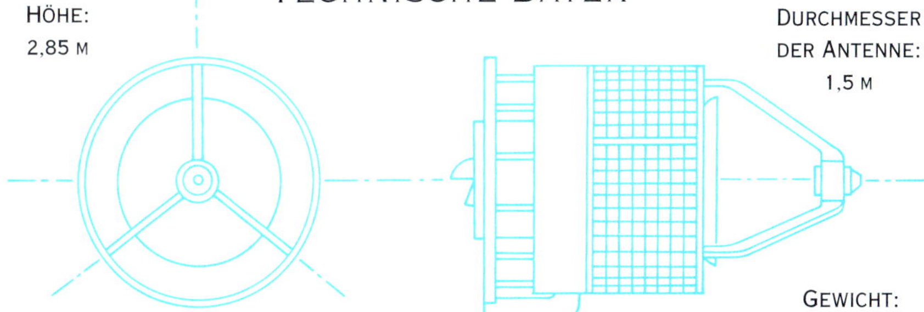

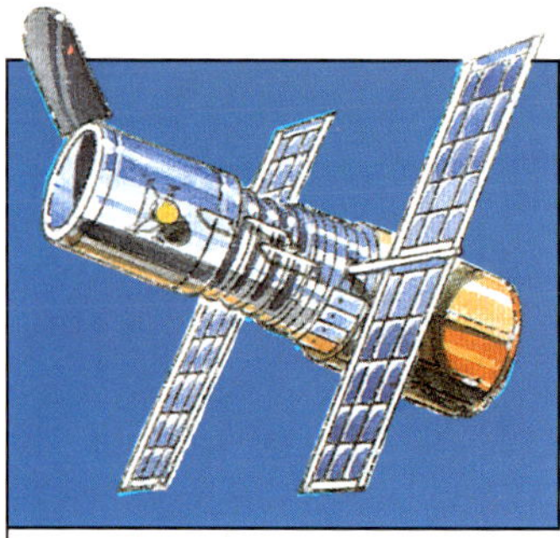

HUBBLE-TELESKOP

IM JAHR 1990 STARTETE die NASA das Weltraumteleskop „Hubble“, das den tiefsten Weltraum erforschen und Informationen übertragen sollte. Auf der Erde müssen Teleskope durch den Dunst der Atmosphäre spähen, der ihnen die Sicht trübt. Da Hubble über der Atmosphäre kreist, sieht es viel weiter. Beim ersten Start waren die Bilder sehr verschwommen und die Solarpaneele (auf jeder Seite) schwankten stark. Deshalb startete die NASA einen weiteren Shuttle, um die bisher teuerste Reparatur in der Geschichte der Raumfahrt durchzuführen.

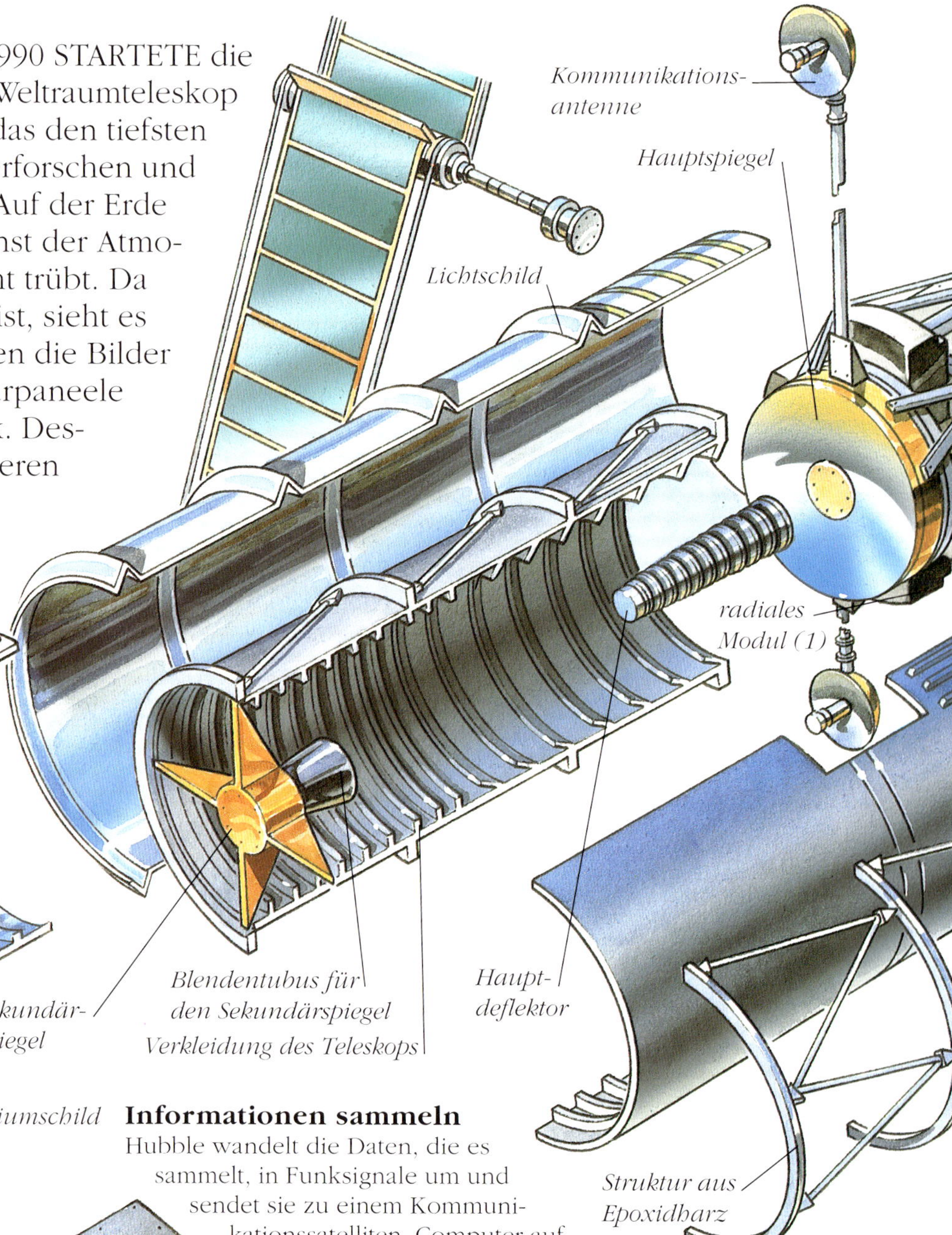

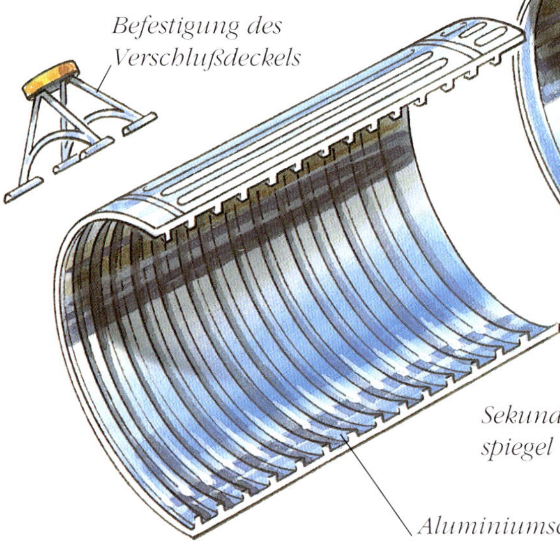

Wie arbeitet Hubble?

Hubble erkennt und mißt das Licht, das von den Galaxien und Sternen abgestrahlt wird. Einige Lichtformen sind sichtbar, andere, wie ultraviolette Strahlen, können nicht gesehen, aber gemessen werden. Wird Hubbles Spiegel auf ein Objekt gerichtet, das Licht abstrahlt, werden diese Lichtstrahlen von Instrumenten im Satelliten gebündelt und gemessen.

Informationen sammeln

Hubble wandelt die Daten, die es sammelt, in Funksignale um und sendet sie zu einem Kommunikationssatelliten. Computer auf der Erde wandeln diese in elektronische Bilder für die Astronomen um.

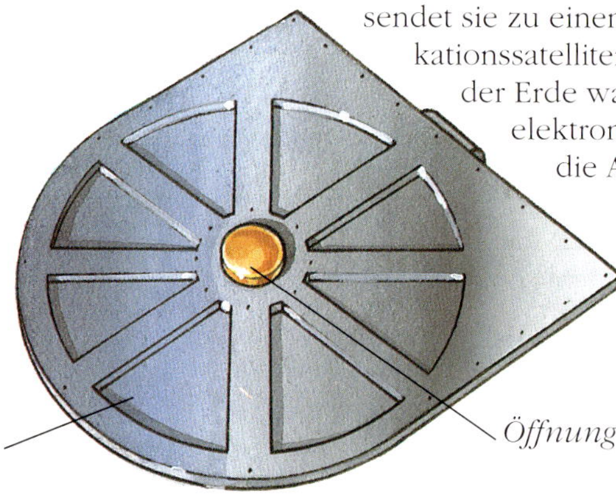

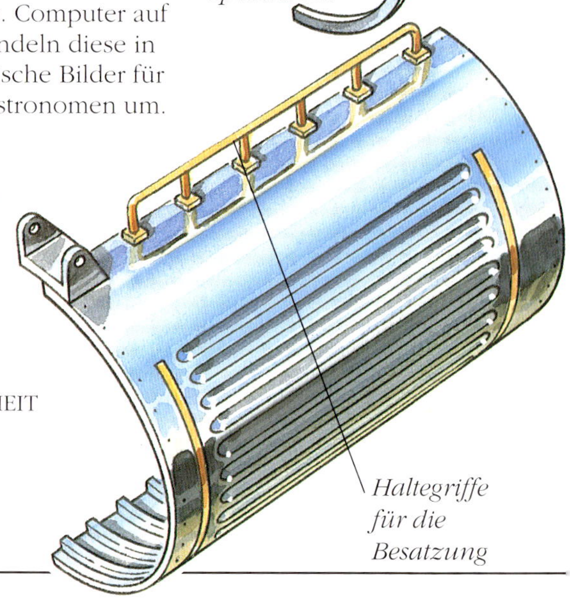

HILFSEINHEIT

Blick in die Vergangenheit

Einige Objekte, die Hubble sieht, sind so weit entfernt, daß ihr Licht nach Millionen Jahren ankommt. Die Bilder, die Hubble von diesem alten Licht macht, zeigen ein viel jüngeres Universum. Wissenschaftler werden mit ihrer Hilfe vielleicht erforschen können, wann das Universum entstand und wie groß es ist.

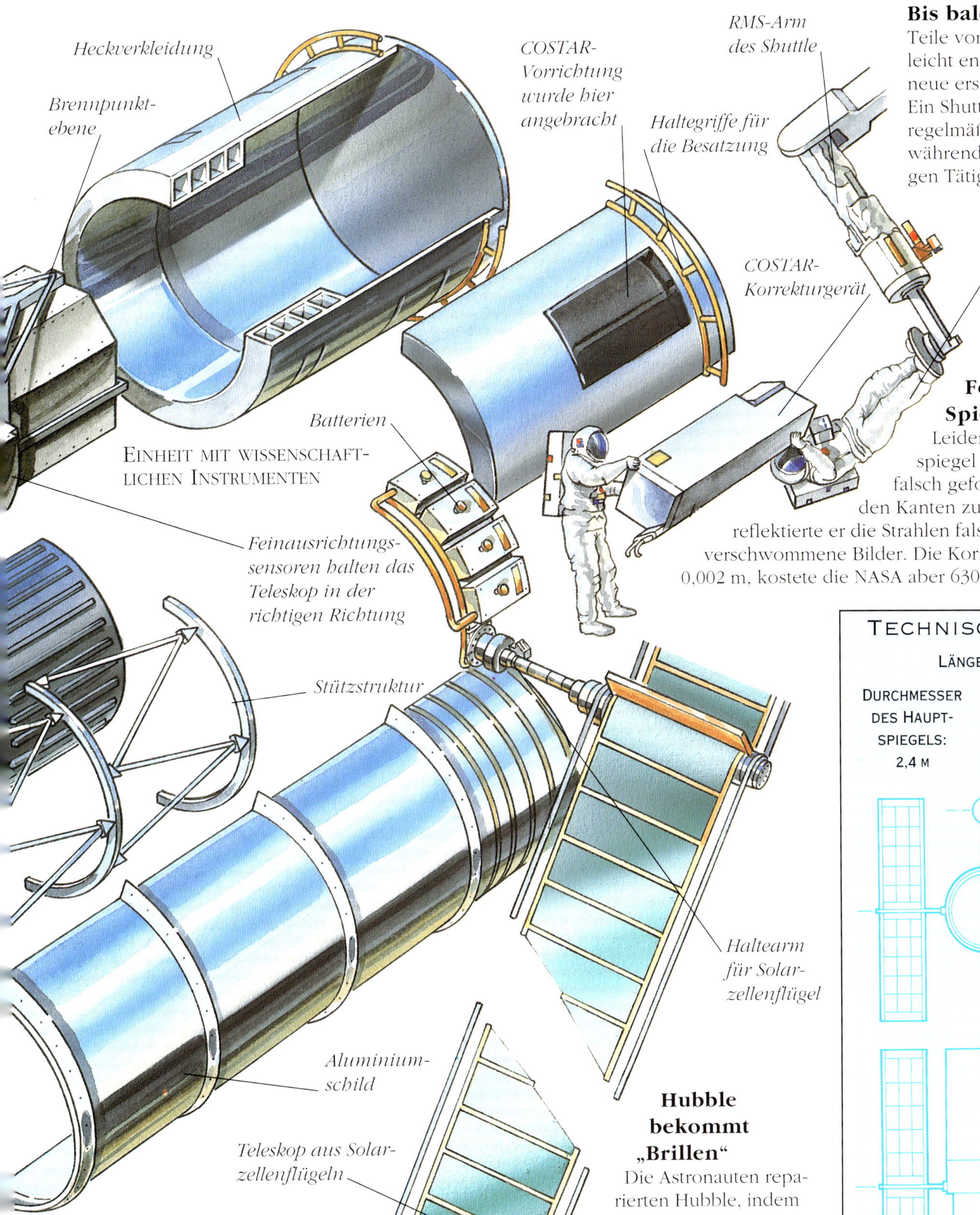

Bis bald

Teile von Hubble können leicht entfernt und durch neue ersetzt werden. Ein Shuttle besucht es regelmäßig, um es während seiner 20jährigen Tätigkeit zu warten.

Fehlerhafte Spiegel

Leider war der Hauptspiegel von Hubble falsch geformt. Da er an den Kanten zu flach war, reflektierte er die Strahlen falsch und lieferte verschwommene Bilder. Die Korrektur betrug nur 0,002 m, kostete die NASA aber 630 Millionen Dollar.

Hierher!

Die Feinrichtungssensoren in Hubble richten sich auf bestimmte „Leitsterne", also auf bekannte Sterne bei einem Objekt, das untersucht werden soll. Dadurch kann Hubble weiter in die richtige Richtung zeigen.

Hubble bekommt „Brillen"

Die Astronauten reparierten Hubble, indem sie es mit dem RMS-Arm des Shuttle ergriffen, in den offenen Nutzlastraum stellten und um es herum arbeiteten. Sie rüsteten es mit COSTAR aus, einem Gerät, das aus zehn fingernagelgroßen Spiegeln bestand. Diese fokussierten die Lichtstrahlen richtig auf die Meßinstrumente.

TECHNISCHE DATEN

LÄNGE: 13,25 M

DURCHMESSER DES HAUPTSPIEGELS: 2,4 M

DURCHMESSER DES SEKUNDÄRSPIEGELS: 30 CM

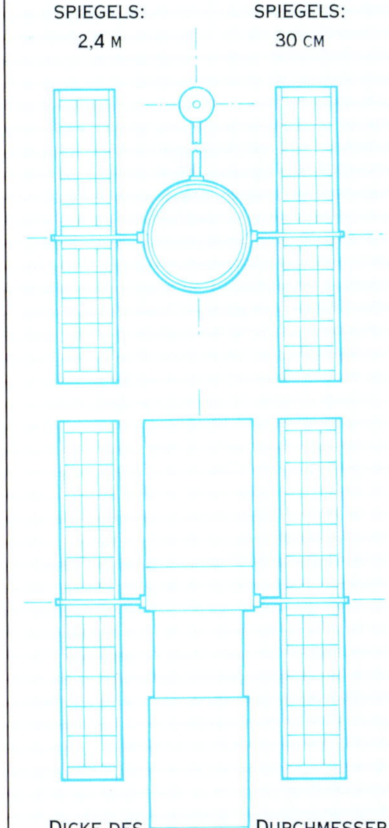

DICKE DES HAUPTSPIEGELS: MAX. 30 CM

DURCHMESSER DES KÖRPERS: 4,27 M

UMLAUFBAHN ÜBER DER ERDE: 600 KM

Entwicklung

Die Menschen begannen erst im 20. Jahrhundert, den Weltraum zu erforschen. Anfangs wurden kleine, unbemannte Raketen und Satelliten verwendet. Seit damals haben sich die Raumschiffe zu den kompliziertesten und teuersten Geräten entwickelt, die jemals gebaut wurden. Hier sind einige Meilensteine in der Geschichte der Raumfahrt.

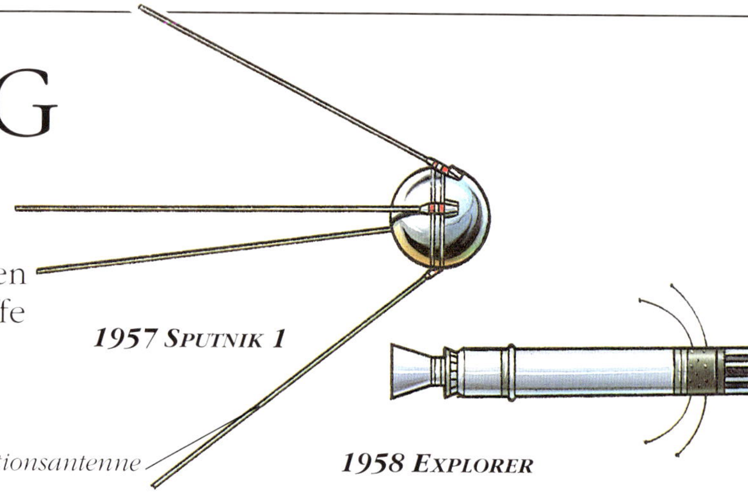

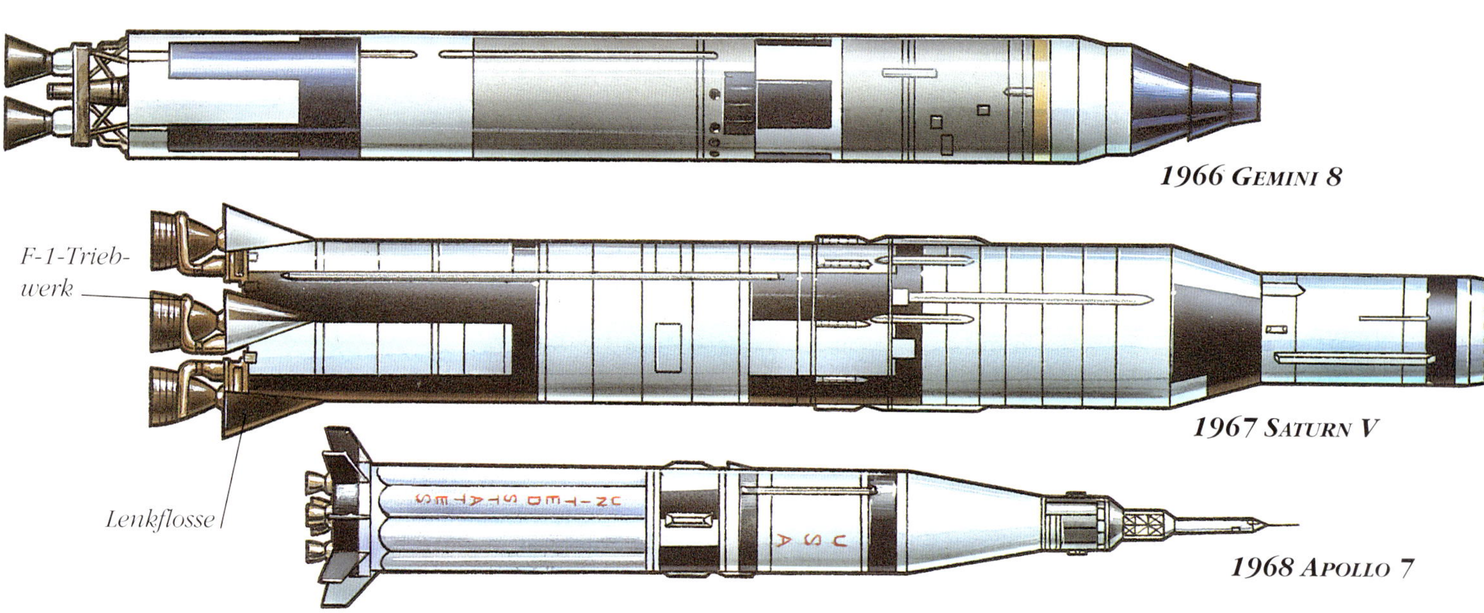

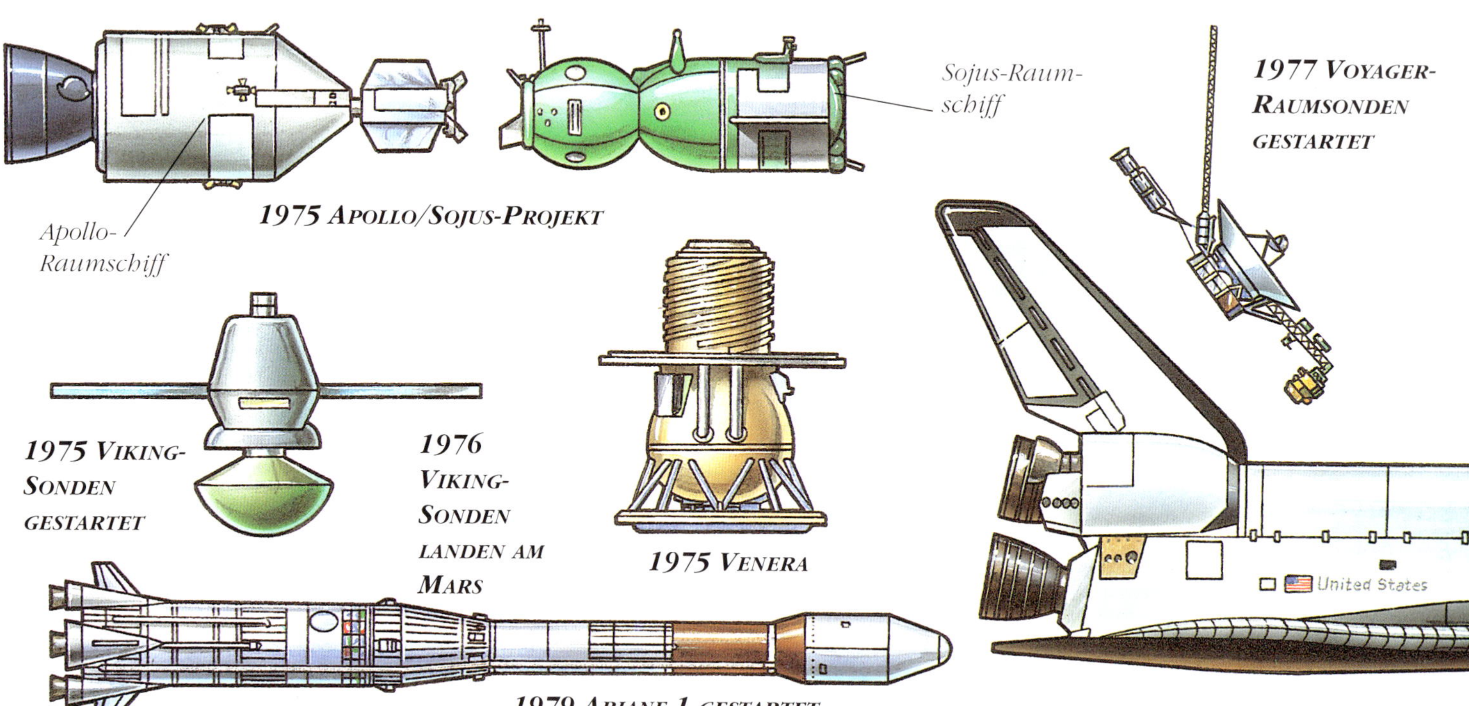

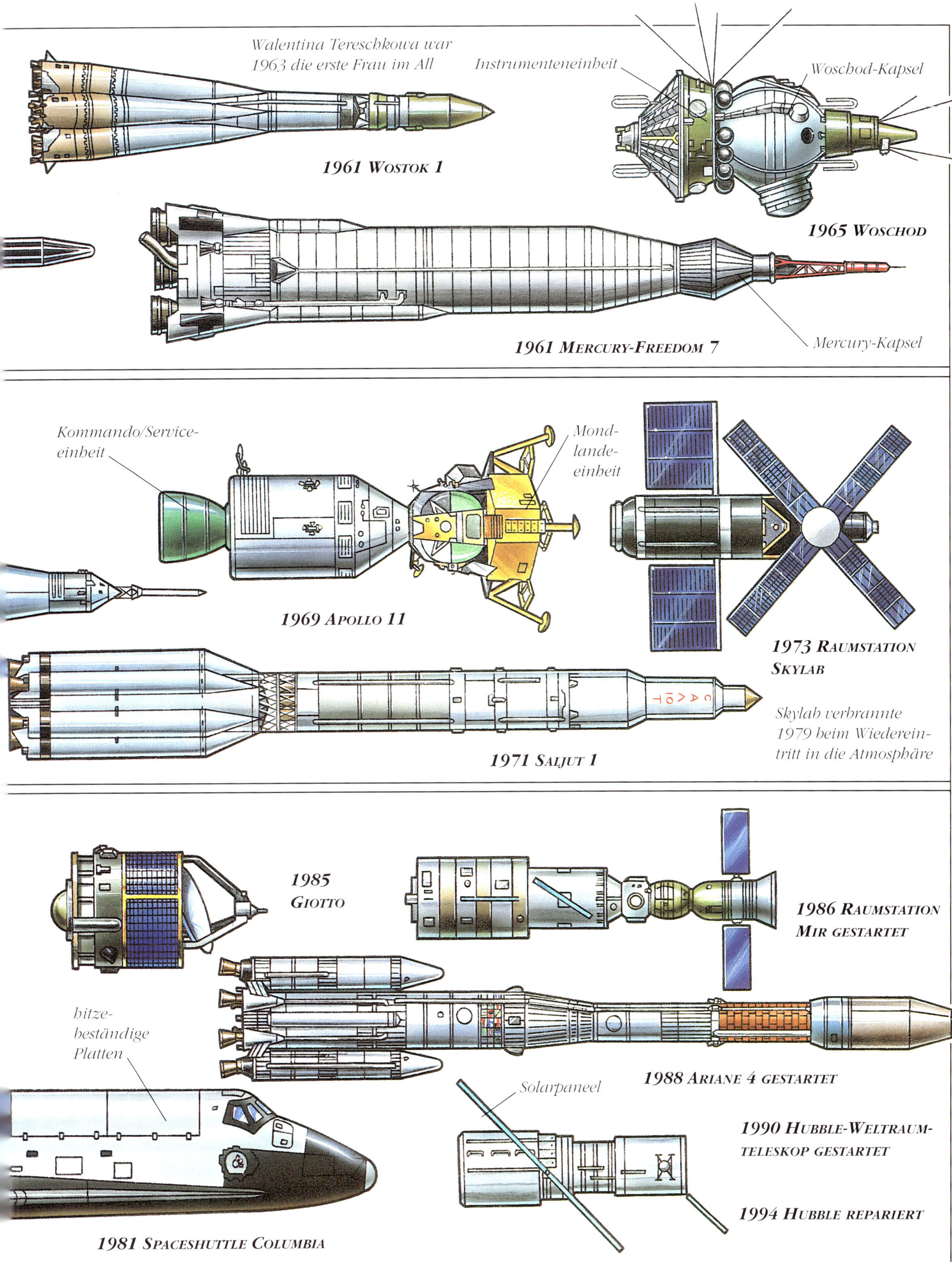

Walentina Tereschkowa war 1963 die erste Frau im All
1961 WOSTOK 1
Instrumenteneinheit
Woschod-Kapsel
1965 WOSCHOD
1961 MERCURY-FREEDOM 7
Mercury-Kapsel
Kommando/Service-einheit
Mond-lande-einheit
1969 APOLLO 11
1973 RAUMSTATION SKYLAB
Skylab verbrannte 1979 beim Wiederein-tritt in die Atmosphäre
1971 SALJUT 1
1985 GIOTTO
1986 RAUMSTATION MIR GESTARTET
hitze-beständige Platten
1988 ARIANE 4 GESTARTET
Solarpaneel
1990 HUBBLE-WELTRAUM-TELESKOP GESTARTET
1994 HUBBLE REPARIERT
1981 SPACESHUTTLE COLUMBIA

REGISTER

DANK

Künstler
Alan Austin, Gary Biggin, Richard Chasemore, Chris Grigg, Keith Harmer, Nick Lipscombe, Chris Lyon, Hans Jenssen, Jonathan Potter, John See

Autoren
Moira Butterfield, Ian Harvey, Michael Johnstone, Louisa Somerville

Der Verlag dankt außerdem den nachfolgend Genannten für ihre Unterstützung:
Angloco Ltd., Barber Greene, Benford, Boeing International Corporation, BP Exploration UK Ltd., Lynn Bresler, J.I. Case International, Caterpillar Inc., Cougar Marine, Jonathan Day, Edbro, David Fletcher, Foden, JCB (Helen Baxter), Kawasaki Motors (UK) Ltd., Robin Kerrod, Komatsu, Museum of British Road Transport, Coventry, Andrew Nahum, Constance Novis, Orenstein and Koppel, John Robinson, Royal National Lifeboat Institution, Tadano-Faun, Terex Ltd. (Ian Vickerstaff), Tyne and Wear Museums, Volvo, Sgt. Keith L. Worger, Surrey Police Mobile Support Division.